全国高校土木工程专业应用型本科规划推荐教材

土木工程结构电算

刘爱荣 主 编
吴 轶 副主编
张俊平 舒宣武 主 审

中国建筑工业出版社

图书在版编目（CIP）数据

土木工程结构电算/刘爱荣主编. —北京：中国建筑工业出版社，2012.12

全国高校土木工程专业应用型本科规划推荐教材

ISBN 978-7-112-14989-6

Ⅰ. ①土… Ⅱ. ①刘… Ⅲ. ①土木工程-工程结构-计算机辅助设计-高等学校-教材 Ⅳ. ①TU311.41

中国版本图书馆CIP数据核字（2012）第311873号

本书根据《高等学校土木工程本科指导性专业规范》编写，以突出工程性与应用性、扩大专业面、弱化行业规范为切入点，将重点放在基本概念、基本原理、基本方法的应用上，将理论知识与工程实例有机结合起来，汲取较为先进成熟的技术成果和典型工程实例，以使学生更好地适应“大土木”专业课程的学习。

本书分为上、下两篇，上篇为建筑结构电算，下篇为桥梁结构电算。上篇包括第1～4章，其中第1章为建筑结构计算机辅助设计，第2章为建筑结构整体模型创建，第3章为多层及高层建筑结构三维分析与设计程序SATWE，第4章为钢筋混凝土剪力墙设计算例；下篇包括第5～9章，其中第5章为有限元计算分析原理，第6章为桥梁有限元计算模型，第7章为桥梁静力计算分析，第8章为桥梁动力计算分析，第9章为连续梁桥数值分析算例。

本书可作为土木工程专业本科生的专业教材使用，也可以供土木工程结构有限元计算分析初学者参考。

本书提供课件，读者可发送邮件至：jiaocaikejian@sina.com免费索取。

* * *

责任编辑：王 跃 吉万旺 聂 伟

责任设计：李志立

责任校对：肖 剑 陈晶晶

全国高校土木工程专业应用型本科规划推荐教材

土木工程结构电算

刘爱荣 主 编

吴 轶 副主编

张俊平 舒宣武 主 审

*

中国建筑工业出版社出版、发行（北京西郊百万庄）

各地新华书店、建筑书店经销

霸州市顺浩图文科技发展有限公司制版

北京市书林印刷有限公司印刷

*

开本：787×1092毫米 1/16 印张：23½ 字数：570千字

2014年1月第一版 2014年1月第一次印刷

定价：**43.00**元

ISBN 978-7-112-14989-6

（23096）

序

自1952年院系调整之后，我国的高等工科教育基本因袭了苏联的体制，即按行业设置院校和专业。工科高校调整成土建、水利、化工、矿冶、航空、地质、交通等专科院校，直接培养各行业需要的工程技术人才；同样的，教材也大都使用从苏联翻译过来的实用性教材，即训练学生按照行业规范进行工程设计，行业分工几乎直接“映射”到高等工程教育之中。应该说，这种过于僵化的模式，割裂了学科之间的渗透与交叉，并不利于高等工程教育的发展，也制约了创新性人才的培养。

作为传统工科专业之一的土木工程，在我国分散在房建、公路、铁路、港工、水工等行业，这些行业规范差异较大、强制性较强。受此影响，在教学过程中，普遍存在对行业规范依赖性过强，专业方向划分过细、交融不够等问题。1998年教育部颁布新专业目录、按照“大土木”组织教学后，这种情况有所改观，但行业影响力依旧存在。相对而言，土木工程专业的专业基础课如建材、力学，专业课程如建筑结构设计、桥梁工程、道路工程、地下工程的问题要少一些，而介于二者之间的一些课程如结构设计原理、结构分析计算、施工技术等课程的问题要突出一些。为此，根据全国土木工程专业教学指导委员会的有关精神，配合我校打通建筑工程、道桥工程、地下工程三个专业方向的教学改革，我校部分教师以突出工程性与应用性、扩大专业面、弱化行业规范为切入点，将重点放在基本概念、基本原理、基本方法的应用上，将理论知识与工程实例有机结合起来，汲取较为先进成熟的技术成果和典型工程实例，编写了《工程结构设计原理》、《基础工程》、《土木工程结构电算》、《土木工程抗震》、《土木工程试验与检测技术》、《土木工程施工》六本教材，以使学生更好地适应“大土木”专业课程的学习。

希望这一尝试能够为跨越土建行业鸿沟，促进土木工程专业课程教学提供有益的帮助与探索。

是为序。

中国工程院院士

周福霖

2012年1月于广州大学

前　言

1. 本书的目的

(1) 了解有限单元法的基本原理，不同类型单元的适用性和不同计算模型的优缺点。

(2) 掌握建筑结构和桥梁结构常用的计算分析软件，如 PKPM、Midas/Civil 软件。

(3) 熟悉建筑结构和桥梁结构计算分析的流程、方法，初步具备分析和解决简单工程实际计算问题的能力。

(4) 了解常见建筑结构和桥梁结构受力行为的特征，初步具备判断计算结果正确与否的能力。

2. 本书的特色

(1) 内容针对性强。本书主要针对常见建筑和桥梁空间杆系有限元计算流程和方法展开介绍，重点介绍多层和高层钢筋混凝土建筑和桥梁的计算分析。

(2) 浅显易懂，实用性强。用简单通俗的语言介绍常规多层和高层钢筋混凝土建筑结构和桥梁结构计算原理，并适当辅之以 PKPM 和 Midas/Civil 软件的使用功能，使结构分析、结构验算与专业软件高度融合，让单纯软件操作学习变得更加生动，以提高学生的学习兴趣，使其在学习计算软件的同时对计算分析原理有进一步的理解，建立读者对实际工程设计与软件操作之间的直观认识。

(3) 丰富的实践经验。作者从事建筑结构和桥梁结构的计算分析已十余年，曾对百余座建筑和桥梁进行仿真计算分析，其中建筑方面涉及的结构类型为：钢筋混凝土框架结构、钢结构、剪力墙结构等；桥梁方面涉及的桥型为：简支梁桥（板桥）、连续梁桥、连续刚构桥（包括 V 形刚构桥）、拱桥（上承式、下承式、中承式）、斜拉桥（包括矮塔斜拉桥）、悬索桥等，积累了丰富的计算分析经验。作者对这些计算经验进行了系统的梳理和归类，并针对本科生的特点，将其穿插于书中，以期对初学者有所帮助，少走弯路。

3. 本书的阅读对象

(1) 土木工程专业本科生

(2) 土木工程结构有限元计算分析初学者

4. 本书的主要内容及其分工

本书分为上、下两篇，上篇为建筑结构电算，下篇为桥梁结构电算。上篇包括第 1～4 章，其中第 1 章为建筑结构计算机辅助设计，第 2 章为建筑结构整体模型创建，第 3 章为多层及高层建筑结构三维分析与设计程序 SATWE，第 4 章为钢筋混凝土剪力墙设计计算例，均由吴轶编写；下篇包括第 5～9 章，其中第 5 章为有限元计算分析原理，由邓江东编写；第 6 章为桥梁有限元计算模型，由刘爱荣和黄永辉共同编写，第 7 章为桥梁静力计算分析，由刘爱荣和饶瑞共同编写；第 8 章为桥梁动力计算分析，由黄友钦编写；第 9 章为连续梁桥数值分析算例，由刘爱荣和黄永辉共同编写。本书由刘爱荣任主编，吴轶任副主编。在本书的编写过程中，主审广州大学张俊平教授、华南理工大学建筑设计研究院苏宣武高级工程师（教授级）提出了许多宝贵的意见，另外广州大学张雨超、邝钜滔、吴嘉欣、张俊文、黄照棉等为本书图表绘制以及校核付出了大量的劳动，在此表示衷心感谢。本书中带“*”章节为选修内容。

因水平所限，书中的错误和不足之处在所难免，敬请读者批评指正。

目 录

上篇 建筑结构电算

下篇 桥梁结构电算

---

* 标注章节为选修内容。

上篇　建筑结构电算

第1章　建筑结构计算机辅助设计

1.1　计算机辅助设计在土木工程中的应用

计算机辅助设计（Computer Aided Design，简称CAD）技术广泛应用于各大行业。在土木工程领域，土木工程CAD的应用主要包含以下方面：

（1）建筑与规划设计：用于绘制建筑、规划类图纸，如建筑施工图、效果图，规划效果图，桥梁的造型设计等。其软件主要有天正建筑软件、中国建筑科学研究院的APM（PKPM的建筑模块）、QXCAD（一种桥型设计软件）、3DMAX、MAYA、Photoshop等。

（2）结构设计：用于结构计算、构造设计、绘制施工图等。结构计算是对结构进行静力、动力、线性、非线性等力学分析，按规范要求进行内力组合，并进行截面和构件的强度设计；构造设计是根据结构计算的结果，完成构件和截面的选择和配筋的构造设计；绘制施工图是用CAD取代传统的手绘，完成施工图纸的绘制。

（3）给水排水设计：用于给水、排水方面的计算与绘图。

（4）暖通设计：用于采暖与通风方面的设计。

（5）电气设计：强、弱电方面的辅助设计。

（6）施工组织与设计：用于施工项目的项目管理、施工工艺的流程设计与优化、施工现场布置等。

（7）工程项目的预决算：从广义上说，这也是CAD在土木工程上的一个应用。

（8）其他方面：如家庭装修等。

以上只是CAD技术在土木工程上应用的主要方面，在实际工程中，还有很多边缘的、交叉的、新兴的应用技术在不断得到开发和利用。

建筑结构计算机辅助设计主要包括三部分：前处理（建立计算分析模型）、中间计算（计算分析）、后处理（施工图设计），如图1-1所示。

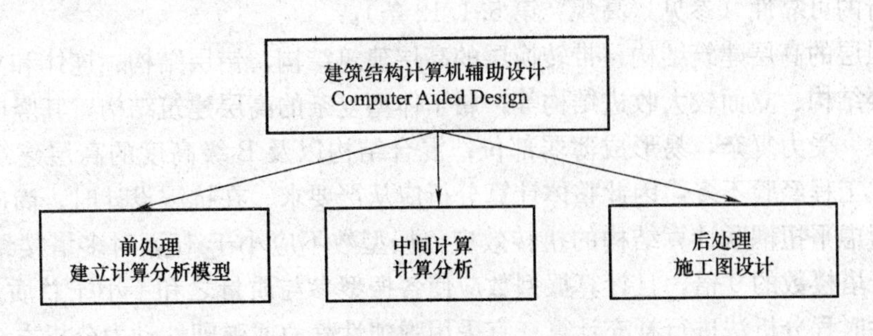

图1-1　建筑结构计算机辅助设计

1.2 建筑结构计算机分析

1.2.1 结构计算分析基本原则

建筑结构进行计算分析时，应遵循以下原则：

(1) 选择合理的结构计算分析方法和力学模型。

计算分析时，应根据结构实际情况确定建筑结构分析模型，所选取的分析模型应能较准确地反映结构中各构件的实际受力状况。

高层建筑结构分析，可选择平面结构空间协同、空间杆系、空间杆-薄壁杆系、空间杆-墙板元及其他组合有限元等计算模型（参见《高层建筑混凝土结构技术规程》JGJ 3—2002(以下简称为《高规》) 第5.1.4条)。

(2) 楼板刚度的选择应符合实际情况。

在进行高层建筑内力与位移计算时，可假定楼板在其自身平面内为无限刚性，设计时应采取相应的措施保证楼板平面内的整体刚度。

当楼板可能产生较明显的面内变形时，计算时应考虑楼板的面内变形影响或对采用楼板面内无限刚性假定计算方法的计算结果进行适当调整（参见《高规》第5.1.5条）。

(3) 对于复杂结构应选用合适的力学模型进行分析。

复杂平面和立面的剪力墙结构，应采用合适的计算模型进行分析。当采用有限元模型时，应在截面变化处合理地选择和划分单元；当采用杆系模型计算时，对错洞墙、叠合错洞墙可采取适当的模型化处理，并应在整体计算的基础上对结构局部进行更细致的补充计算分析（参见《高规》第5.3.6条）。

复杂高层建筑结构的计算分析应符合《高规》第5章的相关规定，并按规定进行截面承载力设计与配筋构造。对于复杂高层建筑结构，必要时，对其中某些受力复杂部位尚宜采用有限元法等方法进行详细的应力分析，了解应力分布情况，并按应力进行配筋校核(参见《高规》第10.1.5条)。

(4) 对于复杂结构，必要时应采用两种或两种以上不同力学模型的结构分析软件进行整体计算。

体型复杂、结构布置复杂以及B级高度高层建筑结构的受力情况复杂，应采用两种或两种以上不同力学模型的结构分析软件进行整体计算，可以相互比较和分析，以保证结构力学分析的可靠性（参见《高规》第5.1.12条）。

带加强层的高层建筑结构、带转换层的高层建筑结构、错层结构、连体和立面开洞结构、多塔楼结构、立面较大收进结构等，属于体型复杂的高层建筑结构，其竖向刚度和承载力变化大，受力复杂，易形成薄弱部位；混合结构以及B级高度的高层建筑结构的房屋高度大、工程经验不多，因此整体计算分析应从严要求。在抗震设计时，尚应符合下列规定：宜考虑平扭耦联计算结构的扭转效应，振型数不应小于15，对多塔楼结构的振型数不应小于塔楼数的9倍，且计算振型数应使各振型参与质量之和不小于总质量的90%；应采用弹性时程分析法进行补充计算；宜采用弹塑性静力或弹塑性动力分析方法补充计算(参见《高规》第5.1.13条)。

(5) 正确选取结构嵌固部位。

高层建筑结构整体计算中，当地下室顶板作为上部结构嵌固部位时，地下一层与首层侧向刚度比不宜小于2（参见《高规》第5.3.7条）。另外，《建筑抗震设计规范》GB 50011—2010（以下简称为《抗规》）第6.1.3-3条规定地下室作为上部结构嵌固部位时应满足的要求，第6.1.10条规定剪力墙底部加强部位的确定与嵌固端有关。

(6) 必要时应进行竖向荷载作用下施工模拟的结构分析。

高层建筑结构是逐层施工完成的，其竖向刚度和竖向荷载（如自重和施工荷载）也是逐层形成的。这种情况与结构刚度一次形成、竖向荷载一次施加的计算方法存在较大差异。因此对于层数较多的高层建筑，其重力荷载作用效应分析时，柱、墙轴向变形宜考虑施工过程的影响。施工过程的模拟可根据需要采用适当的方法考虑，如结构竖向刚度和竖向荷载逐层形成、逐层计算的方法等。对于复杂高层建筑及房屋高度大于150m的其他高层建筑结构，应考虑施工过程的影响（参见《高规》第5.1.9条）。

(7) 正确选取结构调整参数，弥补弹性计算的缺陷。

在高层建筑结构计算时，应按要求对剪力墙连梁刚度、楼面梁刚度、竖向荷载作用下的梁端负弯矩调幅系数，以及在梁周围楼盖约束情况下的梁扭矩折减系数等参数进行调整（参见《高规》第5.2节）。

(8) 正确、全面地考虑各种荷载工况及计算内容。

高层建筑结构应根据实际情况进行重力荷载、风荷载和（或）地震作用效应分析，并应按《高规》第5.6节的规定进行荷载效应和作用效应计算（参见《高规》第5.1.7条）。

(9) 必要时应采用有限元分析方法对局部结构进行应力分析。

对于复杂高层建筑结构，必要时，对其中某些受力复杂部位尚宜采用有限元法等方法进行详细的应力分析，了解应力分布情况，并按应力进行配筋校核（参见《高规》第10.1.5条文说明）。

1.2.2 结构计算机分析模型

1.2.2.1 竖向抗侧力体系分析模型

结构计算分析时，可根据结构的特点选择平面分析模型（包括平面结构平面协同分析模型及平面结构空间协同分析模型）和空间三维结构分析模型（包括空间杆-薄壁杆系、空间杆-墙板元及其他组合有限元等）。

1. 平面结构平面协同分析方法

当采用简化方法进行建筑结构内力与位移计算时，可将结构沿两个正交主轴方向划分为若干榀平面抗侧力结构，然后分别对作用在这两个方向上的水平荷载进行分析。每一个方向上的水平荷载，仅由该方向上的平面抗侧力结构承受，垂直于水平荷载方向的抗侧力结构不参加抵抗水平荷载的工作，这就是平面抗侧力结构假定。当建筑物没有扭转或不考虑扭转时，同水平荷载方向平行的各榀抗侧力结构所承受的水平力，按结构侧移刚度进行分配。

应当指出，平面抗侧力结构假定，适用于平面规则的框架或剪力墙结构（如图1-2所示），结构（布置、刚度、质量等）对x、y轴是对称的，同时荷载也对x、y轴对称的情况。此时，结构不会产生绕竖轴的扭转，楼板只有刚性的平移，各片平面抗侧力结构在同

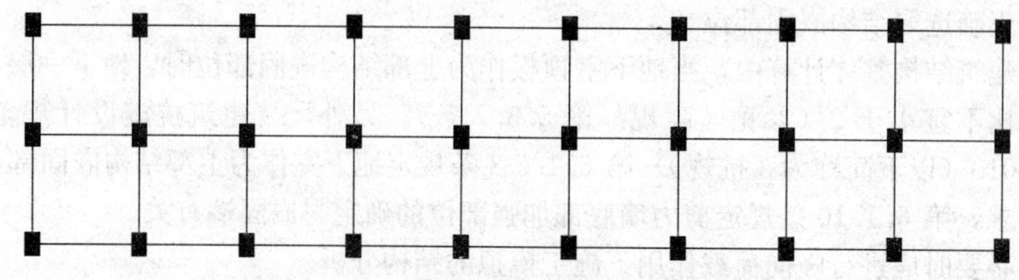

图 1-2　适宜平面结构分析法的规则框架结构

一楼板高度处的侧向位移是相同的，可以共同承受水平荷载。

2. 平面结构空间协同分析方法

平面结构空间协同分析方法假定各榀抗侧力结构仍按平面结构考虑，它们由刚性楼板连接，在任一方向的水平荷载作用下，所有正交和斜交的抗侧力结构均参与工作，楼板既考虑平移，也考虑扭转。水平力在各个抗侧力结构之间按空间位移协调条件进行分配。

平面结构空间协同分析方法的主要优点为：基本未知量少，计算比较简单，适合中小型计算机采用；各片平面结构的协同工作抵抗水平力反映了规则结构整体工作性能的主要特征。由于具有以上这些优点，协同工作计算法成为框架、剪力墙和框架-剪力墙三大结构体系进行简化计算时应用最广泛的方法。

平面结构空间协同工作计算法的主要不足为：采用刚性楼板假定，仅考虑了各片抗侧力结构在楼层处水平位移和转动的协调，而没有考虑各片结构在竖直方向上的协调。因此，当结构体型和布置复杂时，受力具有明显的空间特征，只按平面结构空间协同方法是不能反映结构的空间受力特征的。

3. 空间分析方法

随着建筑结构的平面形状与体型日益复杂化，出现了大底盘多塔楼、顶部连体等复杂的结构体系；结构平动与扭转的耦联效应往往不能忽略，此时很难再将结构的抗侧力结构沿某几个方向进行分解；平面分析或平面协同分析法的应用受到很大的限制。

与平面协同分析法相比，三维空间矩阵位移法对结构的布置和体型几乎没有限制，所以在目前实际建筑结构设计计算中，绝大部分采用三维空间矩阵位移法。将结构作为空间体系，梁和柱均采用空间杆单元，剪力墙单元模型一般采用开口薄壁杆件模型、空间膜元模型、板壳元模型以及墙组元模型，有刚性楼板（楼板在其自身平面内刚度无穷大）和弹性楼板假定。本节主要介绍空间杆-薄壁杆系模型和空间杆-墙元模型。

（1）空间杆-薄壁杆系模型

建筑结构三维空间分析方法将建筑结构视为空间杆-薄壁杆系系统，梁、柱为一般空间杆件，每端有 6 个自由度（图 1-3*a*）：u_x、u_y、w、θ_x、θ_y、θ_z；对应 6 个杆端力：V_x、V_y、N_z、M_x、M_y、M_z。剪力墙为薄壁空间杆件，除了上述 6 个位移外，还有翘曲变形 θ'，对应的内力为双力矩 B_w（图 1-3*b*）。

图 1-4 为空间杆-薄壁杆系空间分析模型，原点在截面剪心，其截面的两个主轴方向为 x 轴与 y 轴。由于翘曲的存在，其每端有 7 个自由度，对第 i 层第 j 个薄壁柱，满足式（1-1）。

$$\begin{Bmatrix} P_{j,i,i-1}^{\mathrm{TH}} \\ \cdots\cdots \\ P_{j,i,i}^{\mathrm{TH}} \end{Bmatrix} = [K_{j,i}^{\mathrm{TH}}] \begin{Bmatrix} \delta_{j,i,i-1}^{\mathrm{TH}} \\ \cdots\cdots \\ \delta_{j,i,i}^{\mathrm{TH}} \end{Bmatrix} \tag{1-1}$$

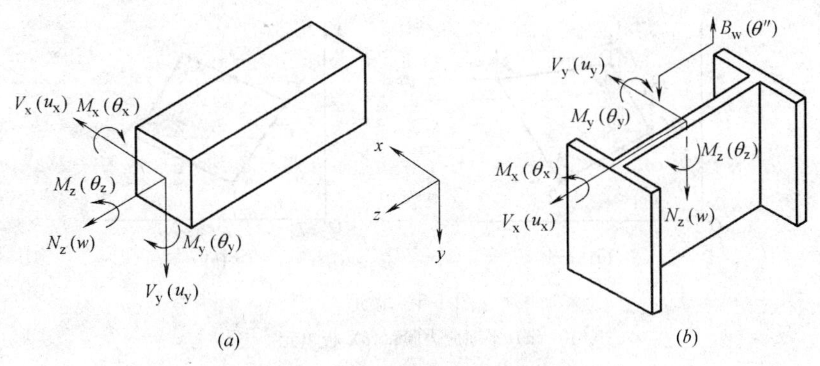

图 1-3　三维杆件杆端力（位移）

(*a*) 空间杆件（梁、柱）；(*b*) 薄壁空间杆

$$\{P_{j,i,i}^{TH}\}=\{N_x,N_y,N_z,M_x,M_y,M_z,B_W\}_{j,i,i}^{T} \tag{1-1a}$$

$$\{\delta_{j,i,i}^{TH}\}=\{U,V,W,\theta_x,\theta_y,\theta_z,\theta_z'\}_{j,i,i}^{T} \tag{1-1b}$$

式中　U、V——分别为 x、y 方向的横向位移；

W——轴向位移；

θ_x、θ_y、θ_z——分别为绕 x 轴、y 轴、z 轴的转角；

θ_z'——扭转角变化率，扭转角沿纵轴的导数；

N_x、N_y——分别为 x、y 方向的剪力；

N_z——轴力；

M_x、M_y——分别为绕 x、y 轴的弯矩；

M_z——扭矩；

B_W——双力矩；

$[K_{j,i}^{TH}]$——薄壁柱单元的刚度矩。

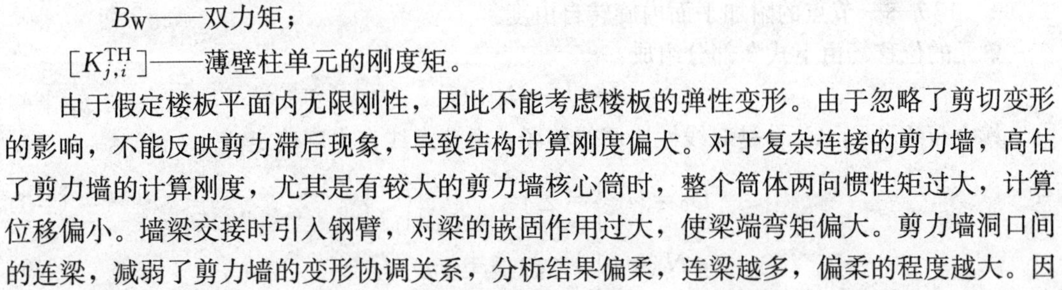

图 1-4　空间杆-薄壁杆系空间分析模型

由于假定楼板平面内无限刚性，因此不能考虑楼板的弹性变形。由于忽略了剪切变形的影响，不能反映剪力滞后现象，导致结构计算刚度偏大。对于复杂连接的剪力墙，高估了剪力墙的计算刚度，尤其是有较大的剪力墙核心筒时，整个筒体两向惯性矩过大，计算位移偏小。墙梁交接时引入钢臂，对梁的嵌固作用过大，使梁端弯矩偏大。剪力墙洞口间的连梁，减弱了剪力墙的变形协调关系，分析结果偏柔，连梁越多，偏柔的程度越大。因此，该方法用于框架-剪力墙结构、剪力墙及筒体结构时，应根据结构实际情况对剪力墙作必要的技术处理，以使计算结果合理。

(2) 空间杆-墙元模型

空间杆-墙元模型，以空间杆件单元模拟梁、柱，以墙元模拟剪力墙。空间杆件每端有六个自由度：u_x、u_y、w、θ_x、θ_y、θ_z；对应 6 个杆端力：V_x、V_y、N_z、M_x、M_y、M_z。墙元是在四节点等参元平面薄壳单元的基础上凝聚而成的，这种薄壳为平面应力膜与板的叠加，平面应力膜元采用的是四边形膜元（图 1-5*a*）；板单元采用的是四节点等参元（图 1-5*b*）。壳元的每个节点有 6 个自由度，其中 3 个为膜自由度（u，v，θ），3 个为板弯曲自由度（w，θ_x，θ_y）。

在墙组元模型中引入如下假定：①沿墙厚方向，纵向应力均匀分布；②切向正应力

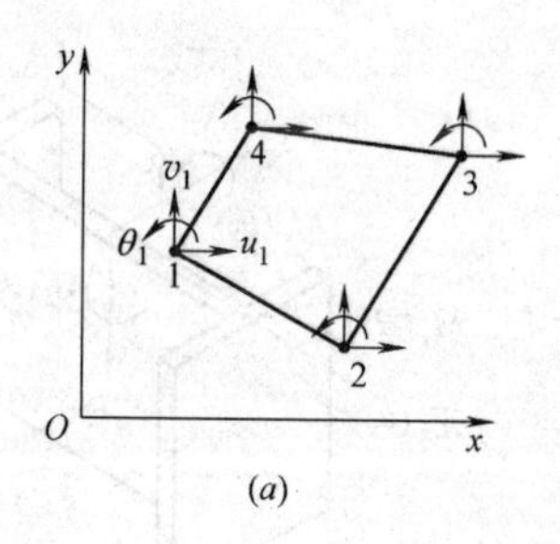

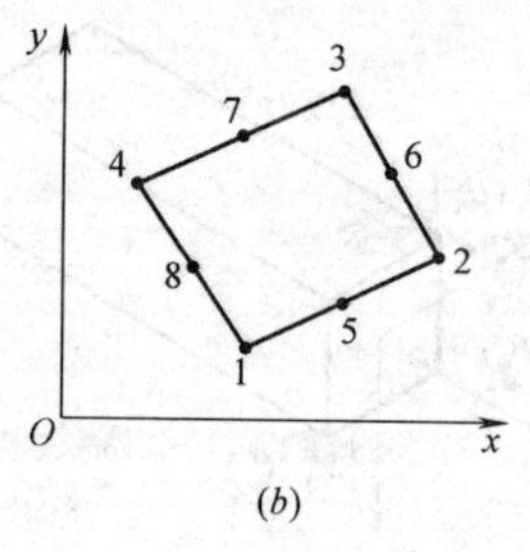

图 1-5　墙元

(a) 平面应力膜；(b) 板单元

σ_s，轮廓法线正应力 σ_n，与纵向应力 σ_z 比较可以忽略，因而根据胡克定律可得：$\varepsilon_z=\sigma_z/E$；③墙组截面形状保持不变，即认为截面在其平面内是无限刚性的。

墙组元模型与薄壁杆件模型相比较，其不同之处主要体现在：①不强求剪力墙为开口截面，可以分析闭口及半开半闭截面；②其杆件未知位移取为杆端截面的横向位移和各节点的纵向位移，单元数目随墙肢节点数增加而增加，不像普通薄壁杆件一样固定为 14 个，从而保证了杆件的位移协调；③考虑剪力墙剪切变形的影响，建立考虑剪切变形的单元刚度矩阵。

1）墙元的膜部分

单元的每个节点有 2 个线自由度和 1 个平面内转角自由度，单元的节点位移向量为：

$$\{\delta\}^e=[\{\delta_1\},\{\delta_2\},\{\delta_3\},\{\delta_4\}]^T \tag{1-2}$$

每个节点的位移向量为：

$$\{\delta_i\}^e=[u_i,\nu_i,\theta_i]^T(i=1,2,3,4) \tag{1-3}$$

式中　u_i、ν_i——节点线自由度；

θ_i——节点的附加平面内旋转自由度。

单元的位移场由下式 3 部分组成：

$$U=U_0+U_\theta+U_p \tag{1-4}$$

其中 $U=[U_0, V_0]^T$ 是双线性协调位移场，由节点线自由度确定。

$$U_0=\begin{Bmatrix}u_0\\ \nu_0\end{Bmatrix}=\sum_{i=1}^{4}\begin{bmatrix}N_{0i} & 0\\ 0 & N_{0i}\end{bmatrix}\begin{Bmatrix}u_i\\ \nu_i\end{Bmatrix} \tag{1-5}$$

$$N_{0i}=(1+\zeta_i\zeta)(1+\eta_i\eta)/4 \tag{1-6}$$

式中：ζ，η 和 ζ_i，η_i 分别为等参变换后单元节点的局部坐标。

U_θ是由单元节点刚体转角 θ_i ($i=1$，2，3，4)引起的附加位移场，根据广义协调条件有：

$$U_\theta=\begin{Bmatrix}u_\theta\\ \nu_\theta\end{Bmatrix}=\sum_{i=1}^{4}\begin{bmatrix}N_{u\theta i}\\ N_{u\theta i}\end{bmatrix}\theta_i \tag{1-7}$$

$$N_{u\theta i}=[\zeta_i(1-\zeta^2)(b_1+b_3\eta_i)(1+\eta_i\eta)+\eta_i(1-\eta^2)(b_2+b_3\zeta_i)(1+\zeta_i\zeta)]/8 \tag{1-7a}$$

$$N_{v\theta i}=-[\zeta_i(1-\zeta^2)(a_1+a_3\eta_i)(1+\eta_i\eta)+\eta_i(1-\eta^2)(a_2+a_3\zeta_i)(1+\zeta_i\zeta)]/8 \tag{1-7b}$$

$$a_1=\frac{1}{4}\sum_{i=1}^{4}\zeta_i x_i, a_2=\frac{1}{4}\sum_{i=1}^{4}\eta_i x_i, a_3=\frac{1}{4}\sum_{i=1}^{4}\zeta_i\eta_i x_i \tag{1-7c}$$

$$b_1 = \frac{1}{4}\sum_{i=1}^{4}\zeta_i y_i, b_2 = \frac{1}{4}\sum_{i=1}^{4}\eta_i y_i, b_3 = \frac{1}{4}\sum_{i=1}^{4}\zeta_i\eta_i y_i \tag{1-7d}$$

式中　x_i，y_i——单元的节点坐标（$i=1,2,3,4$）。

U_p是为提高单元计算精度而引入的泡状位移场。

$$U_p = \begin{Bmatrix} u_p \\ \nu_p \end{Bmatrix} = \begin{bmatrix} N_p & 0 \\ 0 & N_p \end{bmatrix} \begin{Bmatrix} p_1 \\ p_2 \end{Bmatrix} \tag{1-8}$$

$$N_p = (1-\zeta^2)(1-\eta^2) \tag{1-8a}$$

式中：p_1、p_2为任意参数。

记$[N_i] = \begin{bmatrix} N_{\theta i} & 0 & N_{\theta i} \\ 0 & N_{\theta i} & N_{\theta i} \end{bmatrix}$，单元的应变场可表示为：

$$\{\varepsilon\} = [B]\{\delta\}^e + [B_p]\{p\} \tag{1-9}$$

按照上述条件构造的单元刚度矩阵可表示为：

$$[K]^e = [K_{\delta\delta}] - [K_{pp}]^T[K_{pp}]^{-1}[K_{p\delta}] \tag{1-10}$$

$$[K_{\delta\delta}] = t\int_{-1}^{1}\int_{-1}^{1}[B]^T[D][B]|J|\,d\zeta d\eta \tag{1-10a}$$

$$[K_{p\delta}] = t\int_{-1}^{1}\int_{-1}^{1}[B_p]^T[D][B]|J|\,d\zeta d\eta \tag{1-10b}$$

$$[K_{pp}] = t\int_{-1}^{1}\int_{-1}^{1}[B_p]^T[D][B_p]|J|\,d\zeta d\eta \tag{1-10c}$$

式中：t为单元的厚。

2）壳墙元的板部分

单元的每个角点有3个参数：θ_{xi}，θ_{yi}，ω_i（$i=1,2,3,4$），每条边中点有2个参数：θ_{xi}，θ_{yi}（$i=5,6,7,8$），单元函数为：

$$\begin{cases} \theta_x = \sum_{i=1}^{8} N_i\theta_{xi} \\ \theta_y = \sum_{i=1}^{8} N_i\theta_{yi} \end{cases} \tag{1-11}$$

其中，N_i（$i=1,2,\cdots,8$）为8节点插值函数，即：

$$N_1 = \hat{N}_1 - \frac{1}{2}N_5 - \frac{1}{2}N_8, N_2 = \hat{N}_2 - \frac{1}{2}N_5 - \frac{1}{2}N_6 \tag{1-11a}$$

$$N_3 = \hat{N}_3 - \frac{1}{2}N_6 - \frac{1}{2}N_7, N_4 = \hat{N}_4 - \frac{1}{2}N_7 - \frac{1}{2}N_8 \tag{1-11b}$$

$$N_5 = \frac{1}{2}(1+\zeta^2)(1-\eta), N_6 = \frac{1}{2}(1+\zeta)(1-\eta^2) \tag{1-11c}$$

$$N_7 = \frac{1}{2}(1-\zeta^2)(1+\eta), N_8 = \frac{1}{2}(1-\zeta)(1+\eta^2) \tag{1-11d}$$

$$\hat{N}_i = \frac{1}{4}(1+\zeta\zeta_i)(1+\eta\eta_i) \quad (i=1,2,3,4) \tag{1-11e}$$

引入Kirchhoff理论的直法线假设，有：

① 在角点上

$$\begin{cases} \left(\frac{\partial\omega}{\partial x}\right) = \theta_{xi} \\ \left(\frac{\partial\omega}{\partial y}\right) = -\theta_{xi} \end{cases} \quad (i=1,2,3,4) \tag{1-12}$$

② 各边中点

$$\begin{cases} \theta_{\mathrm{sk}}=\dfrac{1}{2}(\theta_{si}+\theta_{sj}) \\ \qquad\qquad\qquad (k=5,6,7,8) \\ \left(\dfrac{\partial\omega}{\partial s}\right)_{\mathrm{k}}=-\theta_{\mathrm{nk}} \end{cases} \tag{1-13}$$

式中：n、s 分别表示 ij 边界的法向和切向。

③ 沿各边界 ij 上的位移 ω 可由其两端节点的 4 个参数 ω_i、$\left(\dfrac{\partial\omega}{\partial s}\right)_i$、$\omega_j$、$\left(\dfrac{\partial\omega}{\partial s}\right)_j$ 定义为一次函数：

$$\left(\frac{\partial\omega}{\partial s}\right)_{\mathrm{k}}=\frac{3}{2L_{ij}}(\omega_j-\omega_i)-\frac{1}{4}\left[\left(\frac{\partial\omega}{\partial s}\right)_i+\left(\frac{\partial\omega}{\partial s}\right)_j\right] \tag{1-14}$$

式中：L_{ij} 为 ij 边的边长。

综合上述条件可以得到单元的广义应变矩阵为：

$$[B_{\mathrm{p}}]=\begin{Bmatrix} -\dfrac{\partial\theta_{\mathrm{y}}}{\partial x} \\ \dfrac{\partial\theta_{\mathrm{x}}}{\partial y} \\ \dfrac{\partial\theta_{\mathrm{x}}}{\partial x}-\dfrac{\partial\theta_{\mathrm{y}}}{\partial y} \end{Bmatrix} \tag{1-15}$$

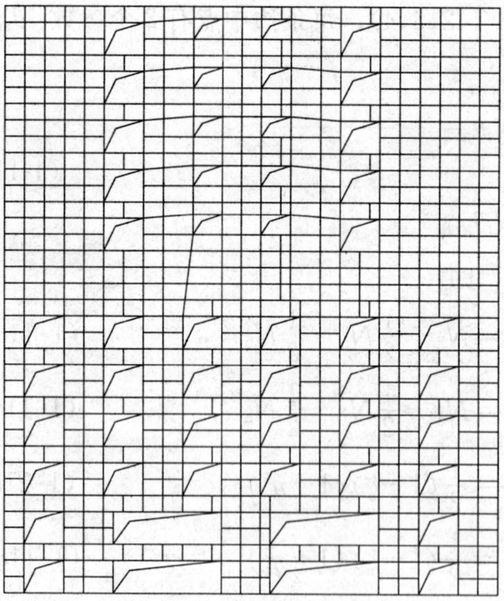

图 1-6　墙元细分示意图

壳元板部分的单刚可写成：

$$[K_{\mathrm{p}}]^{\mathrm{e}}=t\int_{-1}^{1}\int_{-1}^{1}[B_{\mathrm{p}}]^{\mathrm{T}}[D_{\mathrm{p}}][B_{\mathrm{p}}]\,|J|\,\mathrm{d}\zeta\mathrm{d}\eta \tag{1-16}$$

式中：$[D_{\mathrm{p}}]$ 为板的弯曲弹性矩阵。

计算时程序自动对墙元进行细分，如图 1-6 所示，形成若干小墙元，然后计算每个小墙元的刚度矩阵并叠加，最后将其刚度凝聚到边界点上。这种墙元对剪力墙的洞口（仅考虑方洞）的大小及空间位置无限制，具有较好的适用性。墙元不仅具有墙所在平面内的刚度，也具有平面外刚度，能较好地模拟工程中剪力墙的实际受力状态。

墙组元模型实际上是对薄壁柱模型的一种改进。墙组元采用竖向位移作为未知量，多点直接传力，变形协调，对截面的描述直观，具有一般有限元的优点。墙组元包含的自由度比薄壁杆件模型要多，但比通用有限元的自由度要少，是一种介于杆件单元与连续体有限元之间的分析单元。

1.2.2.2　楼板分析模型

楼板主要承受楼面竖向荷载作用，从理论上讲，可用平面板元或壳元来模拟其受力状态，因此可能增加许多计算工作。在过去的高层结构分析模型中，多采用“楼板平面内无限刚”假定，以达到减少自由度，简化结构分析的目的。但在某些工程中，上述假定可能导致较大的计算误差。为了确保一定的分析精度，针对各种类型的工程，尽量简化高层结构分析，可将楼板分为如下4种模型：①假定楼板整体平面内无限刚；②假定楼板为弹性板；③假定楼板分块平面内无限刚；④假定楼板分块平面内无限刚，并带有弹性连接板带。

1. 楼板整体平面内无限刚

高层建筑的楼板，尤其是现浇板，可以认为在其自身平面内只做刚体运动。即认为每一个结构层的楼板在其平面内的刚度为无限大，在其平面外的刚度可忽略不计。因而，在分析中每个楼层只采用3个公共自由度（2个平移自由度和1个绕竖轴的扭转自由度）。

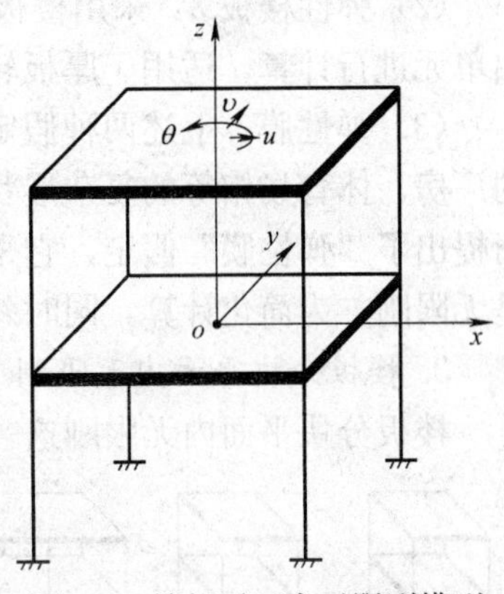

图 1-7　楼板平面内无限刚模型

当剪力墙采用开口薄壁杆元时，楼板平面内无限刚模型如图1-7所示。在这一假定下，结构自由度可大为减少。例如，当剪力墙采用上述开口薄壁杆元。梁柱采用空间杆元时，每一楼层的自由度数目 $N_f=3N_c+4N_w+3$，式中 N_c 和 N_w 分别为普通节点数和薄壁杆元的节点数。如果不采用刚性楼板假定，则每一层的自由度数目 $N_f=6N_c+7N_w$，可见采用刚性楼盖时，自由度数目减少了40%。

一般高层结构有较大的进深，楼板平面内刚度较大，采用这一假定是合理的。但应当注意，在某些特殊情况下，这个假定将导致较大的计算误差，不应采用。

2. 弹性楼板

按弹性楼板假定分析高层结构时，采用平面内板的实际刚度及弹性变形。类似于剪力墙在三维空间分析模型中采用的各类有限元，弹性楼板自身也是采用弹性楼板单元来描述。如图1-8所示，可以将弹性楼板划分为板壳单元，用静力凝聚方式消去内部自由度，只保留板块外围连接点的自由度与主体结构相连，即形成楼板板块的超级单元。在弹性楼

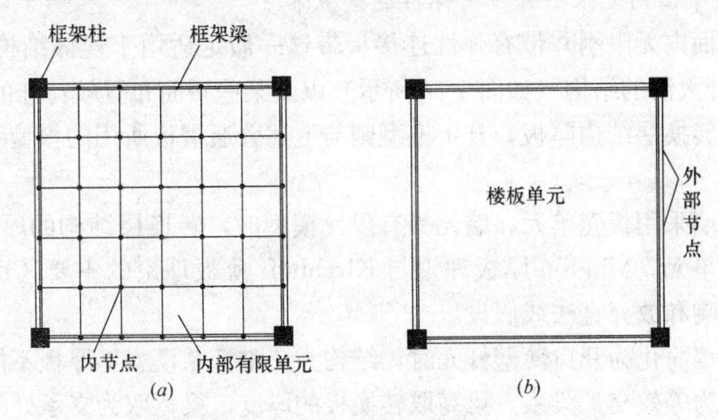

图 1-8　静力凝聚后的楼板单元

(a) 楼板划分有限单元；(b) 消去内部自由度的楼板单元

板单元形状中，以矩形最优，无奇异角度的四边形次之，再其次是三角形。这种模型是楼板分析的一般模型，误差小，并适用于各种结构，包括复杂结构（如图 1-9 所示）和高精度要求。虽然计算工作量大，但由于计算机技术的迅速发展，这已不是问题。

弹性楼板假定充分考虑了楼板平面内刚度的削弱和不均匀性，采用符合楼板平面内和平面外的实际刚度进行计算分析，其结果更真实地符合结构的计算模型。在 SATWE 中弹性楼板有弹性楼板 6、弹性楼板 3 及弹性膜等 3 种形式。

（1）弹性楼板 6：采用壳单元计算楼板面内和面外的刚度，是针对板柱结构和板柱剪力墙结构的。其计算结果会使梁的配筋偏少而不安全，所以不适用于梁板结构楼面。

（2）弹性楼板 3：采用楼板平面内无限刚，平面外刚度按实际计算的方法，用厚板弯曲单元进行计算，适用于厚板转换层结构的转换厚板分析计算。

（3）弹性膜：上述两种假定对框架、剪力墙、框架-剪力墙、框架-筒体等结构及空旷的厂房、体育场馆等的复杂形状楼板的计算都不适合，特别是梁配筋的安全性不可靠，从而提出了“弹性膜”假定，它采用平面应力膜单元来真实地计算楼板的平面内刚度，而不是无限刚。为简化计算，同时忽略楼板平面外的刚度，即平面外刚度为零。

3. 楼板分块平面内无限刚

楼板分块平面内无限刚这一假定适用于多塔及错层结构，如图 1-9（*a*）、（*d*）所示。

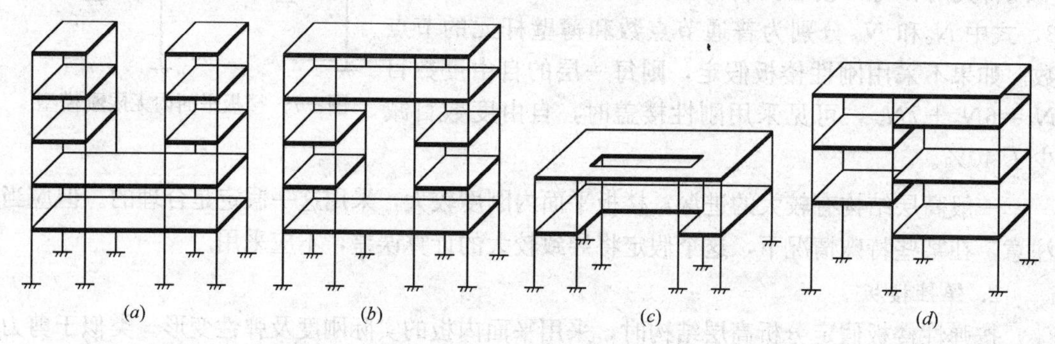

图 1-9　复杂的高层结构

（*a*）多塔楼；（*b*）连体结构；（*c*）楼板开大洞；（*d*）错层结构

4. 楼板分块平面内无限刚并带有弹性连接板带

楼板分块平面内无限刚并带有弹性连接板带这一假定适用于连体结构（如图 1-9*b* 所示）、楼板局部开大洞的结构（如图 1-9*c* 所示）以及某些平面布置较特殊的结构。

对于楼板是转换层结构厚板，分析模型则与上述普通楼板所用的模型不同，主要采用下列两种模型：

（1）当剪力墙采用板壳单元、墙元等有限元模型时，转换层结构的厚板采用 Mindlin 板理论及中厚板单元。Mindlin 厚板理论与 Kirchhoff 薄板理论的主要区别在于不再忽略剪切应变场的影响和放弃直法线假设。

（2）当剪力墙简化为开口薄壁杆元时，结构为三维杆系模型，厚板不能直接考虑，须将实体厚板转化为等效交叉梁系。梁高取转换板的厚度，梁宽取为支承处的柱网间距，即每侧的宽度取其间距之半，但不超过板厚的 6 倍。

对于上述 4 种模型，模型 1 适用于多数常规结构；模型 2 模型化误差最小，但其计算量最大，可用于特殊楼板结构或要求分析精度高的高层结构；模型3适用于多塔或错层结构；模型4适用于楼板局部开大洞、塔与塔之间上部相连的多塔结构及某些平面布置较特殊的结构。在使用中可根据实际情况，灵活应用，以最少的计算工作，达到预期的分析精度要求。如对于一个具体结构，可采用4种模型中的一种，也可对结构不同的楼层，根据其实际需要，采用几种不同的模型。

1.3 结构计算机分析软件介绍

建筑结构因为体量很大，内力计算和截面设计一般通过计算程序由计算机来实现。针对不同的结构类型及计算要求，选用合适的通用或专用计算程序，对设计工作有重要的意义。国内外结构计算程序很多，结构计算机辅助设计系统（CAD）也有各种版本。目前的结构计算程序主要有：PKPM系列（TAT、SATWE）、TBSA系列（TBSA、TBWE、TBSAP）、广厦结构软件、ETABS 、MIDAS、SAP系列等。本节主要介绍一些实用计算程序，供结构计算和设计时选用。

1.3.1 PKPM程序简介

PKPM软件主要由钢筋混凝土框、排架及连续梁结构计算与施工图绘制软件PK，结构平面计算机辅助设计软件PMCAD，多层及高层建筑结构三维分析与设计软件TAT，高层建筑结构动力时程分析软件TAT-D，平面有限元框支剪力墙计算配筋软件FWQ，多层及高层建筑结构空间有限元分析与设计软件SATWE等一系列软件构成。

PMCAD是中国建筑科学研究院开发的PKPM系列软件的核心，也是建筑CAD与结构CAD的必要接口。PMCAD软件采用人机交换方式，引导用户逐层布置各层平面和各层楼面，再输入层高建立起一套描述建筑物整体结构的数据。结构布置包括柱、梁、墙、洞口、预制板、挑沿、错层等。

PMCAD具有较强的荷载统计和传导计算功能，除计算结构自重外，还自动完成从楼板到次梁，从次梁到主梁，从主梁到承重柱和墙，再从上部结构传到基础的全部计算，加上局部的外加荷载，方便地建立起整栋建筑的数据。

PK可以单独完成平面杆系的结构计算，完成钢筋混凝土框架、排架、连续梁的计算和施工图辅助设计。它还可以接力PKPM系列的其他软件的计算结果，绘制混凝土框架梁柱的施工图。

TAT是面向微机的高层及多层建筑结构空间分析程序，它采用空间杆系、薄壁柱计算模型，可计算多种规则或复杂体型的钢筋混凝土框架、框架-剪力墙、剪力墙、筒体结构。TAT还针对高层钢结构特点，对水平支撑、垂直支撑、斜柱等均作了考虑，因此可用于分析计算高层钢结构。TAT还可用来分析交叉梁系结构。主要功能简述如下：

（1）采用三维空间模型，对剪力墙采用薄壁柱单元，对梁柱采用空间杆系，使程序可以用于分析复杂体型结构，更真实地反映结构的受力性能。

（2）自动导算统计风荷载。

（3）对复杂体型结构可进行地震作用下的平动和扭转耦联分析，考虑竖向荷载、风荷载和地震作用在不同工况下的内力组合形式可达42种，可对结构进行罕遇地震作用下薄弱层的弹塑性位移计算，找出薄弱层。可模拟施工过程，进行竖向荷载作用下的施工模拟计算，解决一般程序中一次性加载时对柱轴向变形估计过大而引起的误差问题，可更真实地反映结构受力性能。

(4) 可以考虑活荷载不利分布对梁的影响，对于多层结构或大活荷载结构，设计更安全、更可靠。

(5) 可改变水平力作用的刚性，程序自动按转角进行坐标转换，以考虑任意方向的风荷载和地震作用。

(6) 对柱墙上、下端有偏心的结构，程序自动处理偏心刚域。

(7) 程序配有斜柱、斜支撑单元以及异形截面柱、弧梁等。

(8) 可以计算多塔、错层等特殊结构形式，并可考虑梁柱偏心的效应。

(9) 可进行各层梁的活荷载不利布置计算，TAT 可将恒载和活载分开计算，并按每根梁单独施加活载的反复循环计算，精确地得出每根梁在活载作用下的最大正弯矩和最大负弯矩包络。

SATWE 是 Space Analysis of Tall-Buildings with Wall-Element 的词头缩写，是根据现代多、高层建筑发展要求，专门为多、高层建筑设计而研制的空间组合结构有限元分析软件。SATWE 具有如下特点：

(1) 模型化误差小、分析精度高

对剪力墙和楼板的合理简化及有限元模拟是多、高层结构分析的关键。SATWE 以壳元理论为基础，构造了一种通用墙元来模拟剪力墙，这种墙元对剪力墙的洞口（仅限于矩形洞）的尺寸和位置无限制，具有较好的适用性。墙元不仅具有平面内刚度，也具有平面外刚度，可以较好地模拟工程中剪力墙的真实受力状态，而且墙元的每个节点都具有空间全部 6 个自由度，可以方便地与任意空间梁、柱单元连接，而无需任何附件约束。对于楼板，SATWE 给出了 4 种简化假定，即假定楼板整体平面内不限刚、分块无限刚、分块无限刚带弹性连接板带和弹性楼板。上述假定灵活、实用，在应用中可根据工程的实际情况采用其中的一种或几种假定。

(2) 计算速度快、解题能力强

SATWE 具有自动搜索微机内存功能，可把微机的内存资源充分利用起来，最大限度地发挥微机硬件资源的作用，在一定程度上解决了在微机上运行的结构有限元分析软件的计算速度和解题能力问题。

(3) 前后处理功能强

SATWE 以 PMCAD 为其前处理模块，PMCAD 操作简单，输入效率高。SATWE 读取 PMCAD 生成的几何数据及荷载数据，自动将其转换成空间有限元分析所需的数据格式，并具有自动导荷及墙元和弹性楼板单元自动划分功能，大大方便了用户的使用。

SATWE 以 PK、JLQ 等为后处理模块，由 SATWE 完成内力分析和配筋计算后，可接 PK 绘梁、柱施工图，并可为各类基础设计软件提供柱、墙底组合内力，作为各类基础的设计。

1.3.2 TBSA 程序简介

TBSA 软件是一种建筑空间分析程序，分别有空间杆件、薄壁柱单元力学模型，可计算包括框架、剪力墙、框架-剪力墙结构以及筒体结构等多种结构模式的单塔式、多塔式建筑、连体建筑和错层建筑等复杂结构体系，计算能力强大。

TBSA程序是分析多层及高层建筑结构的专用程序，对结构体系和平面立面布置无特殊要求和限制。程序按结构力学三维空间分析，梁、柱、斜柱采用空间杆单元，每端6个自由度；剪力墙采用空间薄壁杆单元，考虑了截面翘曲影响，每端7个自由度。程序不仅可以对框架结构、框架-剪力墙结构、剪力墙结构、筒体结构等常用的结构形式进行计算分析和配筋设计，还可用于其他更复杂的结构体系。程序假定楼板面内无限刚，不考虑面内变形。多塔楼、错层结构采用分块刚性，按广义楼层处理。独立杆件和自由节点不受此限制。

1.3.3 广厦结构软件简介

1.3.3.1 广厦CAD系统

广厦CAD系统主要由以下几部分组成：

（1）广厦录入系统：通过图形交互输入结构平面的几何、荷载信息，并进行数据检查、导荷载、与结构分析软件的接口数据转换以及几何和荷载的简图打印。

（2）广厦楼板次梁砖混计算：自动计算规则和不规则楼板的内力和配筋；按用户指定方向计算连续板带；计算不进入结构分析程序的次梁的内力和配筋，进行砖混部分抗震验算和受压验算。

（3）广厦配筋系统：通过自动读取结构分析的计算结果和楼板、次梁的计算结果，调用专家库，按规范要求，进行楼板、主梁、次梁、矩形柱、圆柱、异形柱、剪力墙的配筋，进而自动形成施工图、定位图、梁表、柱表、梁柱平面表示、模板图等图表。对超筋或截面不合理的构件进行警告。

（4）广厦施工图系统：可对施工图、定位图、梁表、柱表进行多窗口交互编辑（包括图元和文字的移动、修改、添加、删除等）和图表输出。可对板、梁、柱、墙进行归并。图表输出可选择直接输出到外设和AutoCAD输出两种方式。

（5）广厦多高层空间分析程序SS：采用空间薄臂杆系计算模型。

（6）广厦多高层建筑三维（墙元）分析程序SSW：采用空间墙元杆系计算模型。

（7）广厦基础CAD系统：扩展基础、桩基础的计算和出图，弹性地基梁和筏形基础的计算。

（8）广厦平面应力分析和弹性动力时程分析程序。

1.3.3.2 广厦多高层空间分析程序SS

广厦多高层空间分析程序SS的主要功能：

（1）SS可用于多层、高层建筑物的三维结构分析。

（2）结构形式包括框架、剪力墙、框架剪力墙等。

（3）杆件的截面可为矩形、梯形、L形、十字形、圆形、工字形等，墙体的截面可为任意形状。

（4）荷载包括竖直荷载（恒载和活载）和水平荷载（水平面任定的两主轴方向的风荷载和地震作用）。

（5）考虑弯曲变形，并可考虑轴向变形、扭转变形和剪切变形。

（6）自重、楼层重和重心均由程序计算，偏心、刚域、刚臂、转杆等结构要求均由程序自动处理。

（7）考虑模拟施工。

1.3.3.3 广厦多高层建筑三维（墙元）分析程序 SSW

广厦多高层建筑三维（墙元）分析程序 SSW 主要功能：

（1）用于多层、高层建筑物的三维结构分析。

（2）分析多塔楼、连体结构，包括各种含空间框架-剪力墙的结构。

（3）计算含错层、跨层柱、墙中梁柱等的复杂结构。

（4）对于剪力墙采用连续体有限元分析，对于框架系统采用空间杆系有限元分析。

（5）考虑多种截面类型，并对梁、柱、异形柱和剪力墙作配筋计算。

（6）荷载包括垂直荷载（永久和可变荷载）和水平荷载（风和地震作用）。

（7）采用三向耦连地震分析，考虑任定多个方向的地震作用。

（8）考虑（或不考虑）抗震设计时的框架内力调整。

（9）考虑（或不考虑）施工模拟。

（10）考虑弯曲变形、轴向变形、扭转变形和剪切变形。

（11）计算规模原则上不受限制。

1.3.4 ETABS 软件简介

ETABS 是一个完全集成化的系统，内嵌在简单直观用户界面下的是非常强大的数值方法、设计过程与国际设计规范，所有这些都是通过一个统一完善的数据库来协同工作的。这样的集成意味着用户仅需建立一个楼板系统以及垂直和侧向框架系统的模型，就能分析与设计整个建筑物。

用户所需要的一切都集成到基于 Windows 图形用户界面的一个通用分析与设计软件包。无需外部模块维护，程序与模块之间没有数据转换。结构一部分的变化即时自动地作用在另一部分上。集成模块包括：

（1）用于建模的绘图模块。

（2）地震作用与风荷载的生成模块。

（3）当楼板单元不能作为楼板系统的一部分提供平板弯曲时，可将垂直荷载传递到柱和梁。

（4）基于线性静力分析与动力分析的有限元模块。

（5）基于非线性静力分析与动力分析的有限元模块（仅在 ETABS 非线性版本中有效）。

（6）输出显示和报告生成模块。

（7）钢框架设计模块（柱、梁与支撑）。

（8）混凝土框架设计模块（柱与梁）。

（9）组合梁设计模块。

（10）钢桁架梁设计模块。

（11）剪力墙设计模块。

ETABS 把建筑物理想化为面对象、线对象和点对象的集合，用这些对象分别代表墙、楼板、柱、梁、支撑以及连接、弹簧等物理构件。基本结构几何形状是通过一个简单的三维空间轴网系统来定义的，也能够用相对简单的建模技术处理非常复杂的结构。结构的平面可以是非对称、非矩形的。结果能够精确地反映出楼板的扭转效应以及各层楼板的相互作用与协调。计算结果强调三维空间位移的一致性与协调性，使其能得到相对较小柱距的高层结构性能的筒状效应。可以模拟半刚性隔板以获取楼板平面内变形的效果。楼板对象可在相邻楼层之间跨越以产生倾斜楼板（斜坡），这对于停车库结构的建模来说很有用。不采用人造的（“虚的”）楼板和柱线即可建立部分隔板模型，如夹层、缩进、中庭和楼板开洞。它也能模拟在每层上建立多个独立的隔板模型，允许建立在相同基础上的多塔结构模型。柱、梁和支撑单元可以是非等截面的，而且在端部连接处可以局部固定。它们也可以有均布、部分均布或梯形分布的荷载模式，也可以有温度荷载。使用自动计算得到的末端偏移量，考虑梁和柱的有限尺寸对框架结构刚度的影响。楼板和墙可以模拟成只有平面内刚度的膜单元、只有平面外刚度的板弯曲单元或组合了平面内外刚度的壳单元。楼板和墙对象可以具有平面内或平面外的均布荷载模式，也可以有温度作用，柱、梁、支撑、楼板和墙对象在连接部位均彼此协调一致。

可以对用户指定的作用于楼板或楼层的竖向、侧向荷载进行静力分析。如果模拟具有板弯曲承载力的楼板单元，那么作用在楼板上的垂直均布荷载将通过楼板单元的弯曲传递到梁和柱。否则，作用在楼板上的垂直均布荷载将自动地转换为相邻梁上的跨间荷载或相邻柱上的节点荷载。因此，不需要进行外在的框架二次模拟，就能自动地完成将楼板附属荷载传递到楼板梁上的繁重工作。程序能自动生成符合各种不同建筑规范要求的地震作用、侧向风荷载作用模式。使用特征向量或 Ritz 向量分析，可以计算三维空间振型形状和频率、振型参与系数、方向系数及参与质量等。无论在静力或动力分析中都可以包括 P-Δ 效应。可进行反应谱分析、线性时程分析、非线性时程分析以及静力非线性（Push-over）分析。为了包括由于施工顺序所引起的各种力，静力非线性分析功能允许用户进行递增的施工顺序荷载分析。各种不同静力荷载条件下产生的结果可以相互组合，也可与动力反应谱或时程分析的结果进行组合。输出可以用图形方式显示，或者以表格输出的形式显示，可输出到打印机，输出到数据库文件或保存到 ASCII 码文件中。输出结果类型包括反力和构件力、振型和参与系数、静力和动力下的楼层位移与层间剪力、层间位移率和节点位移、时程轨迹数据等。

1.3.5 MIDAS 程序简介

MIDAS Information Technology Co., Ltd.（简称 MIDAS IT）成立于 2000 年 9 月 1 日，是 POSCO 集团成立的第一个 venture company，其软件产品涵盖了建筑、桥梁和隧道基坑等方面。在结构设计方面，MIDAS/Gen 全面强化了实际工作中结构分析所需要的分析功能。通过在已有的有限元库中加入索单元、钩单元、间隙单元等非线性单元，结合施工阶段、时间依存性、几何非线性等最新结构分析理论，从而计算出更加准确的和切合实际的分析结果。采用的是自行开发的新概念 CAD 形式的建模技术，加以如 Auto Mesh Generation、结构建模助手等高效自动化建模功能，可以提高建模效率。设计方面包含有 ACI 标准、钢结构设计用容许应力设计法（ASD）、极限强度设计法（LSD、LRFD）等最新的荷载标准和设计规范。特别是钢结构的优化设计（Optimal Design）功能可以在考虑多种设计要求的基础上进行最优化的轻量设计，从而提高了效率和精确性。

1.3.6 SAP2000 程序简介

由 E. L. Wilson 等编制，美国 CSI 公司（Computers and Structures，Inc.）开发的 SAP 程序系列有 SAP90、SAP91、SAP92、SAP93、SAP2000 等。其中 SAP2000 是 SAP 程序系列中较新的一个，是当今微机结构工程有限元技术的代表之一。

SAP2000 具有极强的功能，可以模拟大量的结构形式，包括房屋建筑、桥梁、水坝、油罐、地下结构等。在 SAP2000 中可以对这些结构进行静力和动力计算，特别是地震作用下的计算，其分析的结果将被组合起来用于设计。

静力荷载除了在节点上指定的力和位移外，还有重力、压力、温度和预应力荷载。动力荷载可以用地面运动加速度反应谱的形式给出，也可以用时变荷载形式和地面运动加速度的形式给出。对于桥梁结构可作用车辆动荷载。

SAP2000 有丰富的单元库，还有绘图模块及各种辅助模块（交互建模器、设计后处理、热传导分析模块、桥梁分析模块等）。

1.3.7 国内部分建筑结构计算软件比较

1.3.7.1 剪力墙计算模型对比

当前结构分析软件对剪力墙采用的计算模型主要有 5 类，其代表性的计算软件有：

(1) 开口薄壁杆件模型：TBSA、TAT、广厦 SS。

(2) 板-梁墙元模型：ETABS、TUS、ETS4（对实体或开洞剪力墙用平面应力有限元分析，简称墙元分析）。

(3) 板壳墙元模型：SAP90、SATWE、STAADⅢ。

(4) 墙组元模型：TBWE，广厦 SSW。

(5) 空间板壳模型：通用有限元分析软件 ANSYS、ADINA、ABAQUS。

1. 开口薄壁杆件模型

开口薄壁杆件模型基本假定为：①在小变形条件下，杆件截面外形轮廓线在其自身平面内保持刚性，即不变形；在出平面方向（杆轴方向）可以翘曲。②杆件平面上的剪应变为零，即认为相交于某点的母线与外轮廓线变形后仍保持相互垂直关系。

开口薄壁杆件模型中，薄壁墙将整个平面联肢墙或整个空间剪力墙筒视为一根薄壁柱，墙与梁的交接引入“刚臂”，墙与柱的交接也引入刚臂以处理二者的偏心。薄壁墙模型是一种易与杆系分析相衔接的常用模型。采用该模型可直接得出内力结果而无需经应力积分，分析自由度数也相对少些，使得高层建筑的计算得到简化，对于结构高度较大，结构布置规则，特别是竖向布置规则的结构，分析结果比较理想。

但薄壁杆件模型也存在明显的缺陷：

1) 薄壁杆件 2 条基本假定的限制。由于第 1 条假定的限制，以薄壁杆件理论为基础研制的软件不能考虑楼板的弹性变形的影响，而只能采用楼板平面内无限刚假定；第 2 条假定忽略了剪切变形影响。对于复杂连接的剪力墙（大型剪力墙筒），高估了其刚度。因此一般认为薄壁墙的侧向刚度过大，尤其是大的剪力墙筒时，整个筒体两向的惯性矩过大，这与实际不符。

2）在采用薄壁杆件理论分析剪力墙时，由于剪力墙洞口左右两侧只有一个变形协调点，因此，对于开洞剪力墙上下洞口之间的部分用连梁来模拟，这种方法实际上削弱了剪力墙原型的变形协调关系，使得分析结果偏柔。

3）当剪力墙连接复杂，洞口不对齐，有较大集中荷载等情况存在时，不满足薄壁杆件理论的基本假定及几何要求，用 TAT、TBSA 分析时会有一定的误差。工程应用表明：对于高度较大，结构布置，特别是剪力墙布置比较规则的结构，薄壁杆模型是比较理想的，精度足以满足工程设计要求，但对高度较低或结构布置比较复杂的结构，薄壁杆件模型并不理想。

4）当水平面扭转时，扭转中心不确切，这将影响与水平面扭转有关的结果。墙梁交接时引入刚臂，对梁的嵌固作用过大，使梁端弯矩偏大；墙柱交接时也提供了不合理的偏心，影响了竖向荷载的正确传导，并产生不合理的弯矩和水平位移。即使是平面墙肢，当刚臂较大时，与之平面内交接的梁端弯矩结果是不确切的，按墙肢中轴线计算出的负弯矩，在墙体内即刚臂段，弯矩为线性变化，转换至纯梁端，使梁端出现正弯矩。采用薄壁墙模型，凡与墙交接的梁，其端弯矩不确切，这往往使设计者困惑。同样因刚臂的原因，与墙交接的柱，其因偏心产生的弯矩也不确切。

杆单元点接触传力与变形的特点使 TBSA、TAT 等计算结构转换层时误差较大。因为从实际结构来看，剪力墙与转换结构的连接是线连接（不考虑墙厚的话），实际作用于转换结构的力是不均匀分布力，而杆系模型只能简化为一集中力与一弯矩。

2. 板-梁墙元模型

板-梁墙元模型是以膜元、边柱和层间处刚性梁来模拟层高范围内的一片剪力墙，把无洞口或者较小洞口的一片剪力墙模型化为一个墙板单元，把有较大洞口的一片剪力墙模型化为一个由墙板单元和连梁组成的板-梁体系，把洞口两侧部分作为两个墙板单元，上下层剪力墙洞口间部分可作为连梁也可作为墙板单元。

板-梁墙元模型中梁、柱、斜杆为空间杆件，剪力墙为允许设置内部节点的改进型墙板单元，具有竖向拉压刚度、平面内弯曲刚度和剪切刚度，边柱作为墙板单元的定位和墙肢长度的几何条件，一般墙肢用定位虚柱，带有实际端柱的墙肢直接用端柱截面及其形心作为边柱定位。在单元顶部设置特殊刚性梁，其刚度在墙平面内无限大，平面外为零，既保持了墙板单元的原有特性又使墙板单元在楼层边界上全截面变形协调。

墙元将墙分为若干单元。因其形函数选取不同，墙元也有所不同。由于墙元节点一般不足 6 个自由度，在处理它与平面内外杆件交接时，墙元通常要作“镶边”处理，即在左右或上下边引入用于转换的柱和梁。墙元分析在墙体内应力合理地呈曲线变化，能得到较为确切的结果。

采用平面应力分析，墙体内无论竖向还是水平向，其应力变化都是曲线，此将使与墙交接的梁和柱获得较为精确的弯矩结果，这是墙元分析逐渐取代薄壁墙分析的一个重要原因。墙元模型要处理与平面内、外梁柱的交接，一般是加镶边辅助柱、梁用于刚度转换。为处理与梁的平面外交接，转换柱取略大于梁宽范围的截面刚度即可，实际上，墙对梁的嵌固作用也仅在此范围有效。

板-梁墙元模型的缺陷表现为板-梁墙元模型是按“柱线”把剪力墙划分成多个板单元的，为变形协调，“柱线”从上至下应对齐、贯通，但当剪力墙洞口不对齐（不等宽）、各层与剪力墙搭接的梁平面有变化时，将导致“柱线”又密又多，增加了许多板单元，使板单元又细又长，刚度奇异，使结果失真。用梁单元模拟洞口部分的剪力墙，削弱了剪力墙原型的变形协调关系，使分析结果存在偏差。

3. 板壳墙元模型

由于剪力墙既承受水平荷载作用，又承受竖向荷载作用，而它本身既有平面内刚度，又有平面外刚度，壳墙元可以真实反映剪力墙的应力应变规律，是一种高精度单元。同时壳墙元的每个结点都具有空间的全部 6 个自由度，能够方便的与柱、梁等空间构件自然变形协调，可以很好地模拟剪力墙与柱、梁等构件的连接特性。

板壳墙元模型中，壳元是平面应力元与板元的叠加。传统的壳元只有 5 个自由度，没有法向转角，因而它与平面内的梁连接是铰接的。有些软件选用的壳元是改进的 6 自由度壳元。壳元是膜元加板元，起主要作用的是膜元。板元作用在于处理墙元的平面外交接，不需如膜元模型那样要引入转换杆件，这是壳元模型的有利之处。由于壳元提供了墙元的平面外刚度，必然产生单元的平面外剪力，此剪力不作为需要的结果，但却减少了柱的剪力分配，甚至于减少了本应主要承受某向剪力的其他墙的剪力分配。壳元的平面外弯曲刚度也会使法向交接梁端弯矩偏大，壳元本身的平面外弯矩同样也不作为需要的结果。

SATWE 为了克服壳元模型中剪力墙单元划分的困难，引进了 SAP84 的墙元概念，创建了在四节点等参平面薄壳单元的基础上凝聚而成的壳元墙元，该薄壳是平面应力膜和板的叠加，有 6 个自由度，3 个为膜自由度，3 个为板弯曲自由度。这不仅简化了剪力墙的几何描述，解决了剪力墙单元自动划分问题，而且通过子结构技术，减少了结构总自由度数，提高了分析效率，从而确保了 SATWE 的实用性。同时 SATWE 也对楼板的模型简化给予了足够的重视，引进弹性楼板单元来描述弹性楼板。通过以三角形薄壳单元、矩形薄壳单元和四节点等参平面薄壳单元模拟普通的弹性楼板单元，加上以三角形厚板单元和四节点等参厚板单元模拟转换层厚板单元，使得多塔、错层结构、楼板局部大洞及特殊楼板结构的分析精度都能够得到保证。

SATWE 采用空间有限元板壳墙元模型计算分析剪力墙（与 SAP 一致），是目前精度很高的计算方法。从 PMCAD 数据自动进行壳单元的划分，并妥善处置上下洞口任意排布、弧墙等复杂情况。这种计算模型对剪力墙洞口的空间布置无限制，允许上下洞口不对齐，也适用于计算框支剪力墙转换层等复杂结构。在壳元基础上凝聚而成的墙元可大大减少计算自由度，并成功地在微机上实现快速高精度计算。而且，还可对楼板作弹性设计，并给出 4 种假定，即整体平面无限刚、分块无限刚、分块无限刚加弹性连接板带和弹性楼板。应用中可根据工程实际情况和分析精度要求选用其中一种或几种假定，从而大大提高分析复杂平面的计算精度。前处理功能简单易于操作，数据准备工作量小，且计算中还可考虑多种影响因素，如：恒、活载分算，梁活载不利布置计算，柱、墙及基础活载折减，钢结构计算，上部结构与地下室联合工作分析及地下室设计，斜梁分析与设计，复杂砌块结构有限元分析与抗震验算等。

4. 墙组元模型

墙组元模型引入如下假定：①沿墙厚方向，纵向应力均匀分布；②切向正应力、轮廓法线正应力与纵向应力比较可以忽略；③墙组截面形状保持不变，即认为截面在其平面内是无限刚性的。

实质上，墙组元模型在薄壁杆件模型的基础上作了改进，不但考虑了剪切变形的影响，而且引入节点竖向位移变量代替薄壁杆件模型的形心竖向位移变量，更准确地描述剪力墙的变形状态，是一种介于薄壁杆件单元和连续体有限元之间的分析单元。沿墙厚方向，纵向应力均匀分布，纵向应变近似定义为$\varepsilon=\sigma_2/E$，墙组截面形状保持不变。

另外，在TBWE中，考虑了剪力墙的剪切变形的影响，比薄壁柱模型能更真实地反应剪力墙的应力场和应变场。在结构高度较低、剪力墙布置比较复杂的情况下，墙组元模型的数值计算结果比薄壁杆件模型更符合工程实际情况。

5. 空间板壳单元

除了以上提到的各种剪力墙模型以外，SAP2000、ANSYS等通用程序也可用来对高层建筑结构进行分析设计。在这些通用程序中，单元类型非常丰富，并且能根据结构的实际情况进行单元划分，计算模型最为接近实际结构。剪力墙与框架等构件不同，剪力墙等平面构件的特点是其长度和宽度往往在一个数量级上，而厚度则比长度和宽度要小很多。故对于剪力墙，最适宜的有限单元是空间板壳单元。

分层壳墙模型是将一个壳单元划分成很多层，各层可以根据需要设置不同的厚度和材料性质（混凝土、钢筋）。在有限元计算时，首先得到壳单元中心层的应变和曲率，然后根据各层材料之间满足平截面假定，可以由中心层应变和曲率得到各钢筋和混凝土层的应变，进而由各层的材料本构方程得到各层相应的应力，再积分得到整个壳单元的内力。与已有的剪力墙宏观分析模型相比，分层壳墙模型可以直接将混凝土和钢筋材料的本构关系与剪力墙的非线性行为联系起来，不仅可以考虑面内弯曲剪切的耦合作用，还可以考虑面内面外弯曲的耦合，在描述实际剪力墙复杂非线性行为方面有着明显的优势，特别是对于由多片剪力墙组成的筒体，采用分层壳墙模型可以较准确的模拟其空间受力性能。

利用分层壳墙模型建模时，考虑到剪力墙中竖向和水平分布筋一般分布均匀的特点，可选用“弥散”钢筋建模方式。通过在分层壳单元中加入适当的钢筋层，将钢筋弥散到钢筋层中。如果墙体纵横配筋率相同，钢筋层的材料可以设置为各向同性，以同时模拟纵向钢筋与横向钢筋；如果墙体纵横配筋率不同，可分别设置具有不同材料主轴方向的正交各向异性钢筋层；并使相应层的材料第一主轴方向刚度远大于其他方向刚度，从而分别模拟纵向钢筋和横向钢筋。这一建模方式可大大简化建模工作量。除了“弥散”钢筋建模，还可以采用“离散”钢筋建模方式，即将钢筋单独用杆件单元（桁架单元、梁单元）加以模拟。这种方式适合于剪力墙边缘有暗柱、连梁等特殊配筋部位的模拟。由于在这些部位钢筋分布不均匀，还有可能存在交叉斜向配筋等布筋形式，采用“离散”钢筋建模可以较为准确的模拟实际情况。在这种建模方法中，利用目前通用的有限元软件提供的内嵌钢筋功能，就能够使杆单元模拟的钢筋和壳单元模拟的混凝土之间位移协调并共同工作，避免了设定对应节点自由度耦合的繁杂操作，从而简化建模工作量，便于实际工程应用。

需要指出的是，就剪力墙的计算和设计而言，着重其平面内的分析，即使对剪力墙筒或空间剪力墙，规范也是按墙肢平面考虑的。

1.3.7.2 其他性能比较

表1-1给出国内部分建筑结构计算软件性能比较。

建筑结构计算软件性能比较 　　表 1-1

软件名称	结构分析模型	楼板假定	考虑构件的受力变形	是否模拟施工加载	适用的结构体系	对多塔楼、错层、连体结构的适用性
TBSA	三维空间分析，梁、柱、斜杆作为空间杆件，剪力墙作为薄壁杆件，考虑截面的翘曲影响	刚性楼板假定	考虑梁的弯曲、剪切和扭转变形，柱或斜柱还考虑偏压、偏拉变形	对单塔楼可考虑模拟施工	多层与高层的钢筋混凝土框架、框架-剪力墙、剪力墙及筒体结构	可分析多塔楼、错层、连体等结构
TAT	三维空间分析，梁、柱、斜杆作为空间杆件，剪力墙作为薄壁杆件	刚性楼板假定	考虑梁的弯曲、剪切和扭转变形，柱或斜柱的弯曲、剪切、扭转和轴向变形	可以进行施工模拟，恒、活载分开计算，且考虑梁上活荷载的不利布置	高层钢筋混凝土框架、框架-剪力墙、剪力墙、筒体结构以及带有斜柱、钢支撑的钢结构或混合结构	可计算多塔楼、错层等特殊结构，并考虑梁柱偏心效应
SS	三维空间分析，梁、柱作为空间杆件，剪力墙作为薄壁杆件	刚性楼板假定	考虑弯曲、轴向、扭转和剪切变形	具有施工过程模拟加载，且恒、活载分开计算	适用于多层及高层框架、框架-剪力墙及剪力墙结构	适用于单塔结构
SATWE	采用空间杆单元模拟梁、柱和支撑构件，在壳元基础上凝聚而成的墙元模拟剪力墙	楼板平面整体平面内无限刚、分块无限刚、分块无限刚带弹性连接板、弹性楼板	考虑梁弯曲、剪切和扭转变形，柱和支撑的弯曲、剪切、扭转和轴向变形	具有施工过程模拟加载，恒、活载分开计算，并考虑梁上活荷载的不利布置	适用于多层及高层现浇钢筋混凝土框架、框架-剪力墙、剪力墙和筒中筒结构	适用于多塔、错层、转换层及楼板局部大开洞等特殊结构形式
TUS	采用空间单元模拟梁、柱构件，无洞口或小洞口的一片剪力墙化为简单墙元，即一个模单元＋边梁＋边柱	刚性楼板假定	考虑梁的弯曲、剪切和扭转变形，柱和斜柱的弯曲、剪切、扭转和轴向变形	自动进行垂直荷载加载的施工过程模拟计算	适用于现浇钢筋混凝土框架、框架-剪力墙、剪力墙、框架-筒体、筒中筒结构和高层钢结构	可以计算错层结构、单塔结构
SSW	三维空间分析，框架用空间杆件分析，剪力墙用连续体有限元分析	刚性楼板假定	考虑弯曲、轴向、扭转和剪切变形	具有施工过程模拟加载，恒、活载分开计算	适用于由框架和剪力墙组成的各类结构	可对大底盘多塔楼、错层、连体等复杂结构进行分析

第 2 章　建筑结构整体模型创建

本章以实际建筑结构工程为例，介绍建筑结构整体模型建立。启动 PKPM 主菜单，点击“结构”选项，启动结构主菜单界面，点击左侧菜单的 PMCAD，右侧出现 PMCAD 主菜单，如图 2-1 所示。

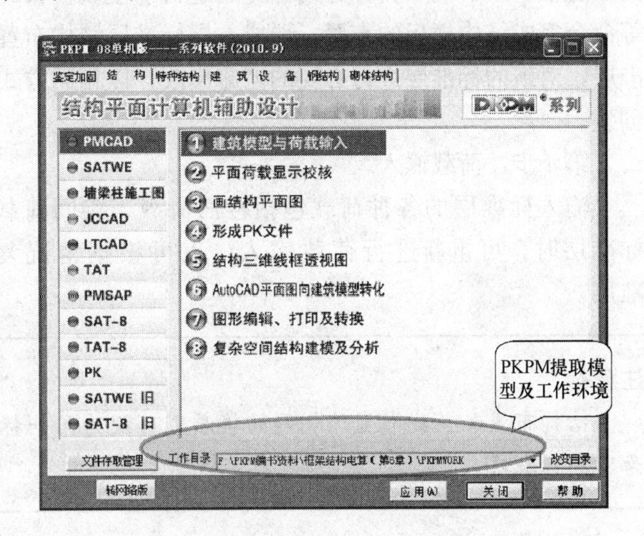

图 2-1　PMCAD 主菜单

PMCAD 通过人机交互方式建立全楼的结构模型。利用人机交互方式可在屏幕上直接布置各层柱、梁、墙、洞口、楼板等结构构件，快捷地建立全楼结构框架，在此过程中可随时进行修改、复制、查询等操作。

另外，软件能够自动导算荷载和建立恒、活荷载库。不仅可以计算结构自重，还可自动完成从楼板到次梁，从次梁到主梁，从主梁到承重柱、墙以及从上部结构传到基础的全部计算，再加上局部的外加荷载，建立完整的建筑荷载数据模型。为各种计算模型提供计算所需数据文件。

以建立好的模型数据为基础，程序将自动对模型进行整理、补充，并分析整体模型上下各层、轴网和构件的关系，向后续各模块提供更全面和规范的数据接口，确保软件的统一性和整体效率。

计算分析完毕后，软件可绘制各种类型结构的结构平面图和楼板配筋图。包括柱、梁、墙、洞口的平面布置、尺寸、偏轴、轴线及总尺寸线，绘制预制板、次梁及楼板开洞布置，计算现浇楼板内力与配筋并绘制板配筋图。

2.1　结构整体模型的建立步骤

通过建立建筑物的定位轴线，形成网格和节点。在网格和节点上布置构件形成各标准层的平面布局，各标准层配以不同的荷载和层高，形成建筑物的竖向结构布局，完成建筑结构的整体描述。具体步骤如下：

第 1 步：轴线输入

利用 PMCAD 平台绘制建筑物整体的平面定位轴线。这些轴线可以是与墙、梁等长的线段，也可以是一整条建筑轴线。不同标准层可有不同的轴线网格，复制某一标准层后，其轴线和构件布置同时被复制，用户可对层轴线单独修改。

第 2 步：网点生成

已绘制的定位轴线自动分割为网格和节点，轴线相交处都会产生一个节点。构件可以布置在节点或节点间，网格生成后可以进行轴线命名。

第 3 步：楼层定义

定义各楼层柱、梁、墙、墙上洞口及斜杆支撑等构件的截面尺寸，根据结构平面布置图布置柱、梁、墙、斜杆等构件，通过自动生成楼板和对楼板进行开洞、错层、修改板厚等命令完成结构楼板的布置，形成一层标准层结构布置。用户可通过复制命令得到新的标准层，对新的标准层进行必要的增删修改，以相同方式依次完成全楼的标准层几何模型的创建。

第 4 步：荷载输入

输入标准层的各种荷载包括楼面荷载、梁间荷载、柱间荷载、墙间荷载等。更换标准层时，可重新进行荷载输入，也可根据情况复制已有标准层的荷载至当前标准层。

注意：

结构布置和荷载布置均相同的楼层则可视为同一标准层，若荷载布置不同，则需划分为不同标准层。

第 5 步：设计参数

根据实际情况及规范规定对设计参数进行必要的修改。

第 6 步：楼层组装

进行结构竖向布置，确定每个实际楼层与标准层的对应关系，指定层高和层底标高，完成楼层的竖向布置。

2.2 电算实例工程概况

本工程为某学校会议大楼，结构形式为钢筋混凝土框架结构。会议大楼共有 5 层，首层层高为 3.8m，其余各层层高均为 3.5m，室内外高差 0.30m，建筑设计使用年限 50 年。

根据地质勘察报告，场区范围内地下水位高程为 12.00m，地下水对一般建筑材料无侵蚀作用，不考虑土的液化。地质条件自地表向下依次为：填土、黏土、轻亚黏土、卵石。基本风压：$W_0=0.5\text{kN/m}^2$，地面粗糙度为 C 类。抗震设防烈度为 7 度，设计基本地震加速度值为 0.10g，建筑场地土类别为二类，场地特征周期为 0.35s，框架抗震等级为 2 级，设计地震分组为第一组。

会议大楼各层建筑平面图如图 2-2～图 2-7 所示，结构平面布置图如图 2-8～图 2-11 所示。各层门窗具体尺寸参数如表 2-1 所示。

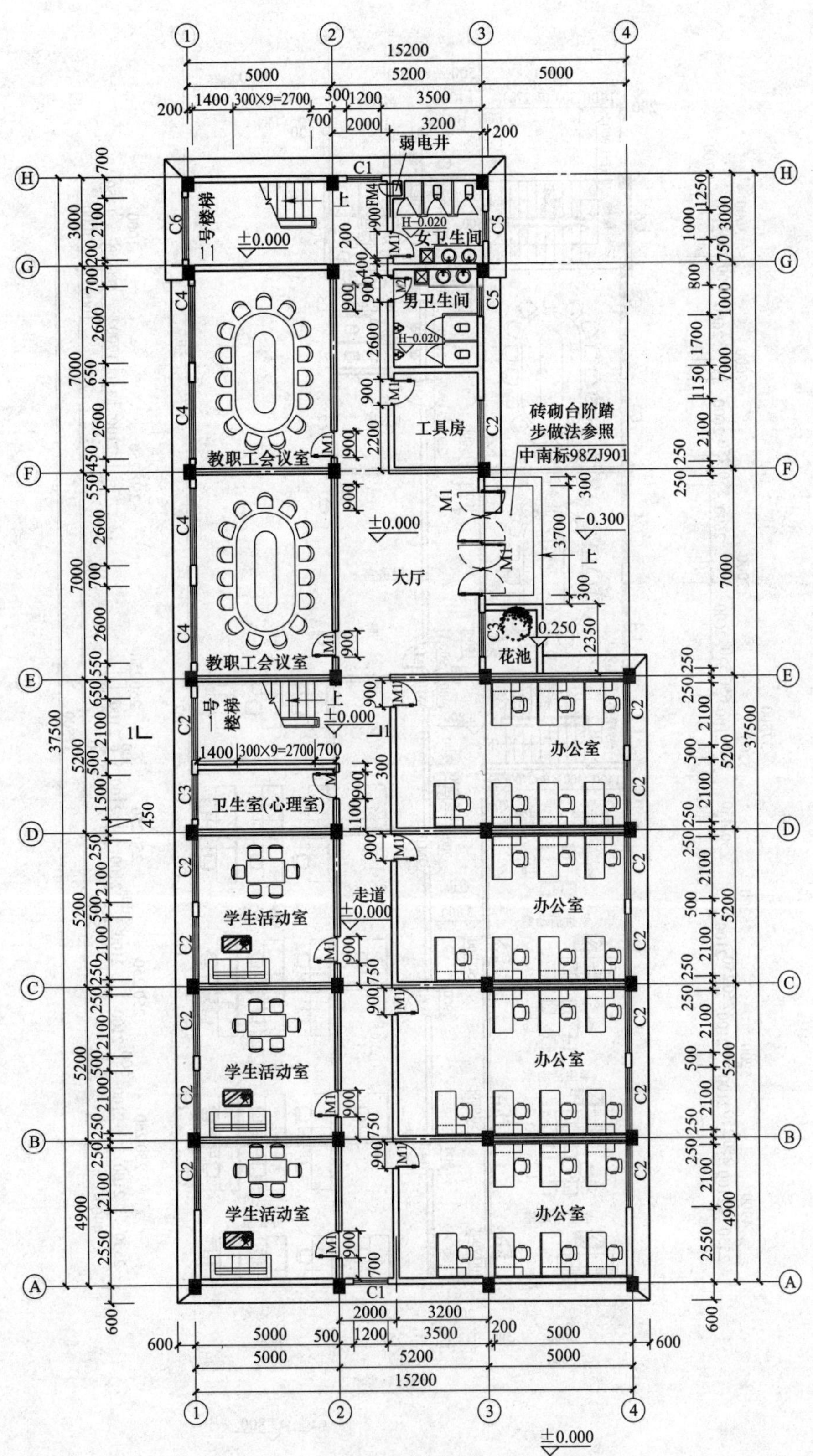

图 2-2　第 1 层平面图（单位：mm）

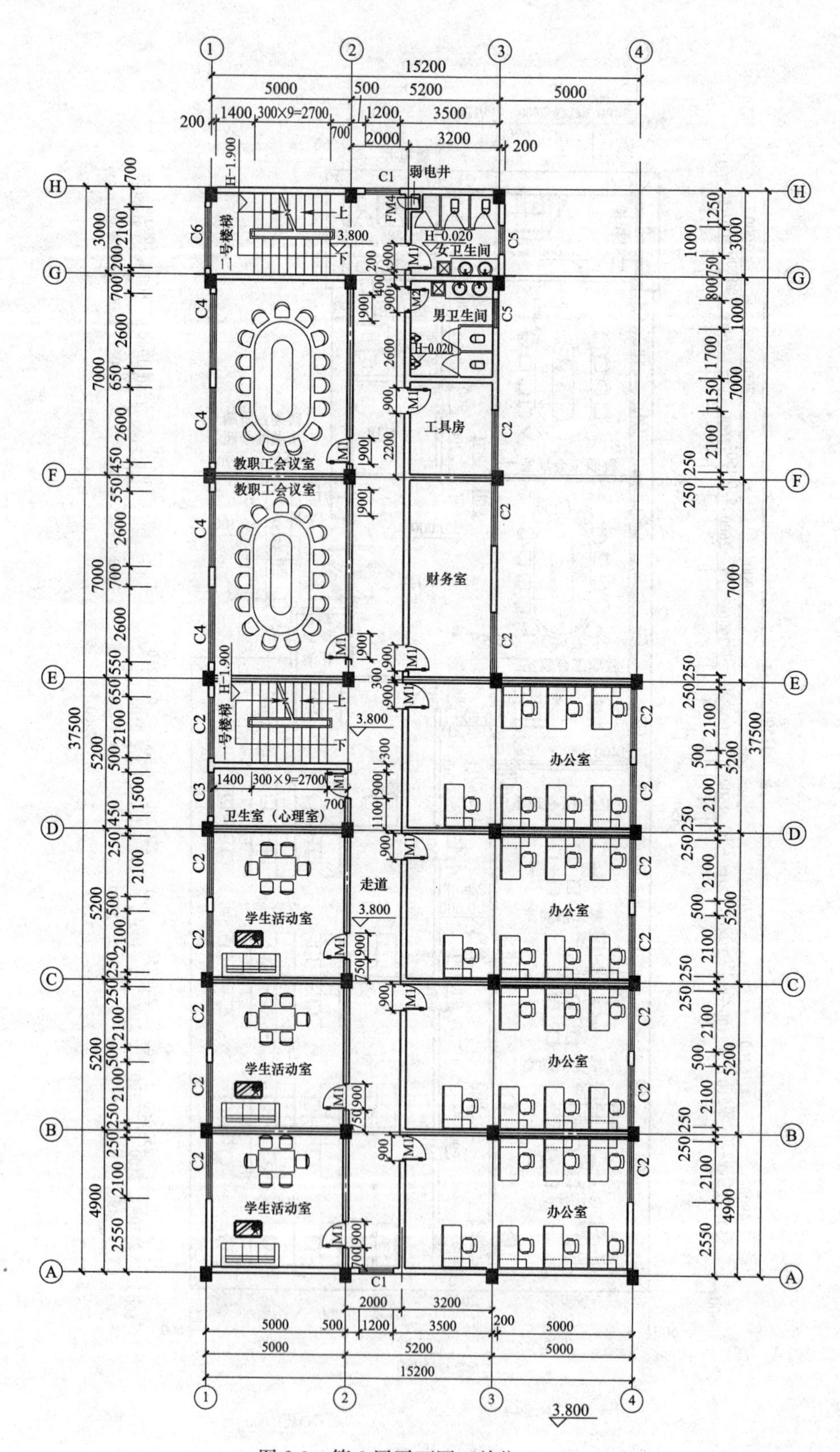

图 2-3　第 2 层平面图（单位：mm）

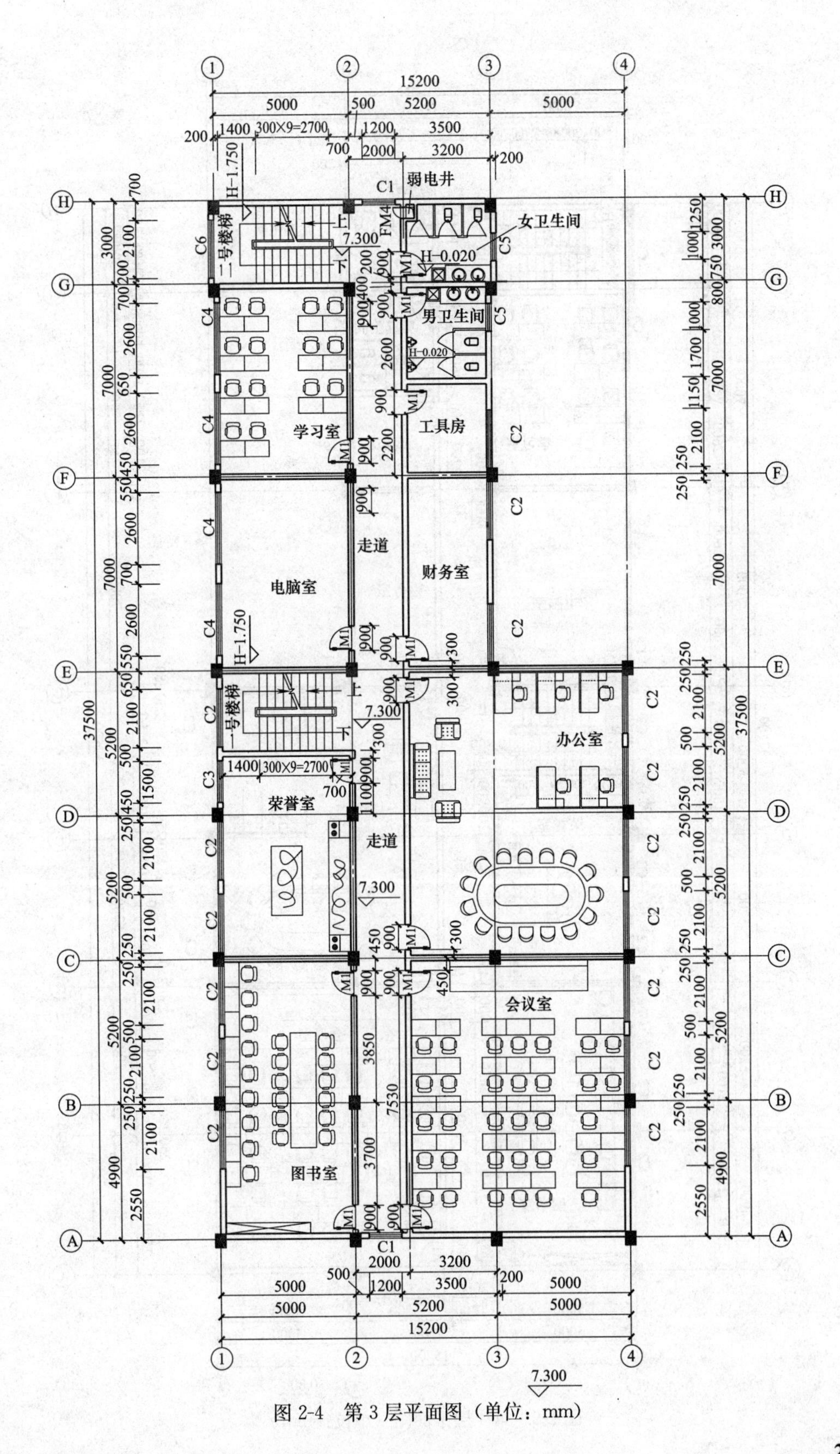

图 2-4　第 3 层平面图（单位：mm）

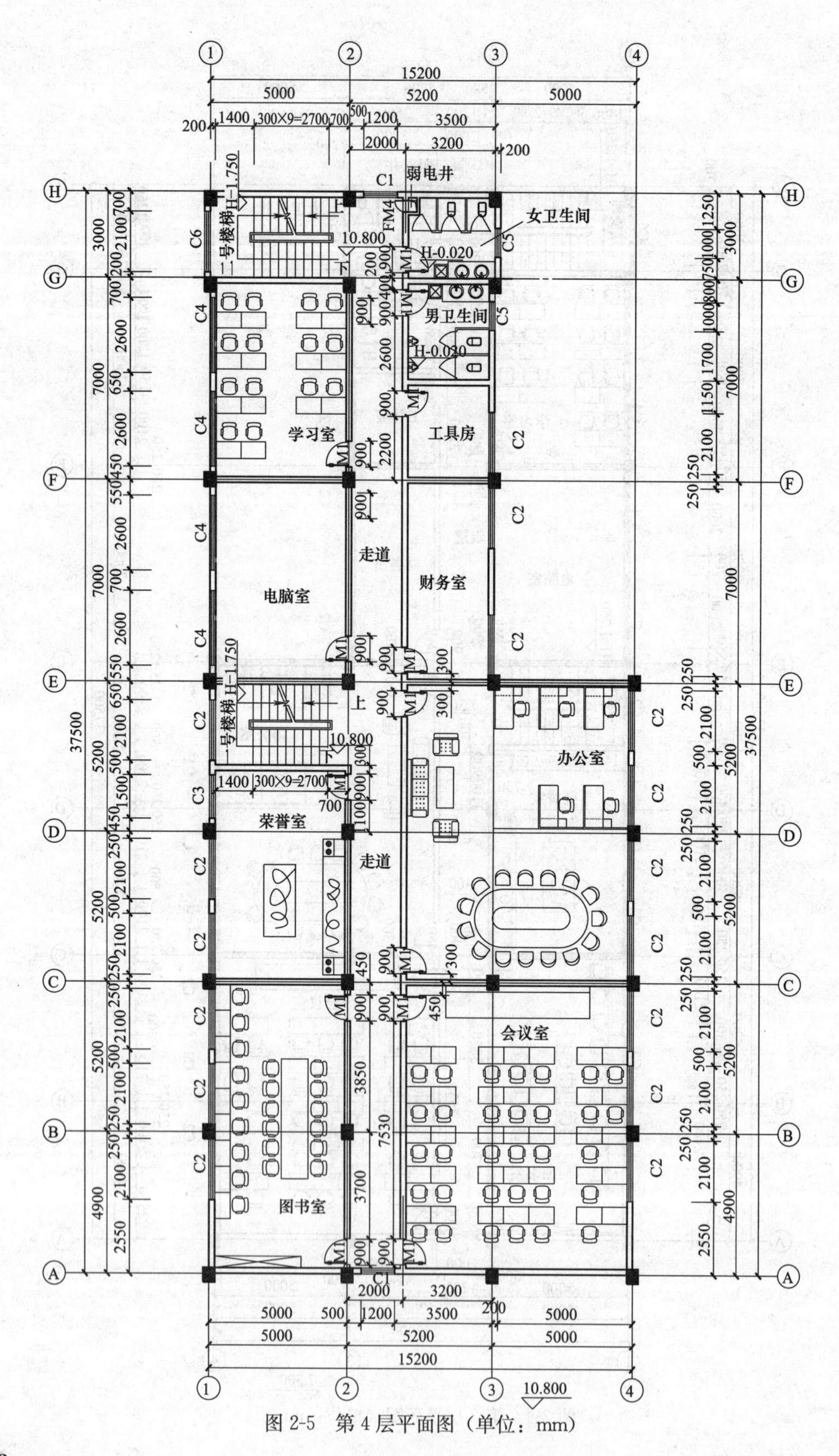

图 2-5　第 4 层平面图（单位：mm）

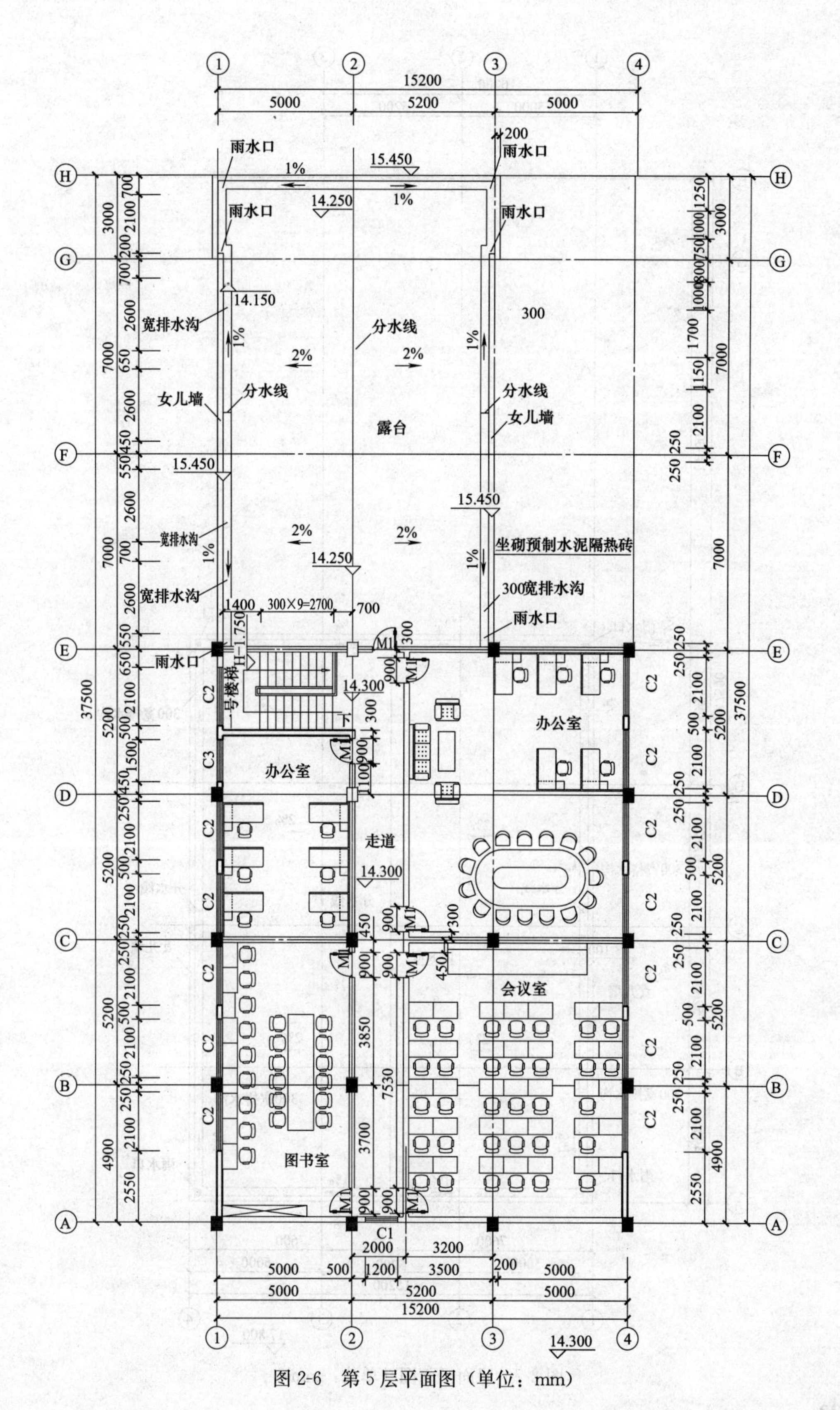

图 2-6　第 5 层平面图（单位：mm）

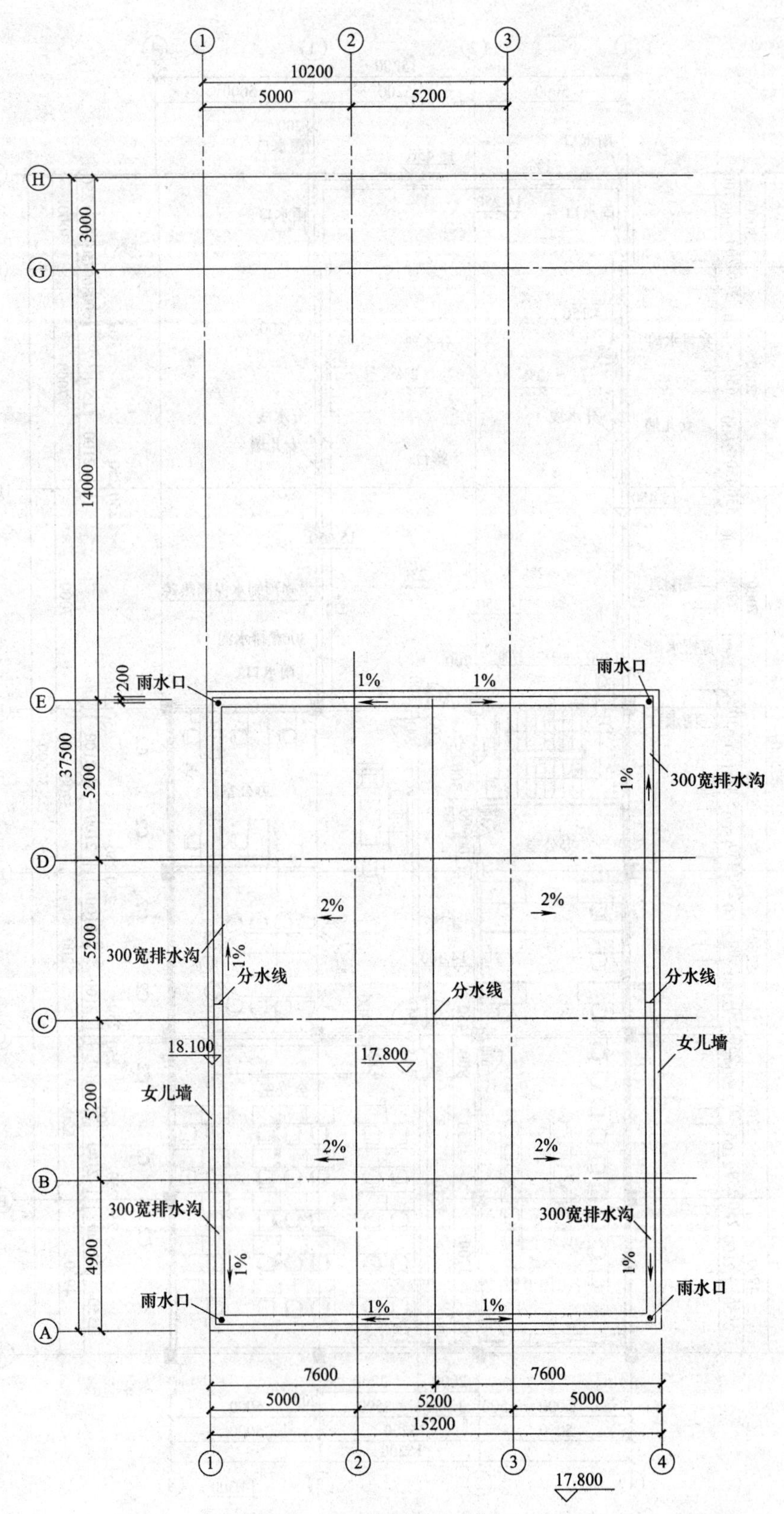

图 2-7　屋面平面图（单位：mm）

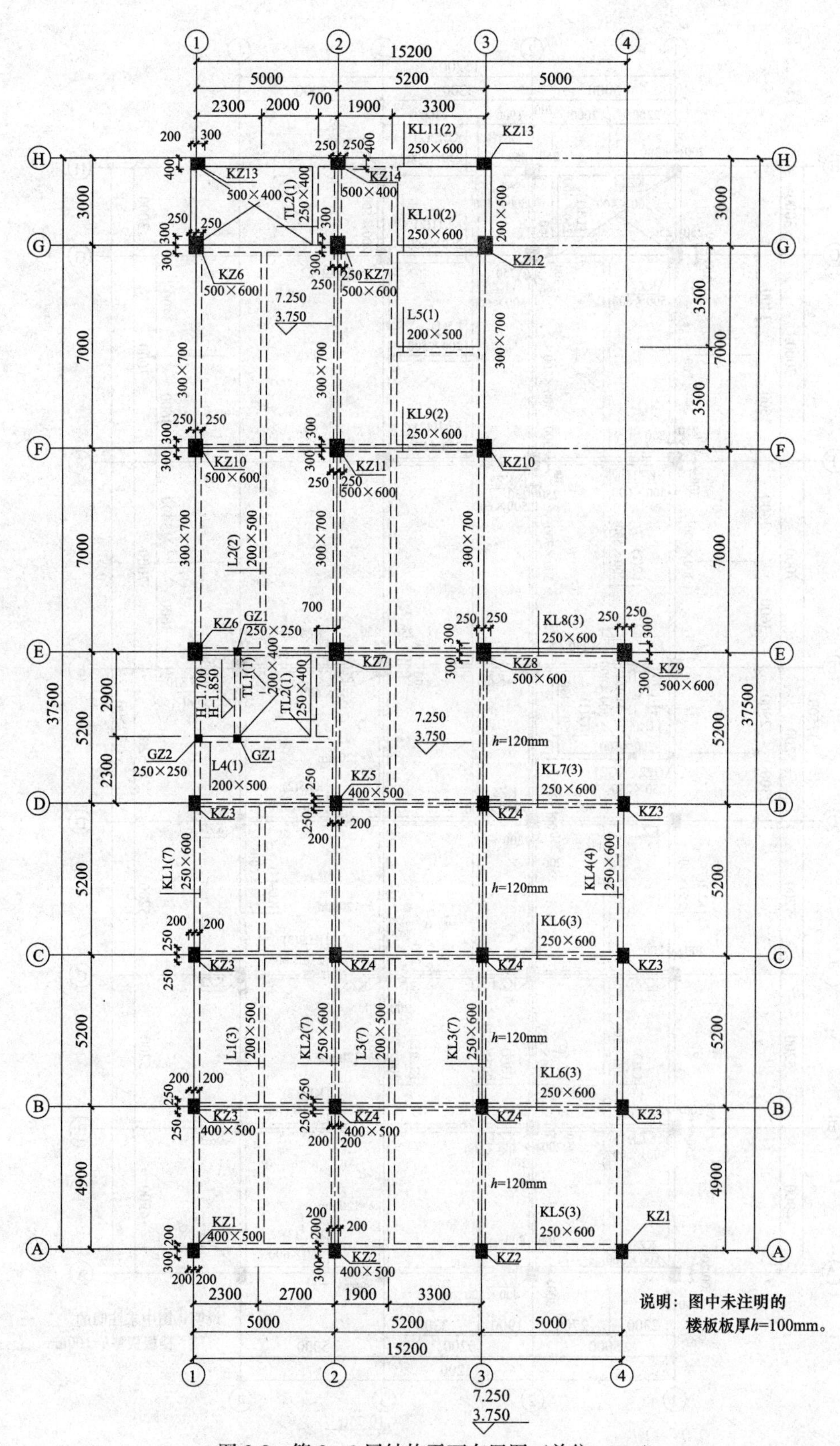

图 2-8　第 2、3 层结构平面布置图（单位：mm）

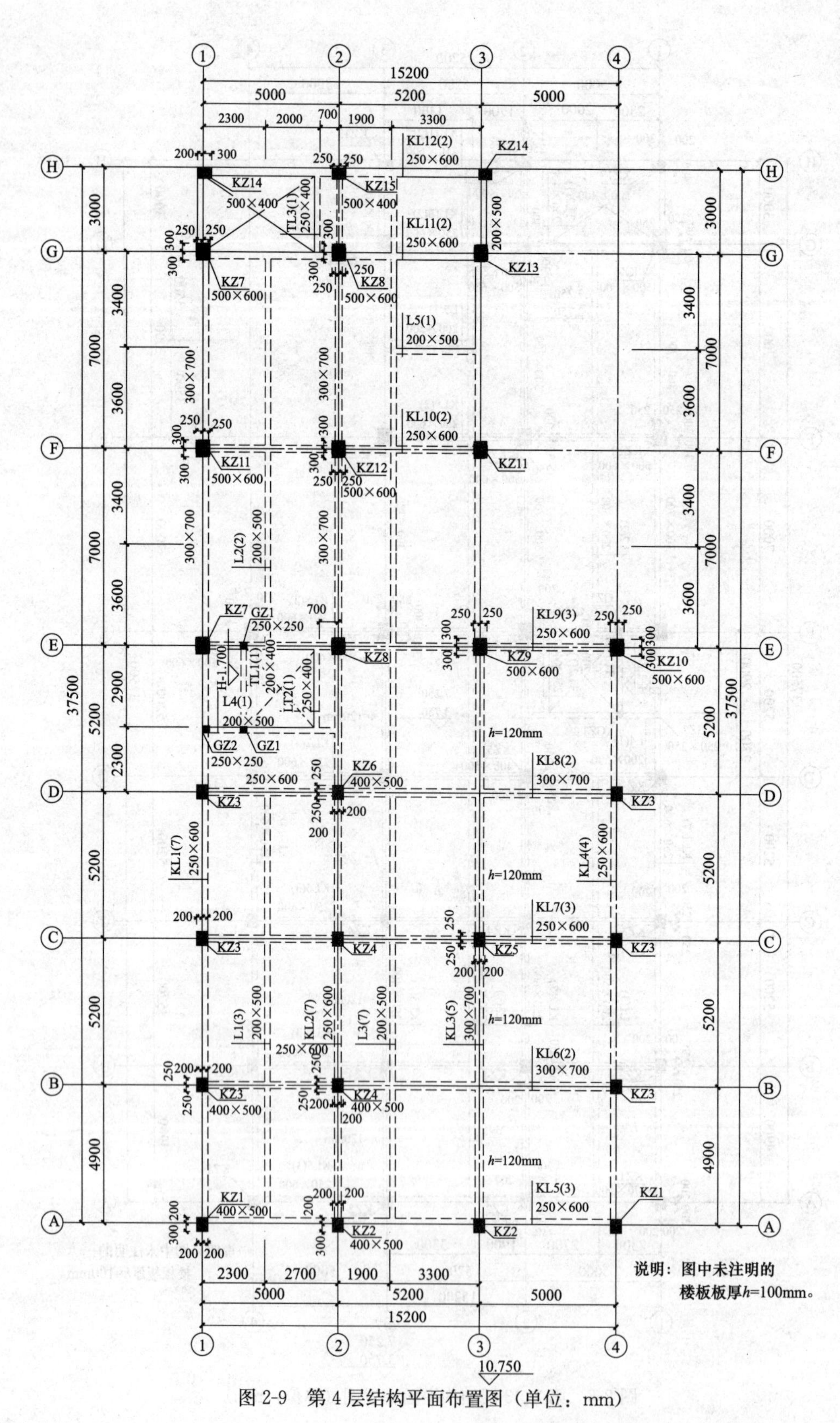

说明：图中未注明的楼板板厚h=100mm。

图 2-9　第 4 层结构平面布置图（单位：mm）

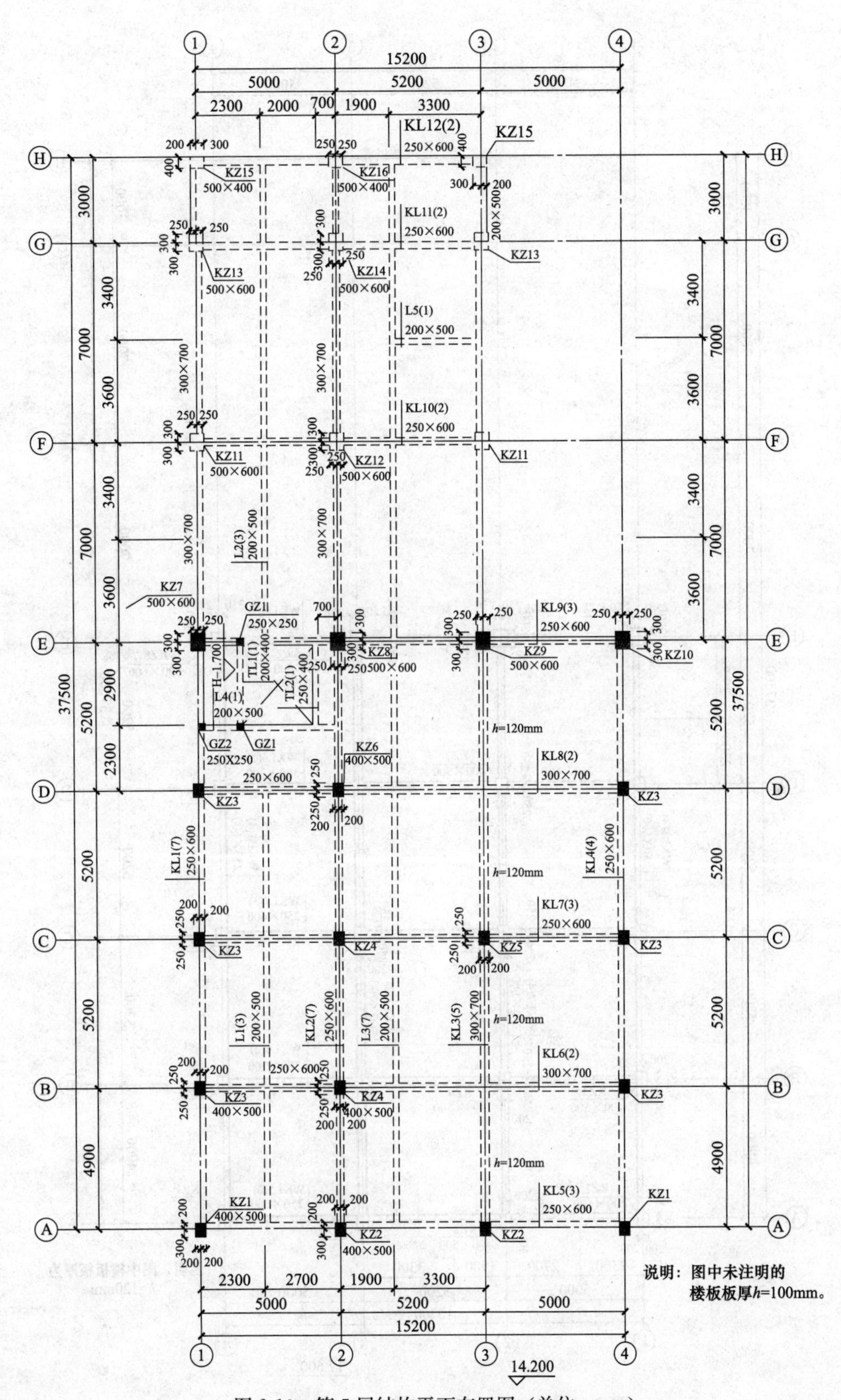

图 2-10 第 5 层结构平面布置图（单位：mm）

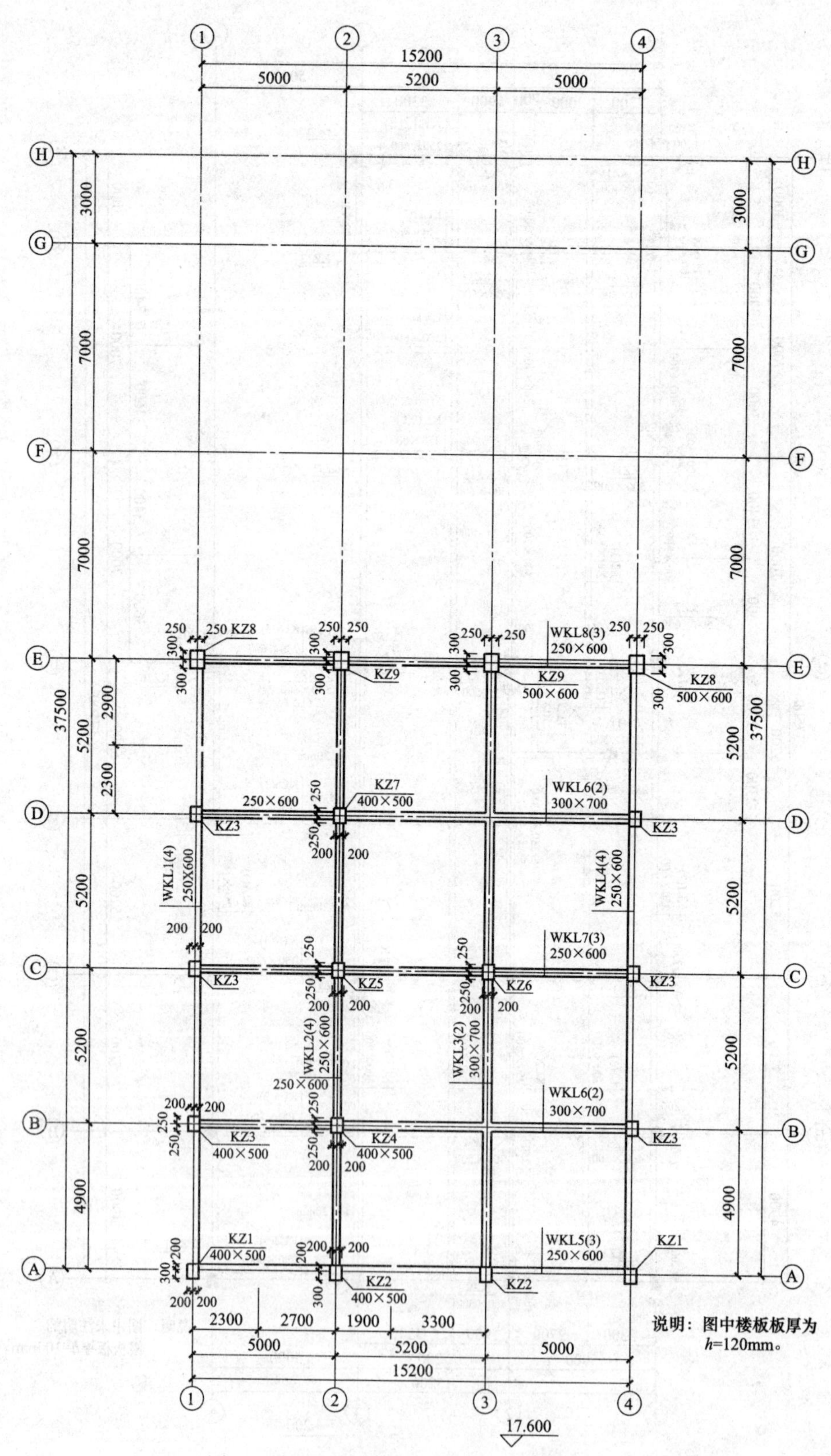

说明：图中楼板板厚为 h=120mm。

图 2-11　层面层结构平面布置图（单位：mm）

门窗表 **表 2-1**

类型	设计编号	洞口尺寸(mm)	类型	设计编号	洞口尺寸(mm)
门	M1	900×2100	窗	C3	1500×1800
	M2	1000×2100		C4	2600×1800
窗	C1	1200×1800		C5	1000×1800
	C2	2100×1800		C6	2100×1000

2.3 框架梁、柱截面尺寸初估

2.3.1 框架梁截面尺寸初估

框架梁截面尺寸应该根据承受竖向荷载大小、跨度、抗震设防烈度、混凝土强度等级等诸多因素综合考虑确定。在一般荷载情况下，一般梁及框架梁截面尺寸可参考表 2-2 取值。有时为了降低楼层高度，或便于通风管道等通行，可设计成宽度较大的扁梁。当梁高较小时，除验算其承载力外，还应该满足刚度及剪压比的要求。

梁截面尺寸的估算 **表 2-2**

序号	构件种类	适用条件	简支	多跨连续	悬臂
1	次梁	现浇整体式次梁	$h\geqslant\frac{1}{15}l$	$h=\left(\frac{1}{18}\sim\frac{1}{12}\right)l$	$h\geqslant\frac{1}{6}l$
2	框架梁	现浇整体式框架梁	$h\geqslant\frac{1}{12}l$	$h=\left(\frac{1}{12}\sim\frac{1}{8}\right)l$	$h\geqslant\frac{1}{6}l$
3		现浇整体式框架梁(荷载较小或跨度较小时)	$h=\left(\frac{1}{12}\sim\frac{1}{10}\right)l$		
4		现浇整体式框架梁(荷载较大或跨度较大时)	$h=\left(\frac{1}{8}\sim\frac{1}{10}\right)l$		
5		《高规》规定框架结构主梁的梁高	$h=\left(\frac{1}{18}\sim\frac{1}{10}\right)l$		
6	框架扁梁	现浇整体式钢筋混凝土框架扁梁(扁梁的截面高度应不小于 2.5 倍板的厚度)	$h=\left(\frac{1}{18}\sim\frac{1}{15}\right)l$		
7		预应力混凝土框架扁梁(扁梁的截面高度应不小于 2.5 倍板的厚度)	$h=\left(\frac{1}{25}\sim\frac{1}{20}\right)l$		
8	井字梁		$h=\left(\frac{1}{20}\sim\frac{1}{15}\right)l$		

注：1. 表中 l 为梁的计算跨度，h 为梁的截面高度，b 为梁的截面宽度。对于矩形截面梁，$b/h=1/2\sim1/3.5$，对于T形截面梁，$b/h=1/2.5\sim1/4$；

2. 当 $l\geqslant9$m 时，表中数值乘以 1.2 系数。

梁的截面尺寸还应该满足构造要求，框架梁的截面高度不宜小于 400mm，且也不宜大于 1/4 净跨。现浇钢筋混凝土结构中主梁的截面宽度不应小于 200mm，且梁的截面宽不宜小于梁截面高度的 1/4。

本实例中，横向框架梁以A轴为例：

$l_0=5200$，$h=\left(\frac{1}{8}\sim\frac{1}{12}\right)l_0=433\sim650\text{mm}$，取$h=600\text{mm}$；

$b=\left(\frac{1}{2}\sim\frac{1}{3}\right)h=200\sim300\text{mm}$，取$b=250\text{mm}$。

纵向以①轴和②轴间的次梁为例：

$l_0=7000$，$h=\left(\frac{1}{18}\sim\frac{1}{12}\right)l_0=388\sim583\text{mm}$，取$h=500\text{mm}$；

$b=\left(\frac{1}{2}\sim\frac{1}{3}\right)h=166\sim250\text{mm}$，取$b=200\text{mm}$。

2.3.2 框架柱截面尺寸初估

一般框架柱的截面尺寸按轴压比先进行估算，同时需要满足构造要求。非抗震设计时，柱边长不宜小于250mm。抗震设计时，四级不宜少于300mm，一、二、三级时不宜小于400mm；圆柱的直径，在非抗震和四级抗震设计时不宜小于350mm，在一、二、三级时不宜小于450mm；柱剪跨比宜大于2；柱截面高宽比不宜大于3。

由轴压比初步估算框架柱截面尺寸，可由式（2-1）计算。

$$A_c=b_ch_c\geqslant\frac{N}{\mu_N f_c} \tag{2-1}$$

式中 A_c——框架柱的截面面积（mm^2）；

b_c——框架柱的截面宽度（mm）；

h_c——框架柱的截面高度（mm）；

μ_N——轴压比限值，可参考《混凝土结构设计规范》GB 50010—2010（以下简称为《混凝土规范》）第11.4.16条以及《高规》第6.4.2条，其中框架结构柱轴压比限值在各抗震等级的取值为：一级取0.65、二级取0.75、三级取0.85、四级取0.90（《高规》中对抗震等级为四级的框架结构柱轴压比没有具体数值要求）；

f_c——混凝土轴心抗压强度设计值（N/mm^2）；

N——柱轴向压力设计值（kN），柱轴向压力设计值可按式（2-2）计算。

$$N=\gamma_G qSn\alpha_1\alpha_2\beta \tag{2-2}$$

式中 γ_G——竖向荷载分项系数（包含活载），可取1.25；

q——每个楼层上单位面积的竖向荷载标准值（kN/m^2），框架结构和框架-剪力墙结构可取$12\sim14\text{kN/m}^2$，剪力墙和筒体结构可取$13\sim16\text{kN/m}^2$；

S——单个楼层中框架柱的受荷面积（mm^2），如图2-12中阴影所示；

n——柱承受荷载的层数；

α_1——考虑水平力产生的附加系数，风荷载或四级抗震时取1.05，一、二、三级抗震时取1.05～1.15；

α_2——边角柱轴向力增大系数，边柱取1.1，角柱取1.2；

β——柱轴力折减系数（柱由框架梁与剪力墙连接时），可取0.7～0.8。

按轴压比要求初估框架柱的截面尺寸，以下实例中所提及框架柱的受荷面积情况如图2-12所示。

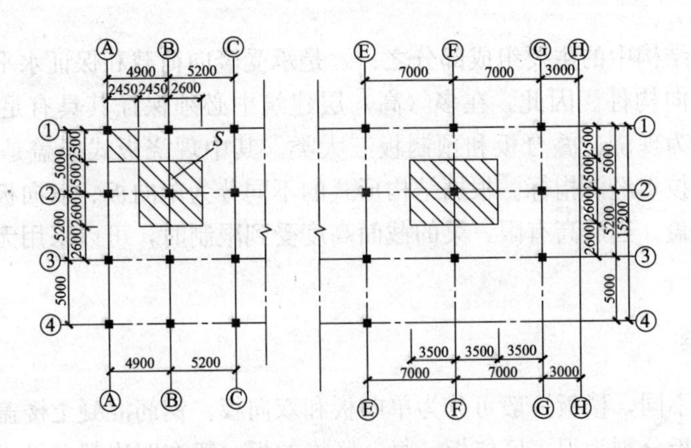

图 2-12　框架柱受荷面积（单位：mm）

1. 框架柱 KZ11 截面初估（F 轴与②轴相交）

框架柱选用 C30 混凝土，$f_c = 14.3\text{N/mm}^2$，框架抗震等级为二级，轴压比 $\mu_N = 0.75$。

$$N = \gamma_G q S n \alpha_1 \alpha_2 \beta = 1.25 \times 12 \times (7.0 \times 5.1) \times 5 \times 1.1 \times 1.0 \times 1 = 2945\text{kN}$$

$$\frac{N}{\mu_N f_c} = \frac{2945 \times 1000}{0.75 \times 14.3} = 274592\text{mm}^2$$

截面尺寸取为 500mm×600mm，则 $A_c = b_c h_c = 500 \times 600 = 300000\text{mm}^2 > 274592\text{mm}^2$

故初步采用截面尺寸为 500mm×600mm。

2. 中柱 KZ4 截面初估（B 轴与②轴相交）

$$N = \gamma_G q S n \alpha_1 \alpha_2 \beta = 1.25 \times 12 \times (5.05 \times 5.1) \times 5 \times 1.1 \times 1.0 \times 1 = 2125\text{kN}$$

$$\frac{N}{\mu_N f_c} = \frac{2125 \times 1000}{0.75 \times 14.3} = 198135\text{mm}^2$$

截面尺寸取为 400mm×500mm，则 $A_c = b_c h_c = 400 \times 500 = 200000\text{mm}^2 > 198135\text{mm}^2$

故初步采用截面尺寸为 400mm×500mm。

3. 角柱 KZ1 截面初估（A 轴与①轴相交）

$$N = \gamma_G q S n \alpha_1 \alpha_2 \beta = 1.25 \times 12 \times (2.45 \times 2.5) \times 5 \times 1.1 \times 1.2 \times 1 = 606\text{kN}$$

$$\frac{N}{\mu_N f_c} = \frac{606 \times 1000}{0.75 \times 14.3} = 56503\text{mm}^2$$

角柱虽然承受面荷载较小，但由于角柱承受双向偏心荷载作用，受力复杂。故截面尺寸取为 B 轴与②轴相交的中柱截面尺寸，即 400mm×500mm。

边柱截面尺寸初估同理，取 400mm×500mm。

按照以上方法，估算出其余柱的截面尺寸。

2.4 楼板设计及荷载计算

楼板是建筑结构中的主要组成部分之一，是承受竖向荷载和保证水平力作用沿水平方向传递的主要横向构件。因此，在多（高）层建筑中必须保证其具有足够的刚度和整体性。楼板一般分为现浇、叠合板和预制板三大类。其中现浇板式楼盖是最常用的楼盖形式，具有较好的技术经济指标。根据结构形式的不同分为单向板、双向板肋梁楼盖、井字梁楼盖、密肋楼盖。当层高有限，梁的截面高度受到限制时，可以采用无梁楼盖和预应力楼盖。

2.4.1 板的分类

根据受力的不同，楼板一般可分为单向板和双向板。钢筋混凝土楼盖结构中由纵横两个方向的梁把楼板分割为很多区格板，每一区格的板一般在四边都有梁或墙支承，形成四边支承板。为了楼板设计上的方便，《混凝土规范》第 9.1.1 规定：

(1) 两对边支承的板应按单向板计算；

(2) 四边支承的板应按下列规定计算：

1) 当长边与短边长度之比不大于 2.0 时，应按双向板计算；

2) 当长边与短边长度之比大于 2.0 时，宜按双向板计算；

3) 当长边与短边长度之比不小于 3.0 时，宜按沿短边方向受力的单向板计算，并应沿长边方向布置构造钢筋。

2.4.2 板厚取值

楼板厚度可以按照单向板取短边跨度 l 的 1/35，双向板取短边跨度 l 的 1/40，悬臂板取悬臂长 l 的 1/10 来进行初估，同时还应满足《混凝土规范》第 9.1.2 条中对现浇混凝土板的最小厚度规定，即：单向板（屋面板、民用建筑楼板）最小厚度为 60mm，双向板最小厚度为 80mm。

本实例中，各层楼盖均采用现浇钢筋混凝土梁板结构，梁系把楼盖分为双向板和单向板。各层的板厚取值见图 2-8～图 2-11。

2.4.3 楼板荷载

2.4.3.1 恒荷载

1. 不上人屋面恒荷载（板厚 120mm）

当板厚为 120mm 时，不上人屋面的恒荷载计算见表 2-3。

不上人屋面恒荷载（板厚 120mm） **表 2-3**

构 造 层	面荷载(kN/m²)
找平层:15mm 厚水泥砂浆	0.015×20=0.30
防水层(刚性):40mm 厚 C20 细石混凝土防水	1.00
防水层(柔性):三毡四油铺小石子	0.40

续表

构　造　层	面荷载(kN/m²)
找平层:15mm厚水泥砂浆	0.015×20=0.30
找坡层:40mm厚水泥石灰焦渣砂浆3%找平	0.04×14=0.56
保温层:80mm厚矿渣水泥	0.08×14.5=1.16
结构层:120mm厚现浇钢筋混凝土板	0.12×25=3.00
抹灰层:10mm厚混合砂浆	0.01×17=0.17
合计	6.89,取7.00

2. 标准层楼面恒荷载（板厚120mm）

当板厚为120mm时，标准层楼面的恒荷载计算见表2-4。

标准层楼面恒荷载（板厚120mm） **表2-4**

构　造　层	面荷载(kN/m²)
板面装修荷载	1.10
结构层:120mm厚现浇钢筋混凝土板	0.12×25=3.00
抹灰层:10mm厚混合砂浆	0.01×17=0.17
合计	4.27,取4.50

3. 标准层楼面恒荷载（板厚100mm）

当板厚为100mm时，标准层楼面的恒荷载计算见表2-5。

标准层楼面恒荷载（板厚100mm） **表2-5**

构　造　层	面荷载(kN/m²)
板面装修荷载	1.10
结构层:100mm厚现浇钢筋混凝土板	0.10×25=2.50
抹灰层:10mm厚混合砂浆	0.01×17=0.17
合计	3.77,取4.00

4. 卫生间恒荷载（板厚100mm）

当板厚为100mm时，标准层楼面的恒荷载计算见表2-6。

卫生间恒荷载 **表2-6**

构　造　层	面荷载(kN/m²)
板面装修荷载	1.10
找平层:15mm厚水泥砂浆	0.015×20=0.30
结构层:100mm厚现浇钢筋混凝土板	0.1×25=2.50
防水层	0.30
蹲位折算荷载(考虑局部20mm厚炉渣填高)	1.50
抹灰层:10mm厚混合砂浆	0.01×17=0.17
合计	5.87,取6.00

2.4.3.2 活荷载

活荷载取值见表 2-7。

活荷载取值 表 2-7

序号	类　别	活荷载标准值(kN/m²)
1	不上人屋面活荷载	0.50
2	办公楼一般房间活荷载	2.00
3	走廊、门厅、楼梯活荷载	2.50
4	卫生间活荷载	2.00

2.5 楼梯设计及荷载计算

本实例中采用手算导算楼梯荷载，图 2-13 为 1 号楼梯标准层平面图，图 2-14 为 1 号楼梯标准层结构平面布置图，图 2-15 为 1 号楼梯 1-1 剖面图。若采用电算方法考虑楼梯可详见本章 2.7.7.12 楼梯布置。

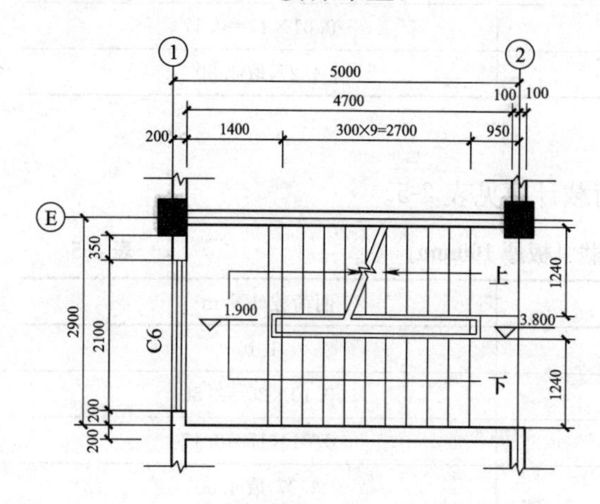

图 2-13 1 号楼梯标准层平面图（单位：mm）

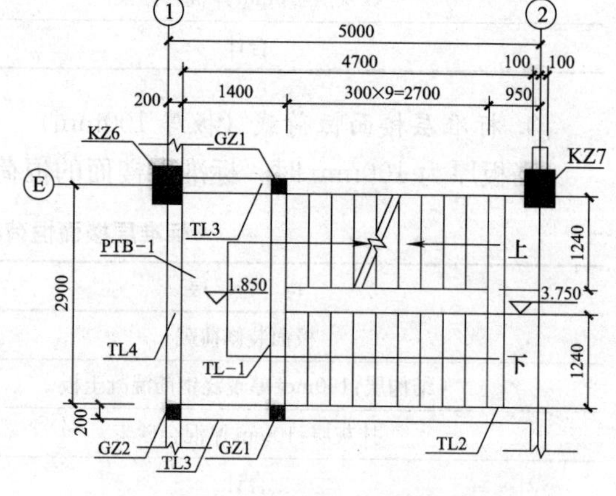

图 2-14 1 号楼梯标准层结构平面布置图（单位：mm）

2.5.1 楼梯梯段斜板估算

对斜板取 1m 宽作为计算单元，斜板跨度可按净跨计算。

2.5.1.1 斜板厚度 t

斜板的水平投影净长 $l_{1n}=2700$mm。

(1) 如图 2-15 所示，当踏步尺寸为 300mm×190mm 时：

$$l'_{1n}=\frac{l_{1n}}{\cos\alpha}=\frac{2700}{300/\sqrt{300^2+190^2}}=3196\text{mm}$$

斜板厚度取斜向净长的 1/30，$t_1=\frac{l'_{1n}}{30}=\frac{3196}{30}=107$mm，取 $t_1=120$mm。

(2) 如图 2-15 所示，当踏步尺寸为 300mm×175mm 时，经计算斜板厚度为 120mm。

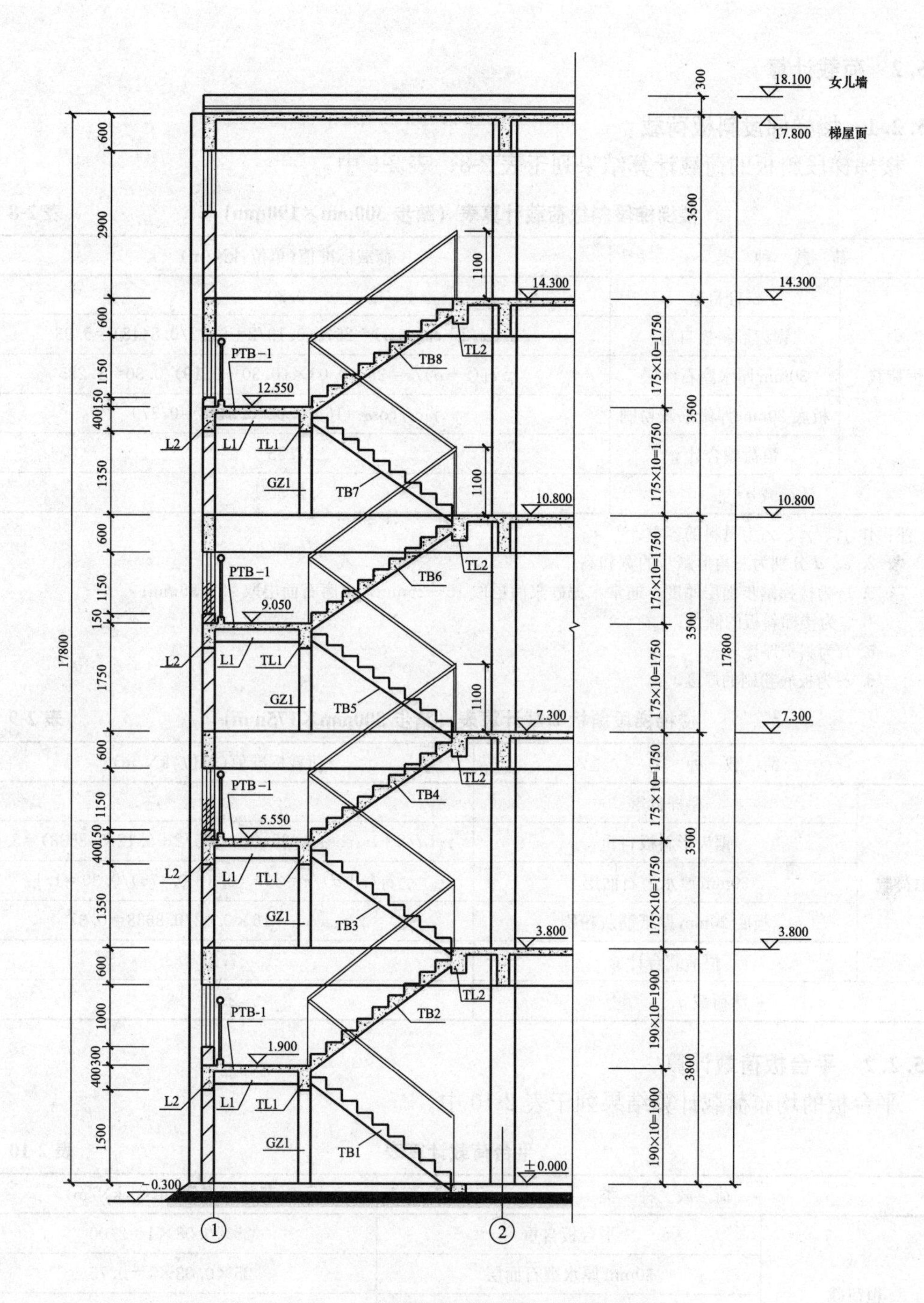

图 2-15　1 号楼梯 1-1 剖面图（单位：mm）

2.5.1.2　平台板厚度估算

平台板为四边支承板，长宽比为 2.15（>2），近似地按短跨方向的简支单向板计算，取 1m 宽作为计算单元。平台梁的截面尺寸取为 200mm×400mm，计算跨度取净跨 1200mm，平台板厚度取 80mm。

2.5.2 荷载计算

2.5.2.1 楼梯梯段斜板荷载

楼梯梯段斜板的荷载计算结果列于表 2-8、表 2-9 中。

楼梯梯段斜板荷载计算表（踏步 300mm×190mm）　　表 2-8

荷 载 种 类		荷载标准值(单位:kN/m)
恒荷载	栏杆自重	0.20
	锯齿形斜板自重	$\gamma_2(d/2+t_1/\cos\alpha)=25\times(0.19/2+0.12/0.8448)=5.93$
	30mm 厚水磨石面层	$\gamma_1 c_1(e+d)/e=25\times0.03\times(0.30+0.19)/0.30=1.225$
	板底 20mm 厚纸筋灰粉刷	$\gamma_3 c_2/\cos\alpha=16\times0.02/0.8448=0.379$
	恒荷载合计 g	7.53
活荷载 q		2.50

注：1. γ_1、γ_2、γ_3为材料的容重；
2. e、d 分别为三角形踏步的宽和高；
3. c_1为楼梯踏步面层厚度，通常水泥砂浆面层取 15～25mm，水磨石面层取 28～35mm；
4. α 为楼梯斜板的倾角；
5. t_1为斜板厚度；
6. c_2为板底粉刷的厚度。

楼梯梯段斜板荷载计算表（踏步 300mm×175mm）　　表 2-9

荷 载 种 类		荷载标准值(单位:kN/m)
恒荷载	栏杆自重	0.20
	锯齿形斜板自重	$\gamma_2(d/2+t_1/\cos\alpha)=25\times(0.175/2+0.12/0.8638)=5.66$
	30mm 厚水磨石面层	$\gamma_1 c_1(e+d)/e=25\times(0.3+0.175)/0.30=1.19$
	板底 20mm 厚纸筋灰粉刷	$\gamma_3 c_2/\cos\alpha=16\times0.02/0.8638=0.37$
	恒荷载合计 g	7.22
活荷载 q		2.50

2.5.2.2 平台板荷载计算

平台板的均布荷载计算结果列于表 2-10 中。

平台荷载计算表　　表 2-10

荷 载 种 类		荷载标准值(单位:kN/m)
恒荷载	平台板自重	25×0.08×1=2.00
	30mm 厚水磨石面层	25×0.03×1=0.75
	板底 20mm 厚纸筋灰粉刷	16×0.02×1=0.32
	恒荷载合计 g	3.07
活荷载 q		2.50

2.5.2.3 楼梯梁的均布荷载计算

由板式楼梯传力路线可知，荷载经楼梯板传至楼梯梁，最后传到墙或柱上。结合图 2-14，本实例中楼梯梁 TL1 需要承受斜板（TB1、TB2）和平台板（PTB-1）所传递荷载。斜板 TB1 和 TB2 荷载由表 2-9 可得，楼梯梁 TL1 均布荷载计算如表 2-11 所示。其余楼梯梁均布荷载计算方法一致，在此不进行详细计算，只列出 TL2 均布荷载计算，如表 2-12 所示。

TL1 均布荷载计算 **表 2-11**

序号	荷载类别	传递途径	荷载(单位:kN/m)
1	恒荷载	TB1 传来	7.53×1.24=9.34
2		TB2 传来	7.53×1.24=9.34
3		平台板 PTB-1 传来	按单向板考虑，3.07×(1.4−0.2)/2=1.842
4		TL1 自重(抹灰略)	25×0.2×0.4=2.00
5		合计(TB1 和 TB2 传来的荷载差别不大，近似取相等)	9.34+2+1.842=13.18
6	活荷载	TB1 传来	2.5×1.24=3.10
7		TB2 传来	2.5×1.24=3.10
8		平台板 PTB-1 传来	按单向板考虑，2.5×(1.4−0.2)/2=1.50
9		合计	1.5+3.1=4.60

TL2 均布荷载计算 **表 2-12**

序号	荷载类别	传递途径	荷载(单位:kN/m)
1	恒荷载	TB2 传来	7.53×1.24=9.34
2		TB3 传来	7.22×1.24=8.95
3		平台板传来	程序直接进行计算，在此不输入
4		自重	程序直接进行计算，在此不输入
5		合计(TB1 和 TB2 传来的荷载差别不大，近似取相等)	9.34
6	活荷载	TB2 传来	2.5×1.24=3.10
7		TB3 传来	2.5×1.24=3.10
8		平台板传来	程序直接进行计算，在此不输入
9		合计	3.10

2.5.2.4 梯柱承受集中力计算

板式楼梯荷载最终将由梯柱承担。以 GZ1 为例，GZ1 将承受 L1 及 TL1 传来的荷载，最终形成梯柱集中力，如表 2-13 所示。

GZ1 集中力计算　　　　表 2-13

序号	荷载类别	类　别	荷载(单位:kN)
1	恒荷载	GZ1(250mm×250mm)自重(抹灰略)	25×0.25×0.25×1.35=2.00
2		TL3(200mm×300mm)自重(抹灰略)	25×0.2×0.3=1.50
3		TL3 上墙体自重	(1.90−0.5)×2.8=3.92
4		TL3 传至 GZ1 集中力	(3.92+1.5)×(1.4−0.2)/2=3.252
5		TL1 传到两端的恒荷载	13.18×(2.9+0.1)/2=19.77
6		合计	2+3.523+19.77=25.30
7	活荷载	TL1 传到两端的活荷载	4.725 ×(2.9+0.1)/2=7.085

梯柱的荷载最终以集中力的形式加设到框架梁上。

2.6　梁上线荷载计算

将墙体荷载乘以 0.6～1.0 的系数，以此作为墙体开洞对荷载的折减，近似作为实际墙体荷载，这种方法存在一定误差。本实例将详细计算墙体和门窗的荷载，各结构平面布置图对应的梁上线荷载计算见表 2-14～表 2-16，其中每 m^2 墙面荷载为 3.0kN，每 m^2 门窗荷载为 0.45kN。屋面层梁上线荷载均由 300mm 高的女儿墙提供，荷载值为0.3×3=0.9kN/m。

第 2 层结构平面布置图对应的梁上荷载计算　　　　表 2-14

序号	位　置		线荷载(单位:kN/m)
1	A 轴线 E 轴线 H 轴线	墙长 5.0m(无洞口,上层梁高 0.6m,层高 3.5m)	(3.5−0.6)×3=8.70
2		墙长 3.2m(无洞口,上层梁高 0.6m,层高 3.5m)	(3.5−0.6)×3=8.70
3		墙长 2.0m(有窗口 C1：1.2m×1.8m,上层梁高 0.6m,层高 3.5m)	{[2×(3.5−0.6)−1×1.2×1.8]×3+1×1.2×1.8×0.45}/2=5.95
4		墙长 2.0m(走廊,无墙体)	0
5	B 轴线 C 轴线 D 轴线 F 轴线 G 轴线	墙长 5.0m(无洞口,上层梁高 0.6m,层高 3.5m)	(3.5−0.6)×3=8.70
6		墙长 3.2m(无洞口,上层梁高 0.6m,层高 3.5m)	(3.5−0.6)×3=8.70
7		墙长 2.0m(走廊,无墙体)	0
8	L7 上墙体	墙长 3.2m(无洞口,上层梁高 0.5m,层高 3.5m)	(3.5−0.5)×3=9.00
9	L6 上墙体	墙长 5.0m(无洞口,上层梁高 0.5m,层高 3.5m)	(3.5−0.5)×3=9.00
10	1 轴线 4 轴线	墙长 4.9m(有窗口 C2：2.1m×1.8m,上层梁高 0.6m,层高 3.5m)	{[4.9×(3.5−0.6)−1×2.1×1.8]×3+1×2.1×1.8×0.45}/4.9=6.73
11		墙长 5.2m(有两个窗口 C2：2.1m×1.8m,上层梁高 0.6m,层高 3.5m)	{[5.2×(3.5−0.6)−2×2.1×1.8]×3+2×2.1×1.8×0.45}/5.2=4.99
12		墙长 7.0m(有两个窗口 C4：2.6m×1.8m,上层梁高 0.6m,层高 3.5m)	{[7×(3.5−0.6)−2×2.6×1.8]×3+2×2.6×1.8×0.45}/7=5.29

续表

序号	位置		线荷载(单位:kN/m)
13	1轴线 4轴线	墙长3.0m(有窗口C6：2.1m×1.0m,上层梁高0.6m,层高3.5m)	{[3×(3.5−0.6)−1×2.1×1]×3+1×2.1×1×0.45}/3=6.92
14		墙长2.9m(有窗口C6：2.1m×1.0m,上层梁高0.6m,层高3.5m)	{[2.9×(3.5−0.6)−1×2.1×1]×3+1×2.1×1×0.45}/2.9=6.85
15		墙长2.3m(有窗口C3：1.5m×1.8m,上层梁高0.6m,层高3.5m)	{[2.3×(3.5−0.6)−1×1.5×1.8]×3+1×1.5×1.8×0.45}/2.3=5.71
16	2轴线	墙长4.9m(有门洞M1：0.9m×2.1m,上层梁高0.6m,层高3.5m)	{[4.9×(3.5−0.6)−1×0.9×2.1]×3+1×0.9×2.1×0.45}/4.9=7.72
17		墙长5.2m(有门洞M1：0.9m×2.1m,上层梁高0.6m,层高3.5m)	{[5.2×(3.5−0.6)−1×0.9×2.1]×3+1×0.9×2.1×0.45}/5.2=7.77
18		墙长2.3m(有门洞M1：0.9m×2.1m,上层梁高0.6m,层高3.5m)	{[2.3×(3.5−0.6)−1×0.9×2.1]×3+1×0.9×2.1×0.45}/2.3=6.61
19		墙长2.9m(走廊,无墙体)	0
20		墙长7.0m(有门洞M1：0.9m×2.1m,上层梁高0.6m,层高3.5m)	{[7×(3.5−0.6)−1×0.9×2.1]×3+1×0.9×2.1×0.45}/7=8.01
21		墙长3.0m(走廊,无墙体)	0
22	3轴线	在A轴线与E轴线间无墙体	0
23		墙长7.0m(有两个窗口C2：2.1m×1.8m,上层梁高0.6m,层高3.5m)	{[7×(3.5−0.6)−2×2.1×1.8]×3+2×2.1×1.8×0.45}/7=5.95
24		墙长3.5m(有窗口C2：2.1m×1.8m,上层梁高0.6m,层高3.5m)	{[3.5×(3.5−0.6)−1×2.1×1.8]×3+1×2.1×1.8×0.45}/3.5=5.95
25		墙长3.5m(有窗口C5：1.0m×1.8m,上层梁高0.6m,层高3.5m)	{[3.5×(3.5−0.6)−1×1×1.8]×3+1×1×1.8×0.45}/3.5=7.39
26		墙长3.0m(有窗口C5：1.0m×1.8m,上层梁高0.6m,层高3.5m)	{[3×(3.5−0.6)−1×1×1.8]×3+1×1×1.8×0.45}/3=7.17
27	2轴线与3轴线之间的纵向墙	墙长4.9m(有门洞M1：0.9m×2.1m,上层梁高0.5m,层高3.5m)	{[4.9×(3.5−0.5)−1×0.9×2.1]×3+1×0.9×2.1×0.45}/4.9=8.02
28		墙长5.2m(有门洞M1：0.9m×2.1m,上层梁高0.5m,层高3.5m)	{[5.2×(3.5−0.5)−1×0.9×2.1]×3+1×0.9×2.1×0.45}/5.2=8.07
29		墙长7.0m(有门洞M1：0.9m×2.1m,上层梁高0.5m,层高3.5m)	{[7×(3.5−0.5)−1×0.9×2.1]×3+1×0.9×2.1×0.45}/7=8.31
30		墙长3.5m(有门洞M1：0.9m×2.1m,上层梁高0.5m,层高3.5m)	{[3.5×(3.5−0.5)−1×0.9×2.1]×3+1×0.9×2.1×0.45}/3.5=7.62
31		墙长3.0m(有门洞M1：0.9m×2.1m,上层梁高0.5m,层高3.5m)	{[3×(3.5−0.5)−1×0.9×2.1]×3+1×0.9×2.1×0.45}/3=7.39

第3、4层结构平面布置图对应的梁上荷载计算　　表2-15

序号	位置		线荷载(单位:kN/m)
1	A轴线 E轴线 H轴线	墙长5.0m(无洞口,上层梁高0.6m,层高3.5m)	(3.5−0.6)×3=8.70
2		墙长3.2m(无洞口,上层梁高0.6m,层高3.5m)	(3.5−0.6)×3=8.70
3		墙长2.0m(有窗口C1：1.2m×1.8m,上层梁高0.6m,层高3.5m)	{[2×(3.5−0.6)−1×1.2×1.8]×3+1×1.2×1.8×0.45}/2=5.95
4		墙长2.0m(走廊,无墙体)	0

续表

序号	位置		线荷载(单位:kN/m)
5	C轴线 F轴线 G轴线	墙长5.0m(无洞口,上层梁高0.6m,层高3.5m)	(3.5−0.6)×3=8.7
6		墙长3.2m(无洞口,上层梁高0.6m,层高3.5m)	(3.5−0.6)×3=8.7
7		墙长2.0m(走廊,无墙体)	0
8	L7上墙体	墙长3.2m(无洞口,上层梁高0.5m,层高3.5m)	(3.5−0.5)×3=9
9	L6上墙	墙长5.0m(无洞口,上层梁高0.5m,层高3.5m)	(3.5−0.5)×3=9
10	1轴线 4轴线	墙长4.9m(有窗口C2:2.1m×1.8m,上层梁高0.6m,层高3.5m)	{[4.9×(3.5−0.6)−1×2.1×1.8]×3+1×2.1×1.8×0.45}/4.9=6.73
11		墙长5.2m(有两个窗口C2:2.1m×1.8m,上层梁高0.6m,层高3.5m)	{[5.2×(3.5−0.6)−2×2.1×1.8]×3+2×2.1×1.8×0.45}/5.2=4.99
12		墙长7.0m(有两个窗口C4:2.6m×1.8m,上层梁高0.6m,层高3.5m)	{[7×(3.5−0.6)−2×2.6×1.8]×3+2×2.6×1.8×0.45}/7=5.29
13		墙长3.0m(有窗口C6:2.1m×1.0m,上层梁高0.6m,层高3.5m)	{[3×(3.5−0.6)−1×2.1×1]×3+1×2.1×1×0.45}/3=6.92
14		墙长2.9m(有窗口C6:2.1m×1.0m,上层梁高0.6m,层高3.5m)	{[2.9×(3.5−0.6)−1×2.1×1]×3+1×2.1×1×0.45}/2.9=6.85
15		墙长2.3m(有窗口C3:1.5m×1.8m,上层梁高0.6m,层高3.5m)	{[2.3×(3.5−0.6)−1×1.5×1.8]×3+1×1.5×1.8×0.45}/2.3=5.71
16	2轴线	墙长4.9m(有门洞M1:0.9m×2.1m,上层梁高0.6m,层高3.5m)	{[4.9×(3.5−0.6)−1×0.9×2.1]×3+1×0.9×2.1×0.45}/4.9=7.72
17		墙长5.2m(有门洞M1:0.9m×2.1m,上层梁高0.6m,层高3.5m)	{[5.2×(3.5−0.6)−1×0.9×2.1]×3+1×0.9×2.1×0.45}/5.2=7.77
18		墙长5.2m(无洞口,上层梁高0.6m,层高3.5m)	(3.5−0.6)×3=8.7
19		墙长2.3m(有门洞M1:0.9m×2.1m,上层梁高0.6m,层高3.5m)	{[2.3×(3.5−0.6)−1×0.9×2.1]×3+1×0.9×2.1×0.45}/2.3=6.61
20		墙长2.9m(走廊,无墙体)	0
21		墙长7.0m(有门洞M1:0.9m×2.1m,上层梁高0.6m,层高3.5m)	{[7×(3.5−0.6)−1×0.9×2.1]×3+1×0.9×2.1×0.45}/7=8.01
22		墙长3.0m(走廊,无墙体)	0
23	3轴线	在A轴线与E轴线间无墙体	0
24		墙长7.0m(有两个窗口C2:2.1m×1.8m,上层梁高0.6m,层高3.5m)	{[7×(3.5−0.6)−2×2.1×1.8]×3+2×2.1×1.8×0.45}/7=5.95
25		墙长3.5m(有窗口C2:2.1m×1.8m,上层梁高0.6m,层高3.5m)	{[3.5×(3.5−0.6)−1×2.1×1.8]×3+1×2.1×1.8×0.45}/3.5=5.95
26		墙长3.5m(有窗口C5:1.0m×1.8m,上层梁高0.6m,层高3.5m)	{[3.5×(3.5−0.6)−1×1×1.8]×3+1×1×1.8×0.45}/3.5=7.39
27		墙长3.0m(有窗口C5:1.0m×1.8m,上层梁高0.6m,层高3.5m)	{[3×(3.5−0.6)−1×1×1.8]×3+1×1×1.8×0.45}/3=7.17

续表

序号	位　置		线荷载(单位:kN/m)
28	2轴与3轴线之间的纵向墙	墙长4.9m(有门洞M1:0.9m×2.1m,上层梁高0.5m,层高3.5m)	{[4.9×(3.5−0.5)−1×0.9×2.1]×3+1×0.9×2.1×0.45}/4.9=8.02
29		墙长5.2m(有门洞M1:0.9m×2.1m,上层梁高0.5m,层高3.5m)	{[5.2×(3.5−0.5)−1×0.9×2.1]×3+1×0.9×2.1×0.45}/5.2=8.07
30		墙长7.0m(有门洞M1:0.9m×2.1m,上层梁高0.5m,层高3.5m)	{[7×(3.5−0.5)−1×0.9×2.1]×3+1×0.9×2.1×0.45}/7=8.31
31		墙长3.5m(有门洞M1:0.9m×2.1m,上层梁高0.5m,层高3.5m)	{[3.5×(3.5−0.5)−1×0.9×2.1]×3+1×0.9×2.1×0.45}/3.5=7.62
32		墙长3.0m(有门洞M1:0.9m×2.1m,上层梁高0.5m,层高3.5m)	{[3×(3.5−0.5)−1×0.9×2.1]×3+1×0.9×2.1×0.45}/3=7.39

第5层结构平面布置图对应的梁上荷载计算　　　表2-16

序号	位　置		线荷载(单位:kN/m)
1	A轴线 E轴线	墙长5.0m(无洞口,上层梁高0.6m,层高3.5m)	(3.5−0.6)×3=8.7
2		墙长3.2m(无洞口,上层梁高0.6m,层高3.5m)	(3.5−0.6)×3=8.7
3		墙长2.0m(有窗口C1:1.2m×1.8m,上层梁高0.6m,层高3.5m)	{[2×(3.5−0.6)−1×1.2×1.8]×3+1×1.2×1.8×0.45}/2=5.95
4		墙长2.0m(走廊,无墙体)	0
5	H轴线	女儿墙高1.2m	1.2×3=3.6
6	C轴线	墙长5.0m(无洞口,上层梁高0.6m,层高3.5m)	(3.5−0.6)×3=8.7
7		墙长3.2m(无洞口,上层梁高0.6m,层高3.5m)	(3.5−0.6)×3=8.7
8		墙长2.0m(走廊,无墙体)	0
9	L3上墙体	墙长5.0m(无洞口,上层梁高0.5m,层高3.5m)	(3.5−0.5)×3=9
10	1轴线 4轴线	墙长4.9m(有窗口C2:2.1m×1.8m,上层梁高0.6m,层高3.5m)	{[4.9×(3.5−0.6)−1×2.1×1.8]×3+1×2.1×1.8×0.45}/4.9=6.73
11		墙长5.2m(有两个窗口C2:2.1m×1.8m,上层梁高0.6m,层高3.5m)	{[5.2×(3.5−0.6)−2×2.1×1.8]×3+2×2.1×1.8×0.45}/5.2=4.99
12		墙长7.0m(女儿墙高1.2m)	1.2×3=3.6
13		墙长3.0m(女儿墙高1.2m)	1.2×3=3.6
14		墙长2.9m(有窗口C6:2.1m×1.0m,上层梁高0.6m,层高3.5m)	{[2.9×(3.5−0.6)−1×2.1×1]×3+1×2.1×1×0.45}/2.9=6.85
15		墙长2.3m(有窗口C3:1.5m×1.8m,上层梁高0.6m,层高3.5m)	{[2.3×(3.5−0.6)−1×1.5×1.8]×3+1×1.5×1.8×0.45}/2.3=5.71
16	2轴线	墙长4.9m(有门洞M1:0.9m×2.1m,上层梁高0.6m,层高3.5m)	{[4.9×(3.5−0.6)−1×0.9×2.1]×3+1×0.9×2.1×0.45}/4.9=7.72
17		墙长5.2m(有门洞M1:0.9m×2.1m,上层梁高0.6m,层高3.5m)	{[5.2×(3.5−0.6)−1×0.9×2.1]×3+1×0.9×2.1×0.45}/5.2=7.77
18		墙长5.2m(无洞口,上层梁高0.6m,层高3.5m)	(3.5−0.6)×3=8.7
19		墙长2.3m(有门洞M1:0.9m×2.1m,上层梁高0.6m,层高3.5m)	{[2.3×(3.5−0.6)−1×0.9×2.1]×3+1×0.9×2.1×0.45}/2.3=6.61
20		墙长2.9m(走廊,无墙体)	0

续表

序号	位置		线荷载(单位:kN/m)
21	3 轴线	在 A 轴线与 E 轴线间无墙体	0
22		墙长 7.0m(女儿墙高 1.2m)	1.2×3=3.6
23		墙长 3.0m(女儿墙高 1.2m)	1.2×3=3.6
24	2 轴线与 3 轴线之间的纵向墙	墙长 4.9m(有门洞 M1：0.9m×2.1m,上层梁高 0.5m,层高 3.5m)	{[4.9×(3.5−0.5)−1×0.9×2.1]×3+1×0.9×2.1×0.45}/4.9=8.02
25		墙长 5.2m(有门洞 M1：0.9m×2.1m,上层梁高 0.5m,层高 3.5m)	{[5.2×(3.5−0.5)−1×0.9×2.1]×3+1×0.9×2.1×0.45}/5.2=8.07
26		墙长 3.0m(女儿墙高 1.2m)	1.2×3=3.6

2.7 模型建立与荷载输入

2.7.1 结构标准层及荷载标准层

结构布置和荷载布置相同的楼层可以定义为一个标准层。标准层的定义次序建议遵守建筑楼层从下到上的次序。在 PKPM 中一个标准层为一层楼面以及楼面下面连接的立柱，在标准层中显示的柱截面是指楼面下部连接的立柱，如图 2-16 所示。

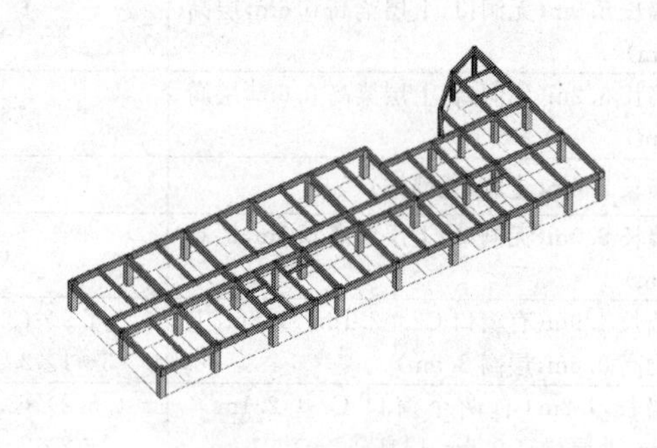

图 2-16 标准层

本例中，第 2、3 层结构平面布置相同，同属第 1 结构标准层，但由于荷载不相同，所以在 PKPM 中需要建立不同标准层，本工程各标准层的对应关系如表 2-17 所示。

楼层组合 表 2-17

标准层	结构平面布置图	标准层	结构平面布置图
1	2	4	5
2	3	5	屋面
3	4		

2.7.2 PMCAD 工作界面

点击“PMCAD”，进入 PMCAD 主菜单，点击“建筑模型与荷载输入”，程序将显示如图 2-17 所示的菜单。

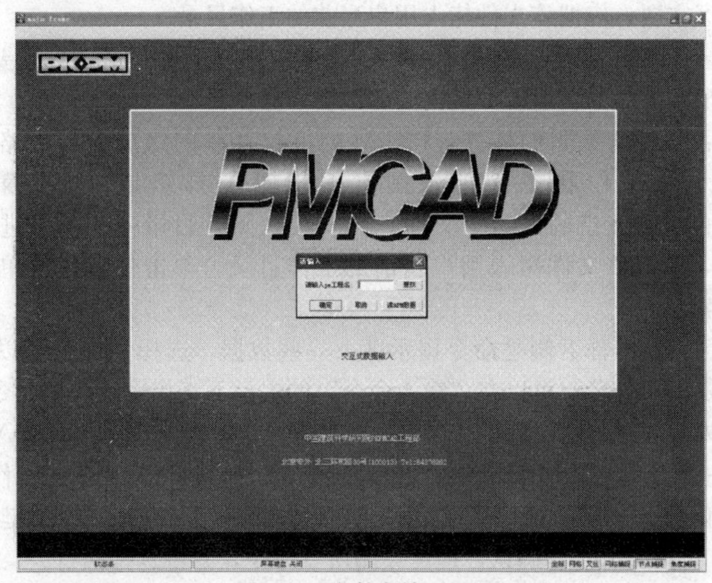

图 2-17 文件名输入界面

输入工程文件名“教学楼设计实例”后进入 PMCAD 界面环境，如图 2-18 所示。

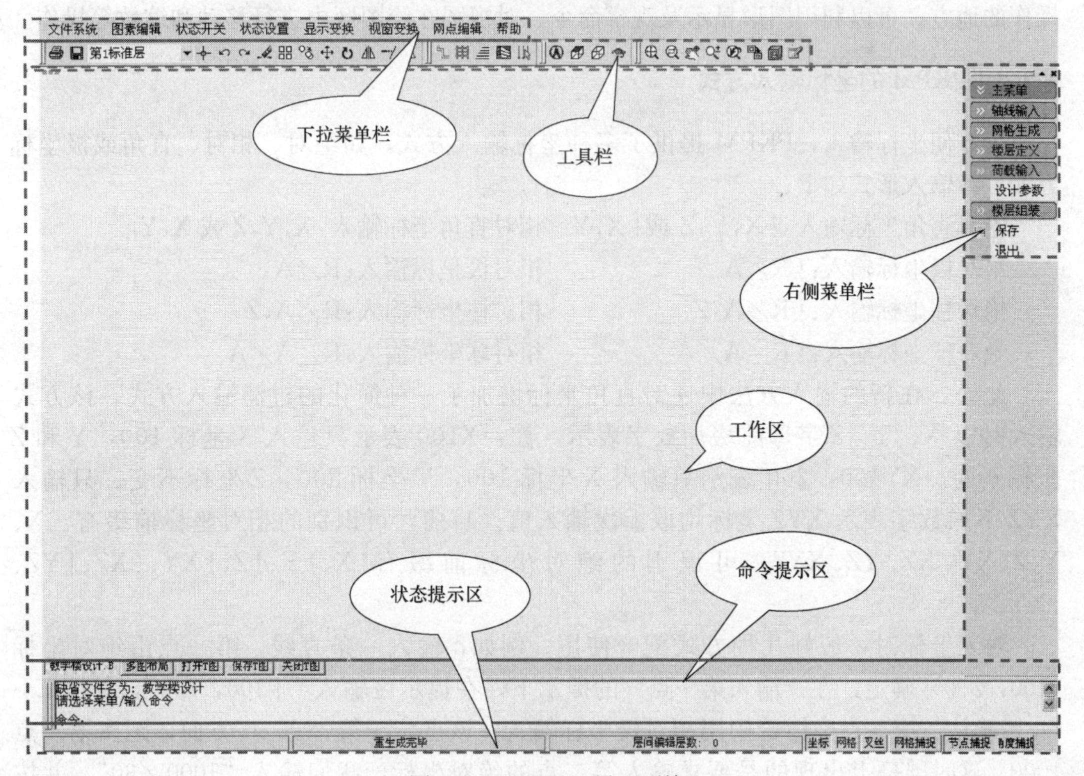

图 2-18 PMCAD 界面环境

由图 2-18 可见，此时屏幕分为 4 个区域：右侧是菜单栏，上侧是下拉菜单栏，下侧是命令提示区和状态提示区，中间区域是工作区。

右侧菜单：右侧菜单区是快捷菜单，可以提供对某些命令的快速执行。右侧菜单区是由名为 WORK. MNU 的菜单文件支持的，这个文件一般安装在 PM 目录中。如果进入程序后右侧菜单区空白，应把该文件拷入用户当前的工作目录。

工具栏：PKPM 界面上也有与 AutoCAD 中相似的工具栏图标，它主要包括一些常用的图形编辑、显示等命令，可以方便视图的编辑和操作。

下拉菜单：当启动不同的软件，PKPM 的下拉菜单的组成内容也略有不同，但都是由文件、显示、工作状态管理及图素编辑等工具组成。这些菜单是由名为 WORK. DGM 的文件支持的，这个文件一般安装在 PM 目录中。如果进入程序后下拉菜单无法激活，应把该文件拷入用户当前的工作目录。单击任意主菜单，便可以得到它的一系列子菜单。

命令提示区：在屏幕下侧是命令提示区，一些数据、选择和命令可以由键盘在此输入，如果用户熟悉命令名，可以在"输入命令"的提示下直接输入一个命令而不必使用菜单。所有菜单内容均有与之对应的命令名，这些命令名是由名为 WORK. ALI 的文件支持的，这个文件一般安装在 PM 目录中，用户可把该文件拷入用户当前的工作目录中自行编辑以自定义简化命令。在"命令"提示下输入"Alias"，再按 Enter 键确认，或输入"Command"，再按 Enter 键确认，即可查阅所有命令，并可选择执行。

状态提示区：用于提示工作区所处状态。

工作区：即图形显示区，PKPM 界面上最大的空白窗口便是绘图区，是用来建模和操作的地方。可以利用图形显示及观察命令，对视图在绘图区内进行移动和缩放等操作。

2.7.3 PKPM 的坐标输入方式

为方便坐标输入，PKPM 提供了多种坐标输入方式，如绝对、相对、直角或极坐标方式，各输入形式如下：

绝对直角坐标输入：! X,Y,Z 或! X,Y　相对直角坐标输入：X,Y,Z 或 X,Y

绝对极坐标输入：! R∠A　相对极坐标输入：R∠A

绝对柱坐标输入：! R∠A,Z　相对柱坐标输入：R∠A,Z

绝对球坐标输入：! R∠A∠A　相对球坐标输入：R∠A∠A

此处，在新的输入方法中还对直角坐标增加了一种简化的过滤输入方式。该方式输入时以 X、Y、Z 字母前缀加数字表示，如：X100 表示只输入 X 坐标 100，Y 和 Z 坐标不变。XY100，200 表示只输入 X 坐标 100，Y 坐标 200，Z 坐标不变。只输入 XYZ 不加数字表示 XYZ 坐标均取上次输入值。目前，可识别的相对坐标前缀有：X、Y、Z、XY、XZ、YZ、XYZ；可识别的绝对坐标前缀有! X、! Y、! Z、! XY、! XZ、! YZ、! XYZ等。

输入坐标时，最好几种方式配合使用。例如，输入一条直线，第一点由绝对坐标（100，200）确定，在"输入第一点"的提示下，在提示区输入"! 100，200"，并按 Enter 键确认。第二点坐标希望用相对极坐标输入，该点位于第一点 30°方向，距离第一点 1000。这时屏幕上出现的是要求输入第二点的绝对坐标，我们输入"1000∠30"，并按

Enter 键确认，即完成第二点输入。

注意：

极坐标、柱坐标和球坐标不能过滤输入。

2.7.4 PKPM 常用快捷键

以下是 PKPM 中常用的功能热键，用于快速查询输入。

鼠标左键：键盘 [Enter]，用于确认、输入等。

鼠标中键：键盘 [Tab]，用于功能转换，在绘图时为输入参考点。

鼠标右键：键盘 [Esc]，用于否定、放弃、返回菜单等。

以下提及 [Enter]、[Tab] 和 [Del]、[Esc] 时，也即表示鼠标的左键、中键和右键，而不再单独说明鼠标键。

[F1]：帮助热键，提供必要的帮助信息。

[F2]：坐标显示开关，交替控制光标的坐标值是否显示。

[Ctrl]+[F2]：点网显示开关，交替控制点网是否在屏幕背景上显示。

[F3]：点网捕捉开关，交替控制点网捕捉方式是否打开。

[Ctrl]+[F3]：节点捕捉开关，交替控制节点捕捉方式是否打开。

[F4]：角度捕捉开关，交替控制角度捕捉方式是否打开。

[Ctrl]+[F4]：十字准线显示开关，可以打开或关闭十字准线。

[F5]：重新显示当前图，刷新修改结果。[F6]：显示全图，从缩放状态回到全图。

[F7]：放大一倍显示。 [F8]：缩小一半显示。

[Ctrl]+W：提示用户选窗口放大图形。 [Ctrl]+R：将当前视图设为全图。

[F9]：设置点网捕捉值。 [Ctrl]+[F9]：修改常用角度和距离数据。

[Ctrl]+[←]：左移显示的图形。 [Ctrl]+[→]：右移显示的图形。

[Ctrl]+[↑]：上移显示的图形。 [Ctrl]+[↓]：下移显示的图形。

[PageUp]：增加键盘移动光标时的步长。 [PageDown]：减少键盘移动光标时的步长。

[O]：在绘图时，令当前光标位置为点网转动基点。 [S]：在绘图时，选择节点捕捉方式。

[Ctrl]+A：当重显过程较慢时，中断重显过程。 [Ctrl]+P：打印或绘出当前屏幕上的图形。

[U]：在绘图时，后退一步操作。 [Ins]：在绘图时，由键盘键入光标的（x，y，z）坐标值。

2.7.5 轴线输入

点击“轴线输入”，出现轴线输入菜单，如图 2-19 所示。利用菜单中的各种命令绘制所需要的线条或点等。程序自动形成网格线和节点，并进行编号，如表 2-18 所示。

平面轴线输入　　表 2-18

命令名称	操作内容
节点	绘制独立的单点
两点直线	绘制一条直线
平行直线	绘制一组平行的直线
折线	绘制连续首尾相接的直线和弧线
矩形	绘制一个闭合矩形线
辐射线	绘制一组辐射状直线
圆环	绘制一组闭合同心圆环
圆弧	绘制一组同心圆弧网格线
三点圆弧	绘制一组同心圆弧线
正交轴网	绘制直线正交网格线
圆弧轴线	绘制圆弧和直线正交网格线
轴线命名	对轴线进行编号修改
轴线显示	开关命令

图 2-19　轴线输入菜单

2.7.5.1　正交轴网输入

点击“正交轴网”，出现“直线轴网输入对话框”。根据结构标准层平面布置图，在“轴网数据录入和编辑”栏里从左到右填写下开间或上开间的数值，从下到上填写左进深或右进深的数值，也可双击右边的常用值的数据。输入完成如图 2-20 所示，点击“确定”，选定插入点，屏幕显示正交轴网的整体网格线图形，如图 2-21 所示。

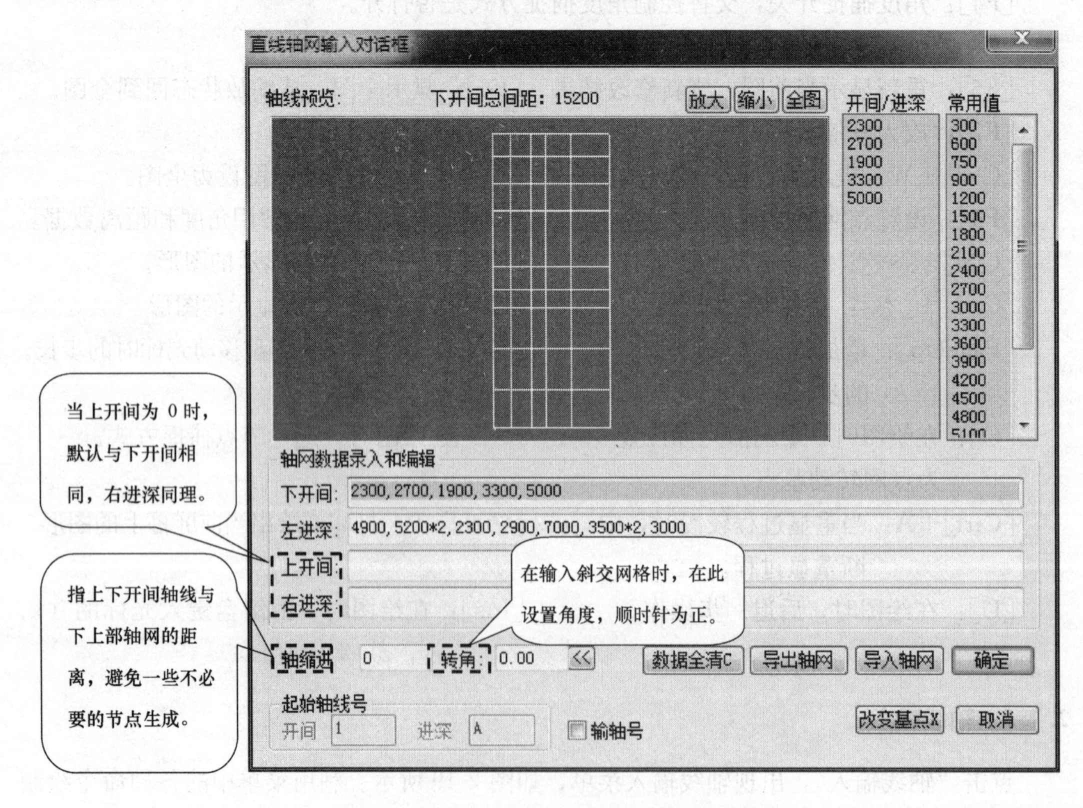

图 2-20　正交轴网对话框

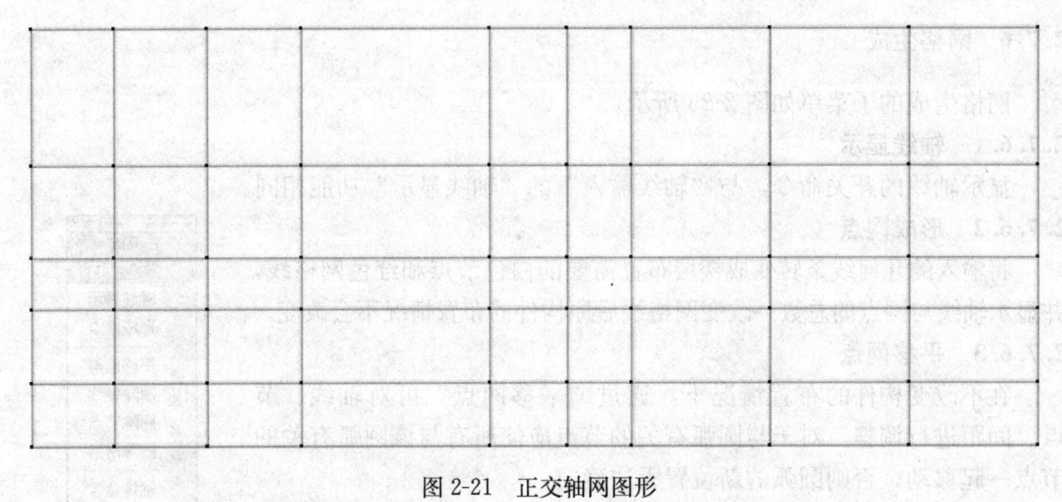

图 2-21　正交轴网图形

2.7.5.2　圆弧轴网

如图 2-22、图 2-23 所示“圆弧轴网”对话框。圆弧开间角是轴线展开逆时针的连续角度，进深是沿半径方向的跨度。圆弧开间角、跨度数据可用光标从对话框已有的常见数据中换行或键盘输入。通过填写“内半径”一栏，可给出最内圈圆弧的半径；“旋转角”可确定右侧第一条半径线的角度，以逆时针为正。

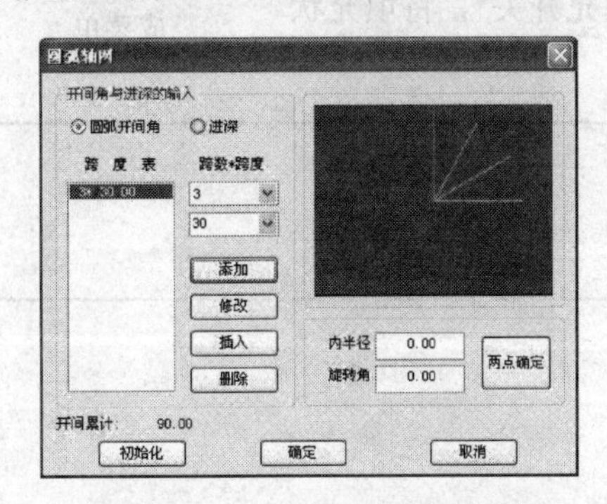

图 2-22　定义圆弧开间角对话框

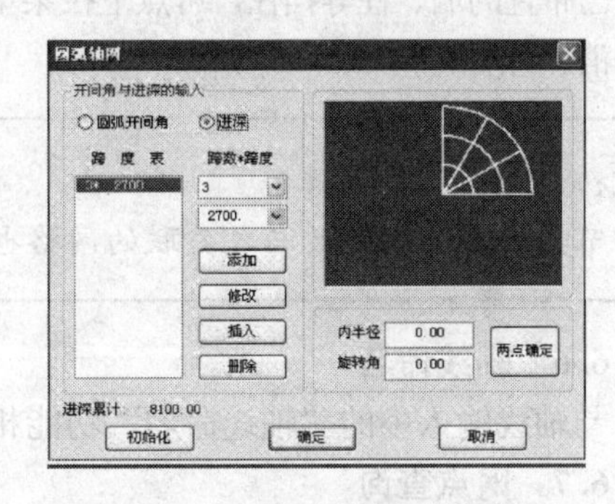

图 2-23　定义进深对话框

通过“平行直线”绘制楼梯梁，距离 700，最终形成轴网图，如图 2-24 所示。

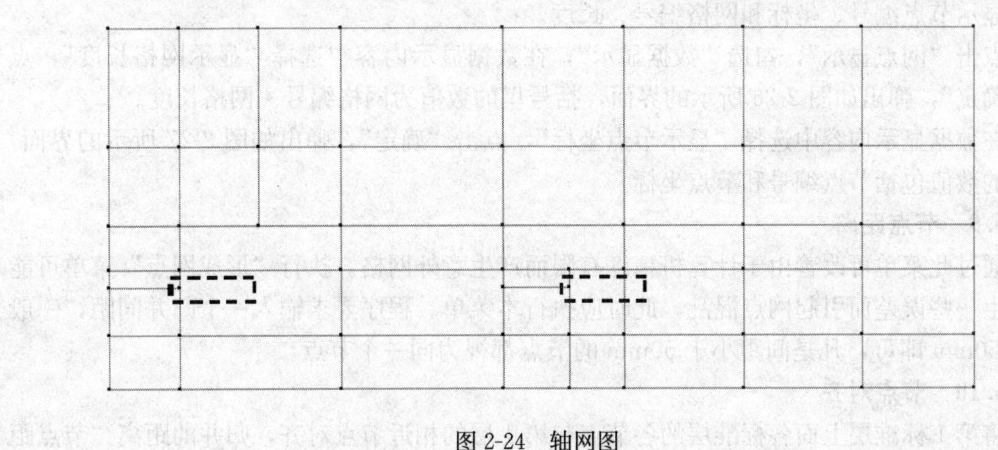

图 2-24　轴网图

2.7.6 网格生成

网格生成的子菜单如图 2-25 所示。

2.7.6.1 轴线显示

显示轴线的开关命令，与“轴线输入”的“轴线显示”功能相同。

2.7.6.2 形成网点

将输入的几何线条转变成楼层布置需要的白色节点和红色网格线，并显示轴线与网点的总数。改变网格线后原构件的布置情况不会改变。

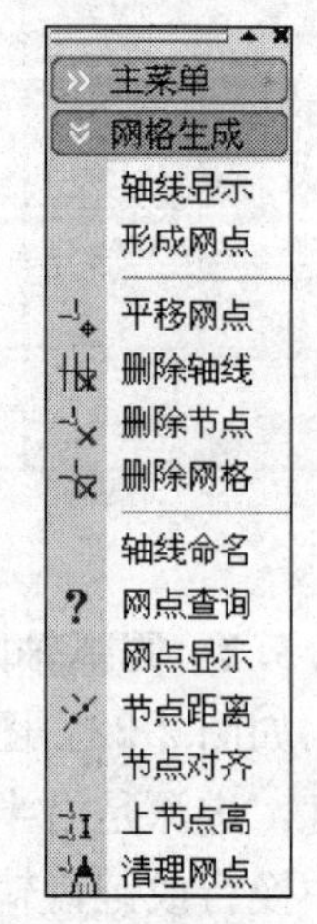

图 2-25 网格生成菜单

2.7.6.3 平移网点

在不改变构件的布置情况下，通过“平移网点”可对轴线、节点、间距进行调整。对于与圆弧有关的节点应使所有与该圆弧有关的节点一起移动，否则圆弧的新位置无法确定。

2.7.6.4 删除轴线

用光标选择需要被删除命名的轴线，轴线选中后，确认是否删除此轴线名（Y [Ent]/N [Esc]）。

2.7.6.5 删除节点、删除网格

对形成的网格线图的节点和网格进行删除，删除过程中若节点、网格被已布置的墙、柱等挡住，可点下拉菜单中的“填充开关”，将填充状态取消。

注意：

节点的删除将导致与之关联的网格也被删除。

2.7.6.6 轴线命名

与轴线输入中的“轴线命名”功能相同。

2.7.6.7 网点查询

查询网格节点信息。

2.7.6.8 网点显示

显示节点编号、坐标和网格编号、长度。

点击“网点显示”，勾选“数据显示”，在数据显示内容中选择“显示网格长度”，点击“确定”，弹出如图 2-26 所示的界面，括号里的数值为网格编号 * 网格长度。

在数据显示内容中选择“显示节点坐标”，点击“确定”，弹出如图 2-27 所示的界面，图中的数值包括节点编号和节点坐标。

2.7.6.9 节点距离

通过此菜单可改善由于计算机精度有限而产生意外网格。执行“形成网点”菜单可能会产生一些误差而引起网点混乱，此时应执行本菜单。程序要求输入一个归并间距，一般输入 50mm 即可，凡是间距小于 50mm 的节点都视为同一个节点。

2.7.6.10 节点对齐

将第 1 标准层上面各标准层的各节点与第 1 层的相近节点对齐，归并的距离“节点距

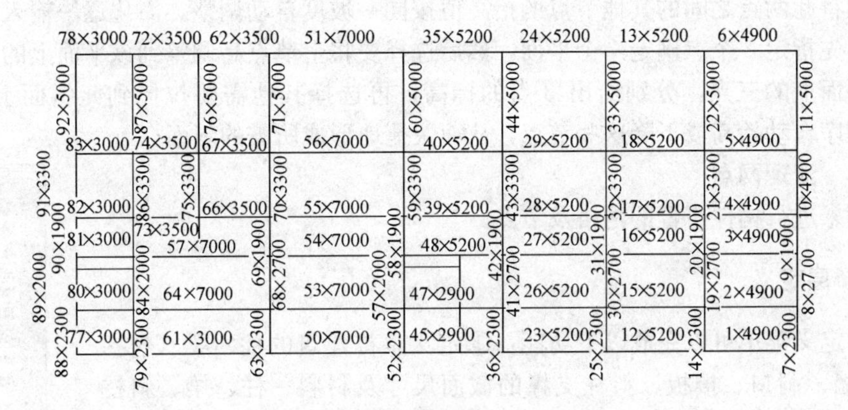

图 2-26 网格长度显示

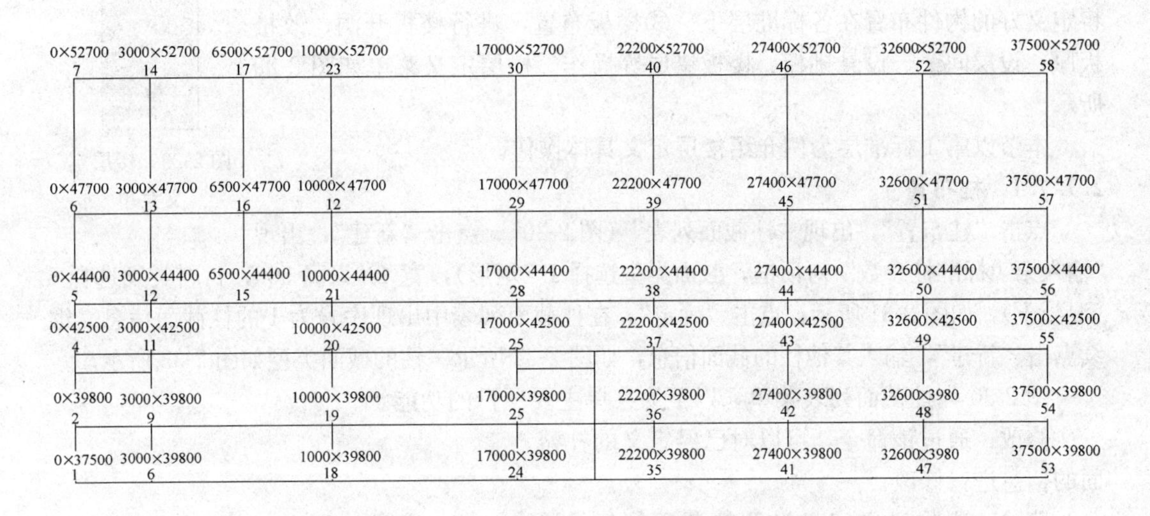

图 2-27 节点信息显示

离”中的归并间距定义，用于纠正上面各层节点网格输入不准确的情况。

2.7.6.11 上节点高

上节点高指的是本节点相对于本层层顶的高差，程序默认下节点为楼层的层高。通过改变上节点高，改变了该节点处的柱高、墙高和与之相连的梁的坡度，可更方便地处理坡屋顶等楼面高度有变化的情况。点击“上节点高”，弹出如图2-28所示的对话框，包含3种设置方式：

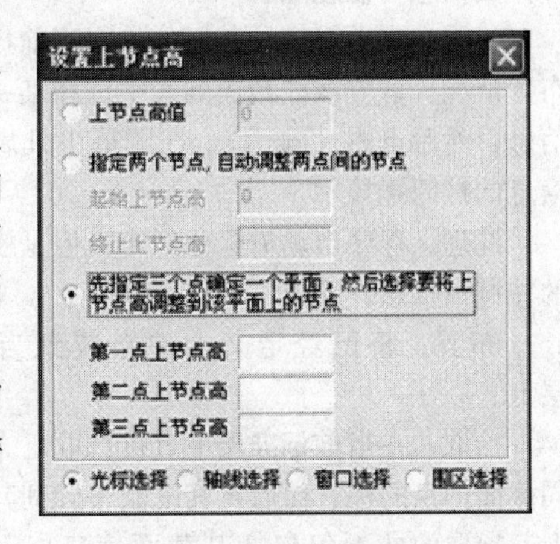

图 2-28 设置上节点高对话框

（1）上节点高值：直接输入抬高值（单位为mm)，可按光标、轴线、窗口、围区等方式选择进行抬高的节点。

（2）指定两个节点，自动调整两点间的节点：指定同一轴线上两节点的抬高值，一般存在高差，程序自动将此两点之间的其他节点的抬高值按同一坡度自动调整，简化逐一输入的操作。

(3) 先指定 3 个点确定 1 个平面，然后选择要将上节点高调整到该平面上的节点：指定这个斜面上的三点，分别给出 3 点的标高，再选择其他需要拉伸到此斜面上的节点，即可由程序自动抬高或下降这些节点，从而快捷地形成所需的斜面。

2.7.6.12 清理网点

清理未进行构件布置的网格及节点。

2.7.7 楼层定义

楼层定义菜单可以完成以下功能：①定义整栋建筑的柱、梁（包括次梁）、墙、洞口、楼板、斜柱支撑的截面尺寸及材料。柱、梁、斜柱等支撑杆件需要输入截面形状类型、尺寸、材料。墙需要定义厚度、材料，墙高自动取层高。洞口需要定义矩形洞口，输入宽、高的尺寸。②将定义好的构件布置在各标准层上。③楼板布置，进行楼板开洞、改楼板厚、设层间梁、设悬挑板、楼板错层等操作。楼层定义菜单如图 2-29 所示。

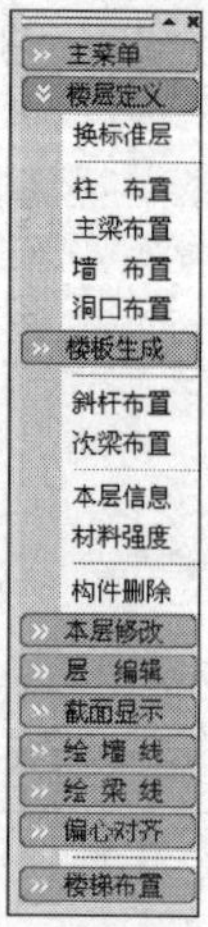

图 2-29 楼层定义菜单

本节以第 1 标准层为例介绍楼层定义具体操作。

2.7.7.1 柱布置

点击“柱布置”，出现“柱截面列表”（图 2-30）。点击“新建”，出现“输入第 1 标准柱参数”对话框，截面类型选择 1（矩形），宽 400，高 500，材料类别选择 6（混凝土），如图 2-31 所示；点击“确定”，在柱截面列表中出现序号为 1 的柱截面信息。继续点击“新建”，输入其他柱的截面信息，如图 2-32 所示。柱的截面类型如图 2-33 所示。

图 2-30 为柱截面列表菜单，以下为菜单主要项目的功能。

修改：通过该命令，可以对已经定义的柱截面的信息进行修改。

删除：删除已经定义过的柱截面信息。注意：若在某一标准层执行该命令后，各层含有这种截面信息均被删除。

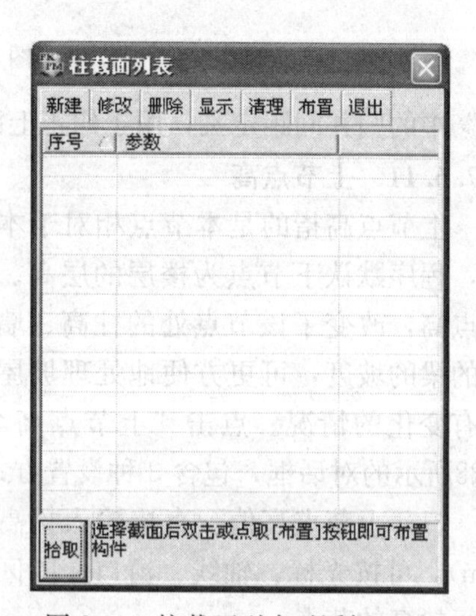

图 2-30 柱截面列表对话框（一）

显示：查看指定柱截面信息在当前标准层的布置情况。首先在柱截面列表中选择某一柱截面信息，然后点击“显示”，在屏幕中凡属该截面信息的柱闪烁显示。

清理：程序自动清除已经定义但是没有使用的柱截面信息。

布置：将已经定义的柱布置到当前标准层上。

拾取：在当前标准层上直接选取已布置好的同截面信息的柱，然后将其复制布置到其他位置上。拾取的柱不仅包括其截面信息，还包括偏心、转角、标高等布置参数信息。

完成柱截面尺寸定义后，进行柱布置。选取“序号1”，点击“布置”，出现第1柱布置的对话框（图 2-34）。根据第一结构标准层信息，在“偏轴偏心”输入－50。用“光标”方式布置A轴线与1轴线相交处的柱，如图 2-35 所示。

布置柱的选择方式包括：光（光标）、轴（轴线）、窗（窗口）、围（围栏）。若只布置一根柱时，常用“光标”方式布置；若同一轴线上的柱截面相同时可采用“轴线”方式布置；若多根柱相同截面时，可采用“窗”或“围”方式布置。采用相同的方式布置其余的框架柱，在此不再赘述。

图 2-31　输入第1标准柱参数对话框

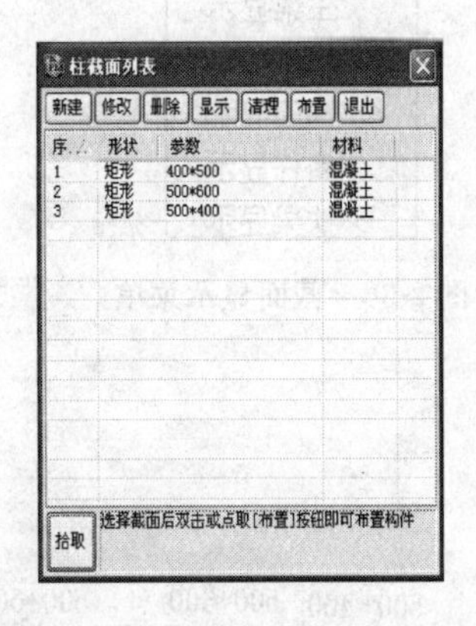

图 2-32　柱截面列表对话框（二）

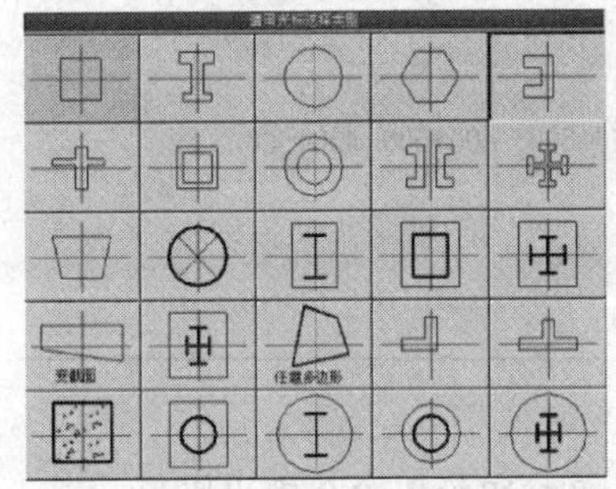

图 2-33　柱截面类型

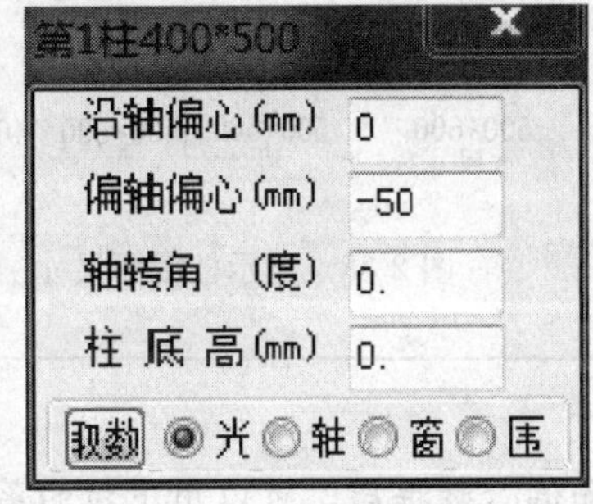

图 2-34　第1柱布置对话框

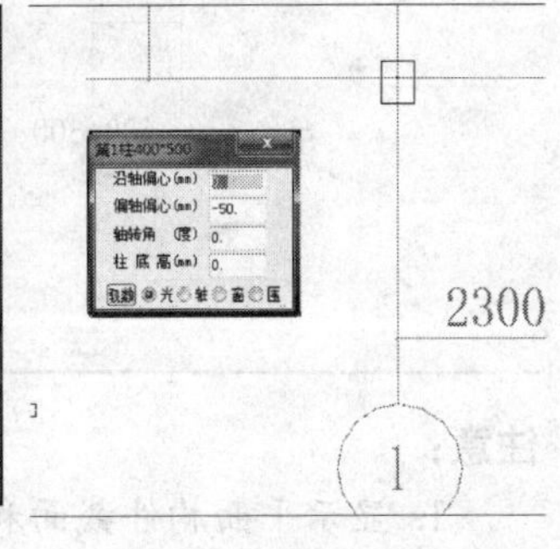

图 2-35　柱布置对话框

提示：

1. 沿轴偏心和偏轴偏心是柱截面形心点横向偏离、纵向偏离节点的距离。沿轴偏心以向下偏为负，向上偏为正；偏轴偏心以向左偏为负，以向右偏为正。

2. 轴转角是指当所布置的柱截面需要转动的角度，以逆时针为正。

3. 柱底高是指柱底与层底的高差，高于层底为正，低于层底为负，与层底平齐为0。

2.7.7.2　截面显示

柱布置完成后，可利用“截面显示”（图 2-36）来校核柱的布置是否正确。点击“截面显示”菜单中的“柱显示”，出现“柱显示开关”对话框，勾选“数据显示”，“数据显示内容”选项被激活（图 2-37）；选取“显示截面尺寸”，点击“确定”，图中标示出各柱的截面尺寸，如图 2-38 所示。当选取“显示偏心标高”时，图中标示出各柱的偏心和标高。

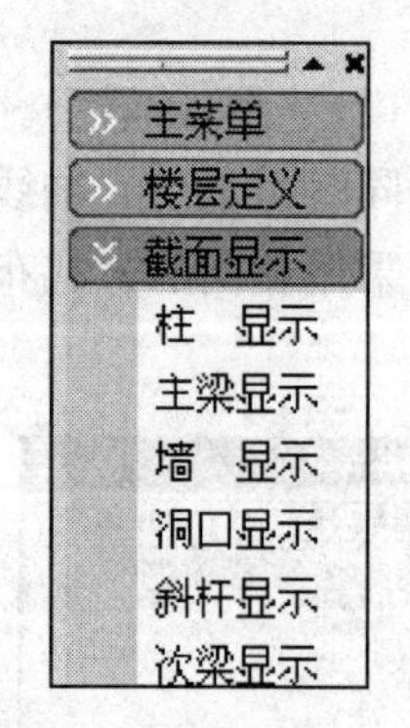

图 2-36 截面显示菜单

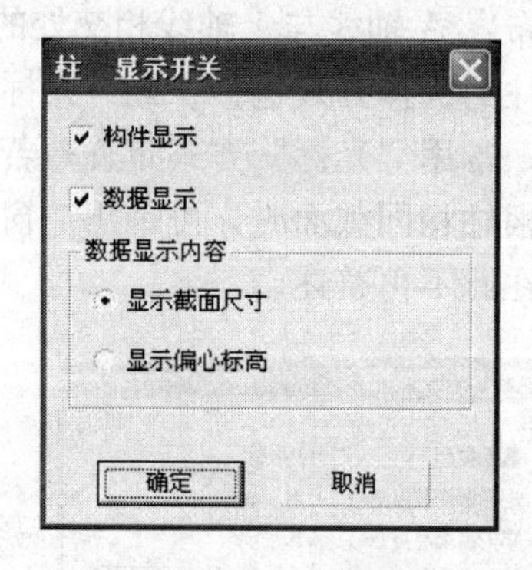

图 2-37 柱显示对话框

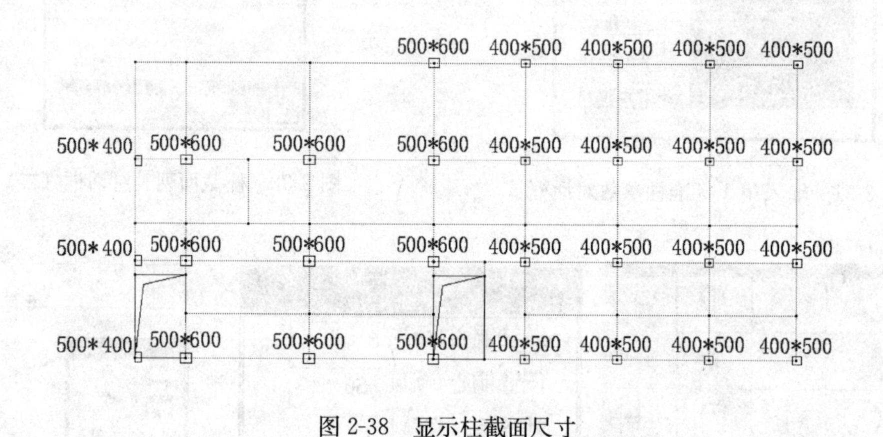

图 2-38 显示柱截面尺寸

注意：

1. 显示平面构件截面和偏心数据后，可以用下拉的菜单打印绘图命令输出图形。
2. 截面显示格式
1）显示截面尺寸：显示柱宽×柱高。
2）显示偏心标高：显示沿轴偏心×偏轴偏心，转角×标高。

2.7.7.3 主梁、次梁布置

1. 主梁布置

点击“主梁布置”，出现“梁截面列表”，如图 2-39 所示。点击“新建”，出现“输入第 1 标准梁参数”对话框，截面类型选择 1（矩形），输入矩形截面宽度和高度为 200 和 600，材料类别选择 6（混凝土），如图 2-40 所示；点击“确定”，在梁截面列表中出现序号为 1 的梁截面信息，如图 2-41 所示；继续点击“新建”，输入其他的梁截面信息，在“梁截面列表”中创建的梁截面类型如图 2-42 所示。需注意的是所有次梁均按主梁的布置方法布置。

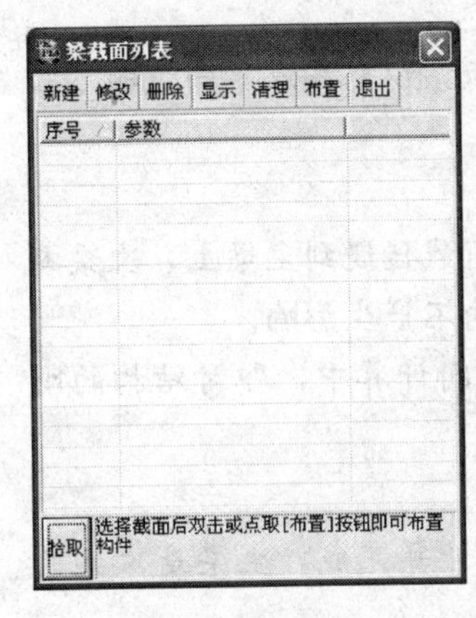

图 2-39　梁截面列表对话框（一）

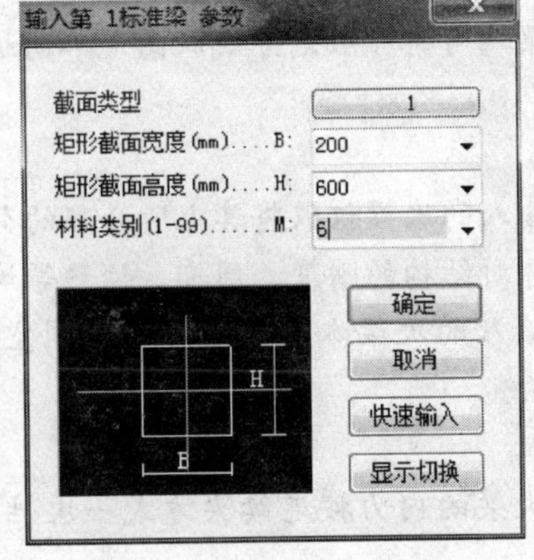

图 2-40　输入第 1 标准梁参数对话框

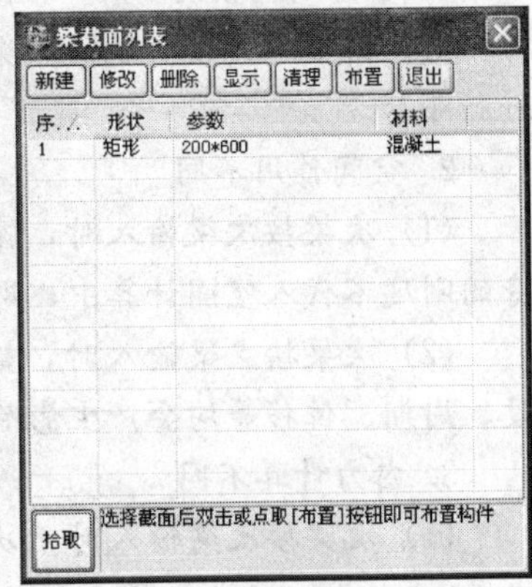

图 2-41　梁截面列表对话框（二）

完成梁截面定义后，就可选择各种截面的梁进行梁布置。选取“序号 2”，点击“布置”，出现第 2 梁布置的对话框，在“偏轴距离”输入 75。当布置主梁时，偏心的数值可不填写正负号，光标指向轴线的一侧，偏心就在这一侧。用“窗口”方式布置 A 轴线上的梁，如图 2-43 所示。采用相同的方式布置其余的框架梁。

与“柱显示”相似，可利用“截面显示”中的“主梁显示”来校核梁的布置是否正确。图 2-44 显示出了各梁的截面尺寸。

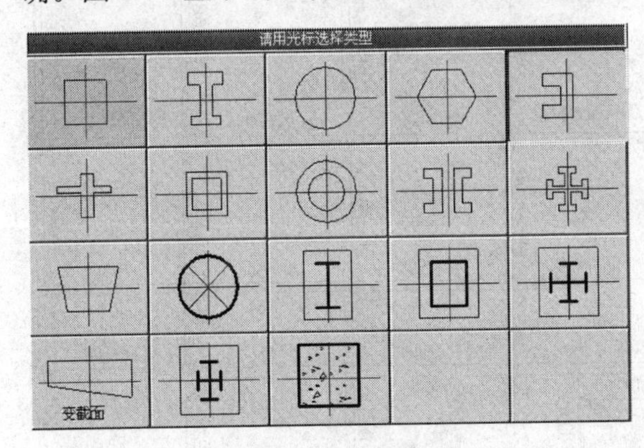

图 2-42　梁截面类型

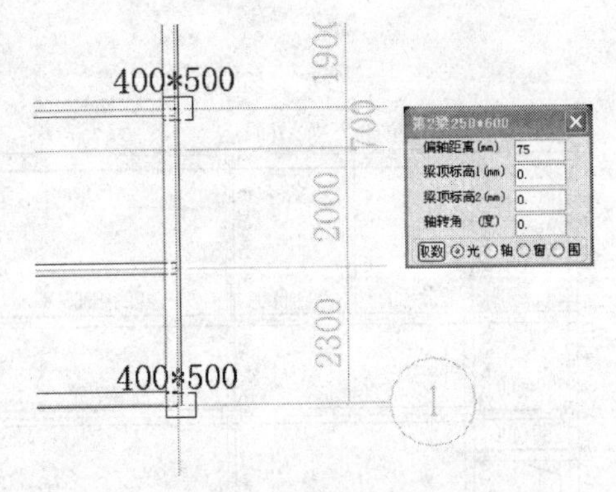

图 2-43　梁布置对话框

2. 次梁布置

点击“次梁布置”，弹出“梁截面列表”对话框，截面列表中显示出主梁布置定义过的梁截面信息。定义次梁的方式与定义主梁相同。

次梁截面尺寸定义完成后，选择各种型号的次梁进行布置。选择需要布置的次梁的序号，点击“布置”，输入框显示输入坐标或者按［Tab］用节点捕捉次梁布置的位置；确定构件的布置位置后，提示输入复制间距、次数，按［Esc］取消复制；继续提示选择目标，按［Esc］继续选择另一种次梁布置。

注意：

次梁按主梁输入和直接输入的区别：

1. 导荷方式相同

这两种输入方式形成的次梁均可将楼板划分成双向或单向板，以双向或单向板的方式进行导荷。

2. 空间作用不同

(1) 次梁按次梁输入时，输入的次梁仅仅将其上所分配的荷载传递到主梁上，次梁本身的刚度不代入空间计算中，即对结构的刚度、周期、位移等均不产生影响。

(2) 次梁按主梁输入时，输入的次梁本身的刚度参与到空间计算中，即对结构的刚度、周期、位移等均会产生影响。

3. 内力计算不同

(1) 次梁按次梁输入时，次梁的内力按连续梁方式一次性计算完成，主梁是次梁的支座。

(2) 次梁按主梁输入时，程序不分主次梁，所有梁均为主梁。梁的内力计算按照空间交叉梁系方式进行分配。即根据节点的变形协调条件和各梁线刚度的大小进行计算。主梁和次梁之间没有严格的支座关系。

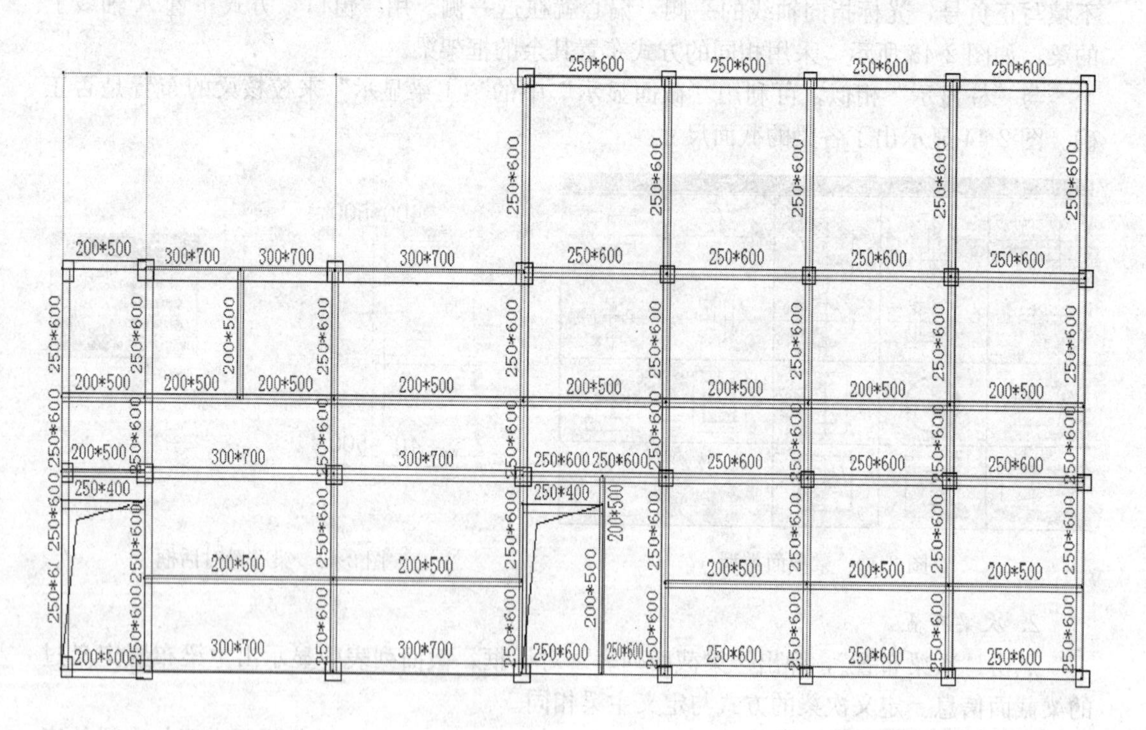

图 2-44 显示梁截面尺寸

3. 绘梁线

绘梁线是把梁的布置连同它相应的网格线一起输入。绘梁时先选择绘梁类型，在已经定义过的主梁类型里选择，然后输入梁偏轴距离、标高。其中梁以向上、向右偏为正；以向下、向左偏为负。最后在相应的位置绘出梁线。绘梁线菜单有绘直线梁、平行直梁、辐射直梁、绘圆弧梁和三点弧梁等选项，如图 2-45 所示。

2.7.7.4 墙布置

1. 墙布置

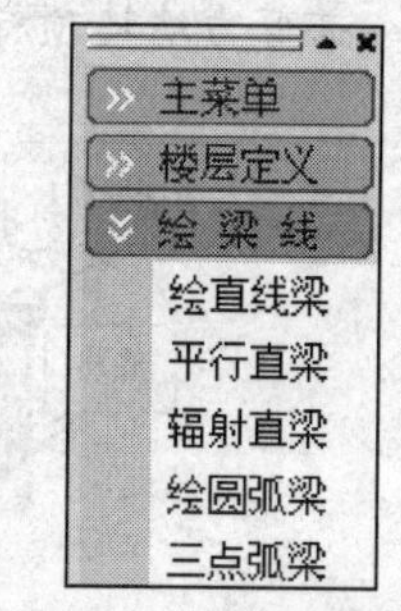

图 2-45 绘梁线菜单

墙布置菜单与梁布置、柱布置菜单相同。点击“墙布置”，出现“墙截面列表”；点击“新建”，出现输入第 1 标准墙参数对话框，选择截面类型、材料类别，输入截面尺寸；点击“确定”，在墙截面列表中显示出已定义的墙截面信息，如图 2-46 所示。

墙截面尺寸定义完成后，选择相应截面的墙进行墙布置。选择需要布置的墙截面，点击“布置”，出现墙布置的对话框，如图 2-47 所示，确定选择构件位置方法，光标、轴线、窗口、围栏方式均可。输入偏轴距离、墙底高、墙标 1、墙标 2，然后在屏幕上确定墙布置的位置。

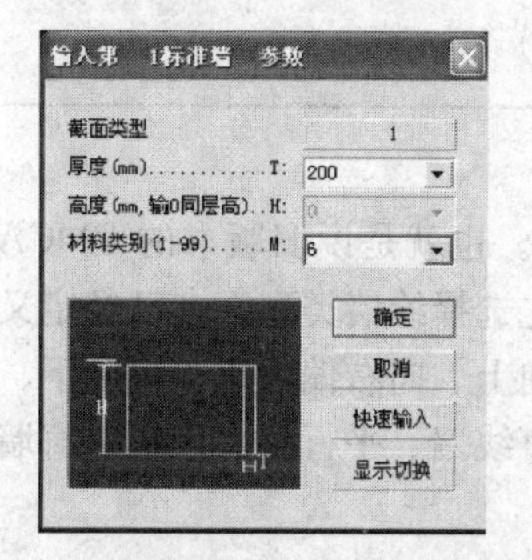

图 2-46 输入第 1 标准墙参数对话框

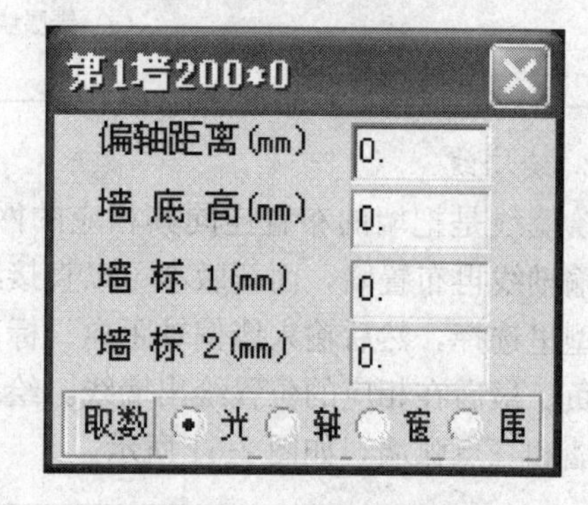

图 2-47 墙布置对话框

墙底标高指墙底相对于层底的高差，高于层底为正，低于层底为负，其效果图如图 2-48 所示。

墙顶标高分为墙顶标高 1 和墙顶标高 2，分别代表墙两端的标高。当墙体沿垂直方向布置时，墙顶标高 1 控制下端标高，墙顶标高 2 控制上端标高；其余情况墙顶标高 1 控制左端标高，墙顶标高 2 控制右端标高，其效果图如图 2-49 所示。

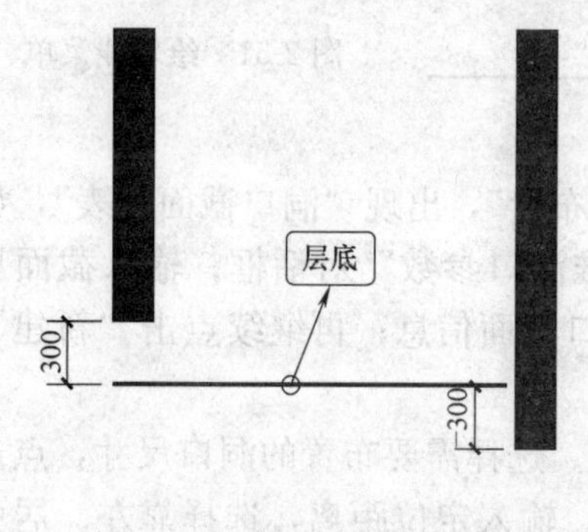

图 2-48 墙底标高效果图

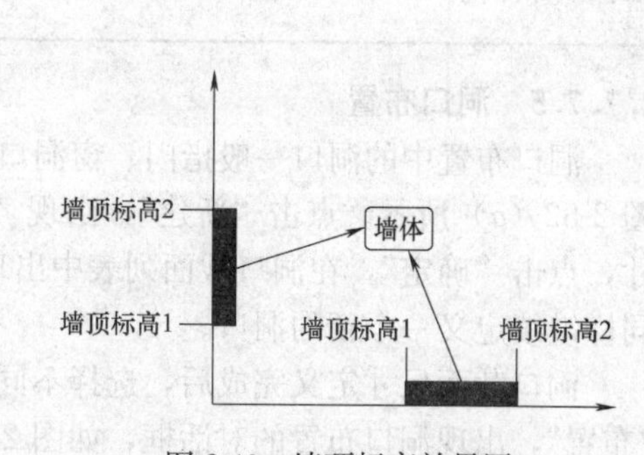

图 2-49 墙顶标高效果图

提示：

墙顶标高参数可用于建立顶部倾斜的墙体或者错层墙等模型。当两片不同高度的墙体组成错层墙时，墙布置对话框里的墙顶标高 1 和墙顶标高 2 对应的位置如图 2-50（*a*）所示；若剪力墙墙顶标高1和墙顶标高2数值不同，将会得到斜墙，如图2-50（b）所示。

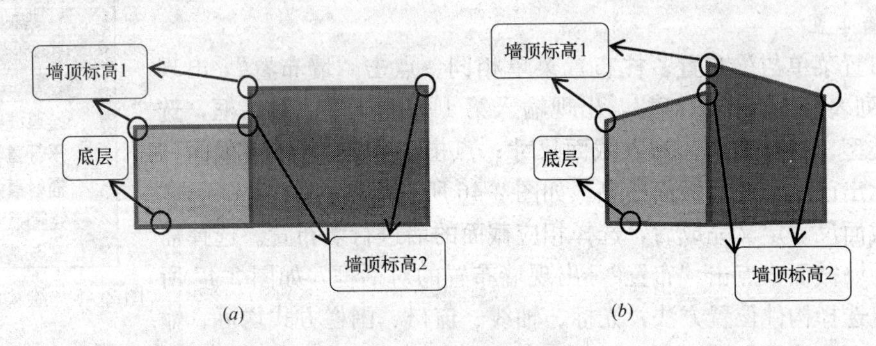

图2-50　错层墙与斜墙

（a）错层墙；（b）错层+斜墙

2. 绘墙线

绘墙线是把墙的布置连同其相应的网格线一起输入。也就是说旧版本的PMCAD必须先输轴线再布置墙，而新版本可以直接绘墙。绘墙时先选择绘墙类型，在已经定义过的墙类型里选择，然后输入墙偏轴距离、标高。其中墙以向上、向右偏为正；以向下、向左偏为负。最后在相应的位置绘出墙线。绘墙线菜单中绘直线墙、平行直墙、辐射直墙、绘圆弧墙和三点弧墙，如图2-51所示。

提示：

"绘墙线"实际是一种绘制单根墙线的方式，即把墙的布置连同它相应的网格线一起输入。此命令适用于需要在没有轴线的情况下布置墙。

绘直线墙、平行直墙、辐射直墙、绘圆弧墙和三点弧墙等命令的操作与相应的绘制直线、平行直线、辐射线、圆弧、三点成弧操作相同。

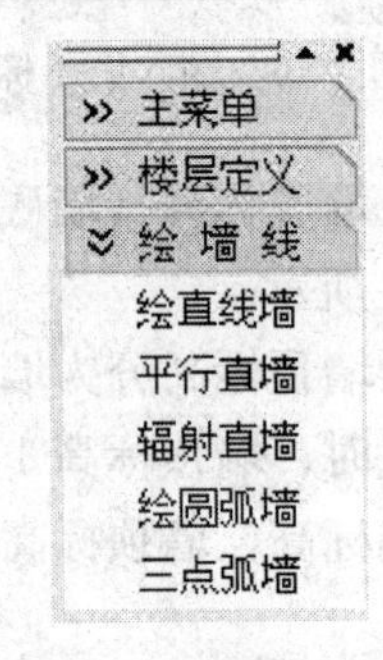

图2-51　绘墙线菜单

2.7.7.5　洞口布置

洞口布置中的洞口一般指门、窗洞口。点击"洞口布置"，出现"洞口截面列表"，如图2-52（a）所示。点击"新建"，出现"输入第1标准洞口参数"对话框；输入截面尺寸，点击"确定"，在洞口截面列表中出现第1标准洞口截面信息；再继续点击"新建"，同样继续定义一个新的洞口。

洞口截面尺寸定义完成后，选择不同洞口进行布置。选择需要布置的洞口尺寸，点击"布置"，出现洞口布置的对话框，如图2-52（b）所示；输入定位距离，选择靠左、居中或靠右，输入底部标高，确定选择构件位置方式，光标、轴线、窗口、围栏方式均可；然后在屏幕上确定洞口布置的位置。

2.7.7.6　斜杆布置

定义斜杆的方式与定义主梁相同。斜杆截面尺寸定义完成后，选择不同的斜杆进行布置。选择需要布置的斜杆截面，点击"布置"，出现"斜杆布置参数"对话框，如图2-53

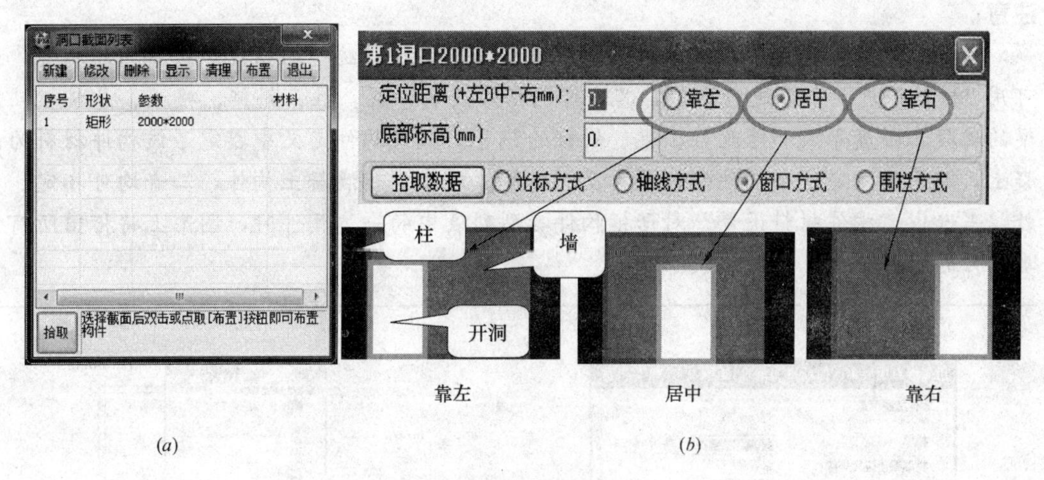

(*a*) (*b*)

图 2-52 洞口布置对话框

(*a*) 洞口截面列表对话框；(*b*) 第1洞口参数对话框

所示；确定选择构件位置按节点布置或按网格布置方式，输入两端的偏心、抬高、截面转角；然后在屏幕上确定斜杆布置的位置。

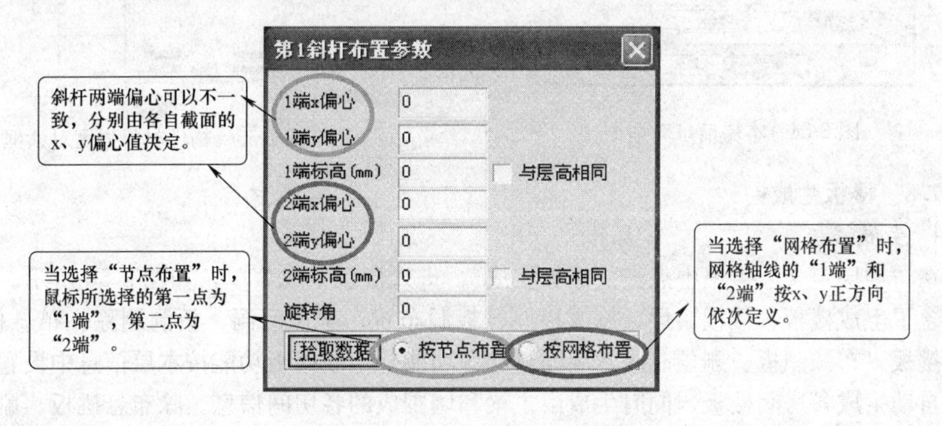

图 2-53 斜杆布置参数对话框

注意：

1. 当斜杆的中间部位与其他杆件相交时，程序没有处理这些杆件的连接关系，斜杆只在两个端点与相交杆件连接。

2. 水平斜杆不参与房间划分。

3. 目前软件不能在斜杆上布置荷载。

2.7.7.7 本层信息

在“楼层定义”菜单中点击“本层信息”，输入如图2-54所示的信息。在此对话框中输入的“本标准层层高”数值，只用于定向观察某一轴线立面时作为立面高度的数值，而实际各层层高的数据在“楼层组装”菜单中输入。

注意：

材料强度的统一值在“本层信息”中设置，而对于与统一的强度等级不同的构件，则可用“材料强度”命令进行赋值，其内容包括修改墙、梁、柱、斜杆、楼板、悬挑板、圈梁的混凝土强度等级和修改柱、梁、斜杆的钢号。如果构件定义中指定了该构件材料为混凝土，则无法指定这个构件的钢号，反之亦然。对于型钢混凝土构件，二者均可指定。另外，当选中“构件材料设置”对话框构件类型列表中的一类构件时，图形上将标出所有该类构件的材料强度，如图 2-55 所示。

图 2-54　本层信息对话框

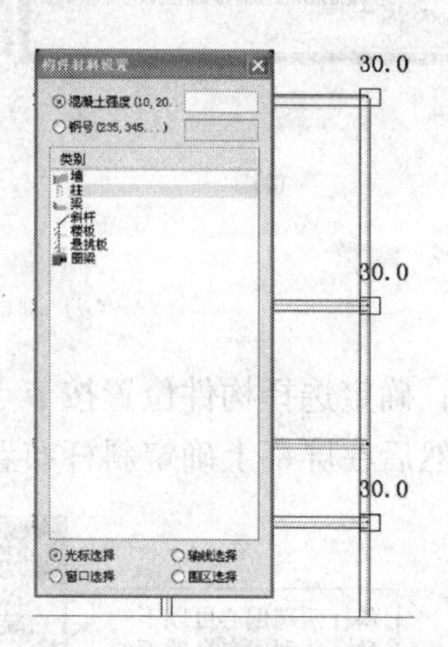

图 2-55　构件材料强度对话框

2.7.7.8　楼板生成

1. 生成楼板

在“楼层定义”菜单中点击“楼板生成”，进入楼板生成菜单，如图 2-56 所示。该菜单包含了生成楼板、楼板错层、修改板厚、板洞布置、全房间洞、板洞删除、布悬挑板、删悬挑板、布预制板、删预制板、层间复制等功能。生成楼板功能按本层信息中设置的板厚值自动生成各房间楼板，同时生成由主梁和墙围成的各房间信息。除布悬挑板、删悬挑板外，本菜单其他功能都要按房间进行操作。操作时，移动到某房间，其楼板边缘会以亮黄色勾勒出来。

若该模型第一次点击楼板生成菜单，弹出如图 2-57 所示的对话框，选择“是”，楼板自动生成。

可自动生成本标准层结构布置后的各房间楼板，板厚默认取“本层信息”菜单中设置的板厚值，也可通过修改板厚命令进行修改。生成楼板后，如果修改“本层信息”中的板厚，没有进行过手工调整的房间的板厚将自动按照修改后的“本层信息”的板厚取值。

如果运行“生成楼板”命令之后改动了模型，此时再次执行生成楼板命令，程序可以识别出角点没有变化的楼板，并自动保留原有的板厚信息，对新的房间将按照“本层信息”菜单中设置的板厚取值。

在本例中，点击“生成楼板”，图中显示出全部楼板的厚度，如图 2-58 所示第 1 标准层楼板板厚。此厚度为“本层信息”中的板厚。

图 2-56 楼板生成菜单

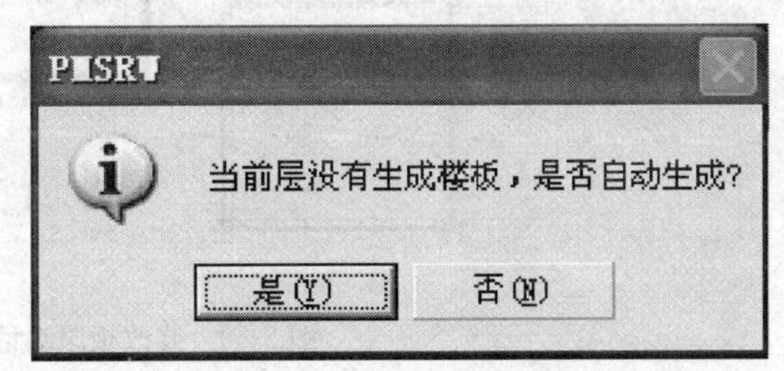

图 2-57 自动生成楼板对话框

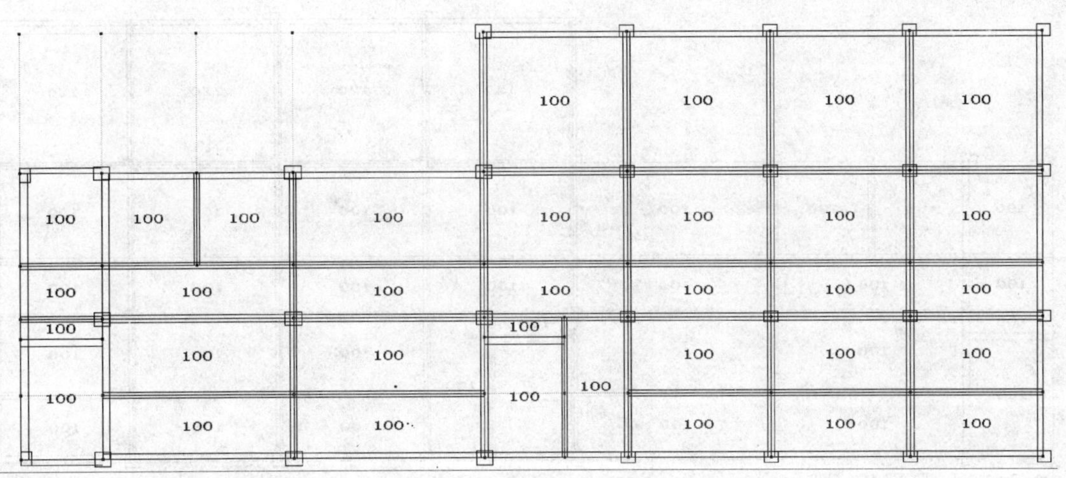

图 2-58 显示楼板厚度

2. 楼板错层

当某些房间的楼板标高与该楼层标高不一致时，也就是错层时，可通过该菜单来实现。在弹出的“楼板错层”对话框里输入错层高度后，选中要修改的楼板即可。房间标高低于楼层标高时，错层高度为正。

若多次执行生成楼板命令，对于角点没有变化的房间楼板自动保留错层信息。

3. 修改板厚

楼板生成后，当前标准层所有楼板的板厚为本层信息中的板厚值，个别楼板可以通过此菜单进行修改。运行该菜单，每块楼板上标出其当前板厚，并弹出修改板厚的对话框，输入板厚后，在图形上选中需要修改的房间楼板即可。

执行“修改板厚”命令，可根据各个房间用途修改其板厚。如本例中，楼梯间处楼板厚度为 0mm，③轴与④轴间的板厚为 120mm。点击“修改板厚”，出现“修改板厚”对话框，在板厚度处输入 120，用“光标选择”方式选择需要修改的房间，如图 2-59 所示。采用相同的方式进行板厚修改，第 1 标准层修改后的板厚如图 2-60 所示。

4. 板洞布置

板洞的布置方式与一般构件布置相同，先在如图 2-61 所示的板洞参数对话框进行洞口形状的定义，然后再将定义好的板洞布置到楼板上。其中洞口截面类型有矩形、圆形和任意多边形，如图 2-62 所示。

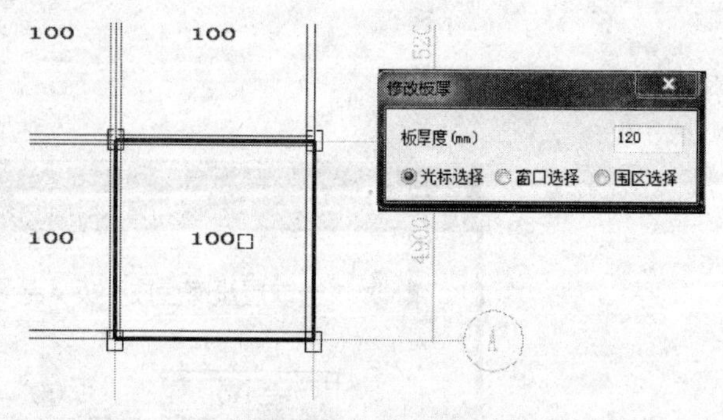

图 2-59　修改板厚对话框

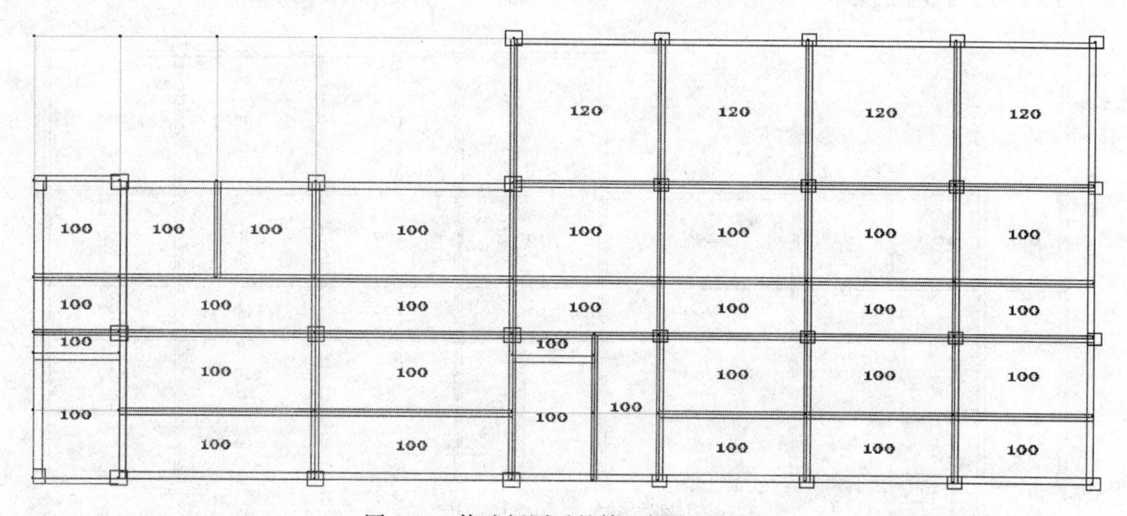

图 2-60　修改板厚后的第 1 标准层板厚

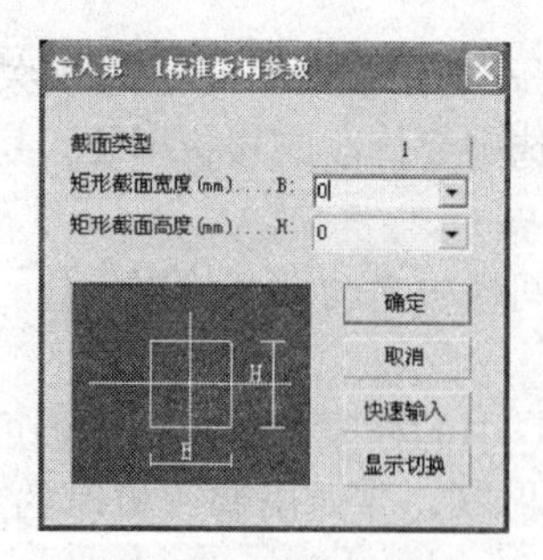

图 2-61　板洞参数对话框

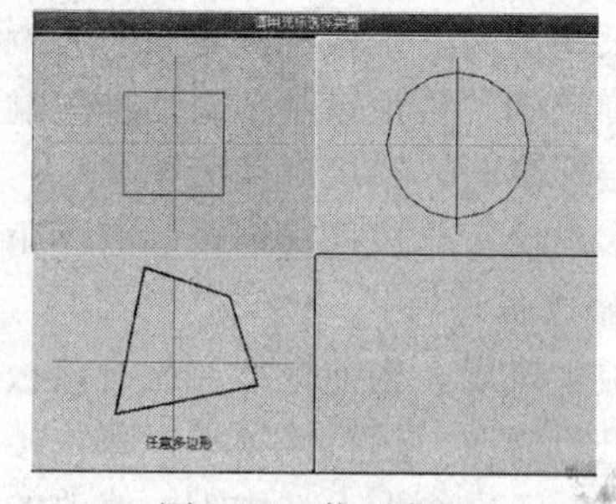

图 2-62　截面类型

注意：

进行板洞布置操作时需注意：

1. 洞口布置时参照物是节点，即布置过程中光标捕捉的是房间周围的节点而不是房间或楼板本身。

2. 洞口的偏心是指洞口的插入点与布置节点的相对距离；洞口的转角是指洞口图形相对于其布置节点水平向的转角；有转角时，此处设置的偏心值为洞口插入点在旋转后的局部坐标系（X′OY′）中相对于坐标原点的偏移距离。

3. 矩形洞口插入点为左下角点，圆形洞口插入点为圆心，自定义多边形的插入点在输入多边形后人工指定。

5. 全房间洞

将指定房间全部设置为开洞，当某房间布置了全房间洞时，该房间楼板上之前布置的其他洞口将不再显示。全房间开洞时，相当于该房间没有楼板，同时也没有楼面恒、活荷载。

本例中，电梯间需要进行全房间开洞，可通过“全房间洞”命令实现。点击“全房间洞”，用“光标”方式选取电梯间的房间。第1标准层的楼面布置如图2-63所示。

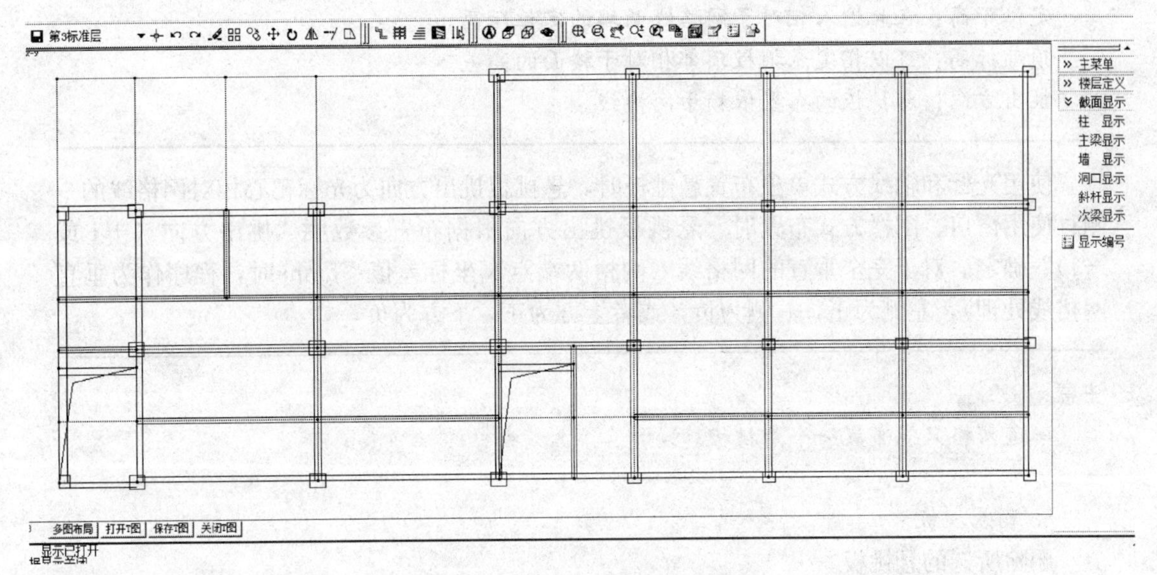

图2-63 第1标准层的楼面布置

提示：

若建模时不需在该房间布置楼板，却要保留该房间楼面恒、活荷载时，可通过将该房间板厚设置为0来实现。

6. 板洞删除

删除所选的楼板开洞。可通过该命令，删除房间洞口，恢复之前的板厚。

7. 布悬挑板

悬挑板的布置方式与一般构件布置相同，先在如图2-64所示的对话框进行悬挑板定义，然后再将定义好的悬挑板布置到楼面上。悬挑板截面类型有矩形悬挑板和任意多边形悬挑板两种，如图2-65所示。在图2-64对话框里输入悬挑板宽度（输入0时取布置的网格宽度）、外挑长度、板厚（取0与相邻的楼板厚度相同）。悬挑板定义完成后，点击“布置”，弹出如图 2-66 所示对话框。

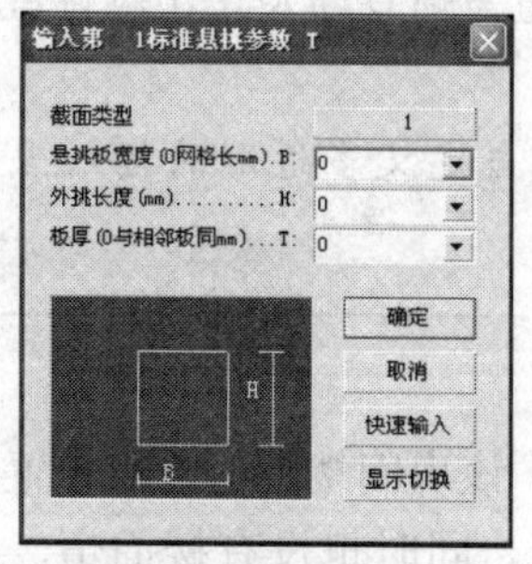

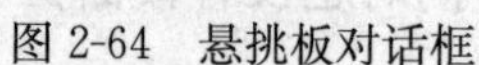

图 2-64　悬挑板对话框

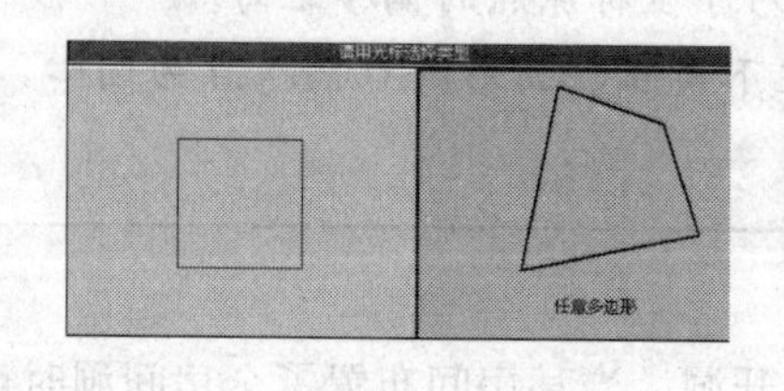

图 2-65　悬挑板截面类型

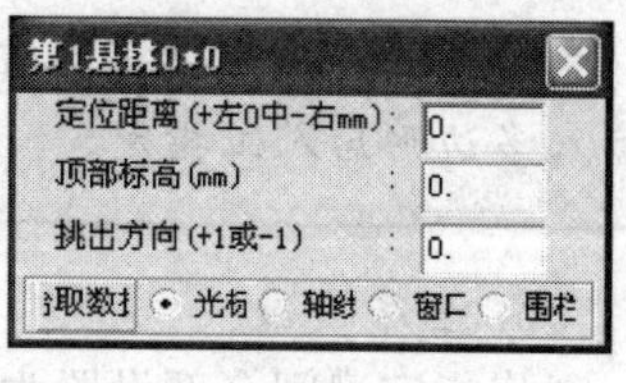

图 2-66　布置悬挑板对话框

提示：

定位距离：在此输入相对于网格线两端的定位距离。

顶部标高：可以指定悬挑板顶部相对于楼面的高差。

挑出方向：悬挑板的布置依赖于网格线。

使用光标和轴线方式单独布置悬挑板时，悬挑板挑出方向为光标靶心相对网格线的一侧；使用窗口、围栏方式布置时，悬挑板挑出方向根据布置参数中“挑出方向（+1 或 −1)”确定。对于完全垂直的网格线（网格两端点 x 坐标差值＜5mm 时，程序作为垂直网格线处理)，左侧为正，右侧为负，或者上方为正，下方为负。

注意：

一道网格只能布置一个悬挑板。

---

8. 删悬挑板

删除所选的悬挑板。

9. 布置预制板

布置预制板前，必须运行过“生成楼板”命令，在房间上生成现浇楼板信息。点击“布置预制板”，弹出对话框，选择其中一种板布置方式进行布置。

① 自动布板：输入预制板宽度（每间可有 2 种宽度），板间缝的最大宽度与最小宽度。由程序自动选择板的数量、板缝，并将剩余部分作为现浇带放在最右或最上，如图 2-67 所示。

② 指定布板：由用户指定本房间中楼板的宽度和数量、板缝宽度、现浇带所在位置，如图 2-68 所示。

注意：

只能指定一块现浇带。

每个房间中预制板可有 2 种宽度，在自动布板方式下程序以最小现浇带为目标对 2 种

板的数量做优化选择。

确定布置后光标停留的房间上会以高亮显示出预制板的宽度和布置方向，此时按［Tab］可以进行布置方向的切换。

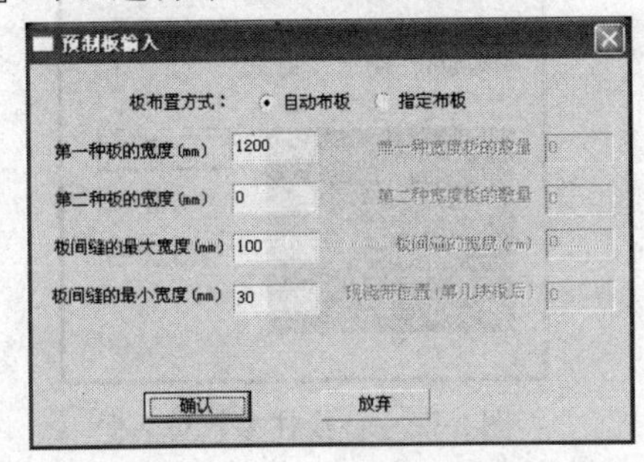

图 2-67　自动布板对话框

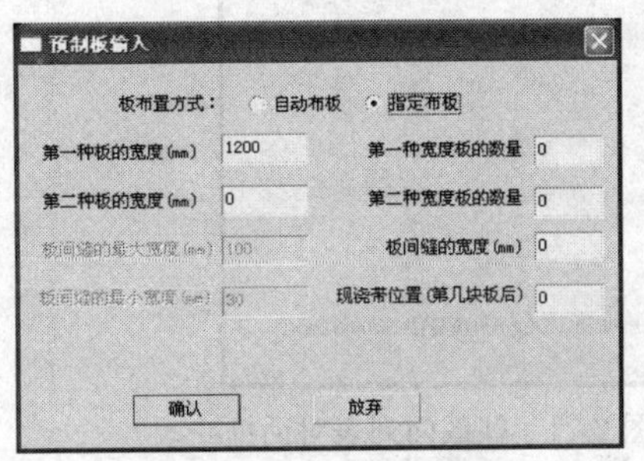

图 2-68　指定布板对话框

10. 删预制板

删除指定房间内布置的预制板，该房间楼板由之前的现浇板替换。

2.7.7.9　构件删除

对柱、梁、墙、门窗洞口、斜杆、次梁、悬挑板、楼板、楼梯进行构件删除。点击“构件删除”菜单，弹出“构件删除”对话框（图 2-69），在对话框选中某类构件时，可通过光标、轴线、窗口、围区选择方式选取所需删除的构件，即可完成删除操作。

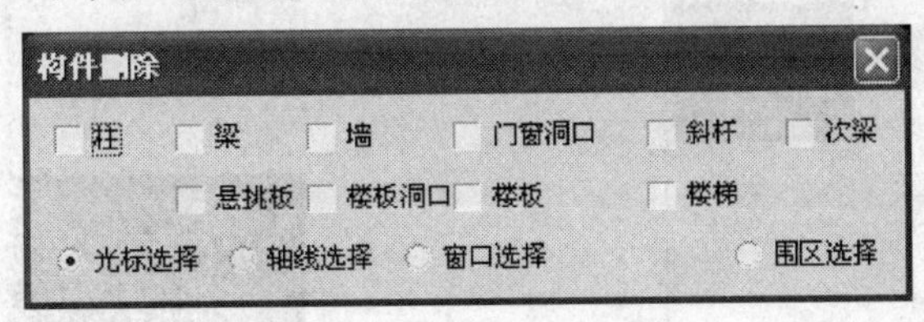

图 2-69　构件删除对话框

2.7.7.10　本层修改

通过本层修改菜单（图 2-70）对已布置的构件进行替换、修改操作。

1. 错层斜梁

点击“错层斜梁”，输入梁两端相对层高处的高差（向上为正，向下为负），然后选择目标（光标、沿轴、窗口、围栏方式均可），按［Esc］结束。

2. 柱替换、主梁替换、墙替换、洞口替换、斜杆替换

柱替换与主梁、墙、洞口、斜杆替换方式相同，下面以柱替换为例说明。通过柱替换，将其中一种柱截面信息由另外一种柱截面信息进行全部替换。点击“柱替换”，弹出“柱截面列表”对话框，如图 2-71 所示；选择被替换的标准柱的序号，点击“选择”，弹出该序号标准柱的参数，然后点击“确定”；选择替换标准柱的序号，点击“选择”；弹出该序号标准柱的参数，最后选“确定”，如图 2-72 所示。

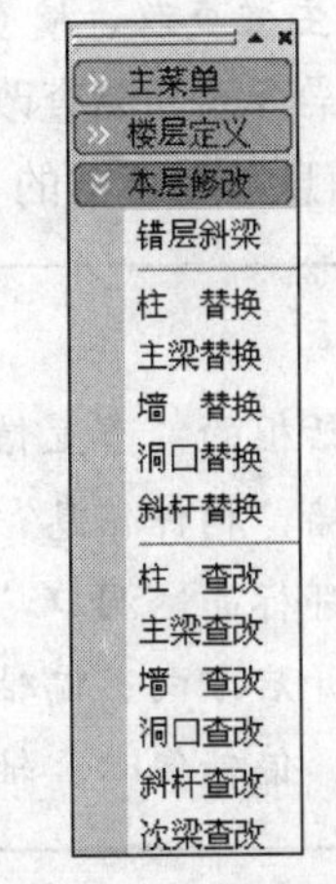

图 2-70　本层修改菜单

3. 柱查改

点击“柱查改”，用光标选择查改目标，然后弹出柱“构件信息”对话框，如图 2-73

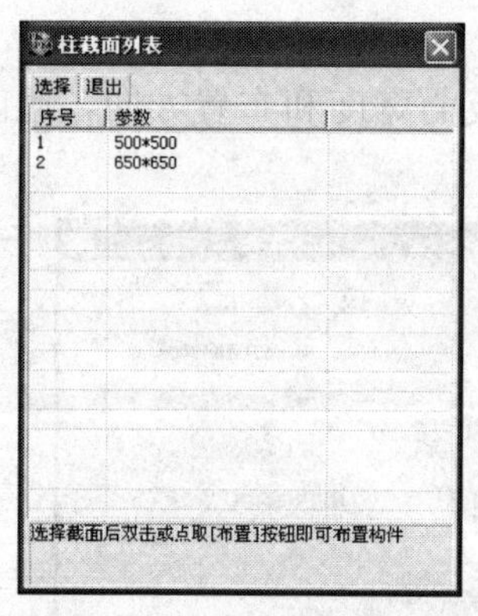

图 2-71　柱截面列表对话框

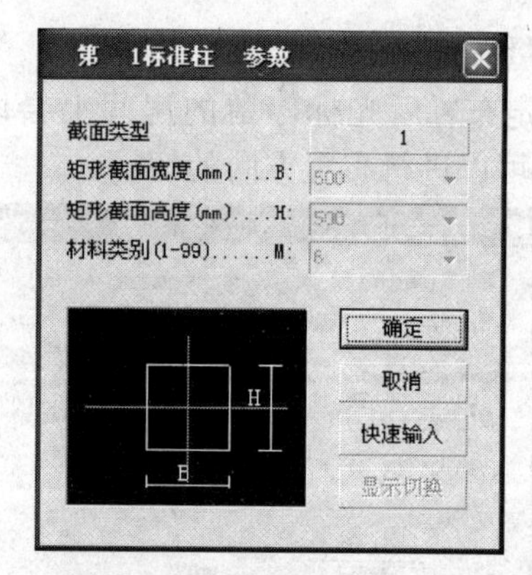

图 2-72　替换柱参数对话框

所示，可以对布置信息包括沿轴偏心、偏轴偏心、轴转角、底部标高，以及构件类别进行修改，修改后点击“确定”，如图 2-74 所示。

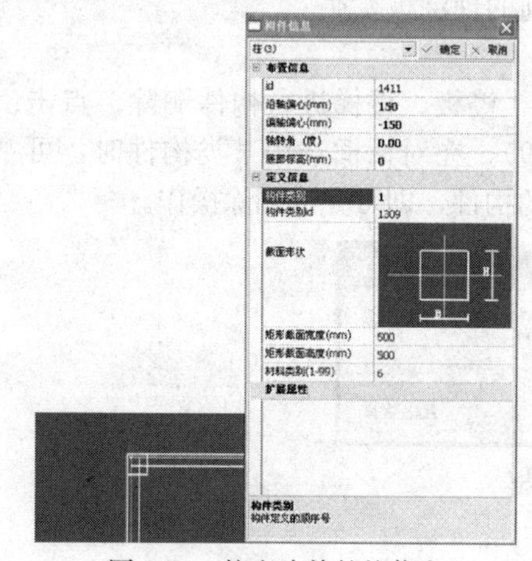

图 2-73　柱查改前的柱信息

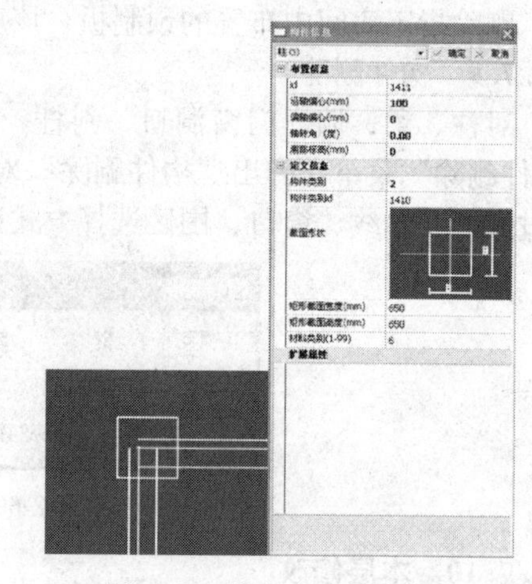

图 2-74　柱查改后的柱信息

4. 主梁查改、墙查改、洞口查改、斜杆查改、次梁查改

主梁查改、墙查改、洞口查改、斜杆查改、次梁查改的方式与柱查改方式相同。只是“构件信息”对话框的“布置信息”可查改的内容不同。

注意：

对话框的“布置信息”查改内容包括沿偏轴距离、1 端梁顶标高、2 端梁顶标高、轴转角。墙“构件信息”对话框的“布置信息”可查改内容包括沿轴偏心、偏轴偏心、轴转角、底部标高。洞口“构件信息”对话框的“布置信息”可查改内容包括定位距离、底部标高、开启方向、偏轴距离。斜杆“构件信息”对话框的“布置信息”可查改内容包括沿轴偏心、偏轴偏心、轴转角、底部标高。

2.7.7.11　层编辑

1. 删标准层

层编辑菜单如图 2-75 所示，点击“删标准层”，弹出如图 2-76 所示的“选择删除标准层”对话框，选择要删除的标准层，点击“确定”删除所选的标准层，点击“取消”取消删除操作。

2. 插标准层

点击“插标准层”，弹出如图 2-77 所示的对话框，选择插入某个标准层前，然后选择新增标准层方式（全部复制、局部复制、只复制网格），点击“确定”插入一个新的标准层。

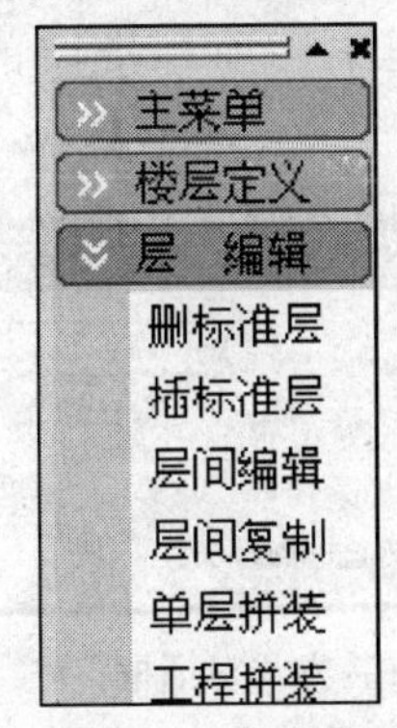

图 2-75 层编辑菜单

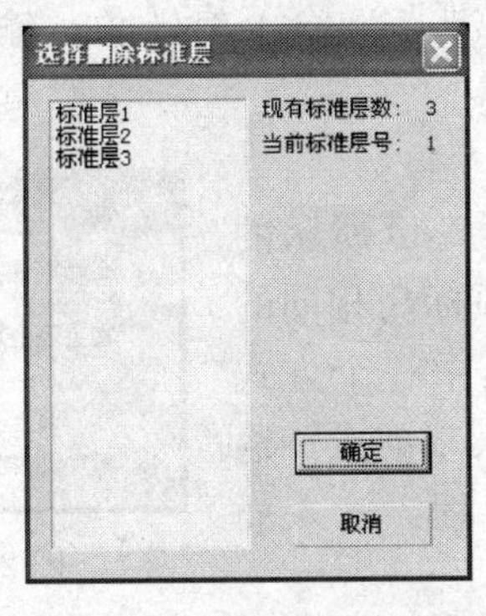

图 2-76 选择删除标准层对话框

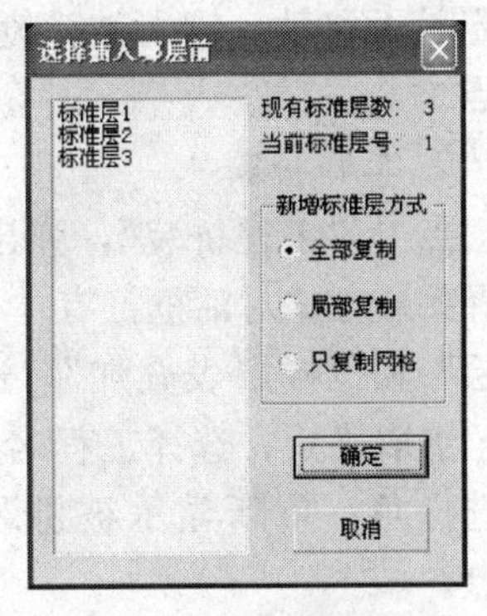

图 2-77 选择插入某个标准层前对话框

3. 层间编辑

通过层间编辑设置，可在多个或全部标准层上同时进行操作。例如在 1～10 标准层同一位置添加一根相同的梁，设置层间梁编辑 1～10 标准层，只需在任一层添加该梁，则在 1～10 标准层上均已布置了该梁。

点击“层间编辑”，弹出如图 2-78 所示的“层间编辑设置”对话框，通过添加、修改、插入设置进行层间编辑的标准层。

4. 层间复制

层间复制是将当前层的对象在已有的目标层进行复制。

点击“层间复制”，提示“层间复制的结果将不能用 Undo 恢复”，点取“继续”；弹出如图 2-79 所示的“层间复制目标层设置”对话框，通过添加、修改、插入对目标标准层进行选择，点取“确定”；选择当前标准层中被复制的对象（光标、沿轴、窗口、围栏 4 种选择方式均可）；按 [Esc] 退出选择，提示确认选择/重新选择/返回？（Y [Ent] /A [Tab] /N [Esc]）；继续提示当前标准层中被复制的对象，按 [Esc] 退出选择，按 [Esc] 结束命令。

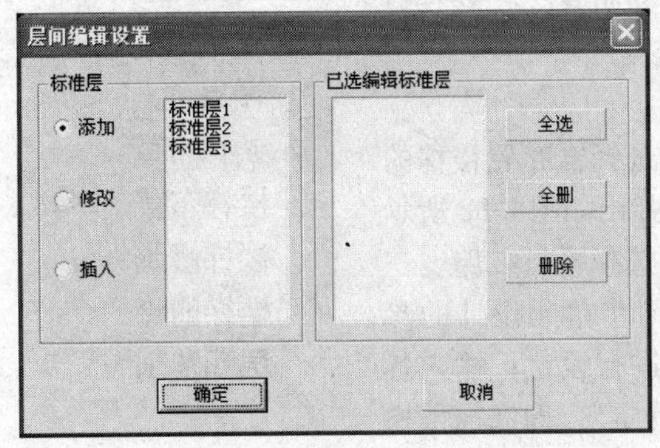

图 2-78 层间编辑设置对话框

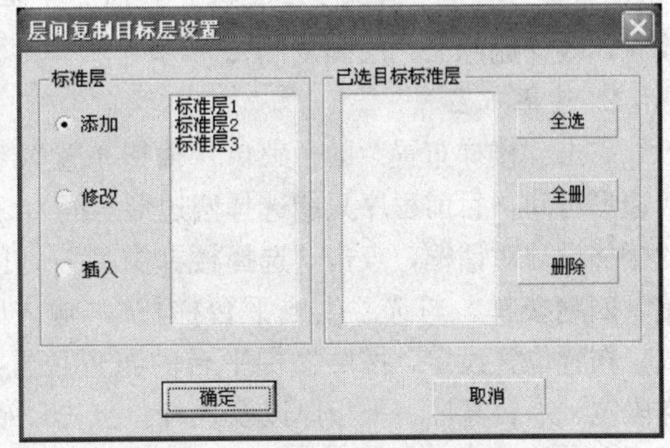

图 2-79 层间复制目标层设置对话框

5. 单层拼装

拼装是对打开工程的当前标准层进行拼装。拼装的对象来自其他工程或本工程的某一被选标准层。

点击“单层拼装”，然后输入拼装的工程名。弹出输入工程名对话框，选择需要进行拼装的工程后，右侧出现此工程所有标准层，选择要拼装标准层，选择复制对象，确定是否移动，输入被选对象基准点，输入旋转角，输入新工程中当前标准层的插入点。

6. 工程拼装

点击“工程拼装”，弹出如图 2-80 所示的选择拼装方式对话框，有“合并顶标高相同的楼层”和“楼层表叠加”。选择其中一个方式后，点取确定；选择工程名，输入基准点，输入选择角，重新显示被拼装的工程，输入插入点。

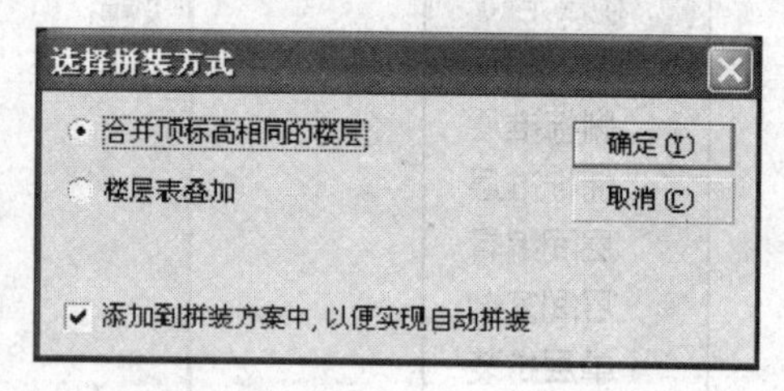

图 2-80　选择拼装方式对话框

将拼装工程中所有标准层拼装到当前工程相应的标准层中，如对象重复，后面的对象拼装覆盖前面的对象拼装。

注意：

单层拼装是将某一标准层的内容进行拼装，而工程拼装可以是数个标准层集合的拼装。

2.7.7.12　楼梯布置

为了适应新《抗规》的要求，PKPM08 版给出了计算中考虑楼梯影响的解决方案：在 PMCAD 的模型输入中建立楼梯，可在四边形房间输入二跑或对折的三跑、四跑楼梯。程序可自动将楼梯转化成折梁，此后接力的 SATWE 等结构计算已考虑了楼梯构件的影响。

1. 建立楼梯模型

楼梯建模应在楼层组装后完成，因为此时各楼层的层高已经确定，只有层高确定之后，梯跑才能正确布置。

“楼层定义”菜单下设有“楼梯布置”菜单，如图 2-81 所示，“楼梯布置”菜单下有四个子菜单，分别为“楼梯布置”、“楼梯修改”、“楼梯删除”、“层间复制”。

2. 楼梯布置

点击“楼梯布置”的子菜单“楼梯布置”，选择需布置楼梯的四边形房间（目前程序只能选择四边形房间），弹出如图 2-82 所示的楼梯设计对话框，点击“选择楼梯类型”，可选择平行二跑、三跑、四跑楼梯。勾选“生成平台梯柱”，输入踏步单元设计的参数；布置位置设定，按照楼梯平台的布置位置进行设定；输入各梯段宽、平台宽度、平板厚以及栏杆，点击“确定”，即完成楼梯设计。

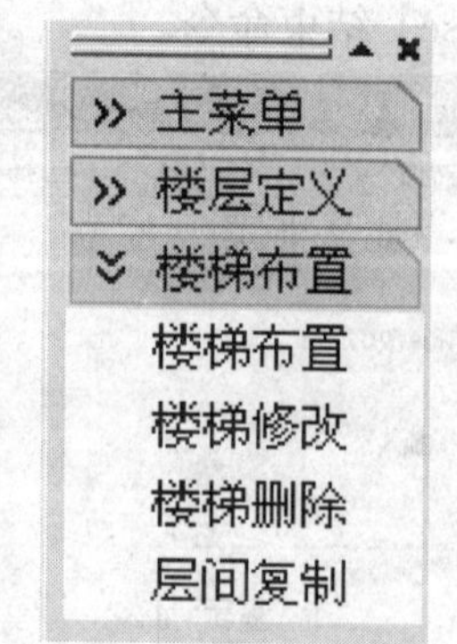

图 2-81　楼梯布置菜单

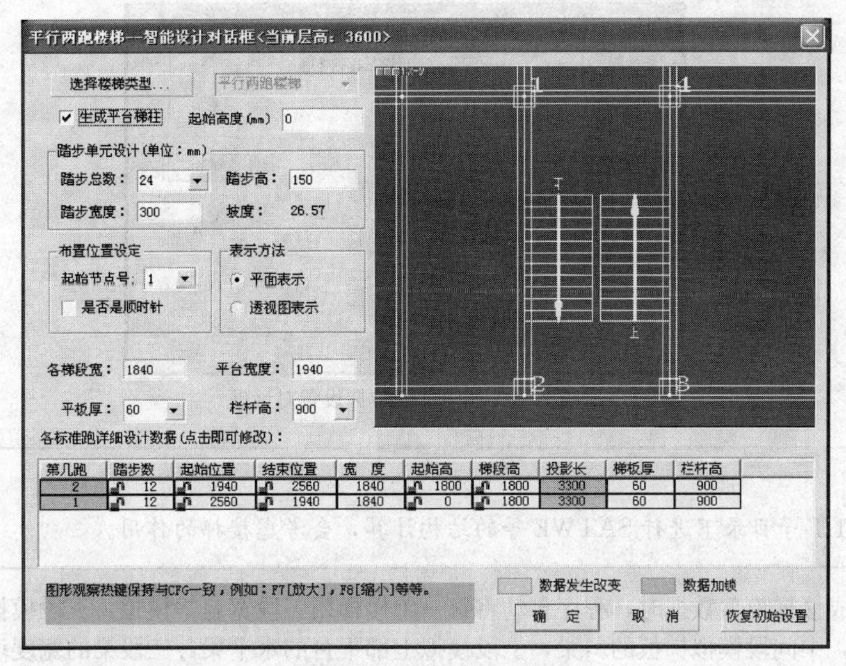

图 2-82 楼梯设计对话框

3. 楼梯删除

点击“楼梯删除”，弹出“构件删除”对话框，其中已经勾选楼梯，如图 2-83 所示，选择选取方式（光标选择、轴线选择、窗口选择、围区选择），在图中选择需要被删除的楼梯。

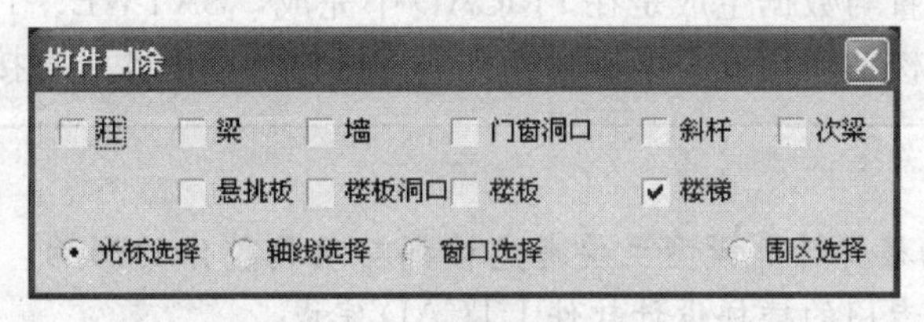

图 2-83 楼梯删除对话框

4. 层间复制

点击“层间复制”布置楼梯，在被复制的标准层界面点击“层间复制”，弹出提示“层间复制的结果将不能用 UNDO 恢复”，点击“继续”，弹出如图 2-84 所示的“层间复制目标层设置”对话框，点击需要复制楼梯的标准层，在“已选目标标准层”显示出所选择的标准层，然后点击“确定”，在平面图中选择要复制的楼梯，在目标标准层就布置了该楼梯。

5. 生成楼梯模型数据

在退出 PMCAD 程序时，程序将弹出对话框，第一个为“楼梯自动转换为梁（数据在 LT 目录下）”选项。若选择该项，程序在当前工作目录下生成以 LT 命名的文件夹，该文件夹中保存着将楼梯转换为宽扁折梁后的模型。如果用户要考虑楼梯参与结构整体分析，则需将工作目录指向该 LT 目录重新进行计算；如果不勾选，则程序不生成 LT 文件夹，平面图中的楼梯只是一个显示，不参与结构整体分析。

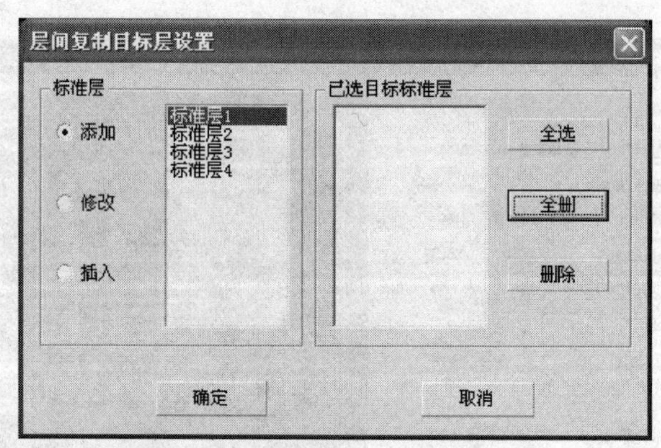

图 2-84　层间复制目标设置对话框

注意：

在 LT 子目录下进行 SATWE 等的结构计算，会考虑楼梯的作用。

生成楼梯模型数据时，程序自动将每一跑楼梯用三段宽扁梁模拟，下段模拟下平台的水平梁，中间段模拟梯板的斜梁，上段模拟上部平台的水平梁，三段梁的宽度均取为楼梯板宽度。程序在中间休息平台处自动增设一根 250mm×500mm 的层间梁，以传接折梁到两端柱上。二跑楼梯的第一跑下接于下层的框架梁，上接中间平台梁，第二跑下接中间平台梁，上接于本层的框架梁。

6. 结构计算

考虑楼梯作用的结构计算时需把工作目录指向原来工作目录下级的 LT 子目录。

由于楼梯的布置与数据生成是在 PMCAD 中完成，SATWE、TAT、PMSAP 等计算程序接力的是已将楼梯转化成斜梁折梁杆件的三维模型，因此可直接计算。

注意：

1. 程序给出的楼梯计算模型主要考虑楼梯对结构整体的影响，对于楼梯构件本身的设计，用户应使用专门的楼梯设计软件 LTCAD 完成。

2. 布置楼梯时的注意事项

(1) 建议进行楼层组装后再进行楼梯布置，这样程序能自动计算出踏步高度与数量。

(2) 楼梯间宜将板厚设为 0，不宜开全房间洞。因为考虑楼梯作用的计算模型是专门生成在 LT 目录下的，当前工作子目录的模型计算时不会考虑楼梯，计算模型和没有楼梯布置的模型完全相同。08 版本之前，程序不提供楼梯模型部分，对于楼梯的处理为：利用梯梁把楼梯间划分为三部分，休息平台按照通常楼板考虑，斜梯段板厚度设置为 0，斜梯段荷载换算成楼面荷载，并指定荷载传递模式。

(3) 转换楼梯后的计算模型将楼梯间处原 1 个房间划分为 3 个房间，且原有房间的板厚、恒活荷载等信息丢失。如果对这部分生成楼板，则程序对这三个房间的板厚、恒活荷载取为本层统一的输入值，还可进行手工修改。

2.7.7.13　偏心对齐

利用梁柱墙的相互关系，通过对齐的方法达到柱偏心、梁偏心和墙偏心。点击“偏心对齐”，进入“偏心对齐”菜单，如图 2-85 所示。

柱上下齐、梁上下齐、墙上下齐：该构件从上到下各结构标准层都与第一结构标准层的构件对齐。

柱与柱齐、梁与梁齐、墙与墙齐：结构标准层中，在同一轴线的同类构件对齐。

柱与墙齐、柱与梁齐、梁与柱齐、梁与墙齐、墙与柱齐、墙与梁齐：结构标准层中，一类构件与另一类构件对齐。

2.7.8 选择/添加标准层

点击“换标准层”，弹出如图 2-86 所示的“选择/添加标准层”对话框。在标准层列表选择所需的标准层，按“确定”或者双击所选的标准层，也可以点击工具栏中第 N 标准层进行选择。

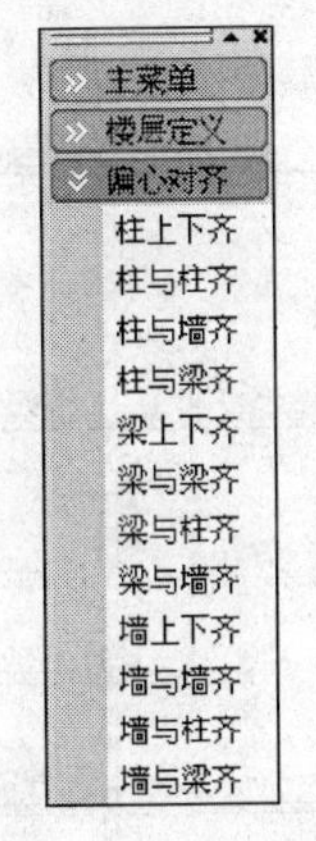

图 2-85　偏心对齐菜单

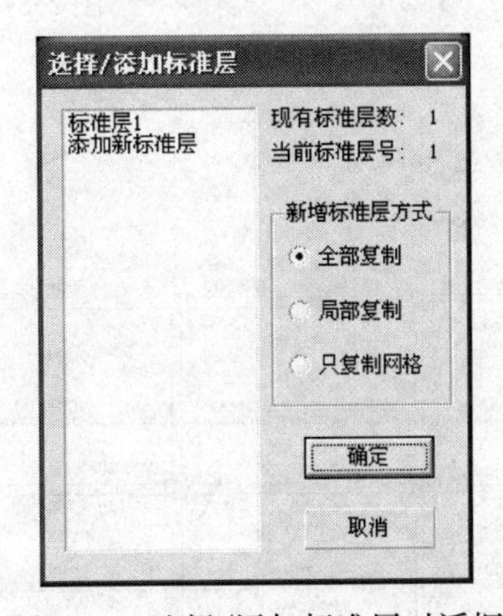

图 2-86　选择/添加标准层对话框

全部复制：新建与当前的标准层完全相同的标准层。

局部复制：从当前标准层用多种选择方式（光标、轴线、窗口、围栏）选择需要复制的对象复制到新建标准层。

只复制网格：新建标准层仅保留当前标准层的网格、节点。

根据表 2-17 可知，本实例一共有 5 个标准层，第 1、2 标准层对应第 2、3 层结构，第 3 标准层对应第 4 层结构，第 4 标准层对应第 5 层结构，第 5 标准层对应屋面层结构。因此，第 2 标准层可直接从第 1 标准层复制得到。在“楼层定义”菜单中点击“换标准层”，出现“选择/添加标准层”；点击选择“添加标准层”，在“新增标准层方式”中选择“全部复制”，点击“确定”，创建出第 2 标准层。其余各层操作不再一一详细介绍，完成标准层添加后，根据图 2-8～图 2-11 进行相应的修改，第 3～5 标准层平面布置图如图 2-87～图 2-89 所示。

2.7.9 楼面荷载输入

本小节以第 1 标准层为例，介绍楼面荷载输入的相关操作。其余各标准层的楼面荷载输入不再详细说明。

荷载输入菜单如图 2-90 所示，它可完成以下功能：

（1）楼面恒、活载的定义及修改，楼面荷载导算方式的设置和调屈服线。

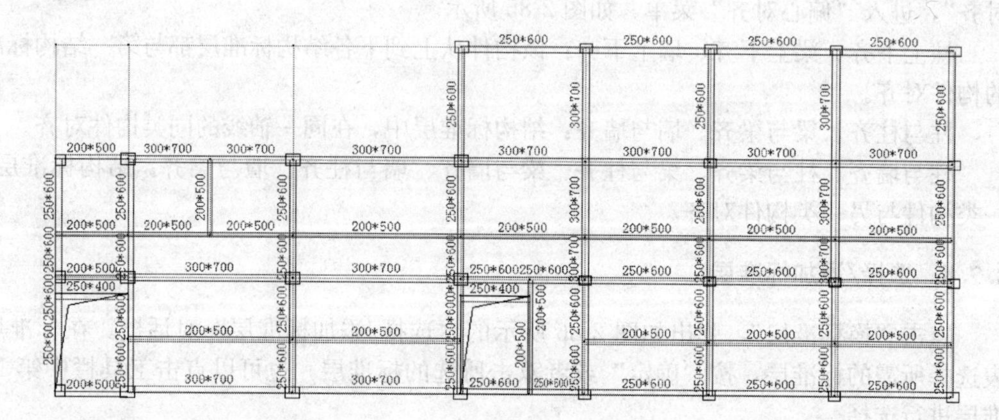

图 2-87 第 3 标准层平面布置图

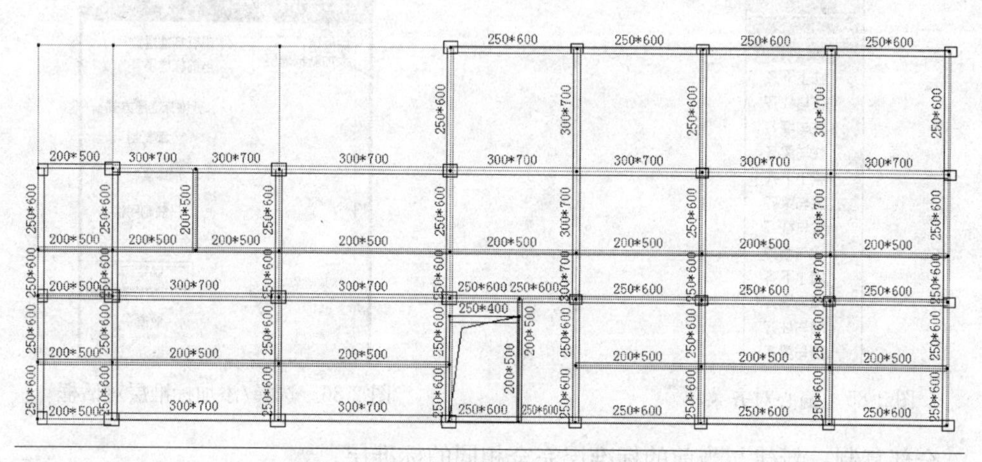

图 2-88 第 4 标准层平面布置图

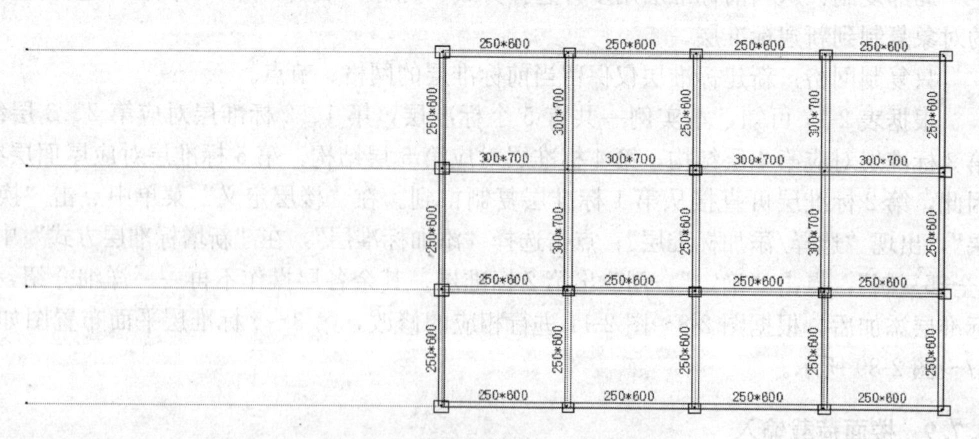

图 2-89 第 5 标准层平面布置图

(2) 梁间、柱间、墙间、节点、次梁荷载的定义及布置。

(3) 人防荷载的设置。

(4) 吊车荷载的设置。

从而建立用于结构分析的荷载数据库。程序会自动计算梁、柱、墙的自重和楼板传给梁墙上的恒、活荷载，故用户不需重复输入。需要输入的主要是楼面恒、活荷载和外加在梁间、墙间、柱间和节点的恒、活荷载。

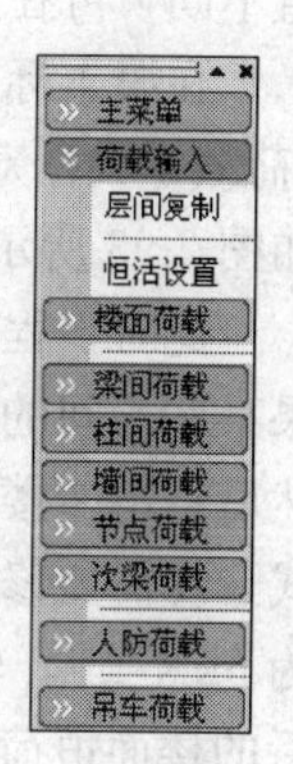

图 2-90　荷载输入菜单

注意：

1. 所有输入的荷载应为标准值。

2. 08 版中没有荷载标准层和结构标准层对应的关系，而是采用广义层，即只有结构布置和荷载布置均相同的楼层才可视为同一标准层。

2.7.9.1　楼面荷载

恒活设置对话框（图 2-91）包含的设置内容有：

1. 自动计算现浇板自重

程序可以根据楼层各房间楼板的厚度，折合成该房间的均布面荷载，并将其叠加到该房间的面荷载值中。若选中该项，则输入的楼面恒荷载值中不应该再包含楼板自重；反之，输入的楼面恒荷载值中需要包含楼板自重。

本例中由于楼面恒载已经包括现浇楼板的自重，故不勾选"自动计算现浇楼板自重"。

2. 考虑活荷载折减

当选择考虑楼面活荷载折减时，点击"设置折减参数按钮"，弹出"活荷载设置"对话框（图 2-92），这是《荷载规范》中楼面活荷载导算到梁上的各种折减方式，具体可参见《荷载规范》第 4.1.2 条。考虑楼面活荷载折减后，导算出的主梁活荷载均已进行了折减，可在 PMCAD 菜单 2"平面荷载显示校核"中查看结果，在后面所有菜单中的梁荷载均使用此折减后的结果。

本例在此处不勾选"考虑活荷载折减"。

注意：

程序对导算至墙上的活荷载没有进行折减。在此处选择"考虑活荷载折减"选项，在后续 SATWE 等三维计算时就不需要选择活荷载折减，否则活荷载将被折减两次。

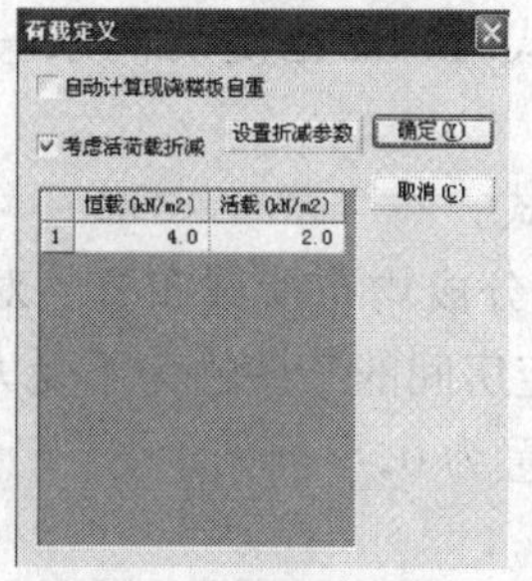

图 2-91　恒活设置对话框

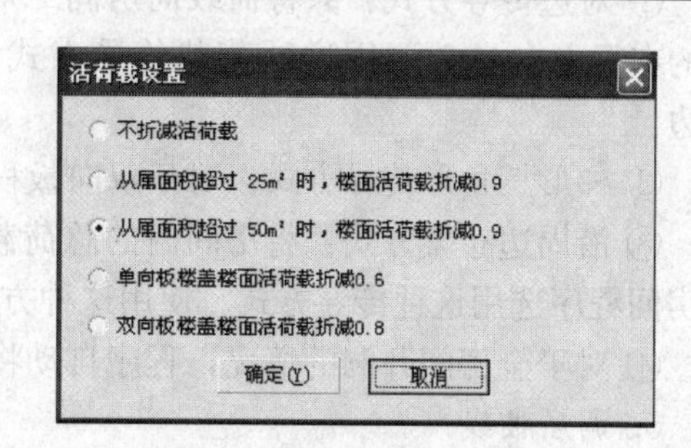

图 2-92　活荷载设置对话框

3. 标准层楼面恒、活荷载值

输入的恒、活荷载值为该标准层楼板的统一荷载值，若某些房间楼板的荷载值与统一值不同，可在“楼面恒载”、“楼面活载”中进行修改。

在第1标准层中，点击“荷载输入”，在“荷载输入”菜单中点击“恒活设置”，出现“荷载定义”对话框，根据表2-5和表2-7，在“恒载”和“活载”分别输入4.0和2.0，如图2-93所示。

此时，程序默认该层每个房间的楼面恒荷载和活荷载分别为$4kN/m^2$和$2kN/m^2$。如果某些房间的楼面恒荷载并非此值，需要进行修改，可点击“楼面荷载”菜单（图2-94），然后点击“楼面恒载”，出现“修改恒载”对话框，输入恒荷载值，用“光标”或其他方式选择需要修改恒载的房间。例如楼梯间恒荷载为0，输入0；根据表2-6，卫生间恒荷载为$6kN/m^2$，输入6。根据表2-4，标准层中楼层厚120mm，恒荷载为$4.56km/m^2$。修改后的楼面恒荷载如图2-95所示。

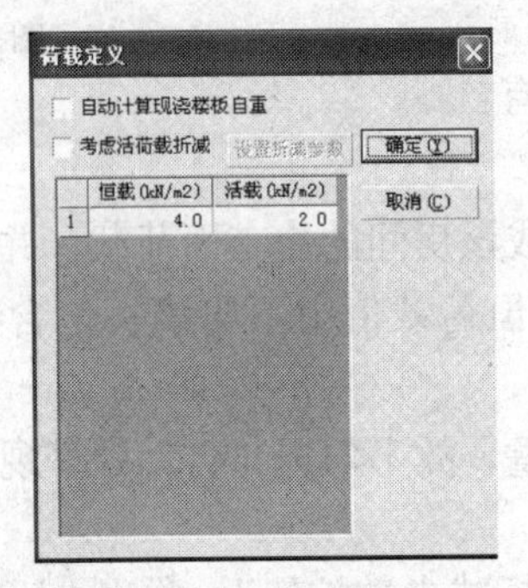

图2-93　荷载定义对话框

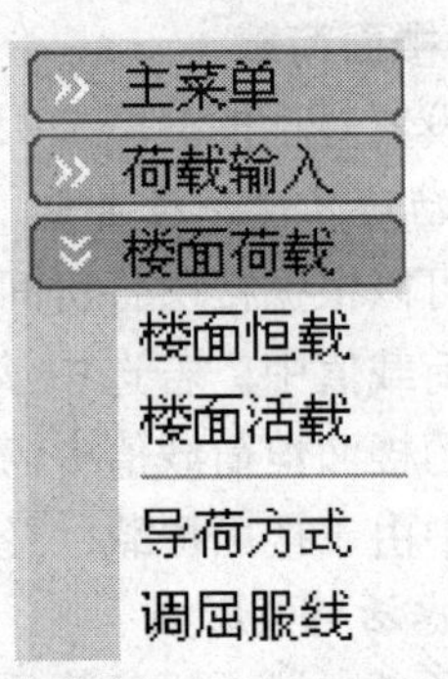

图2-94　楼面荷载菜单

楼面活荷载修改与恒荷载修改方式相同。点击“楼面活载”，出现“修改活载”对话框，输入活载值为2.5，用“光标选择”或其他方式选择需要修改的走廊、楼梯间，第1标准层楼面活荷载如图2-96所示。本例中，第1～3标准层的楼面荷载一致，输入不详细叙述，均可参照第1标准层。第4标准层楼面荷载如图2-97、图2-98所示。第5标准层为屋面层，根据表2-3以及表2-7，输入楼面荷载，如图2-99、图2-100所示。

4. 导荷方式

用于修改自动设定的楼面荷载传导方向。点击“导荷方式”，弹出如图2-101所示的对话框，选择其中一种导荷方式，即可对目标房间进行布置。

① 对边传导方式：只将荷载向房间二对边传导，在矩形房间上铺预制板时，程序按板的布置方向自动取用这种荷载传导方式。使用这种方式时，需指定房间某一边为受力边。

② 梯形三角形传导方式：对于双向板程序采用这种方式。

③ 沿周边布置方式：将房间内的总荷载沿房间周长等分成均布荷载布置，对于非矩形房间程序选用这种传导方式。使用这种方式时，可以指定房间的某些边为不受力边。

④ 对于全房间开洞的情况，程序自动将其面荷载值设置为0。

5. 调屈服线

主要针对梯形、三角形方式导算的房间，在需要对屈服线角度进行特殊设置时使用。程序默认的屈服线角度为45°，通过调整屈服线角度，可实现房间两边、三边受力等状态，如图2-102所示。

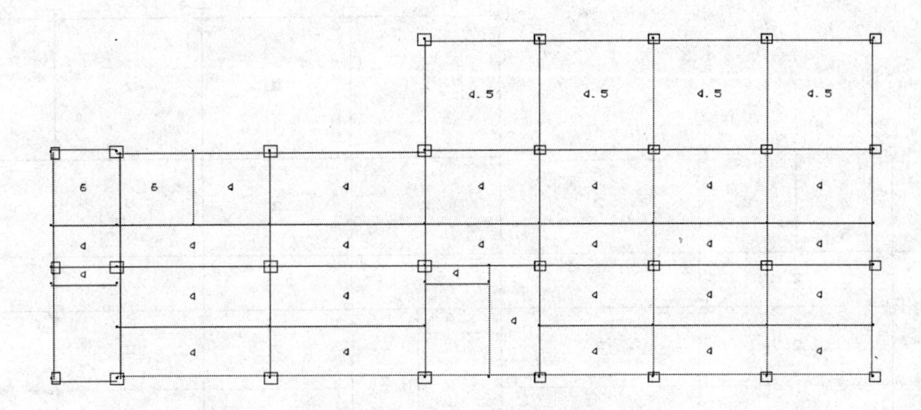

图 2-95　第 1 标准层楼面恒荷载

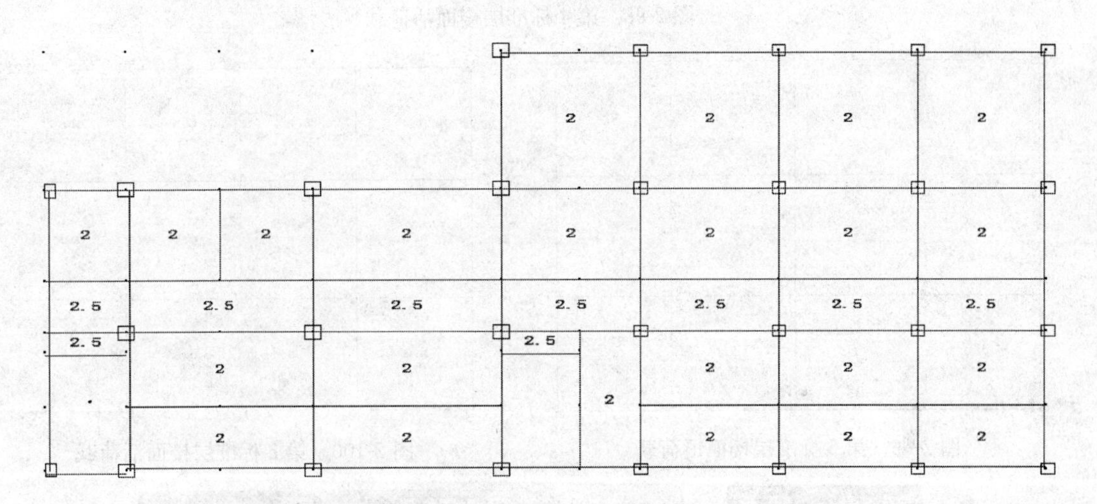

图 2-96　第 1 标准层楼面活荷载

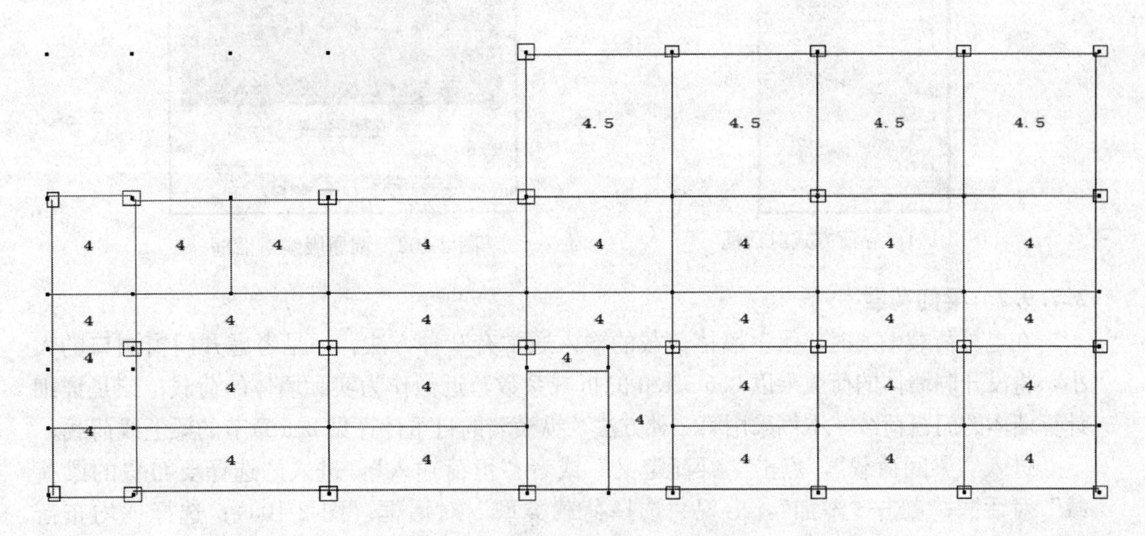

图 2-97　第 4 标准层楼面恒荷载

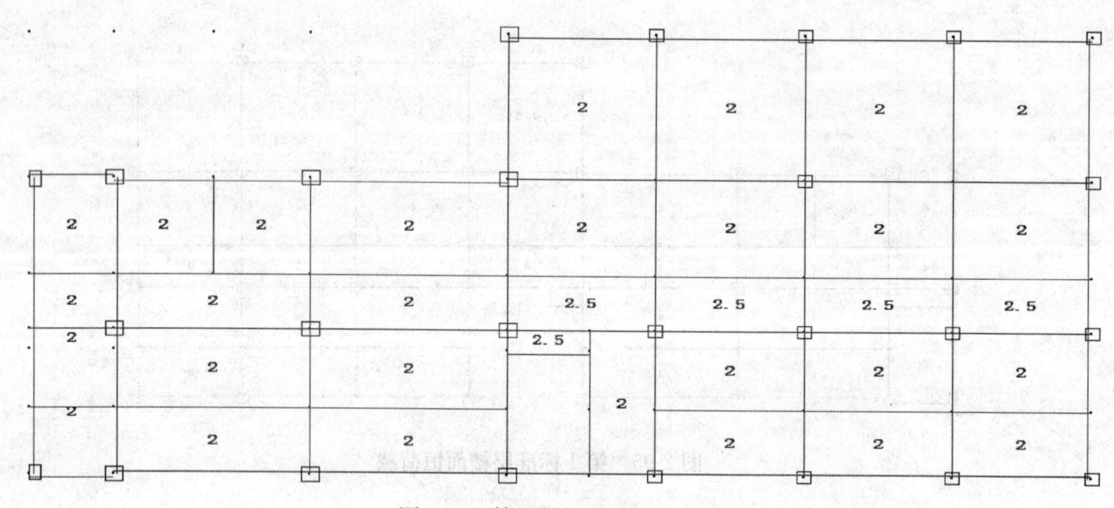

图 2-98　第 4 标准层楼面活荷载

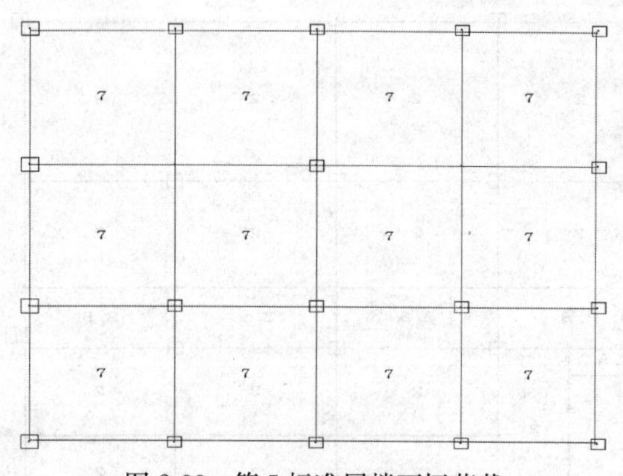

图 2-99　第 5 标准层楼面恒荷载

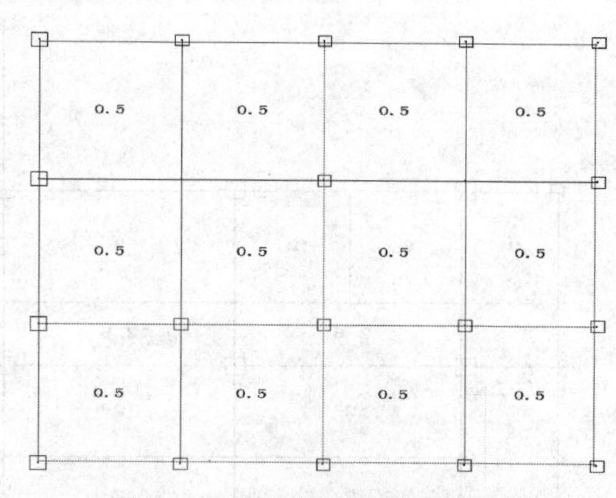

图 2-100　第 5 标准层楼面活荷载

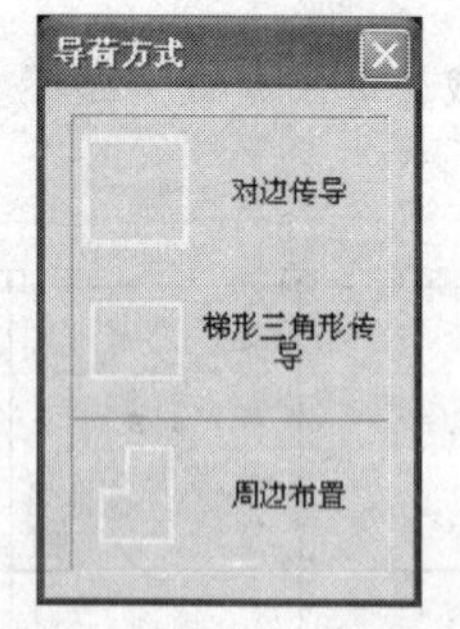

图 2-101　导荷方式对话框

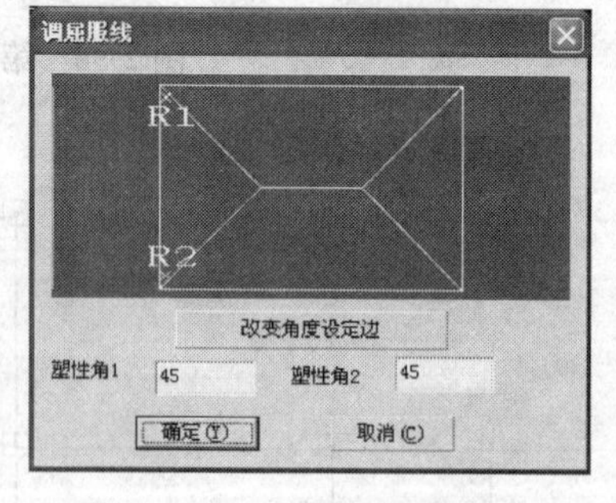

图 2-102　调屈服线对话框

2.7.9.2　梁间荷载

在电算荷载输入时，梁上墙体荷载的输入通常有 2 种方法：一是考虑开门窗洞口的大小，将没开洞墙体的荷载乘以 0.6～1.0 的折减系数，近似作为实际墙体的荷载；二是详细计算墙体的门窗荷载。本例采用第二种方法，纵横墙的自重计算见 2.6 章节的梁上线荷载。

进入“梁间荷载”，点击“梁荷定义”或者“恒荷输入”，进入“选择要布置的梁荷载”对话框；点击“添加”，出现“选择荷载类型”对话框（图 2-103）；选择“均布荷载”，出现“输入第 1 类型荷载参数”，输入竖向线荷载值 8.7，如图 2-104 所示；点击

“确定”，即完成一个梁荷载的添加。梁间荷载添加完成，如图 2-105 所示。

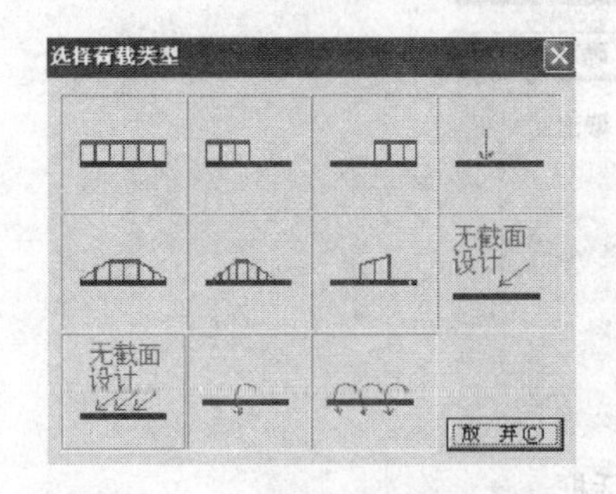

图 2-103　选择荷载类型对话框

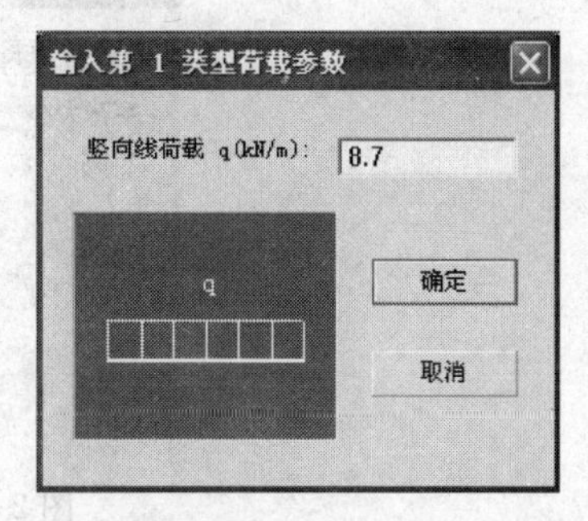

图 2-104　输入第 1 类型荷载参数对话框

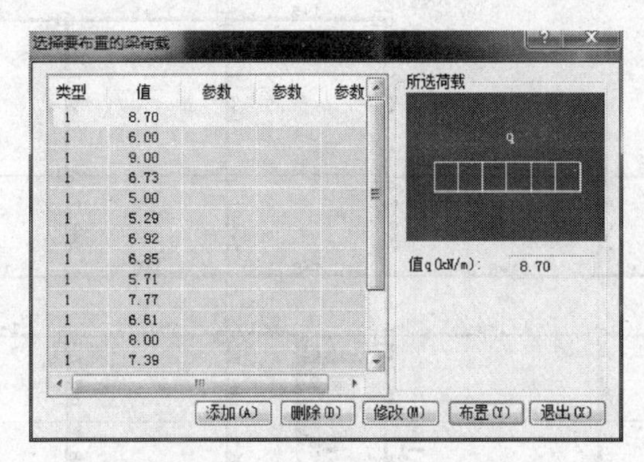

图 2-105　梁间荷载布置对话框

提示：

荷载还有其他类型，如图 2-106～图 2-108 所示。

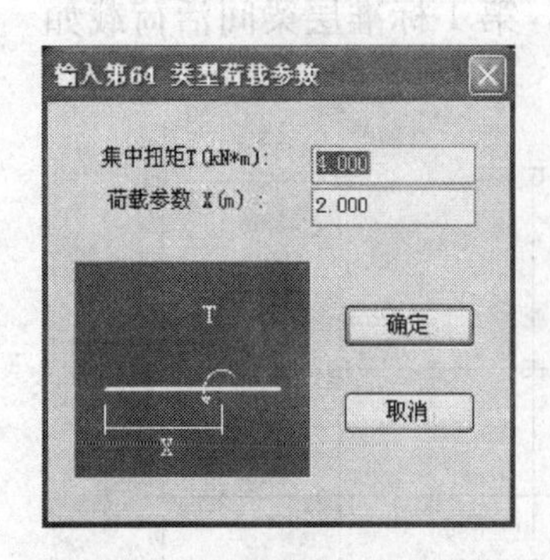

图 2-106　集中扭矩对话框

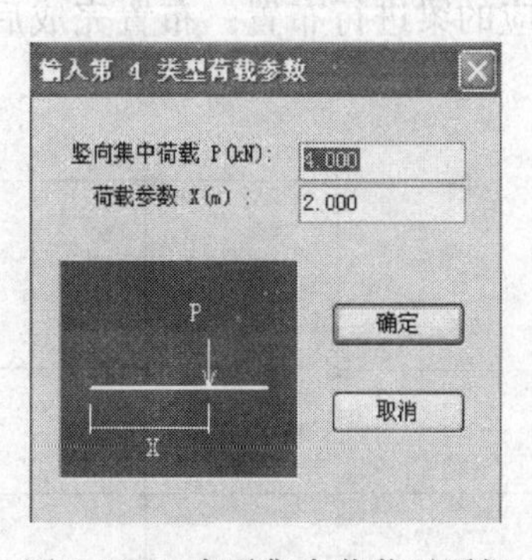

图 2-107　水平集中荷载对话框

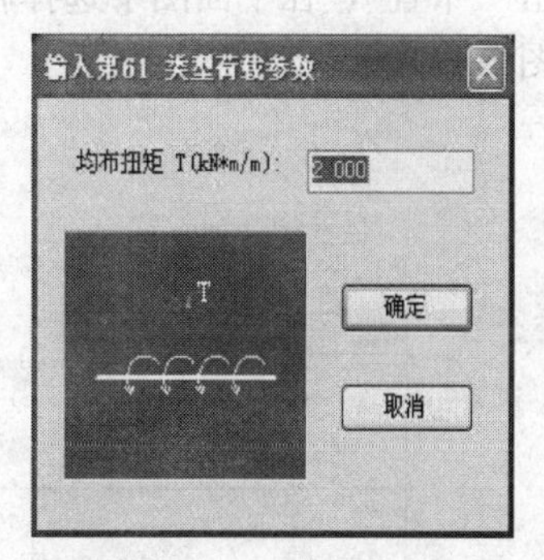

图 2-108　均布扭矩对话框

完成梁荷载定义后，进行梁间荷载的布置，点击“恒载输入”，选择所需布置的荷载值；然后点击“布置”，在平面图中选择相应梁进行布置。通过“数据显示”来校对梁荷载的布置是否正确。点击“数据显示”，出现“数据显示状态”对话框；勾选“数据显示”（图 2-109），选择字符大小，然后点击“确定”，图中显示出梁荷载的数值信息，如图 2-110所示。

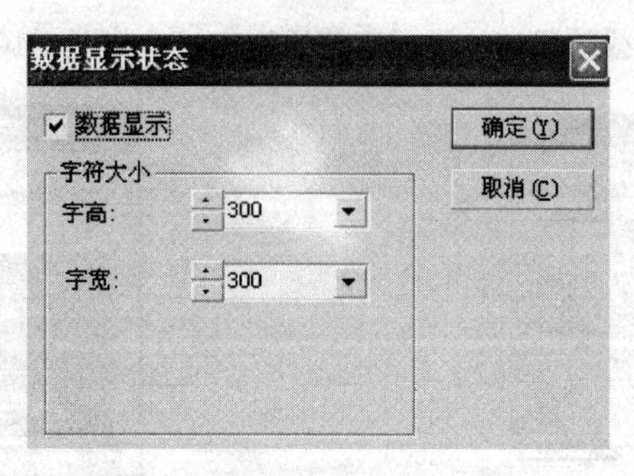

图 2-109　数据显示状态对话框

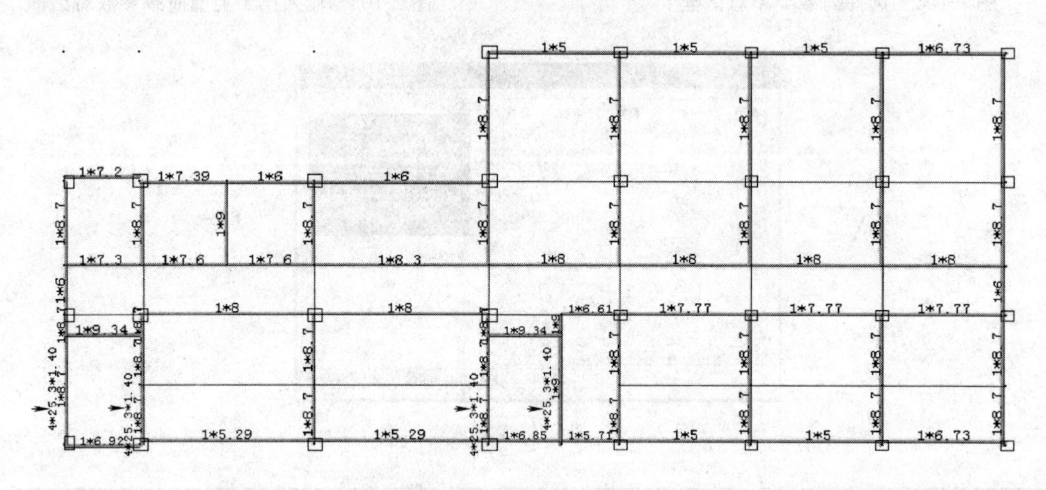

图 2-110　第 1 标准层梁间恒荷载

活载输入与恒载输入方式相同。点击“活载输入”，选择所需布置的荷载值，然后点击“布置”，在平面图中选择相应的梁进行布置。布置完成后，第 1 标准层梁间活荷载如图 2-111 所示。

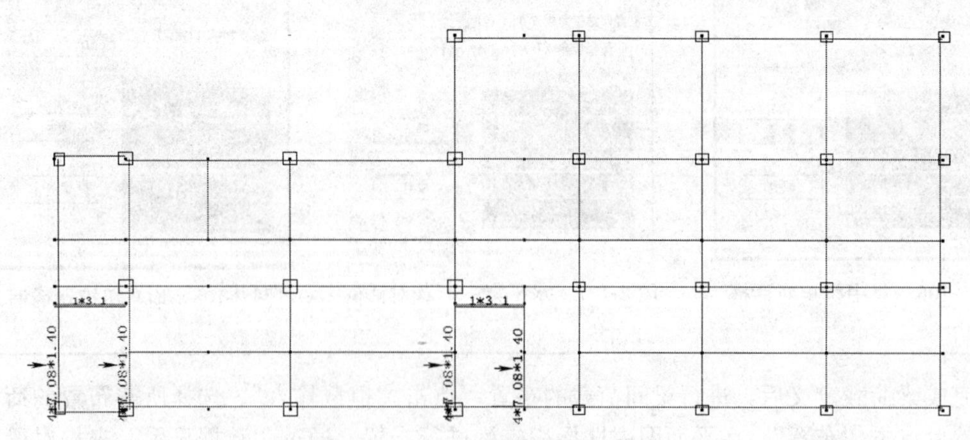

图 2-111　第 1 标准层梁间活荷载

2.7.9.3　柱间荷载、节点荷载

柱间荷载、节点荷载的操作方式与梁间荷载相同。

柱间荷载类型有三种，如图 2-112 所示。例如选择第一种荷载类型，需要输入集中荷载值、距柱底的高度、偏心距离，如图 2-113 所示。

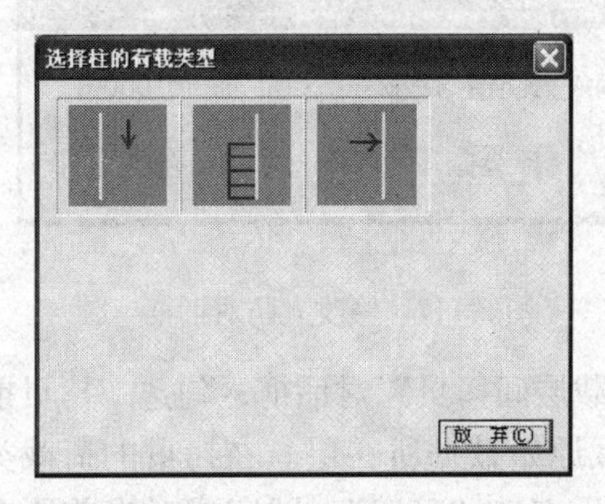

图 2-112　选择柱的荷载类型对话框

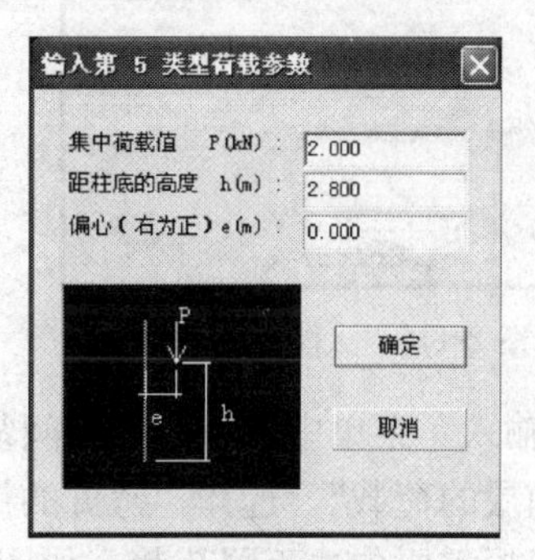

图 2-113　荷载参数对话框

节点荷载用于直接施加在节点的荷载，定义对话框如图 2-114 所示，每个节点荷载需要输入 6 个值：节点竖向力、X 向弯矩、Y 向弯矩、X 向水平力、Y 向水平力、水平扭矩，如图 2-115 所示。

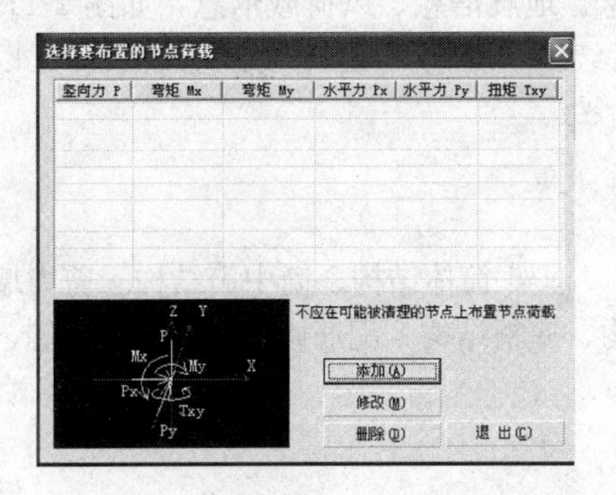

图 2-114　选择要布置的节点荷载对话框

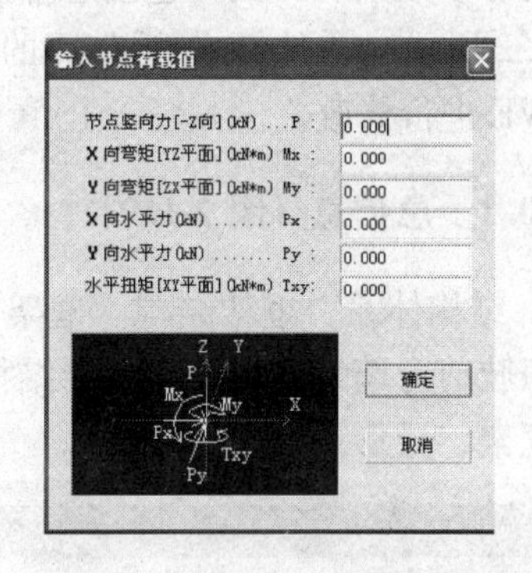

图 2-115　输入节点荷载值对话框

2.7.9.4　人防荷载

1. 荷载设置

荷载设置用于为本标准层所有房间设置统一的人防等效荷载，界面如图 2-116 所示。当更改了“人防设计等级”时，顶板人防等效荷载自动给出该人防等级的等效荷载值。

注意：

人防荷载只能在±0 以下的楼层输入，否则可能造成计算的错误。当在±0 以上输入了人防荷载时，程序退出时的模型缺陷检查环节将会给出警告。

---

2. 修改人防

修改局部房间的人防荷载值。点击“荷载修改”，弹出如图 2-117 所示的“修改人防”对话框，输入人防荷载值并选取所需的房间即可。

2.7.9.5　层间复制、荷载修改

当不同标准层有相同荷载时，可通过“层间复制”方式快捷添加标准层的荷载。在

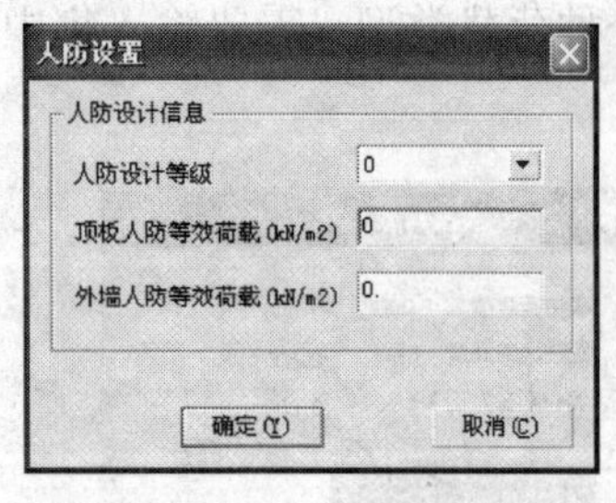

图 2-116　人防设置对话框

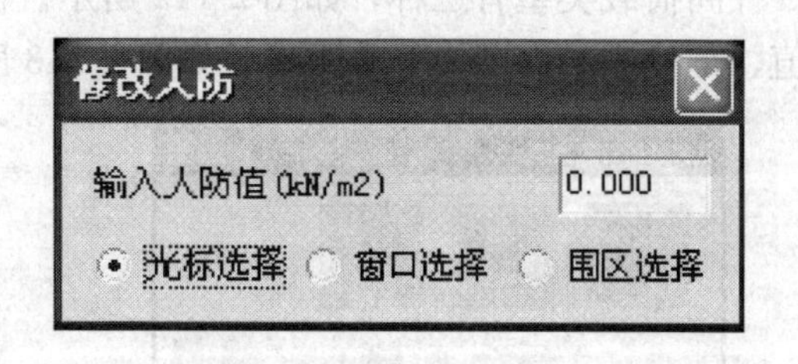

图 2-117　修改人防对话框

“荷载输入”菜单中，点击“层间复制”，出现“荷载层间拷贝”对话框；勾选“拷贝前清除当前层的荷载”，选择“拷贝的标准层号”为荷载原始数据所在层。在拷贝的荷载类型中，根据需要勾选不同荷载，如图 2-118 所示，然后点击“确定”，即完成对当前所在标准层的荷载添加。

2.7.10　设计参数

设计参数共有 4 页，包括总信息、材料信息、地震信息、风荷载信息，如图 2-119～图 2-122 所示，在这部分所选择的内容会在后续的 SATWE 设计参数里显示，可以在 SATWE 进行修改。

2.7.10.1　总信息（图 2-119）

1. 结构体系：框架结构、框架-剪力墙结构、框架-筒体结构、筒中筒结构、剪力墙结构、短肢剪力墙结构、复杂高层结构、砌体结构、底框结构、配筋砌体、板柱剪力墙、异形柱框架、异形柱框架-剪力墙。

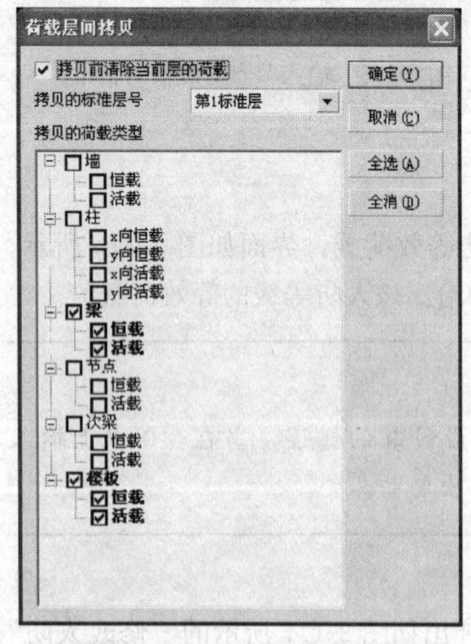

图 2-118　荷载层间拷贝对话框

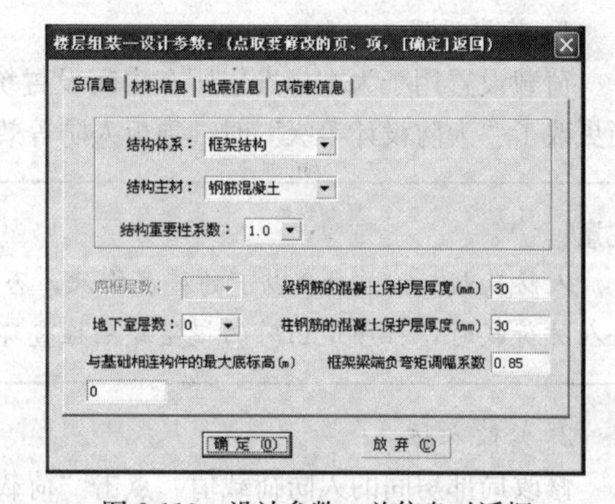

图 2-119　设计参数—总信息对话框

2. 结构主材：钢筋混凝土、钢和混凝土、有填充墙钢结构、无填充墙钢结构、砌体。

3. 结构重要性系数：1.1、1.0、0.9，隐含取值 1.0。该系数主要针对非抗震地区设置，在组合配筋时，对非地震参与的组合才乘以该系数。

4. 底框层数：填入底框结构中的底框层数。

5. 地下室层数：填入地下层数。程序对结构做出如下处理：算风力时，其高度系数扣去地下室层数，风力在地下室处为 0；在总刚度集成时，地下室各层的水平位移被嵌固；在抗震计算时，结构地下室不产生振动，地下室各层没有地震力，但地下室各层承担上部传下的地震反应；在计算剪力墙加强区时，将扣除地下室的高度求上部结构的加强区部分，且地下室部分也为加强部位；地下室同样进行内力调整。

6. 与基础相连的最大底标高：指除底层外，其他层的柱、墙也可以与基础相连（如建在坡地上的建筑），所选层的悬空柱、墙在形成 PK 文件和 TAT、SATWE 数据时自动取为固定端。

7. 梁、柱钢筋混凝土保护层厚度：默认取 30mm。程序在计算钢筋合力点到边缘的长度时取保护层厚度＋12.5mm。

8. 框架梁端负弯矩调幅系数：填入 0.7～1.0 之间的数值，一般工程取 0.85（钢梁不调整）。

本例中，结构体系为框架结构，结构主材采用钢筋混凝土，结构重要性系数为 1.0，地下室层数为 0，与基础相连构件的最大底标高为 0，梁、柱钢筋的混凝土保护层厚度均取 30mm，框架梁端弯矩调幅系数取 0.85。

2.7.10.2　材料信息（图 2-120）

1. 混凝土容重：可取 25kN/m³。混凝土容重用于计算混凝土梁、柱、支撑和剪力墙的自重，对于不考虑自重的结构可取 0，考虑梁、柱、墙的抹灰等荷载，可取 26～28kN/m³。

钢材容重可取 78kN/m³。钢构件钢材可选 Q235、Q345、Q390、Q420。

钢截面净毛面积比值可填 0.5～1，隐含取值 0.85。

2. 墙：砌体容重可取 8kN/m³。

本例中，混凝土容重为 26kN/m³，钢材容重为 78kN/m³，钢截面净毛面积比值为 0.85，梁箍筋类别和柱箍筋类别均为 HPB300。

2.7.10.3　地震信息（图 2-121）

1. 设计地震分组：第 1 组、第 2 组、第 3 组；根据《抗规》选择，程序根据不同的地震分组，计算特征周期。

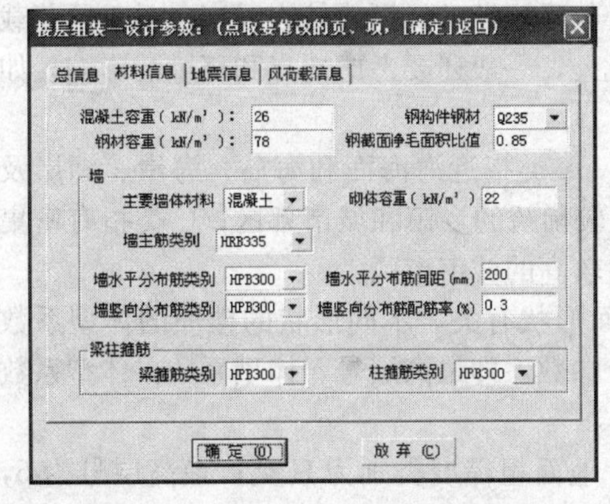

图 2-120　设计参数—材料信息对话框

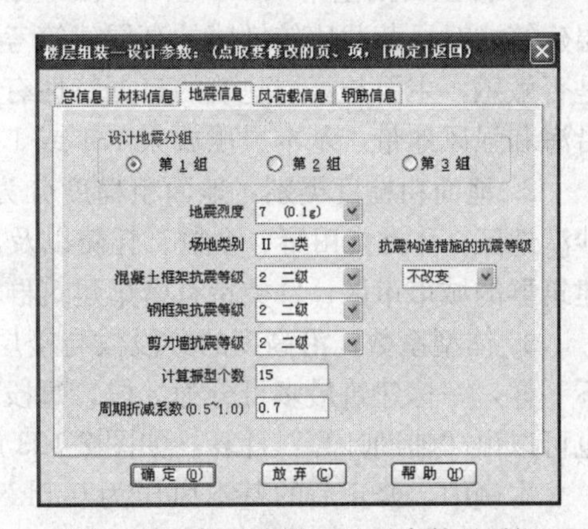

图 2-121　设计参数—地震参数对话框

2. 地震烈度：6（0.05g）、7（0.10g）、7（0.15g）、8（0.20g）、8（0.30g）、9（0.40g）。

3. 场地类别：Ⅰ类、Ⅱ类、Ⅲ类、Ⅳ类。

注意：

以上三项参数需根据建筑物所在地区、城市、场地情况选择。

---

4. 混凝土（钢）框架抗震等级：特一级、一级、二级、三级、四级、非抗震。根据《抗规》选择。

5. 剪力墙抗震等级：特一级、一级、二级、三级、四级、非抗震。根据《抗规》选择。

6. 计算振型个数：地震作用计算采用侧刚计算法时，不考虑耦连的振型数，个数不大于结构的层数；考虑耦连的振型数，个数不大于3倍层数；地震作用计算采用总刚度法时，结构要有较多的弹性节点，振型个数不受上限控制，一般取大于12。振型个数的大小与结构层数、结构形式有关，当结构层数较多或结构层高度突变较大时振型个数应取多些。

7. 周期折减系数：高层建筑结构内力位移分析时，只考虑了主要结构构件（梁、柱、剪力墙和筒体等）的刚度，没有考虑非承重结构的刚度，因而计算的自振周期比实际的大，按这一周期计算的地震作用偏小。根据《高规》规定，计算各振型地震影响系数所采用的结构自振周期应考虑非承重墙体的刚度影响予以折减。

大量工程实测周期表明：实际建筑自振周期短于计算的周期，尤其是有实心砖填充墙的框架结构，由于实心砖填充墙的刚度小于框架柱的刚度，其影响更为显著，实测周期约为计算周期的0.5～0.6倍。剪力墙结构中，由于砖墙数量少，其刚度又远小于钢筋混凝墙的刚度，实测周期与计算周期比较接近。因此，当非承重墙体采用填充砖墙时，高层建筑结构自振周期折减系数可取0.6～0.7，框架—剪力墙可取0.7～0.8，剪力墙结构可取0.9～1.0。对于其他结构体系或采用其他非承重墙体时，可根据工程情况确定周期折减系数。

本例中，设计地震为第一组，地震烈度为7（0.1g），场地类别为二类，框架抗震等级为二级（根据《抗规》规定选择），计算振型个数为15，周期折减系数为1.0。

2.7.10.4　风荷载信息（图2-122）

1. 修正后的基本风压：基本风压应按照《荷载规范》规定取值。对于特别重要的高层建筑或对风荷载比较敏感的高层建筑考虑100年重现期的风压值较为妥当。对于风荷载是否敏感，主要与高层建筑的自振特性有关。此外，一般还要考虑地点和环境的影响，如沿海和强风地带，基本风压放大1.1或1.2倍。

2. 地面粗糙度类别：地面粗糙度分为四类：A类指近海海面和海岛、海岸、湖岸及沙漠地区；B类指田野、乡村、丘陵以及房屋比较稀疏的乡镇和城市郊区；C类指有密集建筑群的城市市区；D类指有密集建筑群且房屋较高的城市市区。

3. 体型系数：沿高度的分段数与楼层的平面形状有关，不同形状的楼面的体型系数不一样，一栋建筑最多可分为3段，每段有2个参数，即最高层号、体型系数。体型系数也可以由“辅助计算”计算，如图2-123所示。

本例中，修正后的基本风压为0.5kN/m^2；地面粗糙度类别为C类；最高层号为5，体型系数为1.3。

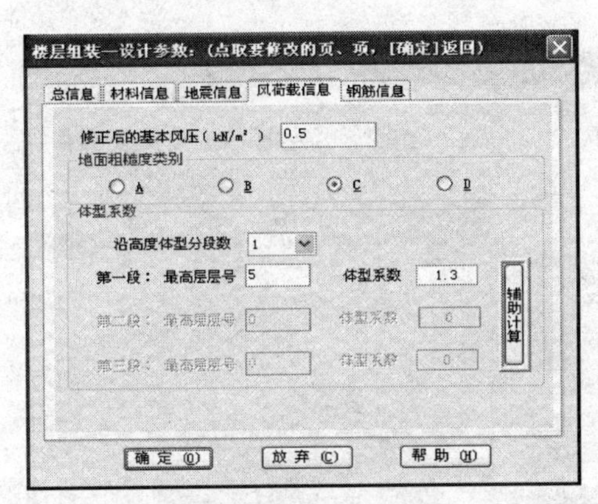

图 2-122　设计参数—风荷载参数对话框

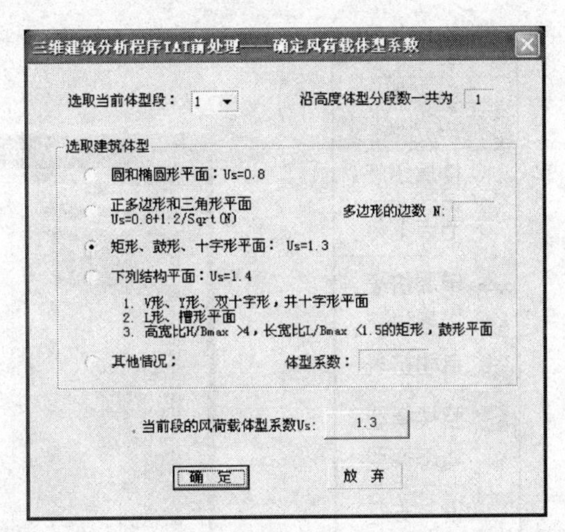

图 2-123　体型系数的辅助计算对话框

2.7.11　楼层组装

对已进行平面布置和荷载布置的标准层通过层高和层底标高控制，从下到上组装成实际的建筑模型。

2.7.11.1　楼层组装

点击“楼层组装”（图 2-124），弹出“楼层组装”对话框，如图 2-125 所示；选择复制层数，选择标准层，输入层高，从而完成楼层的竖向布置。

楼层组装中可以自动计算底标高。通过设置楼层名称便于在后续计算程序生成的计算书等结果文件中标识出某个楼层，比如地下室各层、广义楼层方式时的实际楼层号等。勾选“生成与基础相连的墙柱支座信息”选项，确定退出对话框时程序会自动进行相应的处理。

本例中，楼层组装的过程如下：

(1) 复制层数：1；标准层：第 1 标准层；层高：3800，点击“添加”。

(2) 复制层数：1；标准层：第 2 标准层；层高：3500，点击“添加”。

(3) 复制层数：1；标准层：第 3 标准层；层高：3500，点击“添加”。

(4) 复制层数：1；标准层：第 4 标准层；层高：3500，点击“添加”。

(5) 复制层数：1；标准层：第 5 标准层；层高：3500，点击“添加”。

组装结果如图 2-125 所示。

2.7.11.2　节点下传

点击“节点下传”，弹出对话框（图 2-126），选择“自动下传”或“指定下传”。

常见的需要用到此功能的情况有：

1. 本层梁、墙超出层高，上层的柱、斜杆、墙等构件抬高了底标高。由于上层构件底部不在本层构件范围内，所以其底部节点未传递至本层，需手工增加。

2. 上下两墙平面位置交叉，但端点都不在彼此的网格线上，则上下两墙网格线的平面交点位置应手工设置节点下传。

3. 上层墙与下层梁平面位置交叉，但端点都不在彼此网格线上，则上层墙与下层梁网格线的平面交点位置应手工设置节点下传。

2.7.11.3　单层拼装

与“层编辑”的“单层拼装”功能相同。

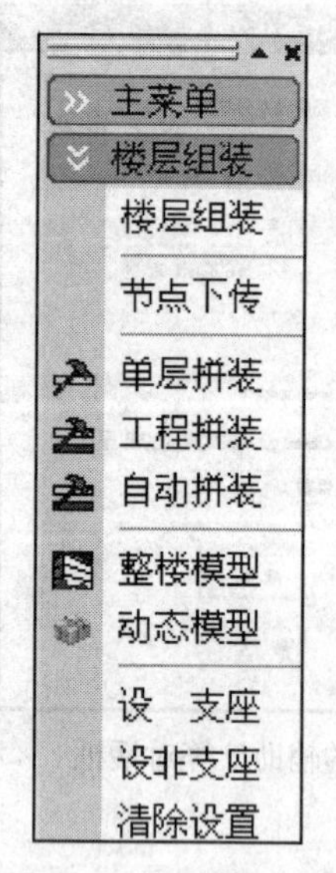

图 2-124　楼层组装菜单

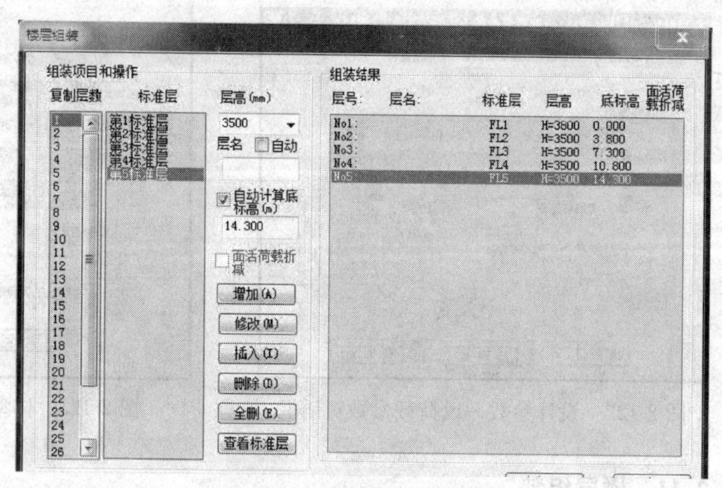

图 2-125　楼层组装对话框

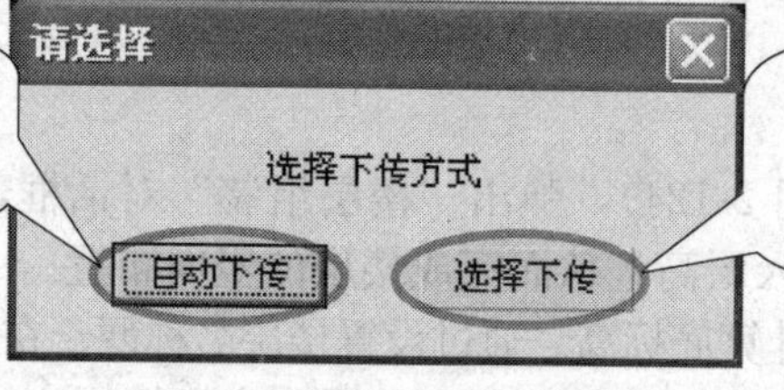

图 2-126　节点下传对话框

2.7.11.4　工程拼装

可以将完成建模输入的一个或几个工程拼装到一起，这种方式对于简化模型输入操作、大型工程的多人协同建模都很有意义。

点击“工程拼装”，弹出选择拼装方式对话框（图 2-127），工程拼装有合并顶标高相同的楼层和楼层表叠加。与楼层定义中层编辑菜单的工程拼装相同。

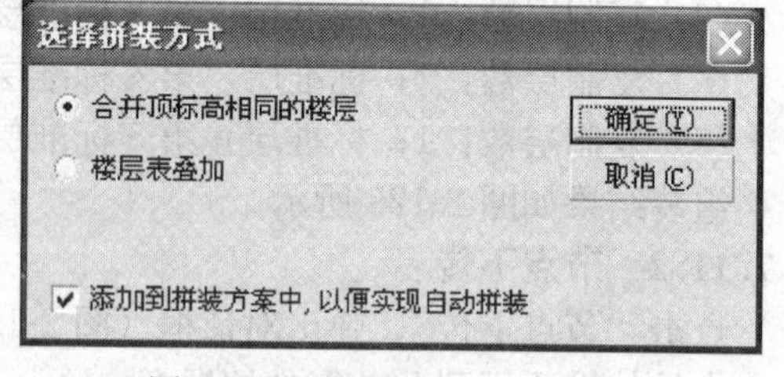

图 2-127　选择拼装方式对话框

1. 合并顶标高相同的楼层

楼层顶标高相同时，按两层拼接为一层的原则进行拼装，拼装出的楼层将形成一个新的标准层。这样两个被拼装的结构，不一定限于必须从第一层开始往上拼装的对应顺序，可以从中间开始楼层拼装。多塔结构拼装时，可对多塔的对应层合并，这种拼装方式要求各塔层高相同，即以前版本的拼装方式，简称“合并层”方式。

2. 楼层表叠加

楼层表叠加拼装方式的实现基于广义楼层的引入。这种拼装方式可以将工程 2 中的楼层布置原封不动地拼装到工程 1 中，包括工程 2 的标准层信息和各楼层的层底标高参数。实质上就是将工程 2 的各标准层模型追加到工程 1 中，并将楼层组装表也添加到工程 1 的楼层组装表末尾。对于多塔结构的拼装使用楼层表叠加方式时，每一个塔的楼层保持其分塔时的上下楼层关系，组装完某一塔后，再组装另一个塔，各塔之间的顺序是一种串联方式。而此时各塔之间的层高、标高均不受约束，可以不同。

在点击“楼层表叠加”后，弹出对话框，显示输入合并的最高层号。若输入了此参数，则此参数以下的层号按标准层拼装方式到工程1，生成新的标准层，而对于工程2此参数以上的楼层，则使用楼层叠加的方式拼装。

如图 2-128、图 2-129 所示，若工程 1 为 6 层框架，工程 2 为 5 层框架；

当最高合并层号输入 6 时，结果如图 2-130 所示；当输入 4 时，如图 2-131 所示。

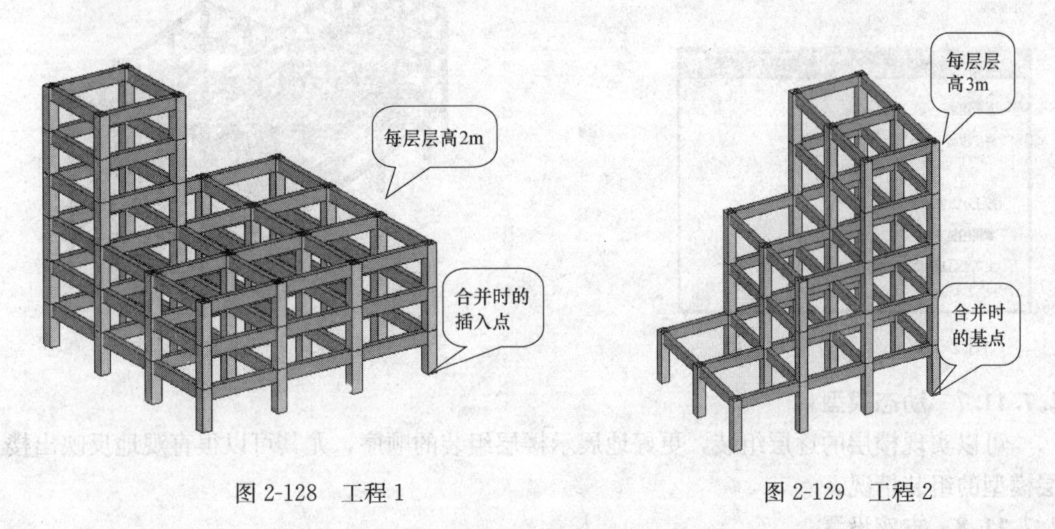

图 2-128　工程 1　　　　图 2-129　工程 2

注意：

如图 2-130 所示，输入最高合并层号为 4，此时工程 2 中 4 层及 4 层以下的楼层将合并到工程 1 中，工程 2 中剩下的第 5 层将按原本工程 2 中的原始标高组装，如图 2-131 所示，第 5 层悬浮在空中。

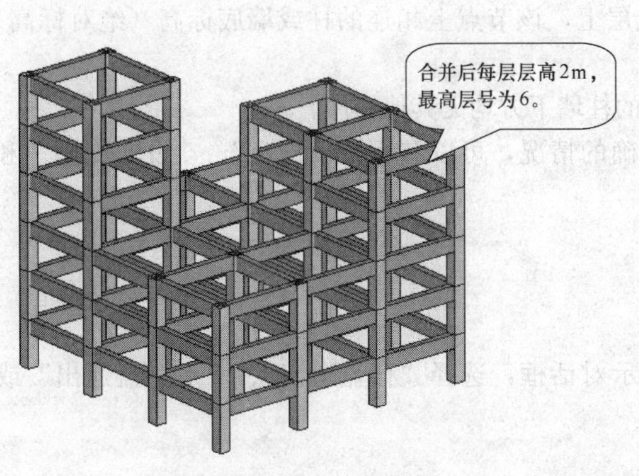

图 2-130　合并层号为 6

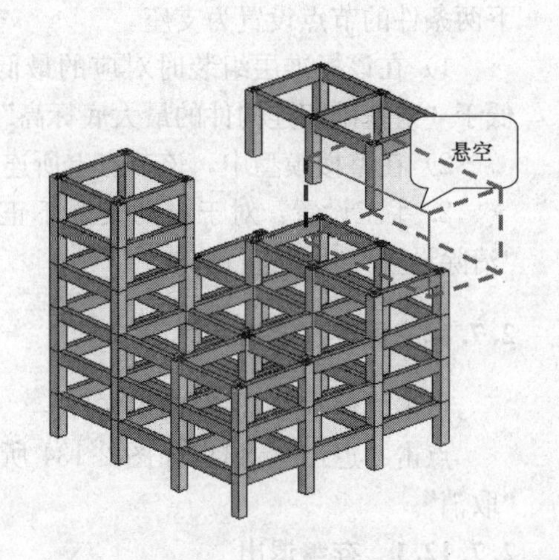

图 2-131　合并层号为 4

2.7.11.5 自动拼装

按照组装过的方案进行自动的拼装。

2.7.11.6 整楼模型

点击“整楼模型”，弹出如图 2-132 所示的“组装方案”对话框，可选择重新组装、分层组装、按上次方案组装，可逐层显示每一标准层的模型。本实例三维效果图如图 2-133 所示。

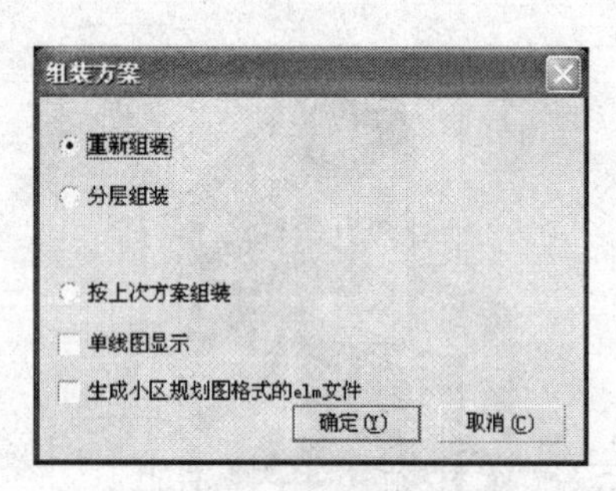

图 2-132 组装方案对话框

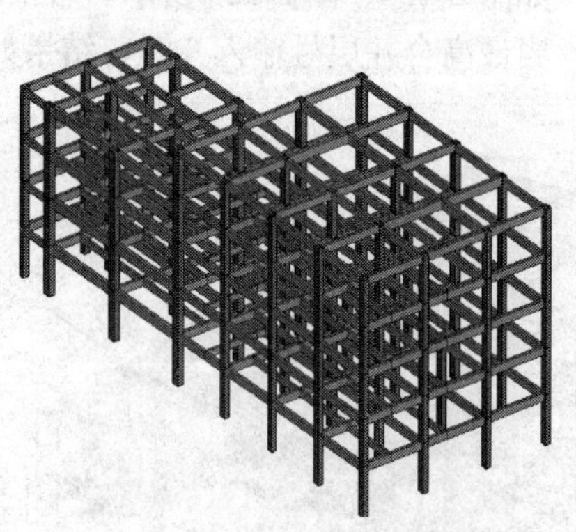

图 2-133 三维效果图

2.7.11.7 动态模型

可以实现楼层的逐层组装，更好地展示楼层组装的顺序，尤其可以很直观地反映出楼层模型的组装情况。

2.7.11.8 支座设置

JCCAD 程序将根据模型底部的支座信息，确定传至基础的网点、构件以及荷载信息。支座的设置有自动设置和手工设置两种方式。

1. 自动设置：进行楼层组装时，若选取了楼层组装对话框左下角的“生成与基础相连的墙柱支座信息”，并按“确定”退出对话框，则程序自动将所有标准层上同时符合以下两条件的节点设置为支座。

1）在该标准层组装时对应的最低层上，该节点上相连的柱或墙底标高（绝对标高）低于“与基础相连构件的最大底标高”。

2）在整楼模型中，该节点上所连的柱墙下方均无其他构件。

2. 手工设置：对于自动设置不正确的情况，可以利用“设支座”、“设非支座”和“清除设置”功能进行修改。

2.7.12 保存、退出

点击“保存”，保存输入文件。

点击“退出”，弹出如图 2-134 所示对话框，选择“存盘退出”、“不存盘退出”或“取消”。

2.7.12.1 存盘退出

点击“存盘退出”，弹出如图 2-135 所示的对话框。如果建模没有完成，只是临时存盘退出，这些选项可不必执行。若建模已经完成，准备进行设计计算，则需选择执行其中的某些选项。

图 2-134　退出对话框

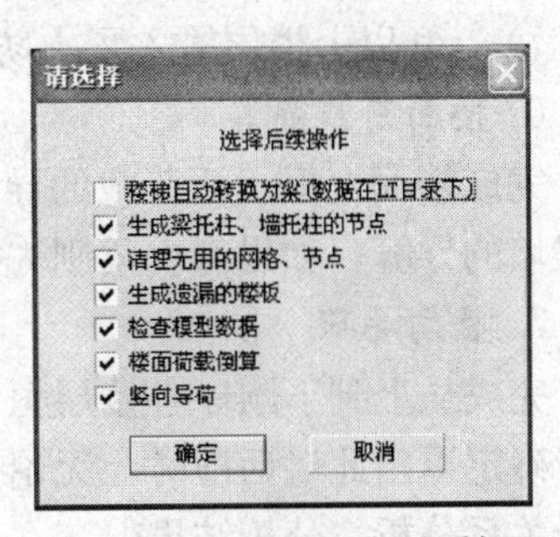

图 2-135　存盘退出对话框

1. 楼梯自动转换为梁（数据在 LT 目录下）

选择此项，程序在当前工程目录下生成以 LT 命名的文件夹，该文件夹中保存着将楼梯转换成宽扁折梁后的模型。如果要考虑楼梯参与结构整体分析，则需将工程目录指向 LT 目录重新进行计算；如果不勾选，则程序不生成 LT 文件夹，平面图中的楼梯只是一个显示，不参与结构整体分析。

注意：

如果已经将目录指向了 LT 目录，则在退出 PMCAD 时不要选择该项。

---

2. 生成梁托柱、墙托柱的节点

如果模型有梁托上层柱或斜柱，墙托上层柱或斜柱的情况，则应执行此项。当托梁或托墙的相应位置上没有设置节点时，程序自动增加节点，保证结构设计计算的正确进行。

3. 清理无用的网格、节点

执行此项，原有各层无用的网格、节点都将被自动删除。

4. 生成遗漏的楼板

程序会自动将各层及各层房间遗漏的楼板自动生成，遗漏楼板的厚度取自各层信息中定义的楼板厚度。

以下两种情况应当执行此项：

1）存在没有执行“生成楼板”菜单的楼层。

2）某层修改了梁墙的布置，对新生成的房间没有再执行“生成楼板”菜单。

5. 检查模型数据

选择此项，程序会对整楼模型可能存在不合理的地方进行检查和提示，用户可以选择返回建模，核对提示内容、修改模型，也可以直接继续退出程序。

其中检查的内容包括：

1）墙洞超过墙高。

2）两节点间网格数量超过 1 段。

3）未能由梁、墙正确封闭的房间。

4）柱、墙下方无构件支撑并且没有设置成支座（柱、墙悬空）。

5）梁系没有竖向杆件支撑从而悬空（飘梁）。

6）广义楼层组装时，因为底标高输入有误等原因造成该层悬空。

7）±0 以上楼层输入了人防荷载。

6. 楼面荷载导算

完成楼面上恒、活荷载的导算。完成楼板自重计算，并对各层房间做从楼板到房间周围梁墙的导算，如果有次梁则先做次梁导算。生成作用于梁墙的恒、活荷载。

7. 竖向导荷

完成从上到下顺序各楼层恒、活荷载的线荷载导算，生成作用在底层基础上的荷载。

确定退出此对话框时，无论是否选择任何选项，程序都会进行模型各层网点、杆件的集合关系分析。分析结果保存在工程文件 layadjdata. pm 中，并作为后续结构设计的数据准备。同时对整体模型进行检查，找出模型中可能存在的缺陷，进行提示。

2.7.12.2 不存盘退出

选择此项，弹出提示对话框，如图 2-136 所示，点击“是”，退出程序，点击“否”，返回建模界面。

2.7.12.3 取消

选择“取消”，返回建模界面。

图 2-136 不存盘退出提示框

2.7.12.4 交互式输入完成后生成的文件

执行完 PMCAD 主菜单 1“建筑模型与荷载输入”后，生成以下文件：

[工程名]. jws：模型文件，包括建模中输入的所有内容，楼面恒活导算到梁墙上的结果，后续各模块部分存盘数据等。

[工程名]. bws：建模过程中的临时文件，内容与[工程名]. jws 一样，当发生异常情况导致 jws 文件丢失时，可将其文件后缀名改为 jws 后使用。

axisrect. axr：“正交轴网”中设置的轴网信息，可以重复利用。

layadjdata. pm：建模存盘退出时生成的文件，记录模型中网点、杆件关系的预处理结果，供后续的程序使用。

pm3j _ 2jc. pm：荷载竖向导算至基础的结果。

pm3j _ perflr. pm ：各层层底荷载值。

2.8 平面荷载显示校核

PMCAD 主菜单 2 平面荷载显示校核菜单（图 2-137）用于检查交互输入和自动导算的荷载是否准确，不能对荷载结果进行修改或重写，还有荷载归档的功能。

荷载类型和种类很多，其中按照荷载作用位置分为：主梁、次梁、墙、柱、节点和房间楼板；按照荷载工况分为恒载、活载以及其他各种工况；按照输入荷载的方式分为交互输入的、楼板导算的和自重（包括主梁、次梁、墙、柱、楼板）；按照荷载作用构件位置分为横向和竖向；按照荷载作用及分布密度分为分布荷载（包括均布荷载、三角形、梯形）和集中荷载。

荷载检查有多种方法：文本方式和图形方式、按层检查和全楼检查、按横向检查和竖向检查、按荷载类型和种类检查。

1. 选择楼层

点击“选择楼层”，弹出对话框，选择切换到要检查的其他层，如图 2-138 所示。

2. 上一层、下一层

直接切换到当前层的上（下）一层。

3. 荷载选择

此菜单可选择查看各荷载类型、荷载工况。点取“荷载选择”，弹出对话框，如图 2-139 所示。其中梁荷载指作用在梁上的荷载；墙荷载指作用在墙上的荷载；柱荷载指作用在柱上的荷载；楼面荷载指作用在房间内楼板上的均布面荷载；楼面导算荷载指由楼板传导至墙或梁上的荷载；交互输入荷载指在建模中通过荷载输入菜单输入的荷载；梁自重指由程序自动算出的梁自重荷载；楼板自重指由程序自动算出的楼板自重。

显示方式包括文本显示和图形显示两种。选择文本方式显示荷载，屏幕上显示平面杆件或房间编号。选择图形显示，则在屏幕上显示荷载值。

字符高度和宽度是指图形方式显示的荷载的字符尺度。

同类归并指把能合并的同类荷载合并为同一个荷载。如作用在同一根梁上同一工况的两个集中力，如果它们位置相同，就可合并成一个荷载。

选择楼层
上一层
下一层
荷载选择
关闭竖向
关闭横向
关闭恒载
关闭活载
关闭输入
关闭导算
打开楼面
字符大小
移动字符
荷载归档
查荷载图
竖向导荷
导荷面积
退　出

图 2-137　平面荷载显示校核菜单

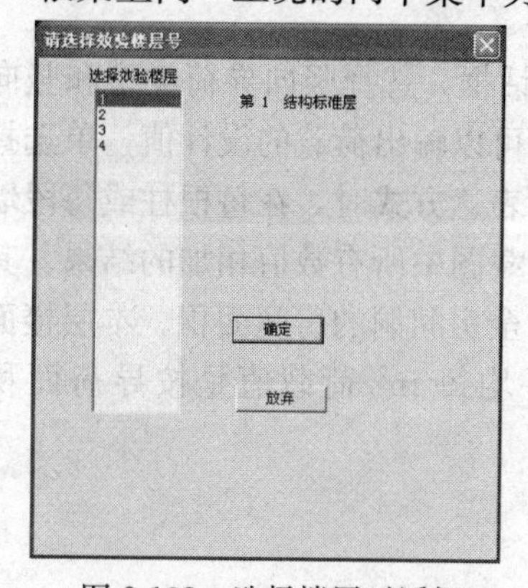

图 2-138　选择楼层对话框

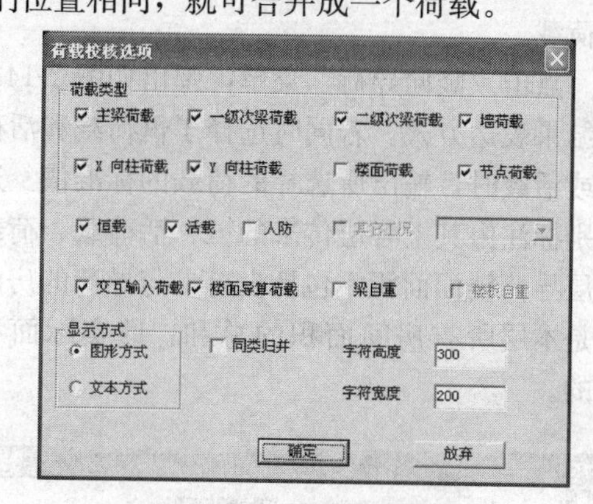

图 2-139　荷载选择对话框

4. 关闭类命令

此类菜单显示切换开关。

5. 字符大小

通过此菜单，修改屏幕上字符的宽度和高度。

6. 移动字符

通过此菜单，拖动位置不合适的或重叠的字符，使其到合适的位置以便清晰地显示荷载。

7. 荷载归档

自动生成全楼各层的或所选楼层的各种荷载图并保存。点击“荷载归档”菜单，弹出对话框，如图 2-140 所示；选择需要归档的荷载类型，点击“确定”；选择归档的楼层和图名，如图 2-141 所示，归档图名默认名取决于所选的荷载类型和荷载工况。

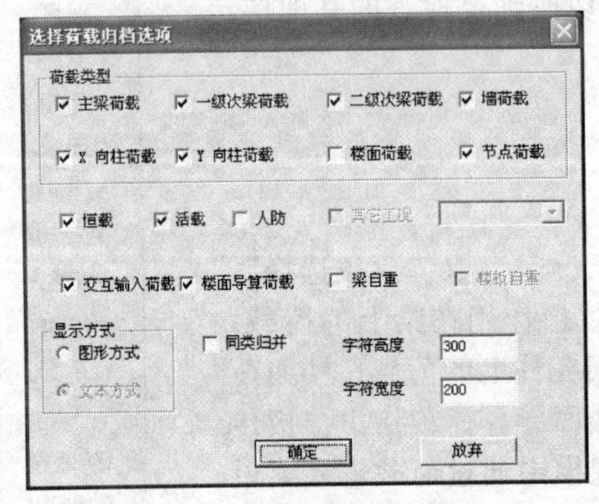

图 2-140　荷载归档对话框

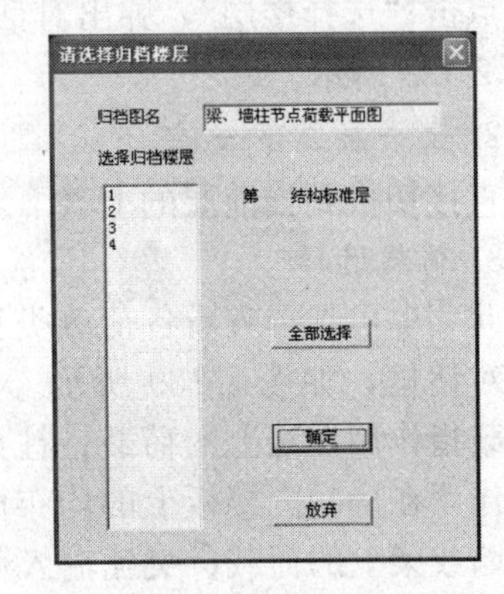

图 2-141　选择归档的楼层和图名对话框

8. 查荷载图

查看已归档的荷载图。点击“查荷载图”，弹出如图 2-142 所示的对话框，选择归档的图名和荷载类型。

9. 竖向导荷

计算得到作用于任意层柱或墙的由其上各层传来的恒、活荷载，可以根据《荷载规范》的要求考虑活荷载折算，输出某层的总面积及单位面积荷载，也可以输出某层以上的总荷载。

点击“竖向导荷”菜单，弹出如图 2-143 所示的对话框，选择竖向导荷类型和竖向导荷结果表达方式。若同时选择了恒荷载和活荷载时，则可以输出荷载的设计值，单选择恒载或活载时，输出所选择的荷载的标准值。选择荷载图表达方式时，在每根柱或每段墙上分别标注由其上各层传来的恒、活荷载，荷载总值是荷载图中所有数值相加的结果。其中本层导荷楼面面积不包括没有参与导荷的房间面积，如全房间洞的房间面积。本层楼面面积是本层所有房间面积的总和，即实际面积。本层平均每 m^2 荷载值是按导荷面积计算的。

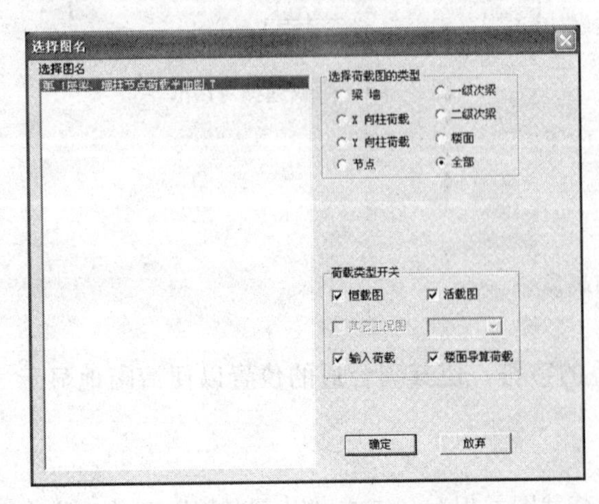

图 2-142　查荷载图对话框

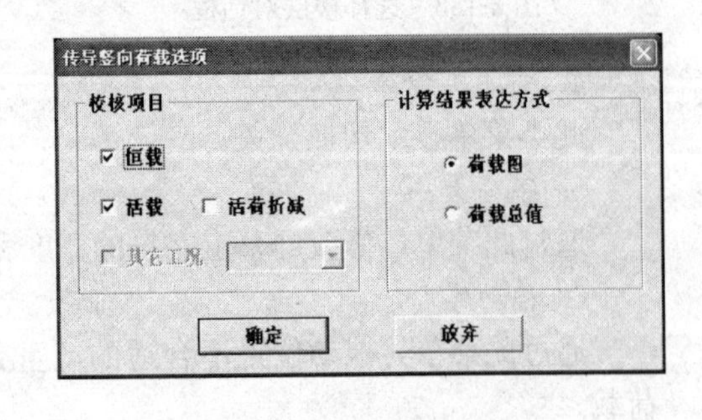

图 2-143　传导竖向荷载选项

10. 导荷面积

显示参与导荷的房间号以及房间面积。点击“导荷面积”，平面显示出房间号和导荷面积。每个房间都有一个包含空格的字符串，其中空格前面的字符表示房间号，后面的表示房间导荷面积。

2.9 画结构平面图

PMCAD 主菜单 3“画结构平面图”可完成现浇楼板的内力、配筋计算并绘制结构施工图。

绘制板施工图主要步骤为：

(1) 定义计算和绘图参数；

(2) 计算现浇楼板的内力和配筋；

(3) 绘结构平面图。

每一层结构平面图绘制在一张图纸上，图纸名为 PM＊.T，其中＊为层号。结构平面图上梁、墙可用虚线或实线画出，程序默认为实线。

点击 PMCAD 主菜单 3“画结构平面图”，如图 2-144 所示。

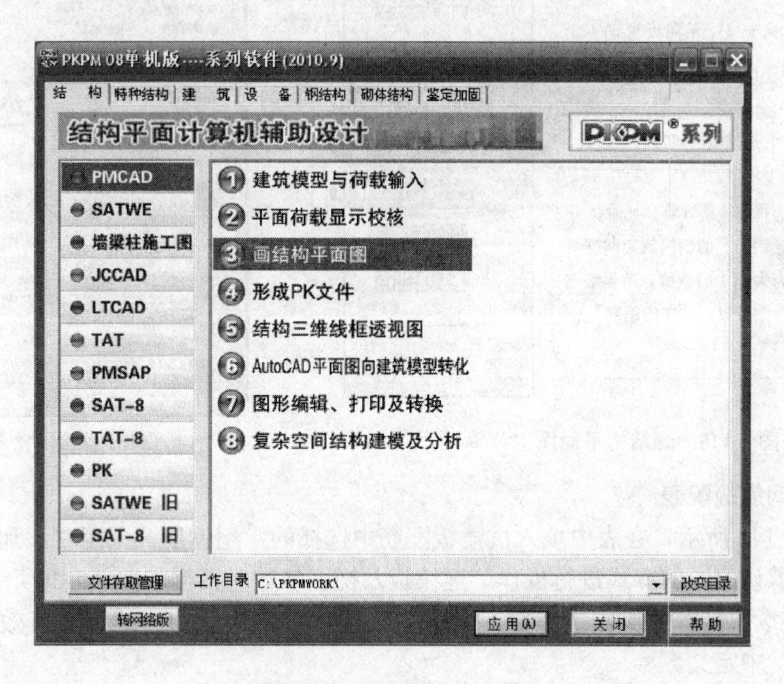

图 2-144 画结构平面图菜单

2.9.1 绘新图

若该层没有进行过画结构平面施工图的操作，直接画出该层的平面模板图。如果该层原来已经进行过画平面图的操作，当前层的平面图已经存在当前目录下，执行该命令后，程序提供两个选项，如图 2-145 所示。

2.9.1.1 删除所有信息后重新绘图

指将内力计算、已经布置过的钢筋以及修改过的边界条件等全部删除，当前层需要重新生成边界条件，内力需要重新计算。

2.9.1.2 保留钢筋修改结果后重新绘图

保留内力计算结果及所生成的边界条件，仅将已经布置的钢筋施工图删除，重新布置钢筋。

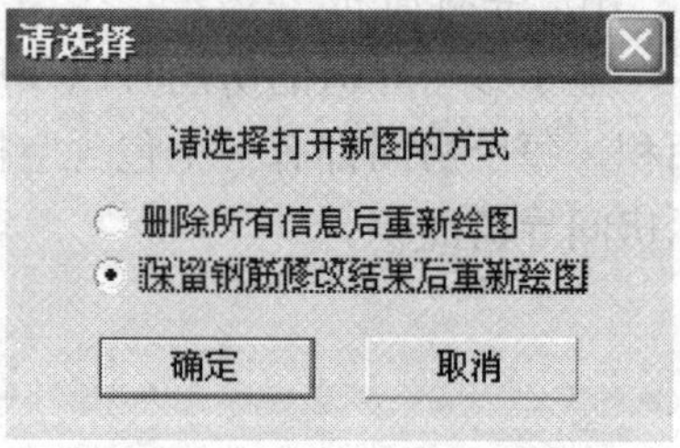

图 2-145 绘新图对话框

2.9.2 计算参数

2.9.2.1 配筋计算参数

图 2-146 为 PMCAD 中“画平面布置图”的主菜单，点击楼板计算一项下的计算参数将弹出如图 2-147 所示的对话框。

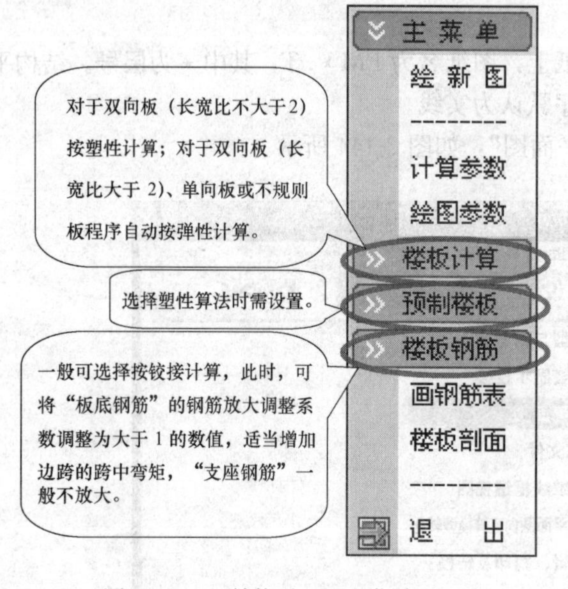

图 2-146 画结构平面图主菜单

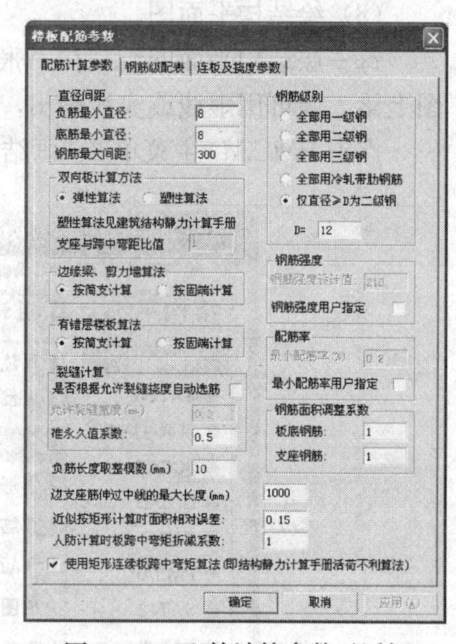

图 2-147 配筋计算参数对话框

2.9.2.2 钢筋级配表

如图 2-148 所示，在表中填入供楼板配筋中选择的常用钢筋，采用“添加”、“替换”、“删除”、“默认值”的方式进行操作。连续板及挠度参数对话框如图 2-149 所示。

设置连续板计算时所需的参数。此参数设置后，所选择的连续板才有效。连续板在“连板计算”中定义。

荷载考虑双向板作用：形成连续板的板块，有可能是双向板。如果此块板上作用的荷载考虑双向板的作用，则程序自动分配板上两个方向的荷载，否则板上的均布荷载全部作用在该板长方向。

2.9.3 绘图参数

点取“绘图参数设定”，弹出如图 2-150 所示对话框。在绘制楼板施工图时，要标注正筋、负筋的配筋值、钢筋编号、尺寸等。

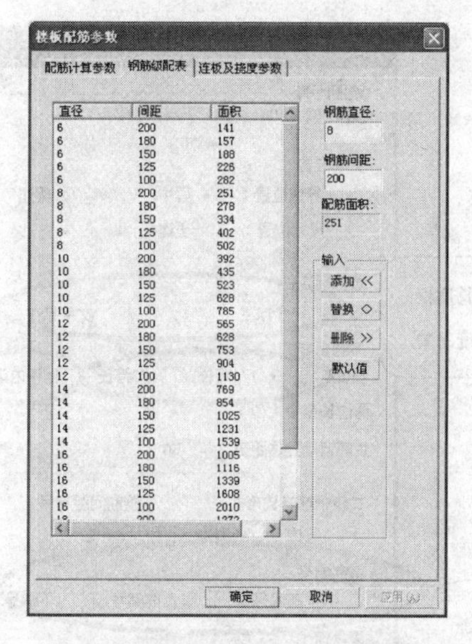

图 2-148 钢筋级配表对话框

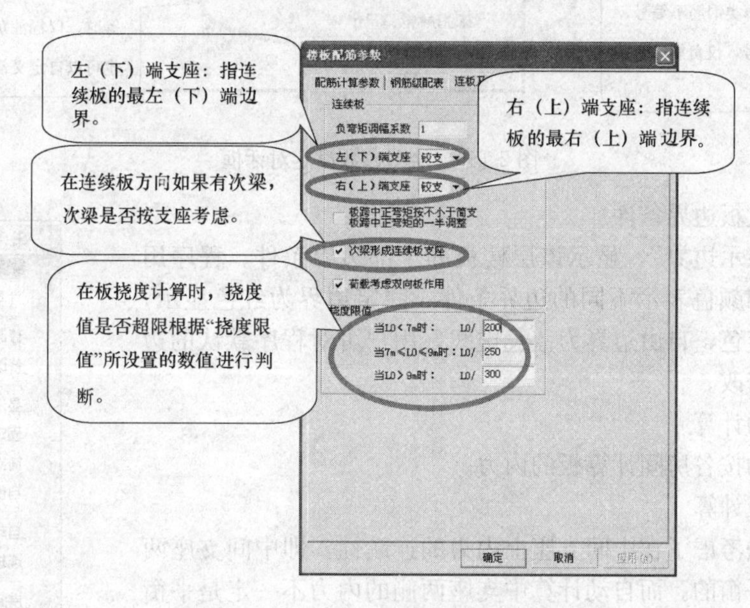

图 2-149 连续板及挠度参数对话框

2.9.4 楼板计算

点击“楼板计算”，显示“楼板计算”菜单，如图 2-151 所示。

（1）修改板厚

点击“修改板厚”，弹出修改板厚的对话框，输入修改值，再点击其他需要修改板厚的楼板。

（2）修改荷载

点击“修改荷载”，弹出修改荷载的对话框，输入修改后的恒载和活载，再点击其他需要修改荷载的楼板。

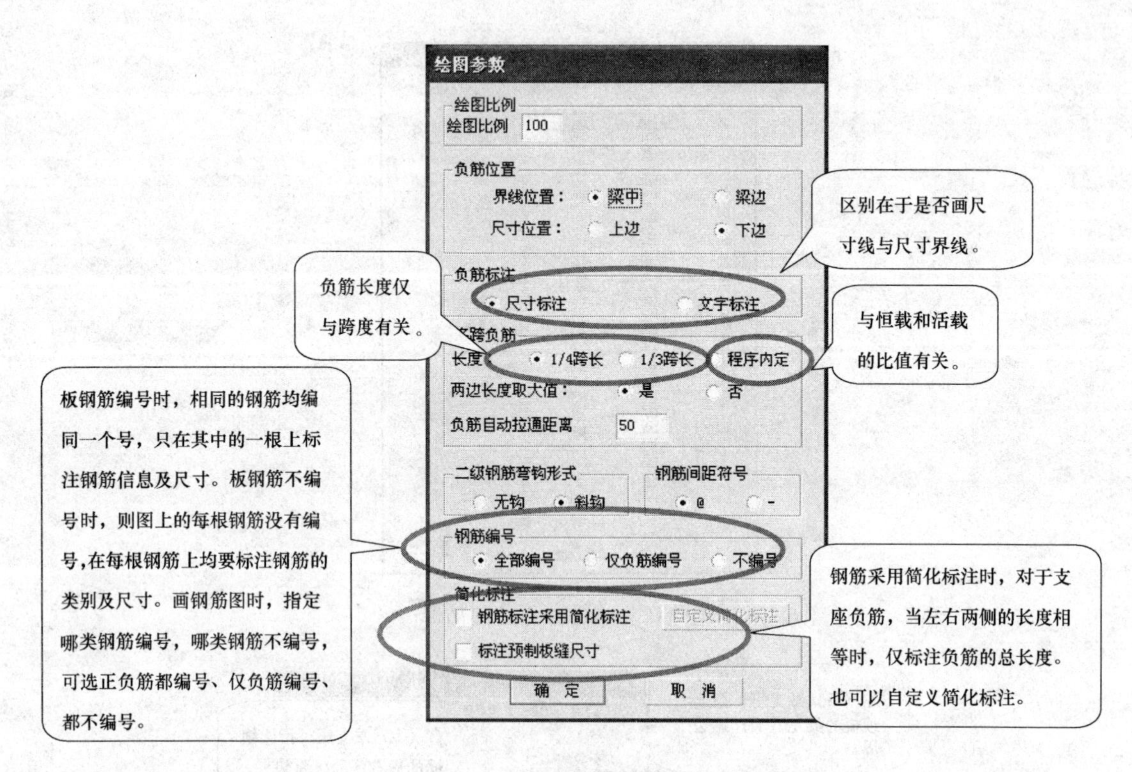

图 2-150　绘图参数设定对话框

(3) 修改板边界条件

点击“显示边界”，显示该层楼板的全部边界条件。程序用不同的线型和颜色表示不同的边界条件，固定边界为红色显示，简支边界为蓝色，自由边界为蓝色虚线，用户可对程序默认的边界条件进行修改。

(4) 自动计算

程序自动按各房间计算板的内力。

(5) 连板计算

连板算法考虑了在中间支座上内力的连续性，即中间支座两侧的内力是平衡的。而自动计算中支座两侧的内力不一定是平衡的。对于大部分很均匀、规则的板面可考虑板的连续性，对于平面不均匀、不规则的板可以不考虑板的连续性，按单独的板块计算。

取消连板计算，需重新点取“自动计算”。

(6) 房间编号

选择此菜单，可显示全层各房间的编号。当自动计算时，提示某房间计算有错误时方便检查。

(7) 弯矩

选择此菜单，显示板弯矩图，在平面简图上以蓝色标出梁、次梁、墙的支座弯矩值，房间板跨中 X 向和 Y 向的弯矩值以黄

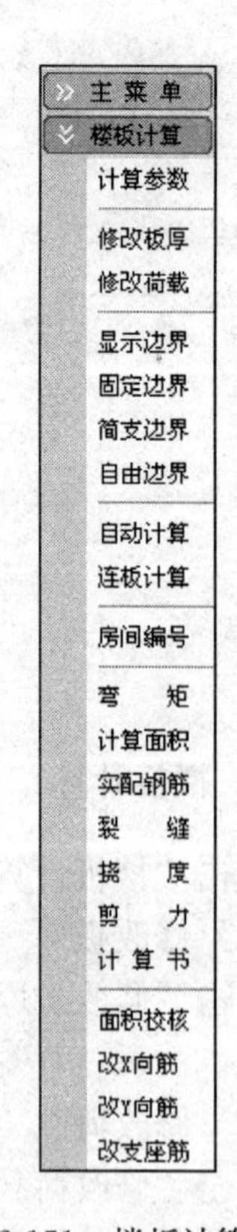

图 2-151　楼板计算菜单

色标出，图名为BM*.T（其中*为层号）。

（8）计算面积

选择此菜单，显示板计算配筋图，用蓝色标出梁、次梁、墙的支座值，房间板跨中的值用黄色标出，图名为BAS*.T（其中*为层号）。

（9）裂缝

选择此菜单，显示板的裂缝宽度计算结果图，图名为CRACK*.T（其中*为层号）。

（10）挠度

选择此菜单，显示现浇板的挠度计算结果图，图名为DEFLET*.T（其中*为层号）。

（11）剪力

选择此菜单，显示现浇板的剪力计算结果图，图名为BQ*.T（其中*为层号）。

（12）计算书

选择此菜单，可详细列出指定板的详细计算过程。指定板指的是弹性计算时的规则现浇板。计算书包括内力、配筋、裂缝和挠度等内容。

计算以房间为单元进行并给出各房间的计算结果。需要计算书时，点取需要给出计算书的房间，然后程序自动生成该房间的计算书，如图2-152所示。

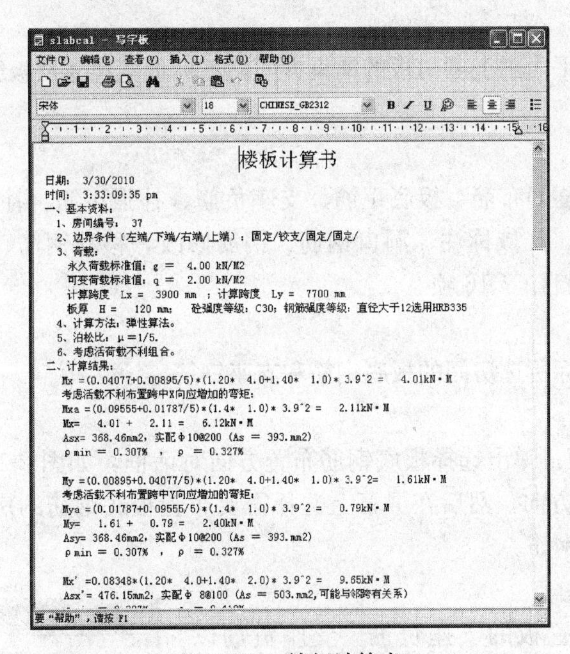

图2-152 楼板计算书

（13）面积校核

选择此菜单，可将实配钢筋面积与计算钢筋面积做比较，以校核实配钢筋是否满足计算要求。实配钢筋与计算钢筋的比值小于1时，用红色显示。

（14）改X向筋和Y向筋、支座筋

选择此菜单，程序自动算出的板跨中X方向和Y方向的钢筋直径和间距。点击需要修改的房间，弹出修改计算配筋的对话框，根据需要输入修改值，点击“确定”，修改完毕。

2.9.5 预制楼板

布置预置楼板信息在建模过程中已经定义，菜单如图 2-153 所示。

(1) 板布置图

板布置图是定义预制板的布置方向，以及板宽、板缝宽、现浇宽度、现浇带位置等。对于预制板布置完全相同的房间，仅需详细画出其中的一间，其余房间画上它的分类号即可。

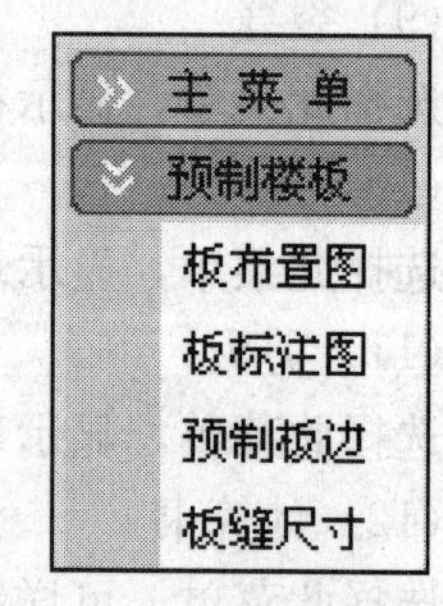

图 2-153 预置楼板菜单

(2) 板标注图

板标注图是预制板布置的另一种画法，它画一连接房间对角的斜线，并在上面标注板的型号、数量等；按提示输入板的数量、型号等字符，再用光标逐个点取该字符应标画的房间，点取完毕，按［Esc］或点击鼠标右键退出。

(3) 预制板边

预制板边是在平面图上梁、墙采用虚线画法时，预制板的板边画在梁或墙边处。选择此菜单，可将预制板边画在主梁或墙的中心位置。

(4) 板缝尺寸

选择此菜单，在平面图上画出板的铺设方向，不标板宽尺寸及板缝尺寸。

2.9.6 楼板钢筋

楼板钢筋菜单有逐间布筋、板底正筋、支座负筋、补强正筋、补强负筋、板底通长、支座通长、区域布筋、区域标注、洞口钢筋、钢筋修改、移动钢筋、删除钢筋、负筋归并、钢筋编号、房间归并等 16 项。

(1) 逐间布筋

程序自动绘出光标所选房间的板底钢筋和支座钢筋。

(2) 板底正筋

点击“板底正筋”，弹出选择板底钢筋布置方向对话框，如图 2-154 所示，选择布置方向，X 方向或者 Y 方向，然后在屏幕上选择需要布置板底钢筋的房间，程序绘出该房间所选择布置的板底钢筋。

(3) 支座负筋

选择此菜单，布置板的支座负筋。支座负筋以梁、墙、次梁为布置的基本单元。

图 2-154 选择板底钢筋布置方向对话框

(4) 补强正筋

布置板底补强正筋。板底补强正筋以房间为布置的基本单元。布置过程与支座相同，而且需要在已布置板底拉通钢筋的范围内布置。

(5) 补强负筋

布置支座补强负筋。支座补强负筋以梁、墙、次梁为布置的基本单元。布置过程与支座负筋相同，而且需要在已布置支座拉通钢筋的范围内布置。

(6) 板底通长

指定板底钢筋跨越的范围，一般都跨越房间。在指定的范围和房间上取最大值画出钢筋。

(7) 支座通长

把并行排列的不同杆件的支座钢筋连通，在指定的多个支座和方向上取最大值画出钢筋。

(8) 区域布筋

首先通过光标、窗口、围栏方式选择围成区域的房间，此时选择区域最外边界会自动被加粗加亮显示；选择区域完成后，弹出对话框，在对话框输入钢筋类型（正筋或负筋）以及钢筋布置角度，自动在属于该区域的各房间同钢筋布置方向取最大值；最后由用户指定钢筋所画的位置以及区域范围所标注的位置。

(9) 区域标注

对于已经布置完成的“区域钢筋”，可多次在不同的位置标注其区域范围。

(10) 洞口钢筋

对洞口作洞边附加筋配筋，只对边长或直径为 300～1000mm 范围的洞口配筋，用光标点取某有洞口的房间即可。

(11) 钢筋修改

对已画的钢筋进行修改配筋参数的操作。

(12) 移动钢筋

对已画的钢筋进行移动操作。

(13) 删除钢筋

对已画的钢筋进行删除操作。

(14) 负筋归并

对长短不等的支座负筋长度进行归并。点击“负筋归并”，弹出对话框（图 2-155），选择归并方法和长度修正方式，输入归并长度。对支座两端挑出的长度分别归并，归并长度指的是支座左右两边长度之和。

(15) 钢筋编号

主要对各钢筋重新按照指定的规律编号，编号时可指定起始编号、选定范围（点选、窗口、围栏）、相应角度，程序先对房间按此规律排序，对于排好序的房间按照先板底再支座的顺序重新对钢筋编号。

(16) 房间归并

对相同钢筋布置的房间进行归并（图 2-156）。相同归并号的房间只在其中的样板间上画出详细配筋值，其余的只标上归并号。

1) 自动归并

程序对相同钢筋布置的房间进行归并，然后点取“重画钢筋”，可根据实际情况选择程序提示。

2) 人工归并

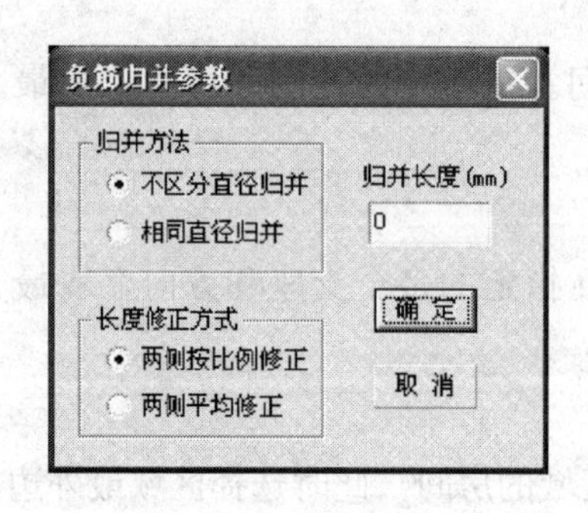

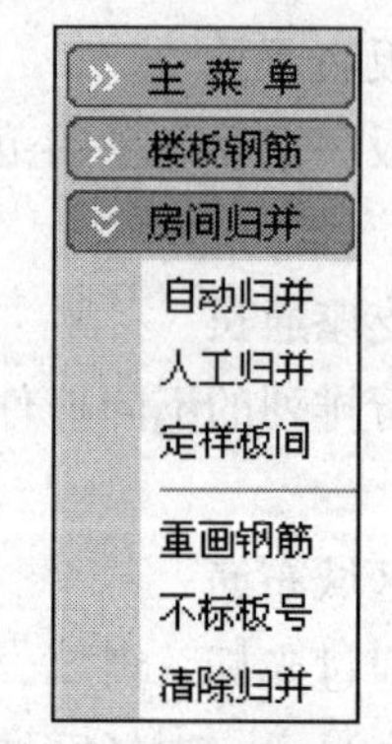

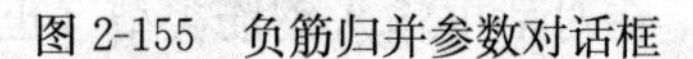

图 2-155　负筋归并参数对话框　　　　　　图 2-156　房间归并菜单

归并不同的房间，人为指定某些房间与另一房间归并相同，然后再点取“重画钢筋”。

3）定样板间

程序按归并结果选择某一房间作为样板间来画钢筋详图。可以人为制定样板间的位置，避免钢筋布置过于密集的情况；然后点取“重画钢筋”，将详图布置到指定的样板间内。

2.9.7　钢筋表

点击“钢筋表”，程序自动生成钢筋表，表中显示编号、钢筋简图、直径、间距、等级、单根钢筋的最短长度和最长长度、根数、总长度、重量等信息；然后指定钢筋表在平面图中的位置，如图 2-157 所示。

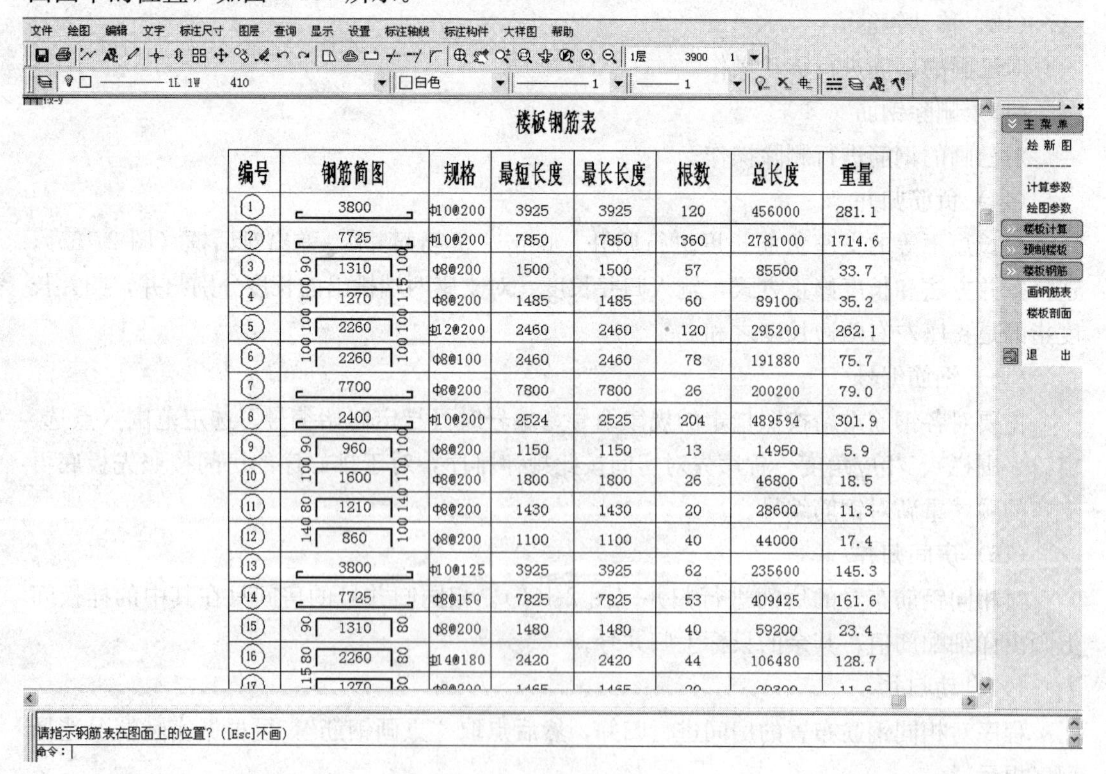

楼板钢筋表

编号	钢筋简图	规格	最短长度	最长长度	根数	总长度	重量
1	3800	Φ10@200	3925	3925	120	456000	281.1
2	7725	Φ10@200	7850	7850	360	2781000	1714.6
3	90 1310 100	Φ8@200	1500	1500	57	85500	33.7
4	100 1270 115	Φ8@200	1485	1485	60	89100	35.2
5	100 2260 100	Φ12@200	2460	2460	120	295200	262.1
6	100 2260 100	Φ8@100	2460	2460	78	191880	75.7
7	7700	Φ8@200	7800	7800	26	200200	79.0
8	2400	Φ10@200	2524	2525	204	489594	301.9
9	90 960 100	Φ8@200	1150	1150	13	14950	5.9
10	100 1600 100	Φ8@200	1800	1800	26	46800	18.5
11	80 1210 140	Φ8@200	1430	1430	20	28600	11.3
12	140 860 100	Φ8@200	1100	1100	40	44000	17.4
13	3800	Φ10@125	3925	3925	62	235600	145.3
14	7725	Φ8@150	7825	7825	53	409425	161.6
15	90 1310 80	Φ8@200	1480	1480	40	59200	23.4
16	80 2260 80	Φ14@180	2420	2420	44	106480	128.7
17	115 1270 80	Φ8@200	1465	1465	20	29300	11.6

图 2-157　钢筋表（部分）

2.9.8 楼板剖面

点击“楼板剖面”，将指定板的剖面按一定的比例画出，如图 2-158 所示。

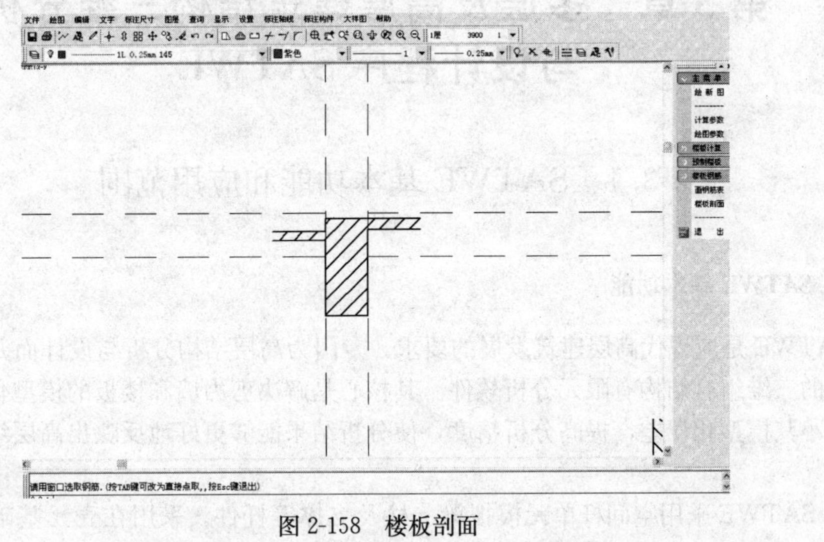

图 2-158 楼板剖面

第3章　多层及高层建筑结构三维分析与设计程序 SATWE

3.1　SATWE 基本功能和应用范围

3.1.1　SATWE 基本功能

SATWE 是应现代高层建筑发展的要求，专门为高层结构分析与设计而开发的基于壳元理论的三维组合结构有限元分析软件。其核心是解决剪力墙和楼板的模型化问题，尽可能地减小其模型化误差，提高分析精度，使分析结果能够更好地反映出高层结构的真实受力状态。

1. SATWE 采用空间杆单元模拟梁、柱及支撑等杆件。采用在壳元基础上凝聚而成的墙元模拟剪力墙。对于尺寸较大或带洞口的剪力墙，按照子结构的基本思想，由程序自动进行细分，然后用静力凝聚原理将由于墙元的细分而增加的内部自由度消去，从而保证墙元的精度和有限的出口自由度。墙元不仅具有墙所在的平面内刚度，也具有平面外刚度，可以较好地模拟工程中剪力墙的实际受力状态。

2. SATWE 对于楼板给出了四种简化假定，即楼板整体平面内无限刚、分块无限刚、分块无限刚加弹性连接板带、弹性楼板。在应用中，可根据工程实际情况和分析精度要求，选用其中的一种或几种简化假定。

3. SATWE 可完成建筑结构在恒、活、风荷载及地震作用下的内力分析及荷载效应组合计算，对钢筋混凝土结构还可完成截面配筋计算。

4. SATWE 可进行上部结构和地下室联合工作分析，并进行地下室设计。

5. SATWE 所需的几何信息和荷载信息都从 PMCAD 建立的建筑模型中自动提取生成，并有多塔、错层信息自动生成功能，大大简化了用户操作。

6. SATWE 完成计算后，可经全楼归并接力 PK 绘制梁、柱施工图，接力 JLQ 绘制剪力墙施工图，并可为各类基础设计软件提供设计荷载。

3.1.2　SATWE 应用范围

SATWE 是用于多、高层建筑结构分析与设计的空间组合结构有限元分析软件，适用于多（高）层钢筋混凝土框架、框架-剪力墙、剪力墙结构以及高层钢结构或钢-混凝土混合结构，还可用于复杂体型的高层建筑、多塔、错层、转换层、短肢剪力墙、板柱结构及楼板局部开洞等特殊结构形式。

使用范围如下：

① 结构层数（高层版）≤300 层；

② 每层梁数≤8000；

③ 每层柱数≤5000；

④ 每层墙数≤3000；

⑤ 每层支撑数≤2000；

⑥ 每层塔数（或刚性楼板块数）≤10；

⑦ 结构总自由度数不限。

3.2 参数的合理选取及数据准备

SATWE 计算软件的前处理，即对参数定义、特殊构件定义、多塔定义、温度荷载定义、特殊风荷载定义、特殊支座定义等部分采用同样的界面、操作且内部采用统一的数据结构，因此其中一个计算软件定义的数据，在其他计算软件同样有效，从而实现一模多算的效果。

选择 SATWE 主菜单 1“接 PM 生成 SATWE 数据”，如图 3-1 所示，屏幕弹出“SATWE 前处理—接 PM 生成 SATWE 数据”对话框，如图 3-2 所示。

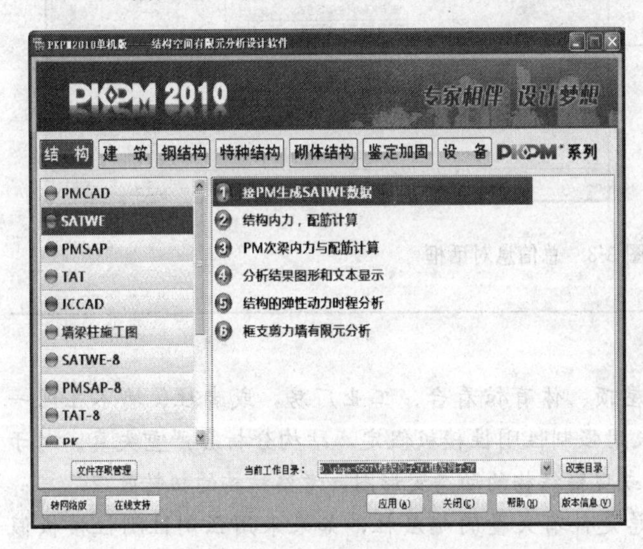

图 3-1 SATWE 主菜单

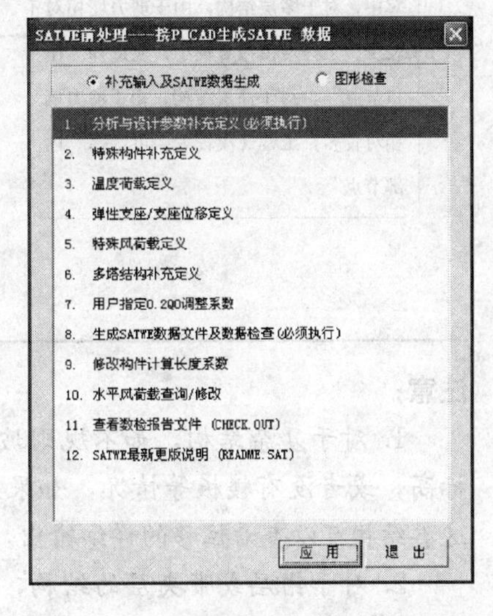

图 3-2 SATWE 前处理—接 PM 生成 SATWE 数据对话框

3.2.1 分析与设计参数补充定义（必须执行）

多、高层结构分析需补充的参数共 10 项，它们分别为：总信息、风荷信息、地震信息、活荷信息、调整信息、设计信息、配筋信息、设计信息、地下室信息和砌体结构信息。对于一个工程，在第一次启动 SATWE 主菜单时，程序自动将上述所有参数赋值（取多数工程中常用值作为其隐含值），并将其写到硬盘上名为 SAT _ DEF. PM 文件中，以后再启动 SATWE 时，程序自动读取 SAT _ DEF. SAT；在每次修改这些参数后，程序都自动存盘，以保证这些参数在以后使用中的正确性。

在结构分析设计过程中，可能会经常改变上述参数，在“参数补充定义”菜单内改变参数后，不必再重复执行“生成 SATWE 数据”和“数据检查”菜单，可直接进行结构分析或配筋设计计算；SATWE 在进行结构分析或配筋设计计算时，直接读取 SAT _

DEF. PM 文件中的有关参数。

1. 总信息

如图 3-3 所示，“总信息”对话框中可以调整有关结构总体信息的一些具体参数。

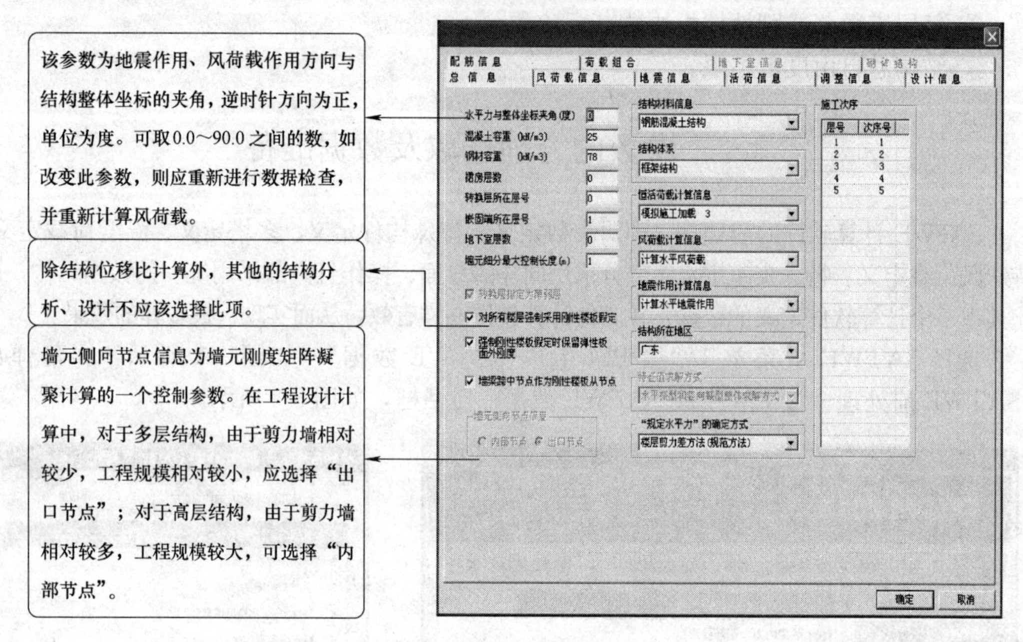

该参数为地震作用、风荷载作用方向与结构整体坐标的夹角，逆时针方向为正，单位为度。可取0.0～90.0之间的数，如改变此参数，则应重新进行数据检查，并重新计算风荷载。
除结构位移比计算外，其他的结构分析、设计不应该选择此项。
墙元侧向节点信息为墙元刚度矩阵凝聚计算的一个控制参数。在工程设计计算中，对于多层结构，由于剪力墙相对较少，工程规模相对较小，应选择“出口节点”；对于高层结构，由于剪力墙相对较多，工程规模较大，可选择“内部节点”。
配筋信息
荷载组合
地下室信息
砌体结构
总信息
风荷载信息
地震信息
活荷信息
调整信息
设计信息
结构材料信息
钢筋混凝土结构
结构体系
框架结构
恒活荷载计算信息
模拟施工加载 3
风荷载计算信息
计算水平风荷载
地震作用计算信息
计算水平地震作用
结构所在地区
广东
施工次序
层号
次序号
确定
取消

图 3-3 总信息对话框

注意：

1. 对于复杂结构，如不规则坡屋顶、体育馆看台、工业厂房，或者柱、墙不在同一标高，或者没有楼板等情况，如果采用强制性刚性楼板假定，结构分析会严重失真。对于这类结构可以查看位移的详细输出，或观察结构的动态变形图，考察结构的扭转效应。

2. 对于错层或带夹层的结构，总是伴有大量的越层柱，如果采用强制性刚性楼板假定，所有越层柱将受到楼层约束，造成计算结果失真。

(1) 混凝土容重

一般情况下，混凝土的重度为 $25kN/m^3$。若采用轻混凝土或考虑构件表面粉刷层时，可填入适当值。

(2) 钢容重

一般情况下，钢材的重度为 $78kN/m^3$。若考虑构件表面粉刷层时，可填入适当值。

(3) 裙房层数

对于带裙房的大底盘结构，应输入裙房所在自然层号。输入裙房层数后，程序自动按照《高规》的规定，正确判断底部加强区所在位置，裙房层数应包含地下室层数。

(4) 转换层所在层号

对于转换层结构需填入相应的层号。对于转换层结构，该层号是定义剪力墙加强部位的重要参数，也是框支柱地震内力调整的控制参数之一，所以应正确填入。转换层所在层号应包含地下室层数。

(5) 地下室层数

应填小于总层数的值。地下室层数是指与上部结构同时进行内力分析的地下室部分，该参数用于导算风荷载和设置地下室信息。

因为地下室无风荷载作用，程序在上部结构风荷载计算中扣除地下室高度。若虽有地下室，但在进行上部结构分析时不考虑地下室，则该参数应取0。

(6) 墙元细分最大控制长度

墙元细分最大控制长度（D_{max}）参数应填写计算单元最大尺寸，该参数一般取1.0～5.0m。对于一般工程，可取 $D_{max}=2.0$m；对于框支剪力墙结构，可取 $D_{max}=1.5$m 或1.0m。如选择“出口节点”，剪力墙侧边的节点作为出口节点，墙元的变形协调性好，计算准确，但速度较慢；如选择“内部节点”，剪力墙侧边的节点作为内部节点凝聚掉，这样速度快，效率高，但精度稍有降低。

(7) 结构材料信息

结构材料信息可分为钢筋混凝土结构、钢与混凝土混合结构、有填充墙钢结构、无填充墙钢结构、砌体结构等。

注意：

1. 型钢混凝土和钢管混凝土结构属于钢筋混凝土结构，不是钢结构。

2. 即使选择了“无填充墙钢结构”，还应按无填充墙钢构筑物的实际情况折减基本风压。

3. 新版软件已将SATWE砌体结构计算功能移到QITI砌体结构分析模块中，因此本参数不能选择“砌体结构”。

---

(8) 结构体系

结构体系可分为框架结构、框剪结构、框筒结构、筒中筒结构、剪力墙结构、短肢剪力墙结构、复杂剪力墙结构、复杂高层结构、板柱剪力墙结构、异形柱框架结构、异形柱框剪结构、配筋砌体砌块结构、砌体结构、底框结构。

(9) 恒、活荷载计算信息

① 不计算恒、活荷载：不计算所有竖向荷载。

② 一次性加载：采用整体刚度模型，按一次加载方式计算竖向力。高层框剪结构当竖向荷载一次施加时，由于墙与柱的竖向刚度相差很大，墙柱间的连梁协调两者之间的位移差，使柱的轴力减小，墙的轴力增大，层层调整累加的结果，有时会使高层结构的顶部出现拉柱或梁没有负弯矩的不真实情况。

③ 模拟施工1：考虑分层加载、逐层找平因素影响的算法，采用整体刚度分层加载模型。由于该模型采用的结构刚度矩阵是整体结构的刚度矩阵，加载层上部尚未形成的结构过早进入工作，可能导致下部楼层某些构件的内力异常（如较实际偏小）。

④ 模拟施工2：考虑将柱（不包括墙）的刚度放大10倍后再按模拟施工1进行加载，以削弱竖向荷载按刚度的重分配，使柱、墙上分得的轴力比较均匀，接近手算结果，传给基础的荷载更为合理，仅用于框剪结构或框筒结构的基础计算，不得用于上部结构的设计。

⑤ 模拟施工 3：对模拟施工 1 的改进，采用分层刚度分层加载模型。在分层加载时，去掉了没有用的刚度（如第 1 层加载，则只有第 1 层的刚度，而模拟施工 1 却仍为整体刚度），使计算结果更接近于施工的实际情况。

提示：

1. 不计算恒、活荷载：仅用于研究分析。
2. 一次性加载：主要用于多层结构、钢结构和有上传荷载（例如吊柱）的结构。
3. 模拟施工荷载 1：适用于多高层结构。
4. 模拟施工荷载 2：仅适用于框筒结构向基础软件传递荷载（不要传递刚度）。
5. 模拟施工荷载 3：适用于多、高层无吊车结构，更符合工程实际情况，推荐使用。

（10）风荷载计算信息

风荷载计算信息分为不计算风荷载、计算水平风荷载、计算特殊风荷载、计算水平风荷载和计算特殊风荷载。

（11）地震作用计算信息

地震作用计算信息分为不计算地震作用、计算水平地震作用、计算水平和竖向地震作用。

（12）结构所在地区

结构所在地区有全国、广东、89 规范全国、89 规范上海、95 鉴定标准等 5 项选择。

（13）施工次序

① 采用模拟施工 3 加载计算时，为适应某些复杂结构，可以对楼层组装的各自然层分别指定施工次序号。

② 程序隐含指定每一个自然层是一次施工（简称为逐层施工），用户可通过施工次序定义指定连续若干层为一次施工（简称为多层施工）。

③ 对一些传力复杂的结构（如转换层结构、下层荷载由上层构件传递的结构形式、巨型结构等），应采用多层施工的施工次序。

④ 广义层的结构模型，应考虑楼层的连接关系来指定施工次序。如图 3-4 所示为广义楼层施工次序示意图。由于各塔楼层号打破了从低到高的排列次序，出现若干个楼层同时施工的情况，必须人为指定施工次序。除大底盘外，塔楼的第 3、7、10 层同时施工，依次类推。

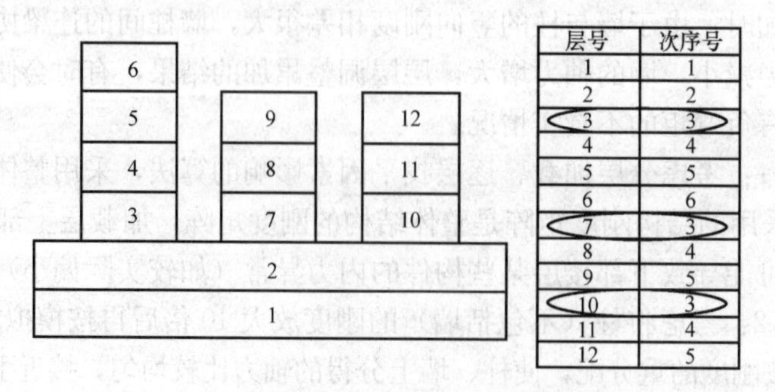

层号	次序号
1	1
2	2
3	3
4	4
5	5
6	6
7	3
8	4
9	5
10	3
11	4
12	5

图 3-4　广义楼层施工次序示意图

2. 风荷载信息

“风荷载信息”对话框里有风荷载的相关参数，如图 3-5 所示。

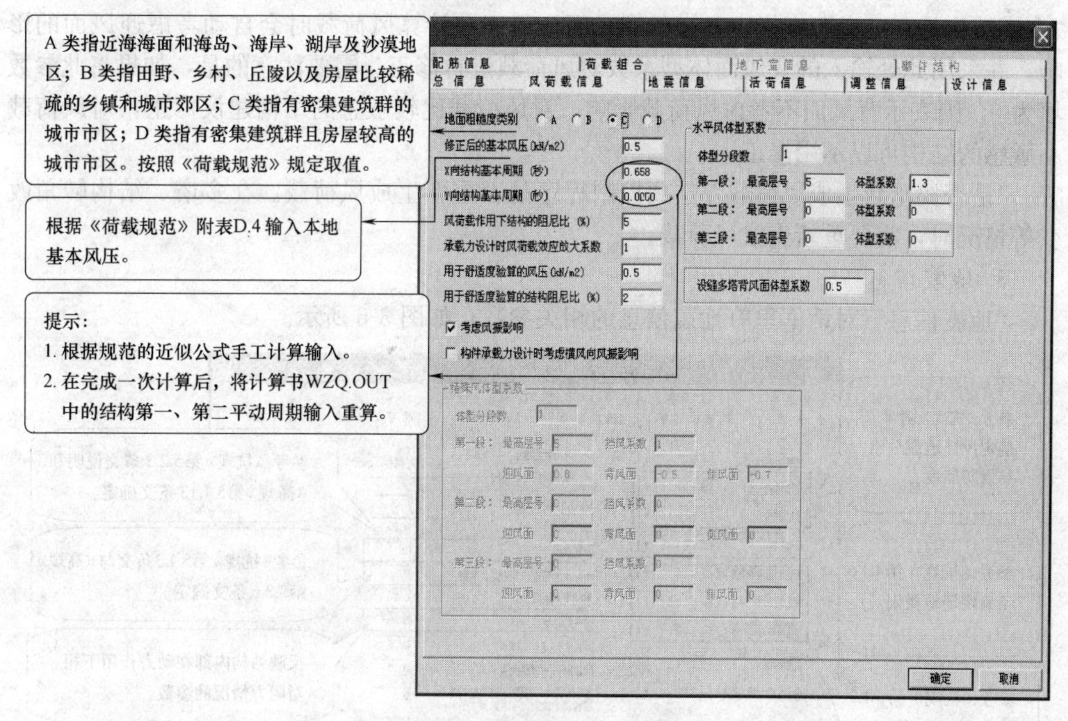

图 3-5 风荷载信息对话框

（1）修正后的基本风压

基本风压应按照《荷载规范》规定取值。对于特别重要的高层建筑或对风荷载比较敏感的高层建筑考虑 100 年重现期的风压值较为妥当。对于风荷载是否敏感，主要与高层建筑的自振特性有关。一般还要考虑地点和环境的影响，如沿海和强风地带，基本风压放大 1.1 或 1.2 倍。

（2）体型系数

体型分段数：最多为 3 段，即可以有 3 段不同的体型系数。如果只分一段，程序自动选为结构层数。

第 1 段、第 2 段、第 3 段体型系数按规范要求填。一些常见体型、风荷载体型系数取值如下：

1）圆形和椭圆形平面，$\mu_S=0.8$；

2）正多边形及三角形平面，$\mu_S=0.8+\frac{1.2}{\sqrt{n}}$，其中 n 为正多边形边数；

3）矩形、鼓形、十字形平面，$\mu_S=1.3$；

4）下列建筑的风荷载体形系数 $\mu_S=1.4$；

① V 形、Y 形、弧形、双十字形、井字形平面；

② L 形和槽形平面；

③ 高宽比 H/B_{max} 大于 4、长宽比 L/B_{max} 不大于 1.5 的矩形、鼓形平面。

(3) 设缝多塔背风面体型系数

主要应用在带变形缝的结构关于风荷载的计算中。对于设缝多塔结构，用户可以在“多塔结构补充定义”中指定各塔的迎风面，程序在计算风荷载时会自动考虑迎风面的影响，并采用此处输入的背风面体型系数对风荷载进行修正。需要注意的是，如果将此参数填为0，则表示背风面不考虑风荷载影响。对风荷载比较敏感的结构建议修正，对风荷载不敏感的结构可以不用修正。

“是否要重新生成风荷载”选项控制程序是否重新生成风荷载。在多塔、结构转角改变等情况时，需要重新生成风荷载。

3. 地震信息

“地震信息”对话框里有地震信息的相关参数，如图3-6所示。

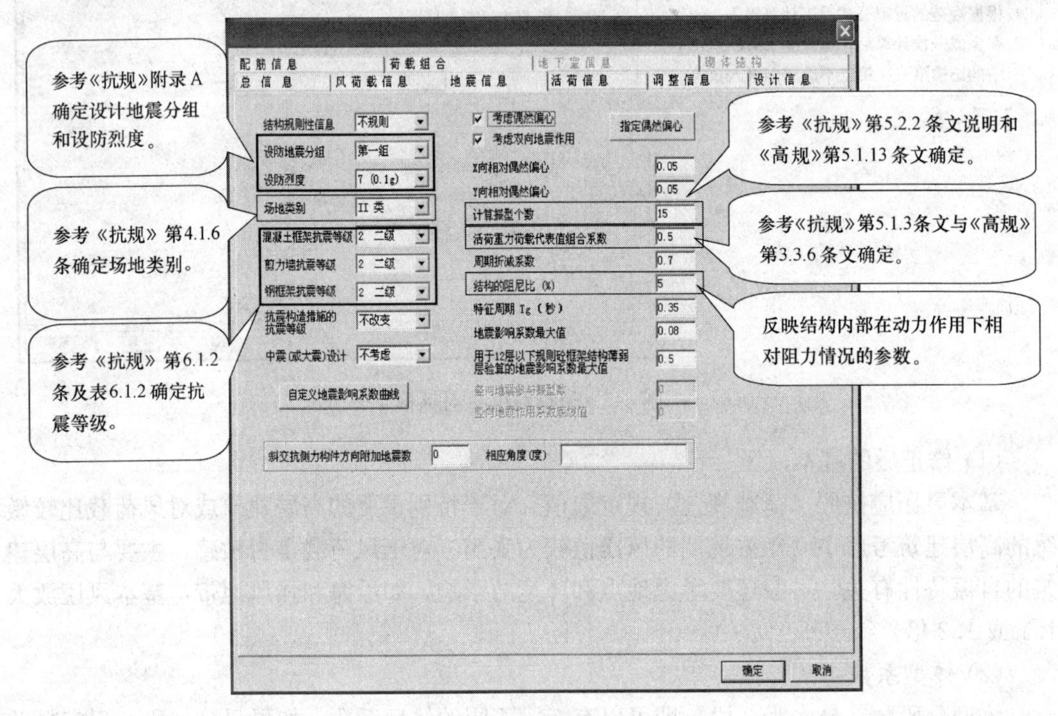

图3-6 地震信息对话框

(1) 结构规则性信息

结构规则性信息分为规则、不规则。根据《抗规》和《高规》进行选择。

(2) 设计地震分组

设计地震分组分为第1组、第2组、第3组。根据《抗规》进行选择，程序根据不同的地震分组，计算特征周期。

(3) 设防烈度

设防烈度包括6（0.05g）、7（0.10g）、7（0.15g）、8（0.20g）、8（0.30g）、9（0.40g）。

(4) 场地类别

场地类别包括Ⅰ类、Ⅱ类、Ⅲ类、Ⅳ类。

(5) 抗震等级

框架、剪力墙抗震等级分为特一级、一级、二级、三级、四级、非抗震。根据《抗规》进行选择。

(6) 按中震动（或大震）不屈服做结构设计

1）对于中震或大震的不屈服，主要有 5 条：①地震影响系数最大值α_{max}按中震（2.8 倍小震）或大震（4.5～6 倍小震）取值；②取消组合内力调整（取消强柱弱梁、强剪弱弯调整）；③荷载作用分项系数取 1.0（组合值系数不变）；④材料强度取标准值；⑤抗震承载力调整系数γ_{RE}取 1.0。

程序使用时，用户需进行以下两步操作：

① 按地震或大震输入α_{max}；

② 选择“按中震不屈服或大震不屈服做结构设计”选项。

2）中震或大震的弹性，主要有两条：①地震影响系数最大值α_{max}按中震（2.8 倍小震）或大震（4.5～6 倍小震）取值；②取消组合内力调整（取消强柱弱梁、强剪弱弯调整）。

程序使用时，用户需进行以下两步操作：

① 按地震或大震输入α_{max}；

② 构件抗震等级取为 4 级。

(7) 斜交抗侧力构件方向附加地震数

一般情况下，允许在建筑结构的两个主轴方向分别计算水平地震作用并进行抗震验算，各方向的水平地震作用应由该抗侧力构件承担。有斜交抗侧力构件的结构，当相交角度大于 15°时，应分别计算各抗侧力构件方向的水平地震作用（参见《抗规》第 5.1.1 条和《高规》第 4.3.2 条的规定）。

注意：

1. 程序内斜交抗侧力构件方向附加地震数取值范围是 0～5，初始值为 0。

2. 程序计算的斜交地震方向是成组出现的，例如，在“附加地震数”中输入“2”，在“相应角度”中输入“30，60”，程序自动增加 30°和 120°，60°和 150°两组工况计算水平地震作用。

3. 可以在此输入最大地震作用方向，避免模型旋转带来的不便。

4. 考虑多方向地震作用并没有改变风力的方向。

---

(8) 考虑偶然偏心

《高规》规定：“计算单向地震作用时，应考虑偶然偏心的影响，每层质心沿垂直于地震作用方向的偏移值可取与地震作用方向垂直的建筑物总长度的 5%。”偶然偏心指由偶然因素引起的结构质量分布变化，会导致结构固有振动特性的变化，因而结构在相同地震作用下的反应也将发生变化。

(9) 考虑双向地震作用

《高规》规定：“质量与刚度分布明显不对称、不均匀的结构，应计算双向水平地震作用下的扭转影响，其他情况应计算单向水平地震作用下的扭转影响。”选择双向地震作用组合，地震作用内力会放大较多。因此，当结构布置较为对称时，不选择此项。

注意：

1. 目前的SATWE允许同时选择“考虑偶然偏心”和“考虑双向地震”，两者取更不利情况，结果不叠加。

2. SATWE在进行底框计算时，不应选择地震参数中的“考虑偶然偏心”和“考虑双向地震”，否则计算会出错。

---

(10) 计算振型个数

计算振型个数与地震作用计算方法有关。当地震作用计算采用侧刚计算法时，选择不考虑耦连的振型数不大于结构的层数，选择考虑耦连的振型数不大于层数的3倍；当地震作用计算采用总刚计算时，此时结构应具有较多的弹性节点，所以振型数的选择可以不受上限的控制，一般取大于12的数。本框架实例共有5层，故取15个振型数进行计算。

补充说明：

1. 《抗规》第5.2.2条文说明规定：“振型个数一般可以取振型参与质量达到总质量90%所需的振型数。”

2. 《高规》第5.1.13条规定：“抗震计算时，宜考虑平扭耦联计算结构的扭转效应，振型数不应小于15，对多塔楼结构的振型数不应小于塔楼数的9倍，且计算振型数应使振型参与质量不小于总质量的90%。”

3. 关于振型参与系数可以参看3.5.10章节。

---

(11) 活荷质量折减系数

计算重力荷载代表值时的活荷载组合系数，取值范围为0.5～1.0，按《抗规》第5.1.3条规定取值。

补充说明：

1. 《抗规》第5.1.3条规定：“计算地震作用时，建筑的重力荷载代表值应取结构和构配件自重标准值和各可变荷载组合值之和”；“按等效均布荷载计算的楼面活荷载：藏书馆、档案库取0.8，其他民用建筑取0.5。”

2. 《高规》第4.3.6条规定：“楼面活荷载按实际情况计算时取1.0；按等效均布活荷载计算时，藏书库、档案馆、库房取0.8，一般民用建筑取0.5。”

---

(12) 周期折减系数

在框架结构及框-剪结构中，由于填充墙的存在使结构实际刚度大于计算刚度，实际周期小于计算周期，据此周期值算出的地震剪力将偏小，会使结构偏于不安全。周期折减系数目的为了充分考虑框架结构、框-剪结构中的填充墙刚度对计算周期的影响。《高规》第4.3.17条规定：“当非承重墙体为填充砖墙时，高层建筑结构的计算自振周期折减系数可按下列规定取值：框架结构可取0.6～0.7；框架-剪力墙结构可取0.7～0.8；剪力墙结构可取 0.9～1.0。对于其他结构体系或采用其他非承重墙体时，可根据工程情况确定周期折减系数。”

补充说明：

《高规》第 4.3.16 条规定：“计算各振型地震影响系数所采用的结构自振周期应考虑非承重墙体的刚度影响予以折减。”

注意：

1. 以上折减系数是按实心黏土砖做填充墙确定的，如采用轻质填充材料，折减系数应按实际情况不折减或少折减。

2. 周期折减不改变结构的自振特性，只改变地震影响系数。

---

(13) 结构的阻尼比

对于一些常规结构，程序给出了结构阻尼比的隐含值，用户可通过这项菜单改变程序的隐含值。《抗规》第 5.1.5 条及《高规》第 4.3.8 条规定：“混凝土结构一般取 0.05 (即 5%)，高层钢筋混凝土结构应取 0.05，混合结构可取 0.04。”《荷载规范》第 7.4.2～7.4.6 条中规定：“钢结构的阻尼比取 0.01，对有墙体材料填充的房屋钢结构的阻尼比取 0.02，对钢筋混凝土及砖石砌体结构取 0.05。”《抗规》第 8.2.2 条规定：“钢结构在多遇地震下的阻尼比，对不超过 12 层的钢结构可采用 0.035，对超过 12 层的钢结构可采用 0.02，在罕遇地震下的分析，阻尼比可采用 0.05。”对于采用消能减振器的结构，在计算时可填入消能减震结构的阻尼比（消能减震结构的阻尼比＝原结构的阻尼比＋消能部件附加有效阻尼比），而不必改变特定场地土的特性值 α_{max}，程序会根据用户输入的阻尼比对地震影响系数 α 进行自动修正。

(14) 特征周期

根据《抗规》第 3.2.3 条、第 5.1.4 条表 5.1.4-2 取值。

(15) 多遇地震影响系数最大值

根据《抗规》表 5.1.4-1 取值。

(16) 罕遇地震影响系数最大值

隐含取规范规定值，它随地震烈度而变化。根据《抗规》表 5.1.4-1 取值，该值仅影响薄弱层的变形计算结果。

注意：

如果工程设计的地震加速度值不是规范中规定的值，通常在地震报告中都会提供多遇地震最大影响系数 α_{max} 值，输入该值即可。

---

(17) 查看和调整地震影响系数曲线

点击该选项，在弹出的如图 3-7 所示的对话框中可查看按规范公式得到的地震影响系数曲线，并可在此基础上根据需要进行修改，形成自定义的地震影响系数曲线。

4. 活荷信息

“活载信息”对话框中包含活载计算时需要用到的参数，如图 3-8 所示。

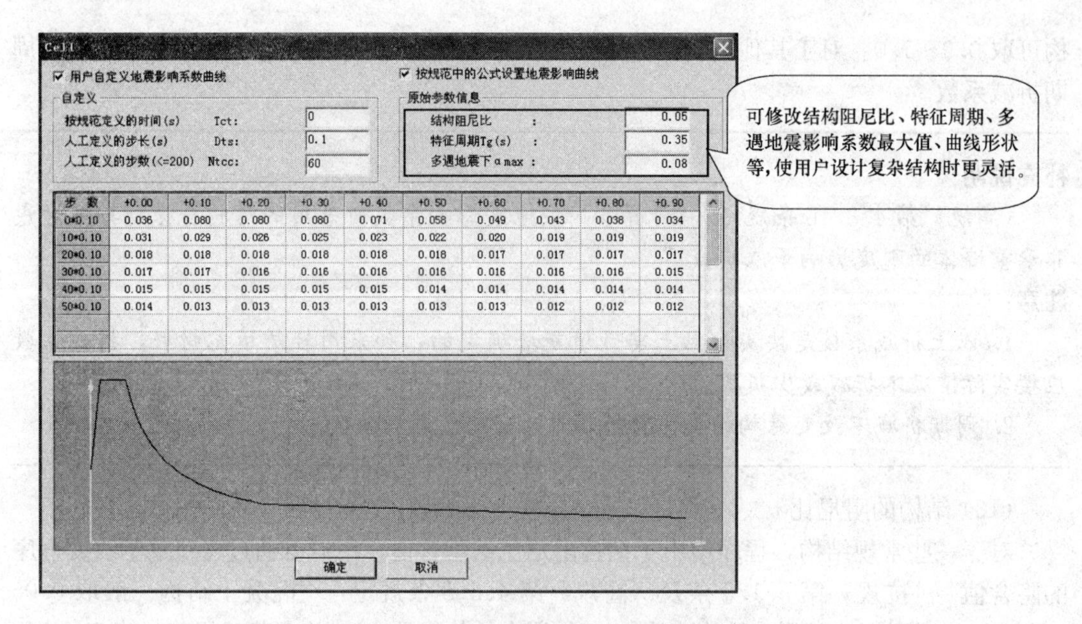

图 3-7 查看和调整地震影响系数曲线

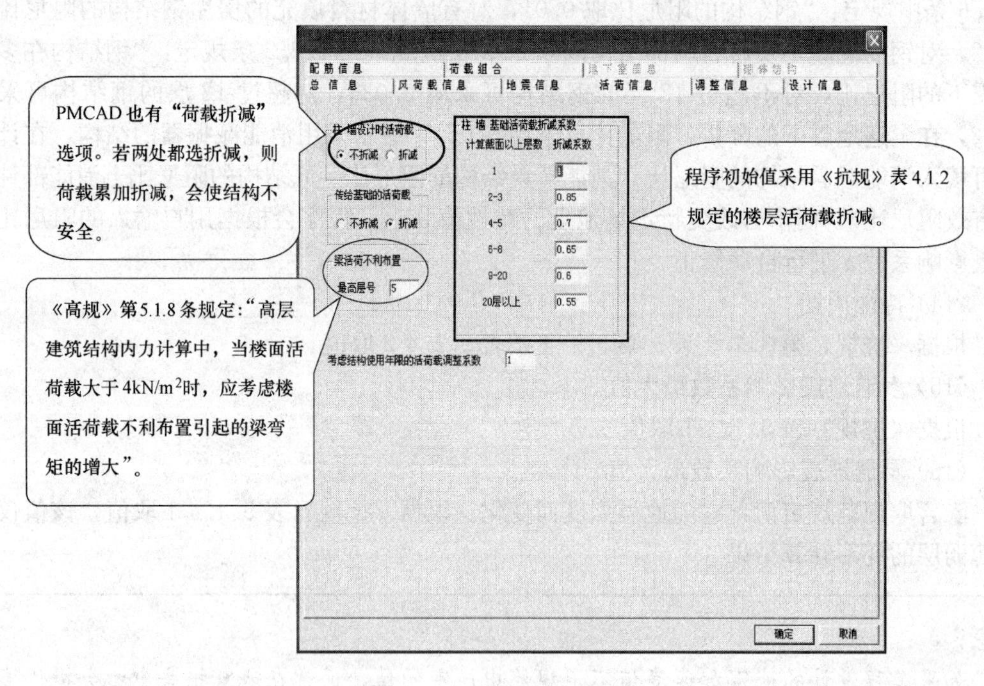

图 3-8 活荷信息对话框

(1) 柱、墙设计时活荷载

对于民用的多高层建筑，应考虑折减，程序默认规范的折减系数。选择该项后，程序根据《荷载规范》第 4.1.2 条对全楼活载进行折减。

(2) 传给基础的活荷载

对于民用的多高层建筑结构，设计基础时，应对承受的活荷载进行折减。按照《荷载规范》第 4.1.2 条规定采取相应的折减系数。规范中活载折减仅适用于民用建筑，对工业建筑则不应折减。

(3) 梁活荷不利布置的最高层号

此参数若取0，表示不考虑梁活荷不利布置作用；若取大于0的数NL，就表示从1～NL各层均考虑梁活荷的不利布置，而（NL+1）层以上则不考虑；若NL等于结构的总层，则表示对全楼均考虑活荷的不利布置作用。

考虑活荷不利布置后，程序仅对梁作活荷载不利布置作用计算，对柱、墙等竖向构件并未考虑活荷载不利布置作用，而只考虑了活荷载一次性满布作用。

(4) 柱、墙、基础活荷载折减系数

按《荷载规范》中的表4.1.2填写柱、墙、基础活荷载折减系数。此处的折减系数仅当"折减柱墙设计活荷"或"折减传给基础的活荷"勾选后才生效。目前版本程序对带裙房高层的所有楼层取统一折减系数，即裙房部分活载折减系数过大，会造成安全隐患。建议按不折减再算一次，取两次计算结果进行包络设计。

补充说明：

1. 作用在楼面上的活荷载，不可能以标准值同时布满在所有的楼层上，根据《荷载规范》规定，在柱、墙、基础设计时，可对活荷载进行折减。

2. 结构计算完成后，在计算书WDCNL.OUT中输出组合内力，这是按《建筑地基基础设计规范》GB 50007—2011（以下简称为《基础规范》）要求给出的各竖向构件的各种控制组合，活荷载作为一种工况，在荷载组合计算时可以进行折减。

注意：

1. 此处为按楼层对墙柱的活荷载折减，而PMCAD建模时，设置了按从属面积对楼面梁的活荷载折减系数，应注意两者的不同。通常可以选择在一处对活荷载折减。若两处都选折减，则荷载累加折减，会使结构不安全。

2. 注意此处输入的是构件计算截面以上的楼层数，不是构件所在楼层数。

3. 传给基础的活荷载折减系数仅用于SATWE内力输出，并没有传给JCCAD基础程序，因此楼层的活荷载折减系数还需在JCCAD中另行输入。

4. 程序折减柱墙活荷载时，对斜撑不进行折减。

---

5. 调整信息

"调整信息"对话框如图3-9所示。

(1) 梁端负弯矩调幅系数

在竖向荷载作用下，当考虑框架梁及连梁端塑性变形内力重分布时，可对梁端负弯矩进行调幅，并相应增加其跨中正弯矩；根据《高规》第5.2.3条，此项调整只针对竖向荷载，对地震作用和风荷载不起作用。

梁端负弯矩调幅系数取值：装配整体式框架取0.7～0.8，现浇框架取0.8～0.9，悬臂梁的负弯矩不应调幅，建议一般取默认值0.85。

注意：

1. 梁截面设计时，为保证框架梁跨中截面底部钢筋不至于过少，其正弯矩设计值不应小于竖向荷载作用下按简支梁计算的跨中弯矩的一半。

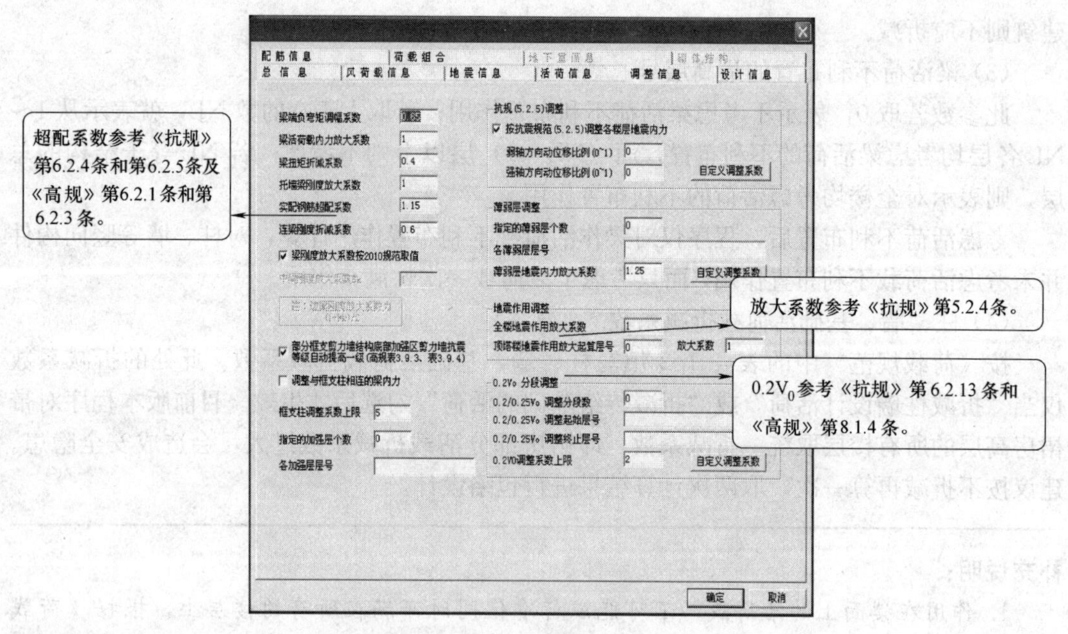

图 3-9 调整信息对话框

2. 程序默认钢梁为不调幅梁，如需要对钢梁调幅，可以在特殊构件设置时定义。

3. 通常实际工程中悬挑梁的梁端负弯矩不调幅。

---

(2) 梁活荷载内力放大系数

只对梁在满布活载下的内力（包括弯矩、剪力、轴力）进行放大，然后与其他荷载工况进行组合，而不再在组合后的弯矩包络图上进行放大。

一般工程建议取 1.1～1.2，如果已经考虑了“梁活载不利布置”后，则应取 1。

(3) 梁扭矩折减系数

对于现浇楼板结构，当采用刚性楼板假定时，可以考虑楼板对梁的抗扭作用而对梁扭矩进行折减。折减系数可在 0.4～1.0 范围内取值，建议一般取默认值 0.4，详见《高规》第 5.2.4 条。但结构转换层的边框架梁扭矩折减系数不宜小于 0.6。若考虑楼板的弹性变形，梁的扭矩应不折减或少折减。

注意：

1. 若不是现浇楼板，或楼板开洞，或设定了弹性楼板，或有弧梁等情况，梁扭矩应不折减或少折减。

2. 程序没有自动搜索判断梁周围楼盖情况的功能，所以“梁扭矩折减系数”是针对楼层所有梁而言。若有个别特殊梁扭矩需要折减或折减系数的大小需要调整，设计人员可根据工程实际情况，在“特殊构件补充定义”的选项“特殊梁”中点击“扭矩折减”进行修改。

---

(4) 剪力墙加强区起算层

如图 3-10 所示，程序总是默认地下室作为剪力墙底部加强区（即起算层号为 1），可

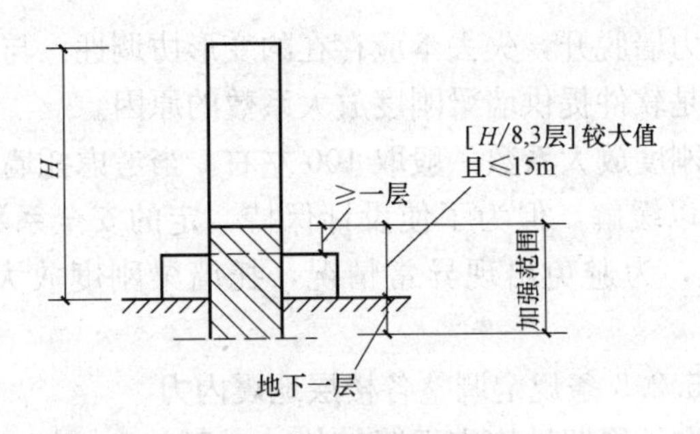

图 3-10　剪力墙加强区

人工指定该参数而使部分地下室为非加强部位。可以定义为大于结构总层数，则结构分析时程序将不设加强区。

补充说明：

《抗规》第 6.1.10 条规定：抗震墙（筒体）墙肢的底部加强部位可取地下室顶板以上 $H/8$，加强范围应向下延伸到地下一层。故有地下室时，通常取地下室最高楼层号，即剪力墙加强区从主塔所在范围的地下室高一层起算。（图 3-10 为《抗规》图 6.1.10 抗震底部加强部位）

---

(5) 连梁刚度折减系数

多、高层结构设计中允许连梁开裂，开裂后连梁刚度会有所降低，程序通过该参数来反映开裂后的连梁刚度，详见《抗规》第 6.2.13 条及《高规》第 5.2.1 条。

连梁的刚度折减是对抗震设计而言的，对非抗震设计的结构，不宜进行折减。一般与设防烈度有关，设防烈度高时可折减多些，设防烈度低时可折减少些，但一般不小于 0.5，一般工程取 0.7，位移由风荷载控制时取值大于等于 0.8。

在保证竖向荷载承载力和正常使用极限状态性能的条件下，连梁刚度可以折减，即允许大震下连梁开裂，连梁的损坏可以保护剪力墙，有利于提高结构的延性和实现多道抗震设防。

(6) 中梁刚度放大系数

中梁刚度放大的主要目的是考虑在刚性楼板假定下楼板刚度对结构的贡献。根据《高规》第 5.2.2 条："现浇楼面中梁的刚度可考虑翼缘的作用予以增大，现浇楼板取值 1.3～2.0。"《高规》第 10.2.7 条规定："框支柱剪力调整后，应相应调整框支柱的弯矩及柱端梁（不包括转换梁）的剪力、弯矩，框支柱轴力可不调整。"由于框支柱的内力调整幅度较大，若相应调整框架梁的内力，则有可能使框架梁无法设计。

(7) 托墙梁刚度放大系数

建议一般取默认值 100。对于实际工程中"转换大梁上面托剪力墙"的情况，当采用梁单元模拟转换大梁，用壳单元模式的墙单元模拟剪力墙时，墙与梁之间的实际协调工作关系在计算模型中不能得到充分体现。

实际的结构受力情况是剪力墙的下边缘与转换大梁的上表面变形协调。计算模型的情况是剪力墙的下边缘与转换大梁的中性轴变形协调。于是计算模型中的转换大梁的上表面在荷载作用下将会与剪力墙脱开，失去本应存在的变形协调性。与实际情况相比，计算模型的刚度偏柔了。这就是软件提供墙梁刚度放大系数的原因。

根据经验，托墙梁刚度放大系数一般取100左右。当考虑托墙梁刚度放大时，转换层附近构件的超筋情况可以缓解，但为了使设计保持一定的安全系数，也可以少放大。总之，由于调整系数较大，为避免出现异常情况，托墙梁刚度放大系数由设计人员酌情输入。

(8) 按《抗规》第5.2.5条规定调整各楼层地震内力

由于地震影响系数在长周期结构中下降较快，对于基本周期大于3.5s的结构，计算出来的水平地震作用效应可能太小。而对于长周期结构，地震动态作用中的地面运动速度和位移可能对结构具有更大的破坏影响，而振型分解法无法对此做出估计。出于结构安全的考虑，提出对各楼层水平地震剪力最小值做相应调整的要求。

程序给出一个控制开关，由设计人员决定是否由程序自动进行调整。若选择由程序自动进行调整，则程序对结构的每一层分别判断，若某一层的剪重比小于规范要求，则相应放大该层的地震作用效应。

用于调整剪重比，一般选此项。抗震验算时，结构任一楼层的水平地震的剪重比不应小于《抗规》第5.2.5条给出的最小地震剪力系数λ。当选择此项时，程序仅对±0.00以上调整，不考虑地下室部分（本项调整只对剪重比和内力有影响，而对周期和位移没有影响）。

注意：

合理的结构设计应该自然满足楼层最小地震剪力系数值的要求，如果不满足规范要求，建议：

1. 先不选择该项考查剪重比，如离规范要求相差较大，应首先优化设计方案，调整结构布置，增加结构刚度，绝不能仅靠调整剪重比完成设计。

2. 当设计方案合理，剪重比基本满足规范要求或相差不大时，再选择该项由程序自动调整地震力，以便完全满足规范对剪重比的要求。

---

(9) 实配钢筋超配系数

对于9度设防烈度的各类框架和一级抗震等级的框架结构，框架梁和连梁端部剪力、框架柱端弯矩、剪力调整应按实配钢筋和材料强度标准值来计算。根据《抗规》第6.2.2条、第6.2.4条、第6.2.5条及《高规》第6.2.1条、第6.2.3条，一、二、三级抗震等级结构的实配钢筋超配系数分别取1.4、1.2、1.1，程序默认值是1.15。另外，9度及一级框架结构仅调整梁柱钢筋的超配系数是不全面的，应根据规范要求采用其他有效的抗震措施。

(10) 指定的薄弱层个数、各薄弱层层号

《抗规》第3.4.4条规定："平面规则而竖向不规则的建筑结构，应采用空间结构计算模型，其薄弱层的地震剪力应乘以1.25～2.0的增大系数。"

《高规》第3.5.8条规定："侧向刚度变化、承载力变化、竖向抗侧力构件连续性不符合本规程第3.5.2条、第3.5.3条、第3.5.4条要求的楼层，其对应于地震作用标准值的剪力应乘以1.25的增大系数。"

为满足规定，可以在此人为指定，程序对这些楼层的地震力将无条件放大 1.25 倍。要求指定各薄弱层的层号，输入时以逗号或空格隔开。

注意：

对规范提出的三种薄弱层情况，程序处理方法有所不同。

1. 对于刚度比突变形成的薄弱层，程序自动计算刚度比，自动判断薄弱层，自动调整薄弱层的地震力。楼层刚度比信息可查看 SATWE 中“分析结果图形和文本显示”的“WMASS. OUT”文件，如图 3-11 所示，薄弱层地震剪力放大系数程序默认值为 1.00，当出现薄弱层时，该系数会自动放大。

2. 对于承载力突变的薄弱层，程序自动计算承载力，需要人工判定薄弱层，人工指定薄弱层。楼层承载力信息可查看 SATWE 中“分析结果图形和文本显示”的“WMASS. OUT”文件，如图 3-12 所示，用户需要根据承载力情况判断薄弱层。

3. 对于有转换构件形成的薄弱层，程序不能自动搜索转换构件，需要人工指定薄弱层。

4. 对于 12 层以下框架结构的简化薄弱层验算，程序可以自动进行，验算结果在计算书中输出。

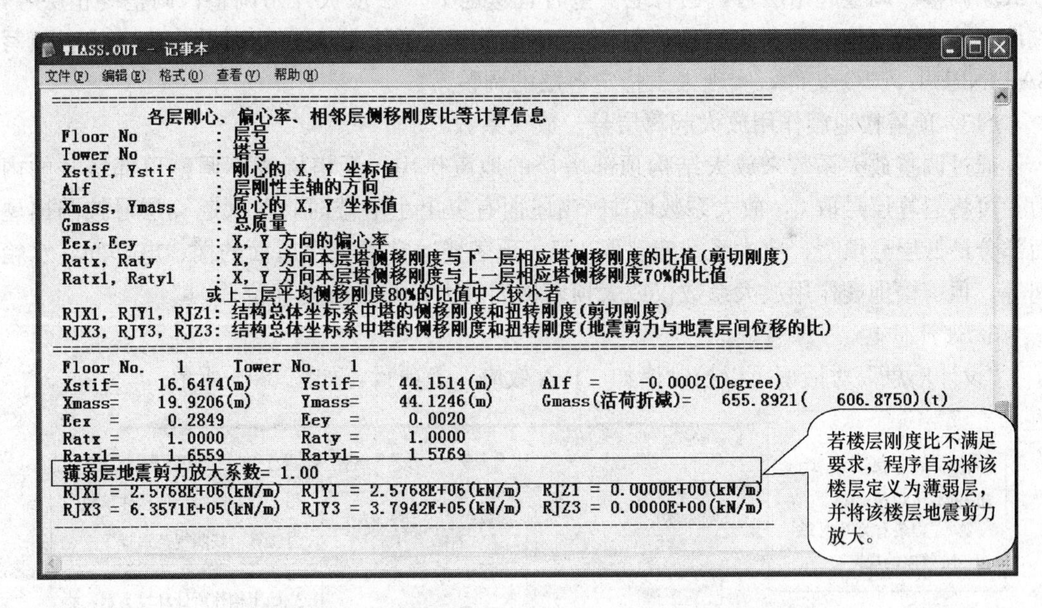

WMASS.OUT - 记事本

文件(F) 编辑(E) 格式(O) 查看(V) 帮助(H)

```
==========================================================================
            各层刚心、偏心率、相邻层侧移刚度比等计算信息
 Floor No           : 层号
 Tower No           : 塔号
 Xstif, Ystif       : 刚心的 X, Y 坐标值
 Alf                : 层刚性主轴的方向
 Xmass, Ymass       : 质心的 X, Y 坐标值
 Gmass              : 总质量
 Eex, Eey           : X, Y 方向的偏心率
 Ratx, Raty         : X, Y 方向本层塔侧移刚度与下一层相应塔侧移刚度的比值(剪切刚度)
 Ratx1, Raty1       : X, Y 方向本层塔侧移刚度与上一层相应塔侧移刚度70%的比值
                或上三层平均侧移刚度80%的比值中之较小者
 RJX1, RJY1, RJZ1: 结构总体坐标系中塔的侧移刚度和扭转刚度(剪切刚度)
 RJX3, RJY3, RJZ3: 结构总体坐标系中塔的侧移刚度和扭转刚度(地震剪力与地震层间位移的比)
==========================================================================
 Floor No.    1     Tower No.    1
 Xstif=     16.6474(m)     Ystif=      44.1514(m)     Alf  =      -0.0002(Degree)
 Xmass=     19.9206(m)     Ymass=      44.1246(m)     Gmass(活荷折减)=    655.8921(    606.8750)(t)
 Eex  =      0.2849        Eey  =       0.0020
 Ratx =      1.0000        Raty =       1.0000
 Ratx1=      1.6559        Raty1=       1.5769
 薄弱层地震剪力放大系数= 1.00
 RJX1 = 2.5768E+06(kN/m)   RJY1 = 2.5768E+06(kN/m)   RJZ1 = 0.0000E+00(kN/m)
 RJX3 = 6.3571E+05(kN/m)   RJY3 = 3.7942E+05(kN/m)   RJZ3 = 0.0000E+00(kN/m)
--------------------------------------------------------------------------
```


图 3-11 “WMASS. OUT”文件（楼层刚度比信息）

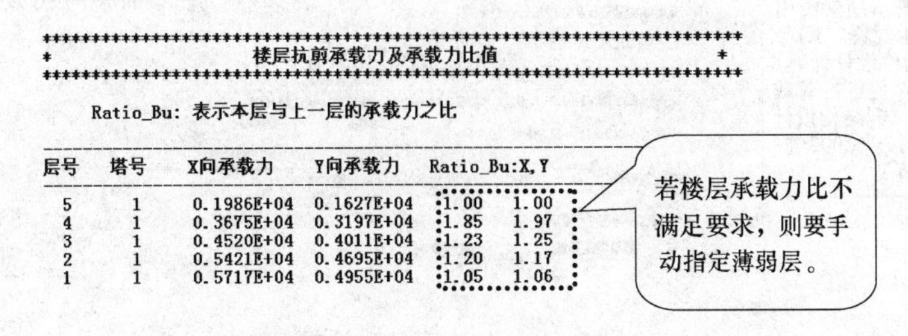

```
*****************************************************************
*                   楼层抗剪承载力及承载力比值                    *
*****************************************************************

    Ratio_Bu: 表示本层与上一层的承载力之比

-----------------------------------------------------------------
 层号   塔号    X向承载力     Y向承载力    Ratio_Bu:X,Y
-----------------------------------------------------------------
   5     1    0.1986E+04   0.1627E+04    1.00    1.00
   4     1    0.3675E+04   0.3197E+04    1.85    1.97
   3     1    0.4520E+04   0.4011E+04    1.23    1.25
   2     1    0.5421E+04   0.4695E+04    1.20    1.17
   1     1    0.5717E+04   0.4955E+04    1.05    1.06
```


图 3-12 “WMASS. OUT”文件（楼层承载力信息）

(11) 全楼地震作用放大系数

一般采用默认值 1.0，这是地震作用调整系数。为提高某些重要工程的结构抗震安全度，可通过此参数来放大地震作用，取值范围是 1.0～1.5。

注意：

此项调整对位移、剪重比、内力计算等有影响，对周期计算没有影响。

---

(12) $0.2V_0$ 调整起始层号及终止层号

对于框架-剪力墙结构，由于剪力墙刚度远大于框架部分，剪力墙承担了大部分地震作用，框架按其刚度分担的地震作用很小，如按此进行框架设计，则在剪力墙开裂后会很不安全。因此，规范规定框架部分至少应当承担一定的地震剪力，以实现多道设防，增加结构安全度的目的。程序根据设计人员指定的调整范围和调整系数，自动对框架部分的梁、柱剪力进行调整，以满足规范 $0.2V_0$ 的要求。

$0.2V_0$ 调整只针对框架-剪力墙结构和框架-核心筒中的框架梁、柱的弯矩和剪力，不调整轴力。若不调整（纯框架结构），这两个参数均填 0。非抗震设计时，不需要进行 $0.2Q_0$ 调整。调整起始层号，当有地下室时宜从地下一层顶板开始调整；调整终止层号，应设在剪力墙到达的层号；当有塔楼时，宜算到不包括塔楼在内的顶层为止，或者填写 SATINPUT.02Q 文件，实现人工指定各层的调整系数。

(13) 顶塔楼地震作用放大起算层号、放大系数

通过调整放大系数来放大结构顶部塔楼的地震作用。无塔楼或不调整顶部塔楼的内力，可将起算层号取 0，放大系数取 1。当屋面有突出小塔楼时，放大起算层号按凸出屋面部分最低层号填写，放大系数建议取 1.5。顶塔楼通常指突出屋面的楼、电梯间、水箱间等。顶塔楼地震作用放大系数仅放大顶塔楼的内力，并不改变其位移。

6. 设计信息

“设计信息”对话框可以控制诸如“P-Δ 效应”等项目，如图 3-13 所示。

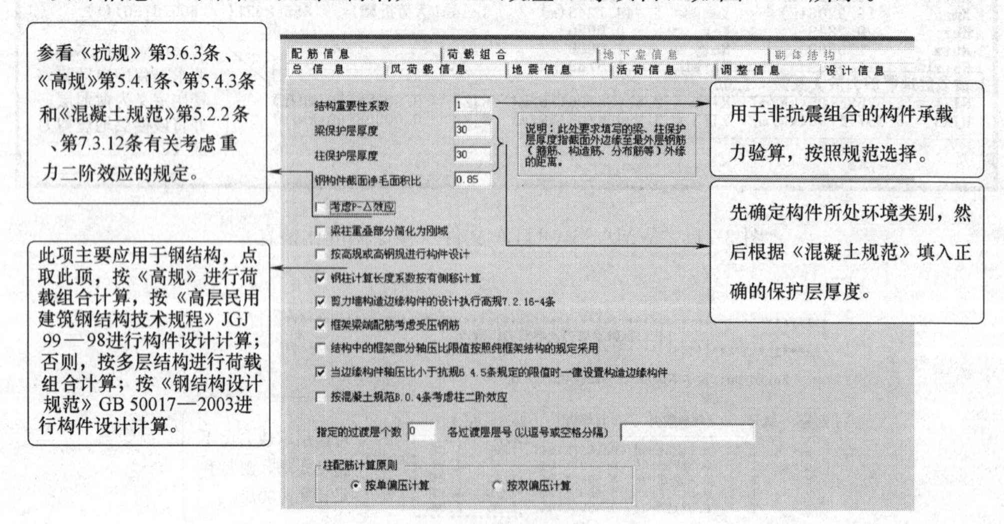

图 3-13　设计信息对话框

(1) 梁柱重叠部分简化为刚域

点取此项，梁柱重叠部分作为刚域进行计算，否则梁柱重叠部分作为梁长度的一部分进行计算。建议一般情况不选择此项，而对异形柱框架结构，宜选择此项。

补充说明：

1. 作为刚域：程序将梁柱重叠部分作为刚域计算，梁刚度大，自重小，梁端负弯矩小。

2. 不作为刚域：程序将梁柱交叠部分作为梁的一部分计算，梁刚度小，自重大，梁端负弯矩大。

---

(2) 钢柱计算长度系数按有侧移计算

根据《钢结构设计规范》GB 50017—2003（以下简称为《钢规》）第 5.3.3 条，对于无支撑纯框架，选择此项；对于有支撑框架，应根据是“强支撑”还是“弱支撑”来选择(即有支撑框架是否无侧移应事先通过计算判断)。通常钢结构宜选择此项，如不考虑地震作用、风荷载时，可以不选择。钢柱有无侧移，也可近似按以下原则考虑：

① 当楼层最大柱间位移小于 1/1000 时，可以按无侧移设计。

② 当楼层最大柱间位移大于 1/1000 但小于 1/300 时，柱长度系数可以按 1.0 设计。

③ 当楼层最大柱间位移大于 1/300 时，应按有侧移设计。混凝土柱的计算长度系数按《混凝土规范》第 7.3.11-3 条执行。

(3) 钢构件截面净毛面积比

钢构件截面净面积与毛面积的面积比是用来描述钢截面开洞（如螺栓孔等）后的削弱情况。该值仅影响强度计算，不影响应力计算。建议当构件连接全为焊接时取 1.0，为螺栓连接时取 0.85。

(4) 柱配筋计算原则

按单偏压计算：程序按单向偏心受力构件计算配筋，在计算 X 方向的配筋时不考虑 Y 向钢筋的作用，计算结果具有唯一性。

按双偏压计算：程序按双向偏心受力构件计算配筋，在计算 X 方向的配筋时要考虑 Y 向钢筋叠加，框架柱作为竖向构件配筋计算时会多达几十种组合，而每一种组合都会产生不同的 X 向和 Y 向配筋，计算结果不具有唯一性，即双偏压计算是多解的，有可能配筋较大。

建议：

1. 采用单偏压计算，采用双偏压验算。

2. 双偏压计算，调整个别配筋偏大的柱。

3. 考虑双向地震时，采用单偏压计算。

补充说明：

《高规》第 6.2.4 条规定：“抗震设计时，框架角柱应按双向偏心受力构件进行正截面承载力设计。”

---

7. 配筋信息

配筋相关信息在“配筋信息”对话框里，如图 3-14 所示。

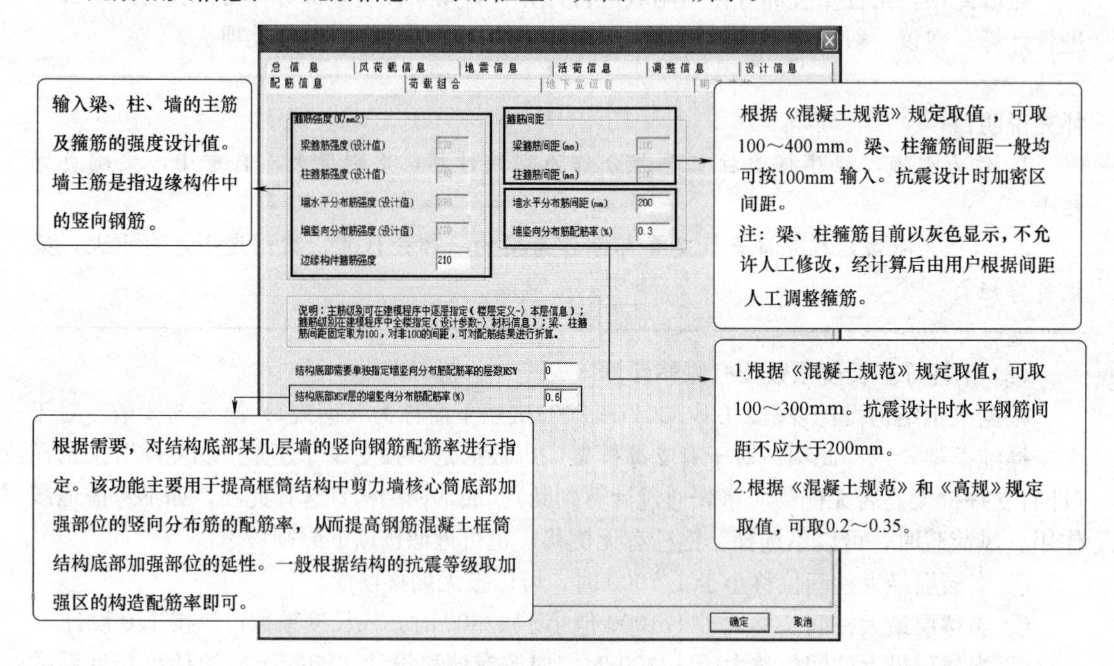

总信息
风荷载信息
地震信息
活荷信息
调整信息
设计信息
配筋信息
荷载组合
地下室信息
输入梁、柱、墙的主筋及箍筋的强度设计值。墙主筋是指边缘构件中的竖向钢筋。
箍筋强度 (N/mm2)
梁箍筋强度(设计值)
柱箍筋强度(设计值)
墙水平分布筋强度(设计值)
墙竖向分布筋强度(设计值)
边缘构件箍筋强度
210
箍筋间距
梁箍筋间距(mm)
柱箍筋间距(mm)
墙水平分布筋间距(mm)
200
墙竖向分布筋配筋率(%)
0.3
根据《混凝土规范》规定取值，可取100～400mm。梁、柱箍筋间距一般均可按100mm输入。抗震设计时加密区间距。
注：梁、柱箍筋目前以灰色显示，不允许人工修改，经计算后由用户根据间距人工调整箍筋。
说明：主筋级别可在建模程序中逐层指定（楼层定义-〉本层信息）；箍筋级别在建模程序中全楼指定（设计参数-〉材料信息）；梁、柱箍筋间距固定取为100，对非100的间距，可对配筋结果进行折算。
结构底部需要单独指定墙竖向分布配筋率的层数NSW
0
结构底部NSW层的墙竖向分布筋配筋率(%)
0.6
1.根据《混凝土规范》规定取值，可取100～300mm。抗震设计时水平钢筋间距不应大于200mm。
2.根据《混凝土规范》和《高规》规定取值，可取0.2～0.35。
根据需要，对结构底部某几层墙的竖向钢筋配筋率进行指定。该功能主要用于提高框筒结构中剪力墙核心筒底部加强部位的竖向分布筋的配筋率，从而提高钢筋混凝土框筒结构底部加强部位的延性。一般根据结构的抗震等级取加强区的构造配筋率即可。
确定
取消

图 3-14 配筋信息对话框

8. 荷载组合

“荷载组合”对话框可以控制有关荷载组合的相参数，如图 3-15 所示。

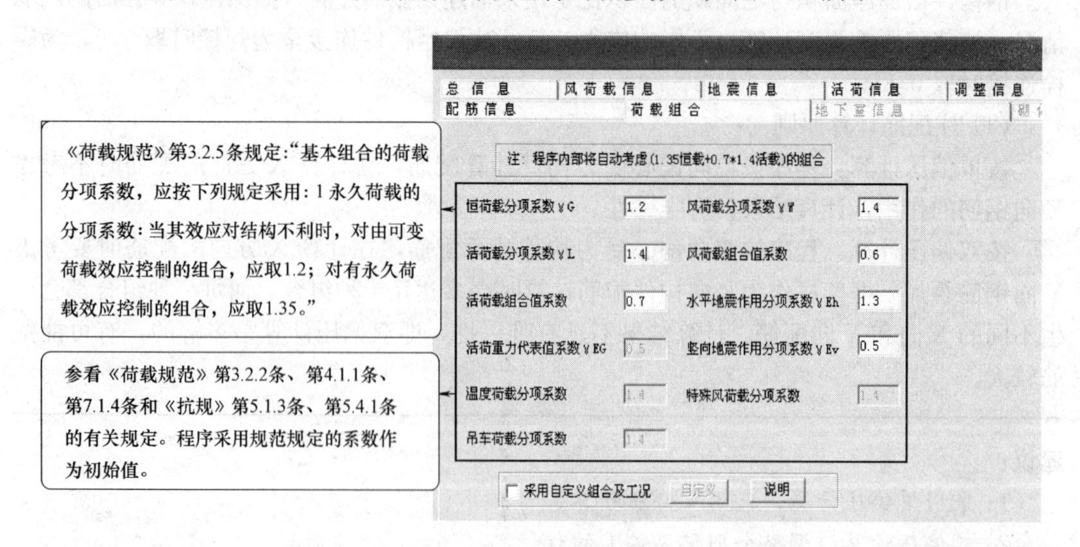

图 3-15 荷载组合对话框（图中隐含数字为规范值）

一般来说，由于程序会根据规范要求进行内力组合，因此该窗口中的按规范默认的系数是不需修改的。只在有特殊需要、一定要修改其组合系数的情况下，根据实际情况对相应的组合系数进行修改。

点击采用自定义组合及工况右侧的“说明”，弹出如图 3-16 所示的自定义组合说明，

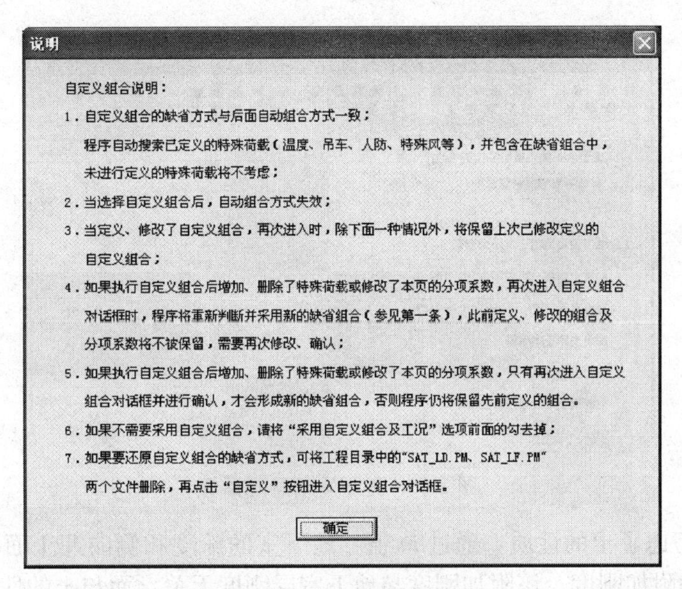

图 3-16　自定义组合说明

对自定义组合进行详细的讲解。

点取“采用自定义组合及工况”菜单，程序弹出如图 3-17 所示的对话框，可自定义荷载组合。首次进入该对话框，程序显示默认组合，可直接对组合系数进行修改，或者通过下方的按钮增加、删除荷载组合。

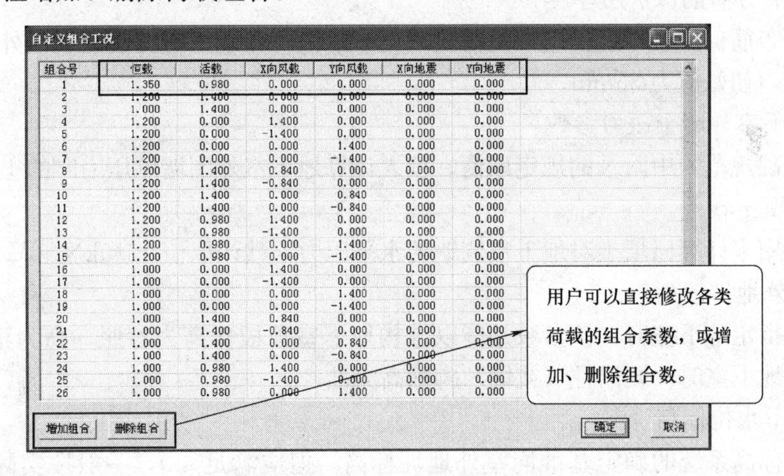
自定义组合工况

组合号	恒载	活载	X向风载	Y向风载	X向地震	Y向地震
1	1.350	0.980	0.000	0.000	0.000	0.000
2	1.200	1.400	0.000	0.000	0.000	0.000
3	1.000	1.400	0.000	0.000	0.000	0.000
4	1.200	0.000	1.400	0.000	0.000	0.000
5	1.200	0.000	-1.400	0.000	0.000	0.000
6	1.200	0.000	0.000	1.400	0.000	0.000
7	1.200	0.000	0.000	-1.400	0.000	0.000
8	1.200	1.400	0.840	0.000	0.000	0.000
9	1.200	1.400	-0.840	0.000	0.000	0.000
10	1.200	1.400	0.000	0.840	0.000	0.000
11	1.200	1.400	0.000	-0.840	0.000	0.000
12	1.200	0.980	1.400	0.000	0.000	0.000
13	1.200	0.980	-1.400	0.000	0.000	0.000
14	1.200	0.980	0.000	1.400	0.000	0.000
15	1.200	0.980	0.000	-1.400	0.000	0.000
16	1.000	0.000	1.400	0.000	0.000	0.000
17	1.000	0.000	-1.400	0.000	0.000	0.000
18	1.000	0.000	0.000	1.400	0.000	0.000
19	1.000	0.000	0.000	-1.400	0.000	0.000
20	1.000	1.400	0.840	0.000	0.000	0.000
21	1.000	1.400	-0.840	0.000	0.000	0.000
22	1.000	1.400	0.000	0.840	0.000	0.000
23	1.000	1.400	0.000	-0.840	0.000	0.000
24	1.000	0.980	1.400	0.000	0.000	0.000
25	1.000	0.980	-1.400	0.000	0.000	0.000
26	1.000	0.980	0.000	1.400	0.000	0.000

图 3-17　自定义组合工况对话框

9. 地下室信息

本页是有关地下室的信息，如图 3-18 所示。只有在<总信息>页中输入了地下室层数，此页才能打开。

(1) 土层水平抗力系数的比例系数 m

程序默认值为 3，其计算方法即是土力学中水平力计算常用的 m 法，该参数可以参照《建筑桩基技术规范》JGJ 94—2008（以下简称为《桩基规范》）的表 5.7.5 的灌注桩项来取值。m 的取值范围一般在 2.5～100 之间，在少数情况的中密、密实的沙砾、碎石类土取值可达 100～300。

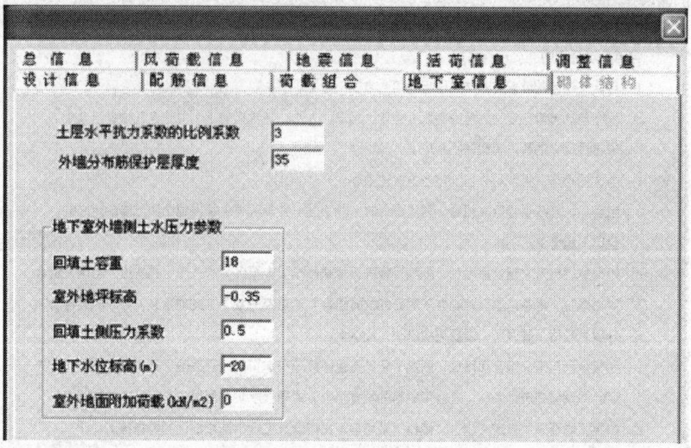

图 3-18　地下室信息对话框

由于 m 值考虑了土的性质，通过 m 值、地下室的深度和侧向迎土面积，可以得到地下室侧向约束的附加刚度。该附加刚度与地下室层刚度无关，而与土的性质有关，所以侧向约束更合理，也便于用户填写掌握。

利用 m 值求出的地下室侧向刚度约束呈三角形分布，在地下室顶层处为 0，并随深度增加而增加。（程序将把三角形的刚度仍然按照分布比例分配在楼层的上下节点上，在地下室顶层处仍作用有侧向刚度约束，不过比旧的方法小多了）

（2）外墙分布筋保护层厚度

外墙分布筋保护层厚度根据《混凝土规范》取值，在地下室外围墙平面外配筋计算时用到此参数，初始值为 35mm。

（3）地下室外墙土压力参数

按《基础规范》中附录的规定取值，填入计算地下室外围墙侧压力时的土压力系数。

（4）回填土容重

该参数用来计算回填土对地下室侧壁的水平压力，默认取值 18.0kN/m³。

（5）室外地坪标高

当用户指定地下室时，该参数是指以结构地下室顶板标高为参照，高为正、低为负。当没有指定地下室时，则以柱（或墙）脚标高为准。

（6）地下水位标高（m）

该参数标高系统的确定基准同室外地坪标高，但应满足≤0，一般按实际情况填写。若勘察未提供防水设计水位和抗浮设计水位时，宜从填土完成面（设计室外地坪）满水位计算。

（7）室外地面附加荷载（kN/m²）

该参数用来计算地面附加荷载对地下室外墙的水平压力。

10. *砌体结构*

“砌体结构”对话框如图 3-19 所示。

1）砌块类别

砌块类别提供烧结砖、蒸压砖、混凝土砌块 3 个选项。

2）砌块墙体容重

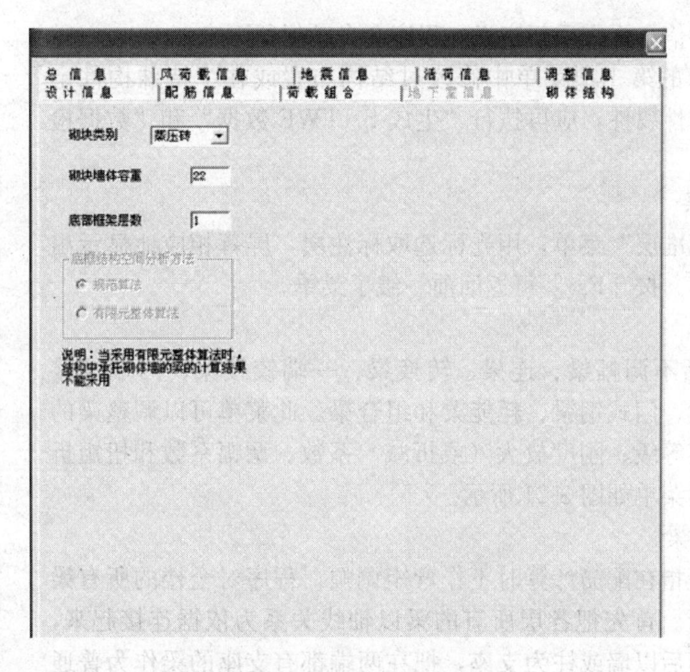

图 3-19　砌体结构对话框

用于确定砌块墙自重的参数。其默认值为 22，是 240 厚实心砖墙的折算容重（含双面粉刷重）；对于其他砌块种类，应手工换算后填写。

3）底部框架层数

对于底框上砖房（或砌块结构），填入底框层数，即大于 0 的参数。

4）底框结构空间分析方法

当选择规范算法，只形成底框部分的几何信息和荷载信息，自动滤掉上部砖房部分信息，并进行底框部分的内力和配筋分析。

当选择有限元整体算法，将上部砖房和底框作为一个整体来处理，采用空间组合结构有限元方法进行分析。

3.2.2　特殊构件定义

特殊构件主菜单如图 3-20 所示。这是一项补充输入菜单，可在此菜单里补充定义角柱、铰接柱、不调幅梁、连梁、铰接梁和弹性楼板单元等信息。对于一个工程，经 PMCAD 的第 1 项菜单后，若需补充定义角柱、铰接柱、不调幅梁、连梁或铰接梁等，可执行本项菜单，否则，可跳过这项菜单。

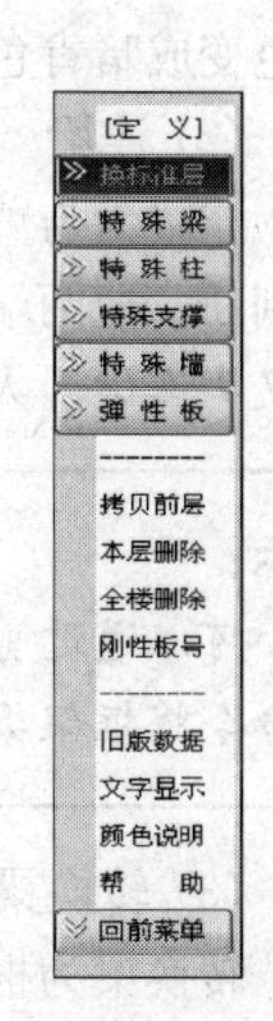

图 3-20　特殊构件菜单

一旦执行过本项菜单，补充输入的信息将被存放在硬盘当前目录名为 SAT_ADD. PM 的文件中，以后再启动 SATWE 前处理文件时，程序自动读入 SAT_ADD. PM 文件中的有关信息。若想取消已经对一个工程做出的补充定义，可简单地将 SAT_ADD. PM 文件删掉。SAT_ADD. PM 文件中的信息与 PMCAD 的第 1 项菜单密切相关，若经 PMCAD 的第 1 项菜单对一个工程的某一标准层的柱、梁布置做过增减修改，则应相应地修改该标准层的补充定义信息，而其他标准层的特殊构件信息无需重新定义，程序会自动保留下来。

在PMCAD的第1项菜单中修改过结构布置或在“特殊构件定义”中修改过构件属性，应再执行“生成SATWE数据”和“数据检查”菜单。

1. 换标准层

点击“换标准层”菜单，用光标选取标注层，屏幕相应地显示出该标准层的内容。按［Esc］可返回前一级子菜单。

2. 特殊梁

特殊梁包括不调幅梁、连梁、转换梁、一端铰接梁、两端铰接梁、滑动支座梁、门式钢梁、耗能梁和组合梁。此菜单可以调整梁的材料强度、抗震等级、刚度放大（或折减）系数、调幅系数和扭矩折减系数。特殊梁菜单如图3-21所示。

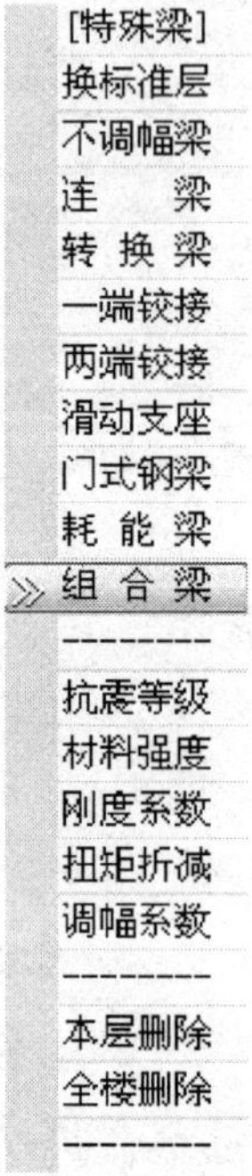

[特殊梁]
换标准层
不调幅梁
连　　梁
转 换 梁
一端铰接
两端铰接
滑动支座
门式钢梁
耗 能 梁
组 合 梁

抗震等级
材料强度
刚度系数
扭矩折减
调幅系数

本层删除
全楼删除

图3-21　特殊梁菜单

(1) 不调幅梁

不调幅梁是指在配筋计算时不作弯矩调幅，程序对全楼的所有梁都自动进行判断。首先把各层所有的梁以轴线关系为依据连接起来，形成连续梁；然后以墙或柱为支座，把在两端都有支座的梁作为普通梁。在配筋计算时，对其支座弯矩及跨中弯矩进行调幅计算，把两端没有支座或仅有一端有支座的梁（包括次梁、悬臂梁等）默认定义为不调幅梁。

人为定义修改为不调幅梁时，用光标在该梁上点一下，若梁的颜色变为亮青色，则已被定义为不调幅梁。反之，把不调幅梁定义为普通梁，也是用光标在该梁上点一下，梁的颜色变成暗青色，则已被改为普通梁。

(2) 连梁

连梁为与剪力墙相连，允许开裂，可作刚度折减的梁。程序对全楼所有的梁都自动进行判断，把两端都与剪力墙相连，且至少在一端与剪力墙轴线的夹角不大于30°的梁隐含定义为连梁。人为定义和修改连梁的方式与定义不调幅梁相同。

提示：

可以通过剪力墙开洞或设定跨高比限值，由程序自动识别连梁，也可以在此用连梁定义命令将框架梁设定为连梁。

---

(3) 转换梁

转换梁为框支转换大梁或托柱梁。在设计计算时，程序自动按抗震等级放大转换梁的地震作用内力。程序没有隐含定义转换梁，需要人为定义。转换梁的定义及修改方式与不调幅梁相同，转换梁以亮白色显示。

提示：

程序不能自动搜索转换梁等特殊梁，必须由设计人员指定。

---

(4) 铰接梁

铰接梁有一端铰接和两端铰接两种情况。

一端铰接：用光标点取需定义的梁，则该梁在靠近光标的一端出现一红色小圆点，表示梁的该端为铰接。

两端铰接：用光标点取需定义的梁，需在该梁靠近其两端用光标各点一次，则该梁的两端各出现一个红色小圆点。

(5) 滑动支座

用光标点取需定义的梁，则该梁在靠近光标的一端出现一白色小圆点，表示梁的该端为滑动支座。

(6) 门式钢梁

用光标点取需定义的梁，则该梁的 1/3 长度以暗白色显示，表示该梁为门式钢梁。

(7) 耗能梁

用光标点取需定义的梁，则该梁的 1/3 长度以亮绿色显示，表示该梁为耗能梁。

(8) 组合梁

首次进入此项菜单时，程序提示是否从 PM 数据自动生成组合梁定义信息，点击“确定”后，程序自动判断组合梁，并在所有组合梁上标注“ZHL”，表示该梁为组合梁，可通过右侧菜单查看或修改组合梁参数。组合梁信息记录在文件 SAT _ ZHL. PM 中，若想取消组合梁的定义，可简单地将该文件删除。

① 重新生成：恢复程序自动的组合梁信息。

② 全部删除：删除所有的组合梁。

③ 查询/修改：可查询或修改单根组合梁的参数。

④ 删除：可删除所选择的组合梁。

在进行特殊梁定义时，不调幅梁、连梁和转换梁三者中只能进行一种定义，但门式钢梁、耗能梁和组合梁可以同时定义，也可以同时和前三种梁的一种进行定义。

(9) 抗震等级

点取“抗震等级”菜单，出现对话框，输入抗震等级，并选择需修改的梁，则可把这些构件的抗震等级定义为输入的值。

(10) 材料强度

点取“材料强度”菜单，出现对话框，输入梁混凝土强度等级、梁钢号，并选择需修改的梁，则可把这些构件的材料强度定义为输入的值。

(11) 刚度系数、扭矩折减、调幅系数

“刚度系数”、“扭矩折减”、“调幅系数”的定义默认值分别对应“分析与设计参数补充定义”中“调整信息”的“连梁刚度折减系数（中梁刚度放大系数)”、“梁扭矩折减系数”、“两端负弯矩调幅系数”。

点取“刚度系数/扭矩折减/调幅系数”菜单，弹出对话框，输入刚度系数、扭矩折减、调幅系数，并选择需修改的梁，则可把这些构件的刚度系数、扭矩折减、调幅系数定义为输入的值。

3. 特殊柱

特殊柱包括上端铰接柱、下端铰接柱、两端铰接柱、角柱、框支柱、门式框柱。通过

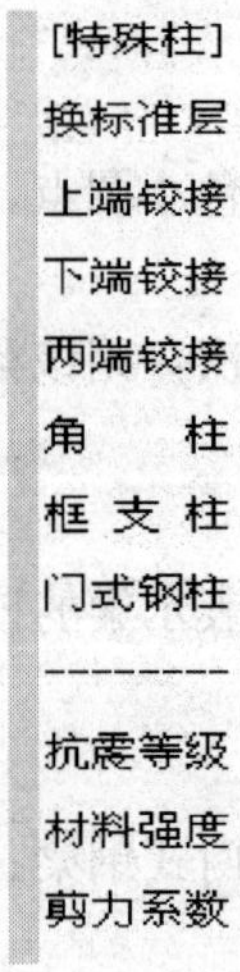

[特殊柱]
换标准层
上端铰接
下端铰接
两端铰接
角　　柱
框 支 柱
门式钢柱

抗震等级
材料强度
剪力系数

图 3-22　特殊柱菜单

该菜单可以修改柱的抗震等级、材料强度、剪力系数。特殊柱菜单如图 3-22 所示。

(1) 上端铰接柱、下端铰接柱、两端铰接柱

SATWE 软件中对柱考虑了有铰接约束的情况，点取需定义为铰接柱的柱，则该柱会变成相应颜色，其中上端铰接柱为亮白色，下端铰接柱为暗白色，两端铰接柱为亮青色。若想恢复为普通柱，只需在该柱上再点一下，柱颜色变成暗黄色，表明该柱已被定义为普通柱。

(2) 角柱

用光标依次点取需定义成角柱的柱，则该柱旁显示"JZ"，表示该柱已被定义成角柱。反之，再用光标点击该柱一下，"JZ"标识消失，表明该柱已被定义为普通柱。

(3) 框支柱

用光标依次点取柱定义成框支柱，则该柱旁显示"KZZ"，表示该柱已被定义成框支柱。反之，再用光标点击该柱一下，"KZZ"标识消失，表明该柱已被定义为普通柱。

(4) 门式框柱

用光标依次点取柱定义成门式框柱，则该柱旁显示"MSGZ"，表示该柱已被定义门式框柱。反之，再用光标点击该柱一下，"MSGZ"标识消失，表明该柱已被定义为普通柱。

(5) 抗震等级、材料强度

特殊柱菜单的抗震等级、材料强度操作与特殊梁相同。

(6) 剪力系数

可以指定柱两个方向的地震剪力系数，点取"材料强度"菜单，出现对话框，输入剪力系数，并选择需修改的梁，则可把这些构件的剪力系数定义为输入的值。

4. 特殊支撑

(1) 铰接支撑

铰接支撑有一端铰接或两端铰接两种约束情况。

一端铰接：用光标点取需定义的支撑，则该支撑在靠近光标的一端出现一红色小圆点，表示支撑的该端为铰接。

两端铰接：用光标点取需定义的支撑，需在该支撑靠近其两端用光标各点一次，则该支撑的两端各出现一个红色小圆点。

(2) 人/V 支撑

点取"人/V 支撑"，选择需要定义的支撑，然后其一半长度显示为亮青色，表示已被定义为"人/V 支撑"。

(3) 十/斜支撑

点取"十/斜支撑"，选择需要定义的支撑，然后其一半长度显示为亮红色，表示已被定义为"十/斜支撑"。

(4) 全层固接

混凝土支撑默认为两端固接，钢支撑默认为两端铰接。通过点取"全层固接"，可将

本层支撑全部指定为两端固接。

(5) 全楼固接

通过点取“全楼固接”，可将本楼支撑全部指定为两端固接。

(6) 抗震等级、材料强度

特殊支撑菜单的抗震等级、材料强度操作与特殊梁相同。

5. 特殊墙

(1) 临空墙

只有人防地下室层数大于0时，这项菜单才会出现。点取这项菜单可定义地下室人防设计中的临空墙，操作方式与特殊梁一致，这里临空墙为红色宽线。

(2) 抗震等级、材料强度

特殊墙菜单的抗震等级、材料强度操作与特殊梁相同。

(3) 配筋率

可以指定与统一定义的剪力墙竖向配筋率数值不同的剪力墙竖向配筋率。点取“配筋率”菜单，出现对话框，输入配筋率，并选择需修改的梁，则可把这些构件的配筋率定义为输入的值。

6. 弹性板

弹性楼板是以房间为单元进行定义的，一个房间为一个弹性楼板单元。定义时，只需用光标在某个房间内点一下，则在该房间的形心处出现一个内带数字的白色小圆环，圆环内的数字为板厚（单位：cm），表示该房间已被定义为弹性楼板，在内力分析时将考虑该房间楼板的弹性变形影响。修改时，仅需在该房间内再点一下，则白色小圆环消失，说明该房的楼板已不是弹性楼板单元，在内力分析时将把它和与之相连的楼板按“楼板无限刚”假定处理。在平面简图上，小圆环内为0表示该房间无楼板或板厚为零（洞口面积大于房间面积一半时，则认为该房间没有楼板）。

弹性楼板单元有3种，分别为：

① 弹性楼板6：程序真实地计算楼板平面内和平面外的刚度，主要用于板柱结构和厚板转换结构。

② 弹性楼板3：假定楼板平面内无限刚，程序仅真实地计算楼板平面外刚度，主要用于厚板转换结构。

③ 弹性膜：程序真实地计算楼板平面内刚度，楼板平面外刚度不考虑（取为0），主要用于空旷结构和楼板开大洞形成的狭长板带，连体多塔结构的连接楼板，框支剪力墙结构的转换层楼板等。

注意：

未设定为弹性楼板时，程序默认为刚性楼板，假定楼板平面内无限刚，楼板平面外刚度为0。刚性板假定适用于大多数常规工程。

---

7. 拷贝前层

点取此项菜单，可把在前一标准层中定义的特殊梁（不包括组合梁）、柱、支撑及弹性板信息按坐标对应关系复制到当前标准层，以达到减少重复操作的目的。

8. 本层删除/全楼删除

点取此项菜单后，可清除当前标准层或全楼的特殊构件定义信息，使所有构件都恢复其隐含假定。被删除的信息包括：特殊梁（不包括组合梁）、特殊支撑、弹性板、临空墙等。

9. 刚性板号

这项菜单的功能是以填充方式显示各块刚性楼板，以便于检查在弹性楼板定义中是否有遗漏。

10. 旧版数据

当选择“05 版数据”时，程序将把 05 版本的特殊构件信息转换为 08 版的特殊构件信息。对于新旧版本的标准层数一一对应的结构模型，特殊构件信息可以做到 100%的新旧兼容。当新旧版本的标准层不是一一对应时，新旧版本的特殊构件对于多出的标准层不能转换，需要用户重新审核、校对。对于跃层柱、跃层支撑，如果采用直接跃层，而不是层层定义，则新旧版本的特殊构件就不能有效的对位，从而造成兼容的不完整。

11. 文字显示

可通过文字或颜色显示特殊构件属性。

12. 颜色说明

颜色说明如图 3-23 所示。

梁：梁分为普通梁、不调幅梁、连梁和刚性梁，其中暗青色为普通梁，亮青色为不调幅梁，亮黄色为连梁，亮红色为刚性梁。梁端约束有刚接、铰接和滑动支座梁三种情况，铰接支座端有一红色小圆点，滑动支座端有一白色小圆点。

柱：柱分为普通柱、框支柱、角柱、上端铰接柱、下端铰接柱、两端铰接柱，其中暗黄色为普通柱，暗紫色为框支柱，亮紫色为角柱，亮白色为上端铰接柱，暗白色为下端铰接柱，亮青色为两端铰接柱。框支柱由程序自动生成，其他的特殊柱需用户定义。

墙：剪力墙有混凝土墙和砌体材料墙，混凝土墙又分为普通墙、地下室外墙和人防设计中的临空墙。墙用双线表示，其中，亮绿色为砌体材料墙，暗绿色为普通混凝土墙和地下室外墙，红色为人防临空墙。

3.2.3 温度荷载定义

在 PMCAD 建模后，进入 SATWE 并完成数据检查，可在“特殊荷载查看和定义”菜单中选择“温度荷载”项，则屏幕右上角显示菜单如图 3-24 所示。本菜单通过指定结构节点温差来定义结构温度荷载，温度荷载记录在文件 SATWE_TEM. PM 中。若想取消定义，可简单地将该文件删除。

1. 层号减一、自然层号、层号加一

点取“层号减一”菜单，直接切换到当前层的下一层。

点取“自然层号”菜单，在右侧菜单区选择所需查看的楼层。

点取“层号加一”菜单，直接切换到当前层的上一层。

除第 0 层外，各层平面均为楼面，第 0 层对应首层地面。若在 PMCAD1 对某一标准层的平面布置进行过修改，须相应修改该标准层对应各层的温度荷载。所有平面布置未被改动的构件，程序会自动保留其温度荷载。但当结构层数发生变化时，应对各层温度荷载

梁颜色或者属性字符的说明

暗青色 ： 普通梁

亮青色 ： 不调幅梁

黄色 ： 连梁

红色 ： 刚性梁

白色 ： 转换梁

左1/3变灰 ： 门式刚梁

左1/3变绿 ： 耗能梁

字符ZHL ： 组合梁

端部红/白点 ： 梁端铰/滑支座

柱颜色或者属性字符的说明

黄色 ：普通柱

白色 ：上端铰接

灰色 ：下端铰接

亮青色 ：两端铰接

字符JZ ：角柱

字符MSGZ：门式刚柱

字符KZZ ：框支柱

支撑颜色或者属性字符的说明

紫色 ： 普通撑

亮紫色+端部红点 ： 端部铰接

上部1/2变为亮青 ： 人形撑或者V形撑

上部1/2变为红色 ： 十字撑或单斜撑

弹性板颜色或者属性字符的说明

紫色圆环加板厚 ： 弹性板6或全房间洞

白色圆环加板厚 ： 弹性板3

黄色圆环加板厚 ： 弹性膜

墙颜色说明

绿色 ： 普通墙

亮紫色 ： 砌体墙

红色 ： 人防墙

白色 ： 地下室外墙

[---按 任 意 键 返 回---]

图 3-23 颜色说明

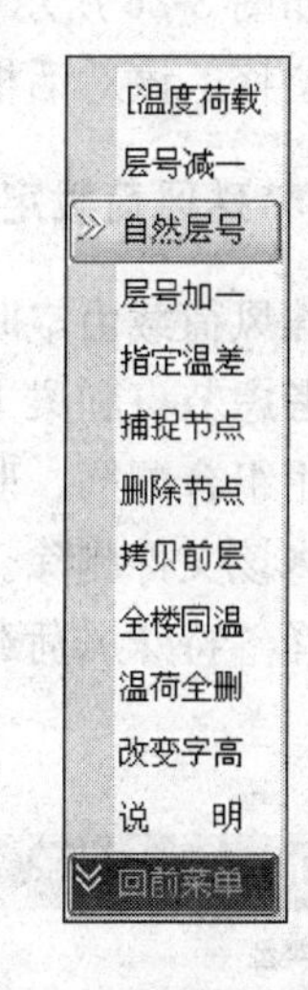

图 3-24 温度荷载菜单

重新进行定义（若不进行相应修改可能造成计算出错）。

2. 指定温差

温差指结构某部位的当前温度与该部位于自然状态（无温度应力）时的温度的差值。升温为正，降温为负，如图 3-25 所示，单位是℃。

该对话框不需退出即可进行下一步操作，便于随时修改当前温差。

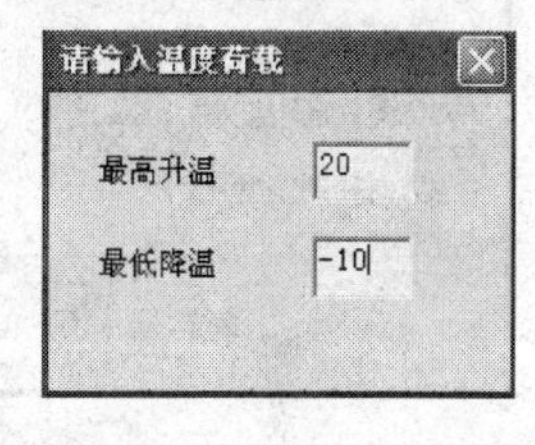

图 3-25 指定温差对话框

3. 捕捉节点

用鼠标捕捉相应节点，被捕捉到的节点将被赋予当前温差。未捕捉到的节点温差为 0。若某点被重复捕捉，则以最后一次捕捉时的温度值为准。

4. 删除节点

用鼠标捕捉相应节点，被捕捉到的节点温差为 0。

5. 拷贝前层

当前层为第 i 层时，点取该项可将 $i-1$ 层的温度荷载拷贝过来，然后在此基础上进行修改。

6. 全楼同温

如果结构统一升高或降低一个温度值，可以点取此项，将结构所有节点赋予当前温差。

7. 温荷全删

点取本项可将已有的所有楼层的温度定义全部删除。

3.2.4 弹性支座/支座位移定义

支座指定刚度或位移作为恒载的一部分，其产生的内力与恒载产生的内力迭加。支座定义信息记录在文件 ZHIZUO. PM 中。若想取消定义，可简单地将该文件删除。

在如图 3-26 所示的对话框中首先选择支座定义类型为刚度或位移，然后输入相应的刚度或位移。该对话框不需退出即可进行下一步操作，便于随时修改当前支座信息。

3.2.5　特殊风荷载定义

特殊风荷载由空旷结构引起，尤其对大跨度结构产生竖向正负风压。所以程序对特殊风荷载考虑节点和梁上荷载，每组特殊风荷载作为一独立的荷载工况，并与恒、活荷载和地震作用组合配筋、验算。特殊风荷载记录在文件 SPWIND. PM 中，若想取消定义，可简单地将该文件删除。

选择“特殊风荷载定义”，进入特殊风荷载定义菜单，如图 3-27 所示。

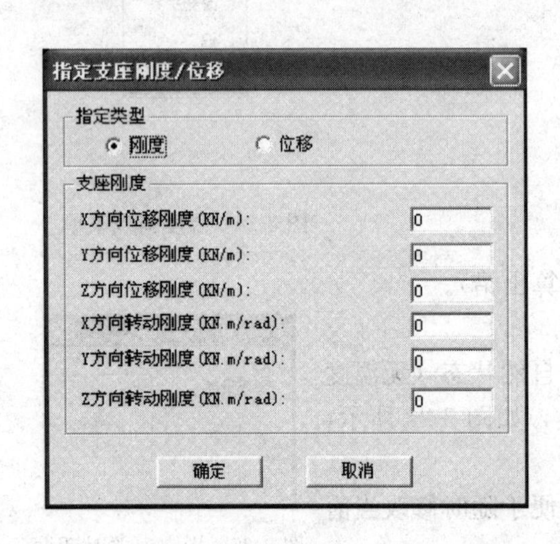

图 3-26　指定支座信息对话框

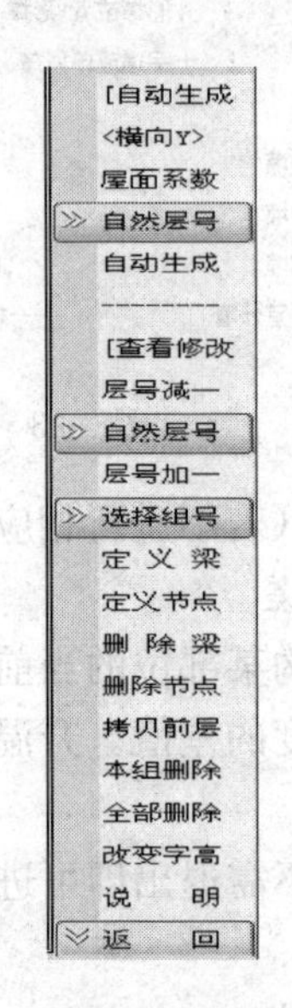

图 3-27　特殊风荷载定义菜单

1. 选择组号

可以定义 5 组特殊风荷载。

2. 定义梁或节点

输入梁或节点风力，并用光标选择构件。可单个选择，也可窗口选择。节点水平力及弯矩正向同整体坐标，竖向力及梁上均布力向下为正。若某构件被重复选择，则以最后一次选择时的荷载值为准。

3. 删除梁或节点

选择相应构件，该构件当前组号的特殊风荷载定义被删除。

4. 拷贝前层

当前层为第 i 层时，点取该项可将 $i-1$ 层的特殊风荷载拷贝过来，然后在此基础上进行修改。

5. 本组删除

点取本项可将已有的当前组号的特殊风荷载定义全部删除。

6. 全部删除

点取本项可将已有的所有组号的特殊风荷载定义全部删除。

3.2.6　多塔结构补充定义

这是一项补充输入菜单（图 3-28），通过这项菜单，可补充定义结构的多塔信息。对于一个非多塔结构，可跳过此项菜单，直接执行“生成 SATWE 数据文件”菜单，程序默认规定该工程为非多塔结构。对于多塔结构，一旦执行过本项菜单，补充输入的多塔信息将被存放在硬盘当前目录名为 SAT _ TOW. PM 的文件中，以后再启动 SATWE 的前处理文件时，程序会自动读入以前定义的多塔信息。若想取消一个工程的补充定义，可简单地将 SAT _ TOW. PM 文件删掉。SAT _ TOW. PM 文件中的信息与 PMCAD 的第 1 项菜单密切相关，若经 PMCAD 的第 1 项菜单对一个工程的某一标准层布置作过修改，则应相应地修改（或复核一下）补充定义的多塔信息，其他标准层的多塔信息不变。在 PMCAD 的第 1 项菜单中修改过结构布置或在“多塔定义”中修改过各塔信息，应再执行“生成 SATWE 数据”和“数据检查”菜单。

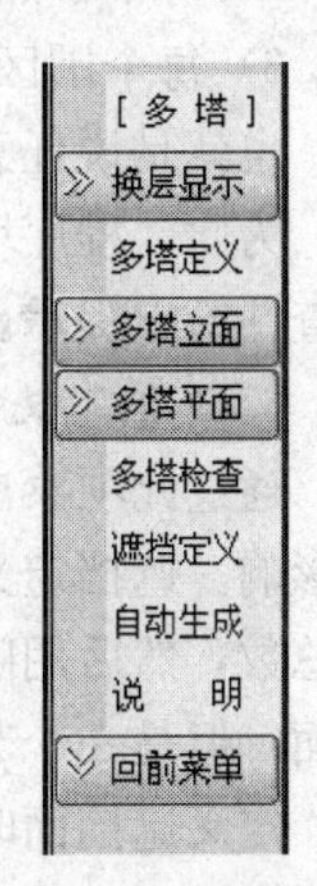

图 3-28　多塔结构补充定义菜单

考虑多塔结构的复杂性，SATWE 软件要求用户通过围区的方式来定义多塔。对于一个高层结构，可以分段多次定义。对于普通单塔结构，可不执行“多塔结构补充定义”菜单，若执行也不会出错。对于带施工缝的单塔结构，不要定义多塔信息，程序会自动搜索楼板信息，各块楼板相互独立。若将这类结构定义成多塔结构，程序会把施工缝部分认为是独立的迎风面，从而使风荷载计算值偏大一些。对于多塔结构，若不定义多塔信息，程序会按单塔结构进行分析，风荷载计算结果有偏差，可能偏大，也可能偏小，因工程具体情况而不同。

点取“多塔结构补充定义”，进入多塔结构补充定义界面，如图 3-28 所示。若以前执行过“多塔结构补充定义”菜单，弹出“是否保留以前定义的多塔信息（是/[Enter]/否[Esc]）?”，若按［Enter］则将以前补充输入的多塔信息保留下来，按［Esc］则将以前补充输入的多塔信息删除。

1. 换层显示

点取“换层显示”，右侧菜单区会显示出结构的层号和标注层。选取某一层，程序会显示该层的简图。

2. 多塔定义

通过此项菜单可定义多塔信息，点取此项菜单，输入起始层号、终止层号和塔数，然后以闭合折线围区的方法依次指定各塔的范围。建议将最高的塔命名为 1 号塔，次之为 2 号塔，依次类推。依次指定完各塔的范围后，再次确认多塔定义是否正确，若正确可按［Enter］，否则按［Esc］，再重新定义多塔。

3. 多塔立面

通过此项菜单可显示多塔结构中各塔的关联简图。可以显示各层各塔的层高，梁、柱、墙和楼板的混凝土强度等级以及钢构件的钢号。点击“修改参数”，可以实现不同的楼层、不同的塔有不同的层高和混凝土强度等级。

注意：

各塔楼编号应按塔楼高度，从高到低依次排序。

4. 多塔平面

通过此项菜单，可复核各层多塔定义是否正确。

5. 多塔检查

进行多塔定义时，要特别注意以下 3 条原则，否则会造成后面的计算出错。

1）任意一个节点必须位于一个围区内。

2）每个节点只能位于一个围区内。

3）每个围区内至少应有一个节点。

也就是说任意一个节点必须且只能属于一个塔，且不能存在空塔。

为此，程序增加了“多塔检查”的功能，点取此项菜单，程序会对上述 3 种情况进行检查并给出提示。

6. 遮挡定义

通过此项菜单，可指定设缝多塔结构的背风面，从而在风荷载计算中自动考虑背风面的影响。遮挡定义方式与多塔定义方式基本相同，需要首先指定起始和终止层号以及遮挡面总数，然后用闭合折线围区的方法依次指定各遮挡面的范围，每个塔可以同时有几个遮挡面，但是一个节点只能属于一个遮挡面。

定义遮挡面时不需要分方向指定，只需要将塔所有的遮挡边界以围区方式指定即可，也可以两个塔同时指定遮挡边界。

3.2.7 用户指定 $0.2V_0$ 调整系数

如需人为指定 $0.2V_0$ 调整系数，可点取此项菜单，在弹出的文本文件（图 3-29）中按照提示编辑文件即可。填写时不要填入“C”字符，否则表示该行为注释行，不起作用。

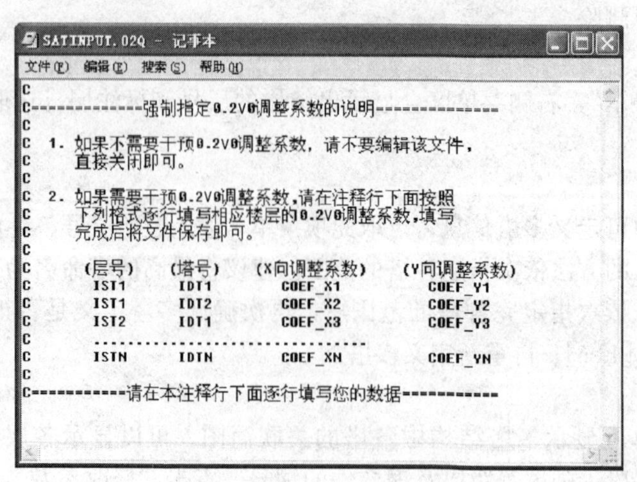
SATINPUT.02Q - 记事本

文件(F) 编辑(E) 搜索(S) 帮助(H)

```
C
C-------------强制指定0.2V0调整系数的说明---------------
C
C  1. 如果不需要干预0.2V0调整系数，请不要编辑该文件，
C     直接关闭即可。
C
C  2. 如果需要干预0.2V0调整系数，请在注释行下面按照
C     下列格式逐行填写相应楼层的0.2V0调整系数，填写
C     完成后将文件保存即可。
C
C     (层号)     (塔号)     (X向调整系数)     (Y向调整系数)
C      IST1       IDT1        COEF_X1           COEF_Y1
C      IST1       IDT2        COEF_X2           COEF_Y2
C      IST2       IDT1        COEF_X3           COEF_Y3
C      ..................................
C      ISTN       IDTN        COEF_XN           COEF_YN
C
C-----------请在本注释行下面逐行填写您的数据-----------
```

图 3-29　$0.2V_0$ 调整系数

注意：

这几项参数修改后，应直接退出前处理菜单进行后续计算，不再执行 SATWE 中“接 PM 生成 SATWE 数据”选项中的“分析与设计参数补充定义”和“生成 SATWE 数据文件及数据检查”等项目，否则修改的参数将全部丢失。

提示：

1. 新版 SATWE、TAT、PMSAP 三个计算软件的前处理，即参数定义、特殊结构定义、多塔定义、温度荷载定义、特殊风荷载定义、特殊支座定义等操作，全部采用相同界面、相同的操作及统一的数据结构，实现数据共享，一模多算。

2. 新版计算软件将特殊构件定义等信息保存于 PMCAD 模型文件，不仅在 PMCAD 中可以对模型进行修改，在各计算软件中也可以修改，达到一模多改，双向传输的效果。

3.2.8 生成 SATWE 数据文件及数据检查（必须执行）

点击“生成 SATWE 数据文件及数据检查”，弹出如图 3-30 所示的对话框。点击“确定”，执行该菜单，首先生成 SATWE 数据文件，然后执行数据检查。

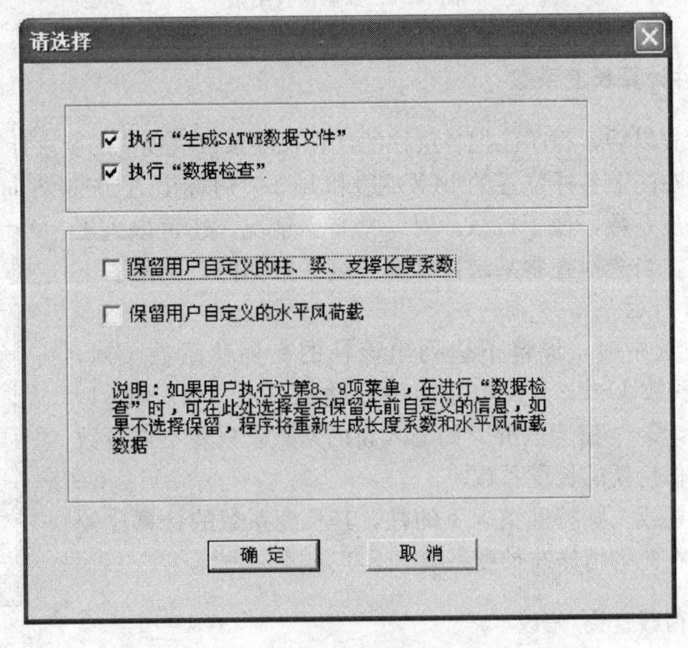

图 3-30 生成 SATWE 数据文件及数据检查对话框

SATWE 生成的数据文件主要包括几何数据文件 STRU. SAT、竖向荷载数据文件 LOAD. SAT 和风荷载数据文件 WIND. SAT。

数据检查功能包括两个方面：其一是通过物理概念分析检查几何数据文件 STRU. SAT、竖向荷载数据文件 LOAD. SAT 和风荷载数据文件 WIND. SAT 的正确性，输出数检报告文件 CHECK. OUT；其二是对 STRU. SAT、LOAD. SAT 和 WIND. SAT 进行有关信息处理并作数据格式转换，生成名为 DATA. SAT 的二进制文件，供内力分析与配筋计算及后处理调用。

屏幕会显示检查结果，如图 3-31 所示。如果屏幕显示错误，则返回 PMCAD 主菜单 1 进行修改。

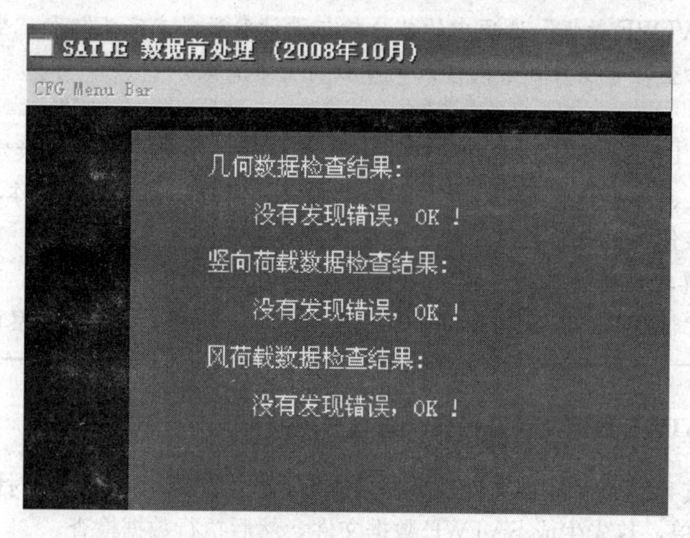

图 3-31　数据检查结果

3.2.9　修改构件计算长度系数

进行数据检查以后，程序已把各层柱的计算长度系数按规范的要求计算好了，在这里用图形显示，并在图上各柱位置的 b(X) 边和 h(Y) 边标出 X(矢量方向）和 Y(矢量方向）的柱计算长度系数，便于校核。对一些特殊情况，还可以人工直接输入、修改。当选择查看某层柱计算长度系数图时，屏幕右上角菜单如图 3-32 所示。

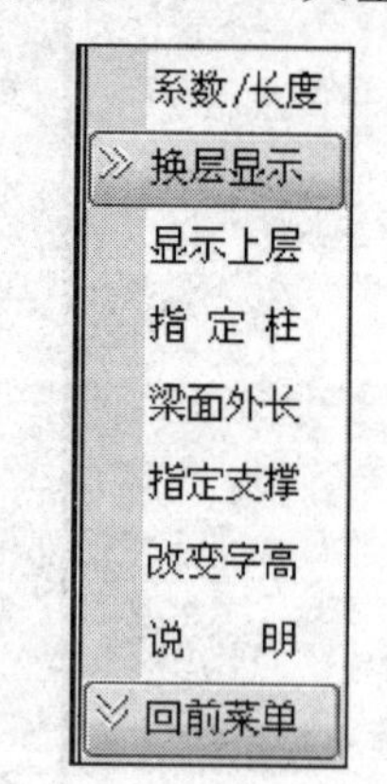

图 3-32　修改构件长度系数菜单

当某一柱被选中时，屏幕下边列出该柱的有侧移系数 Ux1，Uy1 和无侧移系数 Ux2，Uy2，并让用户输入新的 Ux1，Uy1，Ux2，Uy2，按<Esc>键为放弃。如输入新的系数，只要不进行数据检查，该柱就保持新的长度系数。

对于钢结构柱或一些特殊情况下的柱，其长度系数的计算比较复杂，用户可以在此酌情修改长度系数。

3.2.10　水平风荷载查询/修改

执行“生成 SATWE 数据及数据检查”后，程序会自动导算出风荷载用于后面的计算。如果要对自动导算的风荷载进行必要的修改，也可以在此菜单中查看并修改。

进入本菜单后，程序首先显示首层的风荷载，其中刚性楼板上的荷载以红色显示，弹性节点上以白色显示。通过右侧的“换层显示”和“显示上层”菜单进行换层操作。要修改荷载，则首先点击“捕捉荷载”菜单，然后选中需要修改的荷载，在弹出的对话框中进行修改。

3.2.11 查看数检报告文件（CHECK.OUT）

进入本菜单后，在弹出的文本文件，查看之前在数据检查中存在的问题。

3.2.12 图形检查

图形检查的功能是以图形方式检查几何数据文件和荷载数据文件的正确性。可通过菜单输出的图形复核结构构件的布置、截面尺寸、荷载分布及墙元细分等有关信息。点击“图形检查”，弹出如图 3-33 所示的对话框。

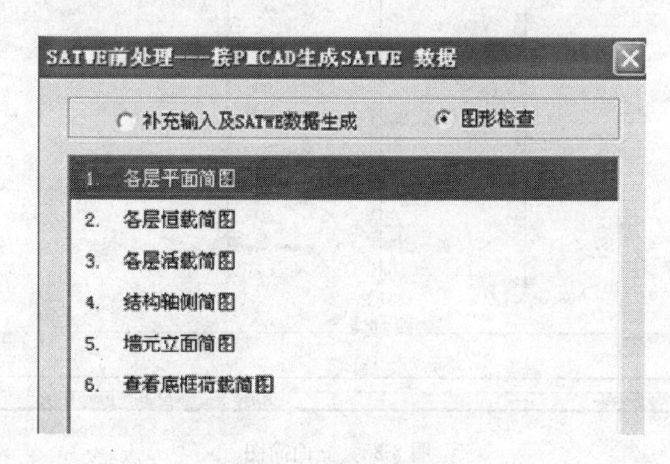

图 3-33 图形检查对话框

1. 各层平面简图

第 1 层平面简图如图 3-34 所示。

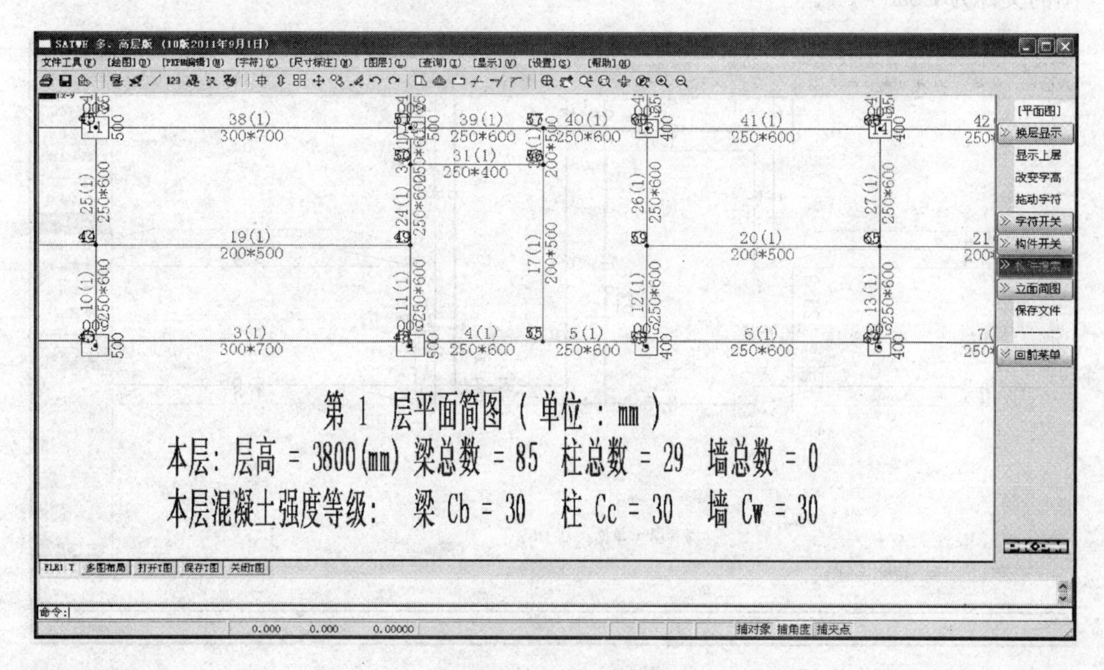

图 3-34 第 1 层平面简图

点击右侧菜单的“立面简图”，提示“请用光标选择一直线上两点，按［Esc］键结束”；选择后，提示“请输入：起始层，终止层”，输入完成后，屏幕显示如图 3-35 所示的立面简图。

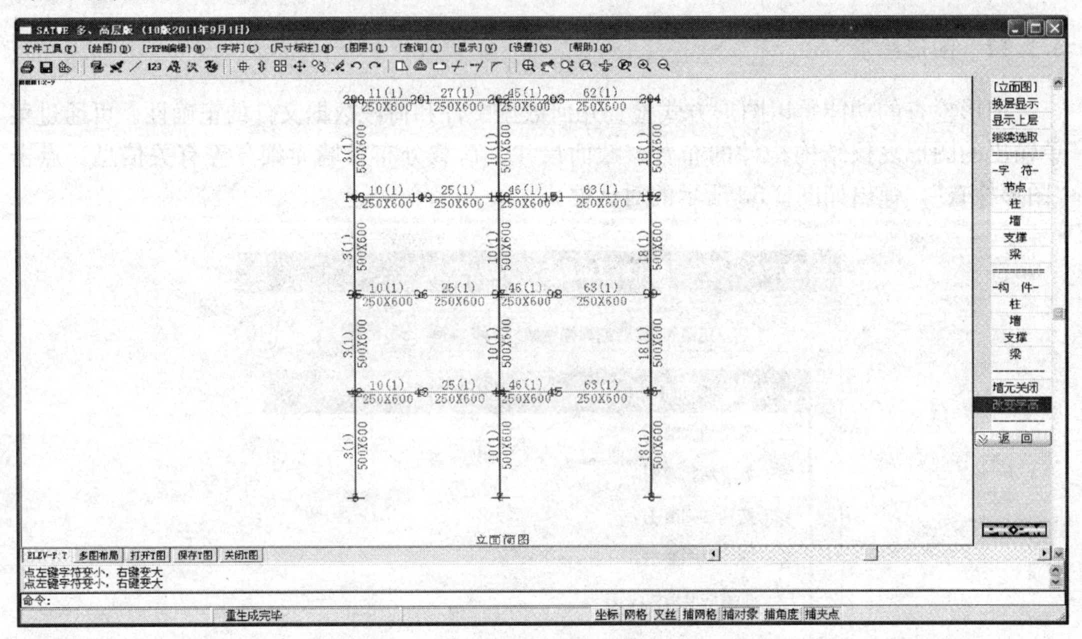

图 3-35 立面简图

2. 各层恒、活载简图

第 1 层恒载简图如图 3-36 所示。结构每层的恒载和活荷载都是分开显示的，恒载简图的文件为 Load＊.T。

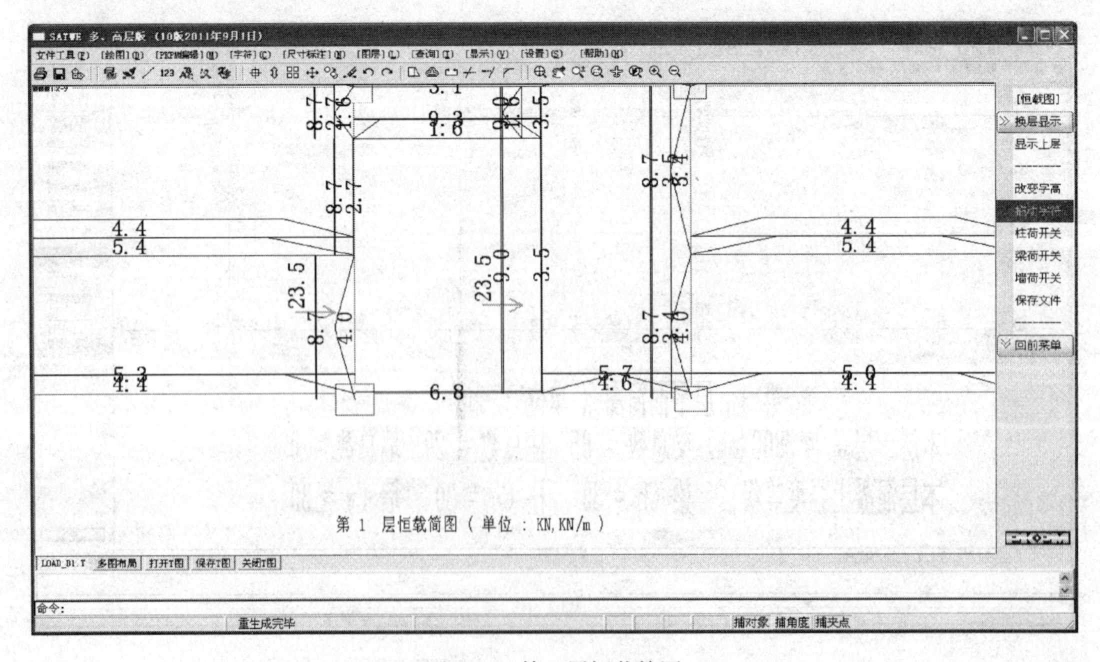

图 3-36 第 1 层恒载简图

3. 各层活载简图

第 1 层活载简图如图 3-37 所示。活载简图文件名为 Load-L＊. T。

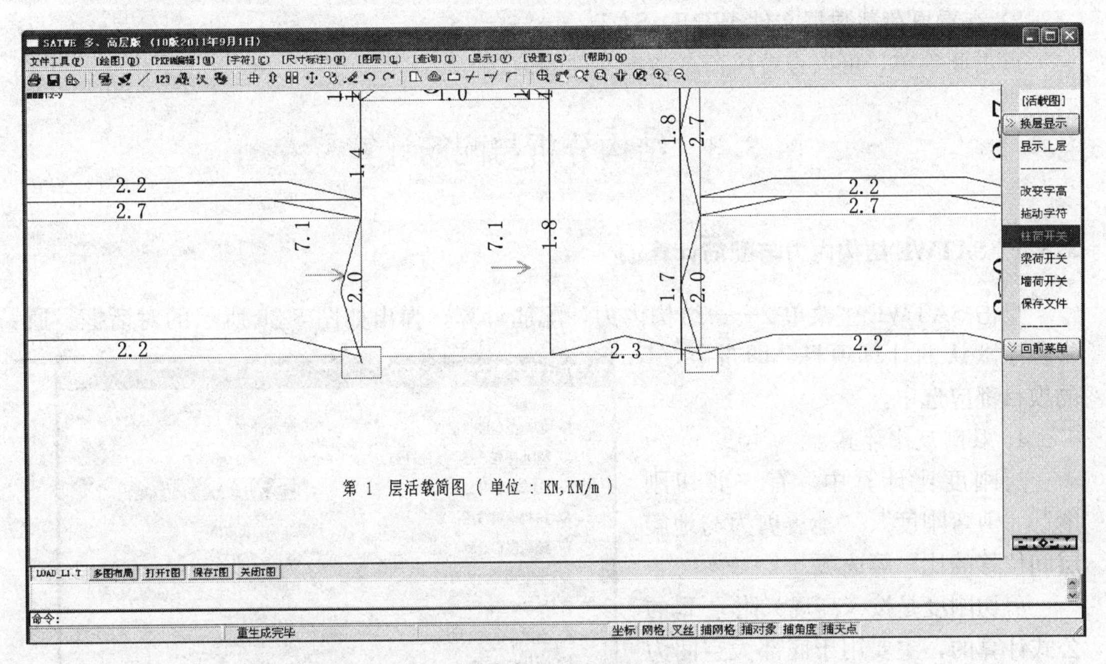

图 3-37　第 1 层活载简图

4. 结构轴侧简图

通过结构轴侧简图菜单可以以轴侧图的方式复核结构的几何布置是否正确。全楼结构轴侧简图如图 3-38 所示。

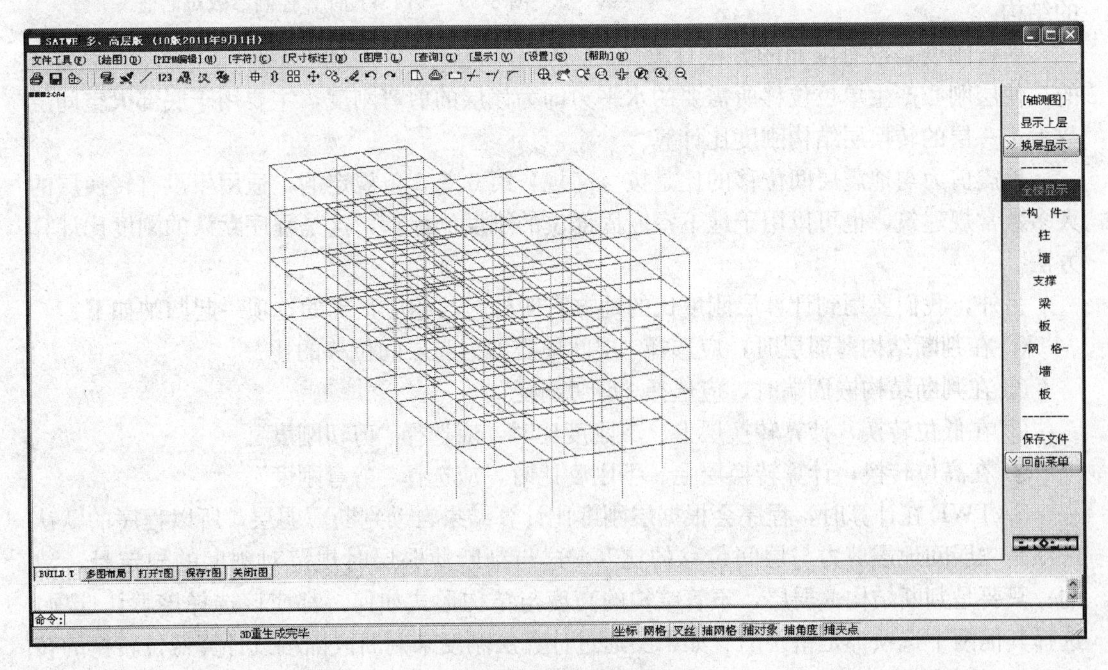

图 3-38　全楼结构轴侧简图

1）墙元立面简图

墙元立面简图以图形方式检查墙元数据的正确性，让用户了解墙元细分情况。

2）查看风荷载数据文件 WIND. SAT

点击此菜单，可以查看风荷载数据文件的信息。

3.3 结构分析与配筋计算

3.3.1 SATWE 结构内力与配筋计算

点击 SATWE 主菜单 2——结构内力，配筋计算，弹出如图 3-39 所示的对话框。通常程序默认的计算项目，即带“√”的项目都应选中。

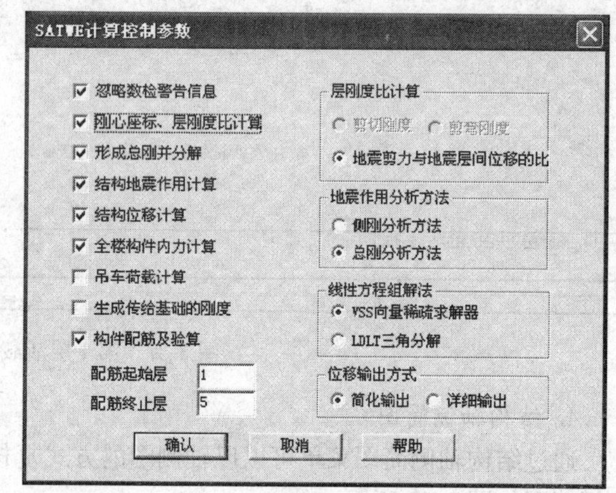

图 3-39 SATWE 计算控制参数对话框

1. 层刚度比计算

层刚度比计算中，有“剪切刚度”、“剪弯刚度”、“地震剪力与地震层间位移的比”等选项。

剪切刚度是按《高规》附录 E 的公式计算的，主要用于底部大空间为一层的转换层结构刚度比计算及地下室嵌固部分的刚度比计算。新版软件，对于有斜撑的结构，剪切刚度算法做了改进，已经能够适用于有斜撑的结构。

剪弯刚度是按有限元的方法计算的，使层刚心产生单位位移所需要的水平力即为该层的剪弯刚度，主要用于底部大空间层数大于一层的转换层结构刚度比计算。

地震剪力与地震层间位移的比是按《高规》第 3.5.3 条规定的，适用于没有转换层的大多数常规建筑，也可以用于地下室嵌固部位的刚度比计算，这是程序默认的刚度比计算方法。

另外，我们要用到计算层刚度比的地方有 4 处，与相应正确的选项一起归纳如下：

① 在判断结构薄弱层时，应选择“层间地震剪力与层间位移的比”。

② 在判断结构嵌固端时，应选择“剪切刚度”。

③ 在低位转换，计算转换层上、下刚度比时，应选择“剪切刚度”。

④ 在高位转换，计算转换层上、下刚度比时，应选择“剪弯刚度”。

SATWE 在计算时，程序会根据层刚度比计算结果自动判断薄弱层，所以程序的默认选项是“层间地震剪力与层间位移的比”，这与判断薄弱层时规范对刚度的规定是一致的；只要是判断结构薄弱层，不管结构的高度与结构形式如何，都应该选择该默认选项，选择其他两个选项都是错误的。如果要通过计算层刚度来判断嵌固端或计算低位转换的转换层上下刚度比，则应改选“剪切刚度”；此时程序自动判断的薄弱层无效，在计算并取得了所需要的参数后，仍将选项设为缺省值，用于程序正常的薄弱层判断。同理，如果要计算高位转换的转换层上下刚度比，则应选“剪弯刚度”，此时程序自动判断的薄弱层也无效，在计算并取得所需要的参数后，仍应将选项设为默认值，用于程序正常的薄弱层判断。

2. 地震作用分析方法

在振型分解法中，SATWE 软件提供了两种计算方法，分别为侧刚计算方法和总刚计算方法。

侧刚计算方法是一种简化计算方法，只适用于采用楼板平面内无限刚假定的普通建筑和采用楼板分块平面内无限刚假定的多塔建筑。对于此类建筑，每层的每块刚性楼板只有2个独立的平动自由度和1个独立的转动自由度，侧刚计算方法就是依据这些独立的平动和转动自由度而形成的浓缩刚度阵。侧刚计算方法的优点是分析效率高。由于浓缩以后的侧刚自由度较少，所以计算速度很快。但侧刚计算方法的应用范围是有限的。当定义有弹性楼板或有不与楼板相连的构件时（如错层结构、空旷的工业厂房、体育馆所等），侧刚计算方法是近似的，会有一定的误差。若弹性楼板范围不大或不与楼板相连的构件不多，其误差不会很大，精度能够满足工程要求；若定义有较大范围的弹性楼板或有较多不与楼板相连的构件，则侧刚计算方法不适用，而应该采用总刚计算方法。

总刚计算方法是直接采用结构的总刚和与之相应的质量阵进行地震反应分析。这种方法精度高，适用范围广，可以准确分析出结构每层每根构件的空间反应。通过分析计算结果，可发现结构的刚度突变部位，连接薄弱的构件以及数据输入有误的部位等。总刚计算方法适用于分析有弹性楼板或楼板开大洞的复杂建筑结构。其不足之处是计算量大，比侧刚计算方法计算量大数倍。

对于没有定义弹性楼板且没有不与楼板相连构件的工程，侧刚计算方法和总刚计算方法的结果是一致的。最新版的 SATWE 软件可以识别不宜采用侧刚算法的结构，如定义了弹性楼板的结构等，并自动选择总刚计算方法。

3. 线性方程组解法

在线性方程组解法中，有 VSS 向量稀疏求解器 和 LDLT 三角分解两种方程求解方法。VSS 向量稀疏求解器是一种大型稀疏对称矩阵快速求解方程，LDLT 三角分解是通常所用的非零元素下三角求解方法。VSS 向量稀疏求解器在求解大型、超大型方程时要比 LDLT 三角分解方法快得多，所以程序缺省指向 VSS 向量稀疏求解器方法。由于求解方程的原理、方法不同，造成的误差原理就不同，提供两种求解方法可以用于对比。

4. 位移输出方式

在“位移输出方式”一行有“简化输出”和“详细输出”两个选项。当选择“简化输出”，在 WDISP. OUT 文件中仅输出各工况下结构的楼层最大位移值，不输出各节点的位移信息，按总刚模型进行结构的震动分析。在 WZQ. OUT 文件中仅输出周期、地震力，不输出各振型信息。若选中“详细输出”，则在前述的输出内容基础上，在 WDISP. OUT 文件中还输出各工况下每个节点的位移，在 WZQ. OUT 文件中还输出各振型下每个节点的位移。

3.3.2 PM 次梁内力与配筋计算

这项菜单的功能是将在 PMCAD 中输入的次梁按连续梁简化力学模型进行内力分析，

并进行截面配筋设计。在配筋简图中将次梁和计算的梁共同显示在一张图上以便统一查看。在接 PK 绘梁的施工图时，主次梁统一处理，即在一起归并，和主梁一起出施工图，从而达到简化用户操作的目的。

3.4 分析结果图形和文本显示

点击“SATWE”主菜单 4“分析结果图形和文本显示”，弹出“SATWE 后处理——图形文件输出和文本文件输出”菜单（图 3-40）。

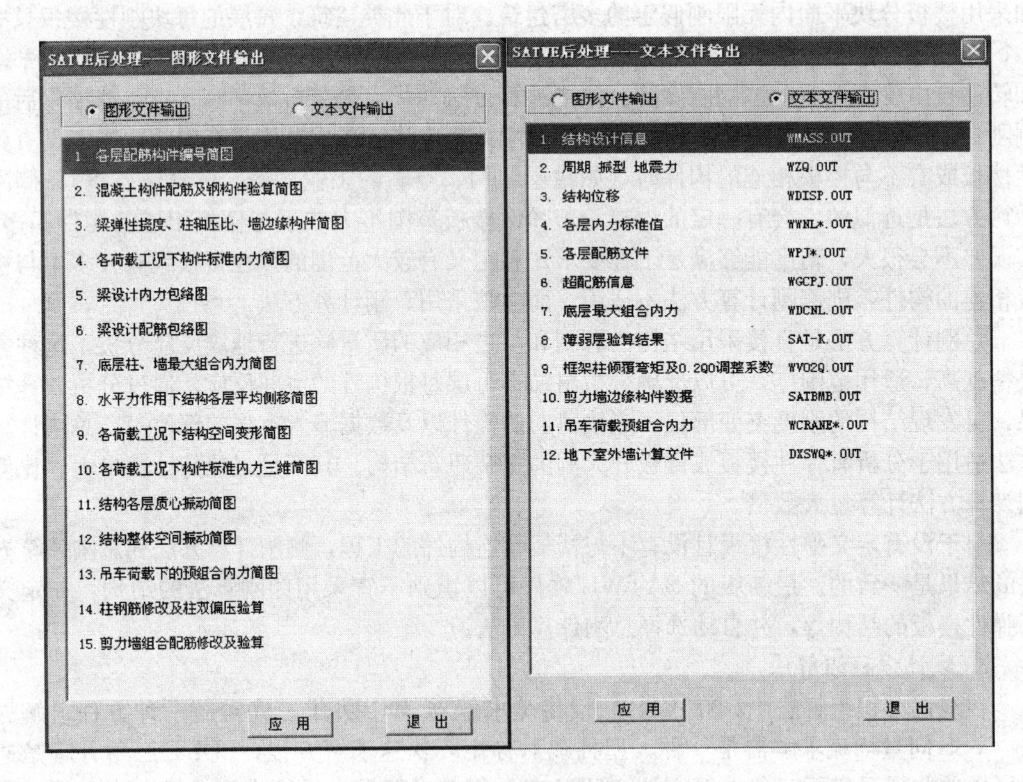

图 3-40 SATWE 后处理——图形文件输出和文本文件输出菜单

3.4.1 图形文件输出

1. 各层配筋构件编号简图

这项菜单的功能是在各层配筋构件编号简图上标注各层梁、柱、支撑和墙-柱及墙-梁的编号。对于墙-梁，在其下部标出了截面的宽度和高度。在第 1 结构层的配筋构件编号简图中，显示本层结构的刚度中心坐标（双同心圆）和质心坐标（带十字线的圆环）。各层配筋构件编号简图的文件名为 WPJW＊.T，其中＊代表楼层号。第 1 层配筋构件编号简图如图 3-41 所示。在结构概念设计中，应尽可能使结构平面对称均匀，其目的之一就是保证结构的质心和刚心尽可能地靠近，避免结构产生过大扭转，对结构不利或者造成破坏。

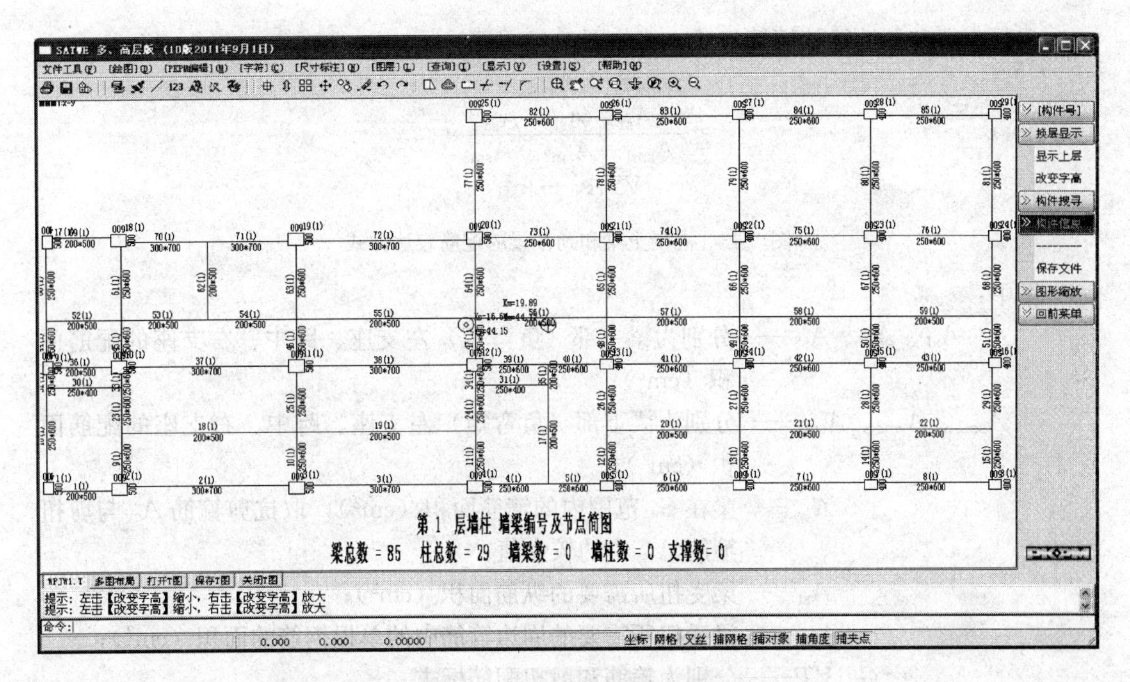

图 3-41 第 1 层配筋构件编号简图

2. 混凝土构件配筋及钢构件验算简图

这项菜单的功能是以图形方式显示配筋验算结果（图 3-42），其输出简图的文件名为 WPJ＊.T，其中＊代表楼层号。

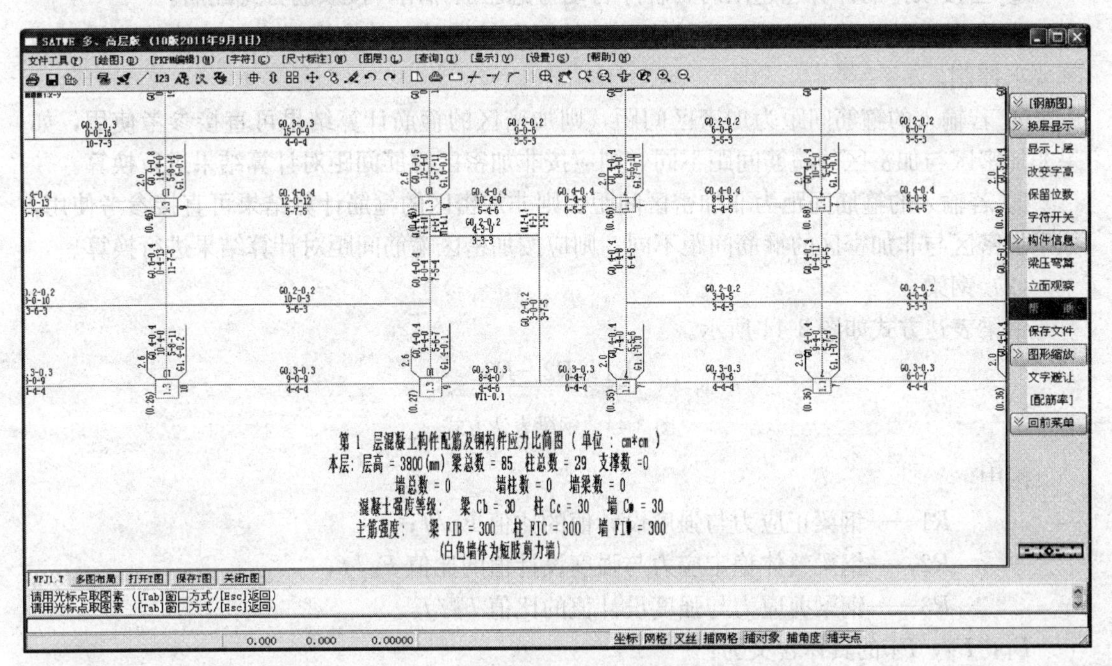

图 3-42 第 1 层混凝土构件配筋及钢构件验算简图

简图上梁、柱、支撑、墙的配筋结果表达方式如下：

(1) 混凝土梁和劲性梁

混凝土梁和劲性梁的配筋表达方式如图 3-43 所示。

$$
\begin{array}{c}
GA_{sv} \\
A_{s1}—A_{s2}—A_{s3} \\
\hline
A_{sm1}—A_{sm2}—A_{sm3} \\
VTA_{st}—A_{st1}
\end{array}
$$

图 3-43 混凝土梁和劲性梁的配筋表达方式

图中：

A_{s1}、A_{s2}、A_{s3}——分别为梁上部（负弯矩）左支座、跨中、右支座的配筋面积（cm^2）；

A_{sm1}、A_{sm2}、A_{sm3}——分别为梁下部（负弯矩）左支座、跨中、右支座的配筋面积（cm^2）；

A_{sv}——梁在 S_b 范围内的箍筋面积（cm^2），取抗剪箍筋 A_{sv} 与剪扭箍筋 A_{stv} 中的较大值；

A_{st}——梁受扭所需要的纵筋面积（cm^2）；

A_{st1}——梁受扭所需要的周边箍筋中的单根钢筋的面积（cm^2）；

G、VT——分别为箍筋和剪扭配筋标志。

梁配筋计算说明：

① 对于配筋率大于 1% 的截面，程序自动按双排筋计算；此时，保护层厚度取 60mm。

② 当按双排筋计算还超限时，程序自动考虑压筋作用，按双筋方式配筋。

③ 各截面的箍筋都是按用户输入的箍筋间距计算的，并按沿梁全长箍筋的面积配箍率要求控制。

④ 若输入的箍筋间距为加密区间距，则加密区的箍筋计算结果可直接参考使用，如果非加密区与加密区的箍筋间距不同，则应按非加密区箍筋间距对计算结果进行换算。

⑤ 若输入的箍筋间距为非加密区间距，则非加密区的箍筋计算结果可直接参考使用，如果加密区与非加密区的箍筋间距不同，则应按加密区箍筋间距对计算结果进行换算。

（2）钢梁

钢梁表达方式如图 3-44 所示。

$$
\underline{R1—R2—R3}
$$

图 3-44 钢梁表达方式

图中：

$R1$——钢梁正应力与强度设计值的比值 F_1/f；

$R2$——钢梁整体稳定应力与强度设计值的比值 F_2/f；

$R3$——钢梁剪应力与强度设计值的比值 F_3/f_v。

F_1，F_2，F_3 的具体含义为：

$F_1=M/(G_b W_{nb})$；

$F_2=M/(F_b W_b)$；

F_3(跨中)$=VS/(I_{tw})$，F_3(支座)$=V/A_{wn}$。

(3) 矩形混凝土柱或劲性混凝土柱

矩形混凝土柱或劲性混凝土柱的配筋表达方式如图 3-45 所示。

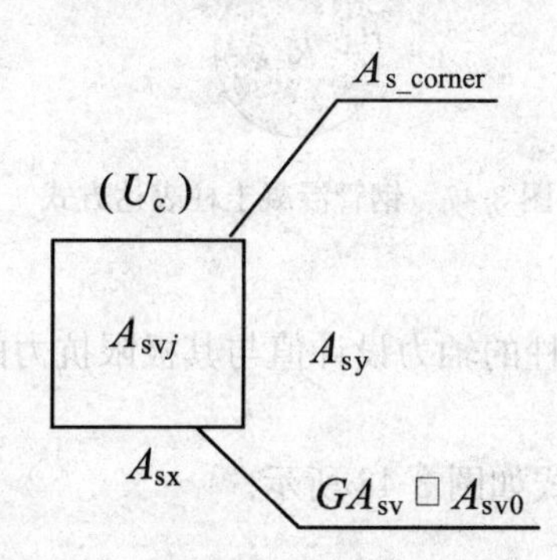

图 3-45　矩形混凝土柱或劲性混凝土柱的配筋表达方式

图中：

A_{s_corner}——柱 1 根角筋的面积，采用双偏压计算时，角筋面积不应小于此值，采用单偏压计算时，角筋面积可不受此值控制（cm^2）；

A_{sx}、A_{sy}——分别为该柱 B 边和 H 边的单边配筋，包括角筋（cm^2）；

A_{svj}——柱在 S_c 范围内的箍筋，它取柱斜截面抗剪箍筋和节点抗剪箍筋中的较大值（cm^2）；

A_{sv}、A_{sv0}——分别为加密区斜截面抗剪箍筋、非加密斜截面抗剪箍筋面积（cm^2）；

U_c——柱的轴压比；

G——箍筋标志。

(4) 钢柱

钢柱表达方式如图 3-46 所示。

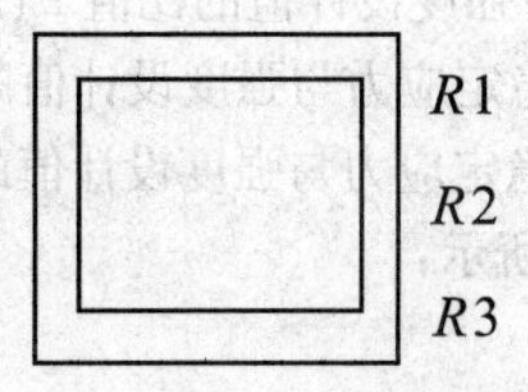

图 3-46　钢柱表达式

图中：

$R1$——钢柱正应力与强度设计值的比值 F_1/f；

$R2$——钢柱 X 向稳定应力与强度设计值的比值 F_2/f；

$R3$——钢柱 Y 向稳定应力与强度设计值的比值 F_3/f。

F_1，F_2，F_3 的具体含义为：

$F_1 = N/A_n + M_x/(G_x \cdot W_{nx}) + M_y/(G_y \cdot W_{ny})$；

$F_2 = N/(F_x \cdot A) + B_{mx} \cdot M_y/(G_x \cdot W_x(1-0.8N/N_{ex})) + B_{ty} \cdot M_y/(F_{by} \cdot W_y)$；

$F_3 = N/(F_y \cdot A) + B_{my} \cdot M_y/(G_y \cdot W_y(1-0.8N/N_{ex})) + B_{tx} \cdot M_x/(F_{bx} \cdot W_x)$。

(5) 钢管混凝土柱

钢管混凝土柱表达方式如图 3-47 所示。

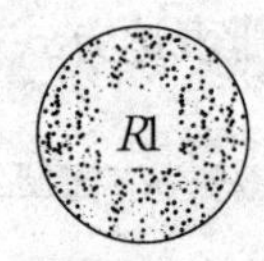

图 3-47 钢管混凝土柱表达方式

图中：

$R1$——钢管混凝土柱的轴力设计值与其极限抗力的比值 N/N_u。

(6) 混凝土支撑

混凝土支撑的配筋表达方式如图 3-48 所示。

$$\frac{A_{sx}—A_{sy}}{GA_{sv}}$$

图 3-48 混凝土支撑的配筋表达方式

图中：

A_{sx}、A_{sy}——分别为支撑 X、Y 边单边配筋面积；

A_{sv}——支撑估计面积，把支撑向 Z 方向投影，即可得到如柱图一样的截面形式。

(7) 钢支撑

钢支撑表达方式如图 3-49 所示。

$$\underline{R1—R2—R3}$$

图 3-49 钢支撑表达方式

图中：

$R1$——钢支撑正应力与强度设计值的比值 F_1/f；

$R2$——钢支撑向 X 向稳定应力与强度设计值的比值 F_2/f；

$R3$——钢支撑向 Y 向稳定应力与强度设计值的比值 F_3/f。

F_1，F_2，F_3 的具体含义如下所示：

$F_1=N/A_n$

$F_2=N/(F_x \cdot A \cdot A_{Tx})$

$F_3=N/(F_y \cdot A \cdot A_{Ty})$

式中：A_n 为净截面面积；A 为毛截面面积；F_x、F_y 分别为截面在 x、y 方向的轴心稳定系数；A_{Tx}、A_{Ty}分别为截面在 x、y 方向的设计强度降低系数。

(8) 墙-柱

墙-柱表达方式如图 3-50 所示。

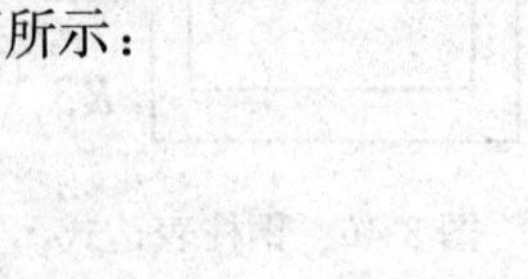

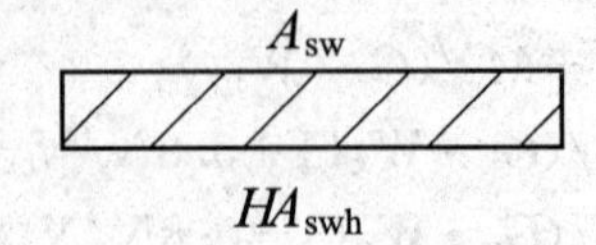

图 3-50 墙-柱表达方式

图中：

A_{sw}——墙肢一端的暗柱配筋总面积（cm^2），如按柱配筋，A_{sw}为按柱对称配筋计算的单边的钢筋面积；

A_{swh}——S_{wh}范围内水平分布筋面积（cm^2）。

(9) 墙-梁

墙-梁表达方式如图 3-51 所示。

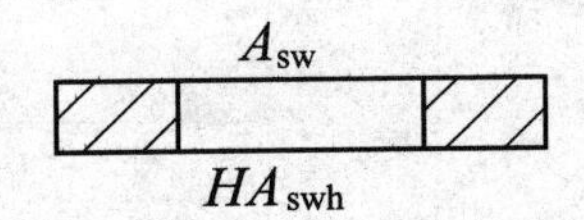

图 3-51　墙-梁表达方式

图中：

A_{sw}——墙-梁一边的主筋面积（cm^2），墙-梁按对称配筋计算；

A_{swh}——墙-梁的箍筋面积，梁箍筋间距 S_b 范围内的箍筋面积（cm^2）。

3. 梁弹性挠度、柱轴压比、墙边缘构件

本界面以图形方式显示轴压比、计算长度系数、梁弹性挠度以及剪力墙、边框柱产生的边缘构件信息，如图 3-52 所示。点击“轴压比”菜单，可以显示柱、墙肢的轴压比，柱两边的两个数分别为该方向的计算长度系数。若柱、墙肢的轴压比超限，则以红色数字显示；对于不超限的轴压比，柱以白色，墙肢以绿色数字显示。柱、墙肢轴压比和计算长度系数简图的文件名为 WPJC＊.T，其中＊代表楼层号。

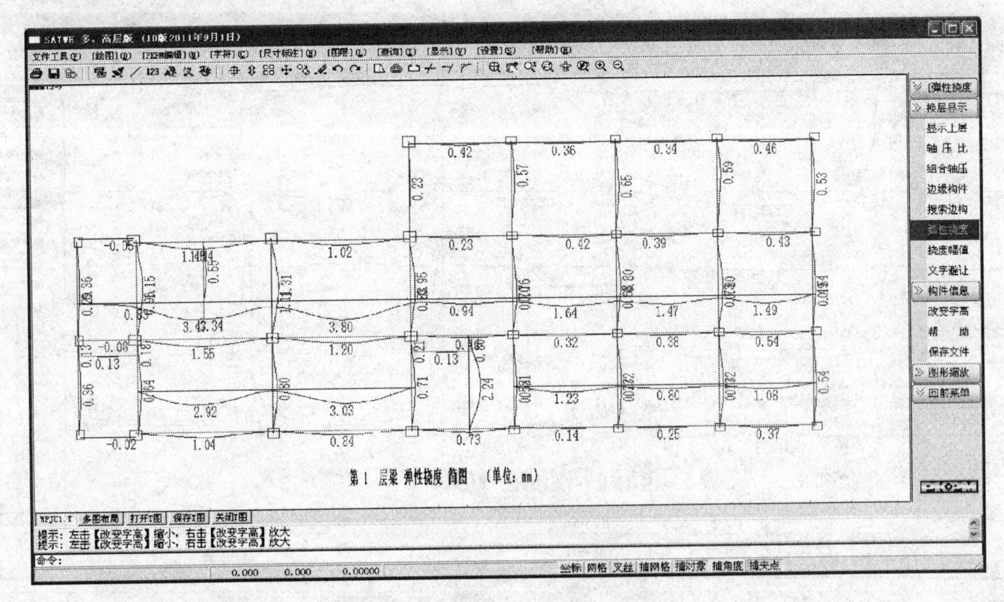

图 3-52　第 1 层梁弹性挠度图

4. 各荷载工况下构件标准内力简图

这项菜单的功能是以图形方式显示各荷载工况下梁柱的标准内力简图，如图 3-53 所示。该图的文件名为 WBEM＊.T，其中＊代表楼层号。

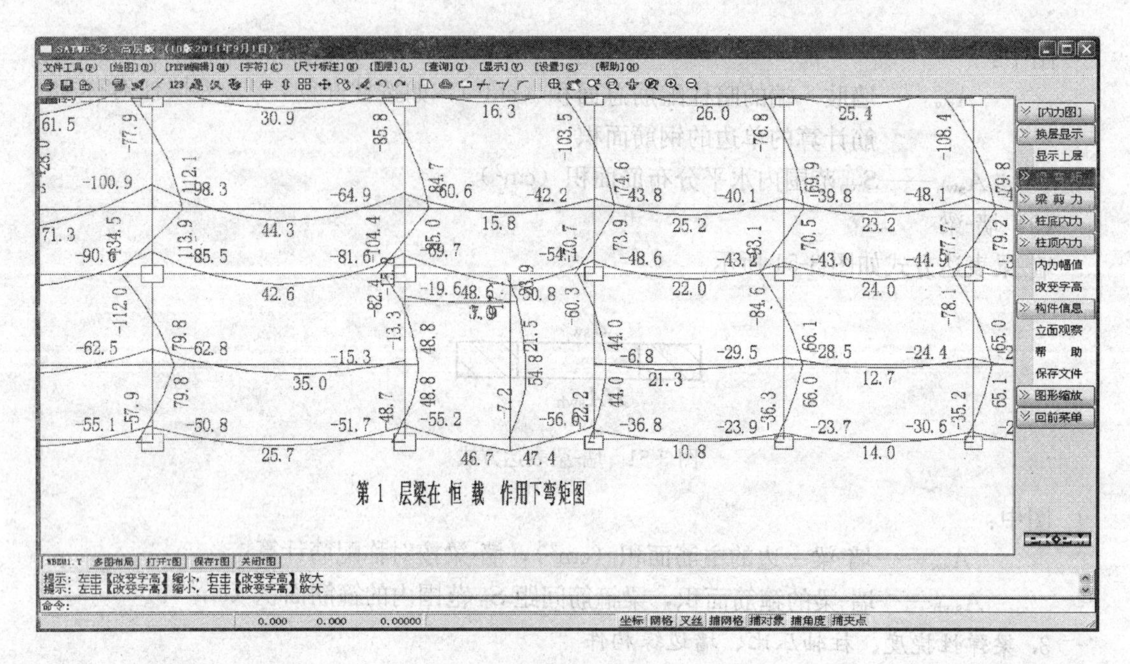

图 3-53 第 1 层恒载标准值下的弯矩图（局部）

5. 梁设计内力包络图

这项菜单的功能是以图形方式显示各梁的截面设计内力包络图，如图 3-54 所示。该图的文件名为 WBEMF＊.T，其中＊代表楼层号。

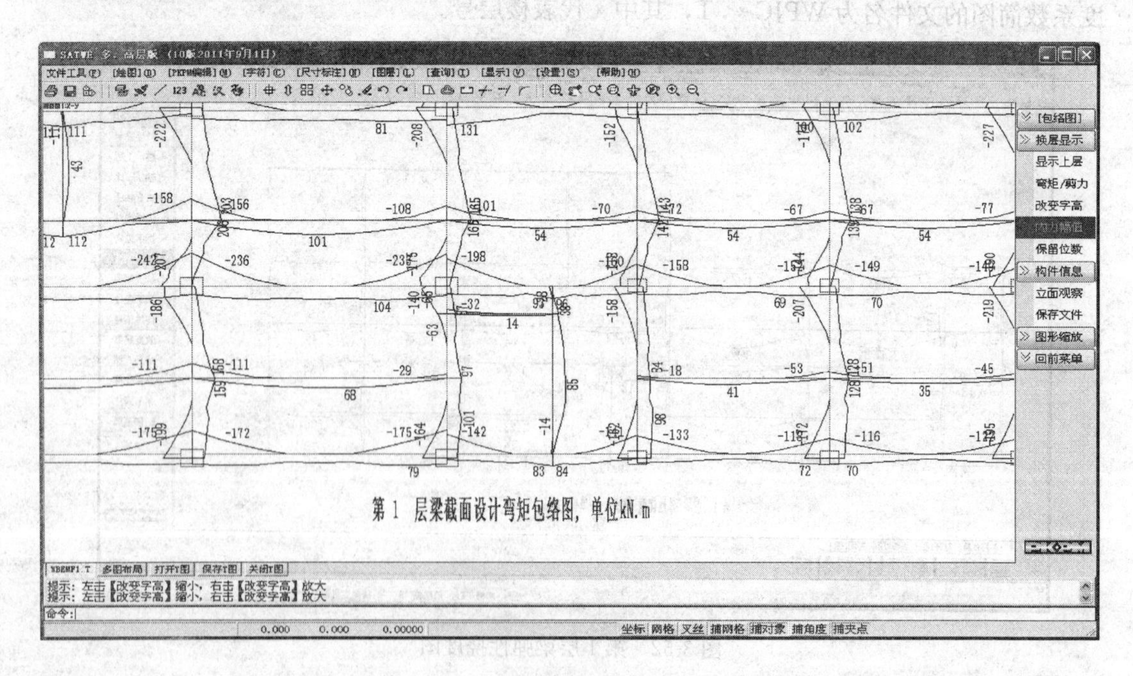

图 3-54 第 1 层梁内力包络图（局部）

6. 梁设计配筋包络图

这项菜单的功能是以图形方式显示梁截面的配筋结果，图面上负弯矩对应的配筋以负

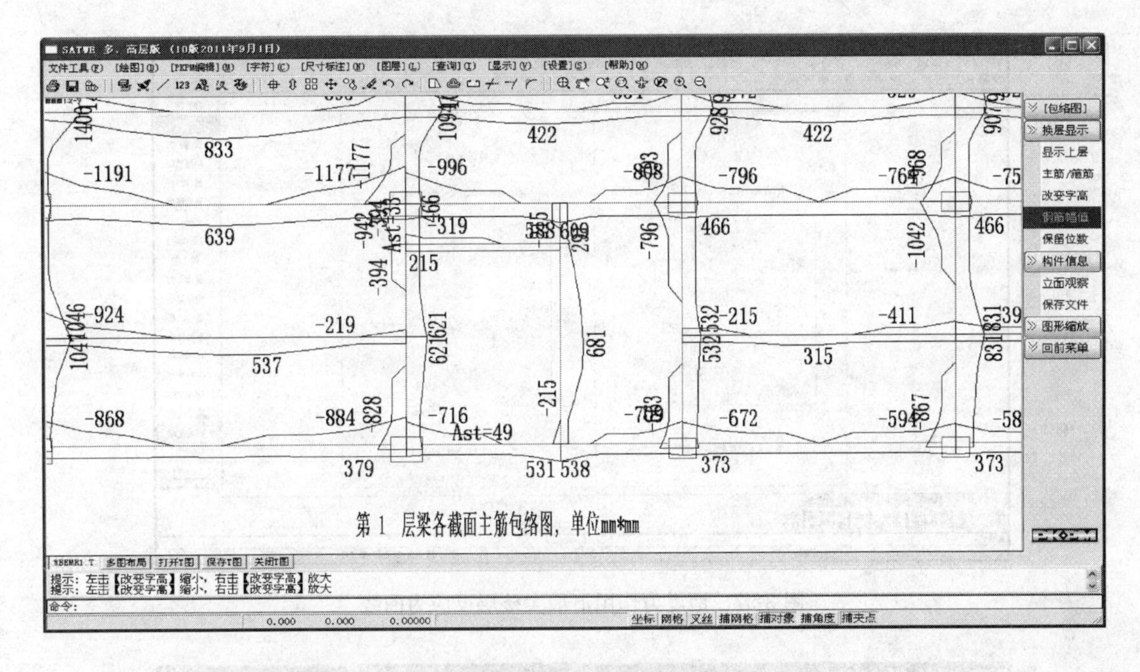

图 3-55 第 1 层梁配筋包络图（局部）

数表示，正弯矩对应的配筋以正数表示，如图 3-55 所示。该图的文件名为 WBEMR＊.T，其中＊代表楼层号。

7. 底层柱、墙最大组合内力简图

这项菜单的功能是可输出用于基础设计的上部荷载，并以图形方式显示出来，该图的文件名为 WDCNL.T，如图 3-56 所示。

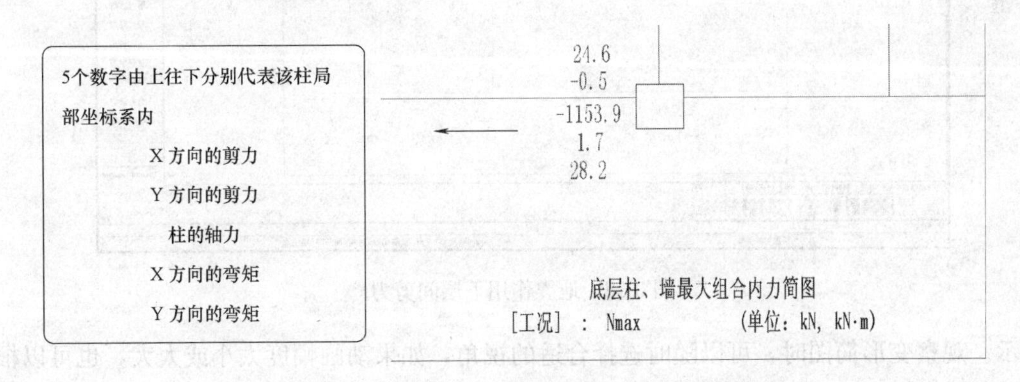

图 3-56 底层柱、墙最大组合内力简图（局部）

8. 水平力作用下结构各层平均侧移简图

选择此项菜单，程序将显示楼层在水平地震作用、风荷载作用下的层间剪力、楼层位移、倾覆弯矩、层位移、层位移角等的图形，部分图形如图 3-57～图 3-59 所示。

9. 各荷载工况下结构空间变形简图

选择此项菜单，程序将显示 X 向地震作用（图 3-60）、Y 向地震作用、X 向风载、Y 向风载、恒载、活载工况下的结构空间变形简图。为了清楚变化趋势，变形简图均以动画

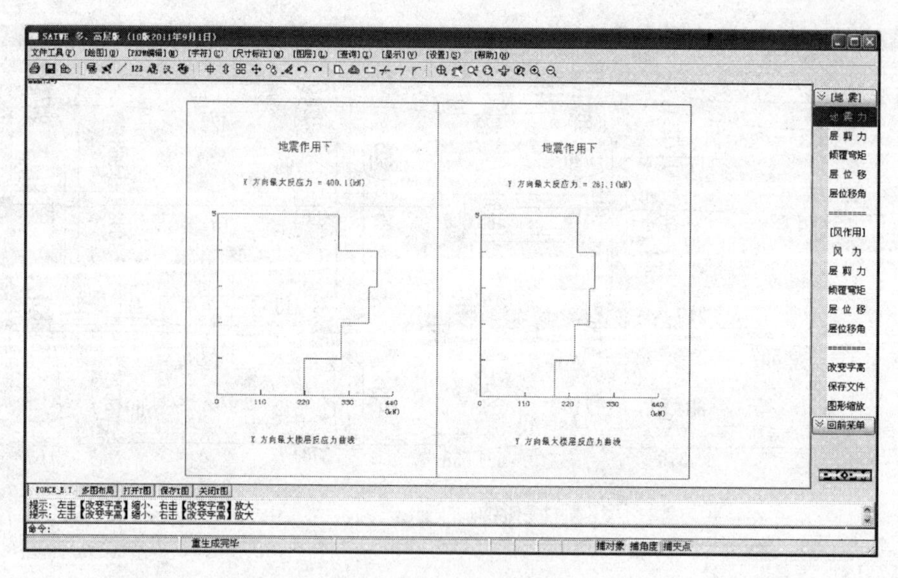

图 3-57　地震力作用下最大楼层反应力曲线

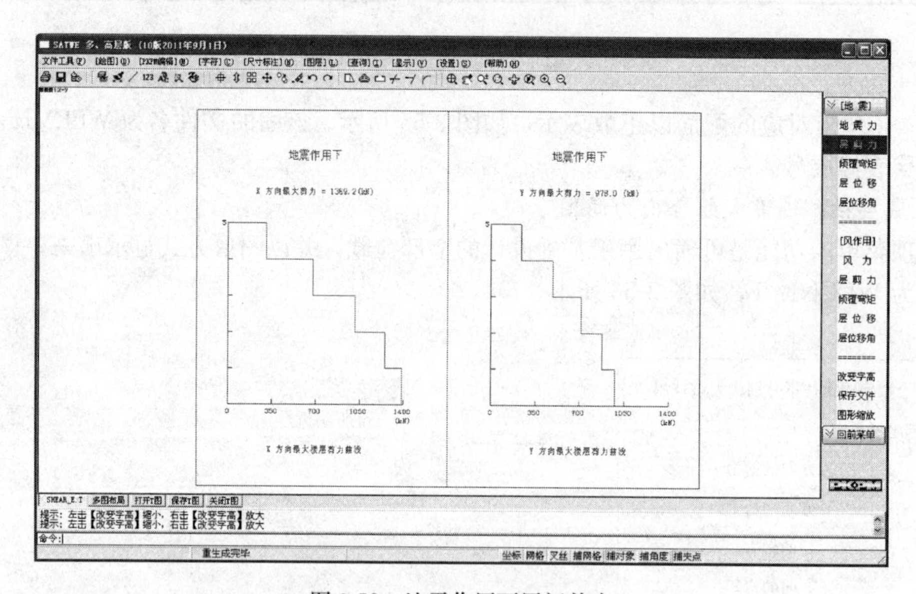

图 3-58　地震作用下层间剪力

显示。观察变形简图时，可以随时选择合适的视角，如果动画幅度太小或太大，也可以根据需要改变幅度。对于复杂的结构，可以应用切片功能取出结构的一榀或任一个平面部分单独观察，这样可以看得清楚。

10. 各荷载工况下构件标准内力三维简图

选择此项菜单，可以查看在地震作用、风荷载、恒荷载及活荷载等各种荷载工况下结构中的梁、柱、墙梁和墙柱各种构件的内力标准值及三维实体显示效果，可绘制和多角度直观地显示实体内力彩图，并保存各种内力显示效果图。

11. 结构各层质心振动简图

选择此项菜单，按照需要绘出各振型的振型图。与侧刚分析模型相对应的结构各层质

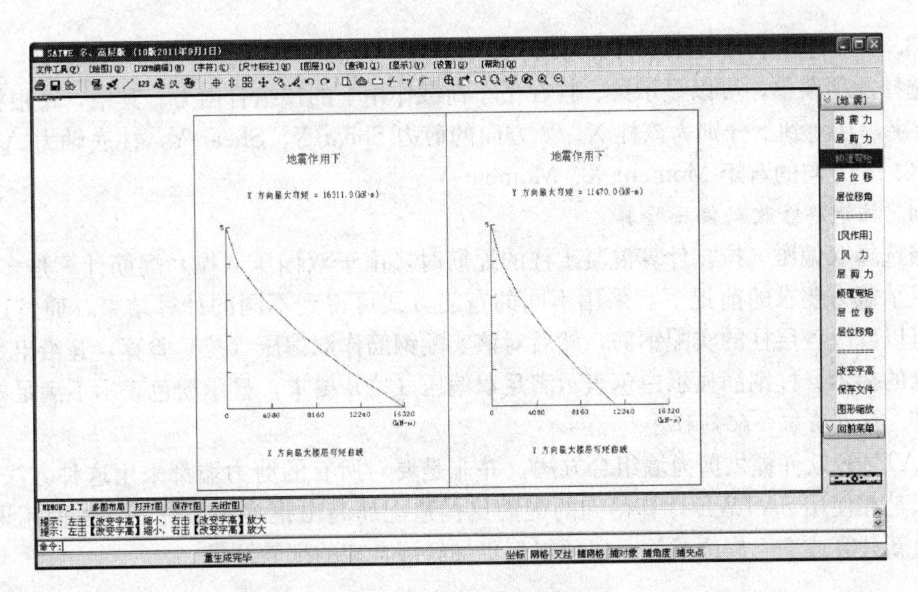

图 3-59　地震作用下的倾覆弯矩

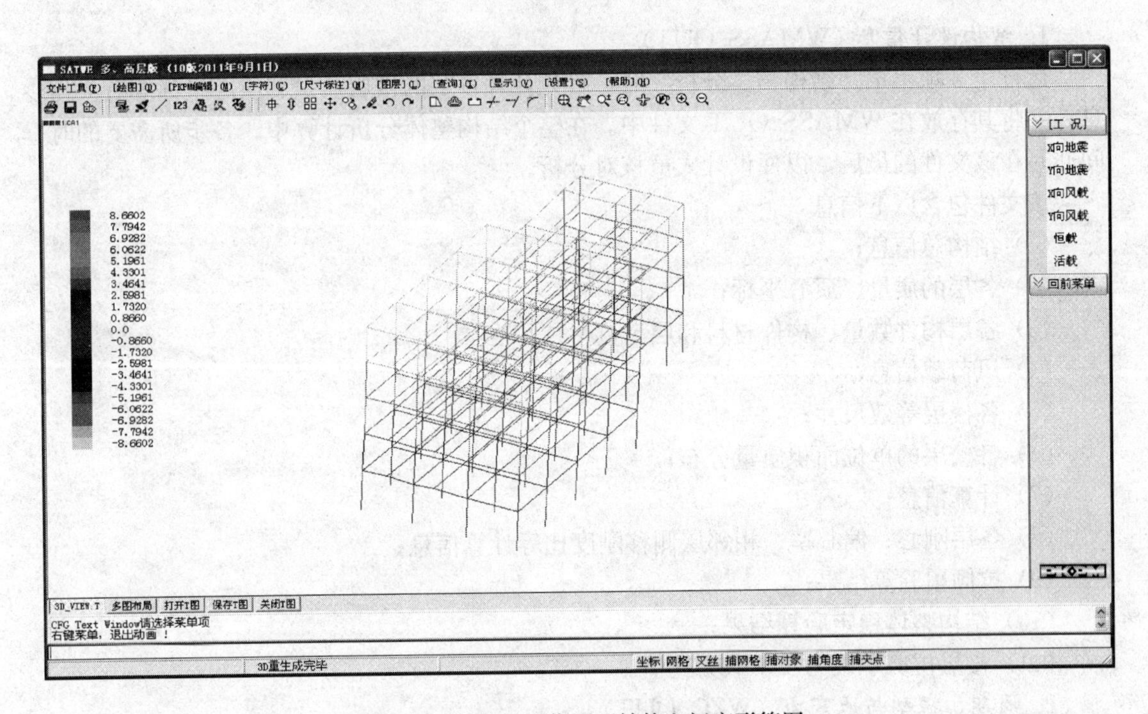

图 3-60　X 向地震作用下结构空间变形简图

心振动简图，显示各个振型时的振型曲线，图形文件名为 WMODE. T；与总刚分析模型相对应的结构整体空间振动简图，显示各个振型时的动态图形。可以查看各个振型振动情况，判断是否能引起结构整体振动，有助于判别结构的第一周期，局部振动周期不能作为第一周期。

12. 结构整体空间振动简图

选择此项菜单，程序将以动画形式显示各振型的空间振动情况。

13. 吊车荷载下的预组合内力简图

选择此项菜单，可以显示梁、柱在吊车荷载作用下的预组合内力。其中，每根柱输出5个数字，从上到下分别为该柱X、Y方向的剪力Shear-X、Shear-Y，柱底轴力Axial和该柱X、Y方向的弯矩Moment-X、Moment-Y。

14. 柱钢筋修改双偏压验算

当选择双偏压（拉）计算混凝土柱的配筋时，由于双偏压（拉）配筋计算是多解的，在满足承载力要求的前提下，采用不同的布筋方式可得到不同的计算结果。通过这项菜单，可以修改各层柱的实配钢筋，然后对该实配钢筋作双偏压（拉）验算，并给出是否满足要求的提示。柱钢筋显示白色表示满足双偏压（拉）要求，显示粉色表示不满足要求。

15. 剪力墙组合配筋程序

SATWE软件提供剪力墙组合方法，并非是要对所有的剪力墙都采用这种方法配筋。一般只是在使用SATWE计算得到的配筋比构造配筋高出很多的情况下，才使用该程序进行重新计算或交互修改验算，以便得到更加经济合理的配筋结果。

3.4.2 文本输出

1. 结构设计信息（WMASS. OUT）

运行第2项菜单“结构整体分析”时，首先计算各层的楼层质量和质心坐标等有关信息，并将其存放在WMASS. OUT文件中。在整个结构整体分析计算中。各步所需要的时间亦写在该文件的最后，以便设计人员核对分析。

该文件包含以下信息：

（1）结构总信息；

（2）各层的质量、质心坐标；

（3）各层构件数量、构件材料和层高；

（4）风荷载信息；

（5）各楼层等效尺寸；

（6）各楼层的单位面积质量分布；

（7）计算信息；

（8）各层刚心、偏心率、相邻层侧移刚度比等计算信息；

（9）抗倾覆验算结果；

（10）结构整体稳定验算结果；

（11）楼层抗剪承载力及承载力比值。

2. 周期、振型与地震力（WZQ. OUT）

执行完“结构整体分析”后，即得到该文件，该文件输出内容有助于设计人员对结构的整体性能进行评估分析。

该文件包含以下信息：

（1）考虑扭转耦联时的振动周期（s），X向、Y向的平动系数、扭转系数；

（2）地震作用最大的方向；

（3）各振型的地震力（X向、Y向）；

（4）各振型下的基底剪力（X向、Y向）；

（5）有效质量系数（X 向、Y 向）；

（6）各楼层的地震作用、层剪力、剪重比和层弯矩；

（7）各层地震剪力系数的调整（X 向、Y 向）。

3. 结构位移（WDISP. OUT）

若在“计算控制参数”菜单中“结果输出方式”一行选择“简”，则 WDISP. OUT 文件中只有各工况下每层的最大位移信息，若选“详”，除以上信息外，还有各工况下的结构各节点 3 个线位移和 3 个转角位移的信息。

4. 各层内力标准值（WWNL＊. OUT）

点取“查看各层内力标准值（WNL＊. OUT）”菜单后，屏幕弹出一页内力文件选择菜单，用户可移动光标选取要查看的内力文件。若结构层数比较多，可点取“Up”或“Down”按钮向前或向后翻页。各层内力输出文件名为 WNL＊. OUT，其中＊表示楼层号。

每层内力输出文件都包括以下 6 项内容：

（1）荷载工况代号；

（2）各工况下柱（含支撑）在局部坐标下的轴力、弯矩和剪力标准值；

（3）各工况下墙-柱在局部坐标下的轴力、弯矩和剪力标准值；

（4）各工况下墙-梁在局部坐标下的弯矩、剪力、轴力标准值；

（5）各工况下梁在局部坐标下的弯矩、剪力、轴力和扭矩标准值；

（6）竖向荷载（恒载、活载、恒载＋活载）作用下所有竖向构件（柱、墙）的轴力之和。

5. 各层配筋文件（WPJ＊. OUT）

各层输出一个文件，显示该层各构件的配筋信息，用于构件设计。

6. 超配筋信息（WGCPJ. OUT）

超配筋信息是随着配筋一起输出的，即要求程序计算几层配筋，WGCPJ. OUT 文件中就有几层超筋超限信息，且后次计算会覆盖前次计算的超筋超限内容。因此要想得到整个结构的超筋信息，必须从第一层到顶层一起计算配筋。程序认为不满足规范规定的，均属于超筋超限，在配筋简图中以红色字符显示。

7. 底层最大组合内力（WDCNL. OUT）

该文件显示底层柱和墙柱的组合内力。

8. 薄弱层验算结果（SAT-K. OUT）

该文件与总层数为 12 层以下的钢筋混凝土矩形柱框架薄弱层结构有关，显示按简化计算方法进行罕遇地震下结构弹塑性变形的验算结果，主要包括楼层的屈服强度系数和大震下楼层的弹塑性位移角。

9. 框架柱倾覆弯矩及 $0.2V_0$ 调整结果（WV02Q. OUT）

该文件与框架-剪力墙结构有关，显示框架承担的地震倾覆弯矩、地震剪力及剪力调整系数。在第一次正式计算内力之前，程序判断是否要进行 $0.2V_0$ 的调整，如要调整则先计算调整系数，并存入 WV02Q. OUT 文件中。

10. 剪力墙边缘构件数据（SATBMB. OUT）

该文件与带剪力墙的结构有关，显示各层剪力墙边缘构件几何尺寸和配筋信息。

11. 吊车荷载预组合内力（WCRANE＊.OUT）

该文件与工业厂房结构有关，可显示各层梁、柱在吊车荷载作用下的预组合内力。

3.5 计算结果合理性判断及设计调整

电算后数据输出量很大，因此对计算结果的合理性、可靠性进行判断就显得尤为重要。一般可参考以下几点进行判断分析。

3.5.1 自振周期

周期大小与刚度的平方根成反比，与结构质量的平方根成正比。周期的大小与结构在地震中的反应有密切关系，最基本的是不能与场地土的卓越周期一致，否则会发生类共振。

对于比较正常的工程设计，其不考虑折减的计算自振周期大概在下列范围中：

第一振型周期：

框架结构：$T_1=(0.12\sim0.15)n$；

框架-剪力墙结构和框架-筒体结构：$T_1=(0.06\sim0.12)n$；

剪力墙结构和筒中结构：$T_1=(0.04\sim0.06)n$（n 为建筑层数）。

本文工程示例计算结果显示如图 3-61 所示，第一振型周期 $T_1=0.8258$s，第二振型周期 $T_2=0.6580$s，第三周期 $T_3=0.6027$s，略超出上述经验范围。周期通过“周期、振型、地震力”菜单中的“WZQ.OUT”文件输出。

如果计算结果偏离上述数值太远，应考虑工程中截面是否太大或太小，剪力墙数量是否合理，应适当进行调整。反之，如果截面尺寸、结构布置都正确，无特殊情况而偏离太远，则应检查输入数据是否有错误。

以上判断是根据平移振动振型分解方法提出的。考虑扭转耦连振动时，情况复杂很多，首先应选择与平移振动对应的振型来进行上述比较。

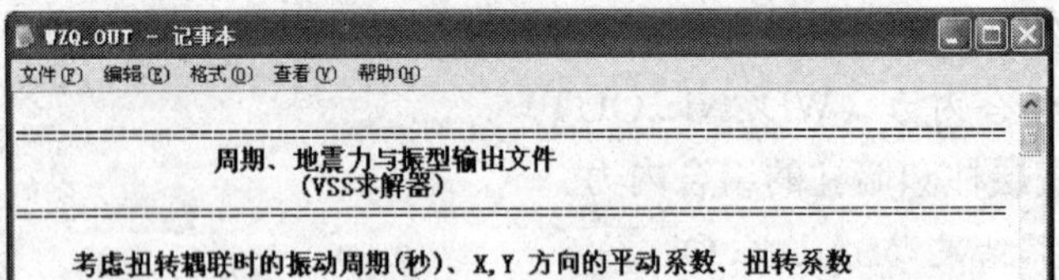

WZQ.OUT - 记事本

文件(F) 编辑(E) 格式(O) 查看(V) 帮助(H)

周期、地震力与振型输出文件
(VSS求解器)

考虑扭转耦联时的振动周期(秒)、X,Y 方向的平动系数、扭转系数

振型号	周 期	转 角	平动系数 (X+Y)	扭转系数
1	0.8258	92.10	0.81 (0.00+0.81)	0.19
2	0.6580	4.26	0.99 (0.98+0.01)	0.01
3	0.6027	101.86	0.27 (0.01+0.26)	0.73
4	0.2779	91.66	0.78 (0.00+0.78)	0.22
5	0.2263	4.38	0.99 (0.99+0.01)	0.01
6	0.2020	103.81	0.24 (0.01+0.22)	0.76
7	0.1646	89.92	0.80 (0.00+0.80)	0.20
8	0.1398	27.36	0.37 (0.29+0.08)	0.63
9	0.1385	169.03	0.73 (0.71+0.03)	0.27
10	0.1162	89.55	0.82 (0.00+0.82)	0.18
11	0.0995	99.50	0.20 (0.01+0.19)	0.80
12	0.0968	1.47	1.00 (0.99+0.00)	0.00
13	0.0944	90.51	0.74 (0.00+0.74)	0.26
14	0.0751	2.90	0.99 (0.99+0.00)	0.01
15	0.0739	100.38	0.26 (0.01+0.25)	0.74

地震作用最大的方向 = -89.649 (度)

图 3-61 各振型的自振周期值

3.5.2 振型曲线

在正常的计算下，对于比较均匀的结构，振型曲线应是比较连续光滑的曲线，不应有大进大出，大的凸凹曲折。

第一振型无零点；第二振型在（0.7～0.8）H 处；第三振型分别在（0.4～0.5）H 及（0.8～0.9）H。点击此项菜单，可绘出各振型的振型图。本例选择 15 个振型，X 方向的前 3 个平动振型是：第 2 振型、第 5 振型、第 9 振型，选择“Mode2、Mode5、Mode9”，如图 3-62 所示。Y 方向的前三个平动振型是：第 1 振型、第 4 振型、第 7 振型，选择“Mode1、Mode4、Mode7”，如图 3-63 所示。

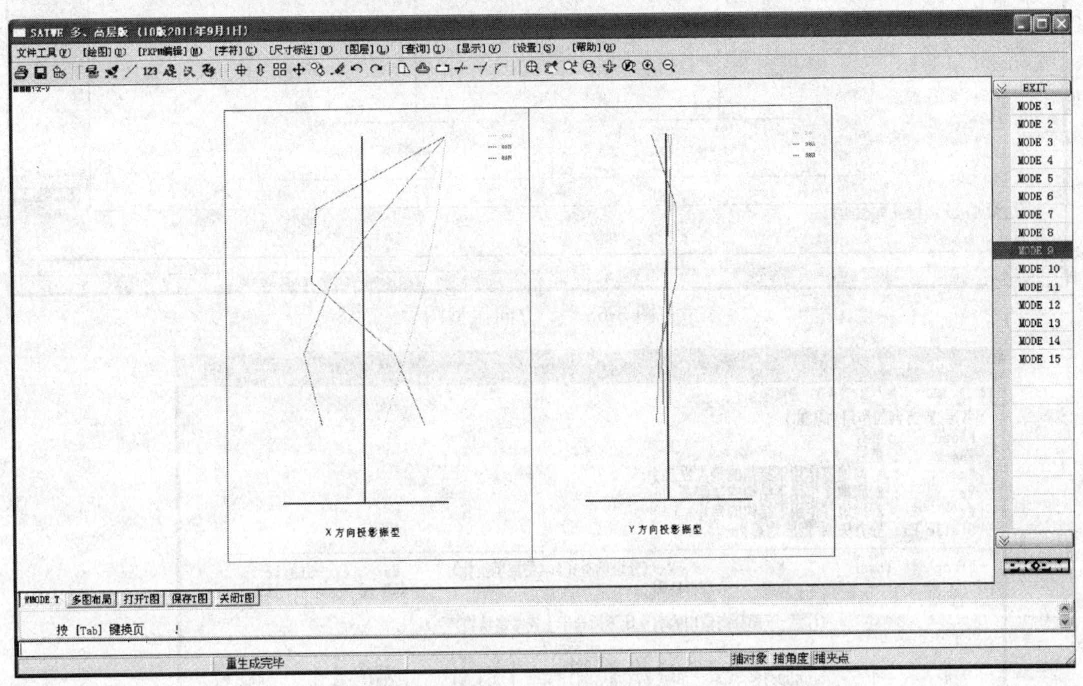

图 3-62 X 方向振型图

3.5.3 剪重比

剪重比主要是限制各楼层的最小水平地震剪力，确保周期较长的结构安全，详见《抗规》第 5.2.5 条，《高规》第 3.3.13 条及相应的条文说明。这个要求如同最小配筋率的要求，计算出来的水平地震剪力如果达不到规范的最低要求，就要人为提高，并按这个最低要求完成后续的计算。

图 3-64 和图 3-65 分别给出 X 方向和 Y 方向的各楼层剪重比与有效质量系数。剪重比满足《抗规》第 5.2.5 条规定。剪重比通过“周期、振型、地震力”菜单中的“WZQ.OUT”文件输出。

若剪重比不满足要求，则需进行如下调整：

1. 若结构剪重比不满足规范要求，建议先不要选择程序自动调整。首先考查剪重比原始值，若与规范要求相差较大，应优化设计方案，改进结构布局，调整结构刚度。当剪

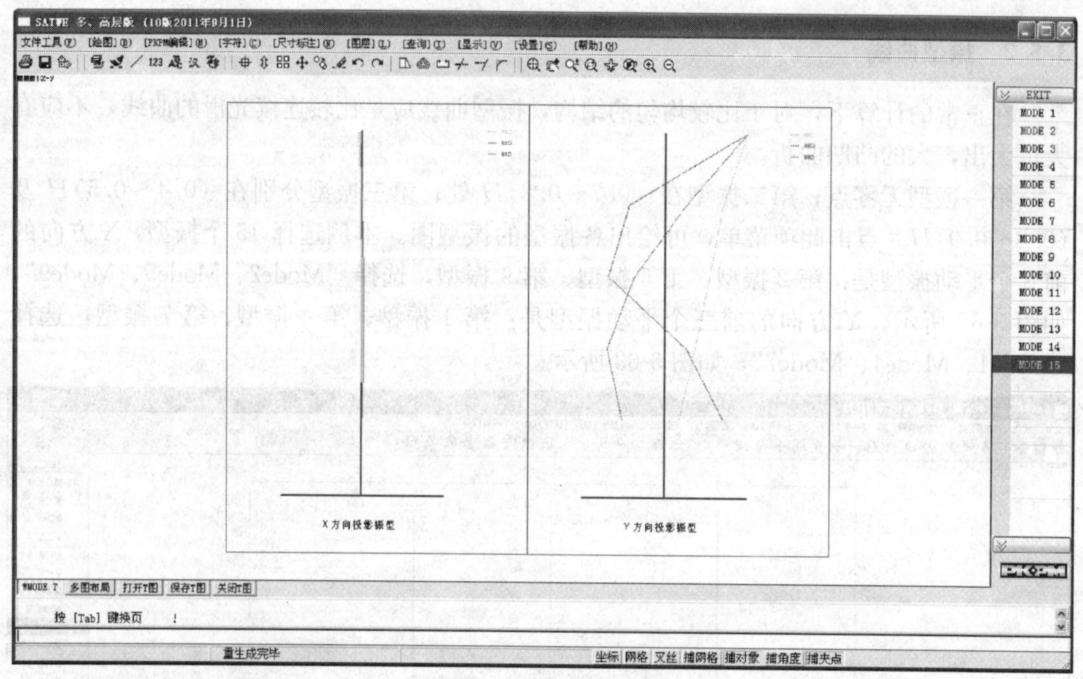

图 3-63 Y 方向振型图

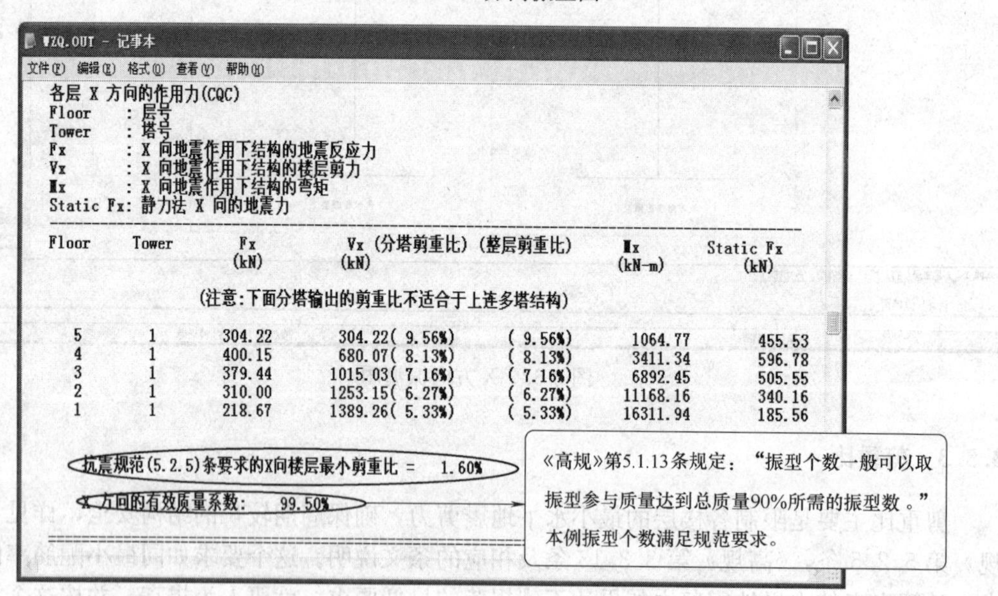

WZQ.OUT - 记事本

文件(F) 编辑(E) 格式(O) 查看(V) 帮助(H)

各层 X 方向的作用力(CQC)
Floor : 层号
Tower : 塔号
Fx : X 向地震作用下结构的地震反应力
Vx : X 向地震作用下结构的楼层剪力
Mx : X 向地震作用下结构的弯矩
Static Fx: 静力法 X 向的地震力

(注意:下面分塔输出的剪重比不适合于上连多塔结构)

Floor	Tower	Fx (kN)	Vx (分塔剪重比) (kN)	(整层剪重比)	Mx (kN-m)	Static Fx (kN)
5	1	304.22	304.22(9.56%)	(9.56%)	1064.77	455.53
4	1	400.15	680.07(8.13%)	(8.13%)	3411.34	596.78
3	1	379.44	1015.03(7.16%)	(7.16%)	6892.45	505.55
2	1	310.00	1253.15(6.27%)	(6.27%)	11168.16	340.16
1	1	218.67	1389.26(5.33%)	(5.33%)	16311.94	185.56

抗震规范(5.2.5)条要求的X向楼层最小剪重比 = 1.60%

X 方向的有效质量系数: 99.50%

图 3-64 X 方向各楼层剪重比与有效质量系数

重比和规范相差不大时，在选择该项自动调整地震剪力，以完全满足规范要求。

2. 如果还需人工干预，可按下列 3 种情况进行调整：

(1) 当地震剪力偏小而层间侧移角又偏大时，说明结构过柔，宜适当加大墙、柱截面，提高刚度。

(2) 当地震剪力偏大而层间侧移角又偏小时，说明结构过刚，宜适当减小墙、柱截面，降低刚度以取得合适的经济技术指标。

(3) 当地震剪力偏小而层间侧移角又恰当时，可在 SATWE 的“调整信息”中的

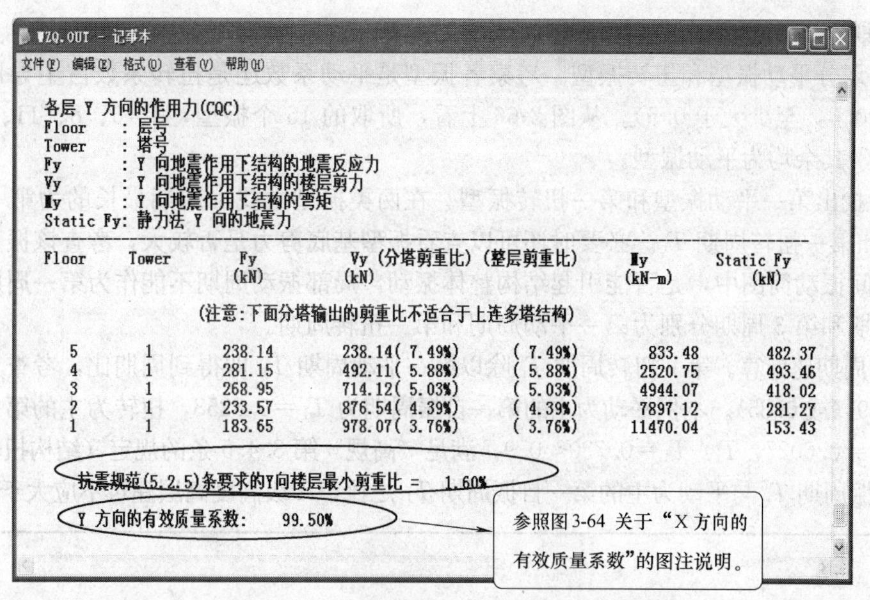

WZQ.OUT - 记事本

文件(F) 编辑(E) 格式(O) 查看(V) 帮助(H)

各层 Y 方向的作用力(CQC)
Floor : 层号
Tower : 塔号
Fy : Y 向地震作用下结构的地震反应力
Vy : Y 向地震作用下结构的楼层剪力
My : Y 向地震作用下结构的弯矩
Static Fy: 静力法 Y 向的地震力

Floor	Tower	Fy (kN)	Vy (分塔剪重比) (kN)	(整层剪重比)	My (kN-m)	Static Fy (kN)
		(注意:下面分塔输出的剪重比不适合于上连多塔结构)				
5	1	238.14	238.14(7.49%)	(7.49%)	833.48	482.37
4	1	281.15	492.11(5.88%)	(5.88%)	2520.75	493.46
3	1	268.95	714.12(5.03%)	(5.03%)	4944.07	418.02
2	1	233.57	876.54(4.39%)	(4.39%)	7897.12	281.27
1	1	183.65	978.07(3.76%)	(3.76%)	11470.04	153.43

抗震规范(5.2.5)条要求的Y向楼层最小剪重比 = 1.60%

Y 方向的有效质量系数: 99.50%

图3-65 Y方向各楼层剪重比与有效质量系数

“全楼地震作用放大系数”中输入大于1的系数增大地震作用，以满足剪重比要求。

注意：

1. 正确计算剪重比，必须选取足够的振型个数，使有效质量系数大于0.9。
2. 地下室由于受到回填土的约束作用，可以不考虑剪重比调整。

3.5.4 周期比

扭转周期和平动周期之比是控制结构扭转效应的重要指标，是结构扭转刚度、扭转惯量分布大小的综合反应。控制周期比主要是限制结构的抗扭刚度不能太弱，使结构具有必要的抗扭刚度，减小扭转对结构产生的不利影响，实质上是控制结构的扭转变形小于结构的平动变形。周期比不是要求结构足够结实，而是要求结构刚度布局合理，以此控制结构地震作用下结构扭转激励振动效应不成为主振动效应，避免结构扭转破坏。

补充说明：

1.《高规》第3.4.5条规定：“结构平面布置应减少扭转的影响。在考虑偶然偏心影响的地震作用下，楼层竖向构件的最大水平位移和层间位移，A级高度高层建筑不宜大于该楼层平均值的1.2倍，不应大于该楼层平均值的1.5倍；B级高度高层建筑、混合结构高层建筑及本规程第10章所指的复杂高层建筑不宜大于该楼层平均值的1.2倍，不应大于该楼层平均值的1.4倍。结构扭转为主的第一自振周期 T_t 与平动为主的第一自振周期 T_1 之比，A级高度高层建筑不应大于0.9，B级高度高层建筑、混合结构高层建筑及本规程第10章所指的复杂高层建筑不应大于0.85。”

2. 周期通过“周期、振型、地震力”菜单中的“WZQ.OUT”文件的周期、振型、地震作用部分输出。

周期比计算方法如下（图 3-66）：

1. 划分平动振型和扭转振型。考察各振型是平动系数还是扭转系数占主导地位（最好大于 0.8，至少大于 0.5）。从图 3-66 上看，所取的 15 个振型，3、6、8、11、15 为扭转振型，其余均为平动振型。

2. 找出第一平动振型和第一扭转振型。在两类振型中找出周期最长的为第一平动周期 T_1 和第一扭转周期 T_t。必要时还可以查看振型基底剪力是否较大，考查该振型在结构整体空间振动简图中，是否能引起结构整体振动，局部振动周期不能作为第一周期。本例第 1 周期和第 3 周期分别为第一平动周期和第一扭转周期。

3. 周期比计算。第一扭转周期 T_t 除以第一平动周期 T_1 即得到周期比，考查其值是否小于 0.9（或 0.85）。本例平动为主的第一自振周期为 $T_1=0.8258$，扭转为主的第一自振周期为 $T_t=0.6027$，$T_t/T_1=0.730<0.9$，满足《高规》第 3.4.5 条的规定（结构扭转为主的第一自振周期 T_t 与平动为主的第一自振周期 T_1 之比，A 级高度高层建筑不应大于 0.9）。

注意：

1. 在结构符合刚性楼板假定时，周期比计算应在刚性楼板假定下进行；对于不适宜刚性楼板假定的复杂高层建筑结构，不宜考虑周期比控制。

2. 对于多塔大底盘结构，各个塔楼宜分别计算周期比。

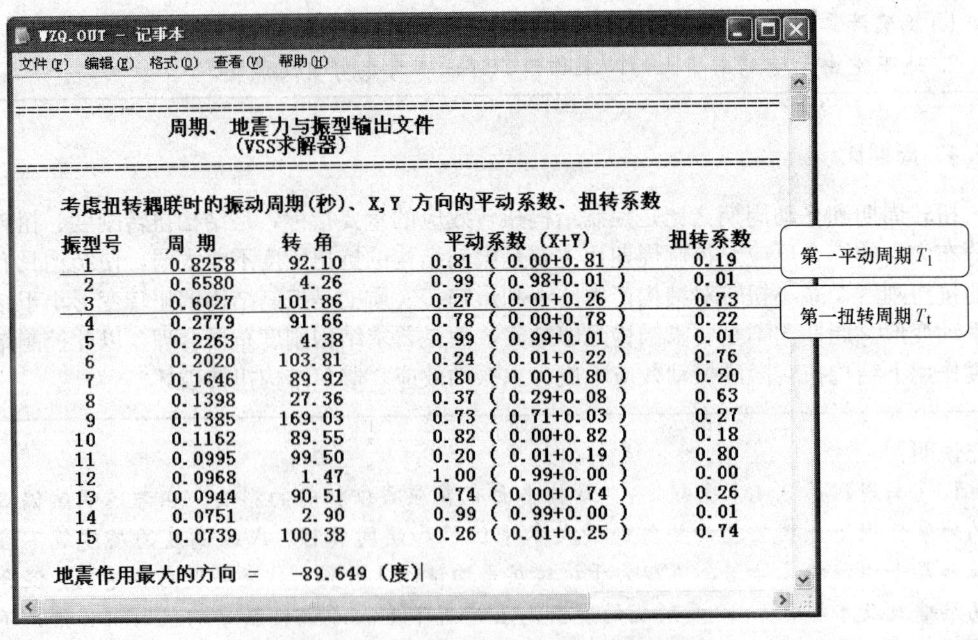

振型号	周 期	转 角	平动系数 (X+Y)	扭转系数
1	0.8258	92.10	0.81 (0.00+0.81)	0.19
2	0.6580	4.26	0.99 (0.98+0.01)	0.01
3	0.6027	101.86	0.27 (0.01+0.26)	0.73
4	0.2779	91.66	0.78 (0.00+0.78)	0.22
5	0.2263	4.38	0.99 (0.99+0.01)	0.01
6	0.2020	103.81	0.24 (0.01+0.22)	0.76
7	0.1646	89.92	0.80 (0.00+0.80)	0.20
8	0.1398	27.36	0.37 (0.29+0.08)	0.63
9	0.1385	169.03	0.73 (0.71+0.03)	0.27
10	0.1162	89.55	0.82 (0.00+0.82)	0.18
11	0.0995	99.50	0.20 (0.01+0.19)	0.80
12	0.0968	1.47	1.00 (0.99+0.00)	0.00
13	0.0944	90.51	0.74 (0.00+0.74)	0.26
14	0.0751	2.90	0.99 (0.99+0.00)	0.01
15	0.0739	100.38	0.26 (0.01+0.25)	0.74

图 3-66 各振型的周期值与振型形态信息

周期比不满足要求，说明结构的抗扭刚度相对于侧移刚度较小，扭转效应过大，结构抗侧力构件布置不合理。

周期比不满足时的调整方法为：只能通过人工调整改变结构布置，提高结构的抗扭刚度；总的调整原则是加强结构外围墙、柱或梁的刚度，适当削弱结构中间墙、柱的刚度；

利用结构刚度与周期的反比关系，合理布置抗侧力构件，加强需要减小周期方向（包括平动方向和扭转方向）的刚度，或削弱需要增大周期方向的刚度。

注意：

1. SATWE 程序中的振型是以其周期的长短排序的。

2. 结构的第一、第二振型宜为平动，扭转周期宜出现在第三振型及以后。参见《抗规》第 3.5.3 条 3 款及条文说明（结构在两个主轴方向的动力特性（周期和振型）宜相近）。

3. 当第一振型为扭转时，说明结构的抗扭刚度相对于其两个主轴（第二振型转角方向和第三振型转角方向，一般都靠近 X 轴和 Y 轴）的抗侧移刚度过小，此时宜沿两主轴适当加强结构外围的刚度，并适当削弱结构内部的刚度。

4. 当第二振型为扭转时，说明结构沿两个主轴方向的抗侧移刚度相差较大，结构的抗扭刚度相对其中一主轴（第一振型转角方向）的抗侧移刚度是合理的；但相对于另一主轴（第三振型转角方向）的抗侧移刚度则过小，此时宜适当削弱结构内部沿第三振型转角方向的刚度，并适当加强结构外围（主要是沿第一振型转角方向）的刚度。

5. 在进行上述调整的同时，应注意使周期比满足规范的要求。

6. 当第一振型为扭转时，周期比肯定不满足规范的要求；当第二振型为扭转时，周期比较难满足规范的要求。

3.5.5 层间受剪承载力比

层间受剪承载力比主要为了限制结构竖向布置的不规则性，避免楼层抗侧力结构的受剪承载能力沿竖向突变，形成薄弱层，详见《抗规》第 3.4.4 条、《高规》第 3.5.7 条及相应的条文说明。对于形成的薄弱层应按《高规》第 3.5.8 条予以加强。

图 3-67 给出各楼层的抗剪承载力、承载力比值。由图可知，楼层抗剪承载力满足《高规》第 3.5.3 条的规定（A 级高度高层建筑的楼层层间抗侧力结构的受剪承载力不宜小于其上一层受剪承载力的 80%，不应小于其上一层受剪承载力的 65%）。层间受剪承载力比通过“结构设计信息”菜单中的“WMASS. OUT”文件输出。

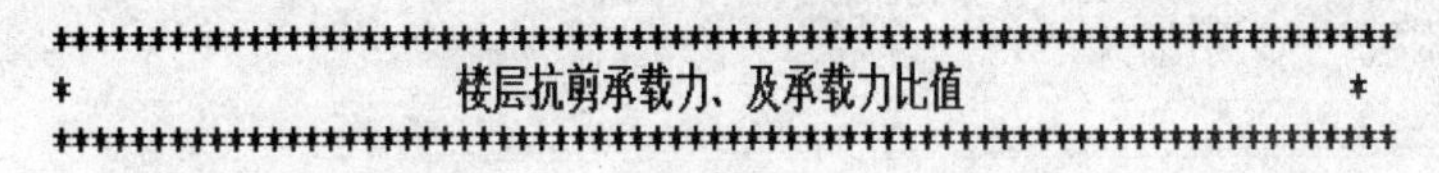

Ratio_Bu: 表示本层与上一层的承载力之比

层号	塔号	X向承载力	Y向承载力	Ratio_Bu:X	Ratio_Bu:Y
5	1	0.1986E+04	0.1627E+04	1.00	1.00
4	1	0.3675E+04	0.3197E+04	1.85	1.97
3	1	0.4520E+04	0.4011E+04	1.23	1.25
2	1	0.5421E+04	0.4695E+04	1.20	1.17
1	1	0.5717E+04	0.4955E+04	1.05	1.06

X方向最小楼层抗剪承载力之比： 1.00 层号： 5 塔号： 1
Y方向最小楼层抗剪承载力之比： 1.00 层号： 5 塔号： 1

若有竖向刚度突变而形成薄弱层应按《高规》第 3.5.8 条予以加强，手动指定薄弱层和地震剪力增大系数重新计算，程序将自动放大薄弱层地震剪力。

图 3-67 楼层抗剪承载力、承载力比值

层间受剪承载力比不满足时的调整方法如下：

1. 程序调整：在 SATWE 的“调整信息”中的“指定薄弱层个数”中填入该楼层层号，将该楼层强制定义为薄弱层，SATWE 按《高规》第 3.5.8 条将该楼层地震剪力放大 1.25 倍。

2. 人工调整：如果还需人工干预，可适当提高本层构件强度（如增大柱箍筋和墙水平分布筋、提高混凝土强度或加大截面）以提高本层墙、柱等抗侧力构件的抗剪承载力，或适当降低上部相关楼层墙、柱等抗侧力构件的抗剪承载力。

注意：

1. 受剪承载力的计算与混凝土强度、实配钢筋面积等因素有关，在 SATWE 计算时尚不知实配钢筋面积，因此程序以计算钢筋面积代替实配钢筋面积，计算所得结果不够真实。

2. 受剪承载力的计算以矩形柱代替异型柱和剪力墙做近似计算，结果仅供参考。

3.5.6 刚重比

刚重比是结构刚度和重力荷载之比，它是控制结构整体稳定的重要指标。高层建筑结构的稳定设计主要是控制在风荷载或水平地震作用下，重力荷载产生的二阶效应（P-Δ 效应）不致过大，避免结构的失稳倒塌，详见《高规》第 5.4.1 条和第 5.4.4 条及相应的条文说明。刚重比不满足要求，说明结构的刚度相对于重力荷载过小；但刚重比过分大，则说明结构的经济技术指标较差，宜适当减少墙、柱等竖向构件的截面面积。若刚重比不满足要求时，可人工调整增强竖向构件，加强墙、柱等竖向构件的刚度。

结构的刚重比是影响重力二阶效应的主要参数，通过对结构刚重比的控制，满足高层建筑稳定性的要求。刚重比通过“结构设计信息”菜单中的“WMASS. OUT”文件输出。若该文件显示“能够通过《高规》第 5.4.4 条的整体稳定验算”，表示刚重比满足规范要求，否则应修改设计。图 3-68 为结构整体稳定验算结果，由图可知，其刚重比满足规范要求。

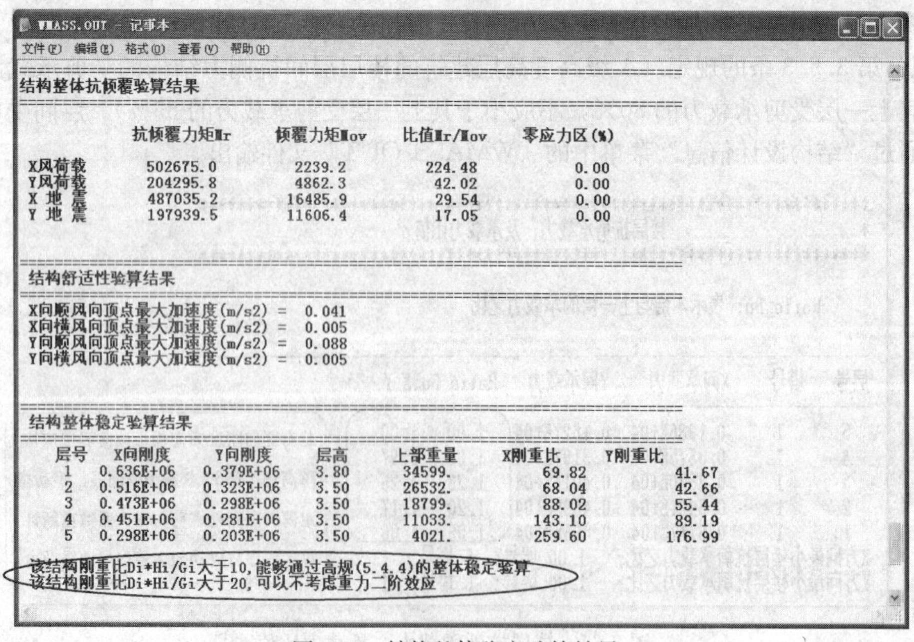

WMASS.OUT - 记事本

文件(F) 编辑(E) 格式(O) 查看(V) 帮助(H)

结构整体抗倾覆验算结果

	抗倾覆力矩Mr	倾覆力矩Mov	比值Mr/Mov	零应力区(%)
X风荷载	502675.0	2239.2	224.48	0.00
Y风荷载	204295.8	4862.3	42.02	0.00
X 地 震	487035.2	16485.9	29.54	0.00
Y 地 震	197939.5	11606.4	17.05	0.00

结构舒适性验算结果

X向顺风向顶点最大加速度(m/s2) = 0.041
X向横风向顶点最大加速度(m/s2) = 0.005
Y向顺风向顶点最大加速度(m/s2) = 0.088
Y向横风向顶点最大加速度(m/s2) = 0.005

结构整体稳定验算结果

层号	X向刚度	Y向刚度	层高	上部重量	X刚重比	Y刚重比
1	0.636E+06	0.379E+06	3.80	34599.	69.82	41.67
2	0.516E+06	0.323E+06	3.50	26532.	68.04	42.66
3	0.473E+06	0.298E+06	3.50	18799.	88.02	55.44
4	0.451E+06	0.281E+06	3.50	11033.	143.10	89.19
5	0.298E+06	0.203E+06	3.50	4021.	259.60	176.99

该结构刚重比Di*Hi/Gi大于10，能够通过高规(5.4.4)的整体稳定验算
该结构刚重比Di*Hi/Gi大于20，可以不考虑重力二阶效应

图 3-68　结构整体稳定验算结果

3.5.7 位移比与层间位移角

位移比主要为限制结构平面布置的不规则性，以避免产生过大的偏心而导致结构产生较大的扭转效应，详见《高规》第 3.4.5 条及相应的条文说明。

层间位移角（层间最大位移与层高之比）是控制结构整体刚度和不规则性的主要指标。限制建筑物特别是高层建筑的层间位移角的主要目的有：一是保证主体结构基本处于弹性受力状态，避免混凝土受力构件出现裂缝或裂缝超过规范允许的范围；二是保证填充墙和各条管线等非结构构件完好，避免产生明显的损伤。详见《抗规》第 5.5.1 条和《高规》第 3.7.3 条，按弹性方法计算的楼层层间最大位移与层高之比 $\Delta u/h$ 宜符合表3-1的规定。

楼层层间最大位移与层高之比的限制　　表 3-1

结构类型	$\Delta u/h$ 限值
框架	1/550
框架-剪力墙、框架-核心筒、板柱-剪力墙	1/800
筒中筒、剪力墙	1/1000
除框架结构外的转换层	1/1000

图 3-69～图 3-72 为双向地震作用下 X 方向、－0.5％偶然偏心地震作用下 X 轴方向双向地震作用下 Y 轴方向、0.5％偶然偏心地震作用下 Y 轴方向等的楼层最大位移。由图可知，本例的位移比满足《高规》第 3.4.5 条的规定（结构平面布置应减少扭转的影响。

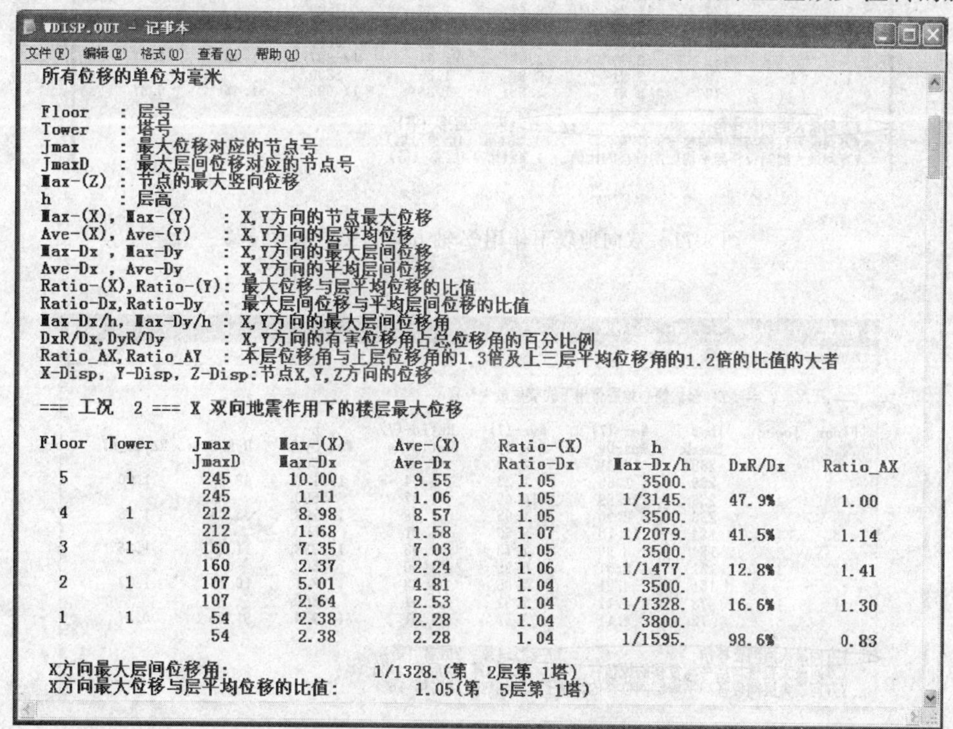
WDISP.OUT - 记事本

文件(F) 编辑(E) 格式(O) 查看(V) 帮助(H)

所有位移的单位为毫米

Floor　: 层号
Tower　: 塔号
Jmax　: 最大位移对应的节点号
JmaxD　: 最大层间位移对应的节点号
Max-(Z) : 节点的最大竖向位移
h　: 层高
Max-(X), Max-(Y)　: X,Y方向的节点最大位移
Ave-(X), Ave-(Y)　: X,Y方向的层平均位移
Max-Dx , Max-Dy　: X,Y方向的最大层间位移
Ave-Dx , Ave-Dy　: X,Y方向的平均层间位移
Ratio-(X),Ratio-(Y): 最大位移与层平均位移的比值
Ratio-Dx,Ratio-Dy : 最大层间位移与平均层间位移的比值
Max-Dx/h, Max-Dy/h : X,Y方向的最大层间位移角
DxR/Dx,DyR/Dy　: X,Y方向的有害位移角占总位移角的百分比例
Ratio_AX,Ratio_AY　: 本层位移角与上层位移角的1.3倍及上三层平均位移角的1.2倍的比值的大者
X-Disp, Y-Disp, Z-Disp:节点X,Y,Z方向的位移

=== 工况　2 === X 双向地震作用下的楼层最大位移

Floor	Tower	Jmax JmaxD	Max-(X) Max-Dx	Ave-(X) Ave-Dx	Ratio-(X) Ratio-Dx	h Max-Dx/h	DxR/Dx	Ratio_AX
5	1	245	10.00	9.55	1.05	3500.		
		245	1.11	1.06	1.05	1/3145.	47.9%	1.00
4	1	212	8.98	8.57	1.05	3500.		
		212	1.68	1.58	1.07	1/2079.	41.5%	1.14
3	1	160	7.35	7.03	1.05	3500.		
		160	2.37	2.24	1.06	1/1477.	12.8%	1.41
2	1	107	5.01	4.81	1.04	3500.		
		107	2.64	2.53	1.04	1/1328.	16.6%	1.30
1	1	54	2.38	2.28	1.04	3800.		
		54	2.38	2.28	1.04	1/1595.	98.6%	0.83

X方向最大层间位移角:　1/1328.(第 2层第 1塔)
X方向最大位移与层平均位移的比值:　1.05(第 5层第 1塔)

图 3-69　双向地震作用下 X 轴方向的楼层最大位移

在考虑偶然偏心影响的地震作用下，楼层竖向构件的最大水平位移和层间位移，A 级高度高层建筑不应大于该楼层平均值的 1.5 倍)。位移比通过“结构位移输出文件”菜单中的“WDIDP. OUT”文件输出。

WDISP.OUT - 记事本

文件(F) 编辑(E) 格式(O) 查看(V) 帮助(H)

=== 工况 4 === X- 偶然偏心地震作用下的楼层最大位移

Floor	Tower	Jmax JmaxD	Max-(X) Max-Dx	Ave-(X) Ave-Dx	Ratio-(X) Ratio-Dx	h Max-Dx/h	DxR/Dx	Ratio_AX
5	1	245	9.77	9.18	1.06	3500.		
		245	1.12	1.02	1.09	1/3125.	47.2%	1.00
4	1	212	8.74	8.24	1.06	3500.		
		212	1.63	1.52	1.07	1/2146.	42.2%	1.13
3	1	160	7.16	6.77	1.06	3500.		
		160	2.31	2.16	1.07	1/1517.	13.1%	1.41
2	1	107	4.88	4.64	1.05	3500.		
		107	2.57	2.44	1.05	1/1359.	17.1%	1.30
1	1	54	2.31	2.20	1.05	3800.		
		54	2.31	2.20	1.05	1/1643.	99.9%	0.83

X方向最大层间位移角: 1/1359.(第 2层第 1塔)
X方向最大位移与层平均位移的比值: 1.06(第 5层第 1塔)
X方向最大层间位移与平均层间位移的比值: 1.09(第 5层第 1塔)

图 3-70 －5%偶然偏心地震作用下 X 轴方向的楼层最大位移

WDISP.OUT - 记事本

文件(F) 编辑(E) 格式(O) 查看(V) 帮助(H)

=== 工况 6 === Y 双向地震作用下的楼层最大位移

Floor	Tower	Jmax JmaxD	Max-(Y) Max-Dy	Ave-(Y) Ave-Dy	Ratio-(Y) Ratio-Dy	h Max-Dy/h	DyR/Dy	Ratio_AY
5	1	268	15.25	11.71	1.30	3500.		
		268	1.54	1.21	1.27	1/2278.	48.4%	1.00
4	1	236	13.83	10.24	1.35	3500.		
		236	2.71	1.91	1.42	1/1292.	34.1%	1.15
3	1	184	11.24	8.42	1.34	3500.		
		184	3.62	2.66	1.36	1/ 966.	11.8%	1.37
2	1	131	7.69	5.80	1.33	3500.		
		131	3.90	2.98	1.31	1/ 897.	11.3%	1.27
1	1	78	3.81	2.83	1.35	3800.		
		78	3.81	2.83	1.35	1/ 998.	91.4%	0.87

Y方向最大层间位移角: 1/ 897.(第 2层第 1塔)
Y方向最大位移与层平均位移的比值: 1.35(第 4层第 1塔)
Y方向最大层间位移与平均层间位移的比值: 1.42(第 4层第 1塔)

图 3-71 双向地震下作用 Y 轴方向的楼层最大位移

WDISP.OUT - 记事本

文件(F) 编辑(E) 格式(O) 查看(V) 帮助(H)

=== 工况 7 === Y+ 偶然偏心地震作用下的楼层最大位移

Floor	Tower	Jmax JmaxD	Max-(Y) Max-Dy	Ave-(Y) Ave-Dy	Ratio-(Y) Ratio-Dy	h Max-Dy/h	DyR/Dy	Ratio_AY
5	1	268	16.41	12.20	1.35	3500.		
		268	1.65	1.23	1.34	1/2123.	48.5%	1.00
4	1	236	14.89	10.49	1.42	3500.		
		236	2.90	1.95	1.48	1/1209.	33.4%	1.15
3	1	184	12.13	8.63	1.41	3500.		
		184	3.90	2.73	1.43	1/ 898.	11.8%	1.36
2	1	131	8.31	5.95	1.40	3500.		
		131	4.21	3.05	1.38	1/ 831.	10.7%	1.27
1	1	78	4.11	2.91	1.41	3800.		
		78	4.11	2.91	1.41	1/ 924.	91.0%	0.87

Y方向最大层间位移角: 1/ 831.(第 2层第 1塔)
Y方向最大位移与层平均位移的比值: 1.42(第 4层第 1塔)
Y方向最大层间位移与平均层间位移的比值: 1.48(第 4层第 1塔)

图 3-72 5%偶然偏心地震作用下 Y 的楼层最大位移

由图 3-73 可知，单向地震作用下 X 方向最大层间位移角＝1/1418；Y 方向最大层间位移角＝1/898，满足《抗规》第 5.5.1 条的规定（钢筋混凝土框架结构的弹性层间位移角限值为 1/550）。

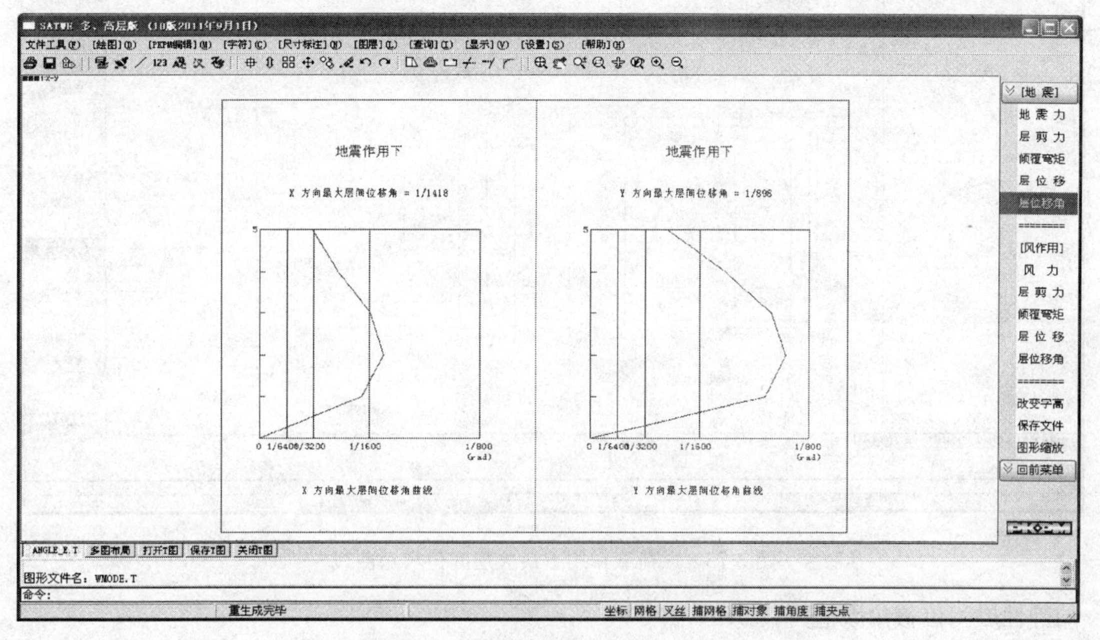

图 3-73　地震作用下层间位移角曲线

图 3-74 为风荷载作用下最大楼层位移曲线。图 3-75 为风荷载作用下最大层间位移角曲线。由图 3-75 可知，X 方向最大层间位移角＝1/9999，Y 方向最大层间位移角＝1/3503。X、Y 方向最大层间位移角满足《抗规》第 5.5.1 条的规定（钢筋混凝土框架结构

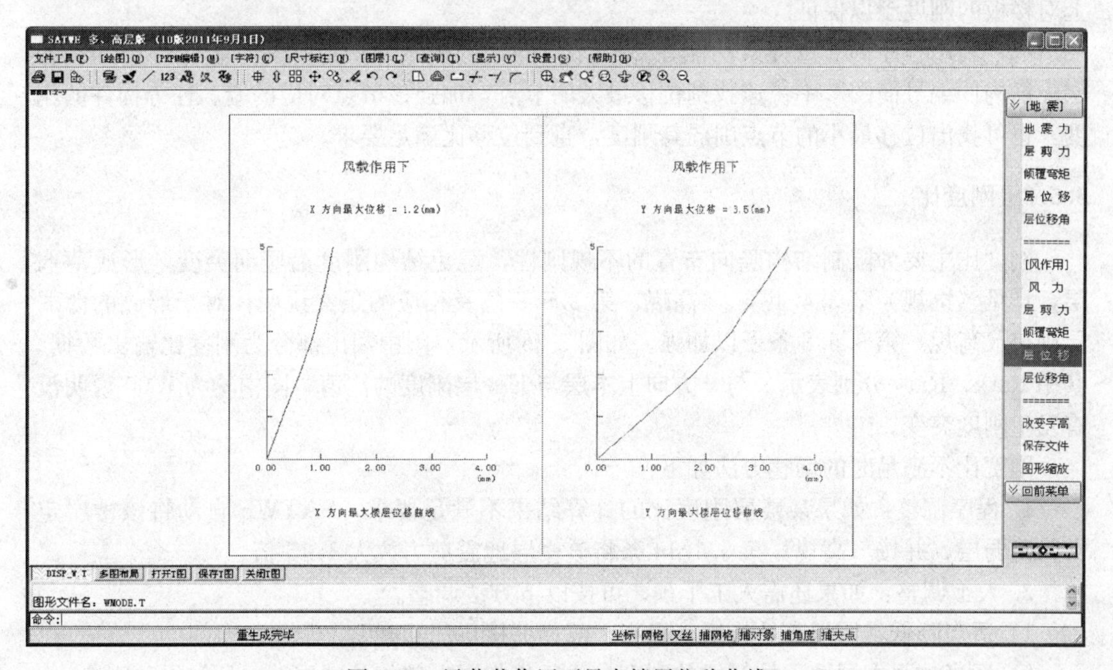

图 3-74　风荷载作用下最大楼层位移曲线

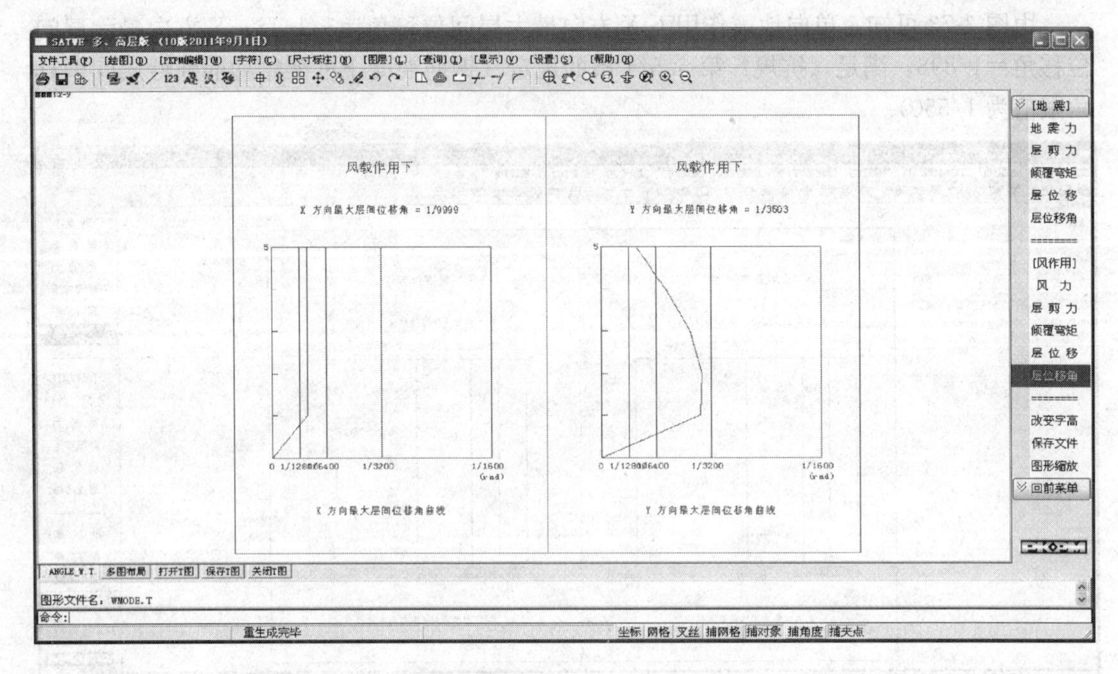

图 3-75　风荷载作用下最大层间位移角曲线

的弹性层间位移角限值为 1/550)。

若位移比不满足要求，可通过改变结构平面布置，减小结构刚心与形心的偏心距。具体调整方法如下：

(1) 由于位移比是在刚性楼板假定下计算的，最大位移比往往出现在结构的四角部位；因此应注意调整结构外围对应位置抗侧力构件的刚度，同时在设计中，应在构造措施上对楼板的刚度予以保证。

(2) 利用程序的节点搜索功能在 SATWE 的“分析结果图形和文本显示”中的“各层配筋构件编号简图”中快速找到位移最大的节点，加强该节点对应的墙、柱等构件的刚度，也可找出位移最小的节点削弱其刚度，直到位移比满足要求。

3.5.8　刚度比

刚度比主要为限制结构竖向布置的不规则性，避免结构刚度沿竖向突变，形成薄弱层，详见《抗规》第 3.4.4 条、《高规》第 3.5.8 条及相应的条文说明；对于形成的薄弱层则按《高规》第 3.5.8 条予以加强。如图 3-76 所示，图中圈出部分为刚度比输出数据。其中 Ratx、Raty 分别表示 x 与 y 方向上本层与下一层刚度的比值，图中均为 1.00 说明没有发生刚度突变。

刚度比不满足时的调整方法如下：

1. 程序调整：如果某楼层刚度比的计算结果不满足要求，SATWE 自动将该楼层定义为薄弱层，并按《高规》第 5.1.14 条将该楼层地震剪力放大 1.15 倍。

2. 人工调整：如果还需人工干预，可按以下方法调整。

1) 适当降低本层层高，或适当提高上部相关楼层的层高。

2) 适当加强本层墙、柱和梁的刚度，或适当削弱上部相关楼层墙、柱和梁的刚度。

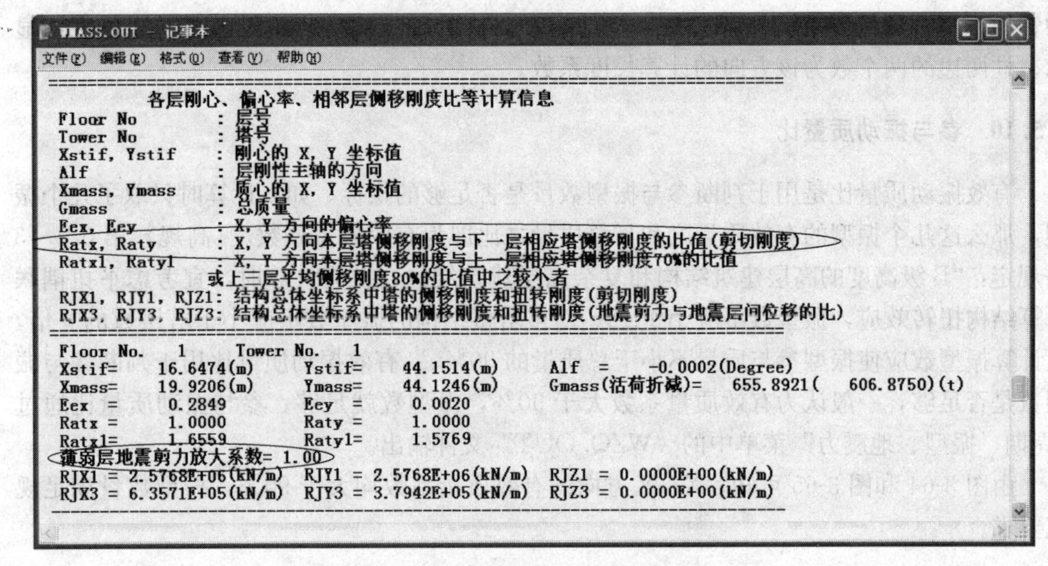
```
WMASS.OUT - 记事本
文件(F) 编辑(E) 格式(O) 查看(V) 帮助(H)
=====================================================================
          各层刚心、偏心率、相邻层侧移刚度比等计算信息
  Floor No          : 层号
  Tower No          : 塔号
  Xstif, Ystif      : 刚心的 X, Y 坐标值
  Alf               : 层刚性主轴的方向
  Xmass, Ymass      : 质心的 X, Y 坐标值
  Gmass             : 总质量
  Eex, Eey          : X, Y 方向的偏心率
  Ratx, Raty        : X, Y 方向本层塔侧移刚度与下一层相应塔侧移刚度的比值(剪切刚度)
  Ratx1, Raty1      : X, Y 方向本层塔侧移刚度与上一层相应塔侧移刚度70%的比值
                      或上三层平均侧移刚度80%的比值中之较小者
  RJX1, RJY1, RJZ1: 结构总体坐标系中塔的侧移刚度和扭转刚度(剪切刚度)
  RJX3, RJY3, RJZ3: 结构总体坐标系中塔的侧移刚度和扭转刚度(地震剪力与地震层间位移的比)
=====================================================================
  Floor No.   1      Tower No.   1
  Xstif=   16.6474(m)      Ystif=    44.1514(m)     Alf   =      -0.0002(Degree)
  Xmass=   19.9206(m)      Ymass=    44.1246(m)     Gmass(活荷折减)=    655.8921(    606.8750)(t)
  Eex   =    0.2849        Eey   =    0.0020
  Ratx  =    1.0000        Raty  =    1.0000
  Ratx1=     1.6559        Raty1=     1.5769
  薄弱层地震剪力放大系数= 1.00
  RJX1 = 2.5768E+06(kN/m)  RJY1 = 2.5768E+06(kN/m)  RJZ1 = 0.0000E+00(kN/m)
  RJX3 = 6.3571E+05(kN/m)  RJY3 = 3.7942E+05(kN/m)  RJZ3 = 0.0000E+00(kN/m)
---------------------------------------------------------------------
```

图 3-76　结构总信息（刚度比）

3.5.9　轴压比

柱轴压比的限值是延性设计的要求，规范针对不同抗震等级的结构给出了不同要求，需要注意的是，在抗震设计中，轴压比采用的是地震组合下的最大轴力。规范对墙肢和柱均有相应限值要求，详见《抗规》第 6.3.7 条和第 6.4.6 条，《高规》第 6.4.2 条和第 7.2.14 条及相应的条文说明。轴压比不满足要求，结构的延性要求无法保证；轴压比过小，则说明结构的经济技术指标较差，宜适当减少相应墙、柱的截面面积。

轴压比不满足时的调整方法：增大该墙、柱截面或提高该楼层墙、柱混凝土强度等级。

第 1 层柱轴压比如图 3-77 所示。可以通过“换层显示”或“显示上层”查看各楼层

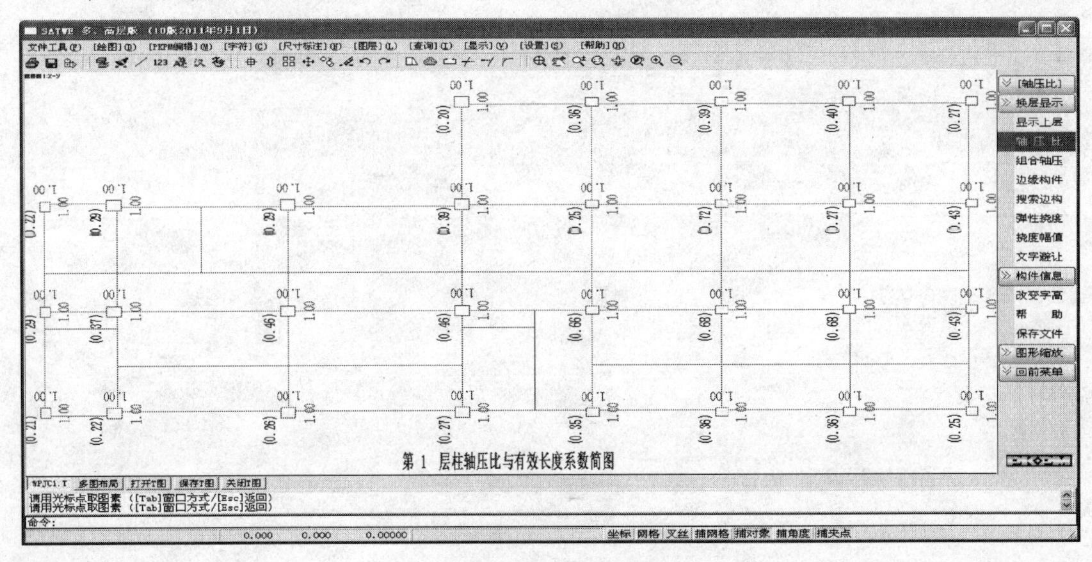

图 3-77　第 1 层柱轴压比图

的轴压比是否满足要求。柱旁边括号里的数字为柱的轴压比，若超限，则以红色字体显示。柱两边的两个数为该方向的计算长度系数。

3.5.10 参与振动质量比

有效振动质量比是用于判断参与振型数量是否足够的指标。如果计算时只取了几个振型，那么这几个振型的有效质量之和与总质量之比即为有效质量系数。《高规》第 5.1.13 条规定："B 级高度的高层建筑结构和复杂高层建筑结构在抗震计算时，宜考虑平扭耦联计算结构扭转效应，振型数不应小于 15，对多塔楼结构的振型数不应小于塔楼数的 9 倍，且计算振型数应使振型参与质量不小于总质量的 90%。"有效振动质量比用于判断参与振型数是否足够，一般认为有效质量系数大于 90%，振型数就足够。参与振动质量比通过"周期、振型、地震力"菜单中的"WZQ.OUT"文件输出。

由图 3-64 和图 3-65 可知，X、Y 方向的有效质量系数均大于 90%，振型数量满足规范要求。

第4章　钢筋混凝土剪力墙设计算例

4.1　工程设计资料

4.1.1　工程概况

本算例为15层剪力墙结构的住宅楼，建筑面积约为3600m²。住宅楼各层平面图如图4-1～图4-3所示。首层、第2～15层建筑层高分别为4.2m、3.2m，塔楼高度为3m。室内外高差为0.45m，建筑设计使用年限50年。

4.1.2　设计资料

1. 地震、风压参数

抗震设防烈度为7度（0.1*g*），二类场地，剪力墙抗震等级为3级。设计地震第一组，基本风压为0.5kN/m²，地面粗糙程度类别为C类。

2. 材料

梁、板、墙的混凝土强度等级均为C30，梁、柱主筋选用HRB400级钢筋，箍筋选用HPB300级钢筋，板筋选用HRB335级钢筋。

4.1.3　结构平面布置

4.1.3.1　结构平面布置图

结构第1～14层结构平面布置相同，但底部第1、2层剪力墙墙厚为250mm，其余层剪力墙墙厚为200mm。因此，结构可分为4个标准层，第1标准层为结构第1、2层，第2标准层为结构第3～14层，第3标准层为结构屋面层，第4标准层为楼梯间屋面层。除结构第1层楼梯因高度不一致而折算面荷载不同外，结构第1层～14层的荷载相同。因结构第1层、第2层只是楼梯面荷载不同且数值上差异小（详见楼梯荷载计算一节），故第1标准层依旧为结构第1、2层，荷载按第1层取。结构平面布置图如图4-4、图4-5所示。

4.1.3.2　截面尺寸估算

1. 剪力墙截面尺寸初估

剪力墙截面尺寸初估需要首先满足规范对最小厚度的规定，尤其是底部加强层部位。在确定底部加强层的截面尺寸后，可按楼层数由下往上，由外及内的顺序逐渐减小剪力墙截面厚度。按照初估的截面尺寸进行结构电算，根据剪力墙轴压比限值（《高规》第7.2.13条，见表4-1）和墙体稳定验算（《高规》附录D）优化剪力墙截面尺寸。

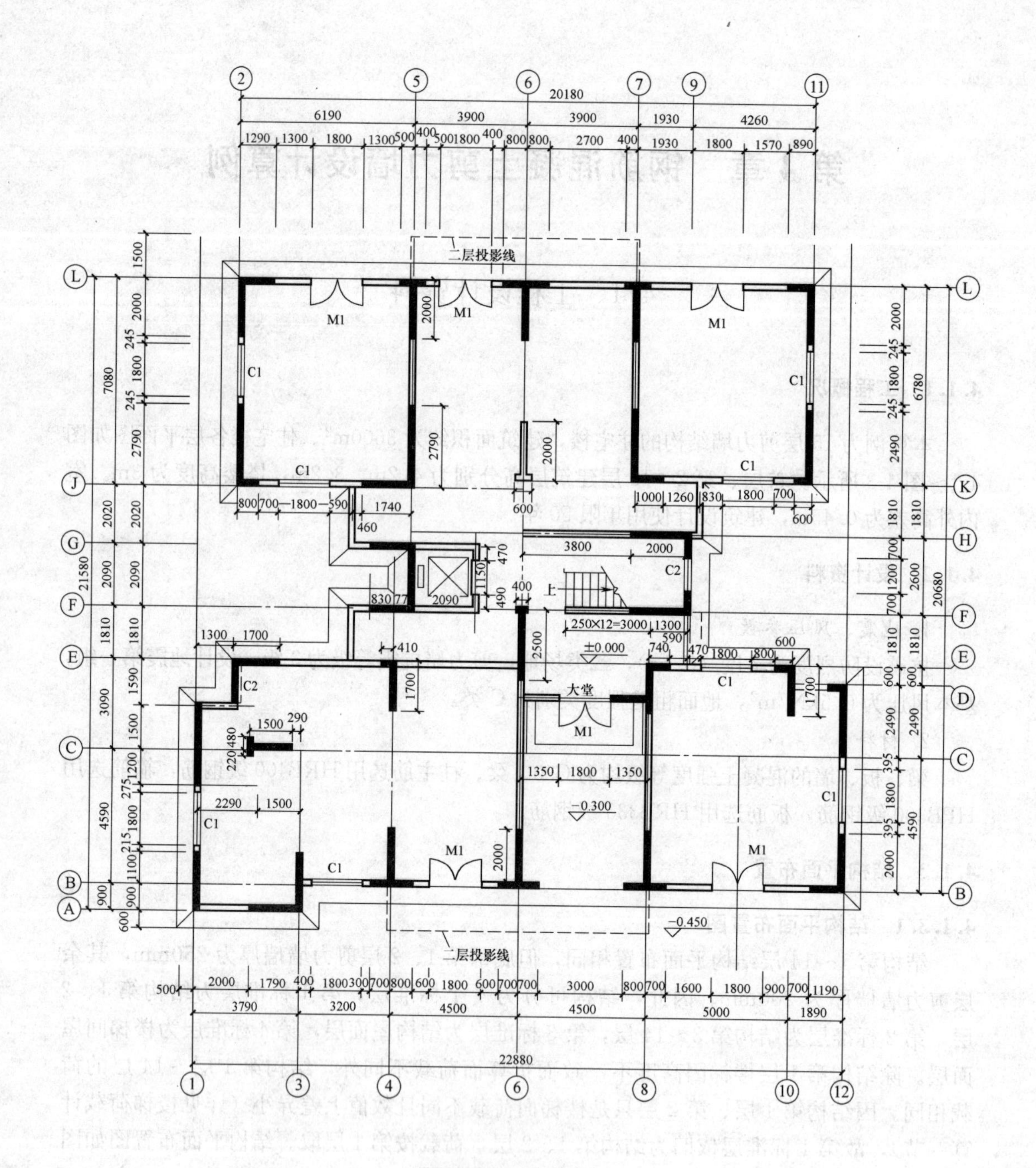

门窗名	尺寸(宽×高)
M1	1800×2400
C1	1800×1200
C2	1200×1200

说明：图中标高均为结构标高。

图 4-1　第 1 层平面图（单位：mm）

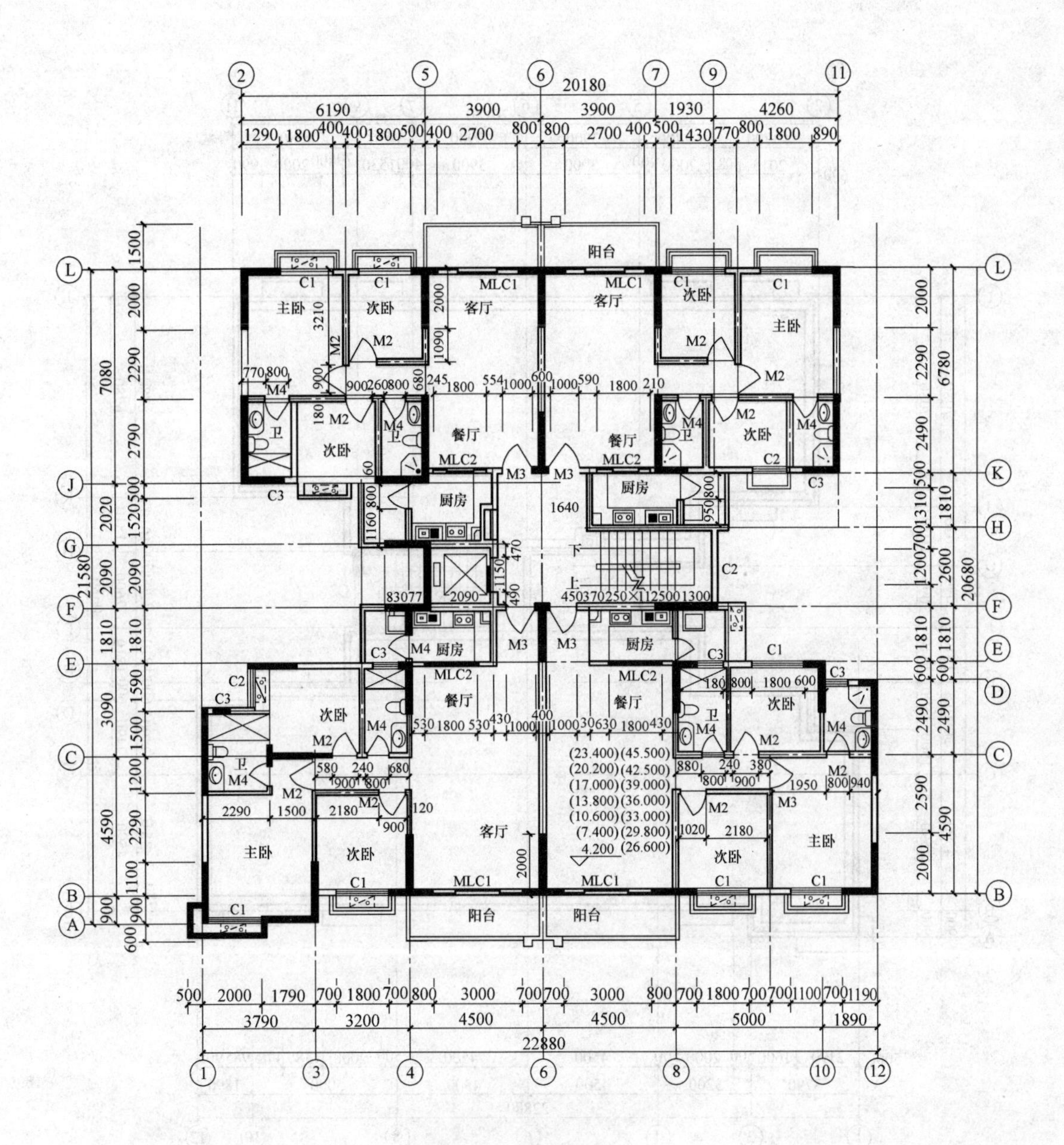

门窗名	尺寸(宽×高)
M1	1800×2400
M2	900×2200
M3	1000×2200
M4	800×2200
C1	1800×200
C2	1200×1200
C3	600×1200
MLC1	2700×2400
MLC2	1800×2400

说明：图中标高均为结构标高。

图 4-2　第 2～15 层平面图（单位：mm）

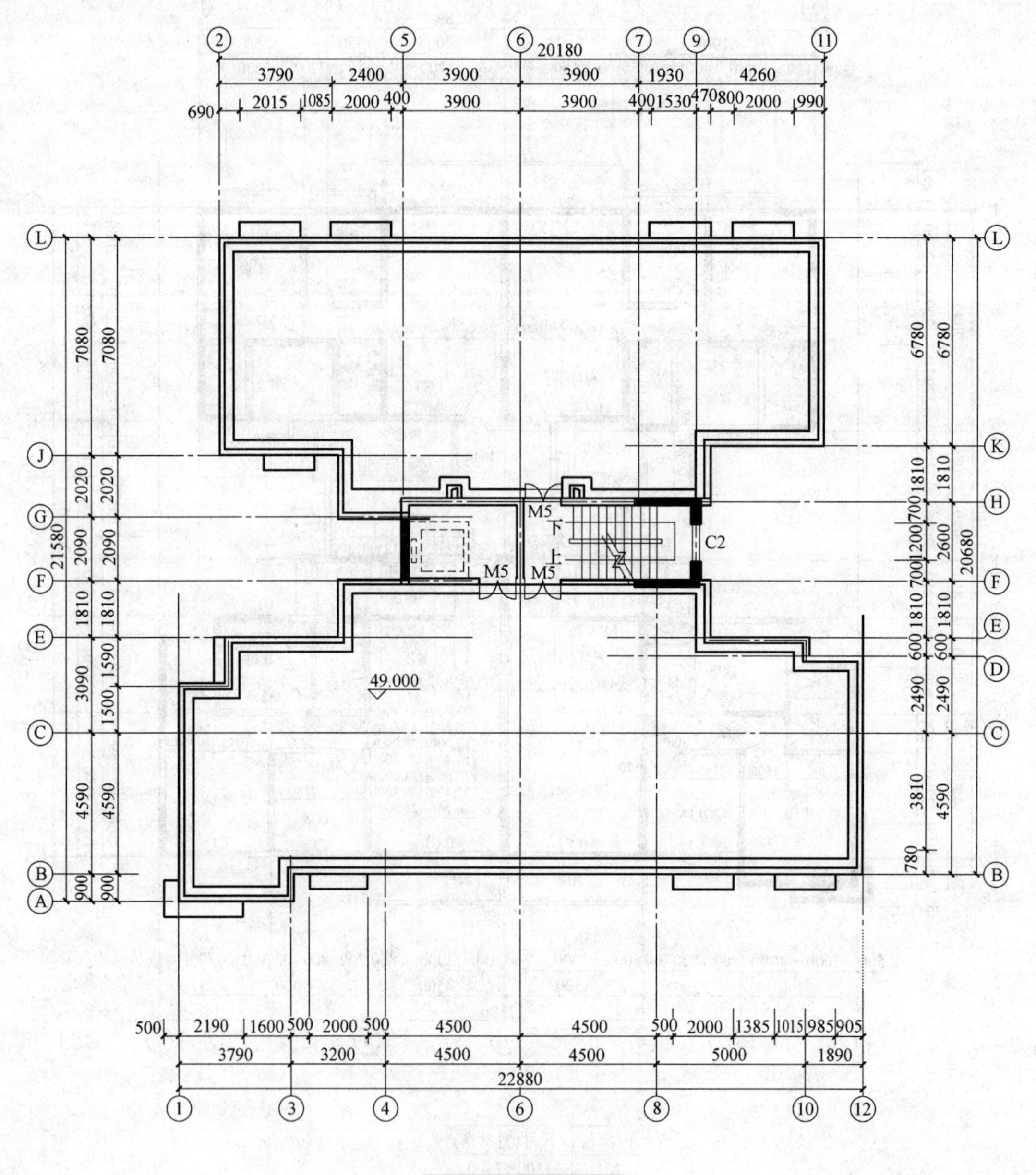

门窗名	尺寸(宽×高)
M5	1200×2400
C2	1200×1200

说明：图中标高均为结构标高。

图 4-3　屋面平面图（单位：mm）

剪力墙墙肢轴压比限值　　　　**表 4-1**

抗震等级	一级(9 度)	一级(6、7、8 度)	二、三级
轴压比限值	0.4	0.5	0.6

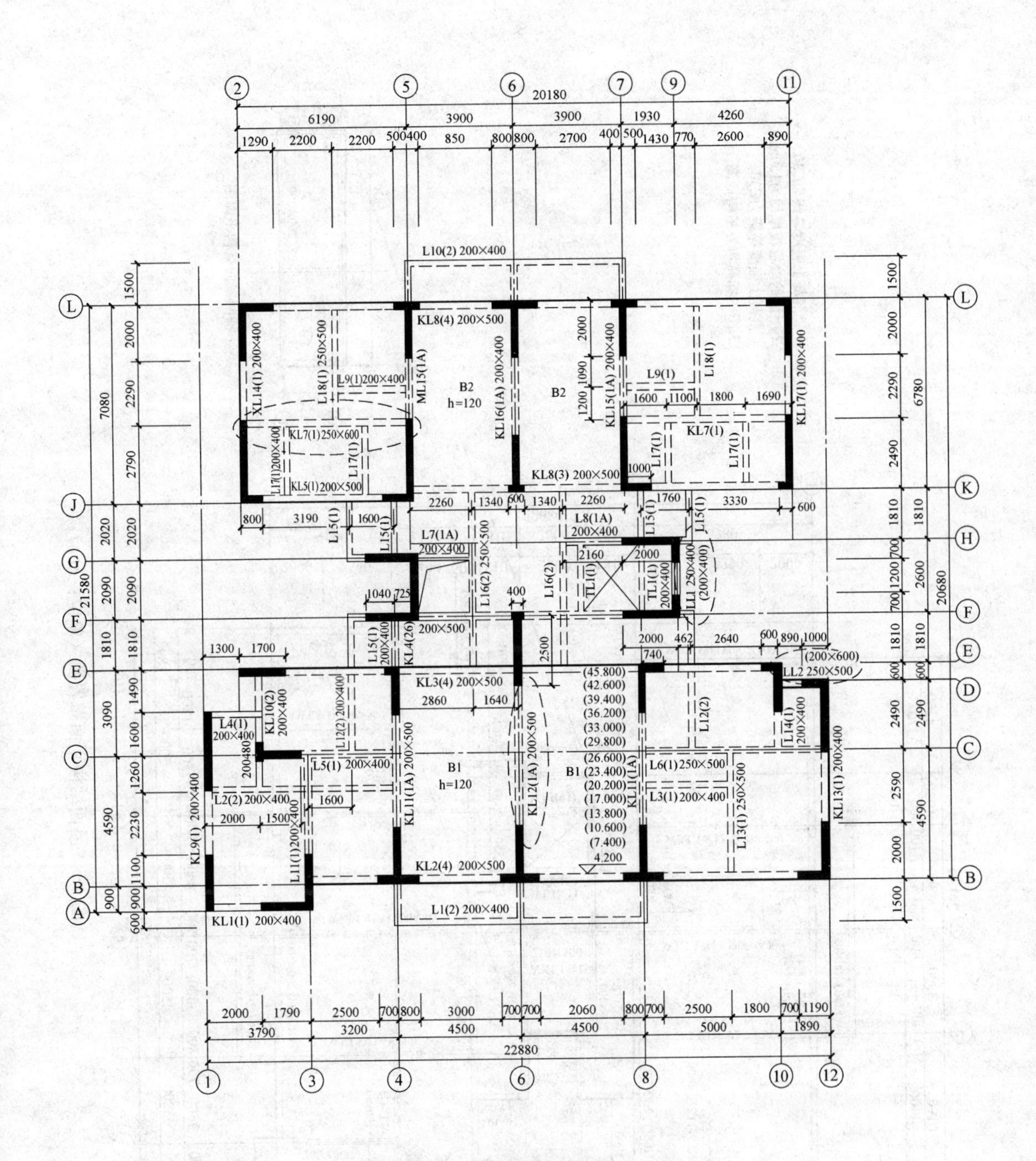

说明：1.结构第1～2层剪力墙厚度为250mm，混凝土强度等级为C30；第3～15层剪力墙为200mm，混凝土强度等级为C30。

2.梁混凝土强度等级为C30。

3.其余未标示的楼板，板厚均为100mm。混凝土强度等级为C30。

4.图中标高均为结构标高。

图 4-4　第 1、2 标准层结构平面布置图（单位：mm）

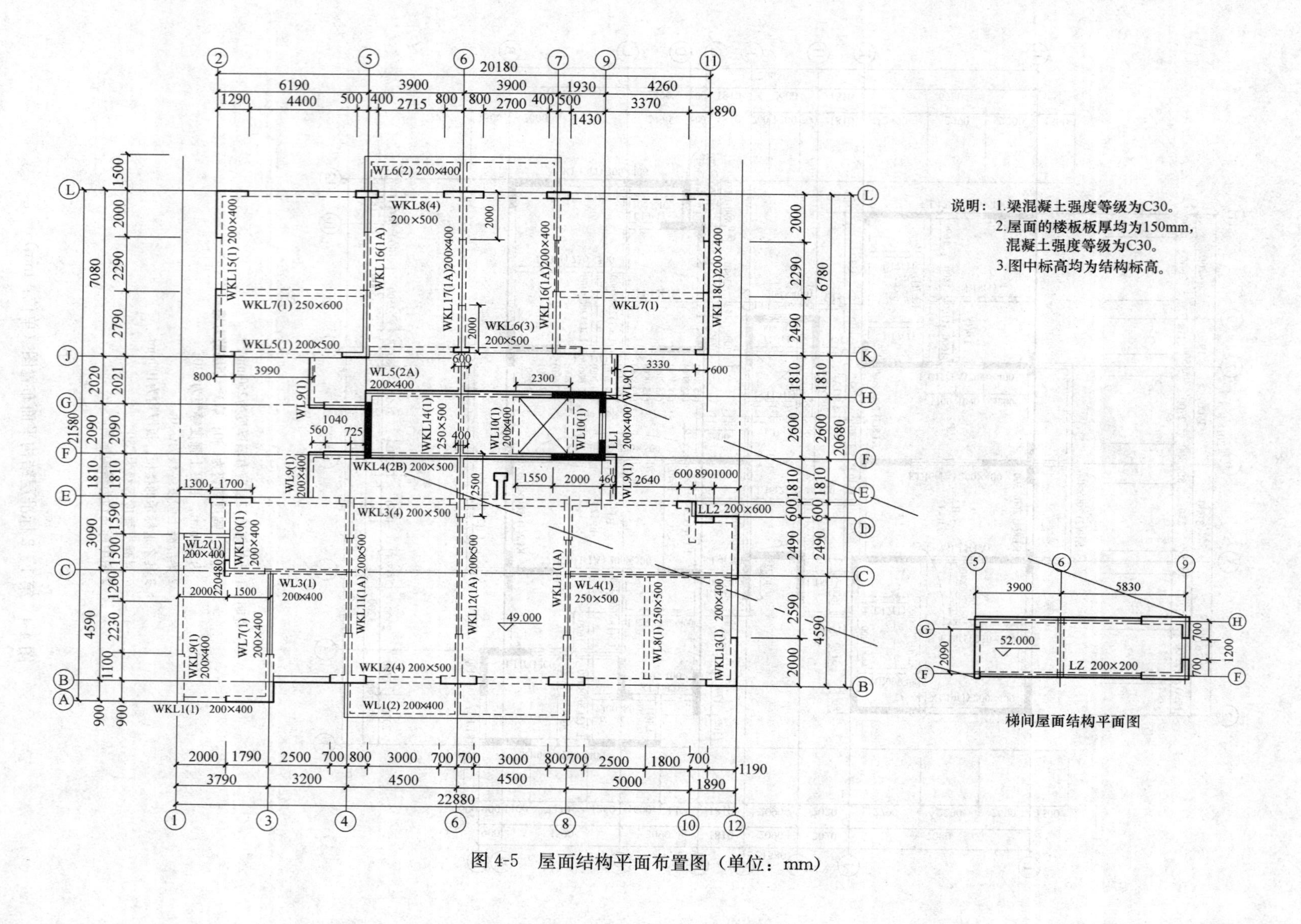

图 4-5 屋面结构平面布置图（单位：mm）

先确定剪力墙抗震等级，由《抗规》第 6.1.2 条及表 6.1.2，根据建筑物结构类型和设防烈度，本结构为 7 度抗震设防，高度为 49m 的抗震墙结构，抗震等级为三级。

根据《高规》第 7.1.4 条，剪力墙底部加强部位的范围，应符合下列规定：①底部加强部位的高度，应从地下室顶板算起；②底部加强部位的高度可取底部两层和墙体总高度的 1/10 两者中的较大值。本例底部两层高度为 7.4m，墙体总高度 1/10 为 5m，故底部加强区高度为底部两层。

根据《高规》第 7.2.1 条和《抗规》第 6.4.1 条，剪力墙底部加强层部位和其他部位最小厚度为：三、四级不应小于 160mm 且不宜小于层高或无支长度的 1/25，底部加强部位的墙厚为：三、四级不应小于 180mm 且不小于层高或无支长度的 1/20。由于本例底部层高为 4200mm，故底部加强层剪力墙截面不应小于 210mm。

因此，本例剪力墙厚度初估为：第 1～2 层取 250mm；第 3～16 层取 200mm。

2. 框架梁截面尺寸初估

(1) 纵向梁

以轴线 J 框架梁 KL7 (1) 为例（如图 4-4 所示）：

$$l_0=6190\text{mm},h=\left(\frac{1}{18}\sim\frac{1}{10}\right)l_0=344\sim619\text{mm},\text{取 }h=600\text{mm}$$

$$b=\left(\frac{1}{3}\sim\frac{1}{2}\right)h=200\sim300\text{mm},\text{取 }b=250\text{mm}$$

同理得其他纵向梁的截面尺寸，梁尺寸详见图 4-4。

(2) 横向梁

以轴线 6 上 B、D 轴线之间框架梁 KL12 (1A) 为例（如图 4-4 所示）：

$$l_0=4990\text{mm},h=\left(\frac{1}{18}\sim\frac{1}{10}\right)l_0=277\sim500\text{mm},\text{取 }h=500\text{mm}$$

$$b=\left(\frac{1}{2}\sim\frac{1}{3}\right)h=250\sim167\text{mm},\text{取 }b=200\text{mm}$$

同理得其他横向梁的截面尺寸，梁尺寸详见图 4-4。

3. 楼板厚度估算

楼板厚度可以按照《混凝土规范》第 9.1.2 条（1、板的跨厚比：钢筋混凝土单向板不大于 30mm，双向板不大于 40mm）来进行初估，同时还应满足第 9.1.2 条（2、现浇钢筋混凝土板的厚度不应小于表 9.1.2 规定的数值的规定：单向板（屋面板、民用建筑楼板）最小厚度为 60mm，双向板最小厚度为 80mm）的规定。

如图 4-4 所示，以板 B1 厚度估算为例。《混凝土规范》第 9.1.1 条规定："四边支承的板，当长边与短边长度之比不大于 2.0 时，应按双向板计算。"由于 7280/4300＝1.7，因此按双向板计算。

l＝4300mm，$l/40$＝107.5mm，板厚取 120mm。其余的楼板厚度估算方法同上。

标准层楼板厚度取 100mm，跨度较大楼板厚度取 120mm，屋面楼板取 150mm，详见图 4-4。

4.1.4 荷载计算

4.1.4.1 楼面荷载

1. 屋面层楼面恒荷载

40mm 厚 C30UEA 补偿收缩混凝土防水层 满铺 0.5mm 厚聚乙烯薄膜一层 3mm 厚 SBS 改性沥青防水卷材 刷基层处理剂一遍	（刚性屋面防水）	$2.63kN/m^2$
150mm 厚现浇钢筋混凝土板		$0.15\times25=3.75kN/m^2$
10mm 厚混合砂浆抹灰		$0.17kN/m^2$
合计		$6.55kN/m^2$

2. 标准层楼面恒荷载

陶瓷地砖楼面 10mm 厚地砖铺实拍平，水泥浆擦缝 20mm 厚 1∶4 干硬性水泥砂浆 素水泥砂浆结合层一遍	$0.65kN/m^2$
100mm 厚现浇钢筋混凝土板	$0.10\times25=2.5kN/m^2$
10mm 厚混合砂浆抹灰	$0.17kN/m^2$
合计	$3.32kN/m^2$

3. 卫生间楼面恒荷载

10mm 厚地砖铺实拍平，水泥浆擦缝 20mm 厚 1∶4 干硬性水泥砂浆 1.5mm 厚聚氨酯防水涂料（面撒黄砂，四周沿墙上翻 150mm 高） 刷基层处理剂一遍 15mm 厚 1∶2 水泥砂浆找平 50mm 厚 C20 细石混凝土找 1%坡，最薄处不小于 20mm	$2.2kN/m^2$
120mm 厚现浇钢筋混凝土板	$0.12\times25=3kN/m^2$
10mm 厚混合砂浆抹灰	$0.17kN/m^2$
合计	$5.37kN/m^2$

4. 为了方便建模，在 PMCAD 建模时输入恒、活荷载数值，如表 4-2 所示。

4.1.4.2 梁上荷载

梁上荷载包括砌体维护墙、门、窗、墙梁装饰、栏杆、女儿墙（屋面层）等荷载。以墙体为例计算梁上荷载墙。墙体厚度如各标准层平面图所示，外墙厚 200mm，内隔墙厚 120mm，楼梯间、电梯间墙厚 200mm。墙体材料与其他材料容重荷载值如表 4-3 所示。

楼面恒、活荷载 表 4-2

荷载类别	类别	荷载(kN/m^2)
恒荷载	上人屋面(板厚 150mm)	6.5
	标准层楼面(板厚 100/120mm)	4.0
	卫生间(板厚 120mm)	5.5
活荷载	上人屋面	2.0
	不上人屋面	0.5
	住宅	2.0
	走廊、门厅、楼梯	2.0
	卫生间、厨房	2.0

墙体材料重度和其他材料面荷载 表 4-3

其他材料	面荷载值(kN/m^2)	墙体材料	重度值(kN/m^3)
外墙贴瓷砖	0.5	加气混凝土砌块	10
水泥粉刷内墙面	0.36		
铝合金门、窗	0.45		
栏杆	1.5		

根据表 4-3 计算标准层内、外填充墙面荷载，用于计算梁上面荷载，面荷载计算结果如表 4-4 所示。根据墙体材料容重和荷载及已经计算的内、外填充墙面荷载，以轴线 1 上梁 KL9（1）与轴线 3 上梁 L11（1）为例，计算梁上线荷载，计算结果如表 4-5 所示。梁上荷载详见图 4-6、图 4-7。结构顶层包含栏杆、女儿墙等，梁上线荷载计算如表 4-6 所示。

内、外填充墙面荷载计算 表 4-4

结构标准层 外墙面荷载种类	面荷载计算(kN/m^2)	结构标准层 内墙面荷载种类	面荷载计算(kN/m^2)
贴瓷砖外墙面	0.5	加气混凝土砌块	10×0.12=1.2
加气混凝土砌块	10×0.2=2.0	水泥粉刷内墙面	0.36×2=0.72
水泥粉刷内墙面	0.36		
合计	0.5+2.0+0.36=2.86	合计	1.2+0.72=1.92

轴线 1、3 墙体线荷载计算 表 4-5

墙体位置	墙 体 描 述	线荷载计算(kN/m)
轴线 1 梁 KL9(1)	墙厚 200mm，无洞口，上梁高 0.4m，层高 3.2m	$(3.2-0.4)\times2.86=8.01$
轴线 3 与 B、C 轴线间梁 L11(1)	墙长 3.49m，墙厚 120mm，有门洞 1m×2.1m，上梁高 0.4m，层高 3.2m	$\frac{[3.49\times(3.2-0.4)-1\times2.1]\times1.92+1\times2.1\times0.45}{3.49}=4.49$

结构顶层墙线荷载计算 **表 4-6**

墙体位置	墙 体 描 述	结构构件	线荷载计算(kN/m)
顶层荷载	包含栏杆(高 1.2m)、女儿墙(高 250mm,厚 200mm)	栏杆	1.2×1.5=1.8
		女儿墙	0.25×(0.5+0.36)+0.2×0.36+0.25×0.2×10=0.8
		合计	1.8+0.8=2.6

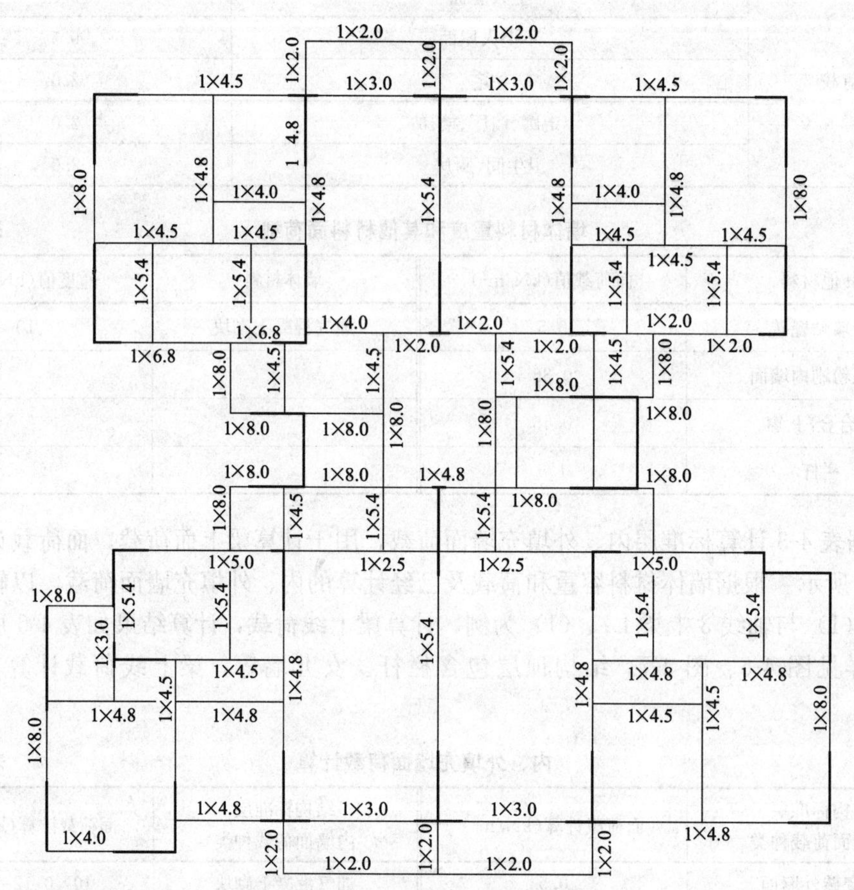

图 4-6 第 1、2 标准层梁上荷载图

4.1.5 楼梯构件截面估算和荷载计算

本书介绍两种楼梯建模方法，一是楼梯简化视为一块平板，二是 PKPM 软件里 PM-CAD 模块中自动楼梯建模。第一种方法建立楼梯模型时，按照结构平面布置图布置梯梁，梯段板设置为 0 厚度板，PKPM 中的 0 厚度板可以和其他楼板一样倒算荷载，梯段板的恒荷载需要手算，作为楼面荷载输入。

4.1.5.1 楼梯构件初估（楼梯间尺寸见图 4-8）

标准层楼梯平面布置图如图 4-8 所示。

1. 楼梯梯段斜板

(1) 第 1 层楼梯梯段斜板

斜板跨度可按净跨计算，对斜板取 1m 宽作为其计算单元，斜板的水平投影净长

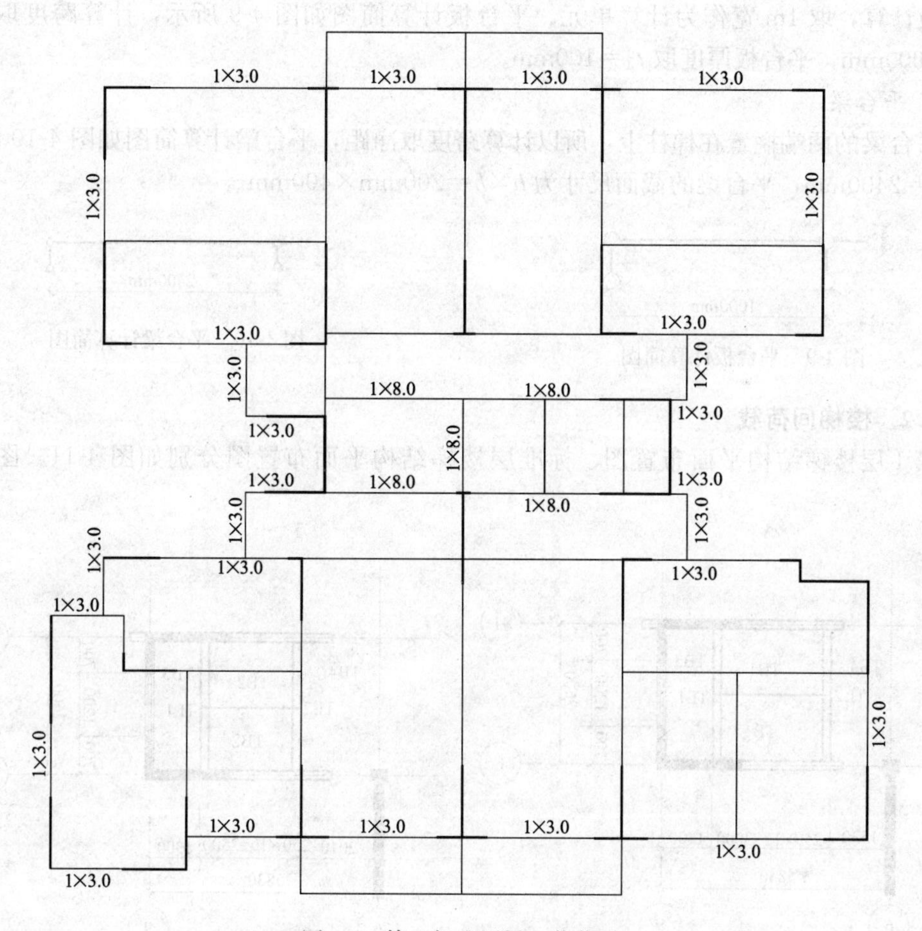

图 4-7　第 3 标准层梁上荷载图

$l_{11}=3000\text{mm}$。

斜板长度：$l'_{11}=\dfrac{l_{11}}{\cos\alpha}=\dfrac{3000}{250/\sqrt{175^2+250^2}}=$ 3662mm

斜板厚度：$t_1=\left(\dfrac{1}{25}\sim\dfrac{1}{30}\right)l'_{11}=\left(\dfrac{1}{25}\sim\dfrac{1}{30}\right)\times3662=$ 146～122mm，取 $t_1=130\text{mm}$

(2) 标准层楼梯梯段斜板

斜板跨度可按净跨计算，对斜板取 1m 宽作为其计算单元，斜板的水平投影净长$l_{1n}=2500\text{mm}$。

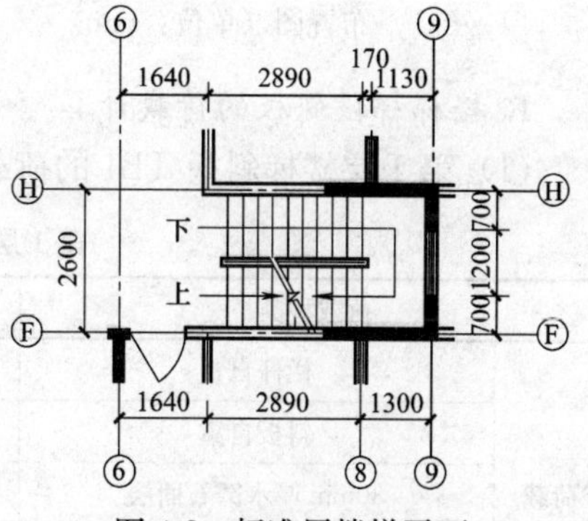

图 4-8　标准层楼梯平面布置图（单位：mm）

斜板长度：$l'_{1n}=\dfrac{l_{1n}}{\cos\alpha}=\dfrac{2500}{250/\sqrt{160^2+250^2}}=2968\text{mm}$

斜板厚度：$t_1=\left(\dfrac{1}{25}\sim\dfrac{1}{30}\right)l'_{1n}=\left(\dfrac{1}{25}\sim\dfrac{1}{30}\right)\times2968=119\sim99\text{mm}$，取 $t_1=100\text{mm}$

2. 平台板

平台板为四边支承，长宽比为 2600/(1200−100)＝2.36＞2，近似按短跨方向的简支单向板计算，取 1m 宽作为计算单元。平台板计算简图如图 4-9 所示，计算跨度取净跨 $l_{2n}=1000\text{mm}$，平台板厚度取 $t_2=100\text{mm}$。

3. 平台梁

平台梁的两端搁置在梯柱上，所以计算跨度取净距，平台梁计算简图如图 4-10 所示，$l=l_{3n}=2400\text{mm}$，平台梁的截面尺寸为 $b\times h=200\text{mm}\times 400\text{mm}$。

图 4-9　平台板计算简图　　图 4-10　平台梁计算简图

4.1.5.2　楼梯间荷载

第 1 层楼梯结构平面布置图、标准层楼梯结构平面布置图分别如图 4-11、图 4-12 所示。

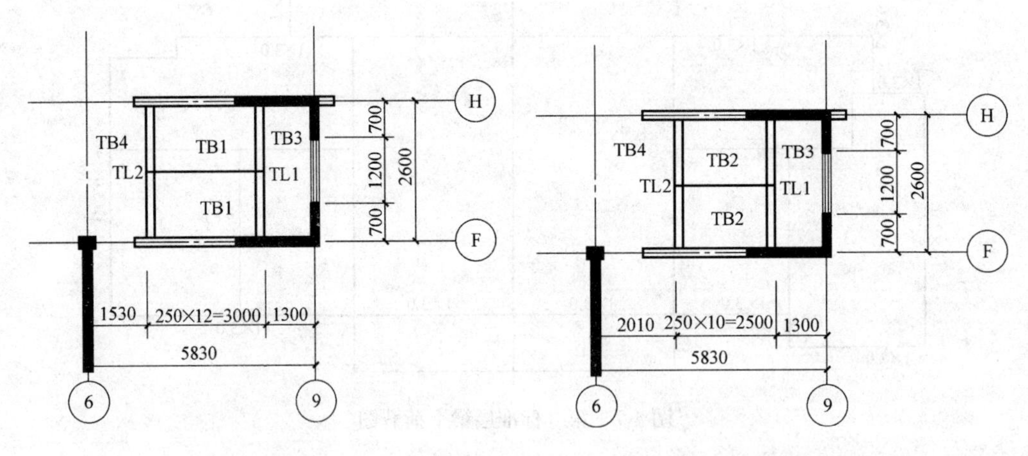

图 4-11　第 1 层楼梯结构平面布置图（单位：mm）　　图 4-12　标准层楼梯结构平面布置图（单位：mm）

1. 楼梯梯段斜板的荷载计算

（1）第 1 层楼梯斜板 TB1 的荷载计算（表 4-7）

第 1 层楼梯斜板 TB1 的荷载计算　　表 4-7

荷载种类		荷载标准值(kN/m^2)
荷载	栏杆自重	0.2
	斜板自重	$\gamma_2(h/2+t_1/\cos\alpha)=25\times(0.175/2+0.13/0.819)=6.15$
	30mm 厚水磨石面层	$\gamma_1 c_1(d+h)/d=25\times 0.03\times(0.25+0.175)/0.25=1.28$
	板底 20mm 厚纸筋灰粉刷	$\gamma_3 c_2/\cos\alpha=16\times 0.02/0.819=0.39$
	合计	8.02
活荷载		2.0

注：γ_1、γ_2、γ_3为材料的容重，d、h 为踏步的宽和高，c_1为楼梯踏步面层厚度，水磨石面层取 30mm，α 为楼梯斜板的倾角，t_1为斜板的厚度，c_2为板底粉刷的厚度。

（2）标准层楼梯斜板 TB2 的荷载计算（表 4-8）

标准层楼梯斜板 TB2 的荷载计算 **表 4-8**

荷载种类		荷载标准值(kN/m²)
荷载	栏杆自重	0.2
	斜板自重	$\gamma_2(h/2+t_1/\cos\alpha)=25\times(0.16/2+0.1/0.842)=5$
	30mm 厚水磨石面层	$\gamma_1 c_1(d+h)/d=25\times0.03\times(0.25+0.16)/0.25=1.23$
	板底 20mm 厚纸筋灰粉刷	$\gamma_3 c_2/\cos\alpha=16\times0.02/0.842=0.38$
	合计	6.78
活荷载		2.0

2. 平台板 TB3 的荷载计算（表 4-9）

平台板 TB3 的荷载计算 **表 4-9**

荷载种类		荷载标准值(kN/m²)
荷载	自重	$25\times0.1\times1=2.5$
	30mm 厚水磨石面层	$25\times0.03\times1=0.75$
	板底 20mm 厚纸筋灰粉刷	$16\times0.02\times1=0.32$
	合计	3.57
活荷载		2.0

4.1.5.3 PKPM 中楼梯自动建模

楼梯自动建模时，首先打开 PKPM 软件，进入 PMCAD 建模模块，依次点击“楼层定义”→“楼梯布置”，出现如图 4-13 所示界面。

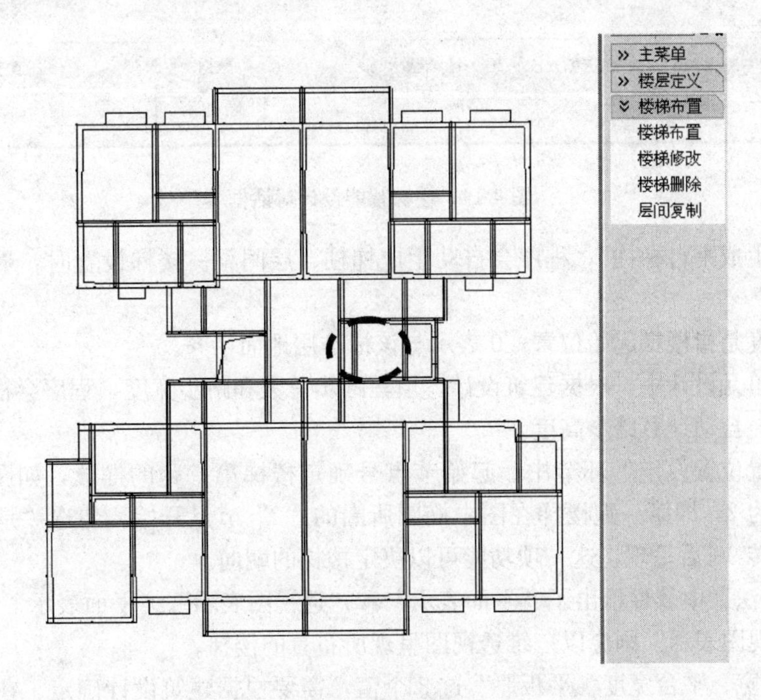

图 4-13　PKPM 楼梯布置图

点击“楼梯布置”按钮，弹出十字光标，点击图 4-13 所圈的楼梯位置后，即弹出“楼梯智能设计对话框”，如图 4-14 所示。

点击“选择楼梯类型”，可选平行两跑、三跑、四跑等 3 种楼梯类型，根据本例建筑设计选择“平行两跑楼梯”。

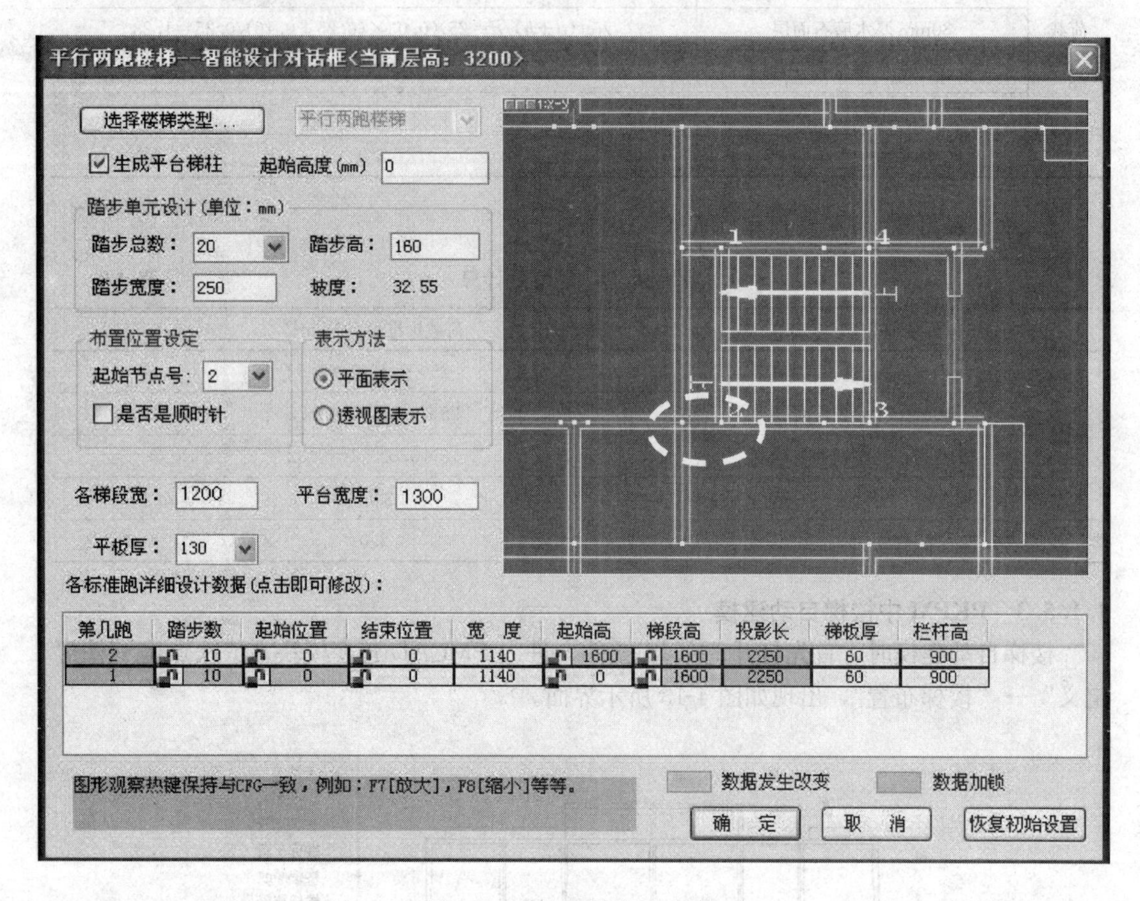

图 4-14　楼梯智能设计对话框

勾选“生成平台梯柱”，程序会自动生成梯柱、层间梁。楼梯设置时，最好选择“生成平台梯柱”。

起始高度是指楼梯起始位置，0 表示与该标准层地面平齐。

在踏步单元设计中，根据建筑设计，填写踏步总数和踏步宽度，程序会根据本标准层设定的楼高，自动计算踏步高度。

在“布置位置设定”环节中，起始节点号确定楼梯第一跑的摆放，如图 4-14 所示，起始节点号为 2，即第一跑楼梯在图中椭圆所圈的“2”节点开始。勾选“是否顺时针”，则楼梯将旋转 90°后呈现，这一项功能可以决定楼梯的朝向。

“表示方法”中软件给出了“平面表示”和“透视图表示”。“平面表示”如图 4-14 所示，而“透视图表示”则会以三维透视图呈现所布置的楼梯。

“各梯段宽、平台宽度、平板厚”这 3 个值，需要根据建筑设计确定。在前一小节楼板手动估算中，可以参照楼梯平面布置图得知，梯段宽为 1200mm（楼梯间距一半减去楼梯井 100mm 的厚度即为梯段宽度），平台宽为 1300mm，而估算所得的平板厚度为 130mm，具体过程请查阅上文的楼梯估算。

各标准跑详细设计数据是根据上述所填数据得来。其中第 1 跑起始位置上的数值 0 表示在离椭圆所圈节点 2 的距离为 0 处开始布置楼梯。第 2 跑结束位置的数值 0 则表示在离节点 1 的距离为 0 处结束楼梯布置。

4.2 PMCAD 建模

由结构平面布置图可得该结构采用正交轴网建立模型，下面将以建立第 1 标准层模型为例，简单介绍剪力墙结构的 PMCAD 建模步骤。

4.2.1 轴网布置

4.2.1.1 轴线输入

新建 PM 文件“住宅设计”，进入 PMCAD 的建筑模型与荷载输入界面，如图 4-15 所示。

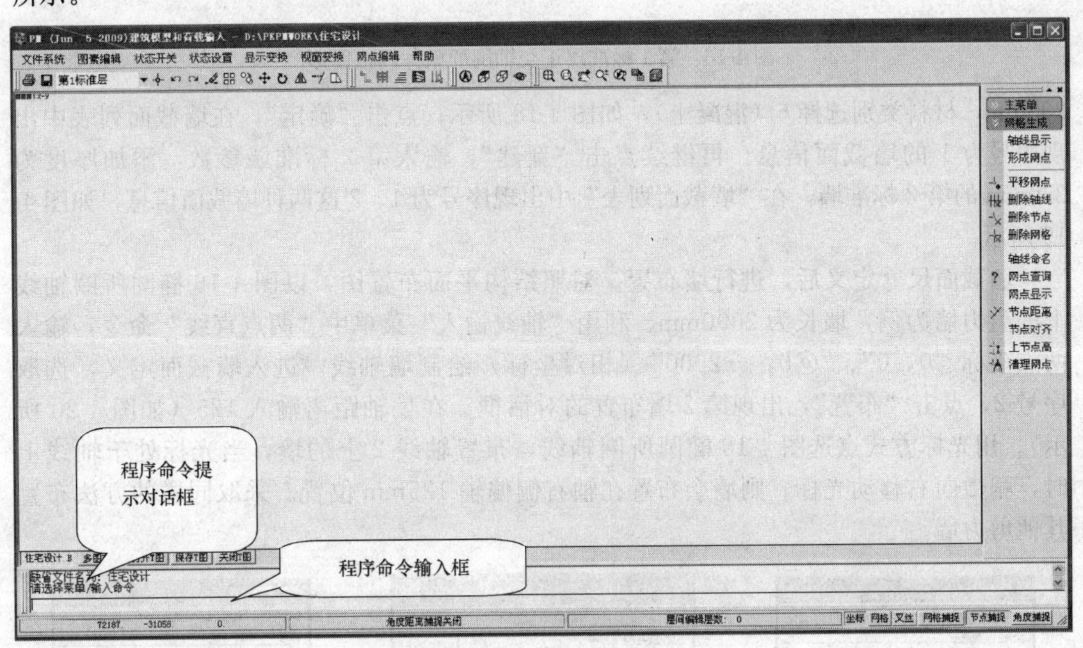

图 4-15 建筑模型与荷载输入界面

点击“轴线输入”，出现下拉菜单，点击“正交轴网”，并且按照图 4-4 平面结构布置图中结构的轴网数据录入，结果如图 4-16 所示，屏幕显示第 1 标准层正交轴网的整体网格线图形。

4.2.1.2 楼层定义

1. 剪力墙布置

点击“楼层定义”，出现下拉菜单，点击“墙布置”，出现“墙截面列表”对话框（图 4-17）；点击“新建”，出现“输入第 1 标准墙参数”对话框，截面类型选择 1，厚度为

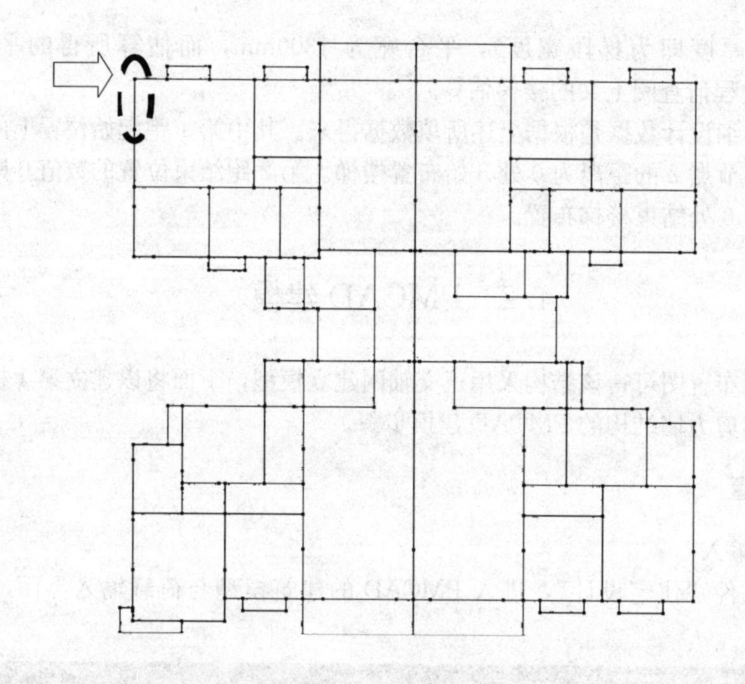

图 4-16　第 1 标准层正交轴网的整体网格图形

200mm，材料类别选择 6（混凝土），如图 4-18 所示；点击“确定”，在墙截面列表中出现序号为 1 的墙截面信息。再继续点击“新建”，输入第 2 标准墙参数，添加厚度为 250mm 的第 2 标准墙，在“墙截面列表”中出现序号为 1、2 这两种墙截面信息，如图 4-19 所示。

墙截面尺寸定义后，进行墙布置。对照结构平面布置图，以图 4-16 椭圆所圈轴线上的剪力墙为例，墙长为 2000mm，利用“轴线输入”菜单中“两点直线”命令，输入两点坐标“0，0”、“@0，－2000”（相对坐标）绘制墙轴线。进入墙截面定义，选取序号 2，点击“布置”，出现第 2 墙布置的对话框，在偏轴距离输入 125（如图 4-20 所示）。用光标方式点选图 4-16 椭圆所圈轴线，布置轴线 2 上的墙，当光标处于轴线上时，稍微向右移动光标，则墙会布置在轴右侧偏轴 125mm 位置。采取同样的方法布置其他剪力墙。

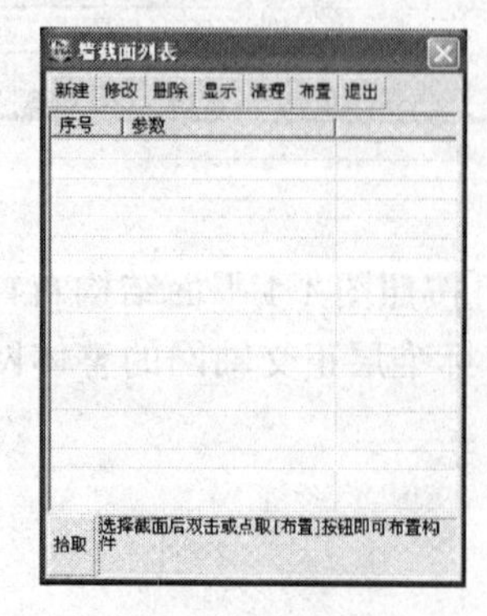

图 4-17　墙截面列表对话框（一）

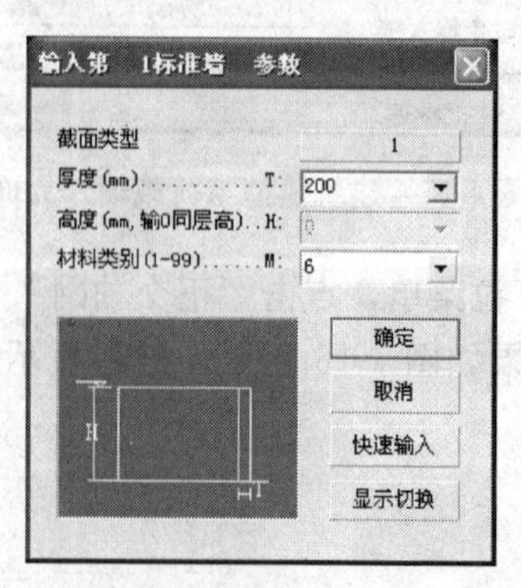

图 4-18　输入第 1 标准墙参数对话框

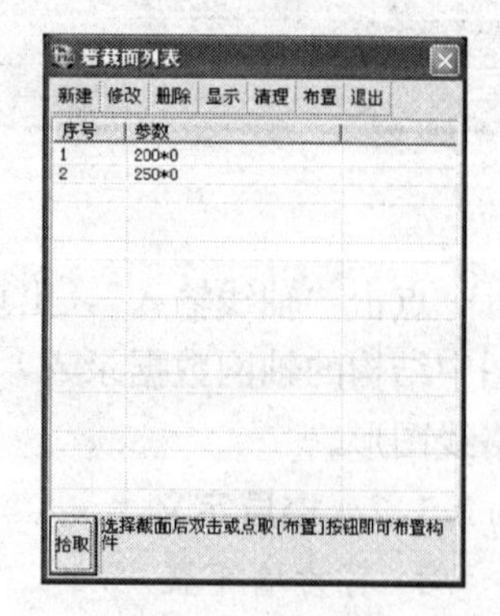

图 4-19　墙截面列表对话框（二）

点击“截面显示”菜单中的“墙显示”，出现“墙显示开关”对话框；点击“数据显示”，出现“数据显示内容”的选项；点击“显示截面尺寸”，再点击“确定”，图中标注出各墙的截面尺寸，如图 4-21 所示；点击“显示偏心标高”，图中标注出各墙的偏心和标高，如图 4-22 所示。可以由此校核墙的布置是否正确（图中选取平面图左下角的剪力墙）。

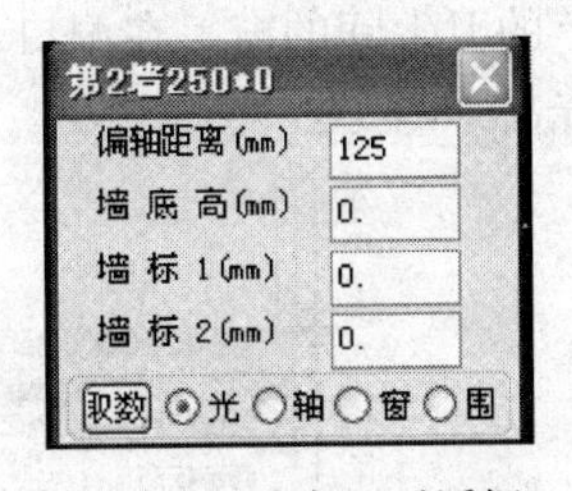

图 4-20　墙布置对话框

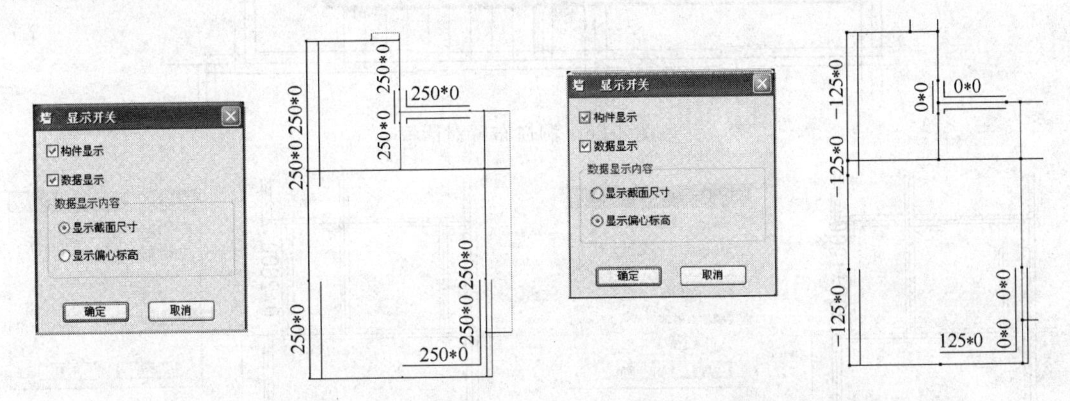

图 4-21　显示墙截面尺寸对话框

图 4-22　显示墙偏心标高对话框

2. 洞口布置

点击“洞口布置”，出现“洞口截面列表”，如图 4-23 所示。点击“新建”，出现“输入第 1 标准洞口参数”对话框，截面类型选择 1（矩形），输入矩形截面宽度和高度为 1200mm 和 1200mm，如图 4-24 所示；点击“确定”，在洞口截面列表中出现序号为 1 的洞口截面信息。再继续点击“新建”，输入第 2 标准洞口参数。在“洞口截面列表”中出现序号为 1、2 的两种洞口截面信息，如图 4-25 所示。

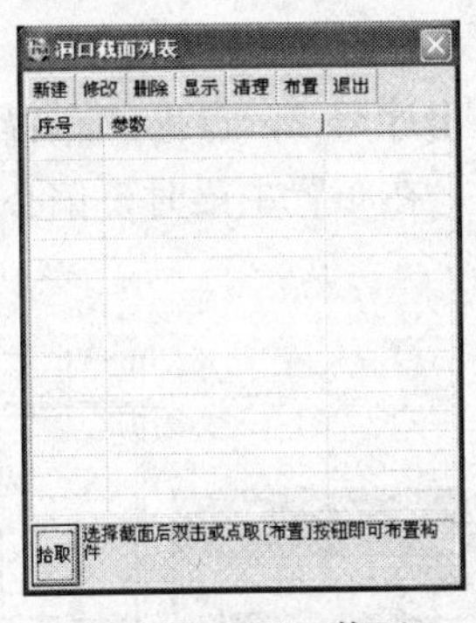

图 4-23　洞口截面列表对话框（一）

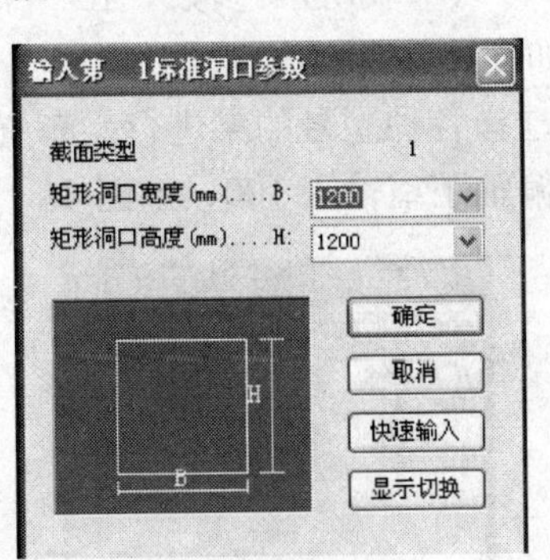

图 4-24　第 1 标准洞口参数对话框

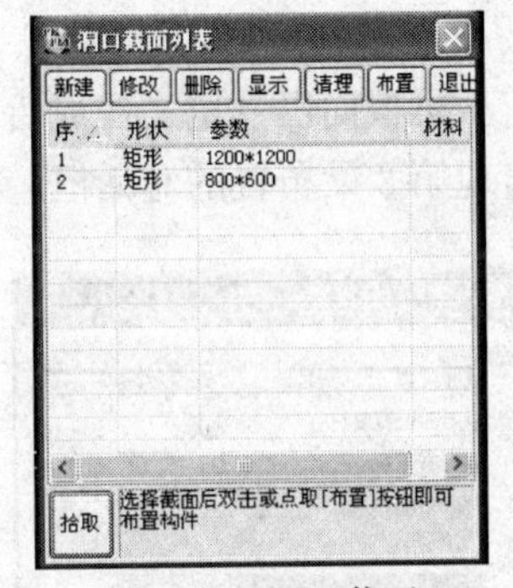

图 4-25　洞口截面列表对话框（二）

洞口截面尺寸定义后，进行洞口布置（洞口位置见图 4-4 椭圆所圈连梁 LL1 与 LL2 处）。点击序号 1，点击“布置”，出现第 1 洞口布置的对话框，在定位距离选择居中，底部标高输入 2600，用光标方式把洞口布置在楼梯间，如图 4-26 所示。采取同样的方法布置第 2 洞口，在定位距离处选择 100，底部标高输入 1600，布置在 D 轴与 10、12 轴相交线上的卫生间的窗。在洞口显示中可以标注出洞口的截面尺寸（图 4-27）和洞口的偏心和标高（图 4-28）。

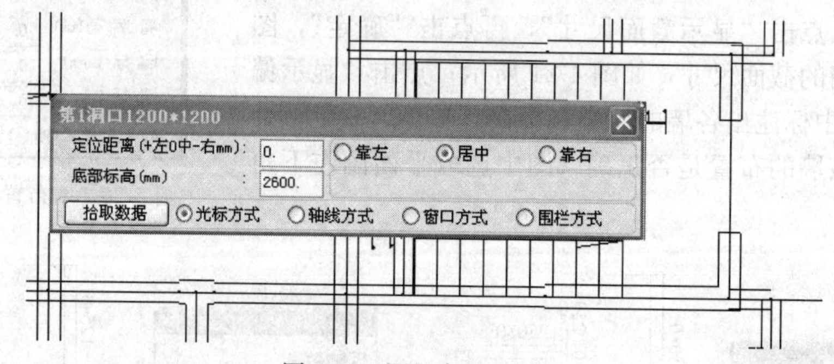

图 4-26　洞口布置对话框

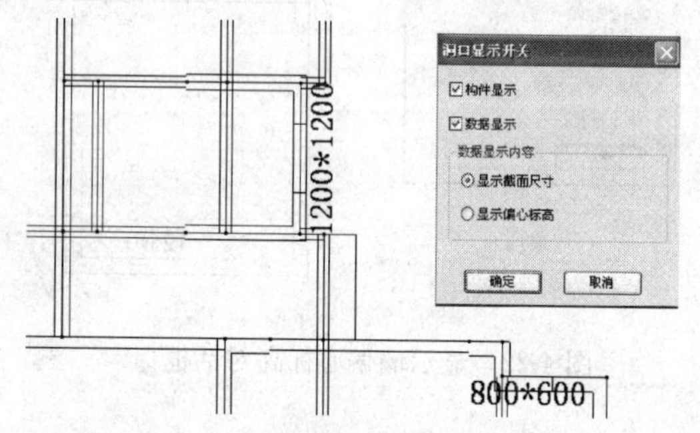

图 4-27　显示洞口截面尺寸对话框

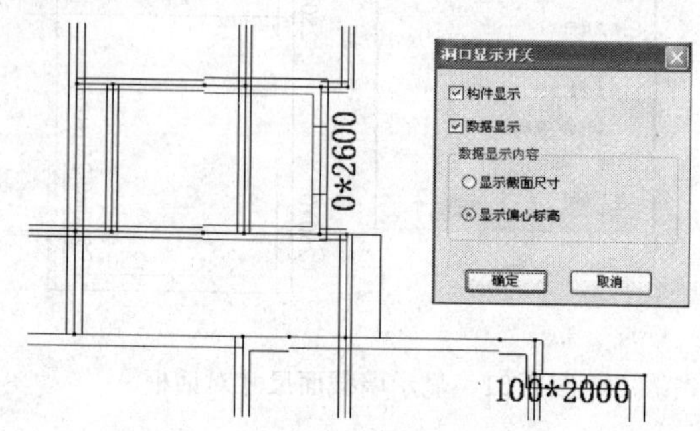

图 4-28　显示洞口偏心和标高对话框

3. 主梁布置

点击“主梁布置”，出现“梁截面列表”。点击“新建”，出现“输入第 1 标准梁参数”对话框，截面类型选择 1（矩形），输入矩形截面宽度和高度 200 和 500，材料类别选择 6（混凝土），如图 4-29 所示，点击“确定”，在梁截面列表中出现序号为 1 的梁截面信息。再继续点击“新建”，输入第 2、3、4 标准梁参数。在“梁截面列表”中出现序号为 1、2、3、4 这四种梁截面信息，如图 4-30 所示。

梁截面尺寸定义完成后，选择各种型号的梁进行梁布置。点击序号 2，点击“布置”，出现第 2 梁布置的对话框，在偏轴距离输入 100，如图 4-31 所示。在布置主梁时，偏心的

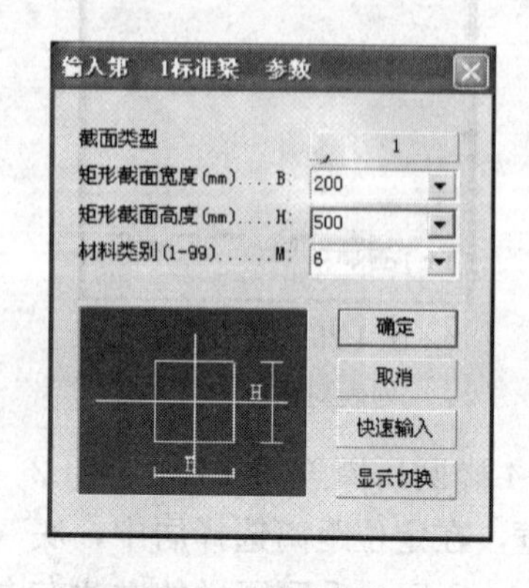

图 4-29　输入第 1 标准梁参数对话框

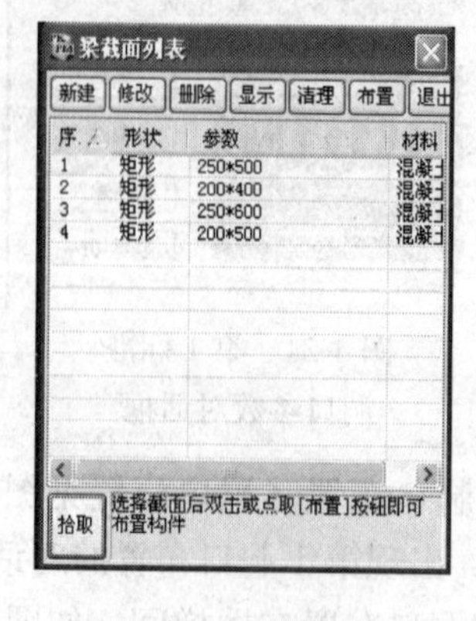

图 4-30　梁截面列表对话框

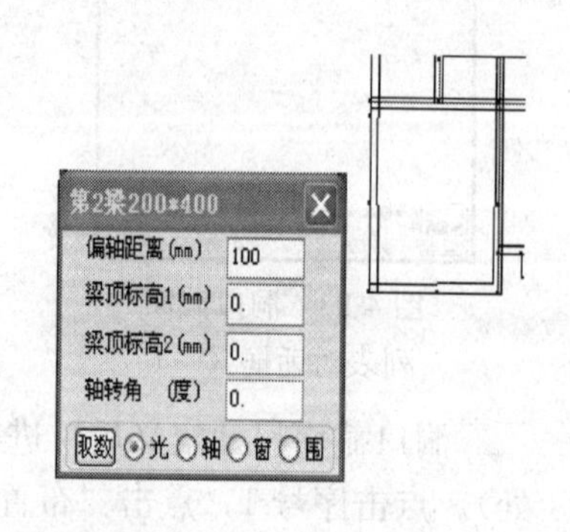

图 4-31　梁布置对话框

数值可不填写正负号，偏心在光标指向轴线的一侧。用光标或窗口布置 A 轴线上 1 轴线与 2 轴线之间的梁 KL1（1），如图 4-4 所示。采取同样的方法布置其他的梁，第 1 标准层结构平面布置如图 4-32 所示。

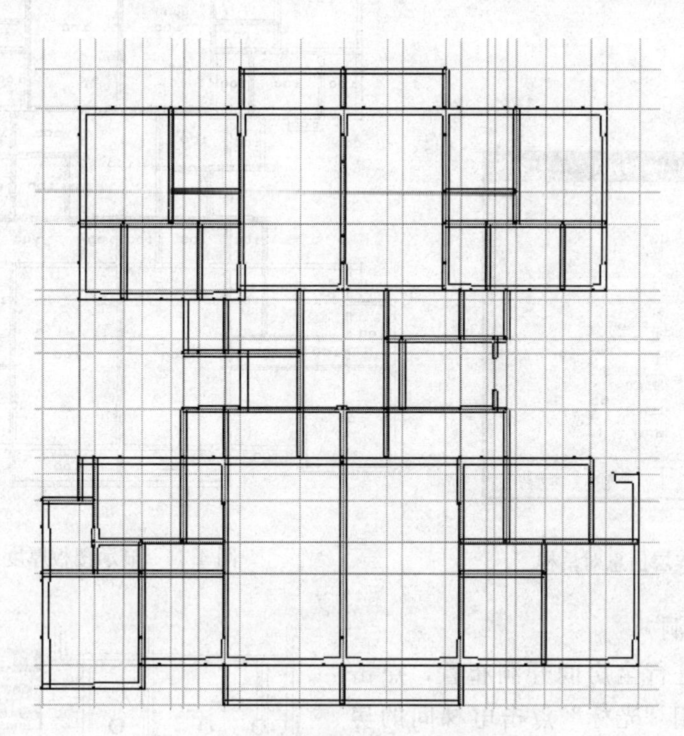

图 4-32　第 1 标准层结构平面布置

4. 本层信息

在“楼层定义”菜单中点击“本层信息”，在“本层信息”对话框里，输入相应的板厚、板混凝土强度等级、板钢筋保护层厚度、柱混凝土强度等级、梁混凝土强度等级、剪力墙混凝土强度等级、梁钢筋类别、柱钢筋类别和本标准层层高，如图 4-33 所示。此对话框中的“本标准层层高”设定值，只用于定向观察某一轴线立面时，立面高度的值，实际层高的数据在楼层组装菜单中输入。

5. 楼面布置

在“楼层定义”菜单中点击“楼板生成”，进入楼板生成菜单。

（1）生成楼板

点击“生成楼板”，图中标注出全部板的厚度，如图 4-34 所示。此厚度在本层信息中输入。

（2）修改板厚

在楼梯间，由于梯段板特殊性，梯段板上恒荷载不采用程序自动计算，按照恒荷载人工输入。在 PKPM 程序中，把梯段板视为 0 厚度板，0 厚度板能够和普通楼板一样承受和倒算荷载。单击“修改板厚”，出现对话框，在板厚度处输入 0，用光标选择需要修改的房间，如图 4-35 所示。客厅的板厚修改为 120mm，修改后的板厚如图 4-36 所示。

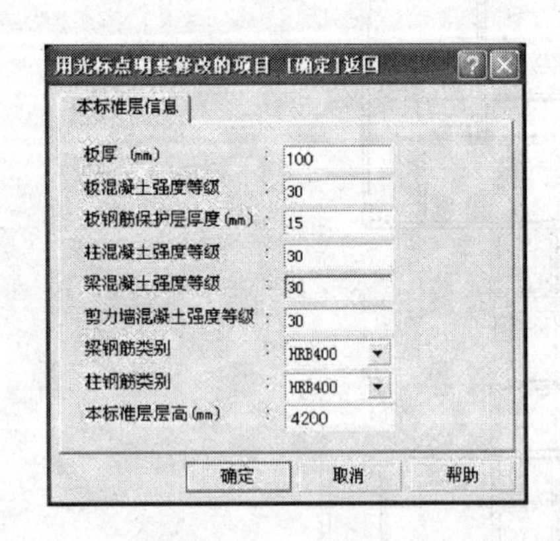

图 4-33　本层信息对话框

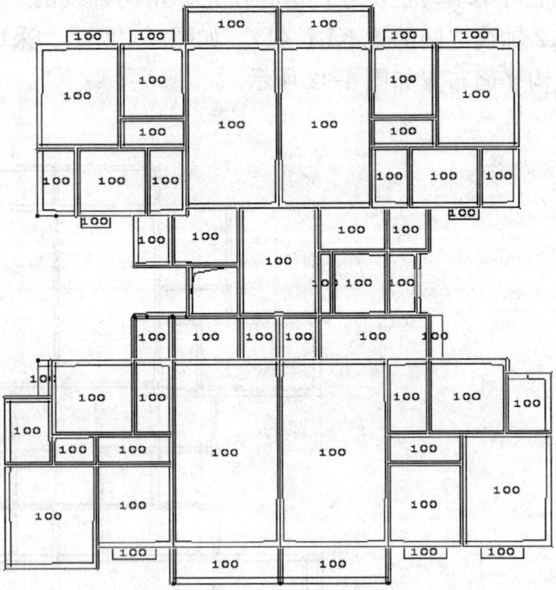

图 4-34　显示楼板厚度

(3) 全房间洞

在电梯间进行全房间开洞布置，点击“全房间洞”，用“光标”点击电梯间的房间，如图 4-37 所示。

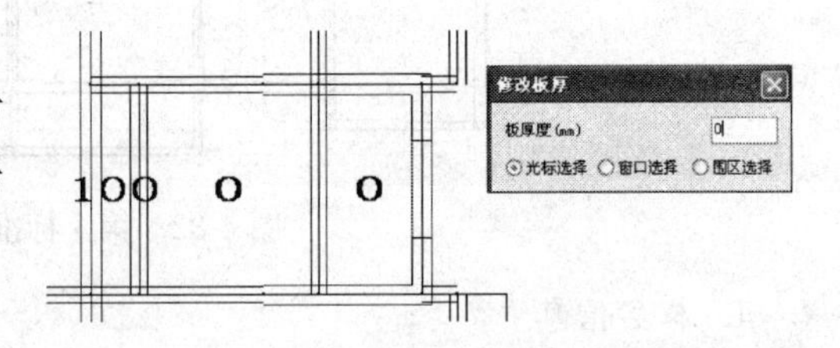

图 4-35　修改楼梯间板厚对话框

(4) 布悬挑板

在平面外围的梁或墙上均可布置现浇悬挑楼板。点击“布悬挑板”，出现“悬挑板截面列表”。点击“新建”，出现“输入第 1 标准悬挑板参数”对话框，截面类型选择 1 (矩形)，输入悬挑板宽度 1200，外挑长度 500，板厚 (0 表示与相邻的楼板同厚度) 100，如图 4-38 所示，点击“确定”，在悬挑板截面列表中出现序号为 1 的悬挑板截面信息。再继续点击“新建”，输入第 2、3、4、5 标准悬挑板参数。在“悬挑板截面列表”中出现序号为 1、2、3、4、5 的 5 种悬挑板截面信息，如图 4-39 所示。

悬挑板截面尺寸定义完成后，选择各种型号的悬挑板进行布置。点击序号 2，选择“布置”，出现第 2 悬挑板布置的对话框，在“定位距离”输入 200 (正为左，负为右)，即悬挑板 1 中心沿梁中心左偏 200mm——悬挑板 1 左端与梁左端平齐，而该梁段长 2200mm，故定位距离为 (2200－1800)/2＝200mm；顶部标高输入悬挑板顶部相对于楼面的高差，0 为与楼面齐高 (悬挑板 1 与楼面齐高，故该值为 0)；挑出方向向外为正，悬挑板 1 在梁外，故输入＋1，或者直接点击梁的上方亦可以完成向外布置悬挑板的操作。用光标布置悬挑板 1，如图 4-40 所示点击梁布悬挑板。采取同样的方法布置其他的悬挑板，其余悬挑板数据查看表 4-10，相应位置详见图 4-41。

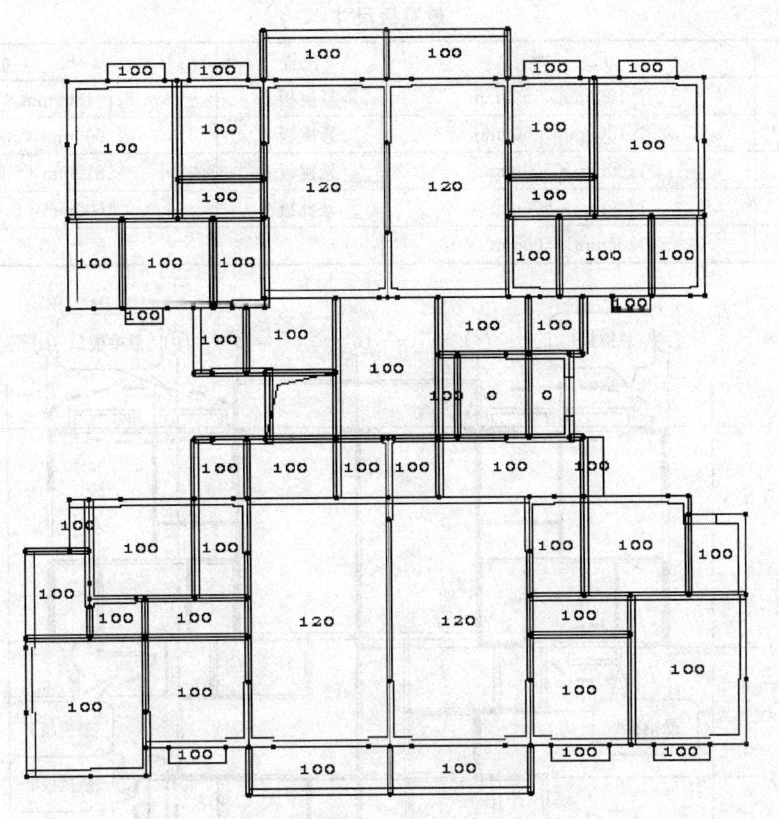

图 4-36　修改板厚后的第 1 标准层板厚

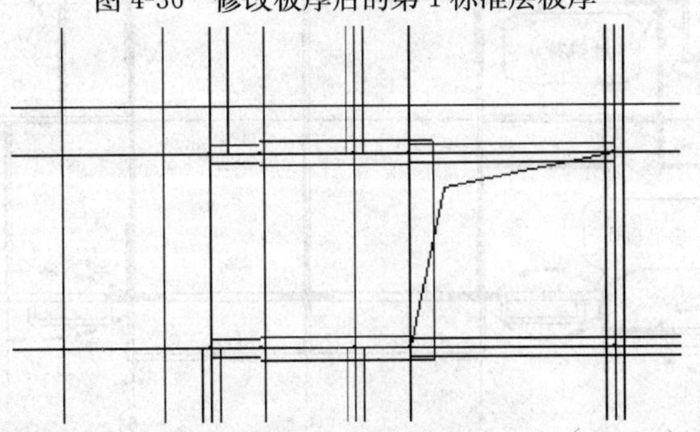

图 4-37　全房间洞

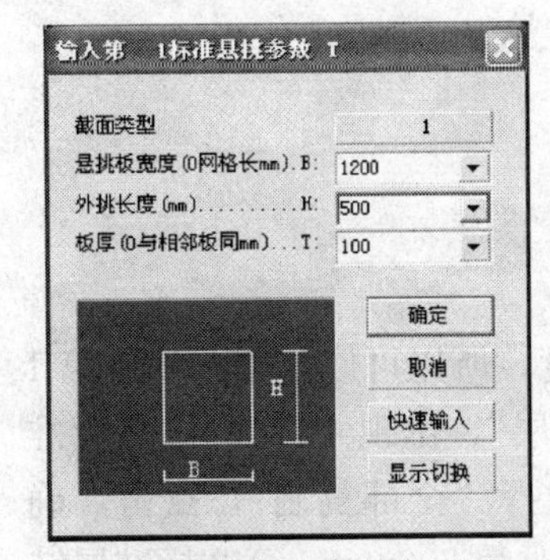

图 4-38　输入第 1 标准悬挑板参数对话框

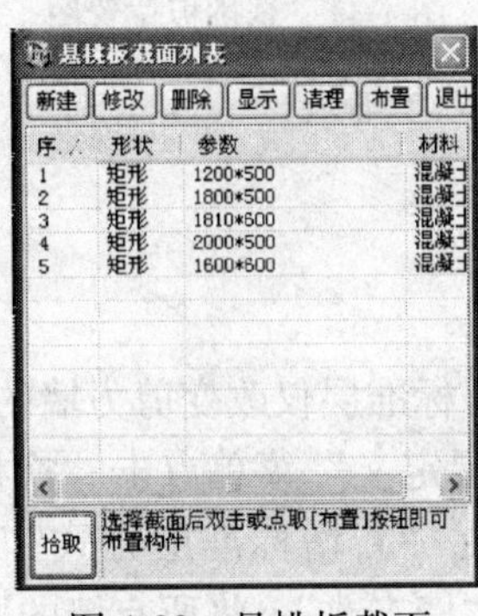

图 4-39　悬挑板截面列表对话框

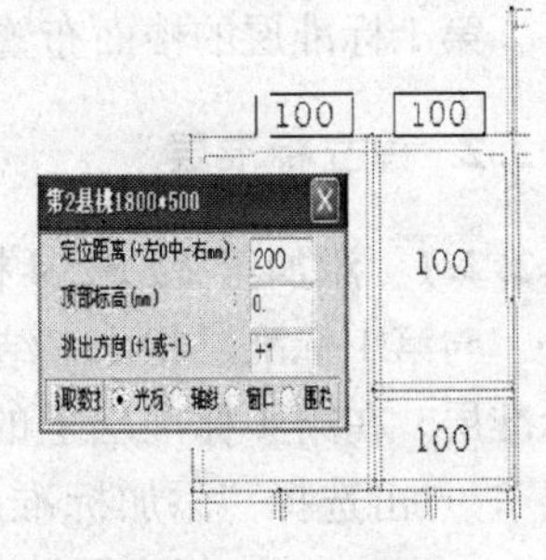

图 4-40　悬挑板布置对话框

悬挑板尺寸 **表 4-10**

位置	尺　寸	位置	尺　寸
悬挑板 1	2 个 1800mm×500mm	悬挑板 6	2 个 1800mm×500mm
悬挑板 2	2 个 1800mm×500mm	悬挑板 7	2000mm×500mm
悬挑板 3	1200mm×500mm	悬挑板 8	1810mm×600mm
悬挑板 4	1200mm×500mm	悬挑板 9	1600mm×600mm
悬挑板 5	1800mm×500mm		

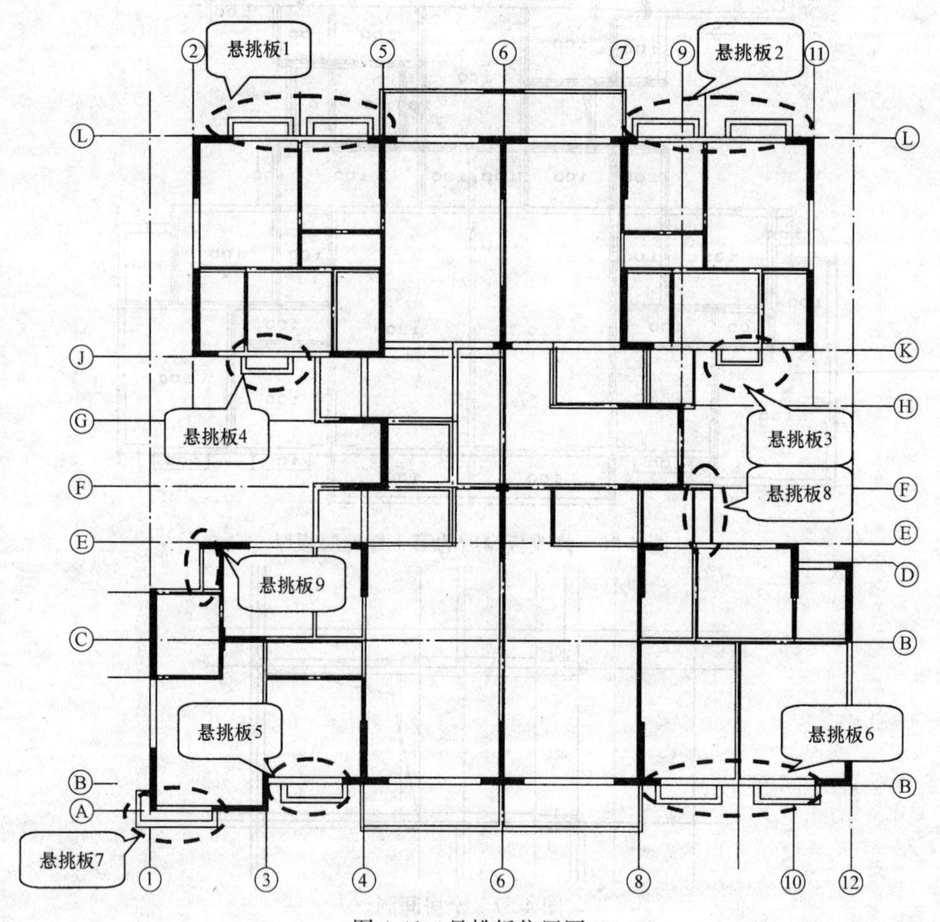

图 4-41　悬挑板位置图

第 1 标准层的楼面布置如图 4-42 所示。

4.2.2　建立标准层

4.2.2.1　添加第 2、3、4 标准层

与第 1 标准层相比，结构第 2 标准层仅改变剪力墙的厚度，所以可以复制并修改第 1 标准层。在第 1 标准层上的“楼层定义”菜单点击“换标准层”，出现“选择/添加标准层”，点击选择“添加标准层”，在“新增标准层方式”中选择“全部复制”，点击“确定”，出现“第 2 标准层”。通过“墙查改”，将所有墙的厚度改为 200mm。第 2 标准层结构平面布置图如 4-43 所示。

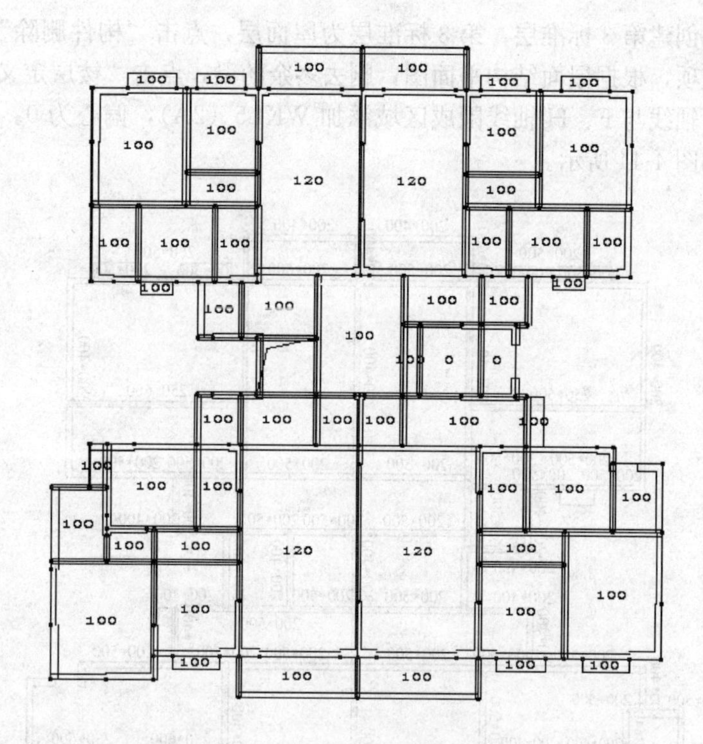

图 4-42　第 1 标准层楼面布置图

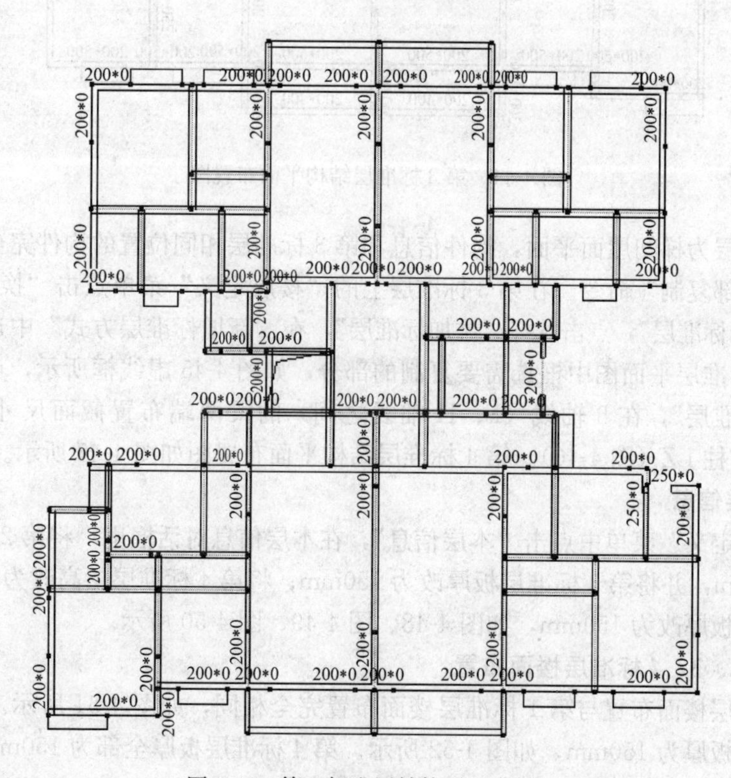

图 4-43　第 2 标准层结构平面布置图

以同样方法创建第 3 标准层，第 3 标准层为屋面层，点击“构件删除”，在对话框中选择“梁”这选项，根据屋面结构平面图，删去多余的梁，点击“楼层定义”中的“主梁布置”，在 4、7 轴线与 F、H 轴线围成区域添加 WKL5（2A），偏心为 0。第 3 标准层结构平面布置图如图 4-44 所示。

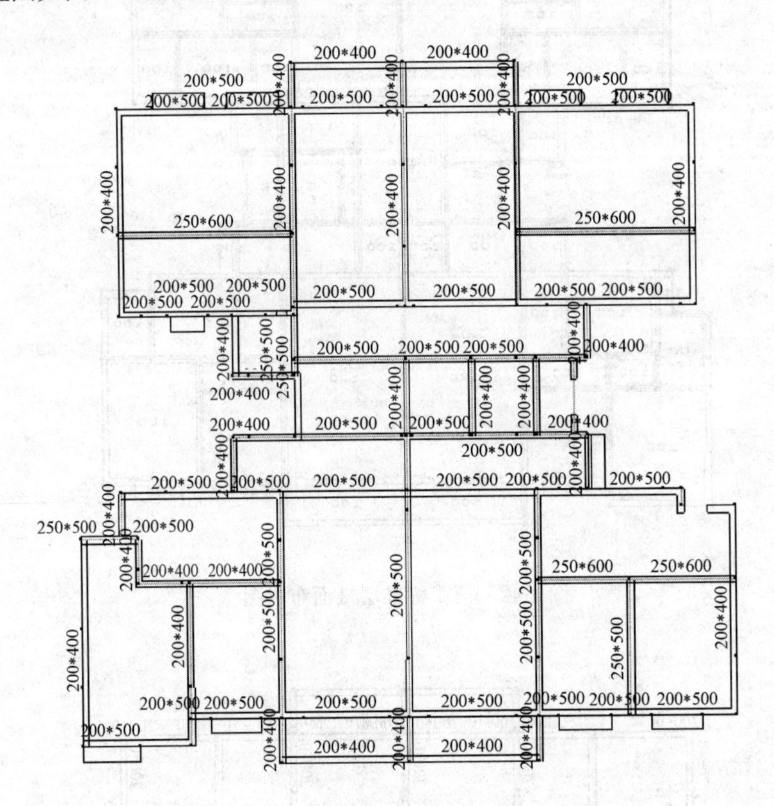

图 4-44 第 3 标准层结构平面布置图

第 4 标准层为梯间屋面平面，构件信息和第 3 标准层相同位置的构件完全一样，于是可以使用“局部复制”命令。在第 3 标准层上的“楼层定义”菜单点击“换标准层”，出现“选择/添加标准层”，点击选择“添加标准层”，在“新增标准层方式”中选择“局部复制”，在第 3 标准层平面图中框选需要复制的部分，如图 4-45 虚线框所示，点击“确定”，出现“第 4 标准层”，在 6 轴线（F、H 轴线之间）的梁两端布置截面尺寸为 200mm×200mm 的梁上柱 LZ（图 4-46）。第 4 标准层结构平面布置图如图 4-47 所示。

4.2.2.2 本层信息

在“楼层定义”菜单中点击“本层信息”，在本层信息对话框里，将第 2、3 标准层层高改为 3200mm，并将第 3 标准层板厚改为 150mm；将第 4 标准层层高改为 3000mm，并将第 4 标准层板厚改为 150mm，如图 4-48、图 4-49、图 4-50 所示。

4.2.2.3 第 2、3、4 标准层楼面布置

第 2 标准层楼面布置与第 1 标准层楼面布置完全相同，如图 4-51 所示。第 3 标准层为屋面，屋面板厚为 150mm，如图 4-52 所示。第 4 标准层板厚全部为 150mm，第 4 标准层的楼面布置如图 4-53 所示。

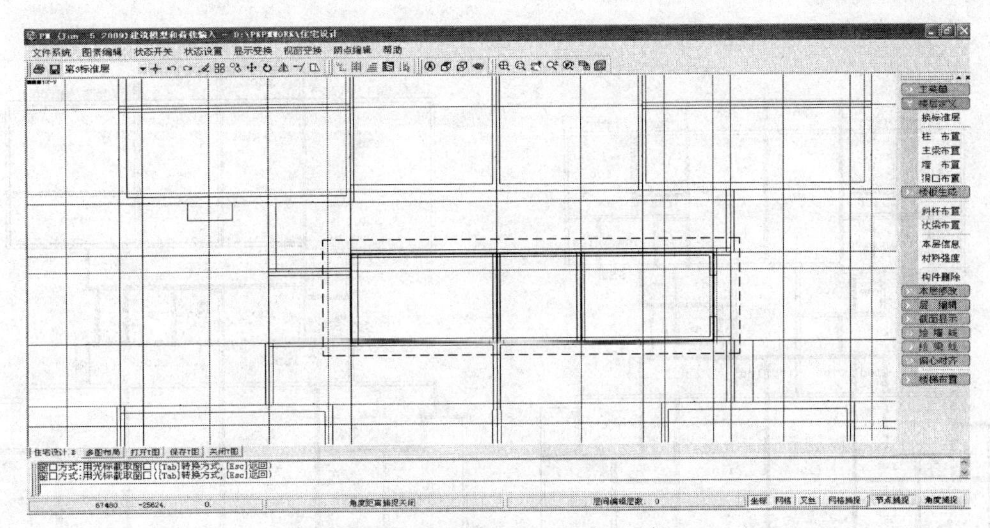

图 4-45　第 3 标准层平面图（局部）

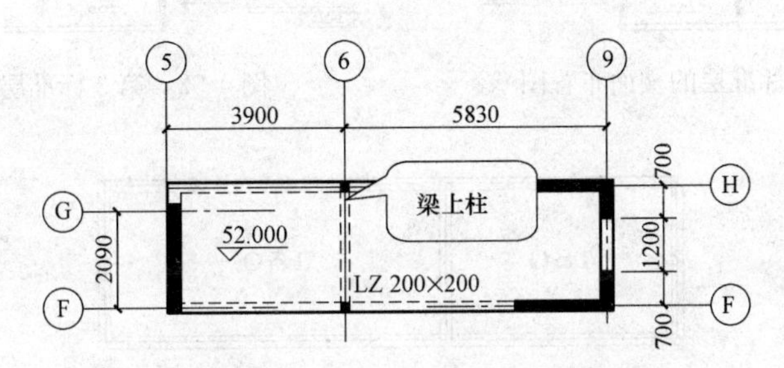

图 4-46　梁上柱（单位：mm）

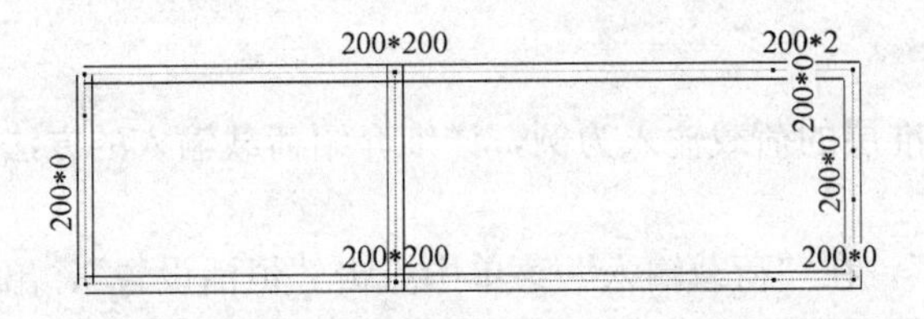

图 4-47　第 4 标准层结构平面布置图

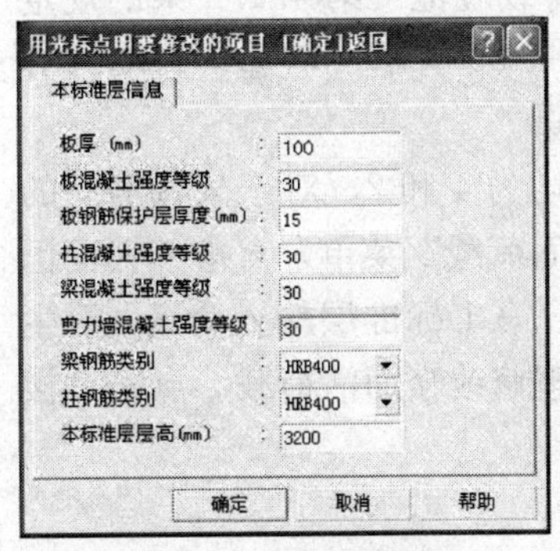
用光标点明要修改的项目 [确定]返回

本标准层信息

项目	值
板厚（mm）	100
板混凝土强度等级	30
板钢筋保护层厚度(mm)	15
柱混凝土强度等级	30
梁混凝土强度等级	30
剪力墙混凝土强度等级	30
梁钢筋类别	HRB400
柱钢筋类别	HRB400
本标准层层高(mm)	3200

确定　取消　帮助

图 4-48　第 2 标准层本层信息对话框

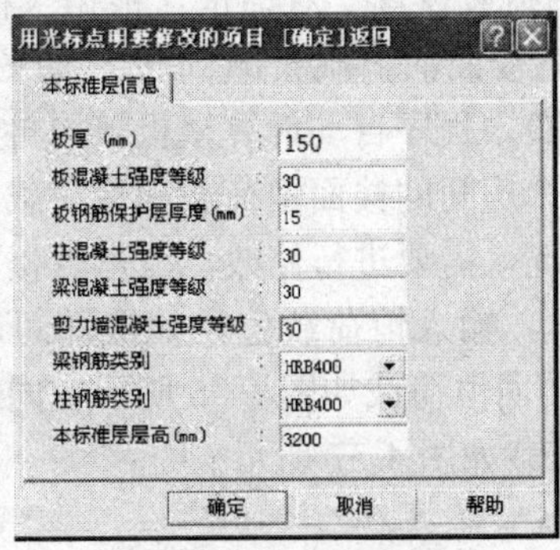
用光标点明要修改的项目 [确定]返回

本标准层信息

项目	值
板厚（mm）	150
板混凝土强度等级	30
板钢筋保护层厚度(mm)	15
柱混凝土强度等级	30
梁混凝土强度等级	30
剪力墙混凝土强度等级	30
梁钢筋类别	HRB400
柱钢筋类别	HRB400
本标准层层高(mm)	3200

确定　取消　帮助

图 4-49　第 3 标准层本层信息对话框

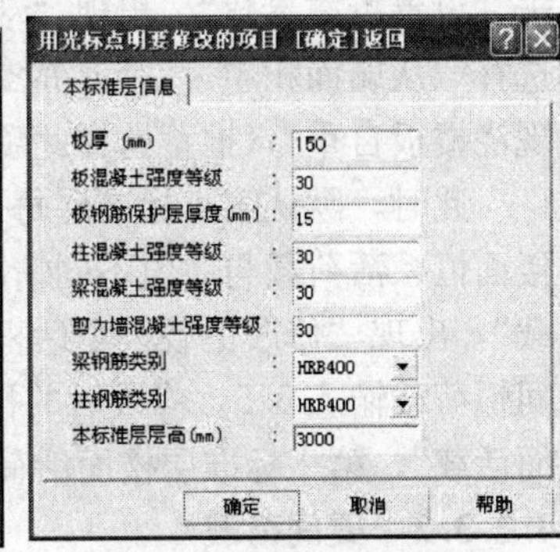
用光标点明要修改的项目 [确定]返回

本标准层信息

项目	值
板厚（mm）	150
板混凝土强度等级	30
板钢筋保护层厚度(mm)	15
柱混凝土强度等级	30
梁混凝土强度等级	30
剪力墙混凝土强度等级	30
梁钢筋类别	HRB400
柱钢筋类别	HRB400
本标准层层高(mm)	3000

确定　取消　帮助

图 4-50　第 4 标准层本层信息对话框

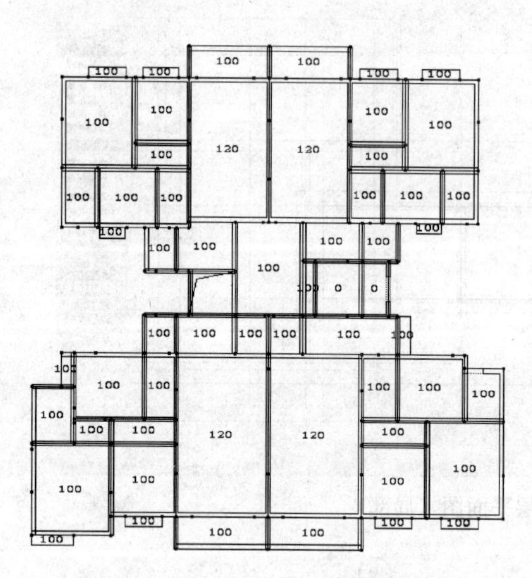

图 4-51　第 2 标准层的楼面布置图

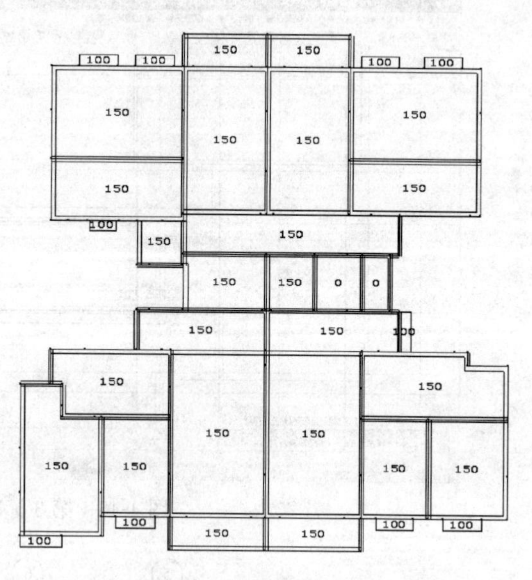

图 4-52　第 3 标准层的楼面布置图

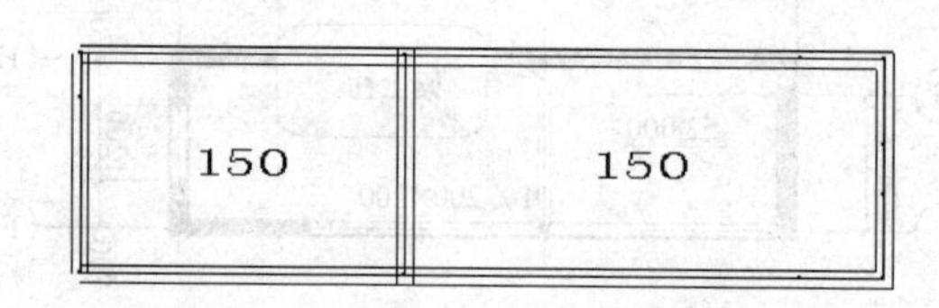

图 4-53　第 4 标准层的楼面布置图

4.2.3　荷载输入

下面将以第 1 标准层的荷载输入为例，详细介绍荷载输入的方法。

4.2.3.1　楼面荷载

点击“荷载输入”，在“荷载输入”菜单中点击“恒活设置”，出现“荷载定义”对话框，在此菜单可以根据不同标准层楼面荷载情况，定义相应的荷载标准层，在恒载和活载输入楼面恒荷载和活荷载 4.0 和 2.0，选择“考虑活荷载折减”选项，如图 4-54 所示。点击“设置折减参数”，出现“活荷载设置”对话框，根据《荷载规范》第 4.1.2 条的规定选择“从属面积超过 25m^2 时，楼面活荷载折减 0.9”，如图 4-55 所示。勾选“自动计算现浇楼板自重”(推荐选择此项)，程序自动计算楼板结构自重。

此时，默认第 1 标准层每个房间的楼面恒荷载和活荷载均为 4 和 2，对于某些房间的楼面恒、活荷载与此值不同情况，需要进行修改。点击“楼面荷载”菜单，点击“楼面恒载”，出现“修改恒载”对话框，输入恒荷载值，如楼梯间，第 1 标准层输入为 8，卫生间恒荷载输入 5.5。修改后的楼面恒荷载如图 4-56 所示，同理修改楼面活荷载。点击“楼面活载”，第 1 标准层楼面活荷载如图 4-57 所示。

4.2.3.2　梁间荷载

1. *砌体墙荷载计算*

纵横墙的荷载如图 4-6 所示，由于荷载数值众多，在梁间荷载输入时适当合并。

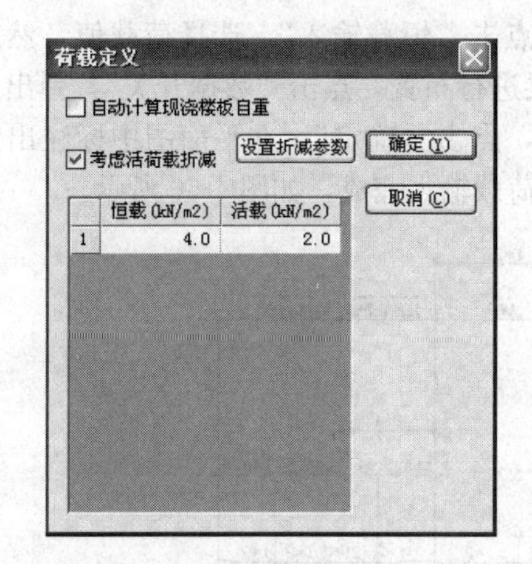

图 4-54　荷载定义对话框

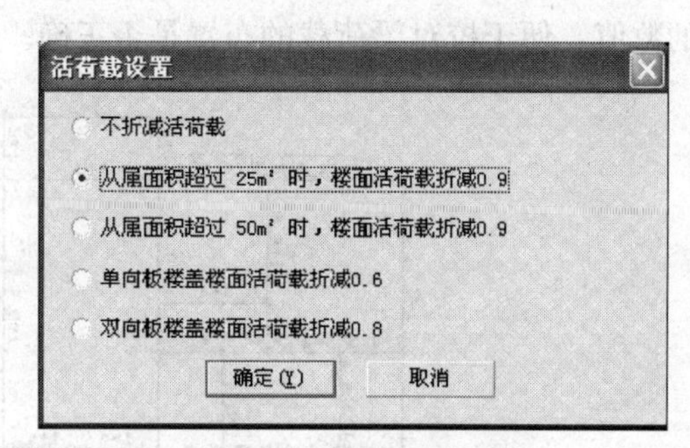

图 4-55　活荷载设置对话框

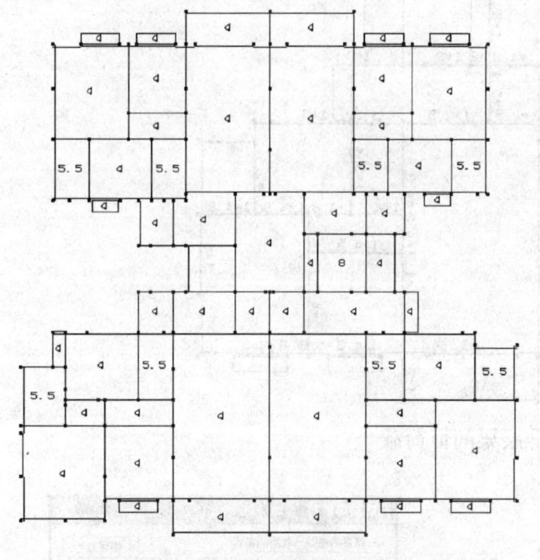

图 4-56　第 1 标准层楼面恒荷载

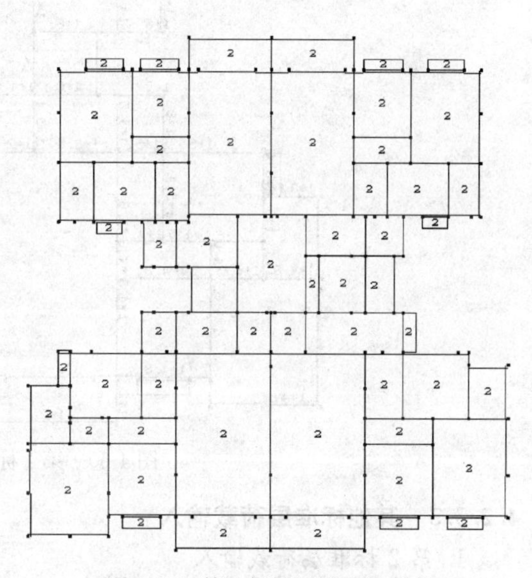

图 4-57　第 1 标准层楼面活荷载

2. 梁间荷载输入

进入“梁间荷载”，可以点击“梁荷定义”或“恒荷输入”进入“选择要布置的梁荷载”对话框；点击“添加”，出现“选择荷载类型”对话框，如图 4-58 所示；选择“均布荷载”，依次输入竖向线荷载值，梁间均布荷载添加完成，如图 4-59 所示。

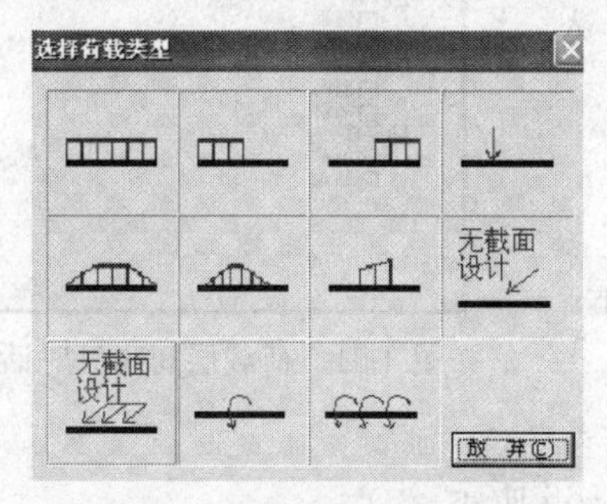

图 4-58　选择荷载类型对话框

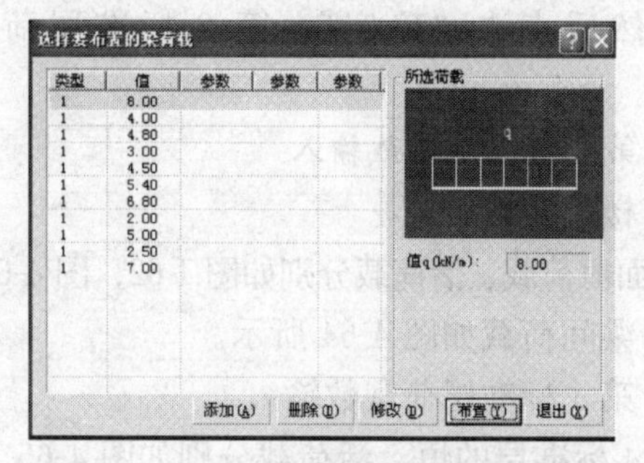

图 4-59　选择要布置的梁荷载对话框

梁荷载定义完成后，进行梁间荷载的布置。点击“恒载输入”，选择荷载值，然后点击“布置”，在平面图中选择相应梁间恒荷载的梁进行布置。点击“数据开关”，弹出“数据显示状态”；选择“数据显示”，选择字符大小，点击“确定”，在平面图中标注出梁荷载的数值，便于校对梁荷载的布置是否正确。恒荷载输入完成，如图 4-60 所示。

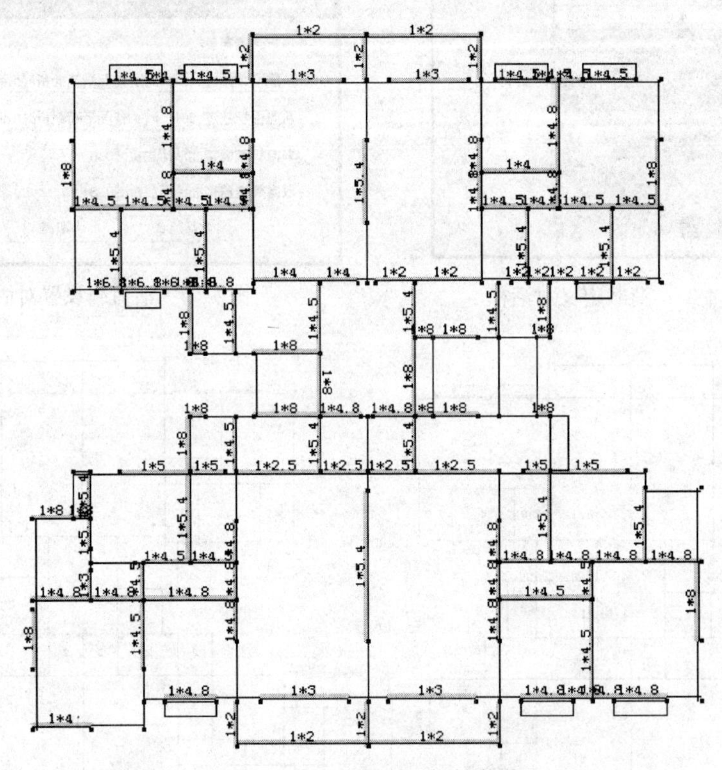

图 4-60　第 1 标准层梁间恒荷载

4.2.3.3　其他标准层荷载输入

1. 第 2 标准层荷载输入

第 2 标准层荷载和第 1 标准层荷载完全相同。在“荷载输入”菜单中，点击“层间复制”，弹出“荷载层间拷贝”对话框，选择“拷贝前清除当前层的荷载”，选择“拷贝的标准层号”，选择第 1 标准层，在拷贝的荷载类型中选择墙、梁和楼板，如图 4-61 所示；然后点击“确定”，第 2 标准层荷载输入完成。

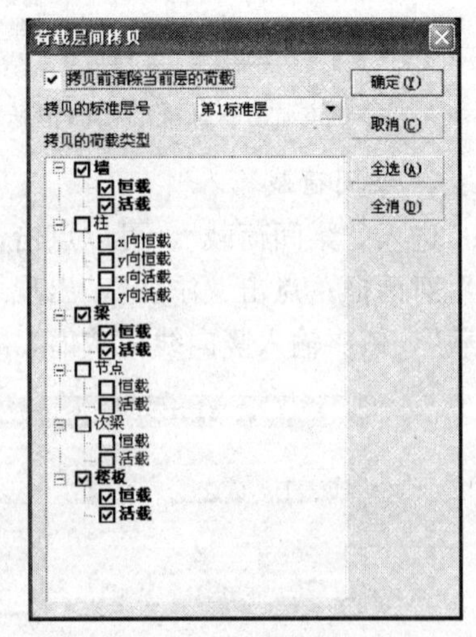

图 4-61　荷载层间拷贝对话框

2. 第 3 标准层荷载输入

1）楼面荷载

楼面恒荷载、活荷载分别如图 4-62、图 4-63 所示。

2）梁间荷载如图 4-64 所示。

3）第 4 标准层荷载数输入

第 4 标准层的恒、活荷载分别如图 4-65、图 4-66 所示。

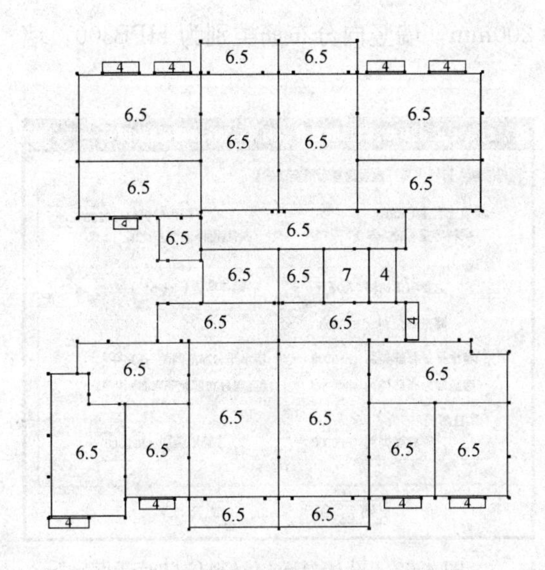

图 4-62　第 3 标准层楼面恒荷载

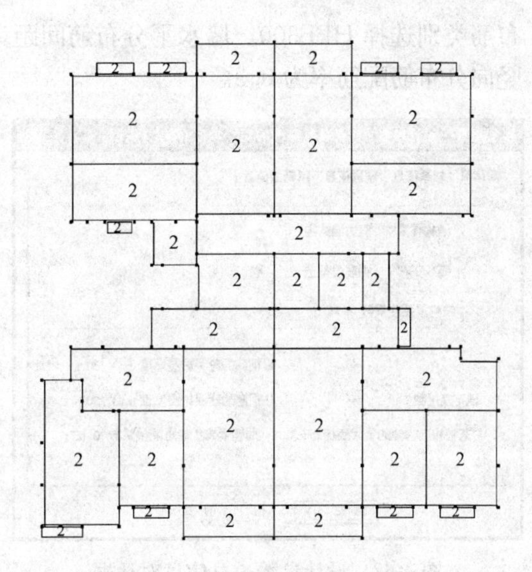

图 4-63　第 3 标准层楼面活荷载

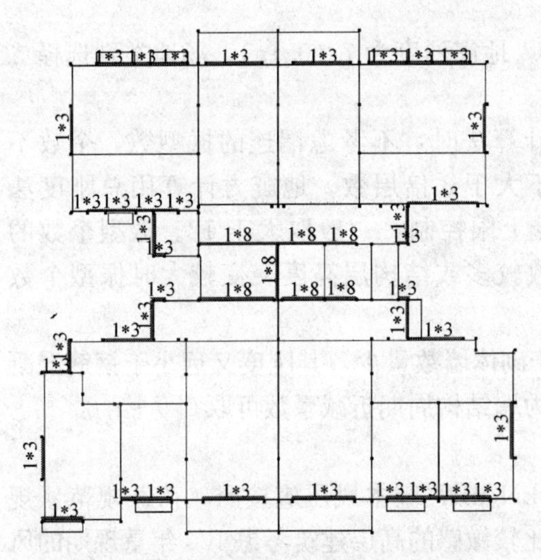

图 4-64　第 3 标准层梁间恒荷载

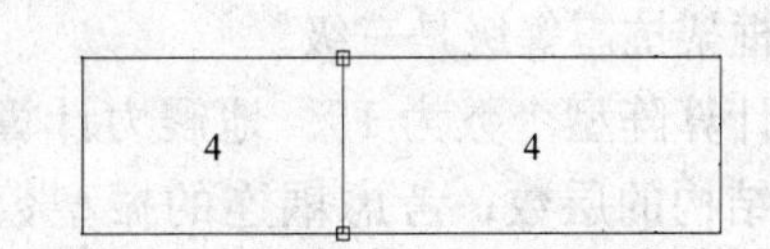

图 4-65　第 4 标准层恒荷载

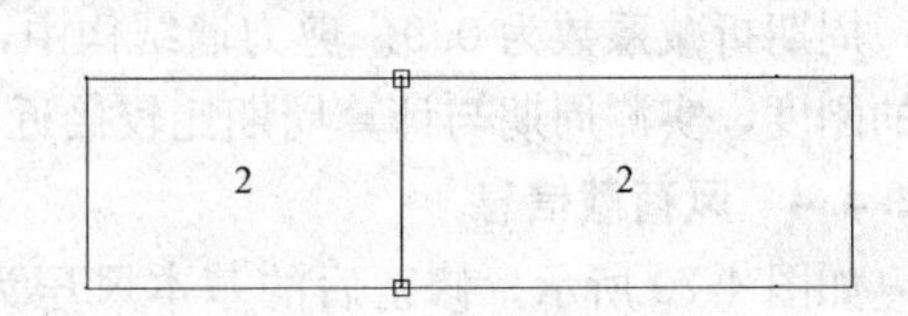

图 4-66　第 4 标准层活荷载

4.2.4　设计参数输入

点击“设计参数”，弹出“楼层组装-设计参数”对话框。

4.2.4.1　总信息

如图 4-67 所示，结构体系为剪力墙结构。结构主材采用钢筋混凝土，结构重要性系数为 1.0，地下室层数为 0，与基础相连构件的最大底标高为 0，梁、柱钢筋的混凝土保护层厚度为 30mm，框架梁端弯矩调幅系数取 0.85。

4.2.4.2　材料信息

如图 4-68 所示，混凝土容重为 26kN/m³（考虑梁、柱的抹灰等荷载时，可取 26～28kN/m³），钢材容重为 78kN/m³，钢截面净毛面积比值为 0.85（可填 0.5～1）。

主要墙体材料为混凝土，砌体容重 22kN/m³，墙主筋类别选择 HRB400，墙水平分布筋类别选择 HPB300，墙水平分布筋间距为 200mm，墙竖向分布筋类别为 HPB300，墙竖向分布筋配筋率为 0.3。

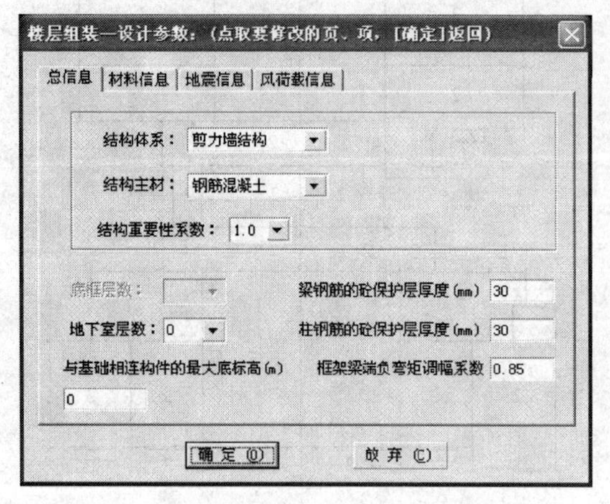

图 4-67　设计参数—总信息对话框

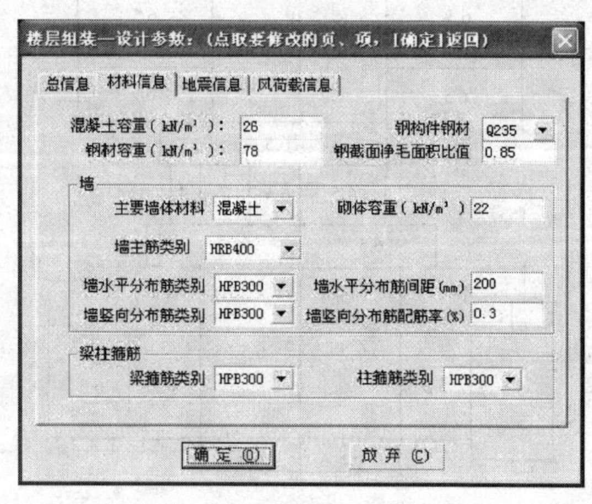

图 4-68　设计参数—材料信息对话框

4.2.4.3　地震信息

如图 4-69 所示，设计地震分组选择第一组，地震烈度为 7（0.1g），场地类别选择二类，框架抗震等级是三级。

计算阵型个数为 15。地震力计算用侧刚计算法时，不考虑耦连的振型数，个数不大于结构的层数；考虑耦连的振型数，个数不大于 3 倍层数。地震力计算用总刚度法时，结构要有较多的弹性节点，振型个数不受上限控制，一般取大于 12。振型个数的大小与结构层数、结构形式有关，当结构层数较多或结构层高度突变较大时振型个数应取多些。

周期折减系数为 0.9。剪力墙结构中，由于砌体墙数量少，其刚度又远小于钢筋混凝土的刚度，实测周期与计算周期比较接近，剪力墙结构周期折减系数可取 0.9～1.0。

4.2.4.4　风荷载信息

如图 4-70 所示，修正后的基本风压为 0.5kN/m^2；基本风压应按照《荷载规范》规定取值，对于特别重要的高层建筑或对风荷载比较敏感的高层建筑考虑 100 年重现期的风压或者 50 年一遇的基本风压值乘以增大系数 1.1 较为妥当，一般还要考虑地点和环境的

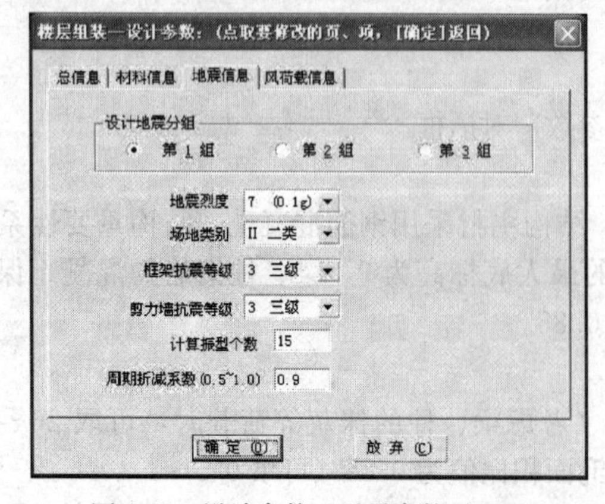

图 4-69　设计参数—地震参数对话框

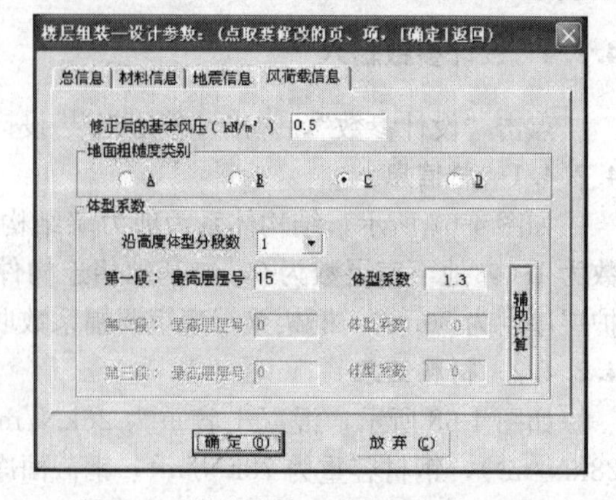

图 4-70　设计参数—风荷载参数对话框

影响，如沿海和强风地带，基本风压放大 1.1 或 1.2 倍。

地面粗糙度类别为 C 类。

体型系数：沿高度的分段数（与楼层的平面形状有关，不同形状的楼面的体型系数不一样，一栋建筑最多可分为 3 段），每段有 2 个参数，分别为最高层号、体型系数。体型系数也可以由“辅助计算”按钮计算。本例最高层号 15，体型系数为 1.3。

4.2.5 楼层组装

点击“楼层组装”，确定“复制层数”、“标准层”、“层高”，点击“增加”，右侧的“组装结果”出现组装后的相关信息。

进行楼层组装：

(1) 复制层数：1；标准层：第 1 标准层；层高：4200，点击“添加”。

(2) 复制层数：1；标准层：第 1 标准层；层高：3200，点击“添加”。

(3) 复制层数：12；标准层：第 2 标准层；层高：3200，点击“添加”。

(4) 复制层数：1；标准层：第 3 标准层；层高：3200，点击“添加”。

(5) 复制层数：1；标准层：第 4 标准层；层高：3000，点击“添加”。

组装结果如图 4-71 所示。

4.2.6 退出

4.2.6.1 保存文件

保存输入的数据。

4.2.6.2 退出程序

点击“退出程序”，弹出对话框，选择“存盘退出”，然后弹出对话框，如图 4-72 所示；选择后，点击“确定”，程序按照所选项进行模型检查，形成文件。

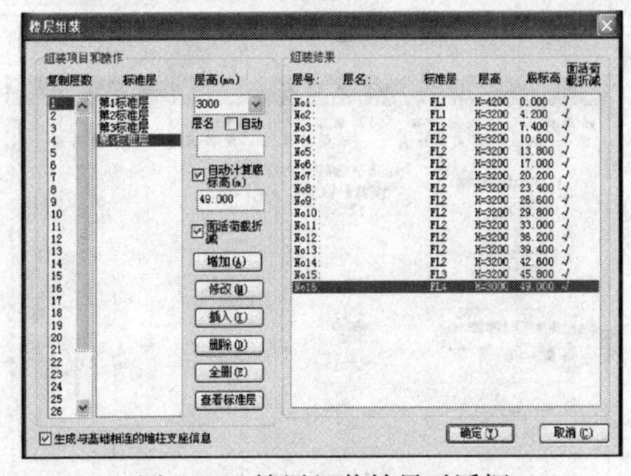

图 4-71 楼层组装结果对话框

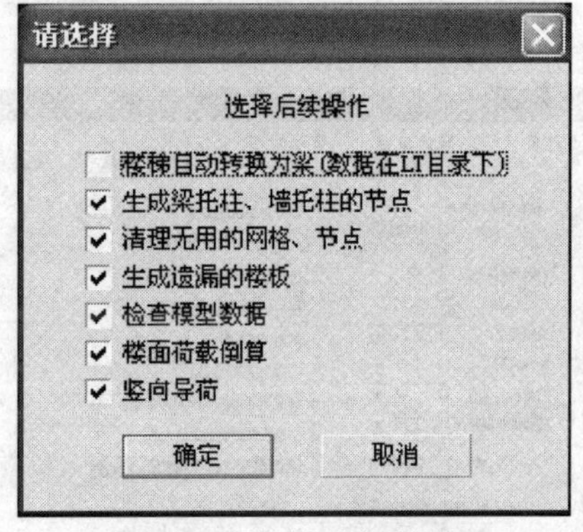

图 4-72 存盘退出对话框

4.3 SATWE 部分

完成 PMCAD 部分，生成住宅设计的数据文件：住宅设计 .jws、住宅设计 .bws、axisrect. axf、layadjdata. pm、pm3j_2jc. pm、pm3j_perflr. pm，进入 SATWE 进行程序分析。

4.3.1 分析与设计参数补充定义

点击主菜单 1 “接 PM 生成 SATWE 数据”，弹出“补充输入及 SATWE 数据生成”和“图形检查”子菜单。点击“分析与设计参数补充定义”，进入“SATWE 参数修正对话框”，参数修正共设了 10 项信息的参数（每个参数都显示上次定义的数值或隐含值）。本例涉及其中 8 项，各项参数信息如图 4-73～图 4-80 所示。本例参数填写参看第三章 SATWE 参数填写内容。

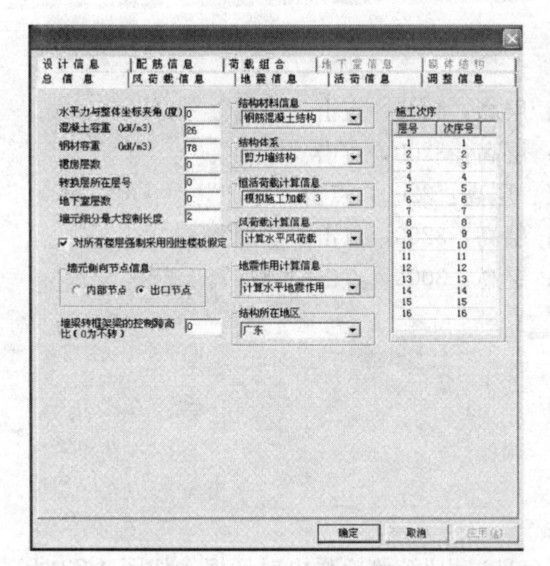

图 4-73　总信息对话框

结构基本周期：在计算前先进行基本周期估算，SATWE 计算后要重新填入。

图 4-74　风荷载信息对话框

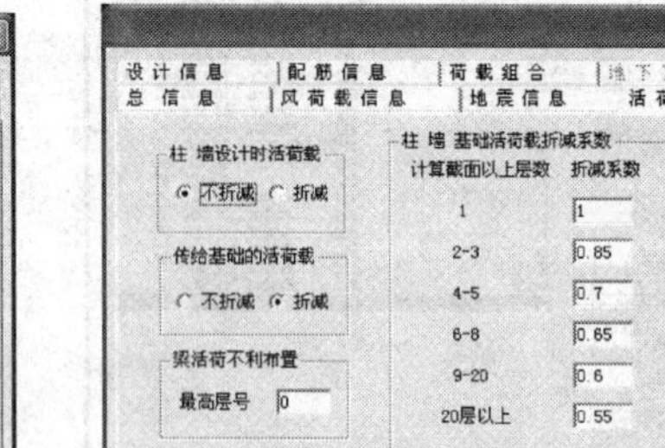

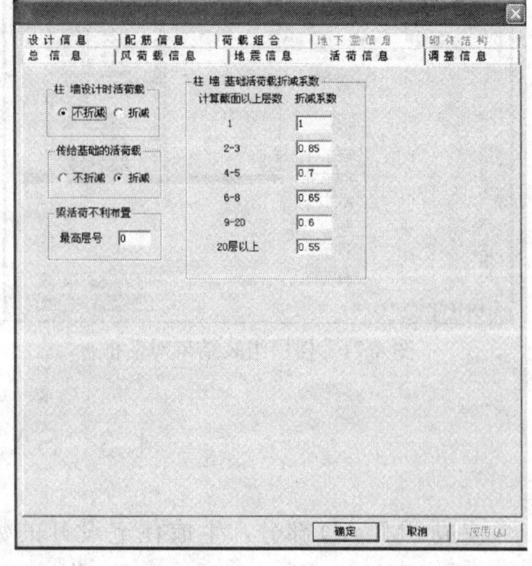

图 4-75　地震信息对话框

图 4-76　活荷信息对话框

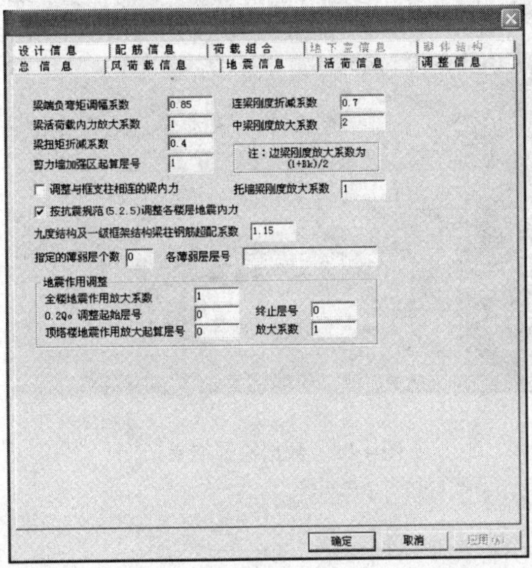

图 4-77　调整信息对话框

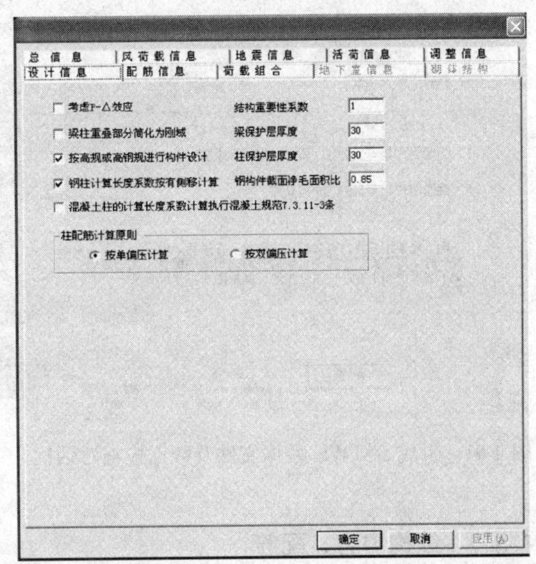

图 4-78　设计信息对话框

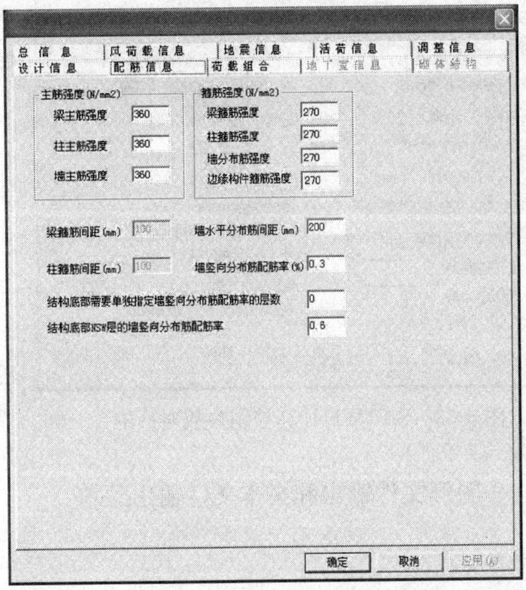

图 4-79　配筋信息对话框

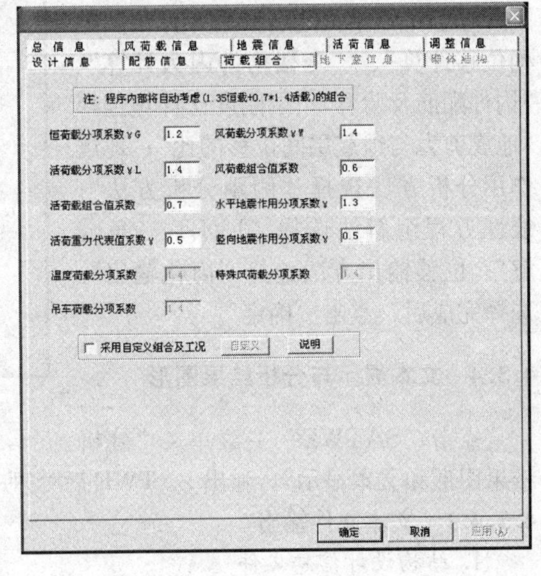

图 4-80　荷载组合对话框

4.3.2　生成 SATWE 数据文件及数据检查

点击“生成 SATWE 数据文件及数据检查”，弹出对话框，如图 4-81 所示；点击“确定”，执行该菜单后，屏幕会显示检查结果，如图 4-82 所示。若发现错误，查看 CHECK. OUT 文件。

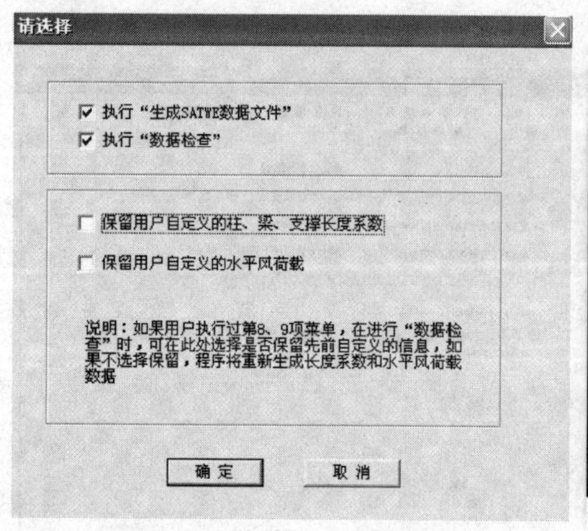

图 4-81　生成 SATWE 数据文件及数据检查对话框

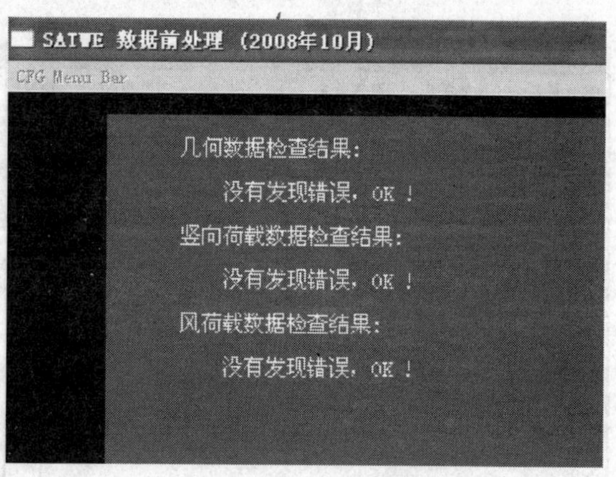

图 4-82　数据检查结果

4.3.3　结构内力、配筋

执行 SATWE 主菜单 2 "结构内力，配筋计算"，弹出 "SATWE 计算控制参数" 对话框（图 4-83），选择需要计算的项目："刚心坐标、层刚度比计算"、"形成总刚并分解"、"结构地震作用计算"、"结构位移计算"、"全楼构件内力计算"、"构件配筋及验算"；层刚度比计算选择"地震剪力与地震层间位移的比"；地震作用分析方法选择"侧刚分析方法"；线性方程组解法选择"LDLT 三角分解"；位移输出方法选择"简化输出"。选择完成后，点击"确定"。

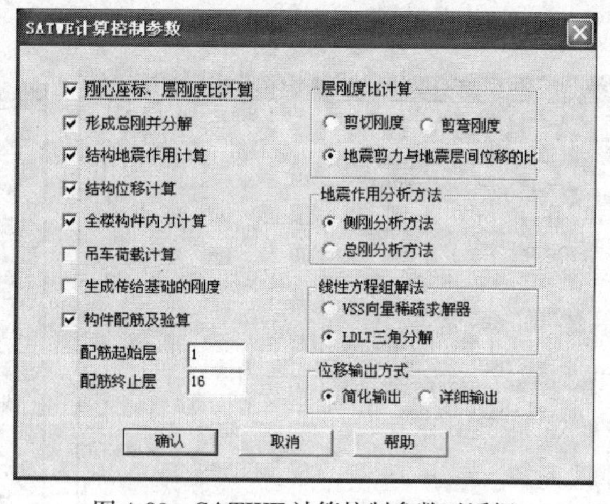

图 4-83　SATWE 计算控制参数对话框

4.3.4　文本显示与分析结果图形

点击 "SATWE" 主菜单 4 "分析结果图形和文本显示"，弹出 SATWE 后处理——图形文件输出和文本文件输出菜单。

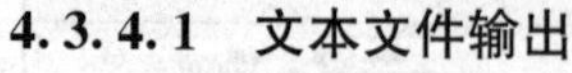

4.3.4.1　文本文件输出

1. 结构设计信息文件

（1）总信息（SATWE 主菜单 1 中设定的参数，在这个文件显示输出）

（2）各层的质量、质心坐标信息

（3）各层构件数量、构件材料和层高

（4）风荷载信息

（5）各楼层等效尺寸

（6）各楼层的单位面积质量分布

（7）计算信息

(8) 各层刚心、偏心率、相邻层侧移刚度比等计算信息（包括抗倾覆验算结果和结构整体稳定验算结果）

图 4-84 给出了结构整体稳定验算结果，由图可知，其刚重比满足规范要求。

```
===========================================================================
结构整体稳定验算结果
===========================================================================
X向刚重比 EJd/GH**2=          6.85
Y向刚重比 EJd/GH**2=          8.71
该结构刚重比EJd/GH**2大于1.4,能够通过高规(5.4.4)的整体稳定验算
该结构刚重比EJd/GH**2大于2.7,可以不考虑重力二阶效应
```

图 4-84 结构整体稳定验算结果

由图 4-85 可知，楼层抗剪承载力满足《高规》第 3.5.3 条的规定，即：A 级高度高层建筑的楼层层间抗侧力结构的受剪承载力不宜小于其上一层受剪承载力的 80%，不应小于其上一层受剪承载力的 65%。

2. 周期、振型和地震力文件

(1) 各振型的周期值与振型形态信息

由图 4-86 可知，本例平动为主的第一自振周期 T_1＝1.6064，扭转为主的第一自振周期 T_t＝1.2948，T_t/T_1＝0.8060＜0.9，满足《高规》第 3.4.5 条的规定，即：结构扭转为主的第一自振周期 T_t 与平动为主的第一自振周期 T_1 之比，A 级高度高层建筑不应大于 0.9。说明结构抗侧力构件布置合理。

```
*****************************************************
*          楼层抗剪承载力、及承载力比值            *
*****************************************************

    Ratio_Bu: 表示本层与上一层的承载力之比

-----------------------------------------------------
层号   塔号    X向承载力    Y向承载力    Ratio_Bu:X,Y
-----------------------------------------------------
 16     1    0.3569E+03  0.9215E+03   1.00    1.00
 15     1    0.5533E+04  0.9351E+04  15.50   10.15
 14     1    0.6068E+04  0.9708E+04   1.10    1.04
 13     1    0.6224E+04  0.1002E+05   1.03    1.03
 12     1    0.6307E+04  0.1034E+05   1.01    1.03
 11     1    0.6381E+04  0.1042E+05   1.01    1.01
 10     1    0.6526E+04  0.1064E+05   1.02    1.02
  9     1    0.6674E+04  0.1087E+05   1.02    1.02
  8     1    0.6764E+04  0.1115E+05   1.01    1.03
  7     1    0.6993E+04  0.1147E+05   1.03    1.03
  6     1    0.7178E+04  0.1172E+05   1.03    1.02
  5     1    0.7383E+04  0.1189E+05   1.03    1.01
  4     1    0.7521E+04  0.1198E+05   1.02    1.01
  3     1    0.7614E+04  0.1184E+05   1.01    0.99
  2     1    0.8140E+04  0.1350E+05   1.07    1.14
  1     1    0.6925E+04  0.1164E+05   0.85    0.86
X方向最小楼层抗剪承载力之比:    0.85 层号:  1 塔号:  1
Y方向最小楼层抗剪承载力之比:    0.86 层号:  1 塔号:  1
```

图 4-85 楼层抗剪承载力、承载力比值

```
=====================================================================
              周期、地震力与振型输出文件
                    (VSS求解器)
=====================================================================
考虑扭转耦联时的振动周期(秒)、X,Y 方向的平动系数、扭转系数
振型号   周 期      转 角         平动系数 (X+Y)          扭转系数
   1    1.6064       0.19       0.99 ( 0.99+0.00 )        0.01
   2    1.3896      89.44       0.99 ( 0.00+0.99 )        0.01
   3    1.2948     131.38       0.03 ( 0.01+0.01 )        0.97
   4    0.4864       0.98       0.99 ( 0.99+0.00 )        0.01
   5    0.3874      85.96       0.59 ( 0.00+0.59 )        0.41
   6    0.3793      98.19       0.42 ( 0.01+0.41 )        0.58
   7    0.2491       1.34       0.99 ( 0.99+0.00 )        0.01
   8    0.1904      61.21       0.04 ( 0.01+0.03 )        0.96
   9    0.1792      92.42       0.97 ( 0.00+0.97 )        0.03
  10    0.1533       1.23       0.99 ( 0.99+0.00 )        0.01
  11    0.1144      33.60       0.02 ( 0.01+0.01 )        0.98
  12    0.1055      89.51       1.00 ( 0.27+0.73 )        0.00
  13    0.1052     178.26       0.99 ( 0.72+0.27 )        0.01
  14    0.0822       1.02       0.98 ( 0.98+0.00 )        0.02
  15    0.0769       1.06       0.05 ( 0.05+0.00 )        0.95
地震作用最大的方向 =       1.177 (度)
```

图 4-86 各振型的周期值与振型形态信息（一）

(2) 各振型的地震作用输出

此处可以查看各个振型和各个方向在地震作用等其他荷载作用下结构力的分配，图 4-87 给出仅考虑 X 向地震作用时振型 1 的地震力，各层 X、Y 方向的分量和扭矩均可以在此处查看。

(3) 等效各楼层的地震作用、剪力、剪重比和弯矩

图 4-88 和图 4-89 分别给出 X、Y 方向的各楼层剪重比与有效质量系数。剪重比满足《抗规》第 5.2.5 条规定，即：X、Y 方向有效质量系数均大于 90%，振型数量满足规范要求。

仅考虑 X 向地震作用时的地震力

Floor : 层号

Tower : 塔号

F-x-x : X 方向的耦联地震力在 X 方向的分量

F-x-y : X 方向的耦联地震力在 Y 方向的分量

F-x-t : X 方向的耦联地震力的扭矩

振型 1 的地震力

Floor	Tower	F-x-x (kN)	F-x-y (kN)	F-x-t (kN-m)
16	1	8.48	0.13	1.63
15	1	157.37	0.16	158.80
14	1	150.68	0.14	151.85
13	1	144.11	0.27	145.73
12	1	136.51	0.37	138.26
11	1	127.74	0.45	129.36
10	1	117.79	0.51	119.03
9	1	106.71	0.55	107.39
8	1	94.63	0.56	94.59
7	1	81.71	0.55	80.85
6	1	68.19	0.51	66.47
5	1	54.37	0.44	51.83
4	1	40.62	0.36	37.45
3	1	27.42	0.25	23.99
2	1	16.46	0.15	13.49
1	1	7.24	0.06	5.36

图 4-87 仅考虑 X 向地震作用时振型 1 的地震力

各层 X 方向的作用力(CQC)

Floor : 层号

Tower : 塔号

Fx : X 向地震作用下结构的地震反应力

Vx : X 向地震作用下结构的楼层剪力

Mx : X 向地震作用下结构的弯矩

Static Fx: 静力法 X 向的地震力

(注意:下面分塔输出的剪重比不适合于上连多塔结构)

Floor	Tower	Fx (kN)	Vx (分塔剪重比) (kN)	(整层剪重比)	Mx (kN-m)	Static Fx (kN)
16	1	30.23	30.23(10.84%)	(10.84%)	90.69	233.56
15	1	300.54	323.69(5.81%)	(5.81%)	1108.42	213.81
14	1	222.01	529.86(4.89%)	(4.89%)	2784.96	198.78
13	1	192.58	675.70(4.20%)	(4.20%)	4892.96	184.89
12	1	188.96	787.49(3.69%)	(3.69%)	7300.27	171.01
11	1	187.80	878.83(3.30%)	(3.30%)	9931.34	157.12
10	1	190.67	956.28(3.00%)	(3.00%)	12738.96	143.23
9	1	196.91	1026.50(2.76%)	(2.76%)	15695.40	129.34
8	1	199.76	1093.72(2.58%)	(2.58%)	18789.46	115.45
7	1	202.98	1159.60(2.43%)	(2.43%)	22020.19	101.56
6	1	209.12	1227.02(2.32%)	(2.32%)	25394.08	87.67
5	1	209.05	1297.34(2.23%)	(2.23%)	28924.83	73.78
4	1	204.27	1367.64(2.15%)	(2.15%)	32627.56	59.90
3	1	199.28	1435.10(2.09%)	(2.09%)	36512.73	45.92
2	1	179.95	1497.32(2.02%)	(2.02%)	40584.02	33.71
1	1	109.22	1537.18(1.91%)	(1.91%)	46181.91	20.95

抗震规范(5.2.5)条要求的X向楼层最小剪重比 = 1.60%

X 方向的有效质量系数: 97.78%

图 4-88 各振型的周期值与振型形态信息（二）

各层 Y 方向的作用力(CQC)

Floor : 层号

Tower : 塔号

Fy : Y 向地震作用下结构的地震反应力

Vy : Y 向地震作用下结构的楼层剪力

My : Y 向地震作用下结构的弯矩

Static Fy: 静力法 Y 向的地震力

(注意:下面分塔输出的剪重比不适合于上连多塔结构)

Floor	Tower	Fy (kN)	Vy (分塔剪重比) (kN)	(整层剪重比)	My (kN-m)	Static Fy (kN)
16	1	25.30	25.30(9.07%)	(9.07%)	75.91	232.27
15	1	364.02	388.87(6.98%)	(6.98%)	1319.11	247.78
14	1	264.07	644.11(5.94%)	(5.94%)	3371.70	230.36
13	1	209.74	814.49(5.06%)	(5.06%)	5940.63	214.27
12	1	201.91	930.81(4.36%)	(4.36%)	8820.39	198.17
11	1	206.50	1016.95(3.82%)	(3.82%)	11886.26	182.08
10	1	211.40	1084.98(3.40%)	(3.40%)	15065.27	165.98
9	1	225.52	1144.91(3.08%)	(3.08%)	18316.82	149.89
8	1	244.09	1210.26(2.85%)	(2.85%)	21633.87	133.79
7	1	252.26	1289.72(2.70%)	(2.70%)	25044.84	117.70
6	1	248.56	1381.09(2.61%)	(2.61%)	28600.59	101.60
5	1	243.52	1477.92(2.54%)	(2.54%)	32354.95	85.51
4	1	236.21	1575.46(2.48%)	(2.48%)	36352.99	69.41
3	1	208.05	1665.08(2.42%)	(2.42%)	40622.81	53.22
2	1	155.58	1735.08(2.34%)	(2.34%)	45164.93	39.07
1	1	80.80	1772.00(2.21%)	(2.21%)	51474.32	24.27

抗震规范(5.2.5)条要求的Y向楼层最小剪重比 = 1.60%

Y 方向的有效质量系数: 94.84%

图 4-89 各振型的周期值与振型形态信息（三）

3. 结构位移

点击该项，查看各工况下结构每层的最大位移、层间位移角、位移比等信息。图 4-90 给出了 X 方向各楼层的最大位移、层间位移角等信息，位移比满足《高规》第 3.4.5 条规定："结构平面布置应减少扭转的影响。在考虑偶然偏心影响的地震作用下，楼层竖向构件的最大水平位移和层间位移，A 级高度高层建筑不宜大于该楼层平均值的 1.2 倍，不应大于该楼层平均值的 1.5 倍。"

另外，从图 4-90 可看出，本例最大层间位移角为 1/1650，满足《抗规》第 5.5.1 条规定，即：钢筋混凝土抗震墙的弹性层间位移角限值为 1/1000。

4.3.4.2 图形文件输出

1. 各层配筋构件编号简图

第 1 层配筋构件编号简图如图 4-91 所示。在结构概念设计中，应尽可能使结构平面对称均匀，其目的之一就是保证结构的质心和刚心尽可能地靠近，避免结构产生过大扭转，对结构不利或者造成破坏。从本例看，结构质心和刚心在 Y 向上相差 0.4m，结构扭转周期出现在第三周期，平动和扭转周期比也没有超过规范限值，故本例的结构布置基本合理。

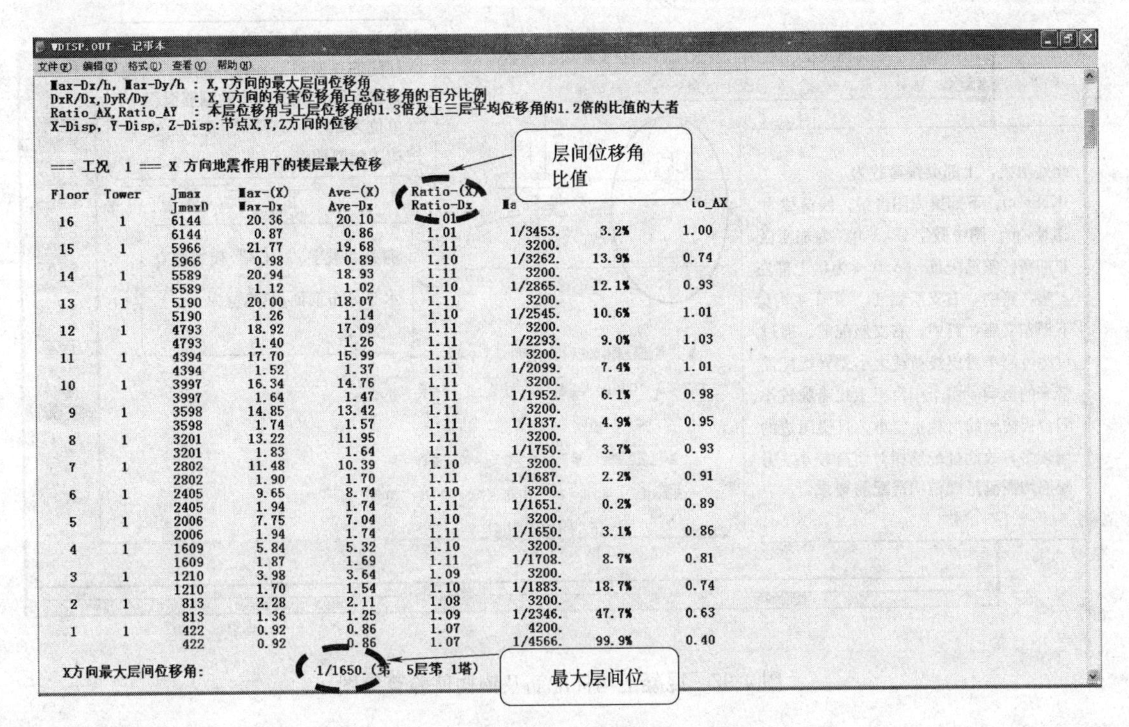

```
WDISP.OUT - 记事本
文件(F) 编辑(E) 格式(O) 查看(V) 帮助(H)
Max-Dx/h, Max-Dy/h : X,Y方向的最大层间位移角
DxR/Dx,DyR/Dy      : X,Y方向的有害位移角占总位移角的百分比例
Ratio_AX,Ratio_AY  : 本层位移角与上层位移角的1.3倍及上三层平均位移角的1.2倍的比值的大者
X-Disp, Y-Disp, Z-Disp:节点X,Y,Z方向的位移

=== 工况  1 === X 方向地震作用下的楼层最大位移

Floor  Tower   Jmax    Max-(X)    Ave-(X)    Ratio-(X)
               JmaxD   Max-Dx     Ave-Dx     Ratio-Dx    Ma                           io_AX
 16      1     6144     20.36      20.10      1.01
               6144      0.87       0.86      1.01     1/3453.      3.2%         1.00
 15      1     5966     21.77      19.68      1.11       3200.
               5966      0.98       0.89      1.10     1/3262.     13.9%         0.74
 14      1     5589     20.94      18.93      1.11       3200.
               5589      1.12       1.02      1.10     1/2865.     12.1%         0.93
 13      1     5190     20.00      18.07      1.11       3200.
               5190      1.26       1.14      1.10     1/2545.     10.6%         1.01
 12      1     4793     18.92      17.09      1.11       3200.
               4793      1.40       1.26      1.11     1/2293.      9.0%         1.03
 11      1     4394     17.70      15.99      1.11       3200.
               4394      1.52       1.37      1.11     1/2099.      7.4%         1.01
 10      1     3997     16.34      14.76      1.11       3200.
               3997      1.64       1.47      1.11     1/1952.      6.1%         0.98
  9      1     3598     14.85      13.42      1.11       3200.
               3598      1.74       1.57      1.11     1/1837.      4.9%         0.95
  8      1     3201     13.22      11.95      1.11       3200.
               3201      1.83       1.64      1.11     1/1750.      3.7%         0.93
  7      1     2802     11.48      10.39      1.10       3200.
               2802      1.90       1.70      1.11     1/1687.      2.2%         0.91
  6      1     2405      9.65       8.74      1.10       3200.
               2405      1.94       1.74      1.11     1/1651.      0.2%         0.89
  5      1     2006      7.75       7.04      1.10       3200.
               2006      1.94       1.74      1.11     1/1650.      3.1%         0.86
  4      1     1609      5.84       5.32      1.10       3200.
               1609      1.87       1.69      1.11     1/1708.      8.7%         0.81
  3      1     1210      3.98       3.64      1.09       3200.
               1210      1.70       1.54      1.10     1/1883.     18.7%         0.74
  2      1      813      2.28       2.11      1.08       3200.
                813      1.36       1.25      1.09     1/2346.     47.7%         0.63
  1      1      422      0.92       0.86      1.07       4200.
                422      0.92       0.86      1.07     1/4566.     99.9%         0.40

X方向最大层间位移角:          1/1650.(第  5层第 1塔)
```


图 4-90 结构位移输出文件（WDISP. OUT）

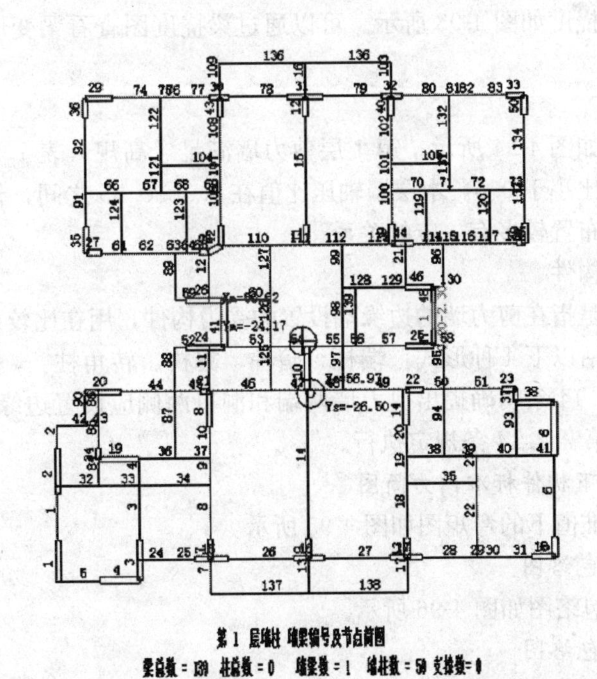

第 1 层墙柱 墙梁编号及节点简图
梁总数 = 139 柱总数 = 0 墙梁数 = 1 墙柱数 = 58 支撑数 = 0

图 4-91 第 1 层配筋构件编号简图

2. 混凝土构件配筋及钢构件验算简图（图 4-92）

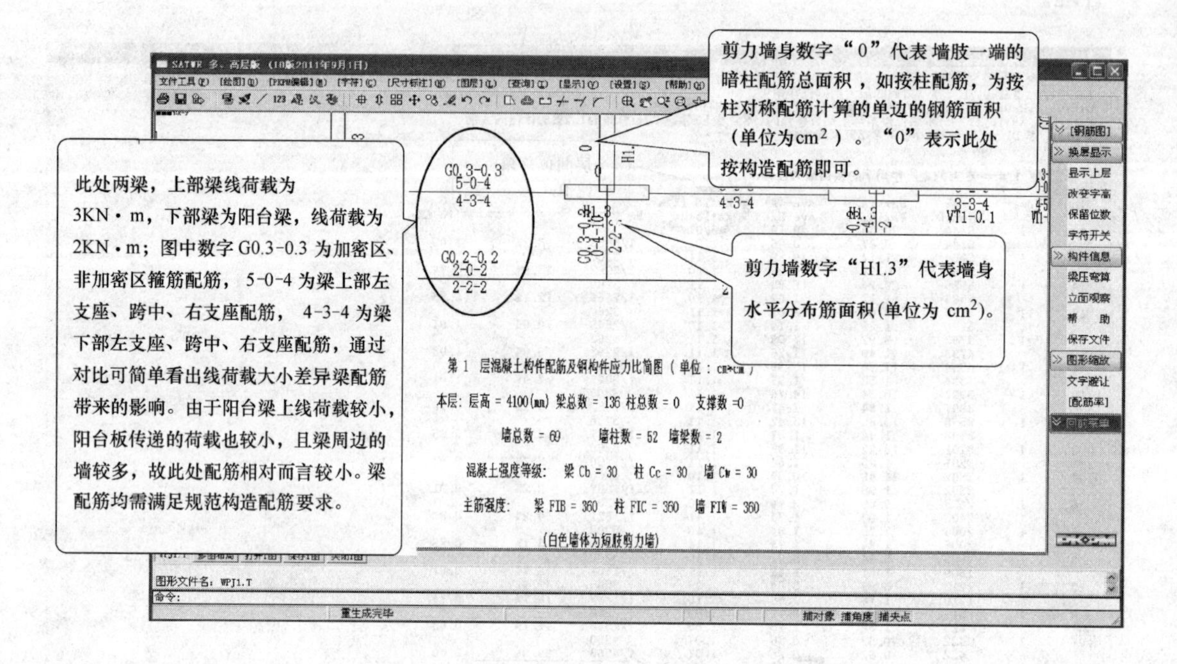

图 4-92 混凝土构件配筋及钢构件验算简图

3. 梁弹性挠度、轴压比、约束边缘构件

(1) 梁弹性挠度

第 1 层梁弹性挠度如图 4-93 所示。可以通过梁挠度图查看梁变形是否异常或者超出规范要求。

(2) 轴压比

第 1 层轴压比如图 4-94 所示，第 1 层剪力墙满足《高规》表 7.2.13 中的规定，即：三级抗震等级轴压比小于 0.6。本层墙轴压比值在 0.3～0.55 之间，外围墙的轴压比值偏小，与结构剪力墙布置较多有一定的关系。

(3) 约束边缘构件

约束边缘构件是指在剪力墙的边缘端设置的受力构件，用在比较重要的受力较大的结构部位。其主要包括以下 4 种形式：端柱、暗柱、翼柱、转角柱。《抗震规范》第 6.4.5 条，《高规》第 7.2.14 条明确提出剪力墙两端和洞口两侧应设置边缘构件的要求。SATWE 按照《高规》第 7.2.14 条规定执行。

4. 各荷载工况下构件标准内力简图

第 1 层恒载标准值下的弯矩图如图 4-95 所示。

5. 梁设计内力包络图

第 1 层梁内力包络图如图 4-96 所示。

6. 梁设计配筋包络图

第 1 层梁配筋包络图如图 4-97 所示。

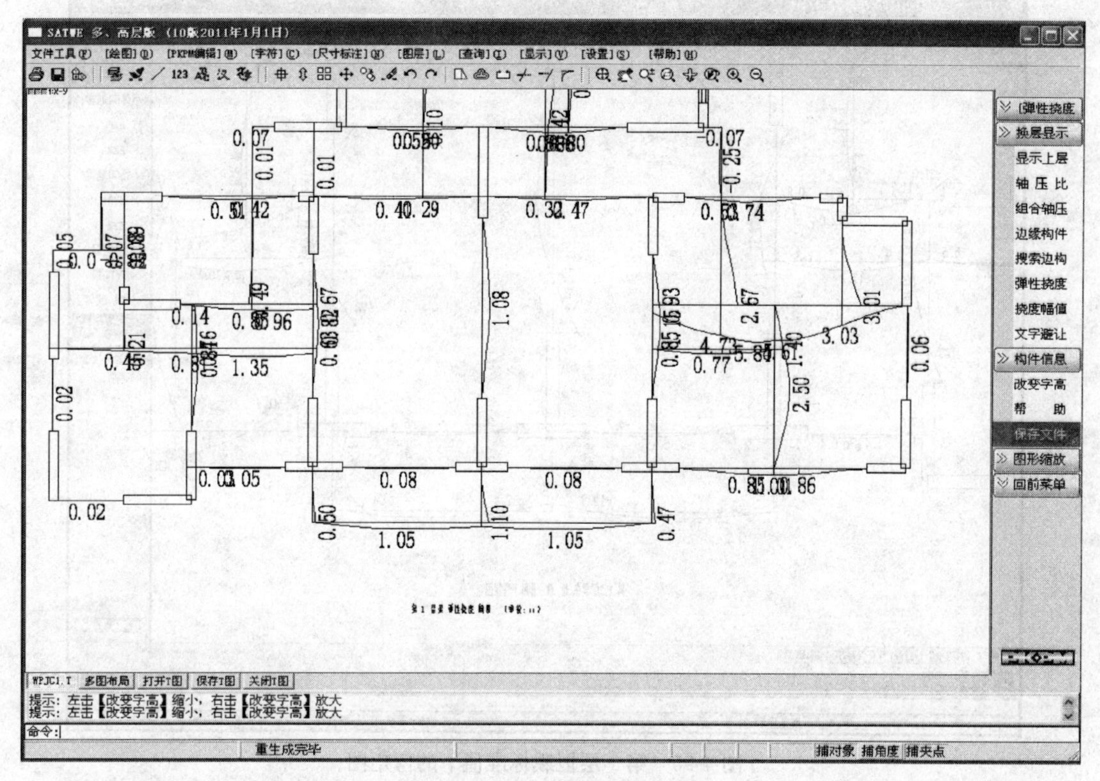

图 4-93　第 1 层梁弹性挠度图

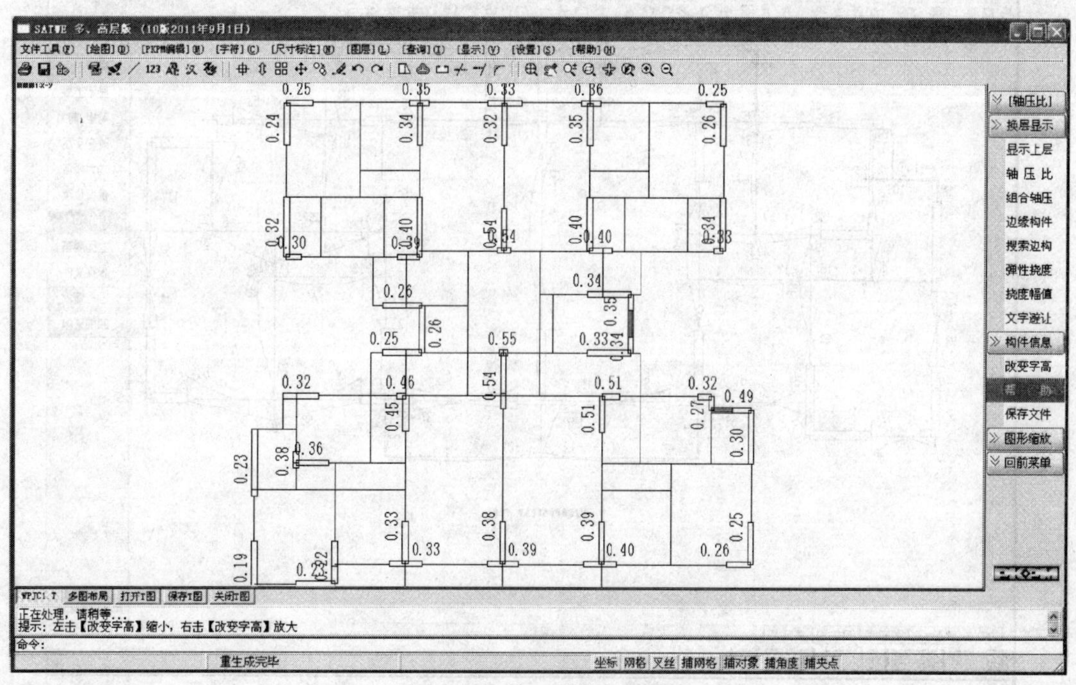

图 4-94　第 1 层轴压比图

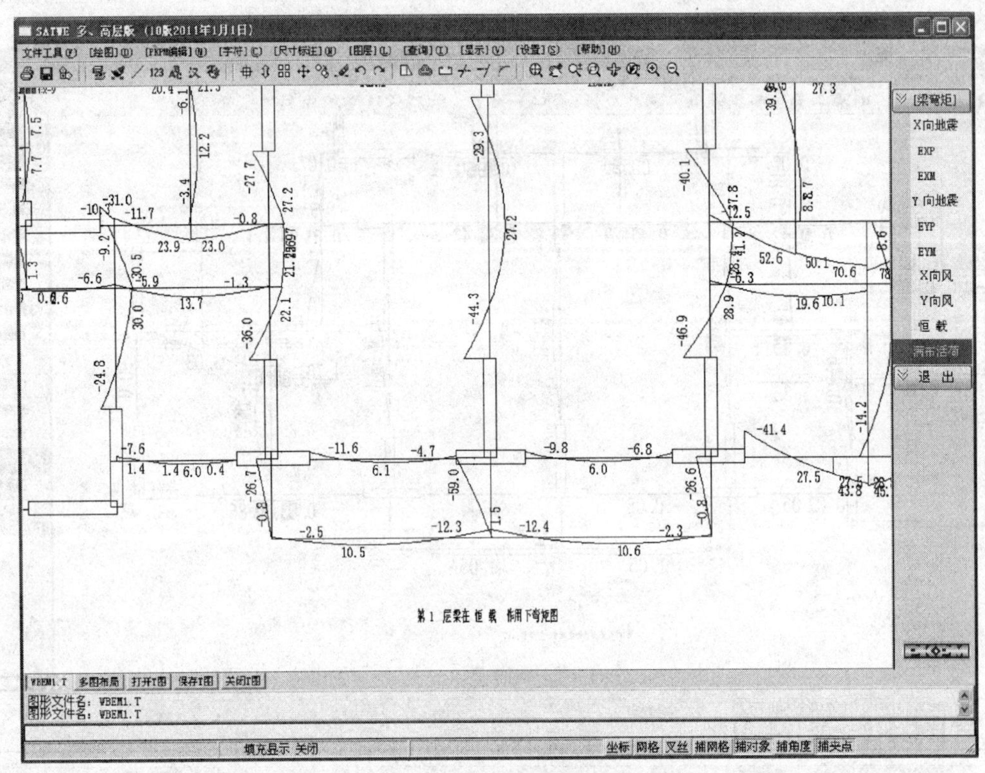

图 4-95　第 1 层恒载标准值下的弯矩图

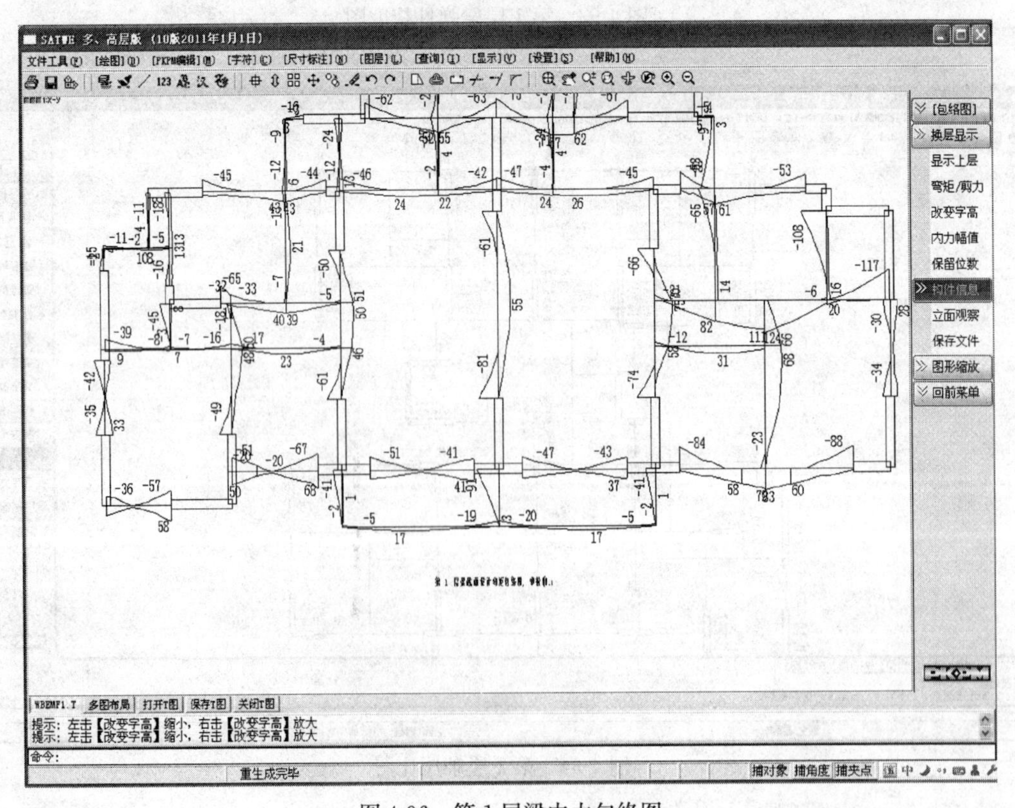

图 4-96　第 1 层梁内力包络图

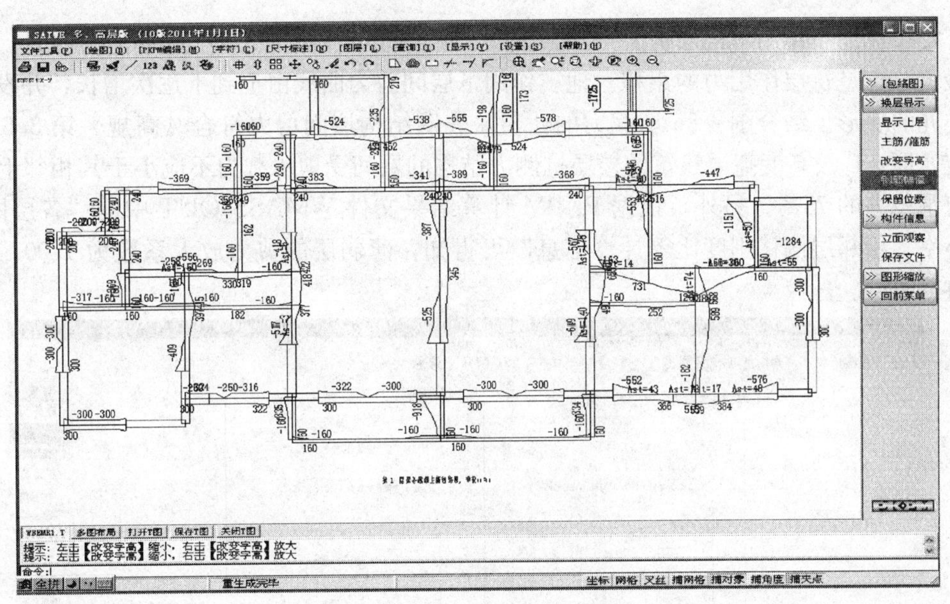

图 4-97　第 1 层梁配筋包络图

7. 水平力作用下结构各层平均侧移简图

点击此项，程序可输出楼层在水平地震作用、风荷载作用下，最大楼层反应力曲线，各楼层的层剪力、倾覆弯矩、层位移、层位移角，如图 4-98～图 4-102 所示。

楼层地震反应力为地震作用施加在结构上的力，其与结构质量和平均层间位移有关。其计算公式可以参考《高规》第 4.3.9 条。在本例中，由于各个楼层质量接近，则该曲线的大小与结构的层间平均位移成正比的关系。根据 PKPM 结果文件 WDISP. OUT 中"Max-Dx，Max-Dy 为 X、Y 方向的最大层间位移"，从位移的数值上体现曲线上大小的关系，因此该曲线也反映了结构承受地震作用的能力。

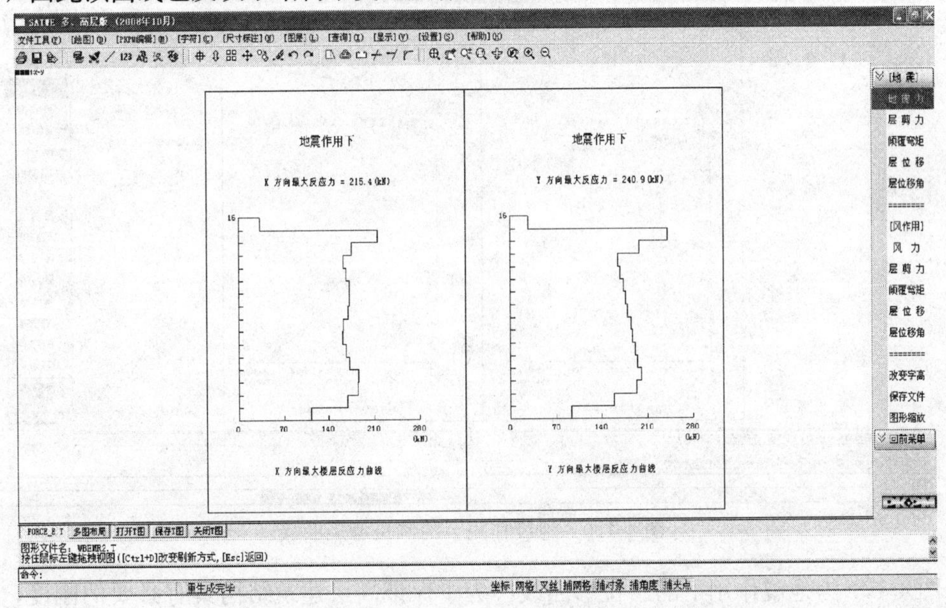

图 4-98　地震力作用下的最大楼层反应力曲线

楼层在地震作用下的层剪力（图 4-99）、倾覆弯矩（图 4-100）是结构的内力，底部的最大，它是每层作用力的累积。地震作用下层间剪力曲线由上到下逐次增长，并没有出现突兀的变形。结合图 4-85 承载力的比值，表明结构层间剪力符合《高规》第 3.5.3 条规定，即：B 级高度高层建筑的楼层抗侧力结构的层间受剪承载力不应小于其相邻上一层受剪承载力的 75%。另外，根据 PKPM 计算结果文件 WMASS.OUT 中的“各层刚心、偏心率、相邻层侧移刚度比等计算信息”可得知，薄弱层的剪力放大系数为 1.00，结构没有薄弱层。

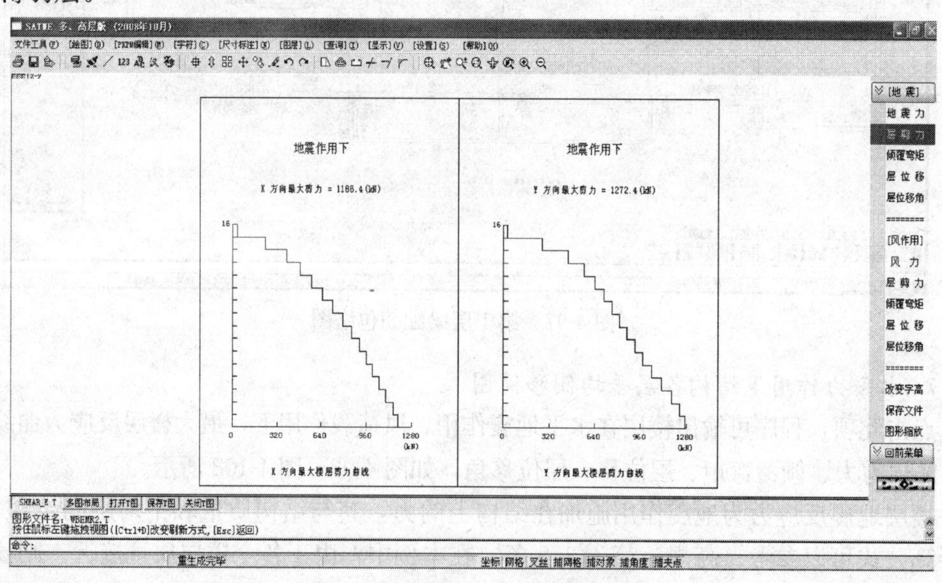

图 4-99　地震作用下的层剪力曲线

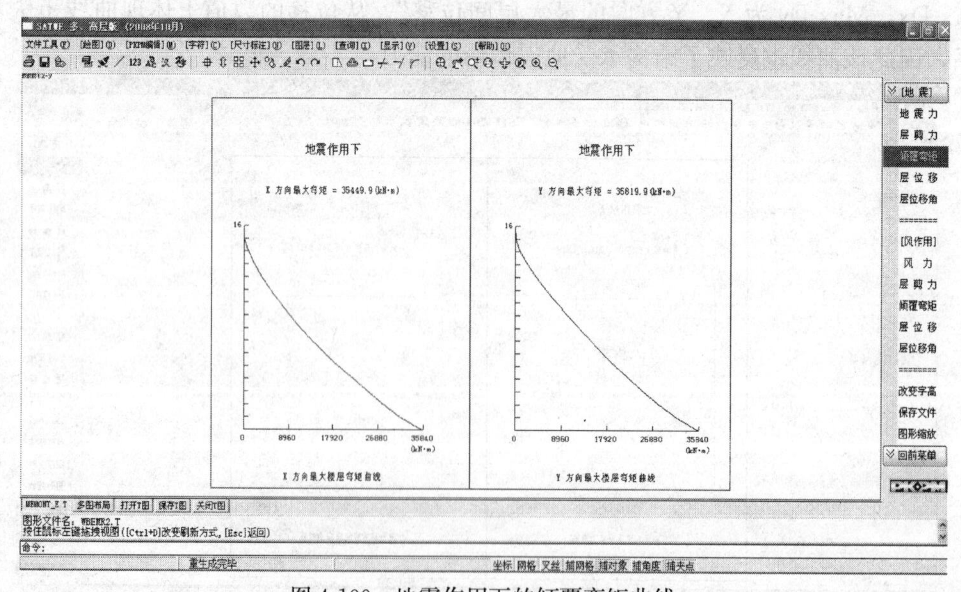

图 4-100　地震作用下的倾覆弯矩曲线

图 4-101 为地震作用下的层位移曲线。为了保证高层建筑结构具有必要的刚度，应对其最大位移和层间位移加以控制，主要目的为：①保证主体结构基本处于弹性受力状态，

避免混凝土墙柱出现裂缝，控制楼面梁板的裂缝数量和宽度；②保证填充墙、隔墙、幕墙等非结构构件的完好，避免产生明显的损坏；③控制结构平面规则性，以免形成扭转，对结构产生不利影响。在结构位移输出文件（WDISP. OUT）中，Max-Dx，Max-Dy 分别表示 x，y 方向的最大层间位移，可以由此查看结构的最大层位移值。

如图 4-102 所示，地震作用下最大层间位移角满足《抗规》第 5.5.1 条规定，即：钢筋混凝土抗震墙的弹性层间位移角限值为 1/1000。另外，结构 X 方向为弱方向，结构最大层间位移角出现在第 5 层，由 PKPM 计算结果文件 WMASS. OUT 中“各层刚心、偏心率、相邻层侧移刚度比等计算信息”可知，薄弱层的剪力放大系数为 1.00，结构没有薄弱层。风荷载作用下的各个曲线意义与此类似，但由于本结构高度低，起主要作用的为地震作用，故风荷载作用下的情况不再给出，读者可自行参看。

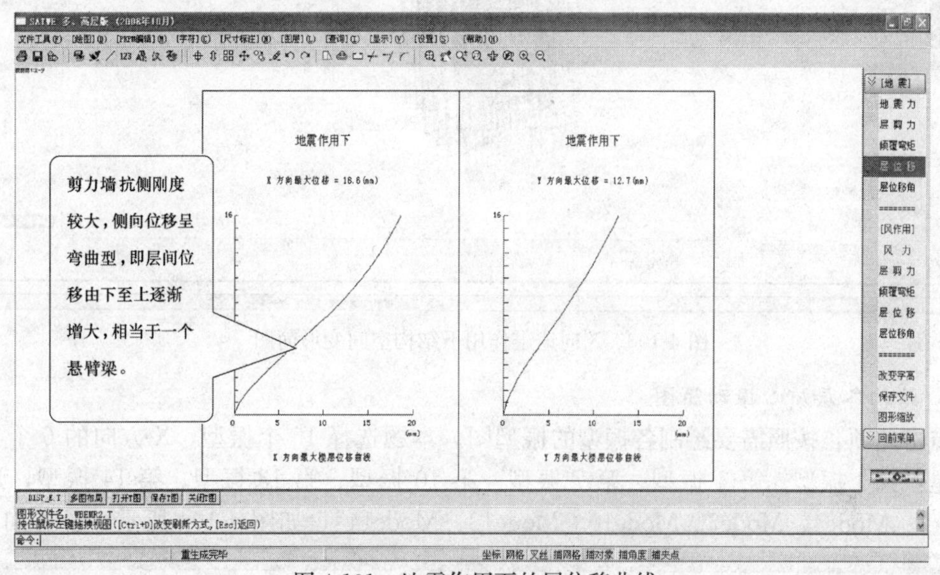

图 4-101　地震作用下的层位移曲线

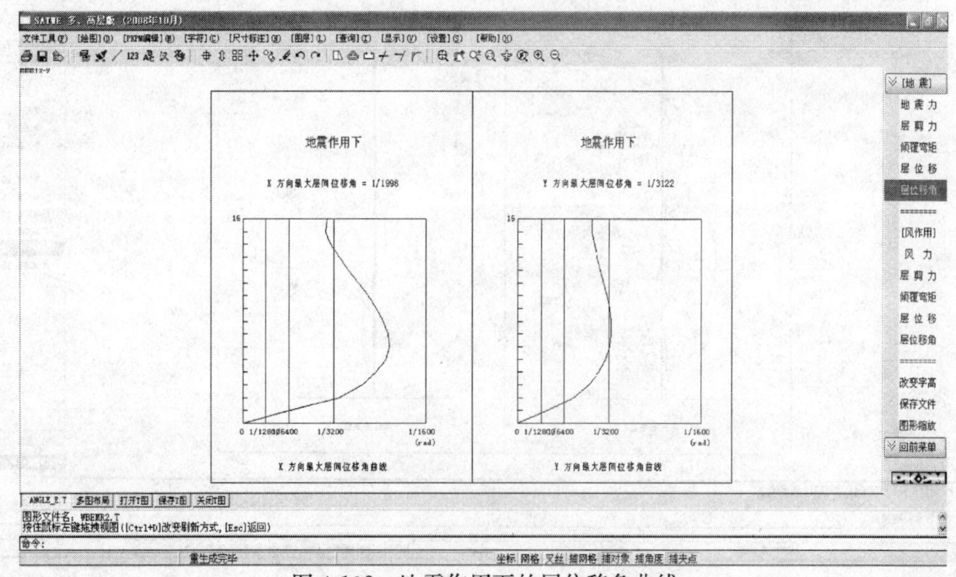

图 4-102　地震作用下的层位移角曲线

8. 各荷载工况下结构空间变形简图

点击此项，程序给出 X 向地震作用、Y 向地震作用、X 向风荷载、Y 向风荷载、恒载、活载工况下的结构空间变形（图 4-103）。

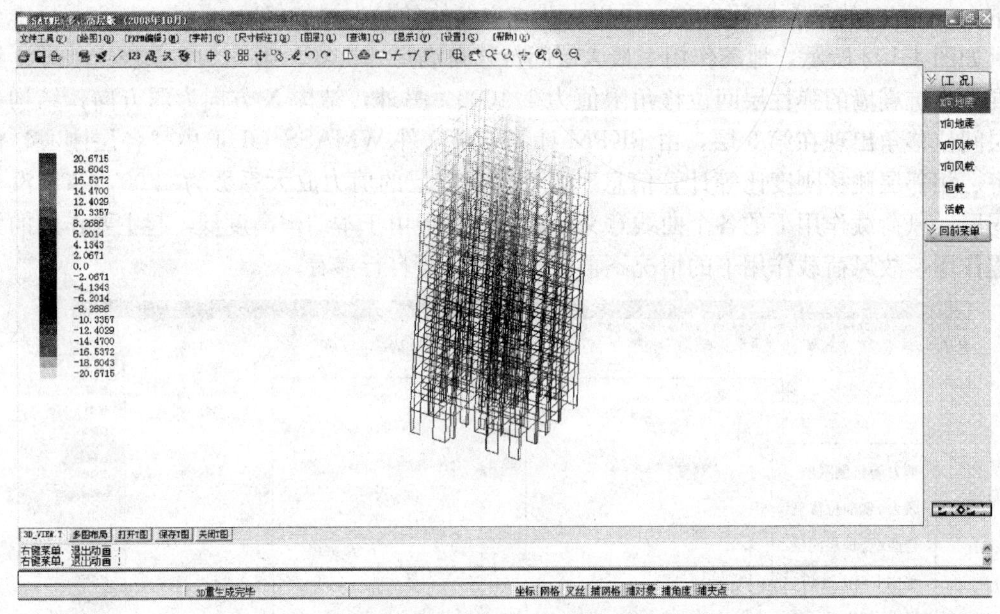

图 4-103　X 向地震作用下结构空间变形简图

9. 结构各层质心振动简图

点击此项，按照需要绘制各振型的振型图。本题选择 15 个振型，X 方向的 6 个平动振型是：第 1 振型、第 4 振型、第 7 振型、第 10 振型、第 13 振型、第 14 振型，选择“Mode1、Mode4、Mode7、Mode10、Mode13、Mode14”，如图 4-104 所示。Y 方向的 3

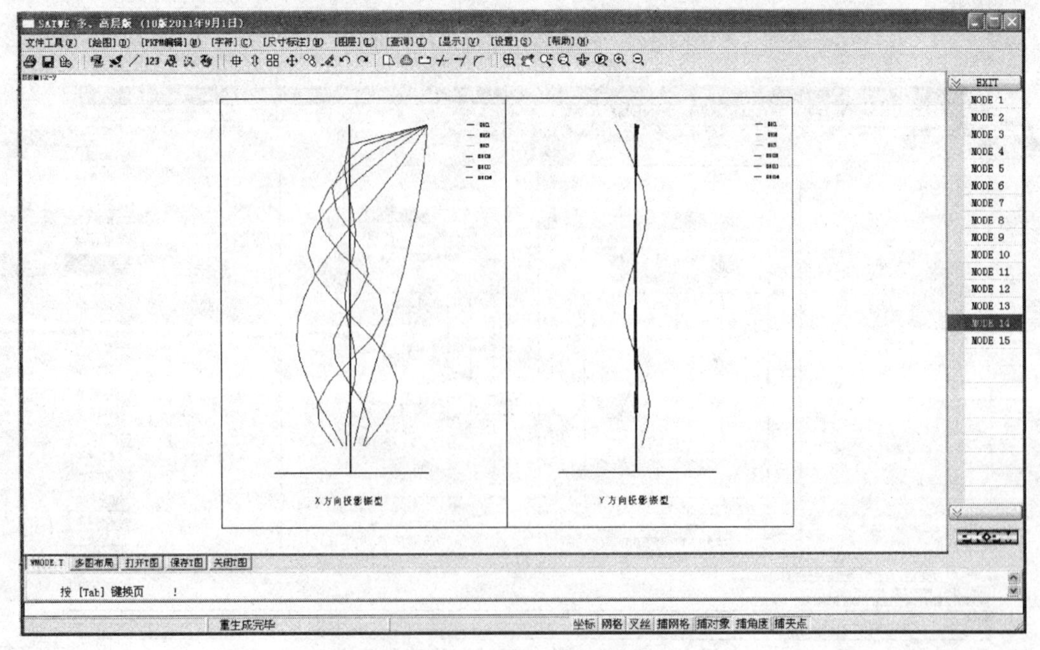

图 4-104　X 方向振型图

个平动振型是：第2振型、第9振型、第12振型，选择“Mode2、Mode9、Mode12”，如图4-105所示。

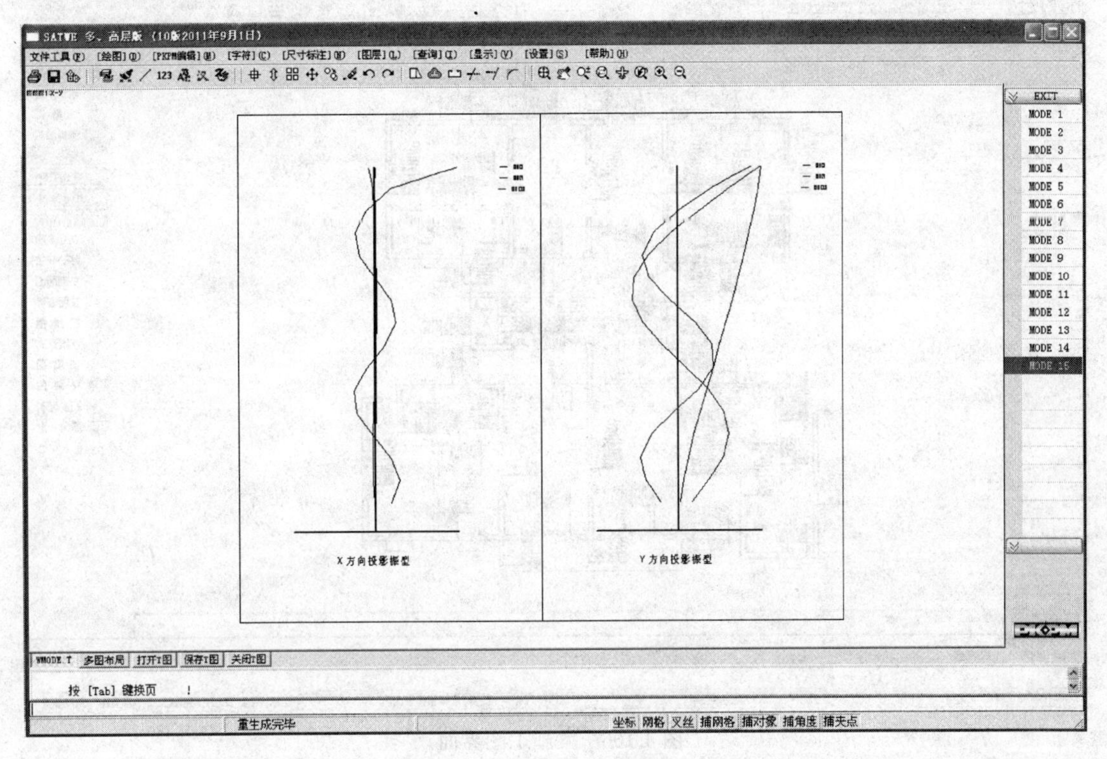

图4-105　Y方向振型图

4.4　绘制施工图

4.4.1　绘制梁平法施工图

点击墙梁柱施工图主菜单1“梁平法施工图”，屏幕弹出梁施工图界面，如图4-106所示。

由于墙梁柱模块是默认采用第三节SATWE计算的结果，所以打开“梁施工图”直接显示梁的平法施工图，如图4-106所示。程序默认的选筋方式并没有考虑裂缝因素。执行“裂缝图”命令，得出裂缝图，如图4-107所示，当裂缝宽度大于控制宽度值时，数值将呈红色。点击参数修改，如图4-108所示。选筋考虑裂缝的宽度因素，控制宽度值为0.3mm，如图4-109所示。考虑裂缝选筋后，选择重新归并选筋（图4-110），输出新的梁平法施工图，如图4-111所示。

4.4.2　绘制剪力墙施工图

点击墙梁柱施工图主菜单7“剪力墙施工图”，屏幕弹出剪力墙施工图界面，如图4-112所示。

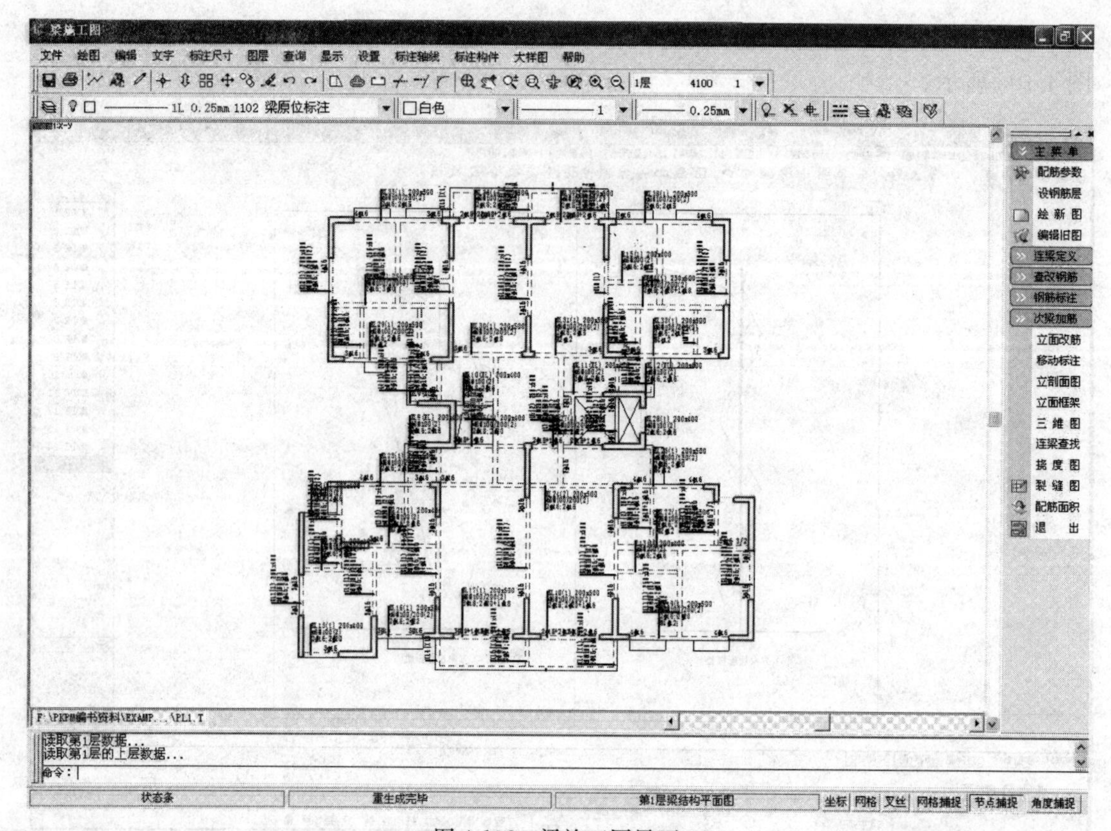

图 4-106 梁施工图界面

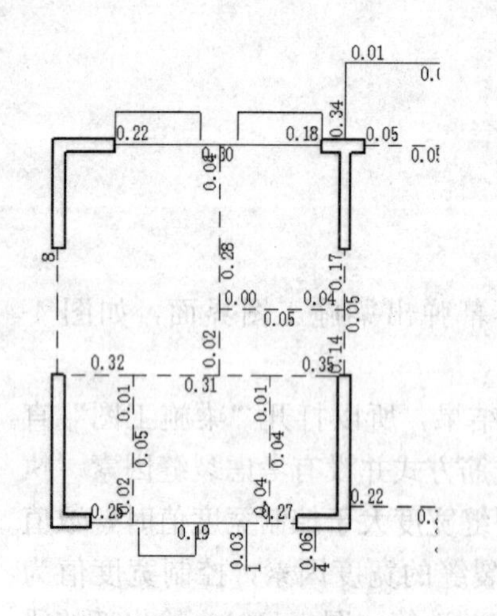

图 4-107 裂缝图（部分）

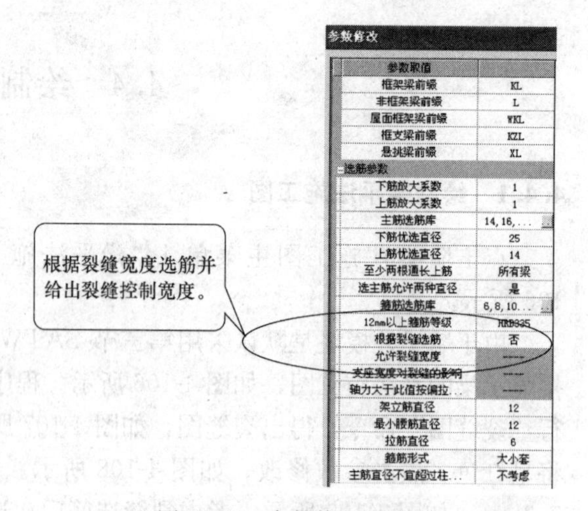

图 4-108 参数修改对话框

根据裂缝选筋	是
允许裂缝宽度	0.3
支座宽度对裂缝的影响	不考虑

图 4-109 考虑裂缝选筋对话框

图 4-110 重新归并选筋提示框

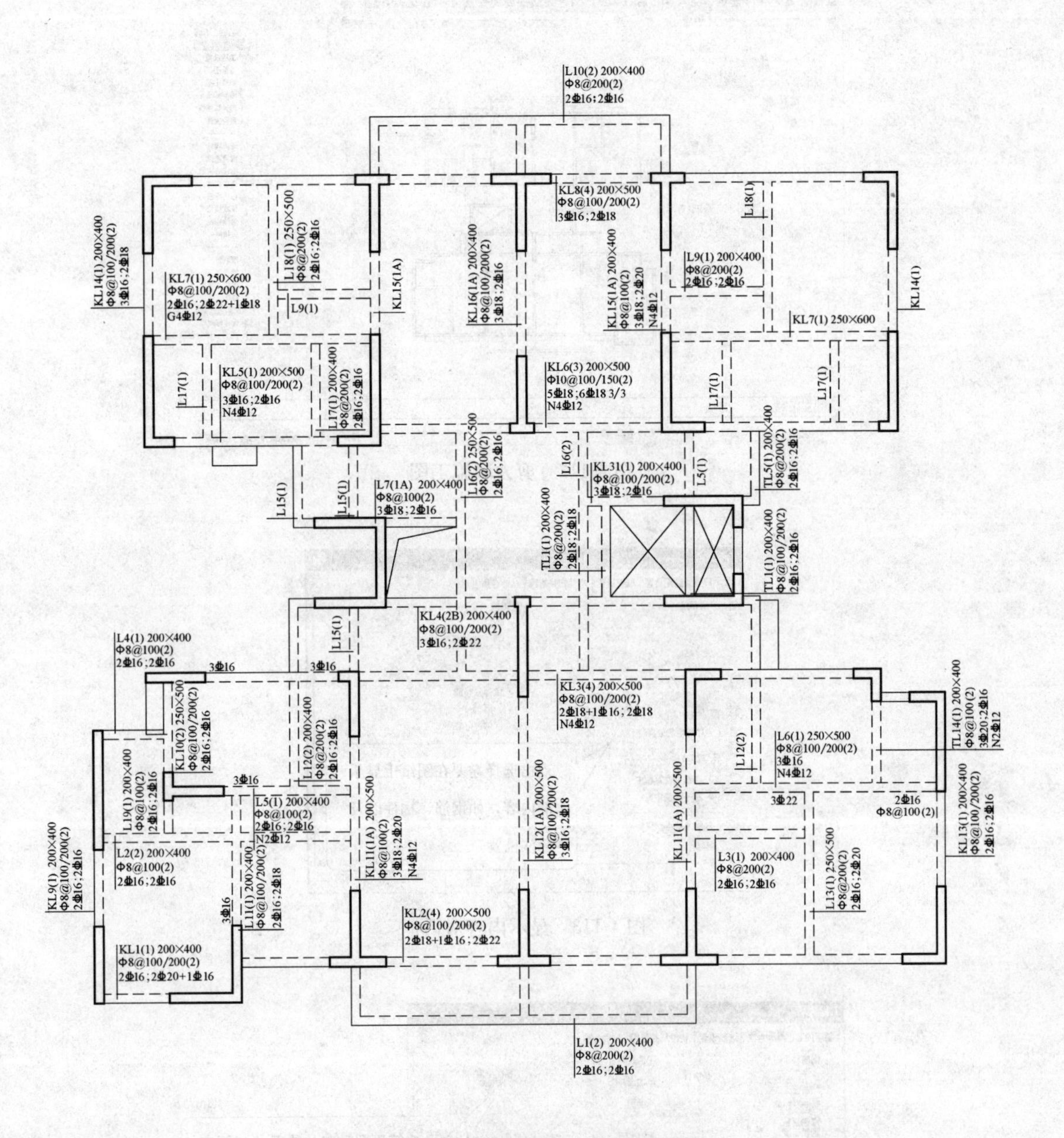

图 4-111　重新归并选筋后的梁平法施工图

4.4.2.1　工程设置

选择“工程设置”，屏幕弹出显示内容（图 4-113）、绘图设置（图 4-114）、选筋设置（图 4-115）、构件归并范围（图 4-116）、构件名称（图 4-117）对话框。

4.4.2.2　剪力墙配筋

点击“选计算依据”，选择“依据 SATWE 配筋结果”，如图 4-118 所示。

点击“自动配筋”后，程序自动生成剪力墙的配筋，如图 4-119、图 4-120 所示。

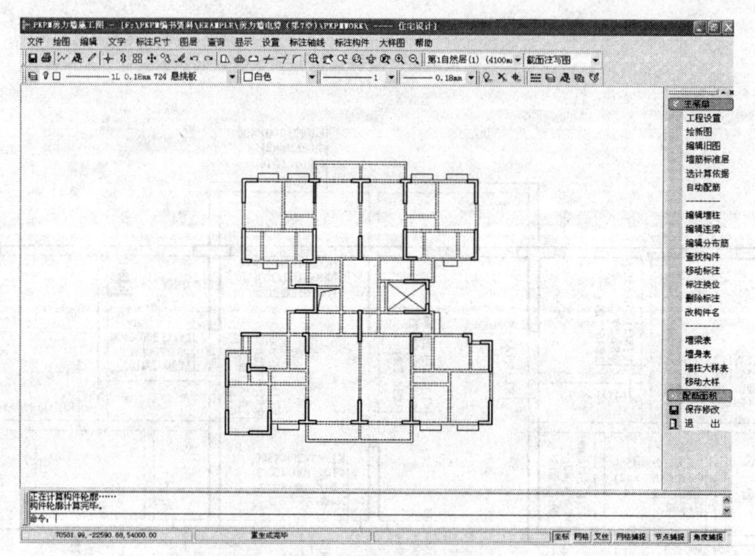

图 4-112　剪力墙施工图

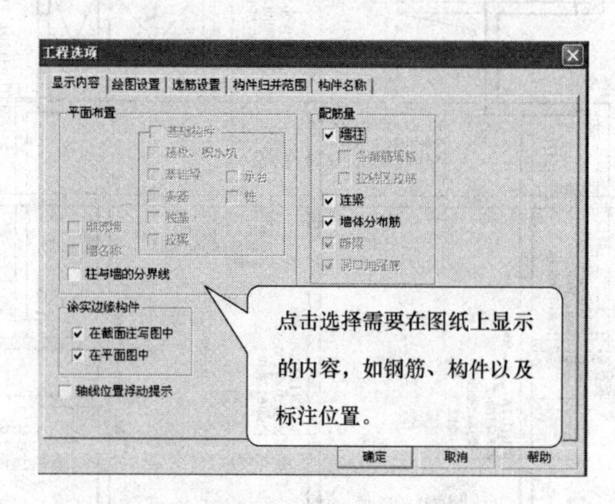

点击选择需要在图纸上显示的内容，如钢筋、构件以及标注位置。

图 4-113　显示内容对话框

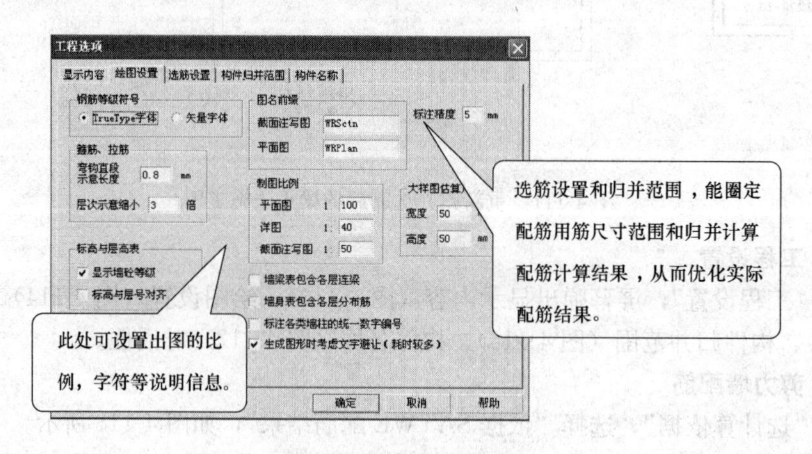

选筋设置和归并范围，能圈定配筋用筋尺寸范围和归并计算配筋计算结果，从而优化实际配筋结果。
此处可设置出图的比例，字符等说明信息。

图 4-114　绘图设置对话框

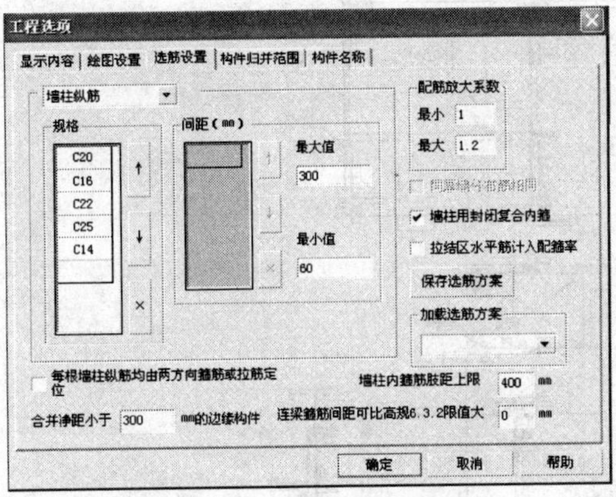

图 4-115　选筋设置对话框

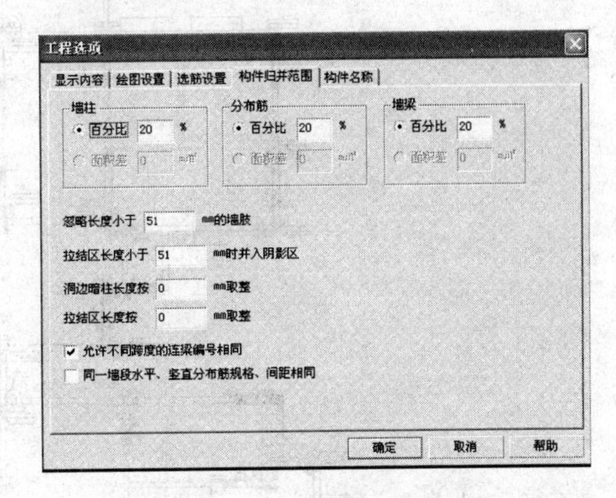

图 4-116　构件归并范围对话框

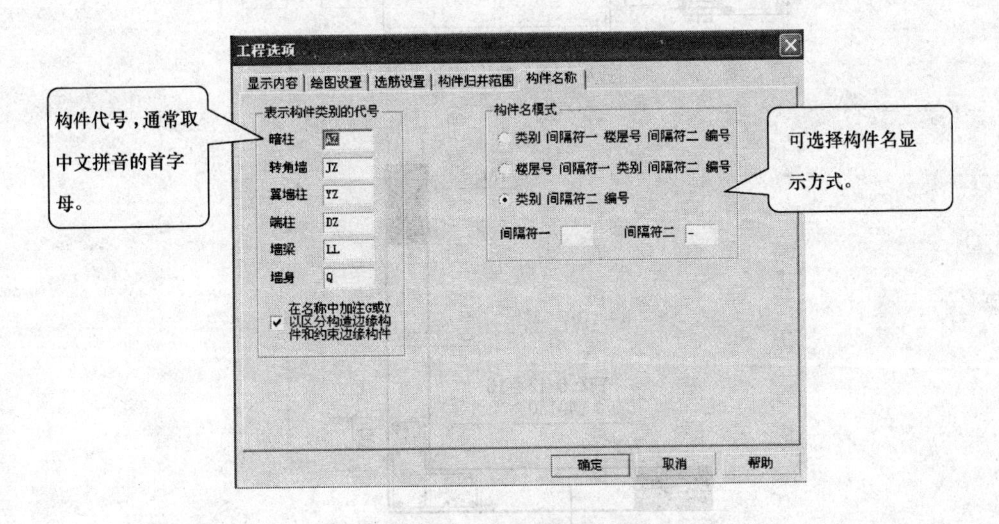

图 4-117　构件名称对话框

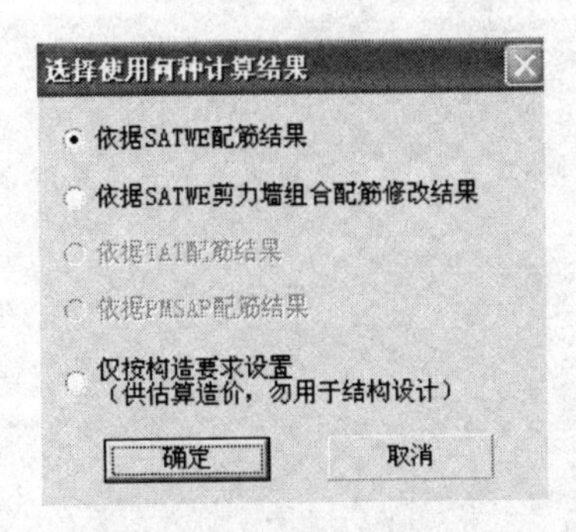

图 4-118　计算依据对话框

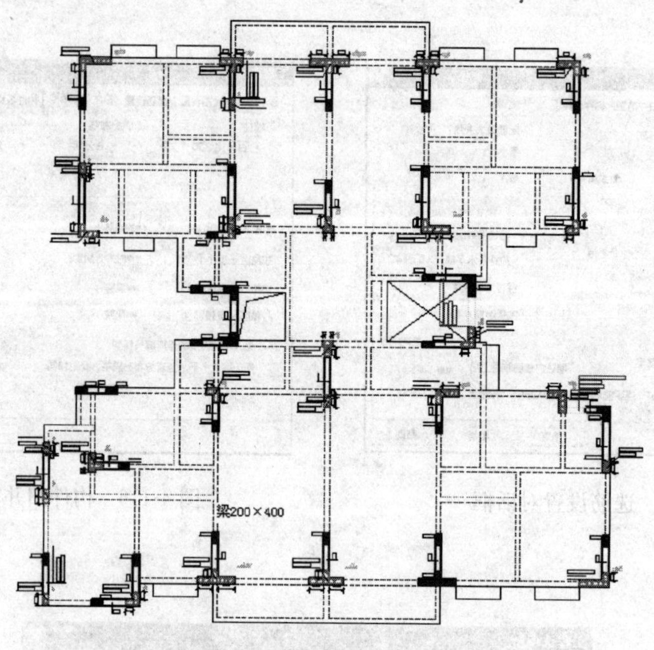

图 4-119 剪力墙施工图

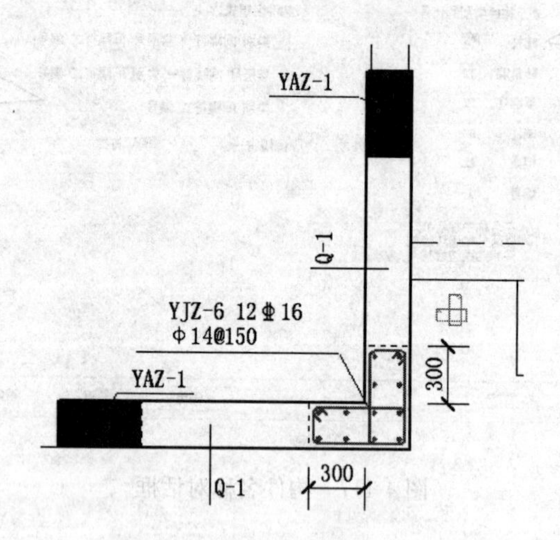

图 4-120 剪力墙局部施工图

下篇　桥梁结构电算

第 5 章　有限元计算分析原理

5.1　有 限 元 法

有限元法（Finite Element Method，简称 FEM）起源于 20 世纪 40～50 年代，它是随着电子计算机的使用而发展起来的一种比较新颖和有效的数值计算方法。1956 年 Turner 和 Clough 等人在分析飞机结构时首次提出采用三角形单元求解平面应力问题，Clough 于 1960 年正式提出了有限元法这个名词。随后，学者证明了有限元法是基于变分原理的 Ritz 法的另一种形式，从而使 Ritz 法的所有基础理论都适用于有限元法，并确认了有限元法是处理连续介质问题的通用方法。20 世纪 60 年代中国科学院计算技术研究所的冯康教授独立推导了有限元计算的数学过程，提出了分片插值的思想。在数学领域，20 世纪60～70 年代，数学工作者对有限元法解的收敛性和稳定性进行了卓有成效的研究，从而巩固了有限元法的数学基础。20 世纪 70 年代，有限元法被推广到流体力学、热传导、电磁场等领域。

从本质上来看，有限元法是一种求解微分方程的近似方法；它实际上把具有无限个自由度的连续系统理想化为有限个自由度的单元集合体，并把所有单元的特性关系按一定的条件（连续条件、变形协调条件等）集合起来，引入边界条件，利用某种原理（例如变分原理、Ritz 法、虚功原理）建立包含基本未知量的方程组，使问题转化为适于数值求解的形式。有限元法具有严格的力学概念和数学概念，也具有直观的物理意义，可以求解复杂的工程问题，如复杂结构形状、复杂边界条件、非线性材料、动力问题等。

目前，有限元法原理和技术都已较为完善，它已成为科学探索的有力工具，是计算机辅助设计（CAD）和计算机辅助制造（CAM）的基本组成部分，并被列为结构工程、桥梁与隧道工程、机械工程、岩土工程等专业的本科生和研究生课程。

5.2　节点与单元

有限元分析的第一步是应用有限元理论，把实际的工程结构问题转化为可供计算机分析的数学问题，这便是有限元建模，通常称其为有限元分析的前处理，显然这一转化的合理性、科学性将直接影响到计算分析结果的精度。建立一个符合工程实际的有限元模型需要相当的力学基础和工程实践经验，还要具备一定的有限元计算经验的积累。

有限元建模首先要建立抽象化的有限元力学分析模型。力学模型是把实际问题经过抽象，并根据结构或构件的几何形状、力学特点、荷载边界条件以及分析的目的等，忽略一些次要的因素，简化形成的分析模型，图 5-1 为某两跨连续梁力学分析模型。

根据力学分析模型，利用假想的线或面将连续体离散成数目有限的部分，这些互不重叠且相互连结的部分称为单元，如图 5-2 中的梁单元①～⑥，并在单元的连结点及边界上设定节点，如图 5-2 中的节点 1～7。用这些单元组成的单元集合体代替原来的连续体，反映原结构的受力特性、几何形状和材料力学性能，建立起适合有限元计算的模型。

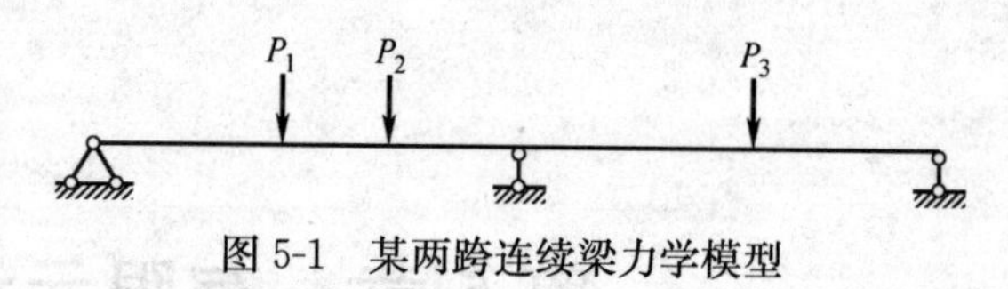

图 5-1　某两跨连续梁力学模型

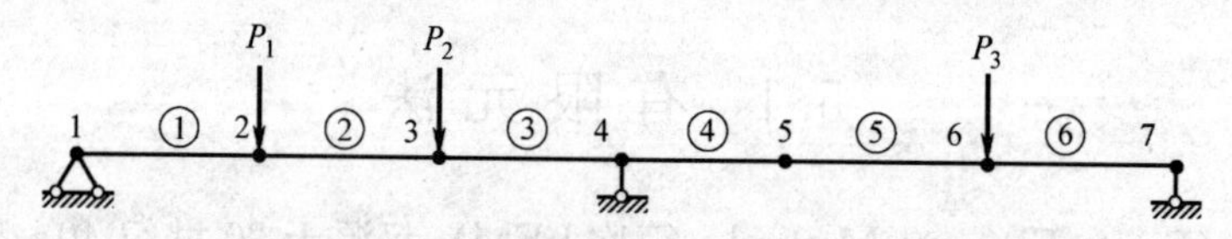

图 5-2　某两跨连续梁的有限元模型

此阶段需要确定的数据有节点及单元划分、截面几何参数、材料性能、荷载及边界条件等。有限元的建模过程及方法将在第 6 章中结合桥梁结构分析软件 Midas/Civil 作详细的介绍。

5.3　梁单元分析

梁单元在实际工程结构的有限元分析中常常用到，也是本书重点介绍的单元形式，它包括不考虑剪切变形的 Euler-Bernoulli 梁单元和考虑剪切变形的 Timoshenko 梁单元。

5.3.1　不考虑剪切变形的梁单元

单元分析的基本任务是确定单元刚度矩阵，从而建立单元节点力与节点位移之间的关系，即单元平衡方程。

1. 梁的基本假定及变量

工程中 Euler-Bernoulli 梁理论应用较为广泛，它基于两个基本假设，即平截面假定和横向纤维无挤压假定。前者认为梁的横截面变形后仍为平面，且垂直于变形后的中性轴，后者认为梁的横向纤维无挤压，即 $\varepsilon_y=0$。

在承载的荷载形式上，一般包括垂直于梁轴线方向的集中力、力矩及均布荷载，如图 5-3 所示。根据材料力学，Euler-Bernoulli 梁的基本变量有：

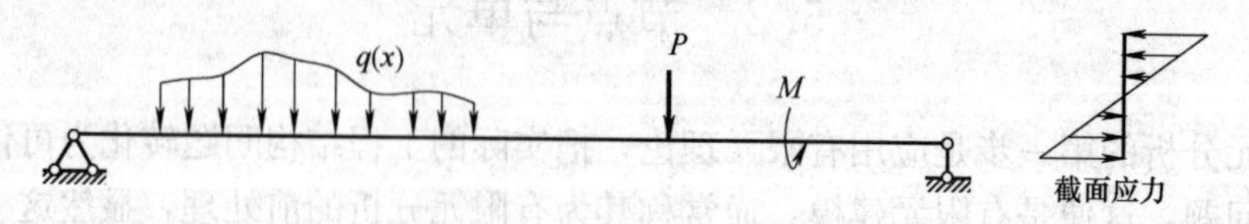

图 5-3　Euler-Bernoulli 梁

（1）挠度 $v(x)$，转角 $\theta(x)=\mathrm{d}v(x)/\mathrm{d}x$；

（2）弯矩 $M=EI\dfrac{\mathrm{d}^2 v}{\mathrm{d}x^2}$，剪力 $Q=EI\dfrac{\mathrm{d}^3 v}{\mathrm{d}x^3}$；

（3）正应变 $\varepsilon(x)=-y\dfrac{\mathrm{d}^2 v}{\mathrm{d}x^2}$；

(4) 正应力 $\sigma(x)=E\varepsilon(x)$，剪应力 τ_{xy}。

Euler-Bernoulli 梁中剪应力通过平衡条件求得。

$$\tau_{xy}=\frac{Qy}{GA} \tag{5-1}$$

式中 Q——剪力；

y——应力点到中性轴的距离；

G——材料剪切模量；

A——横截面面积。

2. 位移函数

空间的梁既可能弯曲，也可能伸缩、扭转。空间梁单元一端的受力可以简化为 3 个集中力和 3 个力偶，如图 5-4（a）所示。

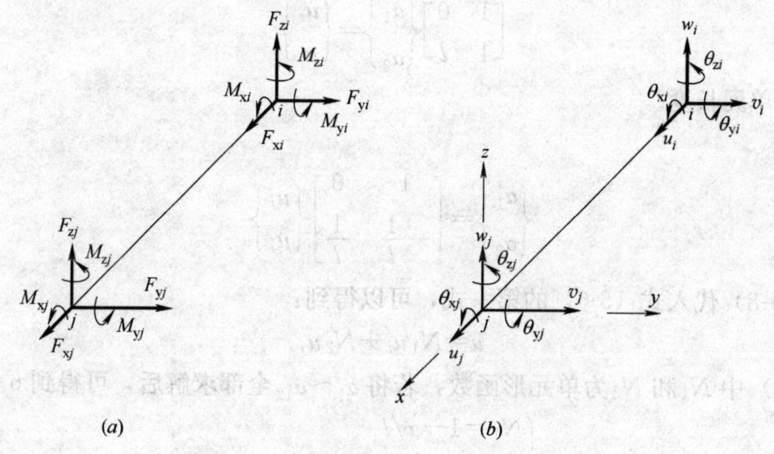

图 5-4 空间梁单元节点的受力与位移

每个节点的节点力列阵为：

$$\boldsymbol{F}_i=[F_{xi} \quad F_{yi} \quad F_{zi} \quad M_{xi} \quad M_{yi} \quad M_{zi}]^{\mathrm{T}} \tag{5-2}$$

式（5-2）是在单元坐标系下的分量。在轴力 F_x 的作用下杆产生轴向拉压，M_x 使杆产生扭转，F_y 和 M_z 使梁在 xy 平面内弯曲，F_z 和 M_y 使梁在 xz 平面内弯曲。

节点位移也有 6 个分量，如图 5-4（b）所示，记为：

$$\boldsymbol{\delta}_i=[u_i \quad v_i \quad w_i \quad \theta_{xi} \quad \theta_{yi} \quad \theta_{zi}]^{\mathrm{T}} \tag{5-3}$$

由于忽略了剪切变形，单元任一点的位移向量可表示为：

$$\boldsymbol{f}=[u \quad v \quad w \quad \theta_x]^{\mathrm{T}} \tag{5-4}$$

弯曲转角可以表示为挠度的导数：

$$\theta_y=-\frac{\mathrm{d}w}{\mathrm{d}x}, \theta_z=\frac{\mathrm{d}v}{\mathrm{d}x} \tag{5-5}$$

在位移法有限元中，位移是场变量，给每个单元选择合适的位移函数，通过插值以单元节点位移表示单元内任意点的位移，进而可得到单元内的应力和应变。单元位移函数确定后，未知量就归结为节点位移。

选择适当的位移函数是关键，它直接关系到计算结果的精度和收敛性。通常选择多项式作为位移函数，其原因是多项式的数学运算比较简单，其理论根据在于精确解总是能够在任一点的邻域内由多项式逼近。既然单元内任意点的位移由单元节点位移参数完全确定，因此选择单元位移函数的一个基本原则是：位移函数中的待定常数与单元节点位移参量个数相等。

单个空间梁单元有 12 个节点位移，可以假定单元位移模式为如下多项式：

$$\begin{cases} u=\alpha_1+\alpha_2 x \\ v=\alpha_3+\alpha_4 x+\alpha_5 x^2+\alpha_6 x^3 \\ w=\alpha_7+\alpha_8 x+\alpha_9 x^2+\alpha_{10} x^3 \\ \theta_x=\alpha_{11}+\alpha_{12} x \end{cases} \tag{5-6}$$

空间梁单元的位移函数是含有 12 个待定系数 $\alpha_1 \sim \alpha_{12}$ 的方程组，将节点坐标和位移代入位移函数，求解后可得各参数。比如 α_1 和 α_2：

$$\begin{bmatrix} 1 & 0 \\ 1 & l \end{bmatrix} \begin{Bmatrix} \alpha_1 \\ \alpha_2 \end{Bmatrix} = \begin{Bmatrix} u_i \\ u_j \end{Bmatrix} \tag{5-7}$$

式中 l——单元长度。

得到：

$$\begin{Bmatrix} \alpha_1 \\ \alpha_2 \end{Bmatrix} = \begin{bmatrix} 1 & 0 \\ -\dfrac{1}{l} & \dfrac{1}{l} \end{bmatrix} \begin{Bmatrix} u_i \\ u_j \end{Bmatrix} \tag{5-8}$$

将式（5-8）代入式（5-6）的第一式，可以得到：

$$u=N_1 u_i+N_2 u_j \tag{5-9}$$

式（5-9）中 N_1 和 N_2 为单元形函数，若将 $\alpha_1 \sim \alpha_{12}$ 全部求解后，可得到 6 个形函数：

$$\begin{cases} N_1=1-x/l \\ N_2=x/l \\ N_3=1-3x^2/l^2+2x^3/l^3 \\ N_4=x-2x^2/l+x^3/l^2 \\ N_5=3x^2/l^2-2x^3/l^3 \\ N_6=-x^2/l+x^3/l^2 \end{cases} \tag{5-10}$$

单元位移向量可用梁端位移及形函数表示为：

$$\boldsymbol{f}=[N]\begin{Bmatrix} \boldsymbol{\delta}_i \\ \boldsymbol{\delta}_j \end{Bmatrix} \tag{5-11}$$

式中：$[N]=\begin{bmatrix} N_1 & 0 & 0 & 0 & 0 & 0 & N_2 & 0 & 0 & 0 & 0 & 0 \\ 0 & N_3 & 0 & 0 & 0 & N_4 & 0 & N_5 & 0 & 0 & 0 & N_6 \\ 0 & 0 & N_3 & 0 & -N_4 & 0 & 0 & 0 & N_5 & 0 & -N_6 & 0 \\ 0 & 0 & 0 & N_1 & 0 & 0 & 0 & 0 & 0 & N_2 & 0 & 0 \end{bmatrix}$

3. 单元应变与应力

Euler-Bernoulli 梁中不考虑弯曲产生的剪应变，单元应变包含 3 个分量，可以表示为：

$$\boldsymbol{\varepsilon}^e=\{\varepsilon_x \quad \gamma_{xy} \quad \gamma_{xz}\}^T=\left\{\frac{du}{dx}-y\frac{d^2 v}{dx^2}-z\frac{d^2 w}{dx^2} \quad -z\frac{d\theta_x}{dx} \quad y\frac{d\theta_x}{dx}\right\}^T \tag{5-12}$$

式中：ε_x为梁单元沿 x 方向的正应变；γ_{xy}、γ_{xz}分别表示梁单元沿 y、z 方向的剪应变。

将式（5-11）代入式（5-12）可以得到应用节点位移向量表示的单元应变。

$$\boldsymbol{\varepsilon}^{e}=[B_i \quad B_j]\begin{Bmatrix}\delta_i\\ \delta_j\end{Bmatrix}=\boldsymbol{B}^{e}\boldsymbol{\delta}^{e} \tag{5-13}$$

式中：$\boldsymbol{B}^{e}=[B_i \quad B_j]$为单元的应变矩阵，或称单元几何矩阵。

$$[B_i]=\begin{bmatrix}N_1' & -yN_3'' & -zN_3'' & 0 & zN''_4 & -yN_4''\\ 0 & 0 & 0 & -zN_1' & 0 & 0\\ 0 & 0 & 0 & yN_1' & 0 & 0\end{bmatrix}$$

$$[B_j]=\begin{bmatrix}N_2' & -yN_5'' & -zN_5'' & 0 & zN_6'' & -yN_6''\\ 0 & 0 & 0 & -zN_2' & 0 & 0\\ 0 & 0 & 0 & yN_2' & 0 & 0\end{bmatrix}$$

由于应变是对位移场做数值微分得到的，因此精度要低于位移的精度。

根据本构关系（即应力-应变关系），单元应力为：

$$\boldsymbol{\sigma}^{e}=\{\sigma_x \quad \tau_{xy} \quad \tau_{xz}\}^{T}=\boldsymbol{D}\boldsymbol{\varepsilon}^{e}=\boldsymbol{D}\boldsymbol{B}^{e}\boldsymbol{\delta}^{e} \tag{5-14}$$

式中：$\boldsymbol{D}$ 为弹性矩阵，不考虑次要应力 σ_y、σ_z的影响，根据广义 Hooke 定律，可以写成$\begin{bmatrix}E & 0 & 0\\ 0 & G & 0\\ 0 & 0 & G\end{bmatrix}$，$E$ 为材料弹性模量，G 为剪切模量。

4. 单元平衡方程

空间梁单元的变形由 4 个部分组成。

沿 x 轴拉压

$$\begin{bmatrix}\dfrac{EA}{l} & -\dfrac{EA}{l}\\ -\dfrac{EA}{l} & \dfrac{EA}{l}\end{bmatrix}\begin{Bmatrix}u_i\\ u_j\end{Bmatrix}=\begin{Bmatrix}F_{xi}\\ F_{xj}\end{Bmatrix} \tag{5-15}$$

绕 x 轴的扭转

$$\begin{bmatrix}\dfrac{GI_p}{l} & -\dfrac{GI_p}{l}\\ -\dfrac{GI_p}{l} & \dfrac{GI_p}{l}\end{bmatrix}\begin{Bmatrix}\theta_{xi}\\ \theta_{yi}\end{Bmatrix}=\begin{Bmatrix}M_{xi}\\ M_{yi}\end{Bmatrix} \tag{5-16}$$

在 oxy 面内弯曲

$$\begin{bmatrix}\dfrac{12EI_z}{l^3} & \dfrac{6EI_z}{l^2} & -\dfrac{12EI_z}{l^3} & \dfrac{6EI_z}{l^2}\\ \dfrac{6EI_z}{l^2} & \dfrac{4EI_z}{l} & -\dfrac{6EI_z}{l^2} & \dfrac{2EI_z}{l}\\ -\dfrac{12EI_z}{l^3} & -\dfrac{6EI_z}{l^2} & \dfrac{12EI_z}{l^3} & -\dfrac{6EI_z}{l^2}\\ \dfrac{6EI_z}{l^2} & \dfrac{2EI_z}{l} & -\dfrac{6EI_z}{l^2} & \dfrac{4EI_z}{l}\end{bmatrix}\begin{Bmatrix}v_i\\ \theta_{zi}\\ v_j\\ \theta_{zj}\end{Bmatrix}=\begin{Bmatrix}F_{yi}\\ M_{zi}\\ F_{yj}\\ M_{zj}\end{Bmatrix} \tag{5-17}$$

在 oxz 面内弯曲

$$\begin{bmatrix} \frac{12EI_{\mathrm{y}}}{l^3} & -\frac{6EI_{\mathrm{y}}}{l^2} & -\frac{12EI_{\mathrm{y}}}{l^3} & -\frac{6EI_{\mathrm{y}}}{l^2} \\ -\frac{6EI_{\mathrm{y}}}{l^2} & \frac{4EI_{\mathrm{y}}}{l} & \frac{6EI_{\mathrm{y}}}{l^2} & \frac{2EI_{\mathrm{y}}}{l} \\ -\frac{12EI_{\mathrm{y}}}{l^3} & \frac{6EI_{\mathrm{y}}}{l^2} & \frac{12EI_{\mathrm{y}}}{l^3} & \frac{6EI_{\mathrm{y}}}{l^2} \\ -\frac{6EI_{\mathrm{y}}}{l^2} & \frac{2EI_{\mathrm{y}}}{l} & \frac{6EI_{\mathrm{y}}}{l^2} & \frac{4EI_{\mathrm{y}}}{l} \end{bmatrix} \begin{Bmatrix} w_i \\ \theta_{\mathrm{y}i} \\ w_j \\ \theta_{\mathrm{y}j} \end{Bmatrix} = \begin{Bmatrix} F_{zi} \\ M_{\mathrm{y}i} \\ F_{zj} \\ M_{\mathrm{y}j} \end{Bmatrix} \tag{5-18}$$

按照式（5-2）、式（5-3）中的变量次序将式（5-15）～式（5-18）中的 12 个方程排列起来，整理为单元平衡方程。

$$\begin{bmatrix}
\frac{EA}{l} & 0 & 0 & 0 & 0 & 0 & -\frac{EA}{l} & 0 & 0 & 0 & 0 & 0 \\
0 & \frac{12EI_{\mathrm{z}}}{l^3} & 0 & 0 & 0 & \frac{6EI_{\mathrm{z}}}{l^2} & 0 & -\frac{12EI_{\mathrm{z}}}{l^3} & 0 & 0 & 0 & \frac{6EI_{\mathrm{z}}}{l^2} \\
0 & 0 & \frac{12EI_{\mathrm{y}}}{l^3} & 0 & -\frac{6EI_{\mathrm{y}}}{l^2} & 0 & 0 & 0 & -\frac{12EI_{\mathrm{y}}}{l^3} & 0 & -\frac{6EI_{\mathrm{y}}}{l^2} & 0 \\
0 & 0 & 0 & \frac{GI_{\mathrm{p}}}{l} & 0 & 0 & 0 & 0 & 0 & -\frac{GI_{\mathrm{p}}}{l} & 0 & 0 \\
0 & 0 & -\frac{6EI_{\mathrm{y}}}{l^2} & 0 & \frac{4EI_{\mathrm{y}}}{l} & 0 & 0 & 0 & \frac{6EI_{\mathrm{y}}}{l^2} & 0 & \frac{2EI_{\mathrm{y}}}{l} & 0 \\
0 & \frac{6EI_{\mathrm{z}}}{l^2} & 0 & 0 & 0 & \frac{4EI_{\mathrm{z}}}{l} & 0 & -\frac{6EI_{\mathrm{z}}}{l^2} & 0 & 0 & 0 & \frac{2EI_{\mathrm{z}}}{l} \\
-\frac{EA}{l} & 0 & 0 & 0 & 0 & 0 & \frac{EA}{l} & 0 & 0 & 0 & 0 & 0 \\
0 & -\frac{12EI_{\mathrm{z}}}{l^3} & 0 & 0 & 0 & -\frac{6EI_{\mathrm{z}}}{l^2} & 0 & \frac{12EI_{\mathrm{z}}}{l^3} & 0 & 0 & 0 & -\frac{6EI_{\mathrm{z}}}{l^2} \\
0 & 0 & -\frac{12EI_{\mathrm{y}}}{l^3} & 0 & \frac{6EI_{\mathrm{y}}}{l^2} & 0 & 0 & 0 & \frac{12EI_{\mathrm{y}}}{l^3} & 0 & \frac{6EI_{\mathrm{y}}}{l^2} & 0 \\
0 & 0 & 0 & -\frac{GI_{\mathrm{p}}}{l} & 0 & 0 & 0 & 0 & 0 & \frac{GI_{\mathrm{p}}}{l} & 0 & 0 \\
0 & 0 & -\frac{6EI_{\mathrm{y}}}{l^2} & 0 & \frac{2EI_{\mathrm{y}}}{l} & 0 & 0 & 0 & \frac{6EI_{\mathrm{y}}}{l^2} & 0 & \frac{4EI_{\mathrm{y}}}{l} & 0 \\
0 & \frac{6EI_{\mathrm{z}}}{l^2} & 0 & 0 & 0 & \frac{2EI_{\mathrm{z}}}{l} & 0 & -\frac{6EI_{\mathrm{z}}}{l^2} & 0 & 0 & 0 & \frac{4EI_{\mathrm{z}}}{l}
\end{bmatrix}
\begin{Bmatrix} u_i \\ v_i \\ w_i \\ \theta_{\mathrm{x}i} \\ \theta_{\mathrm{y}i} \\ \theta_{zi} \\ u_j \\ v_j \\ w_j \\ \theta_{\mathrm{x}j} \\ \theta_{\mathrm{y}j} \\ \theta_{zj} \end{Bmatrix}
=
\begin{Bmatrix} F_{\mathrm{x}i} \\ F_{\mathrm{y}i} \\ F_{zi} \\ M_{\mathrm{x}i} \\ M_{\mathrm{y}i} \\ M_{zi} \\ F_{\mathrm{x}j} \\ F_{\mathrm{y}j} \\ F_{zj} \\ M_{\mathrm{x}j} \\ M_{\mathrm{y}j} \\ M_{zj} \end{Bmatrix}
\tag{5-19}$$

简写为：

$$\boldsymbol{K}^{\mathrm{e}}\boldsymbol{\delta}^{\mathrm{e}} = \boldsymbol{F}^{\mathrm{e}} \tag{5-20}$$

或子块形式：

$$\begin{bmatrix} \boldsymbol{K}_{ii}^{\mathrm{e}} & \boldsymbol{K}_{ij}^{\mathrm{e}} \\ \boldsymbol{K}_{ji}^{\mathrm{e}} & \boldsymbol{K}_{jj}^{\mathrm{e}} \end{bmatrix} \begin{Bmatrix} \delta_i \\ \delta_j \end{Bmatrix} = \begin{Bmatrix} \boldsymbol{F}_i^{\mathrm{e}} \\ \boldsymbol{F}_j^{\mathrm{e}} \end{Bmatrix} \tag{5-21}$$

5.3.2 考虑剪切变形的梁单元

1. 基本假定及变量

对于深梁，即高跨比较大的梁，剪切变形的影响不可忽视，考虑剪切变形的梁也称

Timoshenko 梁，简称为剪切梁。剪切梁假设梁横截面变形后仍为平面，这点和 Euler-Bernoulli 梁一致，但不再垂直于变形后的中性轴；另一个假设认为横向纤维无挤压，即 $\varepsilon_y=0$。

Euler-Bernoulli 梁中截面转角 θ 是挠度 v 的导数，故两个变量并不独立，剪应变为 0，而在剪切梁中垂直于梁轴向的法向位移 v 则必须考虑剪切变形的影响，剪应变 $\gamma_{xy}=\dfrac{dv}{dx}-\theta$。

以上定义的剪应变在整个截面上是一个定值，这显然与真实的情况不符。为此，引入一个分布的修正系数，剪应力可以表示为：

$$\tau_{xy}=\frac{G\gamma_{xy}}{k} \tag{5-22}$$

式中：k 是剪应力沿截面不均匀分布的修正系数，引入 k 使修正后的剪应变能等于真实应变能，对于圆形截面，$k=\dfrac{10}{9}$，对于矩形截面，$k=\dfrac{6}{5}$。

2. 单元平衡方程

剪切梁沿 x 轴的拉压与扭转同 Euler-Bernoulli 梁一致。以下着重分析在 oxy 面内的剪切平衡方程。

考虑剪切变形的影响时，梁单元的法向位移可表示为弯曲和剪切两部分位移的叠加。

$$v=v_b+v_s \tag{5-23}$$

式中：v_b是由于弯曲变形引起的 y 向位移；v_s是由于剪切变形引起的 y 方向附加位移。oxy 面内单元的节点位移相应地表示为两个部分。

$$\boldsymbol{\delta}^e=[v_{ib}+v_{is},\quad \theta_{zi},\quad v_{jb}+v_{js},\quad \theta_{zj}]^T \tag{5-24}$$

剪切刚度矩阵为：

$$\boldsymbol{K}_s=\frac{GA_s}{k_y l}\begin{bmatrix}1 & -1\\ -1 & 1\end{bmatrix} \tag{5-25}$$

式中　A_s——有效剪切面积；

　　l——梁跨度；

　　k_y——y 方向的剪应力分布修正系数。

则剪切平衡方程为：

$$\frac{GA_s}{k_y l}\begin{bmatrix}1 & -1\\ -1 & 1\end{bmatrix}\begin{Bmatrix}v_{is}\\ v_{js}\end{Bmatrix}=\begin{Bmatrix}F_{yi}\\ F_{yj}\end{Bmatrix} \tag{5-26}$$

根据弯曲位移和剪切位移所对应的剪力相等的原则，将式（5-17）和式（5-26）转换后得到 oxy 面内考虑剪切修正的梁单元平衡方程，如式（5-27）。

$$\begin{bmatrix}
\dfrac{12EI_z}{(1+\phi_y)l^3} & \dfrac{6EI_z}{(1+\phi_y)l^2} & -\dfrac{12EI_z}{(1+\phi_y)l^3} & \dfrac{6EI_z}{(1+\phi_y)l^2}\\
\dfrac{6EI_z}{(1+\phi_y)l^2} & \dfrac{(4+\phi_y)EI_z}{(1+\phi_y)l} & -\dfrac{6EI_z}{(1+\phi_y)l^2} & \dfrac{(2-\phi_y)EI_z}{(1+\phi_y)l}\\
-\dfrac{12EI_z}{(1+\phi_y)l^3} & \dfrac{-6EI_z}{(1+\phi_y)l^2} & \dfrac{12EI_z}{(1+\phi_y)l^3} & -\dfrac{6EI_z}{(1+\phi_y)l^2}\\
\dfrac{6EI_z}{(1+\phi_y)l^2} & \dfrac{(2-\phi_y)EI_z}{(1+\phi_y)l} & -\dfrac{6EI_z}{(1+\phi_y)l^2} & \dfrac{(4+\phi_y)EI_z}{(1+\phi_y)l}
\end{bmatrix}\begin{Bmatrix}v_i\\ \theta_{zi}\\ v_j\\ \theta_{zj}\end{Bmatrix}=\begin{Bmatrix}F_{yi}\\ M_{zi}\\ F_{yj}\\ M_{zj}\end{Bmatrix} \tag{5-27}$$

式中：$\phi_{\mathrm{y}}=\dfrac{12k_{\mathrm{y}}EI_{\mathrm{z}}}{GA_{\mathrm{s}}l^2}$，反映剪切变形影响的程度，当 ϕ_{y} 趋近于 0 时，转化为 Euler-Bernoulli 梁的情况。

同理可得在 oxz 面内的弯曲与剪切平衡方程为：

$$\begin{bmatrix} \dfrac{12EI_{\mathrm{y}}}{(1+\phi_{\mathrm{z}})l^3} & -\dfrac{6EI_{\mathrm{y}}}{(1+\phi_{\mathrm{z}})l^2} & -\dfrac{12EI_{\mathrm{y}}}{(1+\phi_{\mathrm{z}})l^3} & -\dfrac{6EI_{\mathrm{y}}}{(1+\phi_{\mathrm{z}})l^2} \\ -\dfrac{6EI_{\mathrm{y}}}{(1+\phi_{\mathrm{z}})l^2} & \dfrac{(4+\phi_{\mathrm{z}})EI_{\mathrm{y}}}{(1+\phi_{\mathrm{z}})l} & \dfrac{6EI_{\mathrm{y}}}{(1+\phi_{\mathrm{z}})l^2} & \dfrac{(2-\phi_{\mathrm{z}})EI_{\mathrm{y}}}{(1+\phi_{\mathrm{z}})l} \\ -\dfrac{12EI_{\mathrm{y}}}{(1+\phi_{\mathrm{z}})l^3} & \dfrac{6EI_{\mathrm{y}}}{(1+\phi_{\mathrm{z}})l^2} & \dfrac{12EI_{\mathrm{y}}}{(1+\phi_{\mathrm{z}})l^3} & -\dfrac{6EI_{\mathrm{y}}}{(1+\phi_{\mathrm{z}})l^2} \\ -\dfrac{6EI_{\mathrm{y}}}{(1+\phi_{\mathrm{z}})l^2} & \dfrac{(2-\phi_{\mathrm{z}})EI_{\mathrm{y}}}{(1+\phi_{\mathrm{z}})l} & \dfrac{6EI_{\mathrm{y}}}{(1+\phi_{\mathrm{z}})l^2} & \dfrac{(4+\phi_{\mathrm{z}})EI_{\mathrm{y}}}{(1+\phi_{\mathrm{z}})l} \end{bmatrix} \begin{Bmatrix} w_i \\ \theta_{\mathrm{y}i} \\ w_j \\ \theta_{\mathrm{y}j} \end{Bmatrix} = \begin{Bmatrix} F_{zi} \\ M_{\mathrm{y}i} \\ F_{zj} \\ M_{\mathrm{y}j} \end{Bmatrix} \tag{5-28}$$

式中：$\phi_{\mathrm{z}}=\dfrac{12k_zEI_{\mathrm{y}}}{GA_{\mathrm{s}}l^2}$。

由（5-26）～式（5-28）得到单元平衡方程：

$$\begin{bmatrix}
\frac{EA}{l} & 0 & 0 & 0 & 0 & 0 & -\frac{EA}{l} & 0 & 0 & 0 & 0 & 0 \\
0 & \frac{12EI_z}{(1+\phi_y)l^3} & 0 & 0 & 0 & \frac{6EI_z}{(1+\phi_y)l^2} & 0 & -\frac{12EI_z}{(1+\phi_y)l^3} & 0 & 0 & 0 & \frac{6EI_z}{(1+\phi_y)l^2} \\
0 & 0 & \frac{12EI_y}{(1+\phi_z)l^3} & 0 & -\frac{6EI_y}{(1+\phi_z)l^2} & 0 & 0 & 0 & -\frac{12EI_y}{(1+\phi_z)l^3} & 0 & -\frac{6EI_y}{(1+\phi_z)l^2} & 0 \\
0 & 0 & 0 & \frac{GI_p}{l} & 0 & 0 & 0 & 0 & 0 & -\frac{GI_p}{l} & 0 & 0 \\
0 & 0 & -\frac{6EI_y}{(1+\phi_z)l^2} & 0 & \frac{(4+\phi_z)EI_y}{(1+\phi_z)l} & 0 & 0 & 0 & \frac{6EI_y}{(1+\phi_z)l^2} & 0 & \frac{(2-\phi_z)EI_y}{(1+\phi_z)l} & 0 \\
0 & \frac{6EI_z}{(1+\phi_y)l^2} & 0 & 0 & 0 & \frac{(4+\phi_y)EI_z}{(1+\phi_y)l} & 0 & -\frac{6EI_z}{(1+\phi_y)l^2} & 0 & 0 & 0 & \frac{(2-\phi_y)EI_z}{(1+\phi_y)l} \\
-\frac{EA}{l} & 0 & 0 & 0 & 0 & 0 & \frac{EA}{l} & 0 & 0 & 0 & 0 & 0 \\
0 & -\frac{12EI_z}{(1+\phi_y)l^3} & 0 & 0 & 0 & -\frac{6EI_z}{(1+\phi_y)l^2} & 0 & \frac{12EI_z}{(1+\phi_y)l^3} & 0 & 0 & 0 & -\frac{6EI_z}{(1+\phi_y)l^2} \\
0 & 0 & -\frac{12EI_y}{(1+\phi_z)l^3} & 0 & \frac{6EI_y}{(1+\phi_z)l^2} & 0 & 0 & 0 & \frac{12EI_y}{(1+\phi_z)l^3} & 0 & \frac{6EI_y}{(1+\phi_z)l^2} & 0 \\
0 & 0 & 0 & -\frac{GI_p}{l} & 0 & 0 & 0 & 0 & 0 & \frac{GI_p}{l} & 0 & 0 \\
0 & 0 & -\frac{6EI_y}{(1+\phi_z)l^2} & 0 & \frac{(2-\phi_z)EI_y}{(1+\phi_z)l} & 0 & 0 & 0 & \frac{6EI_y}{(1+\phi_z)l^2} & 0 & \frac{(4+\phi_z)EI_y}{(1+\phi_z)l} & 0 \\
0 & \frac{6EI_z}{(1+\phi_y)l^2} & 0 & 0 & 0 & \frac{(2-\phi_y)EI_z}{(1+\phi_y)l} & 0 & -\frac{6EI_z}{(1+\phi_y)l^2} & 0 & 0 & 0 & \frac{(4+\phi_y)EI_z}{(1+\phi_y)l}
\end{bmatrix}
\begin{Bmatrix} u_i \\ v_i \\ w_i \\ \theta_{xi} \\ \theta_{yi} \\ \theta_{zi} \\ u_j \\ v_j \\ w_j \\ \theta_{xj} \\ \theta_{yj} \\ \theta_{zj} \end{Bmatrix}
=
\begin{Bmatrix} F_{xi} \\ F_{yi} \\ F_{zi} \\ M_{xi} \\ M_{yi} \\ M_{zi} \\ F_{xj} \\ F_{yj} \\ F_{zj} \\ M_{xj} \\ M_{yj} \\ M_{zj} \end{Bmatrix}
\tag{5-29}$$

上式也可以写成式（5-20）、式（5-21）的简化形式。

5.4 单元整体分析

5.4.1 坐标转换矩阵

单元分析是在单元局部坐标系下进行的，而梁在空间中可以是任意方向的，必须将每个单元在单元局部坐标系下的节点位移、节点力、单元刚度矩阵转化到整体坐标系下，才

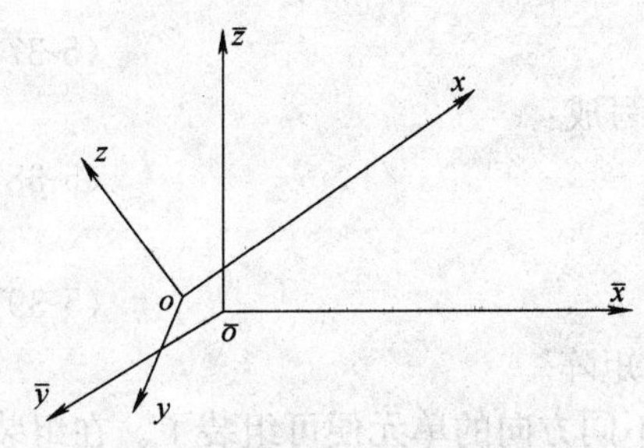

图 5-5　单元局部坐标与整体坐标

能组装有限元整体方程。

设单元局部坐标系 $oxyz$，整体坐标系$\bar{o}\,\bar{x}\,\bar{y}\,\bar{z}$，如图 5-5 所示，局部坐标系单位长度的坐标基矢量为 $\boldsymbol{e}_1$、$\boldsymbol{e}_2$、$\boldsymbol{e}_3$，整体坐标系的坐标基矢量为$\overline{\boldsymbol{e}_1}$、$\overline{\boldsymbol{e}_2}$、$\overline{\boldsymbol{e}_3}$。杆件局部坐标系的 ox 轴与单元轴线重合，ox 轴在整体坐标系中的方向余弦为：$l_{xx}=\cos(\overline{\boldsymbol{e}_1},\ \boldsymbol{e}_1)$、$l_{yx}=\cos(\overline{\boldsymbol{e}_2},\ \boldsymbol{e}_1)$、$l_{zx}=\cos(\overline{\boldsymbol{e}_3},\ \boldsymbol{e}_1)$，同理可得其他轴的方向余弦公式。则单元坐标系与整体坐标系的转换关系为：

$$\begin{Bmatrix}\bar{x}\\ \bar{y}\\ \bar{z}\end{Bmatrix}=\begin{bmatrix}\cos(\overline{\boldsymbol{e}_1},\boldsymbol{e}_1) & \cos(\overline{\boldsymbol{e}_1},\boldsymbol{e}_2) & \cos(\overline{\boldsymbol{e}_1},\boldsymbol{e}_3)\\ \cos(\overline{\boldsymbol{e}_2},\boldsymbol{e}_1) & \cos(\overline{\boldsymbol{e}_2},\boldsymbol{e}_2) & \cos(\overline{\boldsymbol{e}_2},\boldsymbol{e}_3)\\ \cos(\overline{\boldsymbol{e}_3},\boldsymbol{e}_1) & \cos(\overline{\boldsymbol{e}_3},\boldsymbol{e}_2) & \cos(\overline{\boldsymbol{e}_3},\boldsymbol{e}_3)\end{bmatrix}\begin{Bmatrix}x\\ y\\ z\end{Bmatrix} \tag{5-30}$$

或记为：

$$\begin{Bmatrix}\bar{x}\\ \bar{y}\\ \bar{z}\end{Bmatrix}=\boldsymbol{\lambda}_0^{\mathrm{e}}\begin{Bmatrix}x\\ y\\ z\end{Bmatrix} \tag{5-31}$$

应用到节点位移矢量上，有：

$$\begin{Bmatrix}\overline{u_i}\\ \overline{v_i}\\ \overline{w_i}\end{Bmatrix}=\boldsymbol{\lambda}_0^{\mathrm{e}}\begin{Bmatrix}u_i\\ v_i\\ w_i\end{Bmatrix} \tag{5-32}$$

在小变形时截面转角可视为矢量，则：

$$\begin{Bmatrix}\overline{\theta_{xi}}\\ \overline{\theta_{yi}}\\ \overline{\theta_{zi}}\end{Bmatrix}=\boldsymbol{\lambda}_0^{\mathrm{e}}\begin{Bmatrix}\theta_{xi}\\ \theta_{yi}\\ \theta_{zi}\end{Bmatrix} \tag{5-33}$$

两个坐标系下节点位移之间的关系为：

$$\overline{\boldsymbol{\delta}_i}=\begin{bmatrix}\boldsymbol{\lambda}_0^{\mathrm{e}} & \boldsymbol{0}\\ \boldsymbol{0} & \boldsymbol{\lambda}_0^{\mathrm{e}}\end{bmatrix}_{6\times6}\boldsymbol{\delta}_i=\boldsymbol{\lambda}_1^{\mathrm{e}}\boldsymbol{\delta}_i \tag{5-34}$$

对单元节点位移列阵，有：

$$\overline{\boldsymbol{\delta}^{\mathrm{e}}}=\begin{Bmatrix}\overline{\boldsymbol{\delta}_i}\\ \overline{\boldsymbol{\delta}_j}\end{Bmatrix}=\begin{bmatrix}\boldsymbol{\lambda}_1^{\mathrm{e}} & \boldsymbol{0}\\ \boldsymbol{0} & \boldsymbol{\lambda}_1^{\mathrm{e}}\end{bmatrix}\begin{Bmatrix}\boldsymbol{\delta}_i\\ \boldsymbol{\delta}_j\end{Bmatrix}=\boldsymbol{\lambda}^{\mathrm{e}}\boldsymbol{\delta}^{\mathrm{e}} \tag{5-35}$$

式中：$\boldsymbol{\lambda}^{\mathrm{e}}$为转换矩阵，是 12×12 阶的矩阵。

$$\lambda^{\mathrm{e}}=\begin{bmatrix}\boldsymbol{\lambda}_0^{\mathrm{e}} & \boldsymbol{0} & \boldsymbol{0} & \boldsymbol{0}\\ \boldsymbol{0} & \boldsymbol{\lambda}_0^{\mathrm{e}} & \boldsymbol{0} & \boldsymbol{0}\\ \boldsymbol{0} & \boldsymbol{0} & \boldsymbol{\lambda}_0^{\mathrm{e}} & \boldsymbol{0}\\ \boldsymbol{0} & \boldsymbol{0} & \boldsymbol{0} & \boldsymbol{\lambda}_0^{\mathrm{e}}\end{bmatrix}_{12\times12} \tag{5-36}$$

5.4.2　整体坐标系下的平衡方程

对单元节点力列阵，有：

$$\overline{\boldsymbol{F}^{e}}=\boldsymbol{\lambda}^{e}\boldsymbol{F}^{e} \tag{5-37}$$

$\boldsymbol{\lambda}^{e}$是正交矩阵，即$\boldsymbol{\lambda}^{eT}=\boldsymbol{\lambda}^{e-1}$，则式（5-35）可以写成：

$$\boldsymbol{\delta}^{e}=\boldsymbol{\lambda}^{eT}\overline{\boldsymbol{\delta}^{e}} \tag{5-38}$$

将式（5-37）和式（5-38）代入式（5-20），得：

$$\overline{\boldsymbol{K}^{e}}\ \overline{\boldsymbol{\delta}^{e}}=\overline{\boldsymbol{F}^{e}} \tag{5-39}$$

式中：$\overline{\boldsymbol{K}^{e}}=\boldsymbol{\lambda}^{e}\boldsymbol{K}^{e}\boldsymbol{\lambda}^{eT}$，为整体坐标系下的单元刚度矩阵。

将局部坐标系下的相关量转换到总体坐标系后，不同方向的单元便可组装了。在组装总体刚度矩阵（简称总刚）时，叠加的一般是单刚子块，其子块为：

$$\overline{\boldsymbol{K}_{ij}^{e}}=\boldsymbol{\lambda}_{1}^{e}\boldsymbol{K}_{ij}^{e}\boldsymbol{\lambda}_{1}^{eT}\quad (i,j\text{ 为节点号}) \tag{5-40}$$

例如，一个离散成 6 个单元的连续梁，如图 5-2 所示，节点和单元连续编号，则其总刚矩阵为：

$$\overline{\boldsymbol{K}}=\begin{bmatrix}\overline{\boldsymbol{K}_{11}^{①}} & \overline{\boldsymbol{K}_{12}^{①}} & 0 & 0 & 0 & 0 & 0\\ \overline{\boldsymbol{K}_{21}^{①}} & \overline{\boldsymbol{K}_{22}^{①+②}} & \overline{\boldsymbol{K}_{23}^{②}} & 0 & 0 & 0 & 0\\ 0 & \overline{\boldsymbol{K}_{32}^{②}} & \overline{\boldsymbol{K}_{33}^{②+③}} & \overline{\boldsymbol{K}_{34}^{③}} & 0 & 0 & 0\\ 0 & 0 & \overline{\boldsymbol{K}_{43}^{③}} & \overline{\boldsymbol{K}_{44}^{③+④}} & \overline{\boldsymbol{K}_{45}^{④}} & 0 & 0\\ 0 & 0 & 0 & \overline{\boldsymbol{K}_{54}^{④}} & \overline{\boldsymbol{K}_{55}^{④+⑤}} & \overline{\boldsymbol{K}_{56}^{⑤}} & 0\\ 0 & 0 & 0 & 0 & \overline{\boldsymbol{K}_{65}^{⑤}} & \overline{\boldsymbol{K}_{66}^{⑤+⑥}} & \overline{\boldsymbol{K}_{67}^{⑥}}\\ 0 & 0 & 0 & 0 & 0 & \overline{\boldsymbol{K}_{76}^{⑥}} & \overline{\boldsymbol{K}_{77}^{⑥}}\end{bmatrix} \tag{5-41}$$

所有的单元组装后，得到整体结构的平衡方程：

$$\overline{\boldsymbol{K}}\ \overline{\boldsymbol{\delta}}=\overline{\boldsymbol{F}} \tag{5-42}$$

式中 $\overline{\boldsymbol{K}}$——结构整体刚度矩阵；

$\overline{\boldsymbol{\delta}}$——结构节点位移列阵；

$\overline{\boldsymbol{F}}$——结构节点荷载列阵。

由式（5-19）和式（5-29）可以看出单元刚度矩阵是对称的，由它们集成的结构整体刚度矩阵$\overline{\boldsymbol{K}}$也是对称的。由于结构刚体位移没有被约束，所以$\overline{\boldsymbol{K}}$是奇异的，不存在逆矩阵。

每个节点的相关单元只是围绕在该节点周围的少数几个单元，通过单元与之发生联系的相关节点也只有少数几个，因此虽然整体的单元和节点数目很多，但刚度矩阵中非零系数却很少，整体刚度矩阵具有稀疏性。只要节点编号组装合理，这些稀疏的非零元素集中在以主对角线为中心的一条带状区域内，在编程求解时可以充分利用这些特点。

5.5 荷载及边界条件的处理

5.5.1 等效节点荷载

梁上往往会作用非节点荷载，例如跨中的分布荷载或集中力，这时需要求出与这些非节点荷载等效的节点荷载，用等效节点荷载进行有限元求解。

等效节点荷载的求法：

1）将每个梁单元看作一根两端固结的梁，并求出固端荷载。

2）由于梁端的约束实际并不存在，因此将固端荷载反向加在节点上以释放约束。反向的荷载即为等效节点荷载。

连续梁固端荷载由各单元产生的等效节点荷载叠加形成。

5.5.2 边界条件

总刚矩阵是奇异的，必须引入边界条件限制结构或构件的刚体位移才可以求解整体平衡方程。梁端一般具有一定的位移边界条件，比如固（限）定位移或固（限）定转角等。

引入边界条件的方法有多种，包括直接代入法、对角元素改1法、对角元素乘大数法等。对角元素乘大数法程序编制方便，在有限元法中经常采用，适用于任何给定位移（零位移或非零位移），现介绍如下：

当有$\overline{\delta_i}=\delta_f$时，第$i$个方程做如下修改：对角元素$K_{ii}$乘以大数$a$，并将$F_i$用$aK_{ii}\overline{\delta_i}$代替，即可得：

$$\begin{bmatrix} K_{11} & K_{12} & \cdots & \cdots & \cdots & K_{1n} \\ K_{21} & K_{22} & \cdots & \cdots & \cdots & K_{2n} \\ \cdots & \cdots & \cdots & \cdots & \cdots & \cdots \\ K_{i1} & K_{i2} & \cdots & aK_{ii} & \cdots & K_{in} \\ \cdots & \cdots & \cdots & \cdots & \cdots & \cdots \\ K_{n1} & K_{n2} & \cdots & \cdots & \cdots & K_{nn} \end{bmatrix} \begin{Bmatrix} \overline{\delta_1} \\ \overline{\delta_2} \\ \vdots \\ \overline{\delta_i} \\ \vdots \\ \overline{\delta_n} \end{Bmatrix} = \begin{Bmatrix} F_1 \\ F_2 \\ \vdots \\ aK_{ii}\delta_f \\ \vdots \\ F_n \end{Bmatrix} \tag{5-43}$$

第i个方程为：

$$K_{i1}\overline{\delta_1}+K_{i2}\overline{\delta_2}+\cdots+aK_{ii}\overline{\delta_i}+\cdots+K_{in}\delta_n=aK_{ii}\delta_f \tag{5-44}$$

方程左端$aK_{ii}\overline{\delta_i}$项要比其他项大很多，因此近似得到：

$$aK_{ii}\overline{\delta_i}\approx aK_{ii}\delta_f \tag{5-45}$$

则有：

$$\overline{\delta_i}\approx\delta_f \tag{5-46}$$

5.5.3 单元间铰接节点

梁单元间有时会遇到铰接节点，因交界点弯矩为0，只有线位移参加整体方程的集成，转动自由度属于内部自由度，在整体集成前可在单元层次上凝聚掉。因此，该单元的刚度方程可用分块形式表示为：

$$\begin{bmatrix} \boldsymbol{K}_0^e & \boldsymbol{K}_{0c}^e \\ \boldsymbol{K}_{c0}^e & \boldsymbol{K}_{cc}^e \end{bmatrix} \begin{Bmatrix} \boldsymbol{\delta}_0 \\ \boldsymbol{\delta}_c \end{Bmatrix} = \begin{Bmatrix} \boldsymbol{F}_0^e \\ \boldsymbol{F}_c^e \end{Bmatrix} \tag{5-47}$$

式中，$\boldsymbol{\delta}_c$——需要凝聚掉的自由度；

$\boldsymbol{\delta}_0$——需要保留的自由度。

由式（5-47）的第二列方程可以得到：

$$\boldsymbol{\delta}_c=(\boldsymbol{K}_{cc}^e)^{-1}(\boldsymbol{F}_c^e-\boldsymbol{K}_{c0}^e\boldsymbol{\delta}_0) \tag{5-48}$$

代入式（5-47）的第一列方程，得到凝聚后的单元方程：

$$\boldsymbol{K}^*\boldsymbol{\delta}_0=\boldsymbol{F}_0^* \tag{5-49}$$

式中

$$\boldsymbol{K}^*=\boldsymbol{K}_0^e-\boldsymbol{K}_{0c}^e(\boldsymbol{K}_{cc}^e)^{-1}\boldsymbol{K}_{c0}^e \tag{5-50}$$

$$F^{*}=F_{0}^{e}-K_{0c}^{e}(K_{cc}^{e})^{-1}F_{c}^{e} \tag{5-51}$$

为了分析的方便，K^* 可通过在相应行列上填充 0 元素来恢复原来的阶数。多个梁单元在一点铰接时，为了避免发生奇异，其中一个梁单元不释放梁端约束。

5.6 方程的数值求解及结果分析

5.6.1 方程的数值求解

引入边界条件后，便可以求解整体平衡方程，求解方法包括高斯消元法、三角分解法、波前法、迭代法等。同一个模型，选择不同的算法，结果往往也会有一定的差异。方程组的解法在线性代数和数值计算方法等课程中有详细介绍，有兴趣的读者可以查阅。

5.6.2 结果分析

有限元计算的结果是大量的数据，很难直接分析计算结果是否正确合理，甚至看不出是否得到了预期的结果，此时需要对结果数据进行进一步的处理，即为有限元的后处理。有限元后处理包含非常丰富的内容，简单来说可以分为数值处理和图形处理两类，数值处理是将有限元分析的数据转化为工程上常用的格式，图形处理则是将计算数据用图形直观的表示出来，使结果一目了然。

通过对计算结果的提取、加工处理，可以把有限元分析得到的数据进一步转换为设计人员直接需要的信息，比如应力分布、内力、变形等，并基于一定的规则进行内力组合处理，以帮助设计人员评定和修改设计方案。

5.7 有限元分析流程

从过程上来看有限元分析一般包括前处理、分析求解、后处理三个步骤，分析流程及各阶段需要解决的问题如图 5-6 所示。设计人员直接与有限元前处理和后处理接触较多，而分析求解一般由有限元程序自动完成。

5.8 有限元计算的误差

有限元法的计算结果往往存在一定的误差，产生误差的原因是多方面的，简要分析如下。

1. 结构力学模型抽象引起的误差

结构力学模型是有限元分析的基础，模型的质量会影响到有限元计算结果的精度和正确性。错误的力学模型往往会引起很大的偏差，比如结果分析时发现在不该受力的区域出现了很大的应力，此时要首先检查模型的几何形状是否准确、连接及约束设置的是否得当、荷载施加是否合理等。

2. 单元的力学模型引起的误差

有限元位移法采用单元位移插值函数来描述单元内的变形和受力，但有限元的插值函数只能取有限项多项式，因此插值解只能是真正解的一个近似解答，特别是在大变形的情

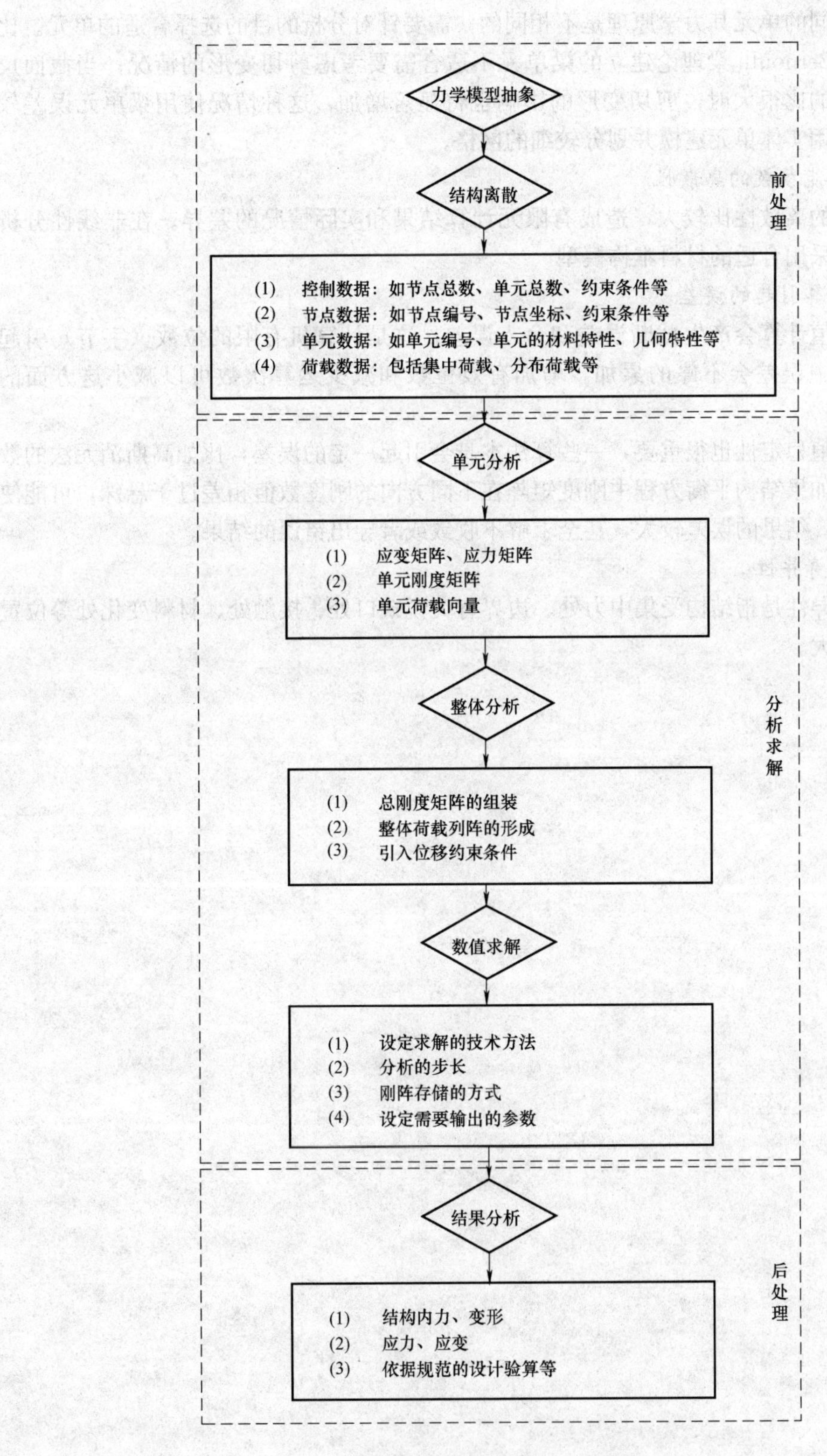
力学模型抽象
结构离散
前处理
(1) 控制数据：如节点总数、单元总数、约束条件等
(2) 节点数据：如节点编号、节点坐标、约束条件等
(3) 单元数据：如单元编号、单元的材料特性、几何特性等
(4) 荷载数据：包括集中荷载、分布荷载等
单元分析
(1) 应变矩阵、应力矩阵
(2) 单元刚度矩阵
(3) 单元荷载向量
整体分析
分析求解
(1) 总刚度矩阵的组装
(2) 整体荷载列阵的形成
(3) 引入位移约束条件
数值求解
(1) 设定求解的技术方法
(2) 分析的步长
(3) 刚阵存储的方式
(4) 设定需要输出的参数
结果分析
后处理
(1) 结构内力、变形
(2) 应力、应变
(3) 依据规范的设计验算等

图 5-6 有限元分析流程

况下，插值函数往往显得过于刚硬，产生的误差较大。

此外，不同的单元其力学原理是不相同的，需要针对分析的目的选择合适的单元。比如基于 Euler-Bernoulli 梁理论建立的梁单元不适合需要考虑剪切变形的情况；当截面尺寸与构件长度的比很大时，剪切变形的影响也将显著增加，这种情况使用梁单元误差较大，可考虑使用实体单元建模并划分较细的网格。

3. 材料性能参数的离散性

材料性能的离散性比较大，造成有限元计算结果和实际情况的差异。在非线性分析时，还应注意采用合适的材料本构模型。

4. 数值计算引起的误差

计算机数值计算会产生截断误差和舍入误差，这是计算机有限的位数（字节）引起的，计算过程中误差会不停的累加。增加有效位数和减少运算次数可以减小这方面的误差。

算法的数值稳定性也很重要，一些算法本身会引起一定的误差，比如高斯消元法的数值稳定性差，如果结构平衡方程中刚度矩阵在不同方向的刚度数值相差过于悬殊，可能使方程呈现病态，结果的误差较大，甚至求解不收敛或者导出错误的结果。

5. 结构的奇异性

结构的奇异性是指结构受集中力处、边界有尖锐缺口处、接触处、材料变化处等位置的计算误差较大。

第6章　桥梁有限元计算模型

6.1　Midas软件介绍

目前流行的计算软件很多，有些通用性很强，不仅可用于土木结构的计算分析，而且可用于计算分析机械结构、电磁场及流体等问题，如ANSYS、ABAQUS、NASTRAN、IDEAS等大型有限元计算分析软件。该类型软件功能强大，但专业性不强，较难掌握。相对于通用有限元计算软件，专业软件针对性强，易学易用，但功能不如通用软件强大。如Midas/Civil、SAP2000、桥梁博士、LUSAS等专业软件可用来计算分析常见桥梁在各种受力情况下的力学行为。下篇算例大多基于Midas/Civil软件，下面对其计算功能进行简要介绍。

MIDAS/Civil是针对土木结构，特别是桥梁结构与建筑结构的专业计算分析软件，可针对各种桥型，如预应力混凝土梁式桥、拱桥、悬索桥、斜拉桥等的施工过程及成桥状态进行计算分析。同时可考虑几何非线性、材料非线性以及边界条件非线性的影响，对结构进行静力和动力分析。MIDAS/Civil软件是以工程设计验算为目的，因此具有如下的特点：

（1）以杆系有限元分析为核心，进行内力计算；

（2）依据工程设计规范，确定不同荷载组合设计内力值；

（3）提供常用截面形式的图形数据输入；

（4）适用于结构承载力的计算和应力验算，可结合规范要求进行自动校核；

（5）提供预应力损失的计算和预应力构件的设计；

（6）采用荷载工况，可以进行施工过程的内力、变形和应力分析；

（7）可以进行结构振动、稳定性分析；

（8）截面友好，使用方便。

6.2　常规桥梁计算内容与流程

常规桥梁结构的有限元计算内容与分析流程可由以下几部分组成。

1. 建立有限元计算模型

（1）结构离散化。将一个空间连续结构离散成有限个单元。

（2）定义截面特性。如梁单元截面特性包括面积、抗弯和抗扭惯性矩、剪切面积、中性轴位置等，其能反映出梁截面的形状以及抗变形的能力，不同截面形式的梁单元应赋予不同的截面特性。

（3）定义材料特性。材料特性包括密度、弹性模量、泊松比以及热膨胀系数等。不同的材料，如不同强度等级的混凝土都应赋予不同的材料属性。

(4) 定义边界条件。边界条件指外部支撑对结构的约束（支座、土对桩的作用等）、各构件或有限单元节点的相互连接方式（如铰接、刚性连接等）。

(5) 定义荷载工况。荷载工况通常有结构自重、二期恒载、汽车和人群活载、温度荷载、混凝土收缩和徐变、预应力荷载、土压力、水压力、施工荷载、风荷载等。

(6) 定义组元。若进行施工过程计算分析，根据施工进度及工况，应定义结构组（由不同的单元组成）、荷载组（由不同的荷载组成）、边界组（由不同的边界组成）等。

2. 计算分析

(1) 施工过程计算分析

模拟桥梁结构真实的施工进展情况，可充分考虑结构体系及外部荷载变化对桥梁内力的影响。施工过程荷载包括桥梁结构自重、混凝土收缩和徐变、预应力钢束、施工临时荷载、温度、风荷载等。

(2) 成桥状态计算分析

桥梁合龙并完成体系转换后的计算分析。考虑结构二期恒载、混凝土收缩和徐变的长期作用、基础不均匀沉降、温差（日照温差和季节温差）、汽车和人群活载、土压力、水压力、船舶撞击力、风荷载、地震等的影响。

3. 计算结果组合

(1) 正常使用极限状态设计荷载组合，可分为长期效应组合和短期效应组合。

(2) 承载能力极限状态设计荷载组合，可分为基本组合和偶然组合。

4. 结构验算

(1) 正常使用极限状态验算（图 6-1）

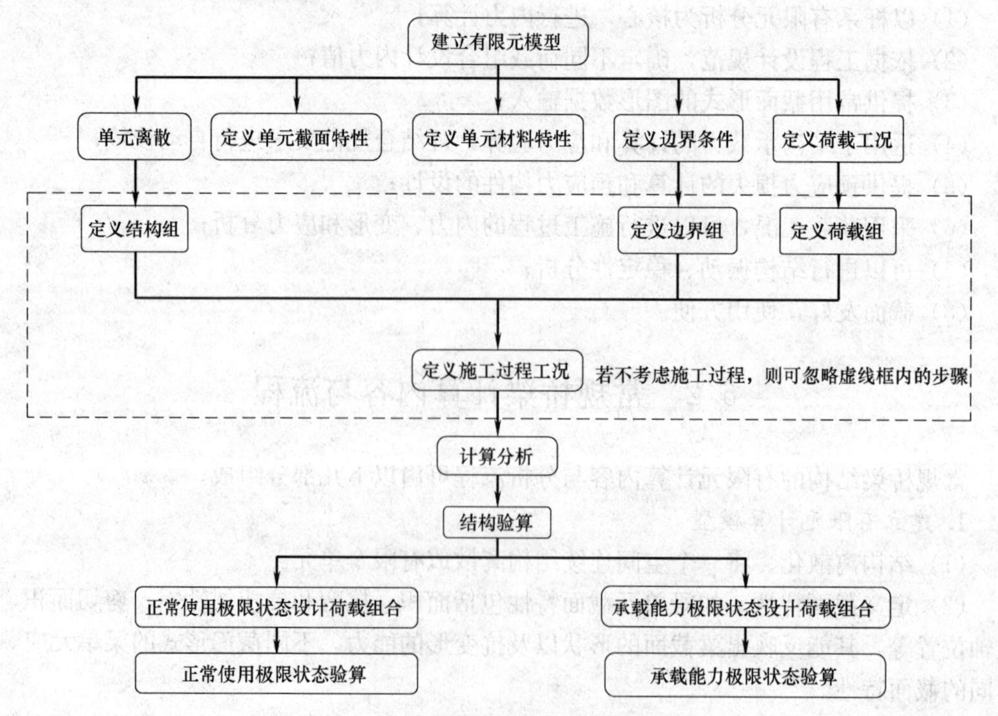

图 6-1 常规桥梁结构电算流程图

桥梁结构正常使用极限状态验算可分为两部分：①抗裂性验算，如对于普通钢筋混凝土桥梁结构，在荷载正常使用组合作用下，虽然容许结构出现受力裂缝，但裂缝宽度不可超限；对于全预应力混凝土 A 类构件，不仅不容许出现开裂，尚应满足一定的压应力储备。②刚度验算，即桥梁在运营期间设计活荷载的作用下变形值应满足一定的要求，若变形太大则会影响行车或舒适度。验算流程如图 6-1 所示。

(2) 承载能力极限状态验算

验算桥梁主要构件控制截面的强度，即要求在承载能力极限状态荷载组合下，桥梁设计内力小于结构的设计强度。对于不同的构件，其承载能力的验算公式是不同的，如对于受弯剪构件，要求验算其抗弯和抗剪承载能力，如简支梁桥和连续梁桥；对于偏心轴向受压构件应验算其抗压弯承载能力，如拱肋和桥墩等。验算流程如图 6-1 所示。

(3) 稳定性验算

对于以受压为主的桥梁结构，如拱桥、斜拉桥桥塔、长细比较大的桥墩等，不仅应满足正常使用及承载能力要求，还须验算其稳定性，并且临界荷载系数应满足一定要求。

6.3 桥梁结构有限元模型类型

6.3.1 计算模型类型

1. 空间杆系模型

通常空间杆系模型可由空间梁单元、桁架单元、索单元组成。图 6-2 为某三跨连续梁桥有限元计算模型，图 6-3 为某空间组合拱桥杆系计算模型，图 6-4 为某自锚式悬索桥杆系计算模型，图 6-5 为某矮塔斜拉桥杆系计算模型。采用杆系模型建模时，应满足以下条件：

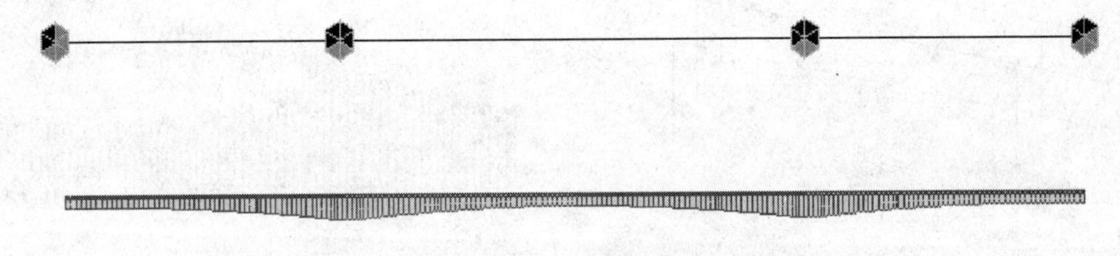

图 6-2 某三跨连续梁桥有限元计算模型

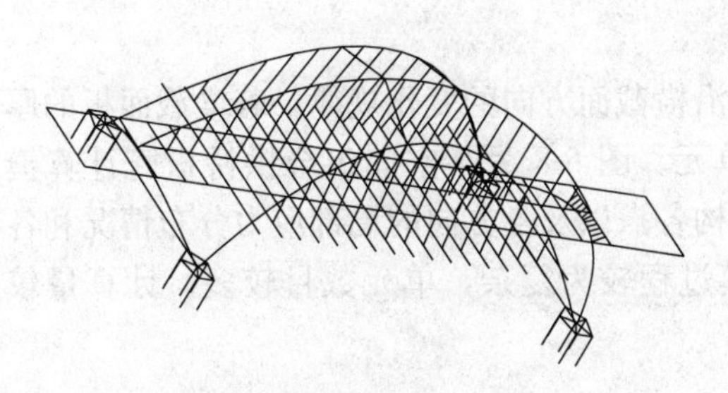

图 6-3 某空间组合拱桥杆系计算模型

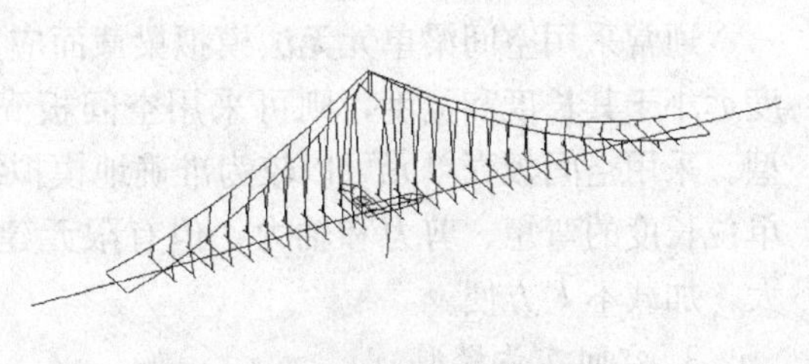

图 6-4 某自锚式悬索桥杆系计算模型

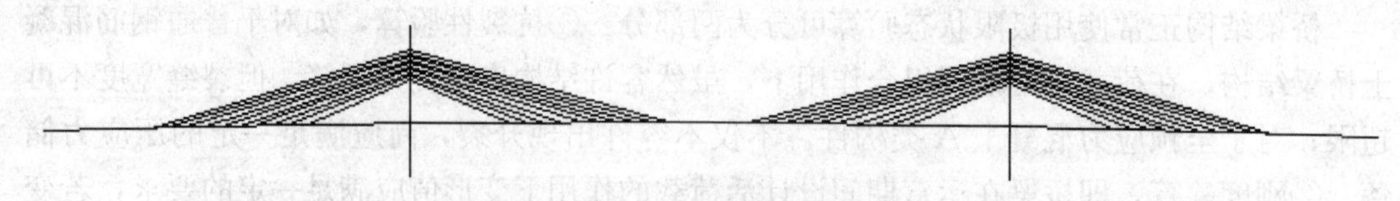

图 6-5　某矮塔斜拉桥杆系计算模型

（1）梁的高跨比与宽跨比远小于 1；

（2）梁变形后，原为平面的横截面仍基本保持为平面；

（3）高跨比和宽跨比较大的梁体或拱肋可采用考虑剪切变形的梁单元；

（4）拱桥吊杆、斜拉桥拉索、二力杆等可采用桁架单元；

（5）悬索桥吊索和主缆采用索单元（可考虑大变形、缆索垂度等非线性因素）。

空间杆系模型建模简单、使用方便、计算量小，且可反映结构宏观受力情况，适用于结构的初步设计阶段。但空间杆系模型无法反映结构的局部受力行为，如梁体与支座接触处的应力分布情况、结构锚下应力分布情况、剪力滞效应、应力集中现象等。

本书重点介绍空间杆系模型的计算流程和方法。

空间梁格模型也是空间杆系模型的一种。通常对于宽梁、异形梁、变宽桥梁、斜交桥等，由于结构受力复杂，采用空间单梁模型无法反映其横桥向受力行为，这时可采用等效梁格来模拟，即将梁体沿横桥向分解为若干纵梁或虚拟纵梁，纵梁间由横梁或虚拟横梁连接。图 6-6 为某三跨肋板桥梁格计算模型，图 6-7 为某高架桥主桥与匝道连接处的梁格计算模型。空间梁格法是一种简化的计算方法，该方法概念清晰、易于理解、使用方便，其在桥梁结构分析中得到了广泛的应用。其核心思想就是将原模型的刚度等效到梁格模型中，在相同的荷载作用下，两者的变形是一致的，但横梁，特别是虚拟横梁，刚度的取值准确程度与计算人员的经验相关，初学者较难把握。

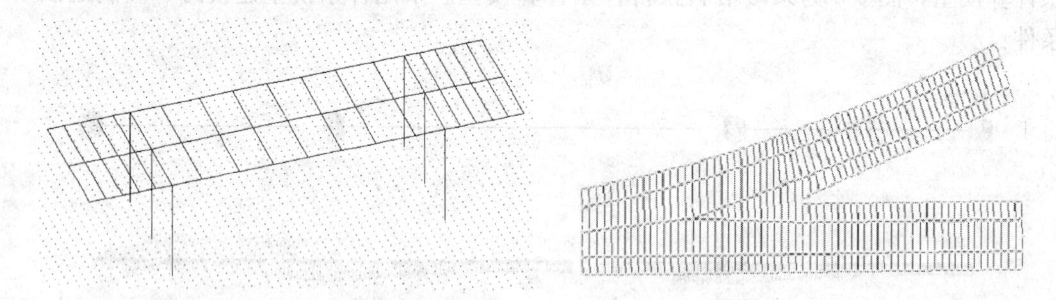

图 6-6　某三跨肋板桥梁格计算模型　　图 6-7　某高架桥主桥与匝道连接处的梁格计算模型

2. 空间板壳模型

通常采用空间梁单元无法模拟梁截面应力沿横截面方向的变化规律，若梁截面板的厚度远小于其长度和宽度，则可采用空间板壳单元。图 6-8 为某空间组合拱桥板壳计算模型。采用空间板壳单元可以较为准确地模拟结构各点以及各方向的局部应力分布情况和各单位长度的弯矩、剪力和轴力，但有限元建模过程较为复杂，单元数目较多，计算量较大，加载不太方便。

3. 空间实体模型

如果结构的长、宽、高尺寸相近，且结构复杂无法通过建立空间梁单元计算模型、梁

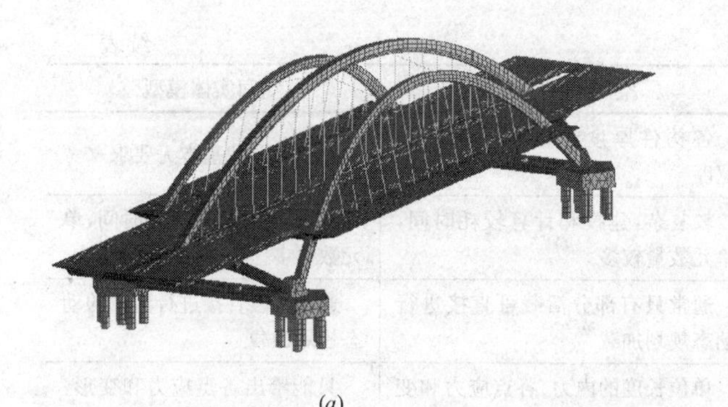

(*a*)

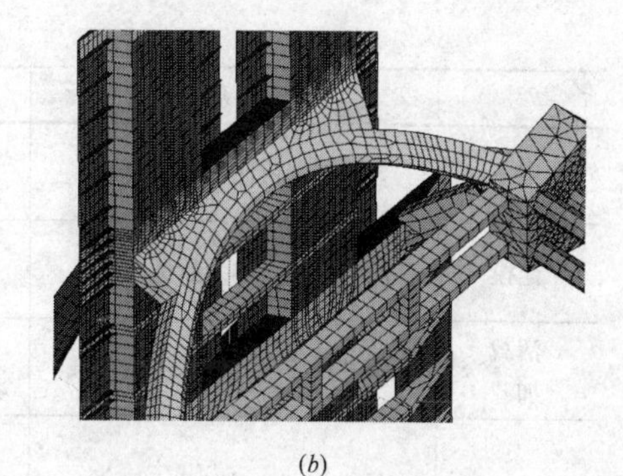

(*b*)

图 6-8　某空间组合拱桥板壳计算模型

(*a*) 全桥模型；(*b*) 局部模型

格模型、板壳模型来准确模拟其力学行为，通常可采用空间实体模型。由于空间实体模型单元数目多，计算量大，通常只取结构局部模型进行计算分析。图 6-9 为某斜拉桥桥塔拉索锚固区空间实体模型，图 6-10 为某系杆拱桥拱座与拱肋连接处空间实体模型。空间实体模型可采用空间 4 面体或 6 面体单元，单元节点数越多，计算结果越精确。

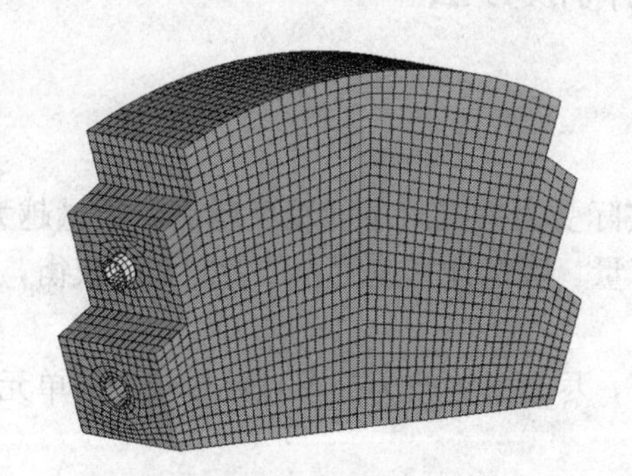

图 6-9　某斜拉桥桥塔拉索锚固区空间实体模型

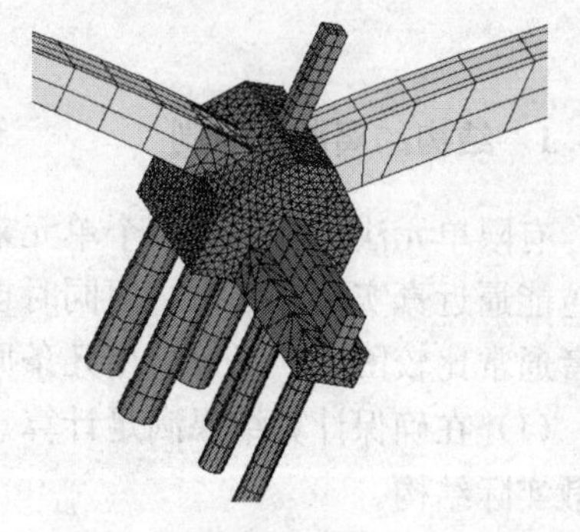

图 6-10　某系杆拱桥拱座与拱肋连接处空间实体模型

6.3.2　计算模型比较

以上 3 种计算模型各有其优缺点，建模时可根据工程实际情况进行选择。表 6-1 是 3 种模型特点的比较。

常见有限元计算模型的比较　　表 6-1

	空间杆系模型	空间板壳模型	空间实体模型
单元类型	梁单元、桁架单元、索单元	空间三角形板壳单元(3 节点单元、6 节点单元)；空间四边形板壳单元(4 节点单元、8 节点单元)	空间四面体单元(4 节点单元、10 节点单元)；空间八面体单元(8 节点单元、20 节点单元)；空间五面体单元(过渡单元)
自由度	一个节点 6 个自由度(空间梁单元,包括 3 个平动和 3 个转动自由度)；一个节点 3 个自由度(空间桁架单元和索单元,即 3 个平动自由度)	一个节点 6 个自由度(3 个平动自由度和 3 个转动自由度)	通常一个节点 3 个自由度(3 个平动自由度)

续表

	空间杆系模型	空间板壳模型	空间实体模型
适用条件	各构件宽跨比、高跨比较小	各构件厚度远远小于长度和宽度	对结构形状基本无要求
建模	简单、快捷、单元数量少	较复杂，建模和计算较耗时间，单元数量较多	复杂、建模和计算耗时间，单元数量多
活载加载	可进行活载的动态规划加载	通常只有部分活载可直接进行动态规划加载	通常无法直接进行活载的动态规划加载
计算结果	内力、应力、变形	单位长度的内力、各点应力和变形，若要计算某一断面内力，需进行全断面积分	只能给出各点应力和变形，若要计算某一断面内力，需进行全断面积分
计算量	小	较大	最大
优、缺点	宏观把握各构件内力分布情况，便于利用规范进行验算；但无法计算局部应力分布情况	便于进行局部应力分析，不利于内力计算	便于进行局部应力分析，不利于内力计算

6.4　梁单元的离散方法

6.4.1　结构的离散化原则

有限单元法是利用有限个单元来模拟结构实际受力情况，单元精度越高、数量越大，就越能逼近真实计算结果，但同时也会增大计算量、降低计算速度，二者间如何权衡，初学者通常比较困惑，以下给出几条原则供参考。

（1）在确保计算结果满足计算意图的情况下，尽量采用较为简单且数量较少的单元来离散实际结构。

（2）单元精度应足够，可以通过采用高次单元或增加单元数量满足计算精度要求。若初学者无法判断计算精度是否满足要求，可将所离散的单元数目增加一倍；若两次计算结果非常接近，则认为单元精度足够；若两次计算结果差异较大，则应进一步增加单元数目。

（3）尽量避免单元出现奇异现象，如个别单元钝角过大（大于 165°），而锐角单元过小（小于 15°），如图 6-11 所示。

（4）尽量避免出现单元不协调现象，如图 6-12 所示。

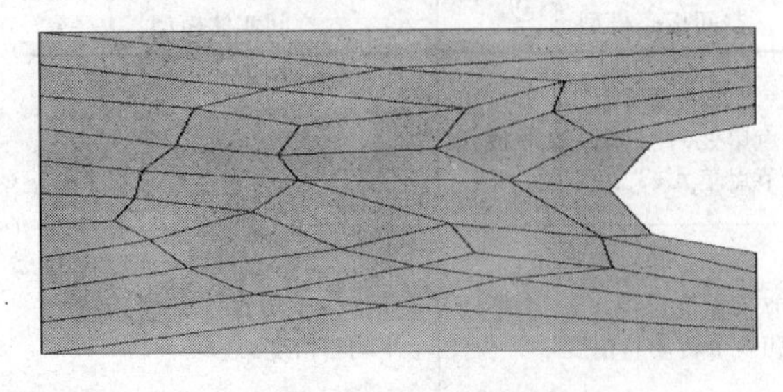

图 6-11　单元奇异现象

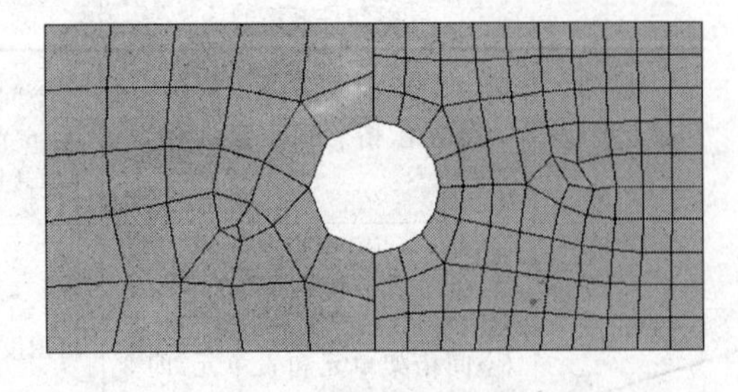

图 6-12　单元不协调

(5) 有限元模型尽量保持对称性。

(6) 有限单元方向尽量保持一致，图 6-13 为某连续梁有限元计算模型，其中箭头指向为梁单元方向。

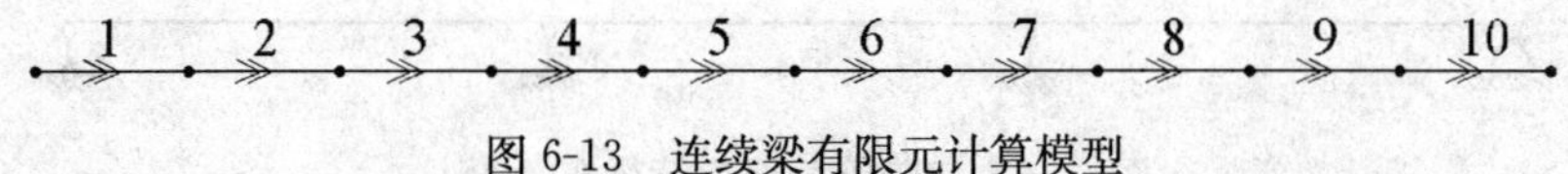

图 6-13　连续梁有限元计算模型

(7) 便于施加外荷载及边界条件，即在需设置边界条件或施加荷载处预留节点。

6.4.2　单元建立

1. 建立节点

(1) 节点是有限元计算模型的最基本元素，建立节点最简单的方法就是输入其坐标值，或复制已有节点。

(2) Midas/Civil 软件默认情况下节点坐标系的方向与总体坐标系是一致的，如图 6-14 所示。也可通过用户定义等方式定义节点坐标系，如图 6-15 所示，为后续施加节点荷载以及施加边界条件提供便利。

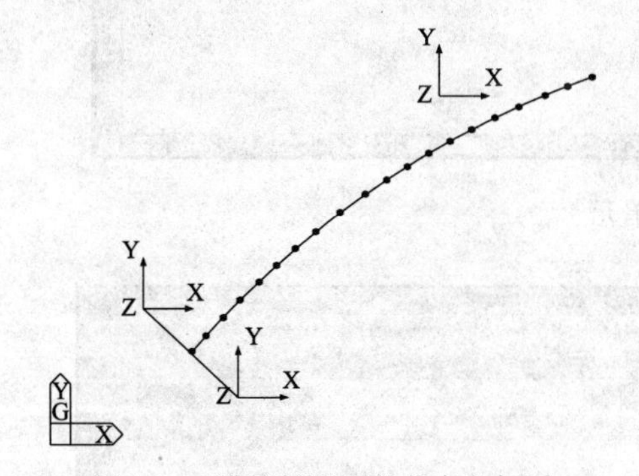

图 6-14　默认情况下的节点坐标系

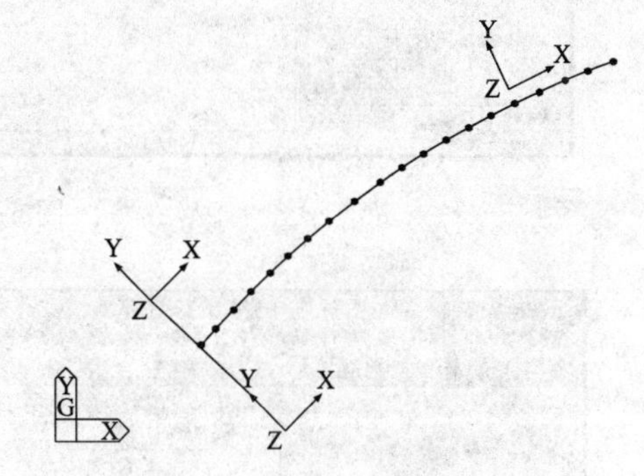

图 6-15　旋转后的节点坐标系

(3) 在桥梁特殊位置处，如施加边界约束处、梁截面突变处或拟施加荷载处（特别是集中力处），最好能设置节点。

2. 建立单元

(1) 建立单元的方法也很多，可连接已有节点建立单元，亦可通过复制、镜像、分割、导入 AUTOCAD 的 dxf 文件等方式生成新的单元。

(2) 通过镜像生成的单元的局部坐标系方向与原单元的坐标系方向相反，可通过调整新生成单元的坐标系方向与原单元的坐标系方向一致，确保后续内力计算结果的一致性。

6.4.3　单元划分实例

某跨径组合为 3×30m 的三跨等截面连续梁，其跨径布置如图 6-16 所示，由于结构是对称的，可在总体坐标系下建立 1/2 有限单元模型。首先可选取桥梁的关键位置坐标建立节点，则边支点 1、中支点 2 和对称点 3 的坐标分别为（0，0，0）、（30，0，0）和（45，0，0），可将其输入到 Midas/Civil 中，连接节点 1 和 2 可生成单元 1，连接节点 2

和 3 可生成单元 2（如图 6-17 所示）。将单元 1 分割成 4 份、单元 2 分割成 2 份，可生成 6 个单元（如图 6-18 所示），然后镜像，即可得到整个 3 跨连续梁有限元模型。

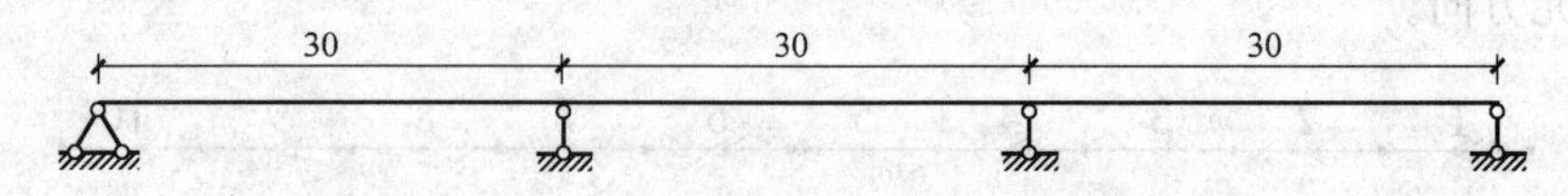

图 6-16　三跨等截面连续梁布置图

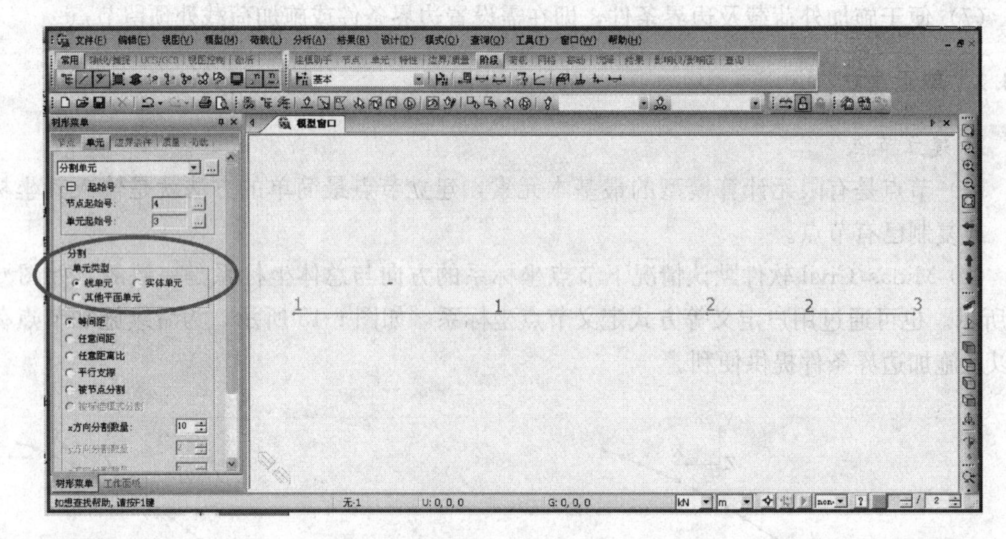

图 6-17　建立单元

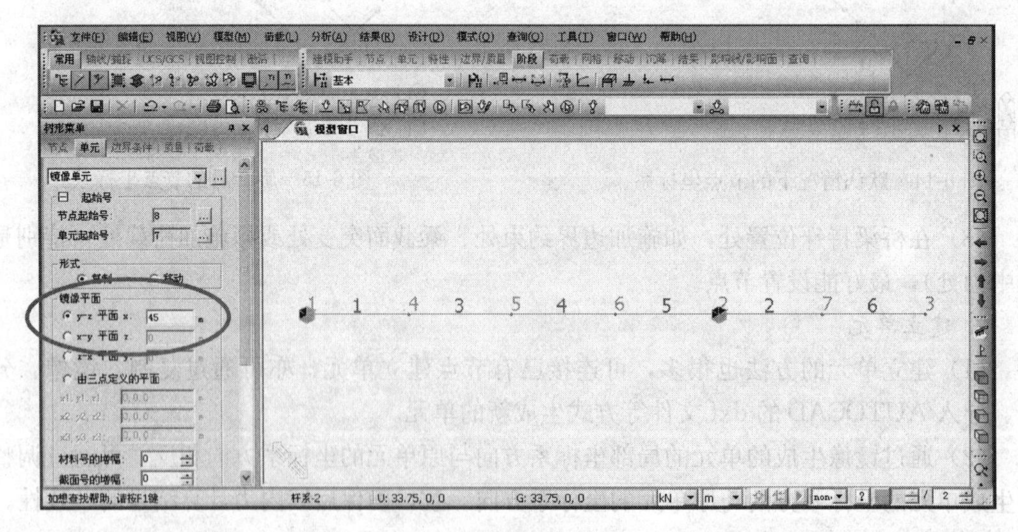

图 6-18　单元分割

6.5　桥梁结构截面特性计算

对于空间杆系模型，根据实际结构的截面尺寸赋予其相应的截面特性是非常关键的，截面特性反映出杆件抵抗弯曲、扭转、剪切和轴向变形的能力。

6.5.1　截面特性的计算方法

截面特性计算的方法很多，可以按计算公式手算，也可以采用专业电算程序进行自动计算，如 Midas/Civil、SAP2000、ANSYS、桥梁博士、AUTOCAD 绘图软件等。以下介绍 Midas/Civil 软件梁单元截面特性及相应计算方法。

（1）面积（Area）：横截面面积。用于计算构件轴向抗拉压刚度和截面轴向应力。

（2）有效抗剪面积（A_{sy}、A_{sz}）：当截面沿单元坐标系的 y 轴或 z 轴方向上承受剪切荷载时，可以利用有效剪切面积计算截面的抗剪刚度。若没有输入有效剪切面积，意味着忽略该方向上的剪切变形。其中 A_{sy} 为单元局部坐标系 y 轴方向的有效抗剪面积；A_{sz} 为单元局部坐标系 z 轴方向的有效抗剪面积。图 6-19 给出了常见截面有效抗剪面积的计算公式。

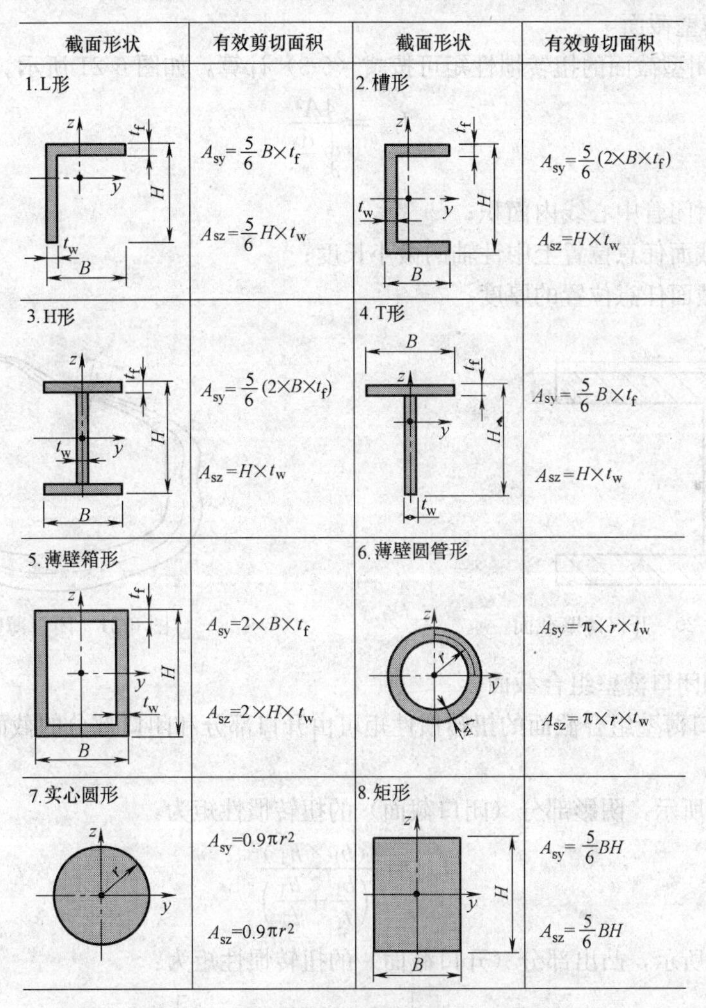

截面形状
有效剪切面积
截面形状
有效剪切面积
1.L形
$A_{sy}=\frac{5}{6}B\times t_f$
$A_{sz}=\frac{5}{6}H\times t_w$
2.槽形
$A_{sy}=\frac{5}{6}(2\times B\times t_f)$
$A_{sz}=H\times t_w$
3.H形
$A_{sy}=\frac{5}{6}(2\times B\times t_f)$
$A_{sz}=H\times t_w$
4.T形
$A_{sy}=\frac{5}{6}B\times t_f$
$A_{sz}=H\times t_w$
5.薄壁箱形
$A_{sy}=2\times B\times t_f$
$A_{sz}=2\times H\times t_w$
6.薄壁圆管形
$A_{sy}=\pi\times r\times t_w$
$A_{sz}=\pi\times r\times t_w$
7.实心圆形
$A_{sy}=0.9\pi r^2$
$A_{sz}=0.9\pi r^2$
8.矩形
$A_{sy}=\frac{5}{6}BH$
$A_{sz}=\frac{5}{6}BH$

图 6-19　常见截面有效抗剪面积的计算公式

（3）扭转惯性矩（I_{xx}）：扭转惯性矩是结构抵抗扭转变形的能力。它不同于截面的极惯性矩，但是当截面形状是圆形或厚板圆环时，其扭转惯性矩与极惯性矩相同。开口型截面和封闭型截面的扭转惯性矩的计算方法不同，厚板截面和薄板截面的扭转惯性矩计算方法也不相同。不存在适合于所有截面类型的计算扭转惯性矩的统一公式。

1）开口薄壁截面

计算开口型截面的扭转惯性矩时，首先把截面划分成若干个矩形截面，计算每一个矩形截面的扭转惯性矩，把每个矩形截面的扭转惯性矩值取代数和就可以得到整个截面的扭转惯性矩的近似值，即：

$$I_{xx}=\sum i_{xx} \tag{6-1}$$

$$i_{xx}=ab^3\left[\frac{16}{3}-3.36\frac{b}{a}\left(1-\frac{b^4}{12a^4}\right)\right] \tag{6-2}$$

式中 i_{xx}——划分后矩形截面的扭转惯性矩；

a——划分后矩形截面的长边长度的一半，如图 6-20 所示；

b——划分后矩形截面的短边长度的一半，如图 6-20 所示。

2）闭口薄壁截面

对薄壁封闭型截面的扭转惯性矩可按式（6-3）计算，如图 6-21 所示。

$$I_{xx}=\frac{4A^2}{\oint\frac{ds}{t}} \tag{6-3}$$

式中 A——封闭管中心线内面积；

ds——截面任意位置上中性轴的微小长度；

t——截面任意位置的厚度。

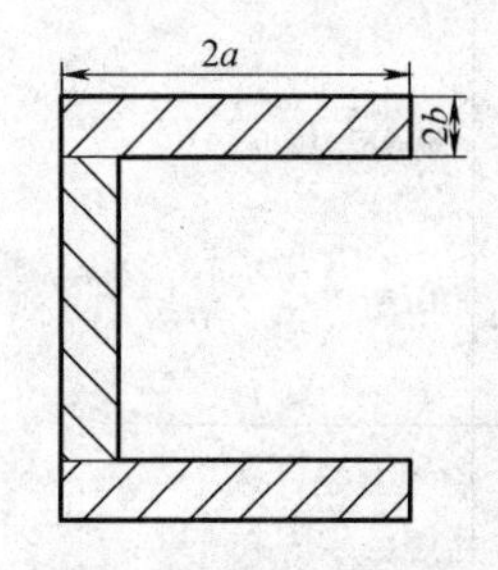

图 6-20 开口薄壁截面

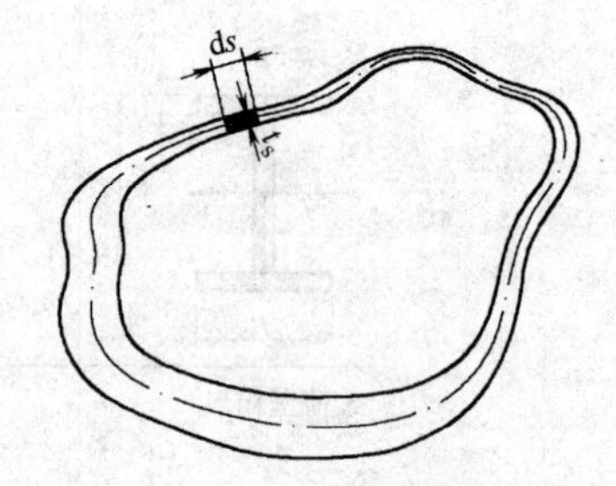

图 6-21 闭口薄壁截面

3）开口和闭口薄壁组合截面

开口和闭口薄壁组合截面的扭转惯性矩可由开口部分和闭口部分的截面扭转惯性矩进行叠加后得到。

如图 6-22 所示，阴影部分（闭口截面）的扭转惯性矩为：

$$I_{xxc}=\frac{2(b_1\times h_1)^2}{\left(\frac{b_1}{t_f}+\frac{h_1}{t_w}\right)} \tag{6-4}$$

如图 6-22 所示，凸出部分（开口截面）的扭转惯性矩为：

$$I_{xxo}=2\left[\frac{1}{3}(2b-b_1-t_w)\times t_f^3\right] \tag{6-5}$$

（4）抗弯惯性矩（I_{yy}，I_{zz}）：利用截面惯性矩可以计算弯矩作用下的截面的扭转惯性矩。I_{yy}为对单元局部坐标系 y 轴的惯性矩，I_{zz}为对单元局部坐标系 z 轴的惯性矩。单元截面坐标轴如图 6-23 所示。对截面中性轴的截面惯性矩的大小可由式（6-6）和式（6-7）计算。

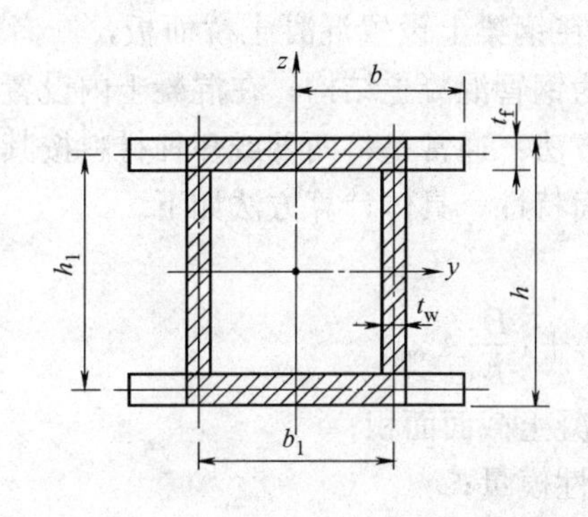

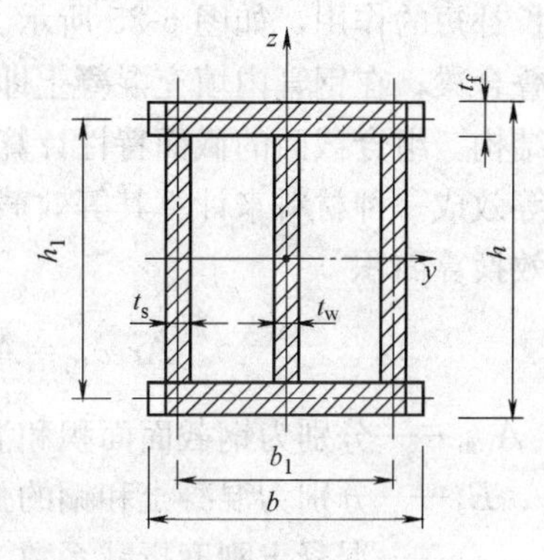

图 6-22　开口和闭口薄壁组合截面

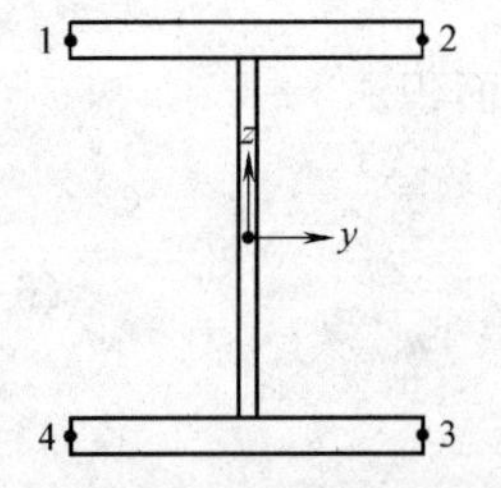

图 6-23　单元截面坐标轴

1）对单元坐标系 y 轴的截面惯性矩 I_{yy}

$$I_{yy} = \int z^2 \mathrm{d}A \tag{6-6}$$

2）对单元坐标系 z 轴的截面惯性矩 I_{zz}

$$I_{zz} = \int y^2 \mathrm{d}A \tag{6-7}$$

3）计算中性轴位置

z 轴方向中性轴

$$\overline{Z} = \frac{\int z\mathrm{d}A}{Area} \tag{6-8}$$

y 轴方向中性轴

$$\overline{Y} = \frac{\int y\mathrm{d}A}{Area} \tag{6-9}$$

（5）单元截面中性轴到边缘纤维的距离（Cyp、Cym、Czp 和 Czm）：Cyp 为沿单元局部坐标系＋y 轴方向，单元截面中性轴到边缘纤维的距离；Cym 为沿单元局部坐标系－y 轴方向，单元截面中性轴到边缘纤维的距离；Czp 为沿单元局部坐标系＋z 轴方向，单元截面中性轴到边缘纤维的距离；Czm 为沿单元局部坐标系－z 轴方向，单元截面中性轴到边缘纤维的距离。

（6）质心位置（Cent：y；Cent：z）：Cent：y 为从截面最左侧到质心的距离；Cent：z 为从截面最下端到质心的距离。

（7）截面外边缘坐标（y_1、z_1、y_2、z_2、y_3、z_3、y_4、z_4）：y_1、z_1 为截面左上方最边缘点的 y、z 坐标；y_2、z_2 为截面右上方最边缘点的 y、z 坐标；y_3、z_3 为截面右下方最边缘点的 y、z 坐标；y_4、z_4 为截面左下方最边缘点的 y、z 坐标，如图 6-24 所示。

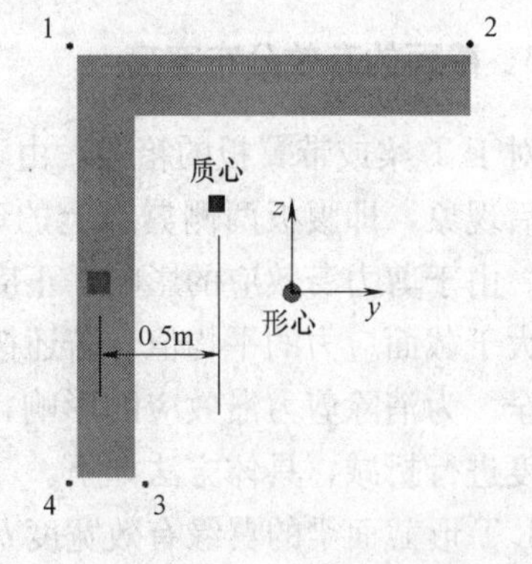

图 6-24　截面外边缘坐标

6.5.2　组合截面

组合截面是由两种或两种以上的材料组合而成，协同受力的一种截面形式，能充分利用各种材料的优点，起到取长补短的作用，如图 6-25 所示。在钢梁上设置混凝土桥面板，二者通过剪力钉连接即为叠合梁；在钢管内填充混凝土即为钢管混凝土结构；在混凝土内设置型钢即为钢骨混凝土结构。组合截面的截面特性计算方法：通常是将两种或多种材料按其材料弹性模量的大小等效成一种材料来计算其等效截面特性，具体计算方法如下。

（1）等效换算面积

$$Area_{\mathrm{eq}}=A_{\mathrm{st}l}+\lambda\frac{E_{\mathrm{c}}}{E_{\mathrm{s}}}A_{\mathrm{con}} \tag{6-10}$$

式中 $A_{\mathrm{st}l}$、A_{con}——分别为钢截面面积和混凝土截面面积；

E_{c}、E_{s}——分别为混凝土和钢的弹性模量；

λ——混凝土刚度折减系数，一般取 0.8～1.0。

（2）等效换算有效剪切面积

$$A_{\mathrm{seq}}=As_{\mathrm{st}l}+\lambda\frac{E_{\mathrm{c}}}{E_{\mathrm{s}}}As_{\mathrm{con}} \tag{6-11}$$

式中 $As_{\mathrm{st}l}$、As_{con}——分别为钢截面剪切面积和混凝土截面剪切面积。

（3）等效换算惯性矩

$$I_{\mathrm{eq}}=I_{\mathrm{st}l}+\lambda\frac{E_{\mathrm{c}}}{E_{\mathrm{s}}}I_{\mathrm{con}} \tag{6-12}$$

式中 $I_{\mathrm{st}l}$——钢截面惯性矩；

I_{con}——混凝土截面惯性矩。

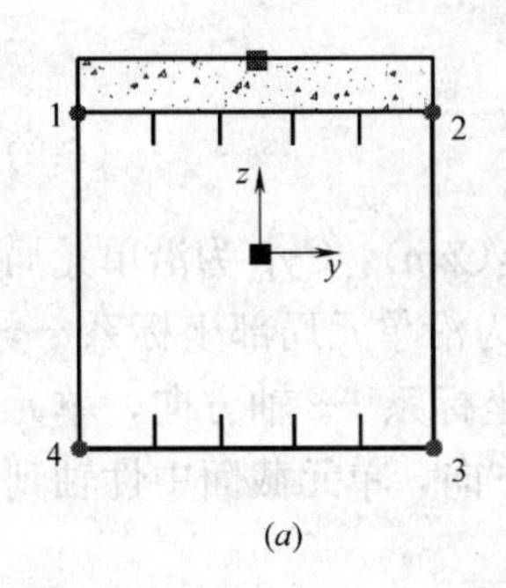

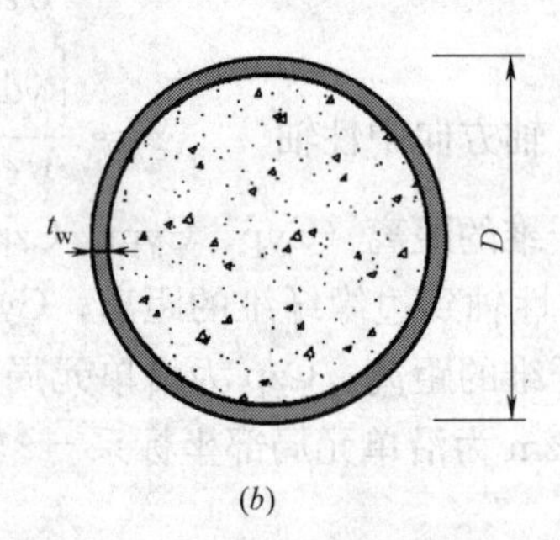

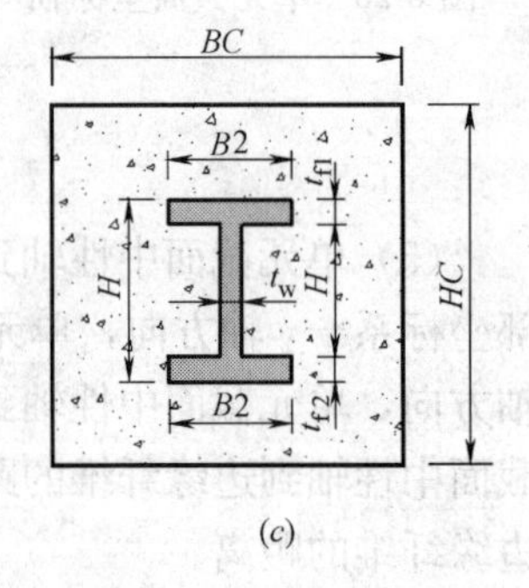

图 6-25 组合截面

（a）叠合梁截面；（b）钢管混凝土截面；（c）钢骨混凝土截面

6.5.3 截面的有效分布宽度

对于 T 梁或带翼板的箱梁，由于翼缘板的剪切变形引起剪力流在横向传递过程中出现滞后现象，即腹板两侧翼缘上的弯曲应力分布不均匀，这就是剪力滞效应，如图 6-26 所示。由于剪力滞效应的影响，正应力沿横截面方向大小不等，通常在腹板位置处应力大小远大于截面应力的平均值，若还按普通初等梁理论计算截面正应力，则计算结果将偏于不安全。为消除剪力滞效应的影响，通常在计算截面抗弯惯性矩时，将 T 梁或箱梁的翼板宽度进行折减，具体方法如下。

1. T 形截面梁的翼缘有效宽度 b_{f}'，按以下规定取值。

（1）内梁的翼缘有效宽度取下列三者中的最小值：

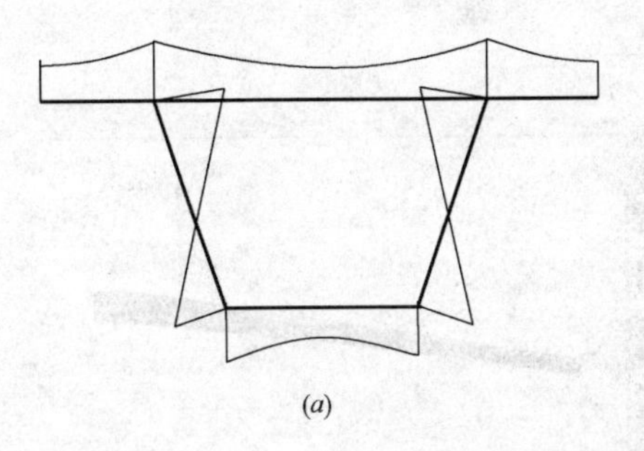
(a)

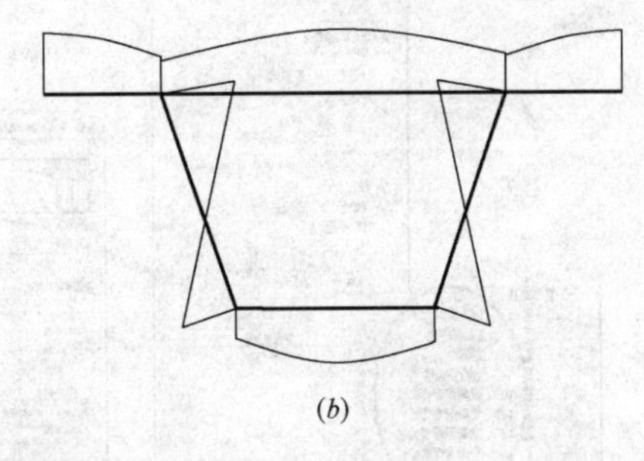
(b)

图 6-26　薄壁箱梁的不均匀弯曲应力分布

(a) 正剪力滞效应；(b) 负剪力滞效应

① 对于简支梁，取计算跨径的 1/3。对于连续梁，各中间跨正弯矩区段，取该计算跨径的 0.2 倍；边跨正弯矩区段，取该跨计算跨径的 0.27 倍；各中间支点负弯矩区段，取该支点相邻两计算跨径之和的 0.07 倍。

② 相邻两梁的平均间距。

③ $(b+2b_h+12h_f')$，其中 b 为梁腹板宽度，b_h 为撑托长度，h_f' 为受压区翼缘悬出板的厚度。当 $h_h/b_h<1/3$ 时，b_h 应以 $3h_h$ 代替，h_h 为撑托根部厚度。

(2) 外梁翼缘的有效宽度取相邻内梁翼缘有效宽度的一半，加上腹板宽度的 1/2，再加上外侧悬臂板平均厚度的 6 倍或外侧悬臂板实际宽度两者中的较小者。

预应力混凝土梁在计算预加力引起的混凝土应力时，预加力作为轴向力产生的应力可按实际翼缘全宽计算；由预加力偏心引起的弯矩产生的应力可按翼缘有效宽度计算。

对超静定结构进行荷载效应分析时，T 梁截面的有效宽度可取实际全宽。

2. 箱形截面梁在腹板两侧上、下翼缘的有效宽度 b_{mi}，按《公路钢筋混凝土及预应力混凝土桥涵设计规范》JTG D62—2004 第 4.2.3 条规定计算。

6.5.4 Midas/Civil 截面特性的定义方法

Midas/Civil 定义截面的方法有很多，可采用调用数据库中截面、用户定义、直接输入截面特性值、导入截面形式等方式。

对于一组变截面连续单元，当截面类型相同，截面变化规律相同时，可采用变截面组功能。定义变截面组时，应针对一组单元定义一个变截面，变截面的 i 端截面为这一组单元 i 端截面形式，变截面 j 端截面采用这一组单元 j 端的截面形式，然后将这个变截面赋予这一组单元，得到如图 6-27 所示的一组变截面单元。然后在模型-变截面组中定义变截面组数据，具体包括变截面组名称、变截面组包含的变截面单元、截面高度方向和截面宽度方向的变化形式，然后选择添加，即可将采用相同截面的一组单元转变为变截面组，如图 6-28 所示。

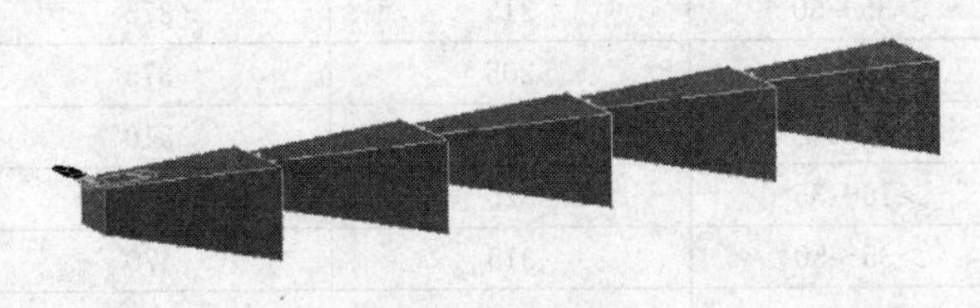

图 6-27　变截单元

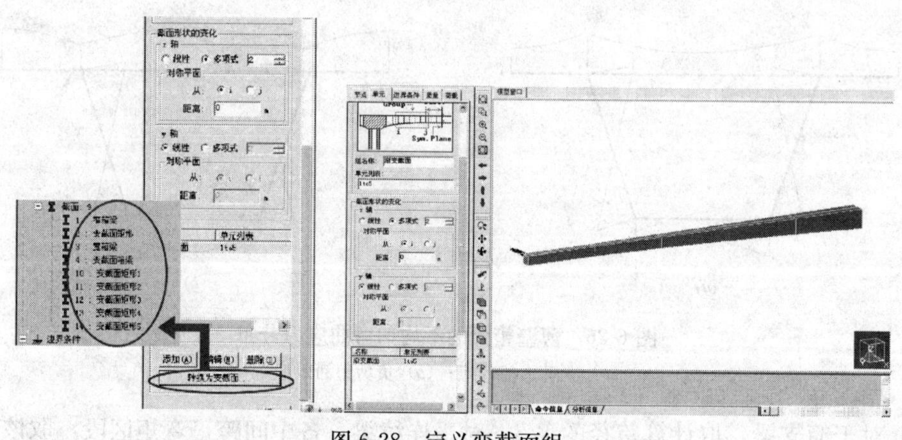

图 6-28 定义变截面组

6.6 桥梁结构常用材料

6.6.1 材料特性

在建立有限元模型过程中，赋予其相应的材料特性是很关键的。通常需输入密度、弹性模量、泊松比、热膨胀系数（若不考虑温度效应则可忽略）等。若考虑材料非线性，如钢材的屈服变形，尚应输入材料的屈服应力及屈服后的切线模量。对于桥梁结构常用材料，包括钢材和混凝土材料两种，取值可见表 6-2 和表 6-3，表 6-4 为常用材料密度。

混凝土材料参数（MPa） **表 6-2**

标号	C20	C25	C30	C35	C40	C45	C50	C55	C60	C65	C70	C75	C80
轴心抗压强度标准值 f_{ck}	13.4	16.7	20.1	23.4	26.8	29.6	32.4	35.5	38.5	41.5	44.5	47.4	50.2
轴心抗压强度设计值 f_{cd}	9.2	11.5	13.8	16.1	18.4	20.5	22.4	24.4	26.5	28.5	30.5	32.4	34.6
轴心抗拉强度标准值 f_{tk}	1.54	1.78	2.01	2.20	2.40	2.51	2.65	2.74	2.85	2.93	3.00	3.05	3.10
轴心抗拉强度设计值 f_{td}	1.06	1.23	1.39	1.52	1.65	1.74	1.83	1.89	1.96	2.02	2.07	2.10	2.14
弹性模量×10^4	2.55	2.80	3.00	3.15	3.25	3.35	3.45	3.55	3.60	3.65	3.70	3.75	3.80

钢材材料参数 **表 6-3**

牌号	厚度(mm)	屈服点 σ_s(MPa)	抗拉强度 σ_b(MPa)	伸长率 δ_5(%)
		不小于		
Q235q (C D)	≤16	235	390	26
	>16～35	225	380	
	>35～50	215	375	
	>50～100	205	375	
Q345q (C D E)	≤16	345	510	21
	>16～35	325	490	20
	>35～50	315	470	
	>50～100	305	470	

续表

牌号	厚度(mm)	屈服点 σ_s(MPa)	抗拉强度 σ_b(MPa)	伸长率 δ_5(%)
		不小于		
Q370q (C D E)	≤16	370	530	21
	>16～35	355	510	20
	>35～50	330	490	
	>50～100	330	490	
Q420q (C D E)	≤16	420	570	20
	>16～35	410	550	19
	>35～50	400	540	
	>50～100	390	530	

6.6.2 定义材料特性的方法

定义材料特性通常有以下两种方法：①调用数据库中已有的材料数据；②自定义材料特性。

常用材料重力密度　　表 6-4

材料种类	重力密度(kN/m^3)	材料种类	重力密度(kN/m^3)
钢、铸钢	78.5	浆砌片石	23.0
铸铁	72.5	砌块石或片石	21.0
锌	70.5	沥青混凝土	23.0～24.0
铅	114.0	沥青碎石	22.0
黄铜	81.1	碎(砾)石	21.0
青铜	87.4	填土	17.0～18.0
钢筋混凝土或预应力混凝土	25.0～26.0	填石	19.0～20.0
混凝土或片石混凝土	24.0	石灰三合土、石灰土	17.5
浆砌块石或料石	24.0～25.0		

由于计算模型与真实结构往往存在一定差异，如质量分布情况未必能与实际情况完全吻合。对于钢结构，初学者在建模过程中往往忽略了附属结构的重量，如螺栓、横隔板、加劲肋、焊缝等，导致计算模型重量小于结构实际重量。遇到这种情况，可通过调整模型中各构件的重力密度来消除这种差异。最简单的方法就是计算结构工程量大小，若工程量与计算模型重量很接近，说明所定义的重力密度基本是正确的。对于普通混凝土桥梁，由于考虑到普通钢筋的重量，其重力密度往往取素混凝土重力密度（25.0kN/m^3）的 1.1 倍，而对于全预应力混凝土结构的，由于配筋量相对较小，质量密度通常可近似取素混凝土重力密度的 1.05 倍。

对于组合截面，往往将其等效成一种材料来计算，此时可通过式（6-13）来计算组合材料等效密度。

$$\rho_{eq}=\frac{A_{stl}\rho_{stl}+A_{con}\rho_{con}}{Area_{eq}} \tag{6-13}$$

式中　ρ_{eq}——组合材料等效密度；

ρ_{stl}——钢材密度；

ρ_{con}——混凝土密度；

$Area_{eq}$——组合材料等效面积；

A_{stl}——钢材面积；

A_{con}——混凝土面积。

6.7 桥梁结构边界条件模拟

6.7.1 一般支撑

一般支撑是应用最广的边界条件。首先选择要施加一般支撑的节点，其次确定约束自由度方向，即可完成一般支撑的定义。

在外力作用下若忽略结构与外部支撑间的相对变形，即假设外部支撑为刚性支撑，则可采用一般支撑约束结构变形，如桥梁支座。图 6-29 为 Midas/Civil 定义一般支撑的对话框，其中：

D-ALL：全部平移自由度。

D_x：整体坐标系 X 轴方向（或节点局部坐标 x 轴方向）的平移自由度。

D_y：整体坐标系 Y 轴方向（或节点局部坐标 y 轴方向）的平移自由度。

D_z：整体坐标系 Z 轴方向（或节点局部坐标 z 轴方向）的平移自由度。

R-ALL：全部转动自由度。

R_x：绕整体坐标系 X 轴方向（或节点局部坐标 x 轴方向）的转动自由度。

R_y：绕整体坐标系 Y 轴方向（或节点局部坐标 y 轴方向）的转动自由度。

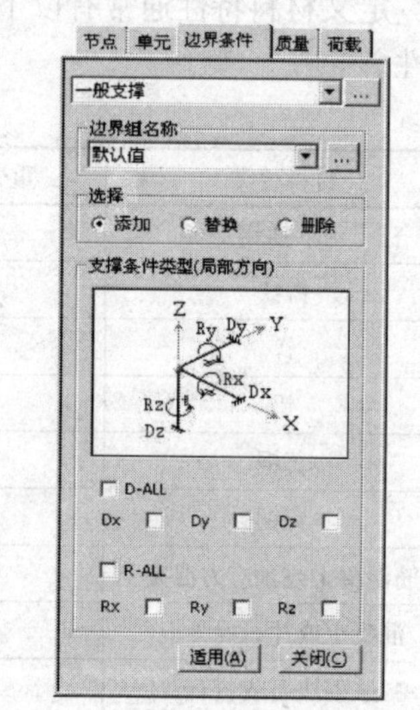

图 6-29 定义一般支撑的对话框

R_z：绕整体坐标系 Z 轴方向（或节点局部坐标 z 轴方向）的转动自由度。

默认情况下，一般支撑的约束方向与整体坐标轴保持一致，若定义了节点局部坐标系，则支撑方向与局部坐标轴保持一致。不同支座类型，约束方式也不同。

6.7.2 一般弹性支撑

节点一般弹性支撑的定义方法同一般支撑，不同的是在定义约束的自由度方向时要输入约束刚度，一般弹性支撑的方向是按照所连接的两个节点间的局部坐标方向来定义的。

在外力作用下，若结构与外部支撑间有相对变形，可采用一般弹性支撑来模拟二者间的相互作用，一般弹性支撑类似弹簧，可通过支撑刚度及转动刚度描述其特性，图 6-30 为 Midas/Civil 定义一般弹性支撑的对话框，其中：

SD_x：整体坐标系 X 轴方向（或已定义的节点局部坐标系 x 方向）的一般弹性支撑刚度。

SD_y：整体坐标系 Y 轴方向（或已定义的节点局部坐标系 y 方向）的一般弹性支撑刚度。

SD_z：整体坐标系 Z 轴方向（或已定义的节点局部坐标系 z 方向）的一般弹性支撑刚度。

SR_x：绕整体坐标系 X 轴方向（或已定义的节点局部坐标 x 轴方向）的转动弹性刚度。

SR_y：绕整体坐标系 Y 轴方向（或已定义的节点局部坐标 y 轴方向）的转动弹性刚度。

SR_z：绕整体坐标系 Z 轴方向（或已定义的节点局部坐标 z 轴方向）的转动弹性刚度。

在桥梁结构中，弹性支撑通常用于模拟桩、土间的相互作用，土弹簧的刚度可按式（6-14）计算。

$$SD_x = SD_y = mabz \tag{6-14}$$

式中 m——土比例系数；

a——土层厚度；

b——桩计算宽度；

z——土层高度。

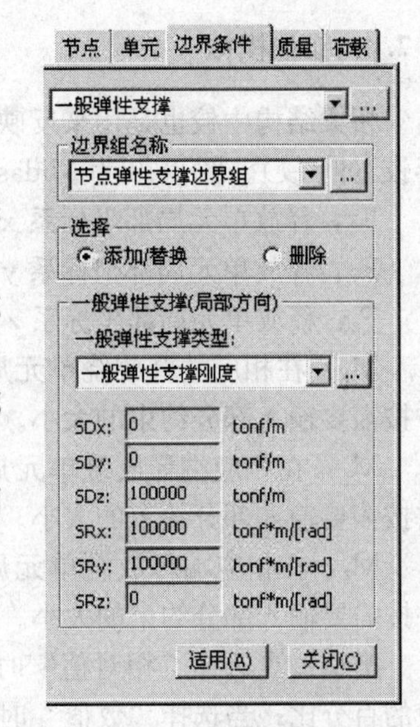

图 6-30 定义一般弹性支撑的对话框

6.7.3 刚性连接

由于梁单元计算模型的局限性，在一些特殊位置处，由于节点位置的不同导致节点之间存在间隙，此时可采用刚性连接，也称为刚臂。图 6-31 为 Midas/Civil 定义刚性连接的对话框。刚性连接的节点位移相等，无相对位移。刚性连接在桥梁结构中使用较为广泛，如对于连续刚构桥墩梁固接处通常设 6 个自由度，均为主从的刚性连接，如图 6-32（*a*）所示；对于无横梁的双索面拱桥、斜拉桥和悬索桥吊杆（或拉索、吊索），与加劲梁的连接通常采用刚性连接，如图 6-32（*b*）所示。

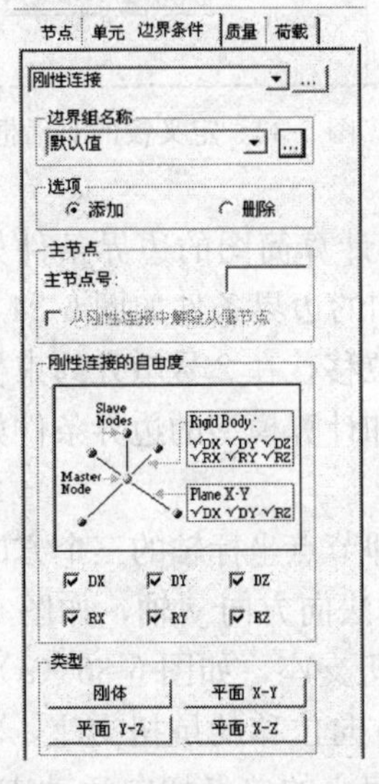

图 6-31 定义刚性连接的对话框

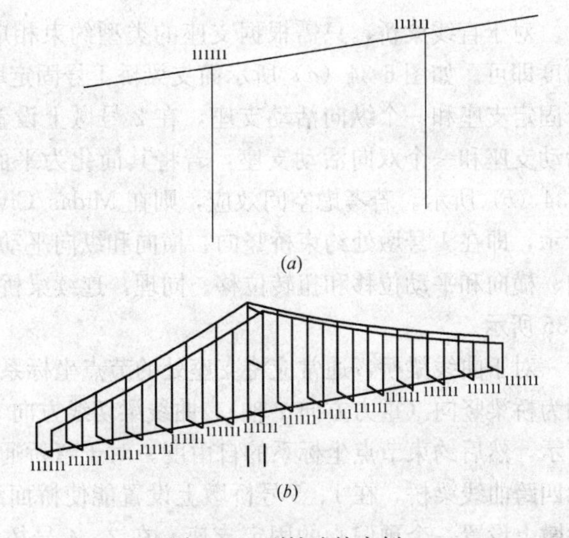

图 6-32 刚性连接实例

（*a*）墩梁固接处；（*b*）吊索与加劲梁处

6.7.4　铰的模拟

桥梁结构中铰也是用来反映构件间相互连接的方式之一。铰可分为全铰（铰-铰）和半铰（刚-铰）。图 6-33 为 Midas/Civil 定义铰的对话框。其中：

F_x：释放单元局部坐标系 x 轴方向的约束，并按需要输入部分约束的大小。

F_y：释放单元局部坐标系 y 轴方向的约束，并按需要输入部分约束的大小。

F_z：释放单元局部坐标系 z 轴方向的约束，并按需要输入部分约束的大小。

M_x：在相应端释放绕单元局部坐标系 x 轴方向的扭矩，并按需要输入部分约束的大小。

M_y：在相应端释放绕单元局部坐标系 y 轴方向的弯矩，并按需要输入部分约束的大小。

M_z：在相应端释放绕单元局部坐标系 z 轴方向的弯矩，并按需要输入部分约束的大小。

类型：当选择"相对值"时，输入释放后残留的约束能力的百分比；当选择"数值"时，输入释放后残留的约束能力的绝对数值大小。

选择某个方向自由度时，表示将释放该自由度方向上的约束。在后面的输入框中可以输入释放后残留的约束能力。例如图 6-33 中，i 节点（N_1 端节点）弯矩 M_y 的值为 0.3，当选择"相对值"时，表示 M_y 抗弯刚度的 30%有效；当选择"数值"时，表示 M_y 的抗弯刚度在 0.3kN·m/［rad］内有效。右侧 j 节点（N_2 端节点）弯矩 M_y 值为 0，表示 M_y 抗弯刚度为 0，即成为铰接。

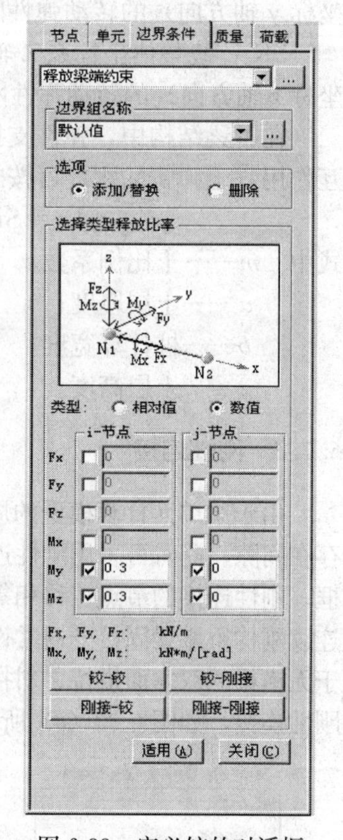

图 6-33　定义铰的对话框

6.7.5　梁式桥支座边界的模拟

对于直线梁桥，只需根据支座的类型约束相应方向的自由度即可。如图 6-34（a）所示简支梁桥 1 号固定墩上设置一个固定支座和一个纵向活动支座，在 2 号墩上设置一个纵向活动支座和一个双向活动支座，若将其简化为平面问题，则其计算简图的边界条件如图 6-34（b）所示。若考虑空间效应，则在 Midas/Civil 软件中施加的边界条件如图 6-34（c）所示，即在 1 号墩处约束桥竖向、横向和纵向平动位移和扭转位移，在 2 号墩处约束桥竖向、横向和平动位移和扭转位移。同理，连续梁桥的支座布置和计算模型的边界条件如图 6-35 所示。

对于曲线梁桥，通常应将支座处的节点坐标系重新定义，即节点坐标轴的三个方向分别为桥梁竖向（重力方向 x 轴）、曲线梁切线方向 z 轴和曲线梁法向方向 y 轴，如图 6-36 所示，然后约束节点坐标系的自由度。对于弯桥通常设置有抗扭支座，如图 6-36（a）所示四跨曲线梁桥，在 1、5 号桥墩上设置能使桥面结构作切线方向位移的抗扭支座，3 号桥墩上设置一个预偏心的固定支座，在 2、4 号桥墩上设置预偏心的单点切向活动支座。其计算简图和边界条件如图 6-36（b）所示，在 3 号墩上约束其节点坐标系 x、y、z 方向

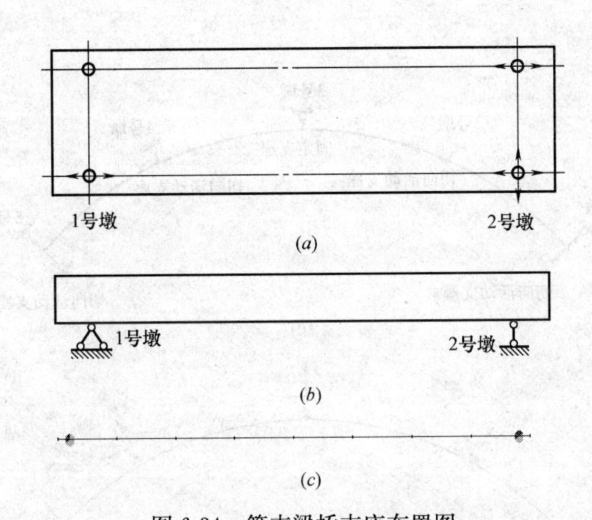

图 6-34　简支梁桥支座布置图

(*a*) 支座布置图；(*b*) 简支梁桥简图；(*c*) Midas 模型简支梁桥边界模拟

的平动自由度和绕 z 轴的转动自由度 R_z。在 1、2、4、5 号墩上约束其节点坐标系 y、z 方向的平动自由度和绕 z 轴的转动自由度 R_z。在 Midas/Civil 软件中施加的边界条件如图 6-36 (*c*)所示。

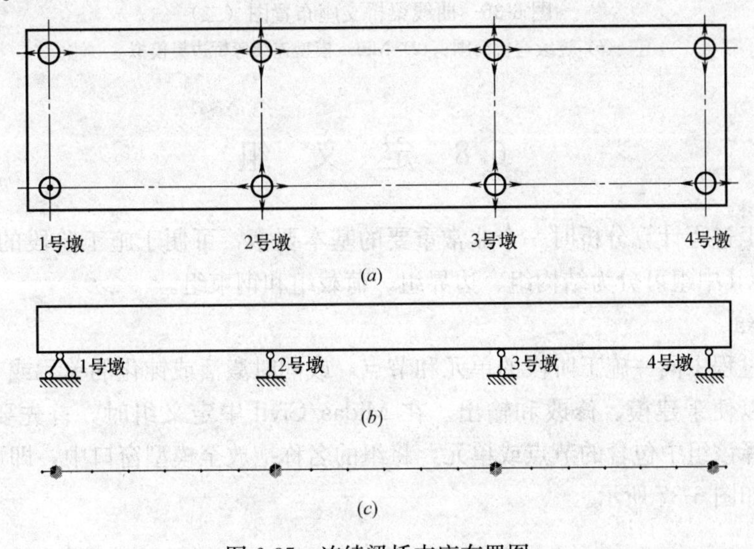

图 6-35　连续梁桥支座布置图

(*a*) 支座布置图；(*b*) 连续梁桥简图；(*c*) Midas 模型简支梁桥边界模拟

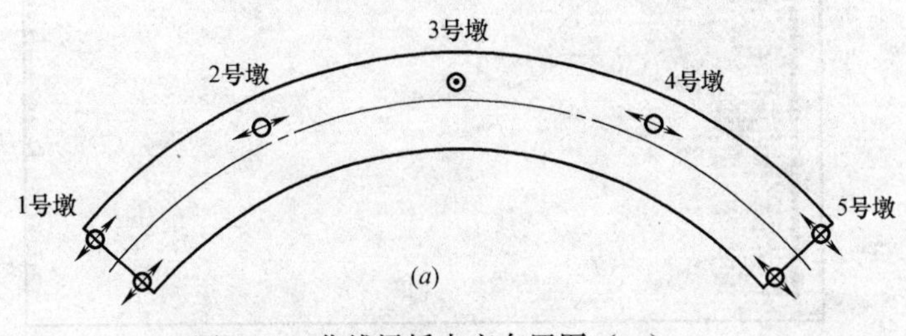

图 6-36　曲线梁桥支座布置图（一）

(*a*) 支座布置图

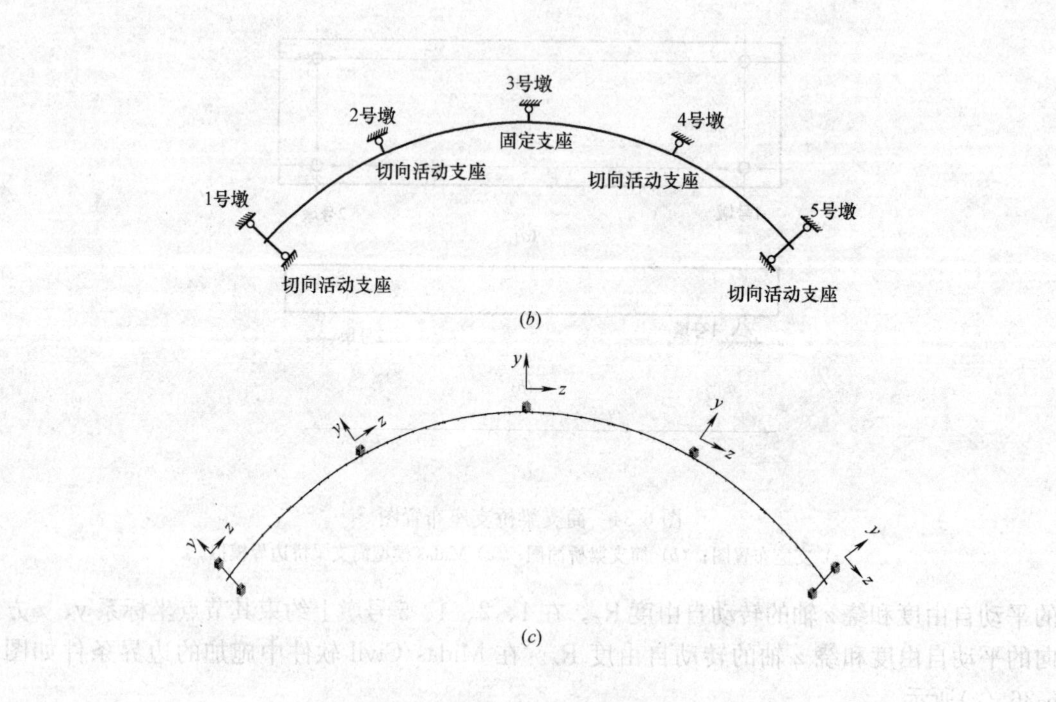

图 6-36　曲线梁桥支座布置图（二）

(*b*) 连续弯桥简图；(*c*) Midas 模型连续弯桥边界模拟

6.8　定　义　组

组是施工过程计算分析时一个非常重要的基本要素，可便于施工阶段的定义和分析。在 Midas/Civil 中组可分为结构组、边界组、荷载组和钢束组。

1. 结构组

将施工过程中同一施工阶段的单元和节点，或同时激活或钝化的单元或节点定义为一个结构组，以便于建模、修改和输出。在 Midas/Civil 中定义组时，首先要定义组的名称，然后选择该组中包含的节点或单元，将组的名称拖放至模型窗口中，即可完成对结构组的定义，如图 6-37 所示。

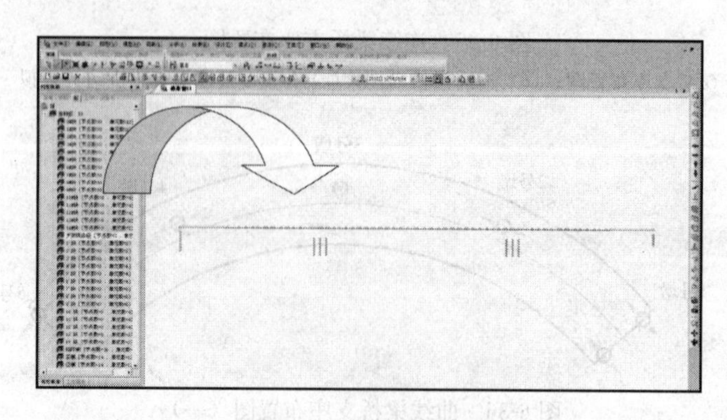

图 6-37　结构组的定义

2. 边界组

将在同一施工阶段同时施加或同时撤除的边界条件定义为一个边界组。

3. 荷载组

同一施工阶段施加或撤除的荷载定义为一个荷载组。

4. 钢束组

对于受力性能相同、预应力损失情况一致的钢束定义为一个钢束组。

第7章　桥梁静力计算分析

桥梁结构的设计应满足安全性、合理性、适用性、耐久性等原则。要满足以上原则，很大程度上依赖于结构的计算分析和验算。当然，计算分析无法完全模拟各种不利因素对桥梁结构的影响，特别是复杂新型桥梁，仅仅靠结构的计算分析尚无法全面了解其受力行为，还须通过模型试验以及长期实践来检验论证。

桥梁结构的荷载类型较多，本章主要介绍常见的几种荷载效应，即自重和二期恒载效应、活载效应、混凝土收缩徐变效应、预应力效应、温度效应、基础不均匀沉降、船舶撞击力，并结合《公路桥涵设计规范》阐述以上几种荷载效应的组合形式以及桥梁结构的验算方法。

7.1 恒载效应

为简化起见，本章所述的恒载效应指桥梁自重和二期恒载。自重亦称一期恒载（前期恒载），是指桥梁各受力构件的重量。二期恒载是指桥梁成桥后附属结构重量，如桥面铺装、人行道、栏杆、灯柱、管线、花基等。桥梁恒载占总荷载效应的比重随着梁跨径的增大而增大，例如跨径为30m左右的简支梁，其恒载仅占总荷载效应（恒载＋活载）的50％左右，而跨径100m左右的预应力混凝土连续梁桥，其恒载占总荷载效应的85％以上。

7.1.1　自重

结构自重效应的计算结果取决于构件的材料容重、构件的尺寸、结构形式和施工方法。不同的桥梁结构具有不同的自重效应。在自重作用下，梁式桥以受弯剪为主，图7-1为某自重作用下连续梁的弯矩图和剪力图。对于大跨度连续梁，跨中支点处负弯矩通常远大于中跨跨中的正弯矩。拱式桥以轴向压力为主，同时亦伴随相应的弯矩和剪力。图7-2为某下承式无铰拱拱肋的轴力图和弯矩图，拱脚轴力通常大于拱顶轴力。

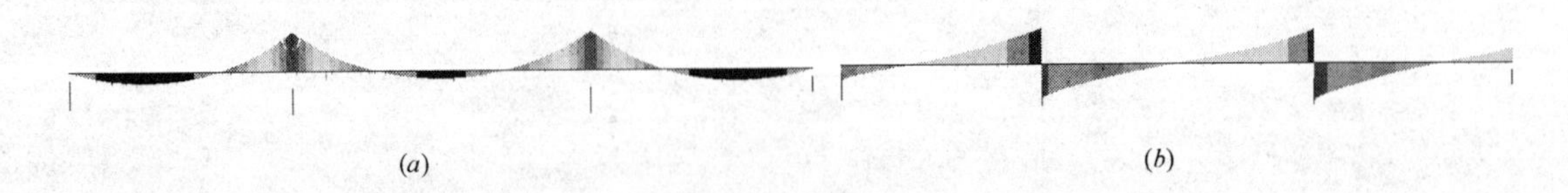

图7-1　某自重作用下连续梁的弯矩和剪力图

(*a*) 弯矩图；(*b*) 剪力图

另外，不同的施工方法也会导致不同的计算结果。图7-3为某三跨连续梁按满堂支架施工法和悬臂施工法的自重弯矩图。从图中可以看出，相对于满堂支架施工法，悬臂施工

图 7-2 某下承式无铰拱拱肋的轴力图和弯矩图
(a) 轴力图；(b) 弯矩图

法恒载内力曲线中支点负弯矩偏大，而边跨和中跨正弯矩偏小。

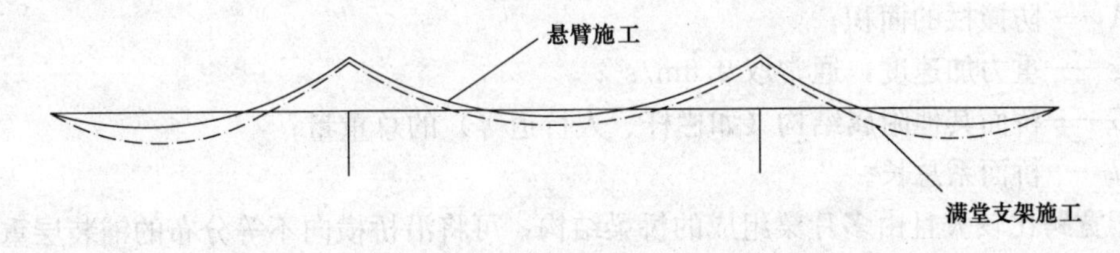

图 7-3 某三跨连续梁按不同施工方法的自重弯矩图

利用 Midas/CiviL 程序计算桥梁一期恒载效应相对简单。在定义了构件材料特性、几何特性和结构边界条件之后，只需进一步定义自重荷载工况、重力加速度方向和自重系数，则可由程序自动计算桥梁结构自重效应。Midas/CiviL 程序定义自重荷载工况、重力加速度方向和自重系数的窗口如图 7-4 所示。下面对定义自重系数作进一步说明：①由于整体坐标系 Z 方向通常与重力方向相反，故只需定义 Z 方向自重系数为−1；②若须考虑由于超方等原因所造成的结构实际容重与材料定义容重的不同，自重系数应定义为实际容重与材料定义容重的比值。

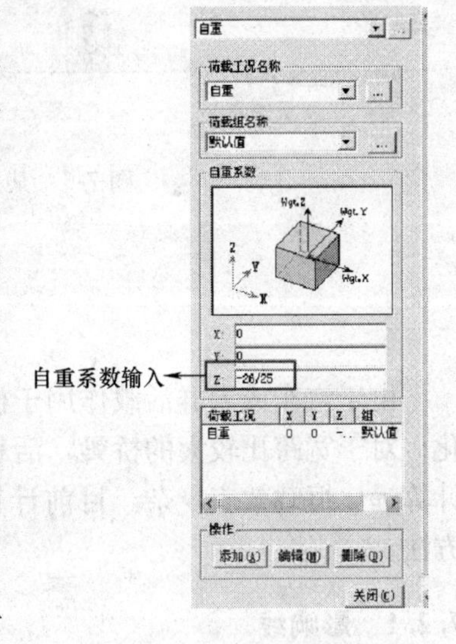

图 7-4 定义自重

对于曲线梁桥而言，由于桥梁内外侧的长度不同，桥梁内外侧的重量存在差异。如果用梁单元对其进行计算分析，为了模拟这种由于内外侧重量差异造成的扭矩，可在梁单元上施加偏心均布荷载，即荷载沿曲线梁外侧方向偏移，如图 7-5 所示。

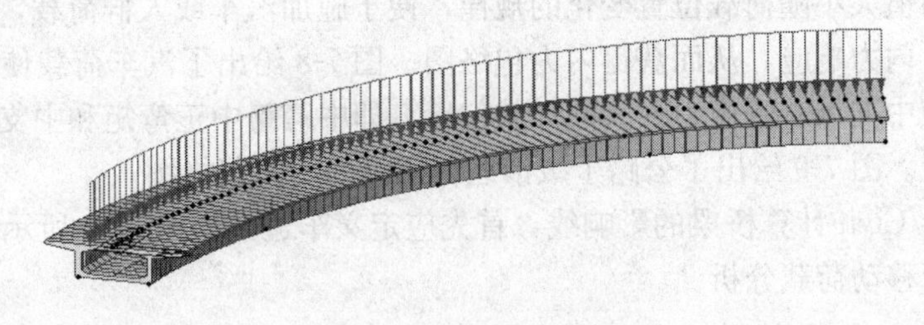

图 7-5 曲线梁桥自重模拟

7.1.2 二期恒载

二期恒载往往等效为均布线荷载。对于宽跨比较小且二期恒载沿梁横截面对称布置的整体式箱形截面桥梁结构，均布线荷载作用于桥轴线处，且其大小为：

$$q=\rho_1 gBh+2\rho_2 gA+G/l \tag{7-1}$$

式中 ρ_1——桥面铺装层的质量密度；

B——桥面铺装层的宽度；

h——桥面铺装层的厚度；

ρ_2——防撞栏的质量密度；

A——防撞栏的面积；

g——重力加速度，通常取 9.8m/s^2；

G——桥面其他附属结构（如栏杆、人行道等）的总重量；

l——桥面系总长。

对于宽跨比较大且由多片梁组成的桥梁结构，可将沿桥横向不等分布的铺装层重量以及作用于两侧的人行道和栏杆等重量均匀分布地分摊到各主梁。

图 7-6 为某三跨连续梁在二期恒载作用下的弯矩图。

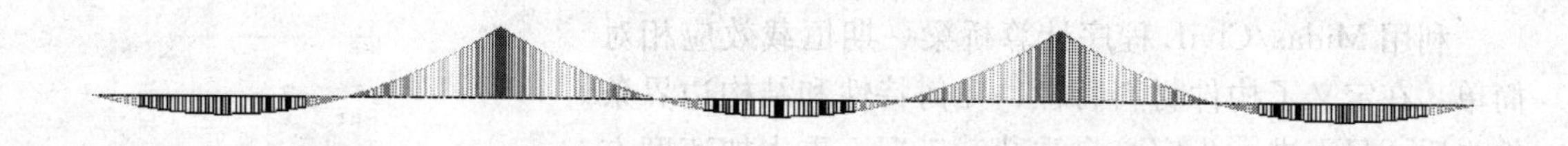

图 7-6 某三跨连续梁在二期恒载作用下的弯矩图

7.2 活载效应

由于汽车或人群活载作用于桥面系的位置不断发生变化，桥梁各断面的内力也随之变化。对于宽跨比较大的桥梁，活载内力的计算尚应考虑横向分布的影响，因此活载效应的计算远比恒载效应复杂。目前计算活载内力的方法主要是借助于影响线的动态规划加载方法。

7.2.1 影响线

在沿桥面系移动的单位集中力作用下，桥梁结构某一特定位置的量值（如内力、应力、位移等）的变化曲线称为影响线，如图 7-7 所示。通过绘制影响线可判断桥梁结构某一具体位置内力值大小随荷载位置变化的规律，便于施加汽车或人群荷载，获得各截面的最大（或最小）内力响应，从而获得内力包络图。图 7-8 给出了汽车荷载使中跨跨中产生最大正弯矩、使中支点右侧剪力最大的加载位置，即中跨跨中正弯矩和中支点右侧剪力的最不利荷载位置。图 7-9 给出了公路Ⅰ级活载作用下的内力包络图。

利用 Midas/Civil 计算桥梁的影响线，首先应定义车道，如图 7-10 所示，然后定义车辆荷载，再进行移动荷载分析。

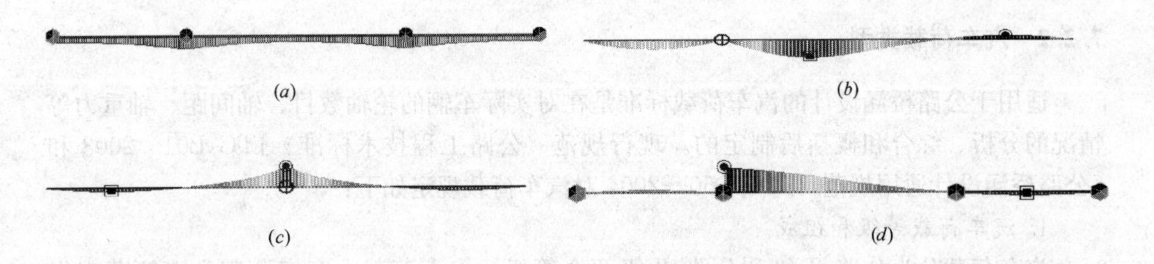

图 7-7 三跨连续梁影响线

(a) 三跨连续梁计算模型；(b) 中支点弯矩影响线；(c) 中跨跨中弯矩影响线；(d) 中支点右侧剪力影响线

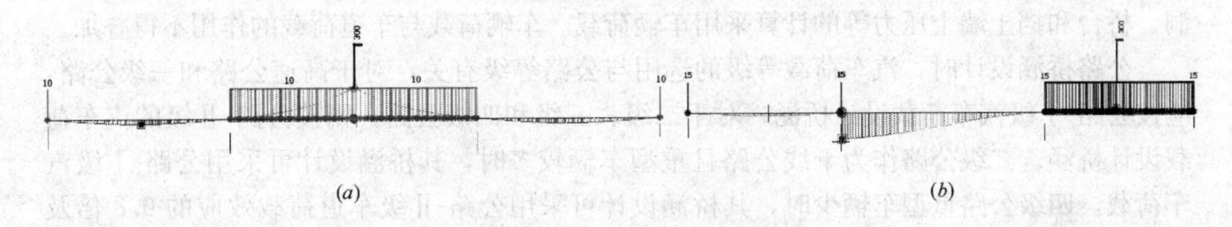

图 7-8 最不利荷载位置示意图

(a) 中跨跨中正弯矩；(b) 中支点右侧剪力

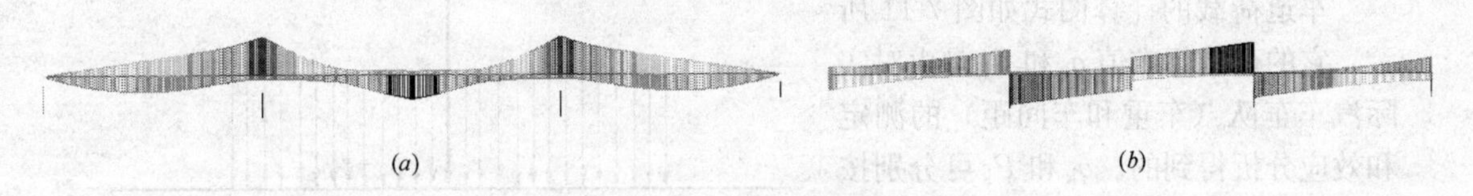

图 7-9 公路Ⅰ级活载作用下的内力包络图

(a) 弯矩包络图；(b) 剪力包络图

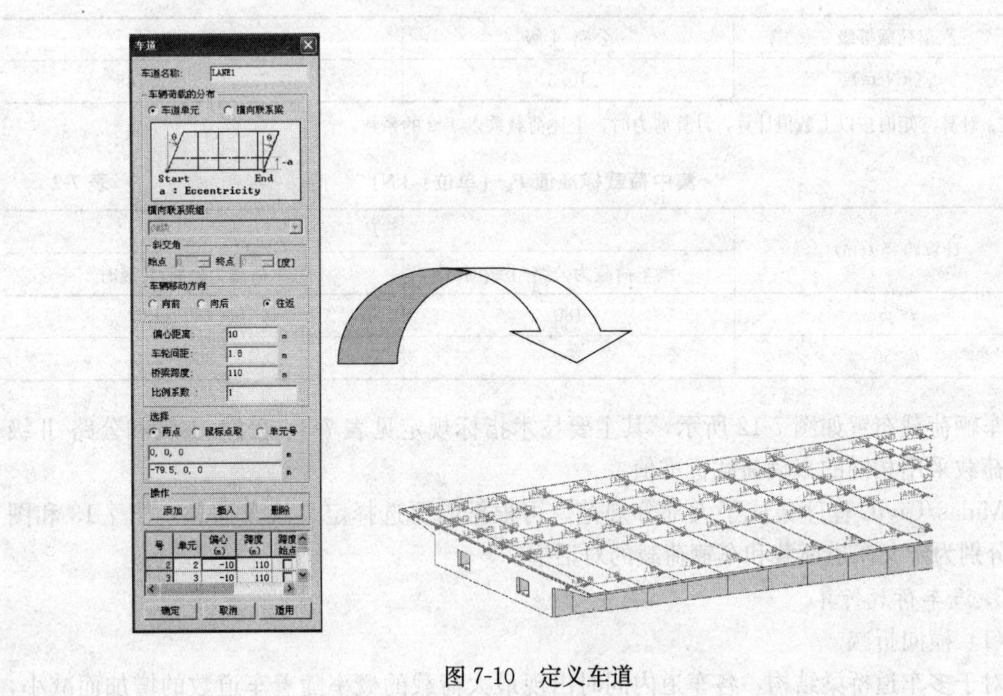

图 7-10 定义车道

7.2.2 汽车荷载类型

适用于公路桥涵设计的汽车荷载标准是在对实际车辆的轮轴数目、轴间距、轴重力等情况的分析、综合和概括后制定的。现行规范《公路工程技术标准》JTG B01—2003 和《公路桥涵设计通用规范》JTG D60—2004 对汽车荷载规定如下：

1. 汽车荷载等级和组成

汽车荷载分为公路-Ⅰ级和公路-Ⅱ级两个等级。汽车荷载由车道荷载和车辆荷载组成。车道荷载由均布荷载和集中荷载组成，车辆荷载则是由一辆重 550kN 的 5 轴货车产生的一组集中荷载组成。桥梁结构的整体计算采用车道荷载；桥梁结构的局部加载、涵洞、桥台和挡土墙土压力等的计算采用车辆荷载。车辆荷载与车道荷载的作用不得叠加。

公路桥涵设计时，汽车荷载等级的选用与公路等级有关，对于高速公路和一级公路，应按公路-Ⅰ级汽车荷载设计桥涵，对于二级、三级和四级公路，则按公路-Ⅱ级的汽车荷载设计桥涵。二级公路作为干线公路且重型车辆较多时，其桥涵设计可采用公路-Ⅰ级汽车荷载。四级公路重型车辆少时，其桥涵设计可采用公路-Ⅱ级车道荷载效应的 0.8 倍及车辆荷载效应的 0.7 倍。

2. 汽车荷载的计算图式及标准值

车道荷载的计算图式如图 7-11 所示。它的荷载标准值 q_k 和 P_k 是由对实际汽车车队（车重和车间距）的测定和效应分析得到的。q_k 和 P_k 可分别按表7-1和表 7-2 取值。

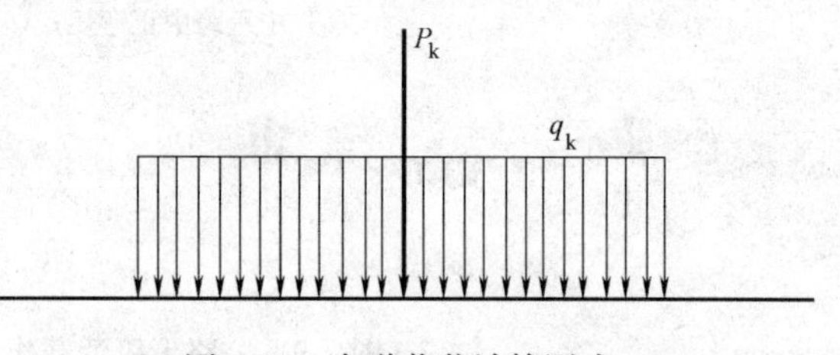

图 7-11　车道荷载计算图式

均布荷载标准值 q_k　　**表 7-1**

汽车荷载等级	公路-Ⅰ级	公路-Ⅱ级
q_k(kN/m)	10.5	0.75×10.5=7.785

注：计算弯矩时按以上数值计算，计算剪力时，上述荷载乘以 1.2 的系数。

集中荷载标准值 P_k（单位：kN）　　**表 7-2**

计算跨径 l(m)	P_k	
	汽车荷载为公路-Ⅰ级时	汽车荷载为公路-Ⅱ级时
$l \leqslant 5$	180	0.75×180=135
$l \geqslant 50$	360	0.75×360=270

车辆荷载布置如图 7-12 所示，其主要技术指标规定见表 7-3。公路-Ⅰ级和公路-Ⅱ级汽车荷载采用相同的车辆荷载标准值。

Midas/CiviL 程序集成了大部分规范，可根据需要选择定义汽车荷载，图 7-13 和图 7-14分别为定义车道荷载和车辆荷载的对话框。

3. 汽车荷载折算

（1）横向折减

对于多车道桥梁结构，各车道内同时出现最大荷载的概率随着车道数的增加而减小，而桥梁设计时各个车道上的汽车荷载都是按最不利位置布置的。因此，由汽车荷载产生的效应应当根据上述概率的大小进行折减，表 7-4 为公路Ⅰ级车辆荷载多车道横向折减系数。特别强调，折减后的效应不得小于两条设计车道的荷载效应。

车辆荷载的主要技术指标 表 7-3

项 目	单位	技术指标	项 目	单位	技术指标
车辆重力标准值	kN	550	轮距	m	1.8
前轴重力标准值	kN	30	前轮着地宽度及长度	m	0.3×0.2
中轴重力标准值	kN	2×120	中/后轮着地宽度及长度	m	0.6×0.2
后轴重力标准值	kN	2×140	车辆外形尺寸(长×宽)	m	15×2.5
轴距	m	3+1.4+7+1.4			

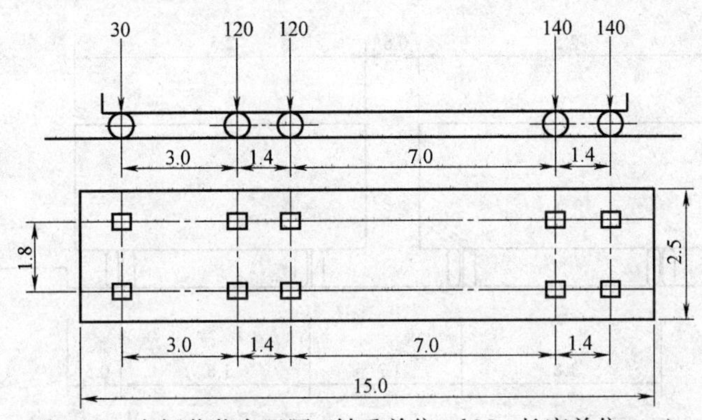

图 7-12 车辆荷载布置图（轴重单位：kN；长度单位：m）

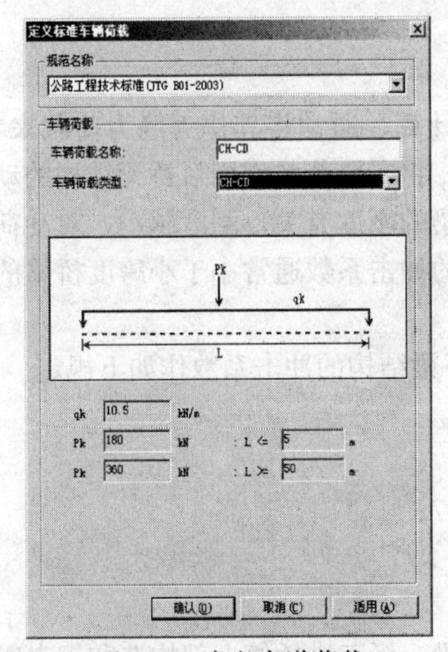

图 7-13 定义车道荷载

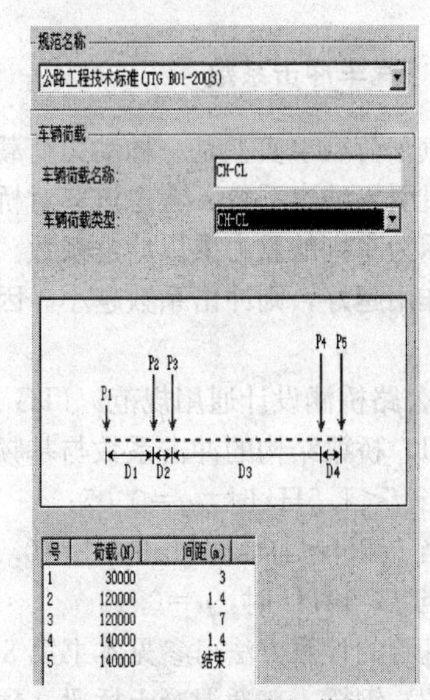

图 7-14 定义车辆荷载

横向折减系数 表 7-4

横向布置设计车道	2	3	4	5	6	7	8
横向折减系数	1	0.78	0.67	0.6	0.55	0.52	0.5

(2) 纵向折减

同样，随着桥梁跨度的增加，实际桥梁上通行的车辆达到高密度和重载的概率减小。因此，当桥梁设计跨度大于150m时，汽车荷载应考虑纵向折减。当为多跨连续结构时，整个结构应按最大的计算跨径考虑汽车荷载效应的纵向折减。纵向折减系数见表7-5。

纵向折减系数 **表7-5**

计算跨径 L_0(m)	$150<L_0<400$	$400\leqslant L_0<600$	$600\leqslant L_0<800$	$800\leqslant L_0<1000$	$L_0\geqslant 1000$
纵向折减系数	0.97	0.96	0.95	0.94	0.93

4. 车道荷载的横向分布方式

在车道荷载作用下，计算横向分布系数时，按图7-15进行布置，即同一辆车车轴横向间距为1.8m，相邻车轴间距为1.3m，边车轴距路缘石间距为0.5m。

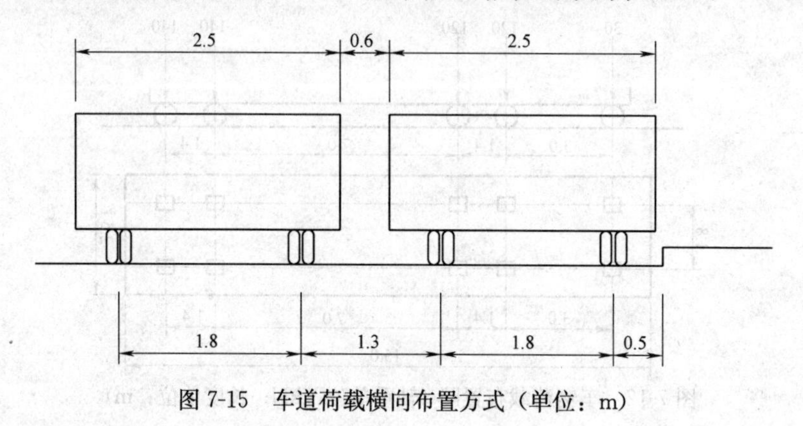

图7-15 车道荷载横向布置方式（单位：m）

7.2.3 汽车冲击系数

汽车荷载事实上是一种动力荷载，但为了简化计算，通常将其作为静力荷载来考虑，并通过引入冲击系数 μ 考虑汽车对桥梁的冲击作用，将车辆荷载作用对桥梁结构的动力影响表示为车辆的重力乘以冲击系数。冲击系数与桥梁的刚度有关，刚度越小，对动荷载的缓冲作用越好，则冲击系数越小。因此，大跨桥梁的冲击系数通常小于小跨度桥梁的冲击系数。

《公路桥涵设计通用规范》JTG D60—2004对桥梁结构的冲击系数作如下规定。

(1) 桥梁结构的冲击系数与基频 f 相关

当 $f<1.5\text{Hz}$ 时，$\mu=0.05$；

当 $1.5\text{Hz}\leqslant f\leqslant 14\text{Hz}$ 时，$\mu=0.1767\ln f-0.0157$；

当 $f>14\text{Hz}$ 时，$\mu=0.45$。

基频的计算方法可参见本书第8章。

(2) 钢桥、普通混凝土桥梁、预应力混凝土桥梁、圬工拱桥等上部构造和钢支座、板式混凝土支座、盆式橡胶支座及钢筋混凝土柱式墩台，应计算汽车的冲击作用。

(3) 填料厚度（包括路面厚度）大于或等于0.5m的拱桥、涵洞以及重力式墩台不计冲击力。

(4) 汽车荷载的局部加载及在T梁、箱梁悬臂板上的冲击系数取0.3。

7.2.4 汽车离心力

车辆在弯道行驶时将产生离心力并以水平力的形式作用于桥梁结构。当弯桥曲率半径小于或等于 250m 时，应考虑离心力的作用。离心力为车辆荷载（不计冲击力）标准值乘以离心力系数。其中，离心力系数 C 为：

$$C=V^2/127R \tag{7-2}$$

式中 V ——行车速度（km/h）；

R——桥梁曲率半径（m）。

离心力的作用点在桥面以上 1.2m 处，为简便亦可移至桥面上，不计由此引起的作用效应。

在利用 Midas/CiviL 程序进行桥梁结构计算分析时，如果需要考虑汽车离心力，可按以下步骤进行：首先进行一般的移动荷载分析，利用移动荷载追踪器获得最不利加载位置和荷载；其次按照规范计算离心力系数，将其与最不利荷载相乘；最后以集中荷载的方式施加到最不利加载位置。

7.2.5 荷载横向分布系数

对于由多片梁构成的桥梁结构，由于空间整体性，当桥上作用荷载 P（通常为汽车的轴重）时，各片主梁将共同参加工作，协同受力，但是，每片梁所承受的力是不同的。可通过定义荷载横向分布系数来反映各主梁的受力差别，称某主梁所受到的力与桥上作用荷载的比值为该梁的荷载横向分布系数（简称为横向分布系数，记为 m）。横向分布系数的最大作用是将多主梁桥梁结构的空间计算问题转化为平面计算问题，即将桥梁结构的设计计算转化为受力最大的主梁的设计计算。当然这是一种近似的处理方法，但是由此带来的误差很小，尤其是在多个集中荷载作用下。

在计算横向分布系数时，主要有两种思路，一种是把全桥视作一系列并排放置的主梁所构成的梁系结构来进行力学分析，另一种是将全桥视作一块矩形弹性薄板按古典弹性理论来进行分析，由此形成了两个系列的横向分布系数求解方法。

基于第一种思路的求解方法有 4 种，其区别主要在于对主梁之间联系刚度的不同假设。按照所假设横向联系刚度由弱到强的顺序，这 4 种方法分别为杠杆原理法、横向铰接板（梁）法、横向刚接梁法和偏心压力方法。

（1）杠杆原理法

该方法假定主梁间横向联系的刚度为零，将横向结构（桥面板和横隔梁）在主梁上断开，并将其视为支撑在主梁上的简支梁或悬臂梁。该方法主要用于双主梁桥和多梁式桥支点及其附近的荷载横向分布计算。

（2）横向铰接板（梁）法

该方法假定主梁间横向联系的刚度很小，只能传递剪力，不能传递弯矩。该方法适用于采用铰接形式横向联系（如结合缝高度不大）的桥梁结构的横向分布系数计算。

（3）横向刚接梁法

如果主梁之间的结合缝具有相当的刚度（如采用横向刚性联系的装配式简支梁和整体现浇简支梁），除了能够传递剪力之外还能传递弯矩，则可采用横向刚接梁法对其横向分布系数进行计算。

（4）偏心压力法

该方法假设桥梁的横向联系刚度无限大，主要用于宽跨比小于 0.5 的简支梁跨中截面荷载横向分布计算。当主梁抗扭刚度影响不可忽略时，可通过引入抗扭修正系数来加以考虑。引入抗扭修正系数后的偏心压力法称为修正偏心压力法。

基于第二种思路的求解方法主要是比拟正交异性板法。该方法通过将主梁和横隔梁的刚度换算成两向刚度不同的比拟弹性平板来求解，主要适用于宽跨比大于 0.5，且有多个横隔梁的简支梁跨中荷载横向分布系数的计算。

荷载横向分布系数与荷载作用位置有关。通常用“杠杆原理法”来计算荷载位于支点处的横向分布系数 m_0，用其他 4 种方法来计算荷载位于跨中的横向分布系数 m_c。当荷载位于其他位置时，其横向分布系数可按以下规定取值：

（1）对于无中间横隔梁或仅有一根中横隔梁的情况，跨中部分采用不变的横向分布系数 m_c，从离支点 $l/4$ 处起至支点的区段内横向分布系数从 m_c 到 m_0 直线过渡，如图 7-16（a）所示。

（2）对于有多根内横隔梁的情况，从第一根内横隔梁向支点从 m_c 到 m_0 直线过渡，如图 7-16（b）所示。

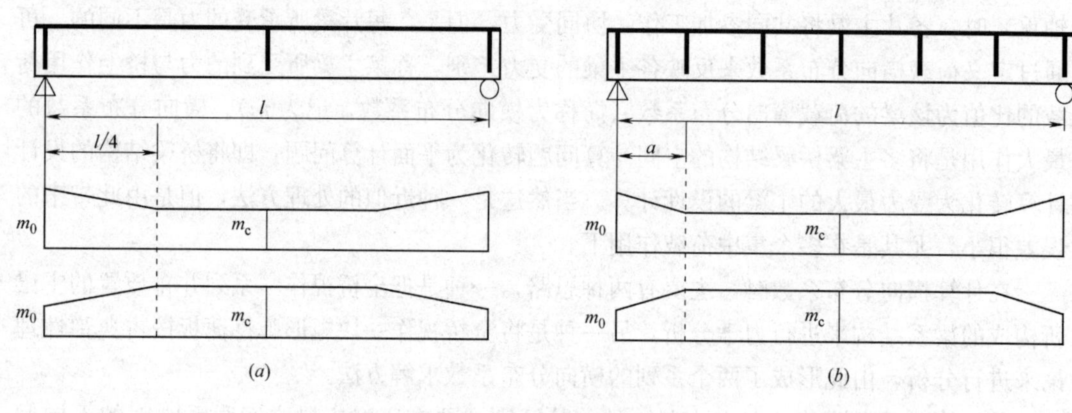

图 7-16　横向分布系数沿桥跨变化图

（a）无中间横隔梁或仅有一根中横隔梁；（b）多横隔梁

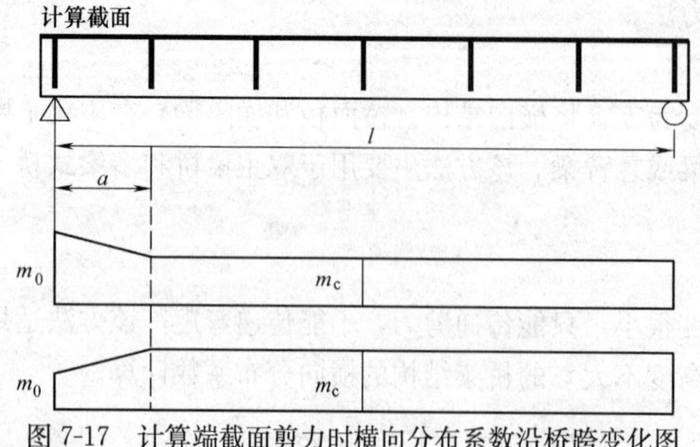

图 7-17　计算端截面剪力时横向分布系数沿桥跨变化图

在实际应用中，在计算跨中最大弯矩时，鉴于横向分布系数沿桥跨内部分的变化不大，为简化起见，可按不变的横向分布系数来计算。在计算主梁在均布荷载作用下的最大剪力时，计算截面一端应考虑横向分布系数沿桥跨变化的影响，而另一端则可近似取用不变的横向分布系数，如图 7-17 所示。

在利用 Midas/CiviL 程序计算横向分布系数时，可沿桥梁纵向截取单位长度的梁段为对象进行研究。将该梁段等效为具有弹性支撑的超静定梁（如图 7-18 所示），根据主梁间实际的连接方式设定各单元的主从约束关系，按车道数进行车辆横向布载，每个轮重按 1/2 输入，求得的竖向弹簧反力即为相应工况下各主梁的横向分布系数。

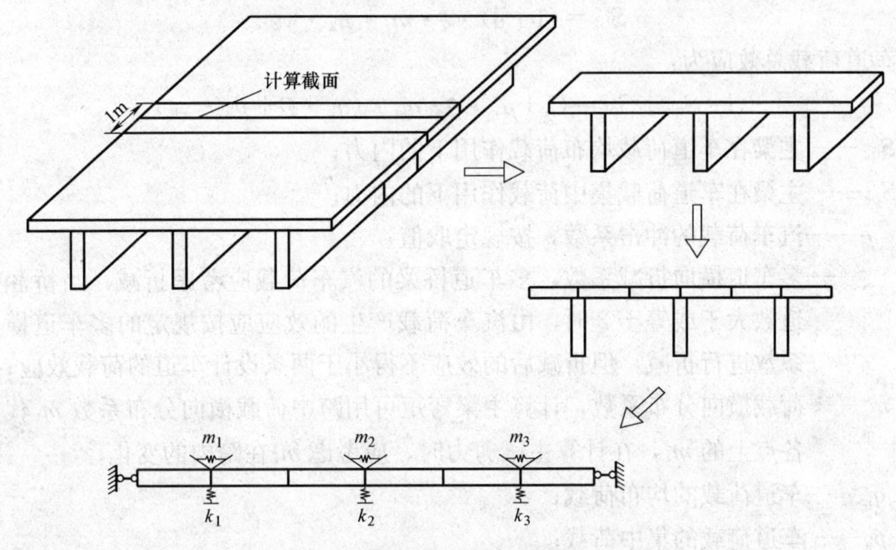

图 7-18　横向分布系数计算示意图

弹性支撑的刚度可按下式计算：

$$k_i=\frac{p}{\omega}=\frac{\pi^4 EI_i}{l^4} \tag{7-3}$$

$$m_i=\frac{T}{\varphi}=\frac{\pi^2 GI_{\mathrm{T}i}}{l^2} \tag{7-4}$$

式中　ω——板或梁的跨中挠度；

φ——板或梁的转角；

E、G——分别为结构材料的弹性模量和剪切模量；

I_i、$I_{\mathrm{T}i}$——分别为板或梁的抗弯惯性矩和抗扭惯性矩；

l——跨度；

T——正弦分布的扭矩峰值；

p——单位正弦荷载的峰值。

图 7-19 给出了利用 Midas/Civil 计算的由 9 片主梁刚接而成的简支梁桥的横向分布系数计算模型。

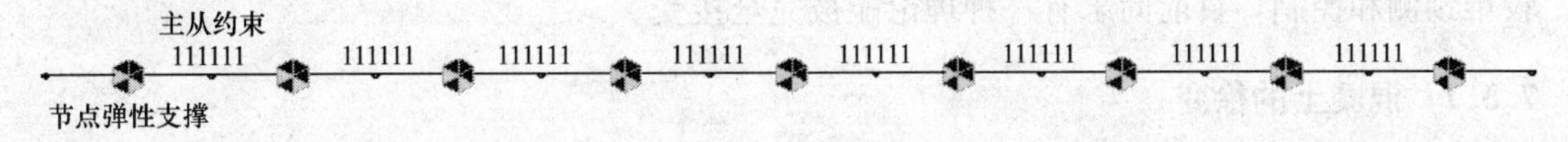

图 7-19　横向分布系数计算模型图

7.2.6　活载内力计算

在求得某主梁的影响线和横向分布系数之后，就可以根据荷载的种类计算主梁的活载内力。

由车道均布荷载在主梁上引起的内力为：

$$S_{qk}=(1+\mu)\cdot\xi\cdot m_i\cdot q_k\cdot\Omega \tag{7-5}$$

由车道集中荷载在主梁上引起的内力为：

$$S_{pk}=(1+\mu)\cdot\xi\cdot m_i\cdot p_k\cdot y_k \tag{7-6}$$

则车道荷载总效应为：

$$S=S_{qk}+S_{pk}=(1+\mu)\cdot\xi\cdot m_i\cdot(q_k\cdot\Omega+p_k\cdot y_k) \tag{7-7}$$

式中 S_{qk}——主梁在车道荷载均布荷载作用下的内力；

S_{pk}——主梁在车道荷载集中荷载作用下的内力；

μ——汽车荷载的冲击系数，按规定取值；

ξ——多车道横向折减系数，多车道桥梁的汽车荷载应考虑折减，当桥涵设计车道数大于或等于 2 时，由汽车荷载产生的效应应按规定的多车道横向折减系数进行折减，但折减后的效应不得小于两条设计车道的荷载效应；

m_i——荷载横向分布系数，计算主梁弯矩可用跨中荷载横向分布系数 m_c 代替全跨各点上的 m_i，在计算主梁剪力时，应考虑 m_i 在跨内的变化；

q_k——车道荷载的均布荷载；

p_k——车道荷载的集中荷载；

Ω——相应的主梁内力影响线的面积；

y_k——对应于车道集中荷载的影响线最大竖标值。

人群荷载是一种均布荷载，除不计冲击力影响外，其内力计算方法与车道均布荷载相同。

*7.3 混凝土徐变收缩效应

混凝土的徐变和收缩是材料本身固有的特性。徐变是在不变荷载持续作用下，混凝土的应变随时间的增加而增长的现象。收缩是在未受外力作用下，混凝土在长期硬化过程中发生的自主变形。混凝土的徐变和收缩受多种因素的影响，如外界环境温度和湿度、混凝土龄期、混凝土配合比、混凝土的构造形式和截面特征等。除此之外，徐变还与外部荷载大小及持续时间密切相关。混凝土徐变和收缩会导致结构内力重分布，避免应力集中现象，但也会引起结构预应力损失，致使结构在使用过程中出现下挠、开裂等病害，所以在设计阶段就应较为准确地分析结构徐变效应。然而混凝土收缩、徐变发生的机理很复杂，较难预测和控制，目前尚未有一种理论能被完全接受。

7.3.1 混凝土的徐变

1. 徐变应变

混凝土的徐变应变可表示为弹性应变和徐变系数的乘积。目前国际上对徐变应变的定义有两种方式：

(1) CEB-FIP 标准规范及英国标准 BS 5400 的定义方式

$$\varepsilon_c(t,t_0)=\frac{\sigma(t_0)}{E_{28}}\cdot\phi(t,t_0) \tag{7-8}$$

式中 $\sigma(t_0)$——t_0时刻作用于混凝土的单轴向常应力；

E_{28}——混凝土 28 天龄期时的瞬时弹性模量；

$\phi(t,\ t_0)$——徐变系数。

(2) 美国 ACI209 委员会报告建议的定义方式

$$\varepsilon_c(t,t_0)=\frac{\sigma(t_0)}{E(t_0)}\cdot\phi(t,t_0) \tag{7-9}$$

式中 $E(t_0)$——混凝土 t_0 天龄期时的瞬时弹性模量。

2. 徐变系数

我国《公路钢筋混凝土及预应力混凝土桥涵设计规范》JTG D62—2004（以下简称为《公路桥规》）采用了 1990 年版的 CEB-FIP 标准规范中的徐变系数表达式。混凝土的徐变系数可按下列公式进行计算：

$$\phi(t,t_0)=\phi_0\cdot\beta_c(t-t_0) \tag{7-10}$$

$$\phi_0=\phi_{RH}\beta(f_{cm})\cdot\beta(t_0) \tag{7-11}$$

$$\phi_{RH}=1+\frac{1-RH/RH_0}{0.46(h/h_0)^{\frac{1}{3}}} \tag{7-12}$$

$$\beta(f_{cm})=\frac{5.3}{(f_{cm}/f_{cm0})^{0.5}} \tag{7-13}$$

$$\beta(t_0)=\frac{1}{0.1+(t_0/t_1)^{0.2}} \tag{7-14}$$

$$\beta_c(t-t_0)=\left[\frac{(t-t_0)/t_1}{\beta_H+(t-t_0)/t_1}\right]^{0.3} \tag{7-15}$$

$$\beta_H=150\left[1+\left(1.2\frac{RH}{RH_0}\right)^{18}\right]\frac{h}{h_0}+250\leqslant1500 \tag{7-16}$$

$$h=\frac{2A}{u} \tag{7-17}$$

式中 t_0——加载时的混凝土龄期（d）；

t——计算考虑时刻的混凝土龄期（d）；

$\phi(t,\ t_0)$——加载龄期为 t_0，计算考虑龄期为 t 时的混凝土徐变系数；

ϕ_0——名义徐变系数；

β_c——加载后徐变随时间发展的系数；

f_{cm}——强度等级 C20～C50 的混凝土在 28 天龄期时的平均立方体抗压强度（MPa），$f_{cm}=0.8f_{cu,k}+8$(MPa)；

$f_{cu,k}$——28 天龄期，具有 95％以上保证率的混凝土立方体抗压强度标准值（MPa）；

RH——环境年平均相对湿度（％）；

h——构件理论厚度（mm）；

A——构件截面面积；

u——构件与大气接触的周边长度；

RH_0——取 100％；

h_0——取 100mm；

t_1——取 1 天；

f_{cm0}——取 10MPa。

强度等级为 C20～C50 的混凝土的名义徐变系数 ϕ_0 可按表 7-6 取值。

混凝土的名义徐变系数 ϕ_0　　　　表 7-6

加载龄期	40%≤RH≤70%				70%≤RH≤99%			
	理论厚度 h(mm)				理论厚度 h(mm)			
	100	200	300	≥600	100	200	300	≥600
3	3.90	3.50	3.31	3.03	2.83	2.65	2.56	2.44
7	3.33	3.00	2.82	2.59	2.41	2.26	2.19	2.08
14	2.92	2.62	2.48	2.27	2.12	1.99	1.92	1.83
28	2.56	2.30	2.17	1.99	1.86	1.74	1.69	1.60
60	2.21	1.99	1.88	1.72	1.61	1.51	1.46	1.39
90	2.05	1.84	1.74	1.59	1.49	1.39	1.35	1.28

注：表 7-6 的适用情况见《公路钢筋混凝土及预应力混凝土桥涵设计规范》JTG D62—2004 条文 F2.2.2。

7.3.2 混凝土的收缩

按照《公路桥规》，混凝土的收缩应变可由下列公式表示：

$$\varepsilon_{cs}(t,t_s)=\varepsilon_{cs0}\beta_s(t-t_s) \tag{7-18}$$

$$\varepsilon_{cs0}=\varepsilon_s(f_{cm})\beta_{RH} \tag{7-19}$$

$$\varepsilon_s(f_{cm})=\left[160+10\beta_{sc}\left(9-\frac{f_{cm}}{f_{cm0}}\right)\right]\times10^{-6} \tag{7-20}$$

$$\beta_{RH}=1.55\left[1-\left(\frac{RH}{RH_0}\right)^3\right] \tag{7-21}$$

$$\beta_s(t-t_s)=\left[\frac{(t-t_s)/t_1}{350(h/h_0)^2+(t-t_s)/t_1}\right]^{0.5} \tag{7-22}$$

式中　t——计算考虑时刻的混凝土龄期（d）；

t_s——混凝土收缩开始时的混凝土龄期（d），可假设为 3～7d；

$\varepsilon_{cs}(t,t_s)$——开始收缩时的龄期为 t_s，计算考虑的龄期为 t 时的收缩应变；

ε_{cs0}——名义收缩系数；

β_s——收缩随时间发展的系数；

β_{RH}——与年平均相对湿度相关的系数，适用于 $40\%\leqslant RH<90\%$；

RH——环境年平均相对湿度（%）；

β_{sc}——依水泥种类而定的系数，对一般的硅酸盐类水泥或快硬水泥 $\beta_{sc}=5.0$。

其他参数同第 7.3.1 节。

强度等级为 C20～C50 的混凝土的名义收缩系数 ε_{cs0} 可按表 7-7 取值。

混凝土名义收缩系数 ε_{cs0}（$\times10^3$）　　　　表 7-7

40%≤RH<70%	70%≤RH<99%
0.529	0.310

7.3.3 混凝土的徐变和收缩次内力

混凝土的徐变和收缩若受到约束，则会产生次内力。图 7-20 为某三跨连续梁桥在龄期为 1080 天的徐变和收缩次内力弯矩的计算结果。

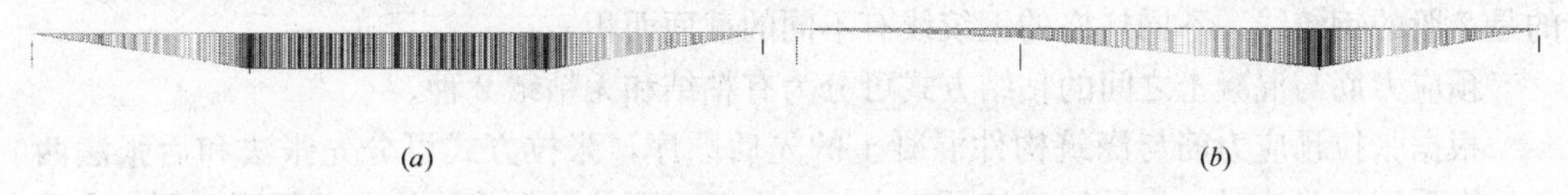
(a) (b)

图 7-20 某三跨连续梁桥在龄期为 1080 天的徐变和收缩次内力弯矩

(a) 徐变；(b) 收缩次应力弯矩

在利用 Midas/Civil 程序计算收缩徐变引起的次内力时，必须将收缩徐变特性赋予混凝土材料，即定义时间依存性材料。定义时间依存性材料可按以下步骤进行：

(1) 定义徐变收缩函数及混凝土强度发展函数，如图 7-21 和图 7-22 所示。

(2) 将所定义的时间依存性材料函数与相应材料联系起来。

(3) 修改时间依存材料特性值。

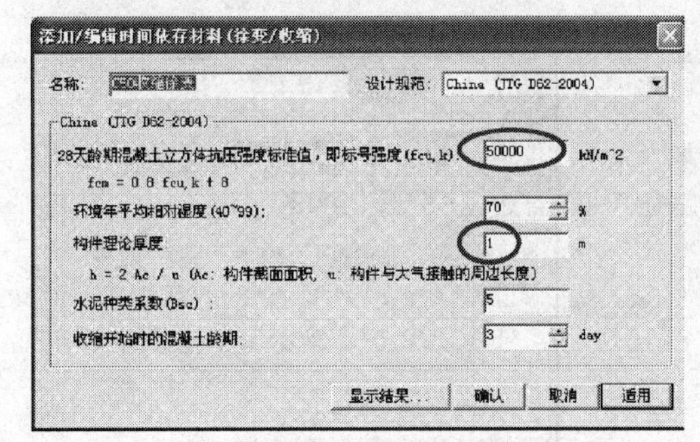

图 7-21 定义徐变收缩函数对话框

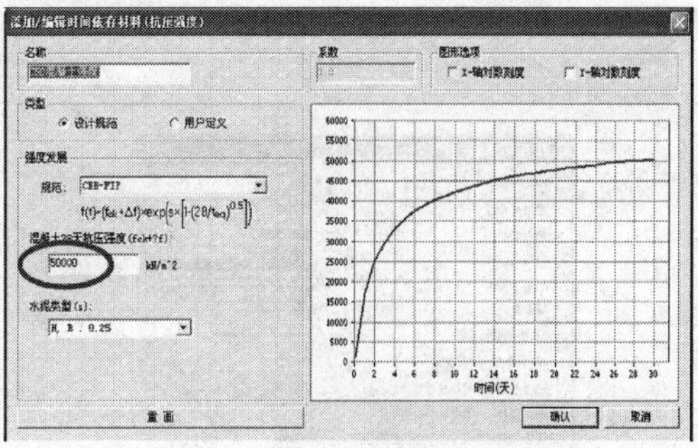

图 7-22 定义强度发展函数对话框

*7.4 预应力效应

预应力钢筋对混凝土结构会产生附加内力及次内力，这就是预应力效应。图 7-23 给出了某三跨连续桥梁结构在预应力作用下的弯矩图，可以看出弯矩图与预应力钢筋的变化趋势基本一致，但方向相反。以下简要介绍预应力钢筋的描述方法及相关计算。

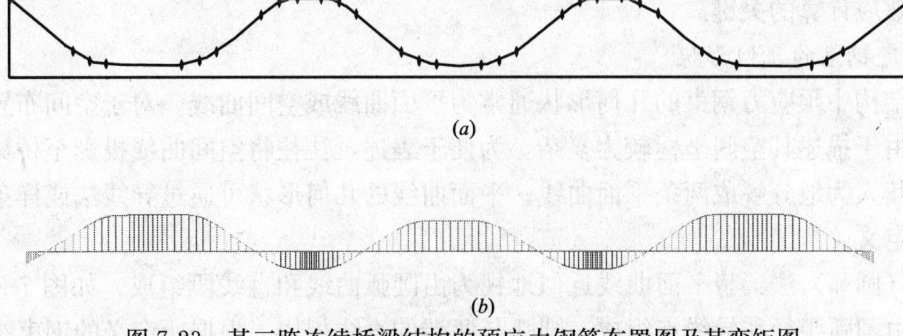
(a)

(b)

图 7-23 某三跨连续桥梁结构的预应力钢筋布置图及其弯矩图

(a) 预应力钢筋布置图；(b) 相应的弯矩图

7.4.1 预应力筋的特性值

预应力筋分为钢筋、钢丝、钢绞线和复合材料预应力筋等 4 种。其中，钢绞线是桥梁结构中最常用的。钢绞线由钢丝铰合而成，其规格有 2 股、3 股、7 股、19 股等，最常见的是 7 股的钢绞线。不同规格的钢绞线有不同的截面面积。

预应力筋与混凝土之间的粘结方式可分为有粘结和无粘结 2 种。

根据张拉预应力筋与浇筑构件混凝土的先后顺序，张拉方式可分先张法和后张法两种。在采用后张法时，为了便于将预应力筋穿入已成形的混凝土构件，必须预埋预应力导管。波纹管是最常用的预应力导管，其管道直径一般比预应力筋大 5～10mm。

在利用 Midas/CiviL 程序计算预应力效应时，应该先输入预应力筋的特征值。预应力筋的特征值包括上述预应力筋的种类、面积、张拉方式、预应力筋导管直径、预应力筋与混凝土的粘结方式，以及钢筋松弛系数、预应力钢筋与管道的摩擦系数、管道每 m 局部偏差对摩擦的影响系数、锚具变形、钢筋回缩和接缝压缩值等。输入预应力筋特征值的对话框如图 7-24 和图 7-25 所示。

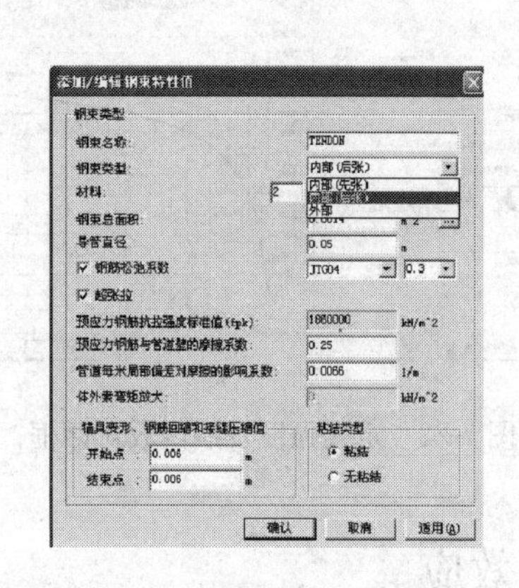

图 7-24　定义预应力钢束特征值对话框

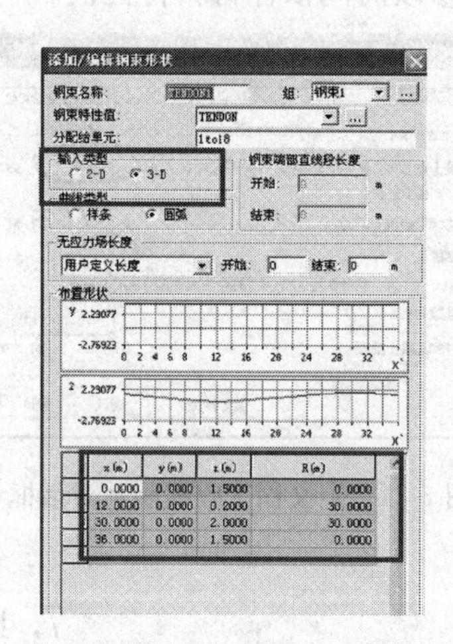

图 7-25　预应力钢束布置对话框

7.4.2 预应力筋布置

预应力筋的布置位置和方式是决定预应力效应的主要因素，准确描述预应力筋的位置是预应力效应计算的关键。

1. 确定钢束的几何形状

桥梁结构中预应力钢束的几何形状通常为平面曲线或空间曲线。对于空间布置的预应力钢束，由于描述其空间坐标较为复杂，为便于表述，往往将空间曲线投影至桥梁立面和平面，将其人为地分解成两条平面曲线。平面曲线的几何形状可通过导线法或样条曲线拟合法进行定义。

导线（圆弧）法：将平面曲线近似地视为由圆弧曲线和直线段组成，如图 7-26 所示。圆弧曲线由圆弧半径和导线点组成，圆弧与两端的直线相切。根据所定义的钢束布置的导线点（最高、最低和反弯点）和各点处钢束曲线的半径，程序将生成平面曲线。

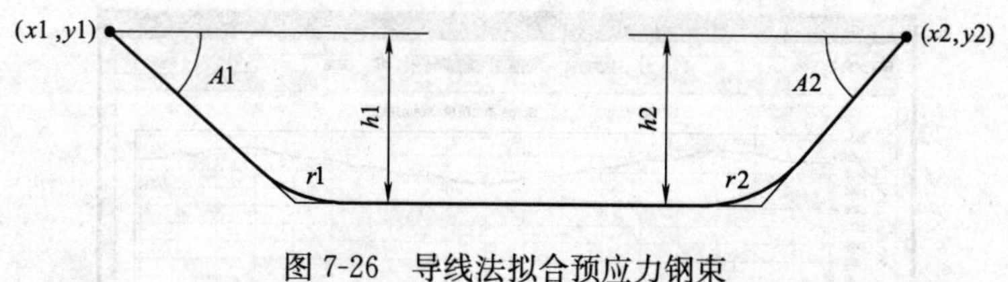

图 7-26 导线法拟合预应力钢束

样条曲线拟合法：将平面曲线的若干关键点（最高、最低和反弯点）定义为钢束布置的控制点，由程序自动生成连接各点的曲线。Midas/Civil 定义样条曲线的对话框如图7-27所示。

另外，在 Midas/civil 程序中输入任意线型曲线桥的钢束几何形状时，只要将坐标轴类型选为“曲线”或“单元”，则可按直桥来输入钢束形状，如图 7-28 所示。

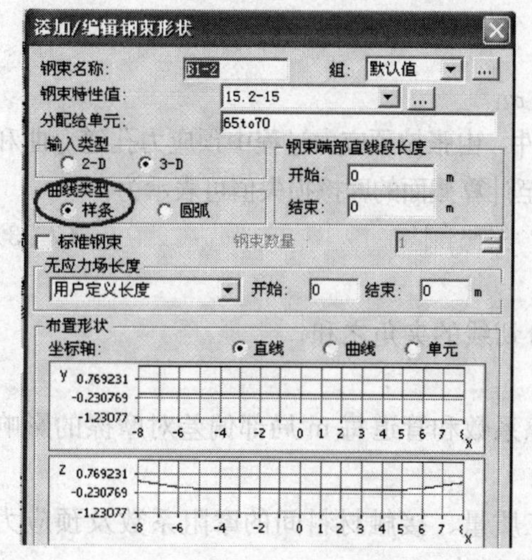

图 7-27 样条曲线拟合预应力钢束

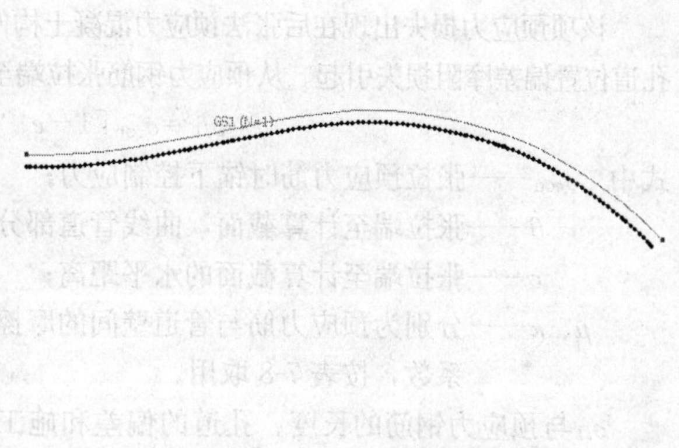

图 7-28 曲线桥的预应力钢束

2. 确定预应力钢束与梁单元的相对位置

根据设计图纸中预应力钢筋与梁体的相对位置，将所定义的平面预应力钢束曲线插入梁体对应位置，即将预应力钢束赋予相应单元，亦即将预应力钢束等效为外荷载作用于对应位置的单元。图 7-29 给出了预应力钢束与梁单元之间的相对位置。

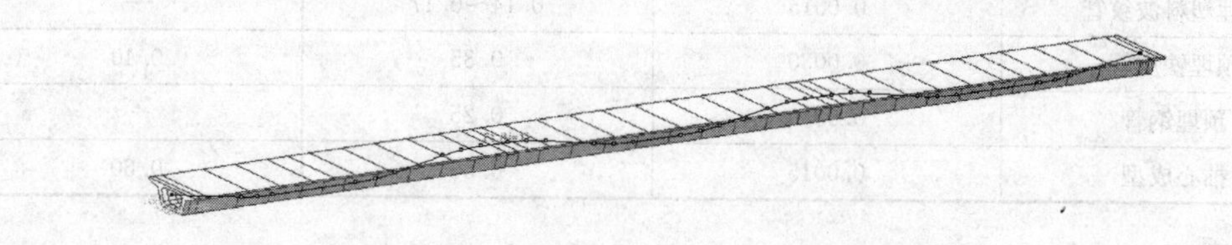

图 7-29 预应力钢束与梁单元之间的相对位置

7.4.3 预应力损失计算

预应力钢束在施工张拉过程以及使用过程中，由于受各种因素的影响，如张拉工艺、外部环境，引起预拉应力损失，造成预应力钢束的有效应力随长度发生变化，如图 7-30

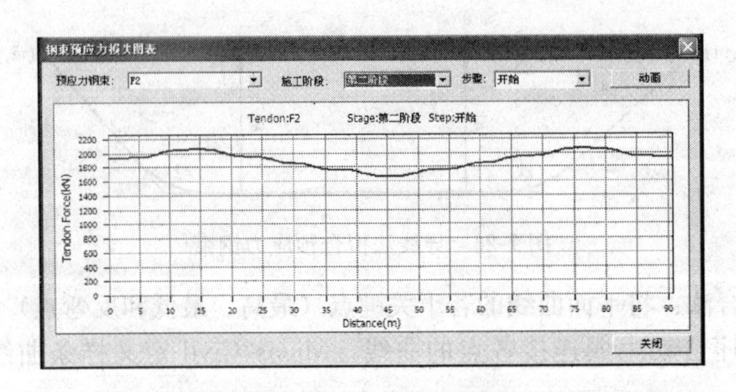

图 7-30 某预应力钢束有效应力随钢束长度变化图

所示。通常在预应力结构材性、设计方法及施工工艺完全满足规范要求的情况下，预应力损失最大可达到 25%～30%。

预应力损失通常有以下 6 种情况。

1. 预应力钢束与管道间摩擦引起的应力损失 σ_{l1}

该项预应力损失出现在后张法预应力混凝土构件，由张拉预应力过程中预应力孔道弯曲和孔道位置偏差摩阻损失引起。从预应力钢筋张拉端至计算截面的摩擦损失值可表示为：

$$\sigma_{l1}=\sigma_{\mathrm{con}}\left[1-e^{-(\mu\theta+\kappa x)}\right] \tag{7-23}$$

式中 σ_{con}——张拉预应力筋时锚下控制应力；

θ——张拉端至计算截面，曲线管道部分切线的夹角之和；

x——张拉端至计算截面的水平距离；

μ、κ——分别为预应力筋与管道壁间的摩擦系数和管道每 m 局部偏差对摩擦的影响系数，按表 7-8 取用。

σ_{l1} 与预应力钢筋的长度、孔道的偏差和施工质量、接触材料间的摩阻系数及预应力筋弯曲角度有关系，通常直孔道预应力损失较弯孔道小。

偏差系数 κ 和摩擦系数 μ 值 **表 7-8**

管道成型方式	κ	μ	
		钢绞线、钢丝束	精轧螺纹钢筋
预埋金属波纹管	0.0015	0.2～0.25	0.50
预埋塑料波纹管	0.0015	0.14～0.17	—
预埋铁皮管	0.0030	0.35	0.40
预埋钢管	0.0010	0.25	—
抽心成型	0.0015	0.55	0.60

2. 锚具变形、钢筋回缩和接缝压缩引起的应力损失 σ_{l2}

后张法构件预应力直线钢筋由锚具变形、钢筋回缩和接缝压缩引起的应力损失为：

$$\sigma_{l2}=E_{\mathrm{p}}\varepsilon=\frac{\sum\Delta l}{l}E_{\mathrm{p}} \tag{7-24}$$

式中 Δl——锚具变形、钢筋回缩和接缝压缩值，可按表 7-9 取值；

l——张拉端至锚固端的距离（mm）；

E_p——预应力筋弹性模量。

锚具变形、钢筋回缩和接缝压缩值（mm） **表 7-9**

锚具、接缝类型		Δl	锚具、接缝类型	Δl
钢丝束的钢制锥形锚具		6	墩头锚具	1
夹片式锚具	有顶压时	4	每块后加垫板的缝隙	1
	无顶压时	6	水泥砂浆接缝	1
带螺帽锚具的螺帽缝隙		1	环氧树脂砂浆接缝	1

由于锚具变形会引起钢筋回缩，亦会受到管道摩擦力的影响，由于该摩擦力与钢筋张拉时的摩擦力方向相反，所以称为反摩擦力。若不考虑反摩擦力影响，则预应力筋各点受锚具变形损失影响均相等，若考虑反摩擦的影响，则 σ_{l2} 仅影响锚具附近的预应力筋，在影响区其量值发生变化。反摩擦影响长度可按下式计算：

$$l_f=\sqrt{\frac{\sum\Delta l\cdot E_p}{\Delta\sigma_d}} \tag{7-25}$$

式中 $\sum\Delta l$——锚具变形值，OVM 夹片锚有顶压时取 4mm；

$\Delta\sigma_d$——单位长度由管道摩擦引起的预应力损失。

$$\Delta\sigma_d=\frac{\sigma_0-\sigma_l}{l} \tag{7-26}$$

式中 σ_0——张拉端锚下控制张拉应力；

σ_l——扣除沿途管道摩擦损失后锚固端预拉应力；

l——张拉端到锚固端的距离。

当 $l_f\leqslant l$ 时，离张拉端 x 处由锚具变形、钢筋回缩和接缝压缩引起的，考虑反向摩擦后的应力损失 $\Delta\sigma_x$ 为：

$$\Delta\sigma_x(\sigma_{l2})=\Delta\sigma\frac{l_f-x}{l_f} \tag{7-27}$$

$$\Delta\sigma=2\Delta\sigma_d l_f \tag{7-28}$$

式中 $\Delta\sigma$——当 $l_f\leqslant l$ 时，在 l_f 影响范围内，在考虑反摩擦力后预应力钢筋在张拉端锚下的预应力损失值。

当 $l_f\leqslant x$ 时，表示 x 处预应力钢筋不受反向摩擦力的影响。

当 $l_f>l$ 时，预应力钢筋离张拉端 x' 处考虑反摩擦力后的预应力损失按下式计算：

$$\Delta\sigma'_x(\sigma'_{l2})=\Delta\sigma'-2x'\Delta\sigma_d \tag{7-28a}$$

式中 $\Delta\sigma'$——当 $l_f>l$ 时，在 l 范围内，在考虑反摩擦力后预应力筋在张拉端锚下的预应力损失值。

图 7-31 为考虑反摩擦力后钢筋应力损失计算简图。

3. 预应力筋与台座间温差引起的应力损失 σ_{l3}

对于后张法预应力混凝土梁：$\sigma_{l3}=0$。

对于先张法预应力混凝土梁，当采用蒸汽等加热方法养护混凝土时，钢筋因受热伸长，但台座不受热变形，故致使钢筋松动；当降温时，预应力筋已与混凝土固结，无法回到原来应力状态，由此产生了预应力损失 σ_{l3}。

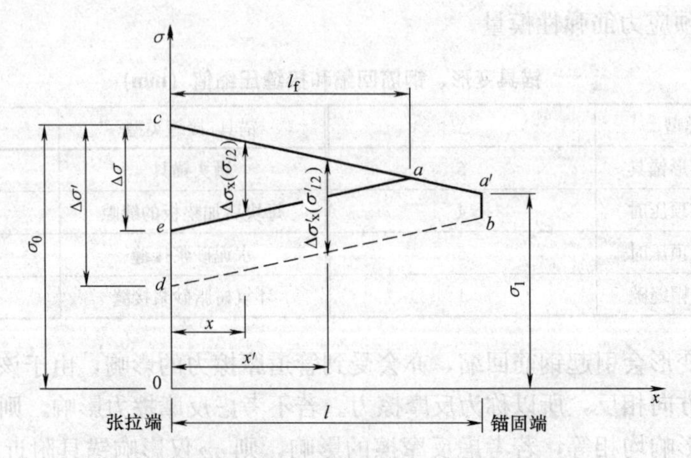

图 7-31　考虑反摩擦力后钢筋应力损失计算简图

$$\sigma_{l3}=\alpha(t_2-t_1) \tag{7-29}$$

式中　α——预应力筋的线膨胀系数（1/C°），钢材一般可取 $\alpha=1\times10^{-5}$（1/C°）；

t_1——张拉钢筋时，制造场地的温度（℃）；

t_2——混凝土加热养护时，受拉钢筋的最高温度（℃）。

当台座与构件共同受热时，不考虑温差引起的预应力损失。

4. 混凝土弹性压缩引起的应力损失 σ_{l4}

(1) 后张法预应力钢筋构件当采用分批张拉时，先张拉的钢筋由张拉后批钢筋所引起的混凝土弹性压缩的预应力损失，可按下式计算：

$$\sigma_{l4}=\alpha_{EP}\Sigma\Delta\sigma_{pc} \tag{7-30}$$

式中　$\Delta\sigma_{pc}$——在计算截面先张拉的钢筋重心处，由后张拉各批钢筋产生的混凝土法向应力（MPa）；

α_{EP}——预应力筋弹性模量与混凝土弹性模量的比值。

(2) 先张法预应力混凝土构件，放松钢筋时由混凝土弹性压缩引起的预应力损失，可按以下简化公式计算：

$$\sigma_{l4}=\frac{m-1}{2}\alpha_{EP}\Delta\sigma_{pc} \tag{7-31}$$

m——张拉预应力钢筋批数，每批钢筋的根数和预加力相同；

$\Delta\sigma_{pc}$——预应力筋重心处，由张拉全部预应力筋所产生的混凝土正应力，对于后张梁，有：

$$\Delta\sigma_{pc}=\frac{N_p}{A_n}+\frac{N_p e_{pn}^2}{I_n} \tag{7-32}$$

$$N_p=A_p\sigma_{pe}=A_p(\sigma_{con}-\sigma_{l1}-\sigma_{l2}) \tag{7-33}$$

N_p——全部钢筋的预加力（扣除相应的预应力损失）；

A_p、σ_{pe}——分别为预应力筋面积和有效预应力；

e_{pn}——预应力筋重心至净截面重心轴的距离；

A_n、I_n——分别为预应力混凝土构件的换算截面面积和换算截面惯性矩。

5. 钢筋松弛引起的应力损失 σ_{l5}

钢筋松弛指的是在持久不变的应力作用下，钢筋的应力随时间的增加而减少的现象。

钢筋松弛引起的应力损失，与预应力筋的初拉应力及品质有关。预应力由钢筋松弛引起的应力损失终极值，按下列公式计算。

① 预应力钢丝、钢绞线

$$\sigma_{l5}=\psi\cdot\xi\left(0.52\frac{\sigma_{pc}}{f_{pk}}-0.26\right)\sigma_{pe} \tag{7-34}$$

式中 ψ——张拉系数，一次张拉时，$\psi=1.0$；超张拉时，$\psi=0.9$；

ξ——钢筋松弛系数，Ⅰ级松弛（普通松弛），$\xi=1.0$；Ⅱ级松弛（低松弛），$\xi=0.3$；

σ_{pc}——在计算截面的钢筋重心处，由全部钢筋预加力产生的混凝土法向应力；

σ_{pe}——传力锚固时的钢筋应力，对于后张法构件 $\sigma_{pe}=\sigma_{con}-\sigma_{l1}-\sigma_{l2}-\sigma_{l4}$；对于先张法构件 $\sigma_{pe}=\sigma_{con}-\sigma_{l2}$；

f_{pk}——预应力筋抗拉强度标准值。

② 精轧螺纹钢筋

一次张拉 $$\sigma_{l5}=0.05\sigma_{con} \tag{7-35}$$

超张拉 $$\sigma_{l5}=0.035\sigma_{con} \tag{7-36}$$

注：超张拉是指用超过设计拉应力 5%～10%的应力张拉，并保持数分钟，然后降回到设计拉应力值（能使 σ_{l5} 减少约 40%～50%）。2 天内，σ_{l5} 完成 50%；40 天内，σ_{l5} 全部完成，其他中间值见表 7-10。

钢筋松弛损失中间值与终极值的比值 **表 7-10**

时间(d)	2	10	20	30	40
比值	0.5	0.61	0.74	0.87	1.00

6. *混凝土收缩和徐变引起的应力损失 σ_{l6}*

混凝土的收缩、徐变会导致梁体缩短，致使预应力钢束产生相对松弛，从而引起了预应力损失。由混凝土收缩、徐变引起的结构构件受拉区和受压区预应力钢筋损失，可分别按下式计算：

$$\sigma_{l6}(t)=\frac{0.9[E_p\varepsilon_{cs}(t,t_0)+\alpha_{EP}\sigma_{pc}\phi(t,t_0)]}{1+15\rho\rho_{ps}} \tag{7-37}$$

$$\sigma'_{l6}(t)=\frac{0.9[E_p\varepsilon_{cs}(t,t_0)+\alpha_{EP}\sigma'_{pc}\phi(t,t_0)]}{1+15\rho'\rho'_{ps}} \tag{7-38}$$

式中 $\sigma_{l6(t)}$、$\sigma'_{l6(t)}$——分别为构件受拉区、受压区全部纵向钢筋截面重心处由混凝土收缩和徐变引起的应力损失；

σ_{pc}、σ'_{pc}——分别为构件受拉区、受压区全部纵向钢筋截面重心处由预应力产生的混凝土法向压应力，此时，预应力损失值仅考虑预应力筋锚固时（第一批）的损失；σ_{pc}、σ'_{pc} 值不得大于传力锚固时混凝土立方体抗压强度 f'_{cu} 的 0.5 倍；当 σ'_{pc} 为拉应力时，应取为 0；

E_p——预应力钢筋的弹性模量；

ρ、ρ'——分别为构件受拉区、受压区全部纵向钢筋配筋率，其中，$\rho=\frac{A_p+A_s}{A}$，$\rho'=\frac{A'_p+A'_s}{A}$；

ρ_{ps}、ρ'_{ps}——计算参数，其中，$\rho_{ps}=1+\frac{e_{ps}^2}{i^2}$，$\rho'_{ps}=1+\frac{e'^2_{ps}}{i^2}$；

A_p、A_s——分别为构件受拉区预应力筋截面积和普通钢筋截面积；

A'_p、A'_s——分别为构件受压区预应力筋截面积和普通钢筋截面积；

A——构件截面面积，对于先张法构件取截面换算面积，对后张法构件取净截面面积；

i——截面回转半径，后张法 $i^2=I_n/A_n$；

e_{ps}、e'_{ps}——分别为构件受拉区、受压区的预应力钢筋和纵向普通钢筋截面重心至构件截面重心的距离，其中：

$$e_{ps}=\frac{A_pe_p+A_se_s}{A_p+A_s},e'_{ps}=\frac{A'_pe'_p+A'_se'_s}{A'_p+A'_s};$$

e_p、e'_p——分别为构件受拉区、受压区预应力钢筋截面重心至构件截面重心的距离；

e_s、e'_s——分别为构件受拉区、受压区纵向普通钢筋截面重心至构件截面重心的距离；

$\varepsilon_{cs}(t, t_0)$——预应力钢筋传力锚固龄期为 t_0，计算考虑的龄期为 t 时的混凝土收缩应变，其终极值 $\varepsilon_{cs}(t_u, t_0)$ 可按表 7-11 取值；

$\phi(t, t_0)$——加载龄期为 t_0，计算考虑的龄期为 t_u 时的徐变系数，其终极值 $\phi(t_u, t_0)$ 可按表 7-11 取值。

混凝土收缩应变和徐变系数终极值 **表 7-11**

混凝土收缩应变终极值 $\varepsilon_{cs}(t_u,t_0)\times10^3$

传力锚固龄期(d)	40%≤RH<70% 理论厚度 h(mm)				70%≤RH<99% 理论厚度 h(mm)			
	100	200	300	≥600	100	200	300	≥600
3～7	0.50	0.45	0.38	0.25	0.30	0.26	0.23	0.15
14	0.43	0.41	0.36	0.24	0.25	0.24	0.21	0.14
28	0.38	0.38	0.34	0.23	0.22	0.22	0.20	0.13
60	0.31	0.34	0.32	0.22	0.18	0.20	0.19	0.12
90	0.27	0.32	0.30	0.21	0.16	0.19	0.18	0.12

混凝土徐变系数终极值 $\phi(t_u,t_0)$

加载龄期(d)	40%≤RH<70% 理论厚度 h(mm)				70%≤RH<99% 理论厚度 h(mm)			
	100	200	300	≥600	100	200	300	≥600
3	3.78	3.36	3.14	2.79	2.73	2.52	2.39	2.20
7	3.23	2.88	2.68	2.39	2.32	2.15	2.05	1.88
14	2.83	2.51	2.35	2.09	2.04	1.89	1.79	1.65
28	2.48	2.20	2.06	1.83	1.79	1.65	1.58	1.44
60	2.14	1.91	1.78	1.58	1.55	1.43	1.36	1.25
90	1.99	1.76	1.65	1.46	1.44	1.32	1.26	1.15

7.4.4 预应力损失组合

1. 预应力损失组合

后张梁

传力锚固时的损失（第一批） $\sigma_{l\mathrm{I}}=\sigma_{l1}+\sigma_{l2}+\sigma_{l4}$

传力锚固后的损失（第二批） $\sigma_{l\mathrm{II}}=\sigma_{l5}+\sigma_{l6}$

先张梁

传力锚固时的损失（第一批） $\sigma_{l\mathrm{I}}=\sigma_{l2}+\sigma_{l3}+\sigma_{l4}+0.5\sigma_{l5}$

传力锚固后的损失（第二批） $\sigma_{l\mathrm{II}}=0.5\sigma_{l5}+\sigma_{l6}$

2. 预应力筋有效预应力 σ_{pe}

预加应力阶段 $\sigma_{pe}=\sigma_{con}-\sigma_{l\mathrm{I}}$

使用阶段 $\sigma_{pe}=\sigma_{con}-(\sigma_{l\mathrm{I}}+\sigma_{l\mathrm{II}})$

7.4.5 预应力等效荷载计算

如果将预应力混凝土结构视为一种预加力和混凝土压力相互作用并取得平衡的自锚体系，则可把预应力束和混凝土视为互相独立的脱离体，将预应力束对混凝土梁的作用用等效荷载来表示。具体可分为以下两种情况。

1. 折线预应力筋的等效荷载

折线布置的预应力筋对梁体的作用，在钢束锚固点及转角处可等效为集中力和集中力矩。

(1) 预应力钢束锚固点处

如图 7-32 所示，预应力束锚固点 i 和 j 处预应力束的有效预加力为 F_i 和 F_j，F_i 和 F_j 与水平坐标轴 X 间的夹角分别为 α_i 和 α_j，锚固点 i 和 j 距结构几何中心分别为 e_i 和 e_j，则锚固点 i 和 j 沿水平向、竖向的分力以及力矩分别为：

$$F_{xi}=F_i\cos\alpha_i \quad F_{xj}=F_j\cos\alpha_j \tag{7-39}$$

$$F_{yi}=F_i\sin\alpha_i \quad F_{yj}=F_j\sin\alpha_j \tag{7-40}$$

$$M_i=F_{xi}e_i=F_ie_i\cos\alpha_i \quad M_j=F_{xj}e_j=F_je_j\cos\alpha_j \tag{7-41}$$

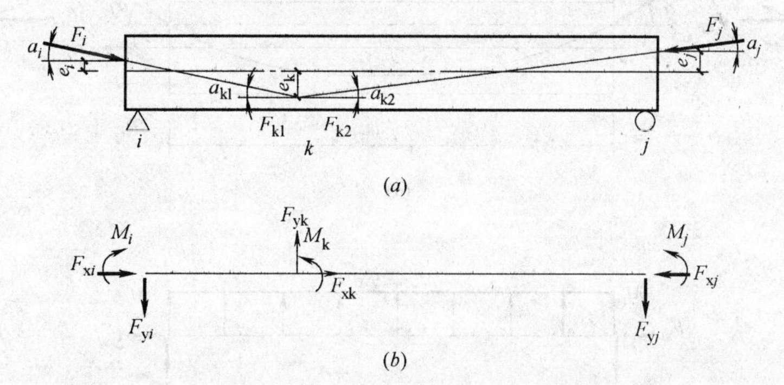

图 7-32 折线布置的预应力筋束布置及其等效集中荷载

(2) 预应力钢束折线转角 k 处

如图 7-32 所示，ik 段预应力筋在 k 点处有效预加力为 F_i，kj 段预应力筋在 k 点处有

效预加力为 F_j，则 k 处的等效集中力和集中力矩分别为：

$$F_{xk}=F_i\cos\alpha_i-F_j\cos\alpha_j \tag{7-42}$$

$$F_{yk}=F_i\sin\alpha_i+F_j\sin\alpha_j \tag{7-43}$$

$$M_k=F_{xk}e_k \tag{7-44}$$

2. 曲线预应力筋的等效荷载

当预应力钢束呈曲线布置，若不考虑预应力损失，预应力束对混凝土梁的作用可等效为均布荷载。若考虑预应力损失，则可等效为沿预应力曲线径向和切向的分布荷载（管道摩阻力）。本书只介绍不考虑预应力损失的荷载等效方法。

预应力筋呈曲线布置时，通常可近似其线形为二次抛物线或圆弧线。由于曲线平坦，假定抛物线和圆弧线产生的竖向荷载有同样效应。设预应力筋的布置呈二次抛物线，如图7-33所示，则其方程可表示为：

$$y(x)=\frac{4f}{l^2}x^2-\frac{4f+e_i-e_j}{l}x+e_i \tag{7-45}$$

式中 f——抛物线矢高；

e_i、e_j——分别为梁体两端预应力筋的偏心距。

由图7-33可知，预加力为 F，则由预加力引起的弯矩为：

$$M(x)=Fy(x) \tag{7-46}$$

由材料力学中弯矩与均布荷载间的关系，可得梁体横向均布荷载为：

$$q(x)=\frac{d^2M(x)}{dx^2}=\frac{d^2}{dx^2}(yF\cos\theta) \tag{7-47}$$

式中 θ——预应力筋与梁体轴线的夹角，通常预应力筋曲线较为平缓，所以可近似取 $\cos\theta\approx1$，则上式可表示为：

$$q(x)=\frac{8fF}{l^2} \tag{7-48}$$

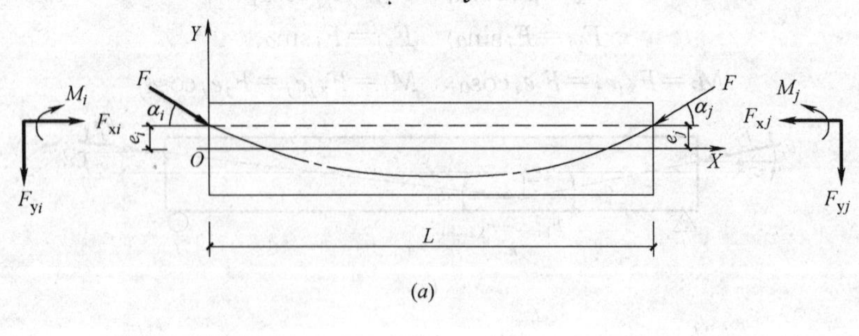

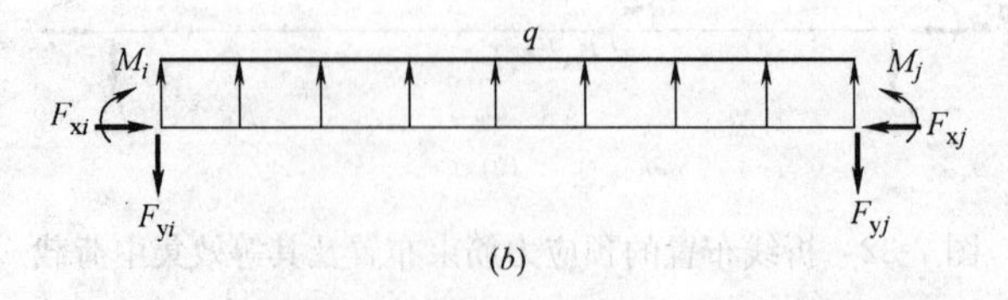

图7-33 曲线预应力筋布置示意图及等效荷载

(*a*) 曲线预应力筋布置示意图；(*b*) 曲线预应力筋等效荷载力学简图

*7.5 温度效应

气温差、日照温差均会引起温度应力，温度应力可分为两种：①一种是由于桥梁结构整体温升或温降引起结构变形，这种变形是由于外部约束作用无法自由发生，从而引起的附加应力，称为温度次应力；②另一种是在竖向日照温差梯度作用下，桥梁梁体内部间纤维在温差作用下呈非线性变化，而构件截面变形服从平截面假设，由于二者的差异导致温度变形在纵向纤维之间受到约束，在截面内产生自平衡的纵向约束力，即为温度自应力。温度自应力呈非线性，应力和应变有时并不服从虎克定律。温度自应力影响截面内的应力分布，对裂缝比较敏感的结构以及联合截面结构的影响将是不可忽视的。

对于空间梁单元的温度应力的计算，假设梁内温度沿轴向（X 向）是常量，在 y、z 两个方向是任意变化的；则 $\sigma_y=\sigma_z=0$，梁体内任一点的正应变和剪应变为：

$$\varepsilon_x=\frac{\sigma_x}{E}+\alpha T \tag{7-49}$$

$$\gamma_{xy}=\frac{\tau_{xy}}{G}\quad \gamma_{yz}=\frac{\tau_{yz}}{G}\quad \gamma_{xz}=\frac{\tau_{xz}}{G} \tag{7-50}$$

7.5.1 整体温度升降作用下的温度应力

对于静定结构在整体温度升降作用下，由于结构可自由伸缩变形，所以不会产生温度次应力。相反超静定结构在整体温升降作用下，结构无法完全自由变形，则会产生温度次应力。《公路桥涵设计通用规范》JTG D60—2004 规定，若缺乏实际调查资料，公路混凝土结构和钢结构的最高和最低有效温度标准值可按表 7-12 确定。

公路桥梁结构的有效温度标准值（℃） **表 7-12**

气温分区	钢桥面板钢桥		混凝土桥面板钢桥		混凝土、石桥	
	最高	最低	最高	最低	最高	最低
严寒地区	46	−43	39	−32	34	−23
寒冷地区	46	−21	39	−15	34	−10
温热地区	46	−9(−3)	39	−6(−1)	34	−3(0)

注：表中括号内数值适用于昆明、南宁、广州、福州等市。

7.5.2 日照温差作用下的温度自应力

在日照作用下，桥梁结构在竖向产生温度梯度。表述温度梯度通常有两种方式：线性梯度和折线梯度。在竖向线性梯度温度作用下，如图 7-34 所示，超静定桥梁结构将会产生温度次内力，但由于截面变形符合平截面假定，梁体内部纤维变形协调，不会产生温度自应力。在竖向折线梯度温度作用下，如图 7-35 所示，超静定桥梁结构仍然会产生温度次内力，除此之外，由于截面发生非线性变形，纵向纤维互相约束，无论桥梁结构是静定结构还是超静定结构，都将产生温度自应力。

《公路桥涵设计通用规范》JTG D60—2004 规定，计算桥梁结构由于温度梯度引起的温度应力时，可采用图 7-35 所示的竖向折线梯度温度，桥面板表面的最高温度 T_1 规定见

表7-13。图 7-35 中，对于混凝土桥梁，当梁高 $H<40\text{mm}$ 时，$A=H-100$（mm）；梁高 $H\geqslant 400\text{mm}$ 时，$A=300\text{mm}$；对于混凝土桥面钢桥，$A=300\text{mm}$；图中 t 为混凝土桥面板的厚度（mm）。

混凝土上部结构和混凝土桥面板钢桥的竖向日照反温差为正温差乘以−0.5。

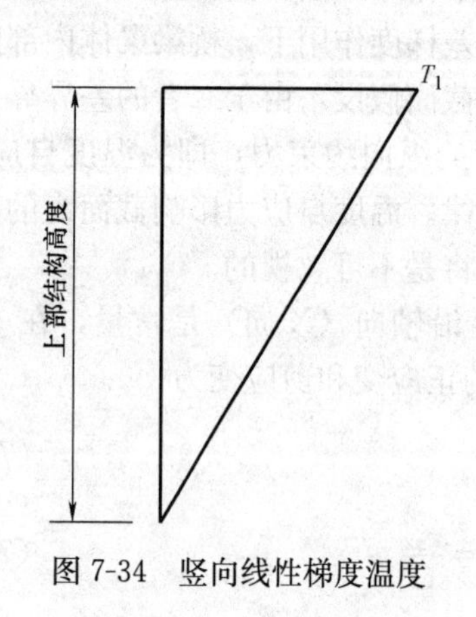

图 7-34　竖向线性梯度温度

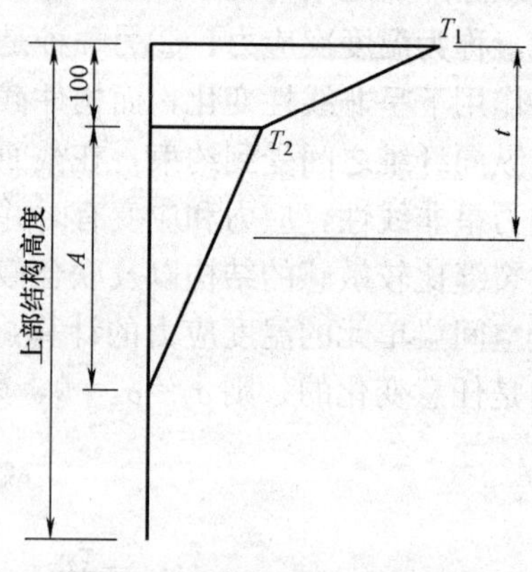

图 7-35　竖向折线梯度温度

竖向日照正温差计算的温度基数　　**表 7-13**

结构类型	T_1(℃)	T_2(℃)
混凝土铺装	25	6.7
50mm 沥青混凝土铺装层	20	6.7
100mm 沥青混凝土铺装层	14	5.5

*7.6　基础不均匀沉降效应

对于超静定桥梁结构体系，基础的不均匀沉降会引起结构的附加内力，对桥梁、路面和车辆造成不良影响，使得桥梁使用年限以及行车安全性都受到极大的挑战，因此《公路桥涵地基与基础设计规范》JTG D63—2007 对基础沉降作了明确的规定：①当墩台建筑在地质情况复杂、土质不均匀及承载能力较差的地基上，以及相邻跨径差别悬殊而需计算沉降差或跨线桥净高需预先考虑沉降量时，均应计算其沉降。②墩台的沉降，应符合下列规定：相邻墩台间不均匀沉降差值（不包括施工中的沉降），不应使桥面形成大于 0.2% 的附加纵坡（折角）；超静定结构桥梁墩台间不均匀沉降差值，还应满足结构的受力要求。

某三跨连续梁，如果 2＃支点沉降 2cm（如图 7-36 所示），将产生如图 7-37 所示的附加弯矩。从图 7-37 可知，2＃支点基础不均匀沉降对于 2＃支点处截面负弯矩可起到卸载的作用，但会增加边跨正弯矩及 3＃支点负弯矩。

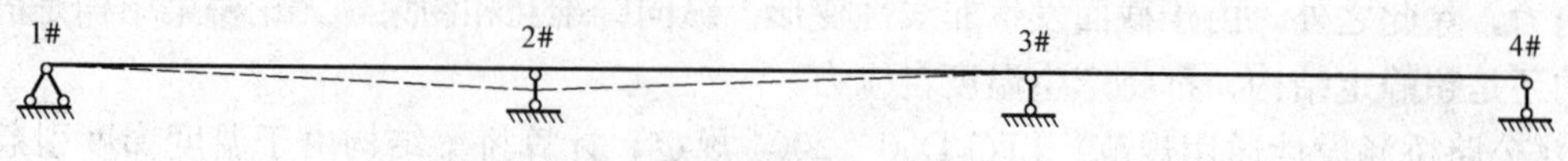

图 7-36　某三跨连续梁不均匀沉降示意图

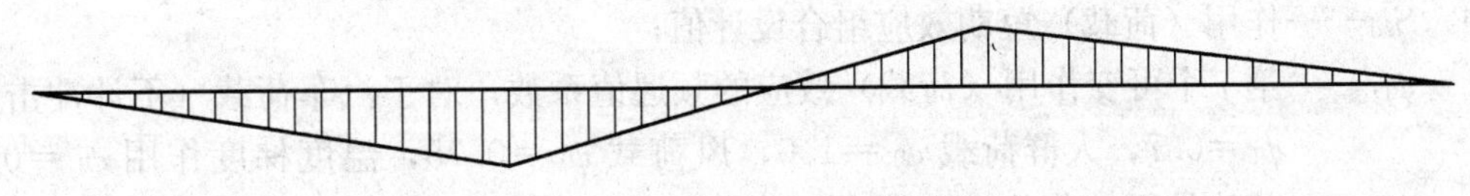

图 7-37　沉降作用下的弯矩图

在 Midas/Civil 中，可通过沿刚性连接某一自由度的方向施加强迫位移来模拟桥梁结构的基础沉降。实际工程验算中，对基础的不均匀沉降无法准确预知，可通过定义沉降组，得出在最不利组合下沉降内力包络图，如图 7-38 所示。具体步骤如下：

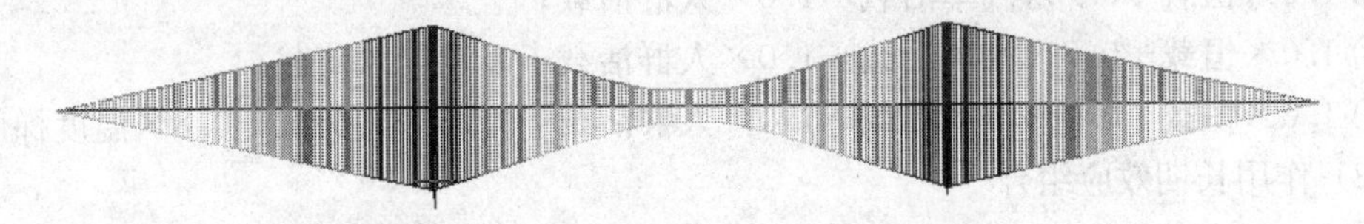

图 7-38　最不利组合下沉降弯矩包络图

(1) 定义支座沉降组，如图 7-39 所示。

(2) 定义支座沉降荷载工况，如图 7-40 所示。

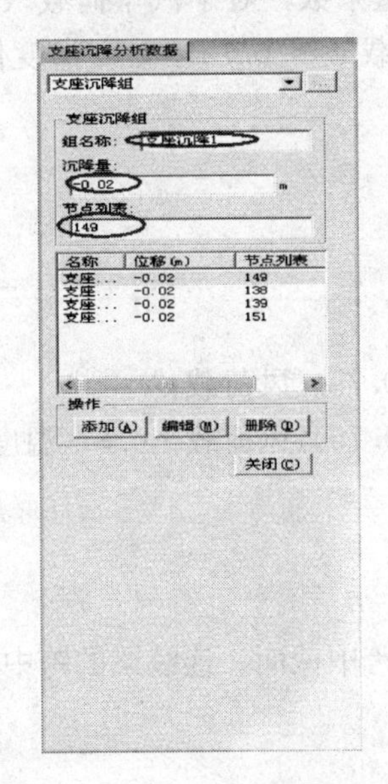

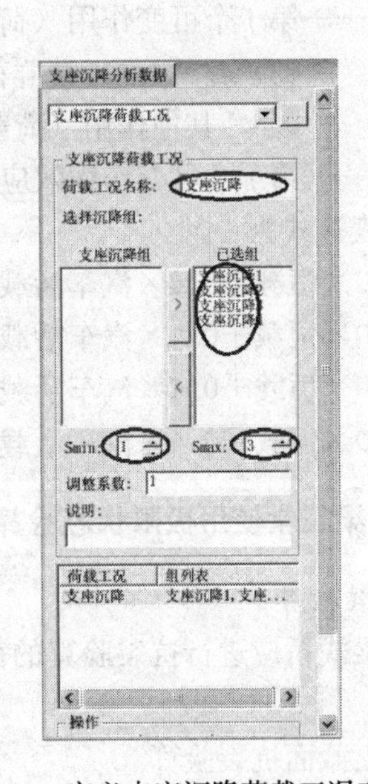

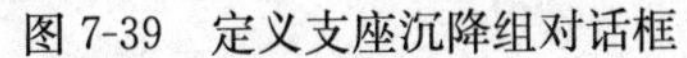

图 7-39　定义支座沉降组对话框

图 7-40　定义支座沉降荷载工况对话框

7.7　桥梁正常使用极限状态验算

7.7.1　桥梁正常使用极限状态设计荷载组合

公路桥梁正常使用极限状态设计荷载的组合有以下两种情况。

(1) 作用短期效应组合

$$S_{sd}=\sum_{i=1}^{m}S_{Gik}+\sum_{j=1}^{n}\psi_{1j}S_{Qjk} \tag{7-51}$$

式中　S_{sd}——作用（荷载）短期效应组合设计值；

ψ_{1j}——第 j 个可变作用（荷载）效应的频遇值系数，对于汽车荷载（不计冲击力）$\psi_1=0.7$，人群荷载 $\psi_1=1.0$，风荷载 $\psi_1=0.75$，温度梯度作用 $\psi_1=0.8$，其他作用（荷载）$\psi_1=1.0$；

$\psi_{1j}S_{Qjk}$——第 j 个可变作用效应的频遇值。

具体表达式为：

① 1.0×恒载+0.7×汽车活载；

② 1.0×恒载+0.7×汽车活载+1.0×人群活载；

③ 1.0×恒载+0.7×汽车活载+1.0×人群活载+0.75×风荷载；

④ 1.0×恒载+0.7×汽车活载+1.0×人群活载+0.75×风荷载+0.8×温度梯度。

（2）作用长期效应组合

$$S_{ld}=\sum_{i=1}^{m}S_{Gik}+\sum_{j=1}^{n}\psi_{2j}S_{Qjk} \tag{7-52}$$

式中　S_{ld}——作用（荷载）长期效应组合设计值；

ψ_{2j}——第 j 个可变作用（荷载）效应的准永久值系数，对于汽车荷载（不计冲击力）$\psi_2=0.4$，人群荷载 $\psi_2=0.4$，风荷载 $\psi_2=0.75$，温度梯度作用 $\psi_2=0.8$，其他作用（荷载）$\psi_2=1.0$；

$\psi_{2j}S_{Qjk}$——第 j 个可变作用效应永久值。

具体表达式为：

① 1.0×恒载+0.4×汽车活载；

② 1.0×恒载+0.4×汽车活载+0.4×人群活载；

③ 1.0×恒载+0.4×汽车活载+0.4×人群活载+0.75×风荷载；

④ 1.0×恒载+0.4×汽车活载+0.4×人群活载+0.75×风荷载+0.8×温度梯度。

7.7.2　桥梁正常使用极限状态验算

1. 抗裂验算

对于梁式桥应进行抗裂验算的截面主要有简支梁的跨中截面、连续梁的跨中和中间支点截面。

（1）正截面抗裂验算

1）全预应力梁在作用短期效应组合下

预制构件

$$\sigma_{st}-0.85\sigma_{pc}\leqslant 0 \tag{7-53}$$

分段浇筑或砂浆接缝的纵向分块构件

$$\sigma_{st}-0.8\sigma_{pc}\leqslant 0 \tag{7-54}$$

式中　σ_{st}——作用短期效应组合下，截面边缘混凝土法向拉应力；

σ_{pc}——由预加力产生的截面边缘混凝土有效预压应力（扣除预应力损失）。

由式（7-53）、式（7-54）可知，全预应力混凝土构件正截面在外荷载作用下，不仅应处于全受压，而且应有一定的压应力储备。

2）A 类预应力混凝土构件在作用短期效应组合下

$$\sigma_{st}-\sigma_{pc}\leqslant 0.7f_{tk} \tag{7-55}$$

在荷载长期效应组合下

$$\sigma_{lt}-\sigma_{pc}\leqslant 0 \tag{7-56}$$

式中 f_{tk}——混凝土抗拉强度标准值；

σ_{lt}——荷载长期效应组合下，截面边缘混凝土法向拉应力。

式（7-56）表明A类预应力混凝土构件在作用短期效应组合下容许出现开裂，但最大裂缝宽度受限（表7-14），在荷载长期效应组合下处于受压状态，不容许出现开裂。

（2）斜截面抗裂验算

1）全预应力混凝土梁在作用短期效应组合下

预制构件 $$\sigma_{tp}\leqslant 0.6f_{tk} \tag{7-57}$$

现场（包括预制拼装）构件 $$\sigma_{tp}\leqslant 0.4f_{tk} \tag{7-58}$$

2）A类和B类预应力混凝土构件，在作用短期效应组合下

预制构件 $$\sigma_{tp}\leqslant 0.7f_{tk} \tag{7-59}$$

现场（包括预制拼装）构件 $$\sigma_{tp}\leqslant 0.5f_{tk} \tag{7-60}$$

式中 σ_{tp}——作用短期效应组合和预加力共同作用下产生的混凝土主拉应力，可按式（7-61）计算：

$$\sigma_{tp}=\frac{\sigma_{cx}+\sigma_{cy}}{2}-\sqrt{\left(\frac{\sigma_{cx}-\sigma_{cy}}{2}\right)^2+\tau^2} \tag{7-61}$$

σ_{cx}——由作用短期效应组合弯矩和预加力共同在主应力计算点产生的混凝土正应力；

σ_{cy}——竖向预应力钢筋的预加力产生的混凝土竖向压应力；

τ——由作用短期效应组合弯矩和预加力共同在主应力计算点产生的混凝土剪应力。

2. 裂缝宽度验算

矩形、T形和I形截面钢筋混凝土构件及B类预应力混凝土受弯构件容许出现裂缝，最大裂缝宽度可按下式计算：

$$W_{tk}=C_1C_2C_3\frac{\sigma_{ss}}{E_s}\left(\frac{30+d}{0.28+10\rho}\right) \tag{7-62}$$

$$\rho=\frac{A_s+A_p}{bh_0+(b_f-b)h_f} \tag{7-63}$$

式中 C_1——钢筋表面形状系数，对光面钢筋，$C_1=1.4$；对带肋钢筋，$C_1=1.0$；

C_2——作用（荷载）长期效应影响系数，$C_2=1+0.5\frac{N_l}{N_s}$，N_l和N_s分别为按作用（荷载）长期效应组合和短期效应组合计算的内力值（弯矩或轴力）；

C_3——与构件受力性质有关的系数；当为钢筋混凝土板式受弯构件时，$C_3=1.15$；其他受弯构件$C_3=1.0$；轴心受拉构件$C_3=1.2$；偏心受拉构件$C_3=1.1$；偏心受压构件$C_3=0.9$；

σ_{ss}——钢筋应力，具体参照《公路桥规》第6.4.4条计算；

d——纵向受拉钢筋直径（mm），当用不同直径的钢筋时，d改为换算直径d_e，具体参照《公路桥规》第6.4.3条计算；

ρ——纵向受拉钢筋配筋率，对钢筋混凝土构件，当$\rho>0.02$时，取$\rho=0.02$；当$\rho<0.006$时，取$\rho=0.006$；对于轴心受拉构件，ρ按全部受拉钢筋截面面积A_s的一半计算；

b_f——构件受拉翼缘宽度；

h_f——构件受拉翼缘厚度。

按上式计算所得的裂缝宽度不得超过表 7-14 的值。

钢筋混凝土构件和 B 类预应力混凝土构件裂缝宽度限值（单位：mm）　　表 7-14

钢筋混凝土构件		采用精轧螺纹钢筋的预应力混凝土构件		采用钢丝或钢绞线的预应力混凝土构件	
Ⅰ类和Ⅱ类环境	Ⅲ类和Ⅳ类环境	Ⅰ类和Ⅱ类环境	Ⅲ类和Ⅳ类环境	Ⅰ类和Ⅱ类环境	Ⅲ类和Ⅳ类环境
0.20	0.15	0.20	0.15	0.10	不得进行带裂缝的B类构件设计

注：1. Ⅰ类环境为温暖或寒冷地区的大气环境、与无侵蚀性的水或土接触的环境；
2. Ⅱ类环境为严寒地区的大气环境、使用除冰盐环境、滨海环境；
3. Ⅲ类环境为海水环境；
4. Ⅳ类环境为受侵蚀性物质影响的环境。

3. 刚度验算

梁体（受弯构件）在使用阶段的挠度应考虑长期效应的影响，按荷载短期效应组合计算的挠度值，应乘以挠度长期增长系数 η_θ。

当采用强度等级 C40 以下混凝土时，$\eta_\theta=1.60$；

当采用强度等级 C40～ C80 混凝土时，$\eta_\theta=1.45\sim1.35$，中间强度等级可按直线内插值取用。

钢筋混凝土和预应力混凝土梁（受弯构件）按短期效应组合计算的长期挠度值减去自重产生的长期挠度后，梁式桥主梁的最大挠度处不应超过计算跨径的 1/600；梁式桥主梁的悬臂端不应超过悬臂长度的 1/300。

7.7.3　验算流程

桥梁正常使用极限状态验算可按图 7-41 所示流程进行。

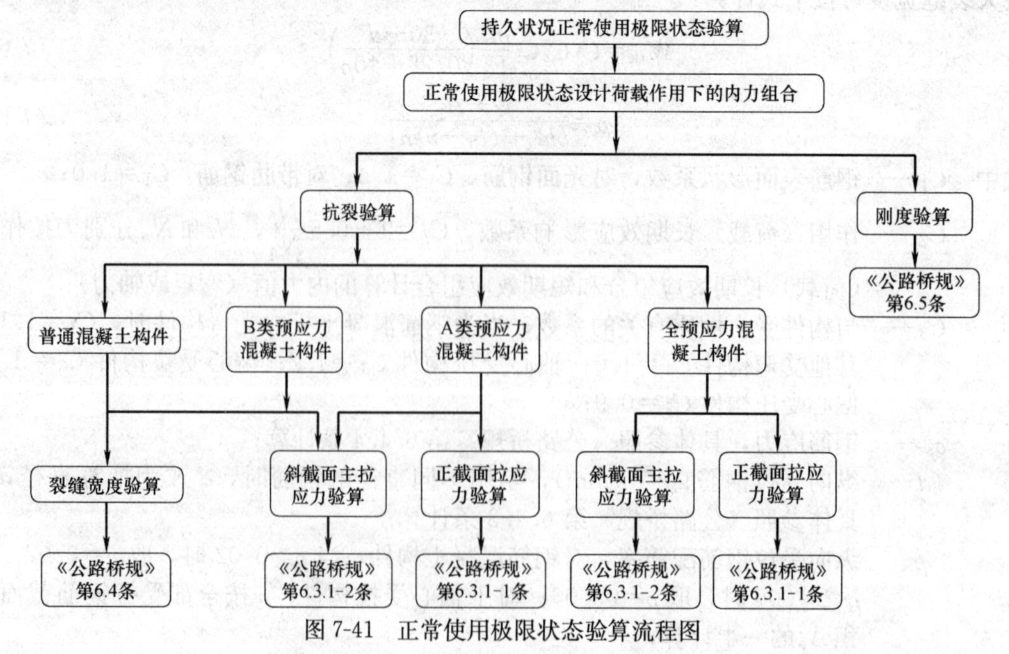

图 7-41　正常使用极限状态验算流程图

7.8 桥梁承载能力极限状态验算

7.8.1 承载能力极限状态设计荷载组合

公路桥梁按承载能力极限状态设计时，采用以下两种组合方式。

1. 基本组合

永久作用（荷载）的设计值效应与可变作用设计值效应相组合，其组合表达式为：

$$\gamma_0 S_{\mathrm{ud}} = \gamma_0 \left[\sum_{i=1}^{m} \gamma_{\mathrm{G}i} S_{\mathrm{G}i\mathrm{k}} + \gamma_{\mathrm{Q1}} S_{\mathrm{Q1k}} + \phi_{\mathrm{c}} \sum_{j=2}^{n} \gamma_{\mathrm{Q}j} S_{\mathrm{Q}j\mathrm{k}} \right] \tag{7-64}$$

或

$$\gamma_0 S_{\mathrm{ud}} = \gamma_0 \left(\sum_{i=1}^{m} S_{\mathrm{G}i\mathrm{d}} + S_{\mathrm{Q1d}} + \phi_{\mathrm{c}} \sum_{j=2}^{n} S_{\mathrm{Q}j\mathrm{d}} \right) \tag{7-65}$$

式中 γ_0——结构重要性系数，对应于设计安全等级一级、二级和三级分别取 1.1、1.0 和 0.9；

S_{ud}——承载能力极限状态下作用基本组合的效应组合设计值；

$\gamma_{\mathrm{G}i}$——第 i 个永久作用效应的分项系数，详见《公路桥规》表 4.1.6；

$S_{\mathrm{G}i\mathrm{k}}$、$S_{\mathrm{G}i\mathrm{d}}$——分别为第 i 个永久作用效应的标准值和设计值；

γ_{Q1}——汽车荷载效应（含冲击力、离心力）的分项系数，取 1.4；

S_{Q1k}、S_{Q1d}——分别为汽车荷载效应（含冲击力、离心力）的标准值和设计值；

$\gamma_{\mathrm{Q}j}$——在作用效应组合中除汽车荷载效应（含冲击力、离心力）、风荷载外的其他第 j 个可变作用效应的分项系数，取 1.4，风荷载的分项系数取 1.1；

$S_{\mathrm{Q}j\mathrm{k}}$、$S_{\mathrm{Q}j\mathrm{d}}$——分别为在作用效应组合中除汽车荷载效应（含冲击力、离心力）外的其他可变作用效应的标准值和设计值；

ϕ_{c}——在作用效应组合中除汽车荷载效应（含冲击力、离心力）外的其他可变作用效应的组合系数，当永久作用与汽车荷载和人群荷载（或其他一种可变作用）组合时，人群荷载（或其他一种可变作用）的组合系数取 0.8；当除汽车荷载（含冲击力、离心力）外尚有两种其他可变作用参与组合时，其组合系数取 0.7；尚有 3 种其他可变作用参与组合时，其组合系数取 0.6；尚有 4 种或多于 4 种的其他可变作用参与组合时，其组合系数取 0.5。

以上组合方式，可具体表示为：

(1) 1.2×恒载+1.4×汽车活载；

(2) 1.2×恒载+1.4×汽车活载+0.8×1.4×人群活载；

(3) 1.2×恒载+1.4×汽车活载+0.7×(1.4×人群活载+1.1×风荷载)；

(4) 1.2×恒载+1.4×汽车活载+0.6×(1.4×人群活载+1.1×风荷载+1.4×土压力)；

(5) 1.2×恒载+1.4×汽车活载+0.5×(1.4×人群活载+1.1×风荷载+1.4×土压力+1.4×汽车制动力)。

2. 偶然组合

偶然组合为永久作用标准值效应与可变作用某种代表值效应、一种偶然作用标准值效应相组合。偶然作用的有效分项系数取 1.0；与偶然作用同时出现的可变作用，可根据观测资料和工程经验取用适当的代表值。地震作用标准值及其表达式具体可参考《公路桥梁抗震设计细则》。

7.8.2 持久状况承载能力极限状态验算

不同受力构件，持久状况承载能力极限状态验算公式不同，但相同的是其持久状况承载能力极限状态荷载组合内力应小于其设计承载能力（亦称强度）。计算人员应根据桥梁不同构件受力特征，如受弯构件、压弯构件、拉弯构件、轴心受压构件等，选择相应的验算公式。

1. 受弯构件

简支梁梁体和连续梁梁体均为受弯构件，通常进行截面设计时应验算其正截面和斜截面抗弯承载能力以及斜截面抗剪承载能力，具体验算方法如下。

(1) 抗弯承载能力验算

对于受弯构件，通常应验算其正截面和斜截面抗弯承载能力。对于简支梁应验算跨中截面，对于连续梁应着重验算跨中、中支点、L/4 等截面。

1) 矩形截面或翼缘位于受拉边的 T 形截面（箱形截面可近似由 T 形截面组成）受弯构件（如连续梁桥中支点截面）的正截面抗弯承载能力可用以下公式计算，即《公路桥规》第 5.2.2 条，其受力简图如图 7-42 所示。

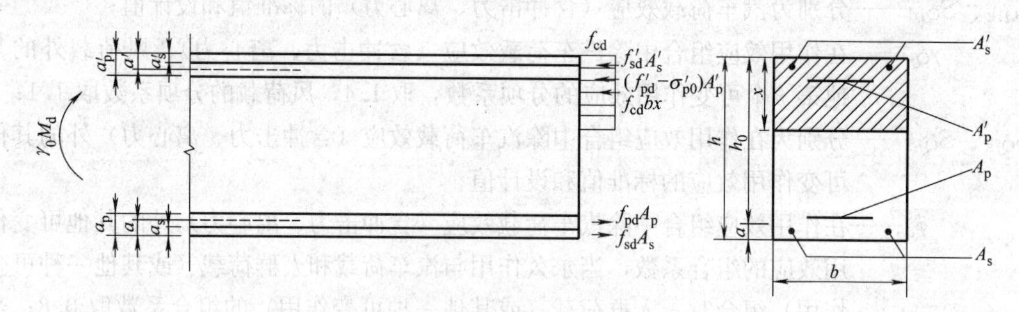

图 7-42 矩形截面受弯构件正截面承载力计算

$$\gamma_0 M_d \leqslant f_{cd}bx\left(h_0-\frac{x}{2}\right)+f'_{sd}A'_s(h_0-a'_s)+(f'_{pd}-\sigma'_{p0})A'_p(h_0-a'_p) \tag{7-66}$$

上式中，左边项为持久状况承载能力极限状态设计荷载组合，且考虑重要性系数的弯矩组合设计值；右边第一项为受压区混凝土结构的梁截面承载能力，右边第二项为受压区普通钢筋的承载能力，右边第三项为受压区预应力钢束的承载能力。

由于受拉区和受压区应力合力相等，则：

$$f_{sd}A_s+f_{pd}A_p=f_{cd}bx+f'_{sd}A'_s+(f'_{pd}-\sigma'_{p0})A'_p \tag{7-67}$$

截面受压区高度应符合以下要求：

$$x\leqslant \xi_b h_0 \tag{7-68}$$

当受压区配有纵向普通钢筋和预应力钢筋，且预应力钢筋受压即 $(f'_{pd}-\sigma'_{p0})>0$ 时：

$$x \geqslant 2a' \tag{7-69}$$

当受压区配有纵向普通钢筋或配普通钢筋和预应力钢筋，且预应力钢筋受拉即 $(f'_{pd}-\sigma'_{p0})<0$ 时：

$$x \geqslant 2a'_s \tag{7-70}$$

式中及图中 γ_0——桥梁结构的重要性系数；

ξ_b——构件的正截面相对界限受压区高度，见表 7-15；

M_d——弯矩组合设计值；

f_{cd}——混凝土轴心抗压强度设计值；

f_{sd}、f'_{sd}——分别为纵向普通钢筋的抗拉强度设计值和抗压强度设计值；

A_s、A'_s——分别为受拉区、受压区纵向普通钢筋截面面积；

f_{pd}、f'_{pd}——分别为纵向预应力钢筋的抗拉强度设计值和抗压强度设计值；

A_p、A'_p——分别为受拉区、受压区纵向预应力钢筋截面面积；

σ'_{p0}——受压区预应力筋合力点处，混凝土法向应力等于零时预应力筋的应力；

a'_s、a'_p——分别为受压区普通钢筋合力点、预应力钢筋合力点至受压区边缘的距离；

a、a'——分别为受拉区、受压区普通钢筋和预应力钢筋合力点至受拉区边缘、受压区边缘的距离；

b——矩形截面或 T 形截面腹板宽度；

h_0——截面有效高度，$h_0=h-a$，h 为截面全高。

相对界限受压区高度 ξ_b **表 7-15**

钢筋种类 \ 混凝土强度等级	C50 及以下	C55、C60	C65、C70	C75、C80
R235	0.62	0.60	0.58	—
HRB335	0.56	0.54	0.52	—
HRB400、KL400	0.53	0.51	0.49	—
钢绞线、钢丝	0.40	0.38	0.36	0.35
精轧螺纹钢筋	0.40	0.38	0.36	—

2）翼缘位于受压区的 T 形截面（箱形截面可近似由 T 形截面组成），或 I 形截面受弯构件的承载能力，如简支梁、连续梁正弯矩区，可按《公路桥规》第 5.2.3 条规定的方法计算。

如图 7-43 所示的 T 形截面，当满足下述条件时，为第一类 T 形截面（如图 7-43a 所示），即中性轴位于翼板内，否则为第二类 T 形截面（如图 7-43b 所示），即中性轴位于腹板内。

$$f_{sd}A_s+f_{pd}A_p \leqslant f_{cd}b'_f h'_f+f'_{sd}A'_s+(f'_{pd}-\sigma'_{p0})A'_p \tag{7-71}$$

第一类 T 形截面可按上述矩形截面正截面抗弯承载能力计算方法计算。在计算第二类 T 形截面正截面抗弯承载能力时，应考虑腹板受压的作用，按下式计算。

$$\gamma_0 M_d \leqslant f_{cd}\left[bx\left(h_0-\frac{x}{2}\right)+(b'_f-b)h'_f\left(h_0-\frac{h'_f}{2}\right)\right]+f'_{sd}A'_s(h_0-a'_s)+(f'_{pd}-\sigma'_{p0})A'_p(h_0-a'_p) \tag{7-72}$$

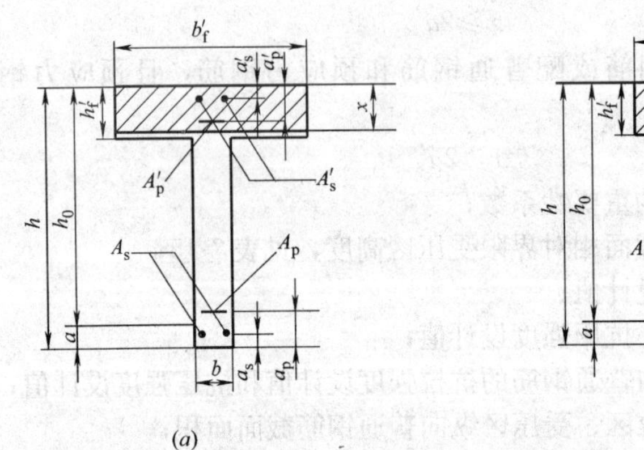

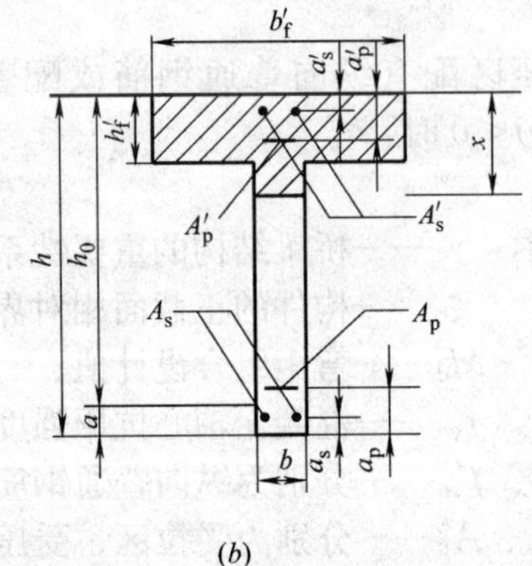

图 7-43 翼缘位于受压区的 T 形截面受弯构件正截面承载力计算

此时，受压区高度 x 应按下列公式计算，并符合式（7-68）、式（7-69）和式（7-70）的要求。

$$f_{sd}A_s+f_{pd}A_p=f_{cd}[bx+(b'_f-b)h'_f]+f'_{sd}A'_s+(f'_{pd}-\sigma'_{p0})A'_p \tag{7-73}$$

式中 h'_f——T 形或 I 形截面受压翼缘厚度；

b'_f——T 形或 I 形截面受压翼缘的有效宽度。

3）斜截面抗弯承载力计算

斜截面抗弯承载力一般不控制设计。当构件符合《公路桥规》第 9.1.4 条、第 9.3.9～第 9.3.13 条的构造要求时，可不进行斜截面抗弯承载力计算。

（2）抗剪承载能力验算

对于混凝土受弯构件，抗剪承载能力往往是控制设计的关键因素，因此应对其抗剪承载能力进行验算，对于简支梁和连续梁近边支点梁段，应验算以下截面：①距支座中心 h/2 处截面；②受拉区弯起钢筋弯起点处截面；③腹板宽度变化处截面；④箍筋数量或间距改变处的截面；⑤锚于受拉区的纵向钢筋开始不受力处的截面。对于连续梁中间支点梁段，应验算以下截面：①支点横隔梁边缘处截面；②变高度梁的高度突变处截面；③参照简支梁的要求，需要进行验算的截面。

1）抗剪截面验算应符合的条件

受弯构件的抗剪截面尺寸首先应符合式（7-74）（《公路桥规》第5.2.9 条）的要求：

$$\gamma_0 V_d \leqslant 0.51\times10^{-3}\sqrt{f_{cu,k}}bh_0 \quad (\text{kN}) \tag{7-74}$$

式中 V_d——验算截面处由荷载产生的剪力组合设计值（kN）；

b——相应于剪力组合设计值处的矩形截面宽度（mm），或 T 形和 I 形截面腹板宽度（mm）；

$f_{cu,k}$——边长 150mm 的混凝土立方体抗压强度标准值（MPa），即混凝土强度等级；

h_0——相应于剪力组合设计值处的截面有效高度（mm）。

若不满足应修改截面尺寸，直到满足式（7-74）。

2）不需进行斜截面抗剪承载力验算的条件

矩形、T 形、I 形和箱形截面受弯构件，当符合式（7-75）的条件（《公路桥规》JTG D62—2004 第 5.2.10 条）时，可不进行斜截面抗剪承载力验算，仅需按构造配置箍筋。

$$\gamma_0 V_b \leqslant 0.50 \times 10^{-3} \alpha_2 f_{td} b h_0 \quad (kN) \qquad (7\text{-}75)$$

式中 α_2——预应力提高系数，钢筋混凝土受弯构件取 1.0，预应力混凝土受弯构件取 1.25，但当由钢筋合力引起的截面弯矩与外弯矩的方向相同时，或允许出现裂缝的预应力混凝土受弯构件，取 1.0；

f_{td}——混凝土的抗拉强度设计值。

3）斜截面抗剪承载力验算

矩形、T 形（箱形）、I 形截面受弯构件，当配有箍筋和弯起钢筋时，其斜截面抗剪承载力计算应符合《公路桥规》第 5.2.7 条规定。但在验算前首先应判断截面下限值是否满足第 5.2.9 条的规定，否则应重新修改截面高度或宽度。另外若截面满足《公路桥规》第 5.2.10 条，则可不必进行斜截面抗剪承载力。

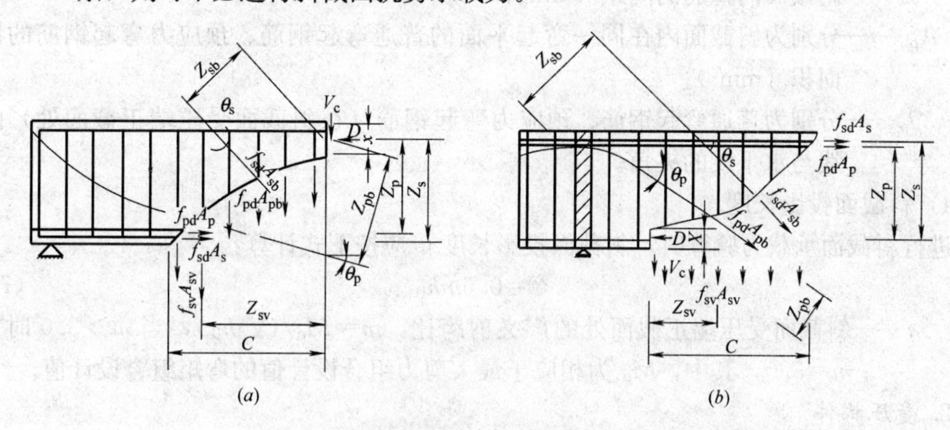

图 7-44 斜截面抗剪承载力验算

(a) 简支梁和连续梁近边支点梁段；(b) 连续梁和悬梁近中支点梁段

$$\gamma_0 V_d \leqslant V_{cs} + V_{sb} + V_{pb} \qquad (7\text{-}76)$$

$$V_{cs} = \alpha_1 \alpha_2 \alpha_3 \times 0.45 \times 10^{-3} b h_0 \sqrt{(2+0.6P)\sqrt{f_{cu,k}}\rho_{sv} f_{sv}} \qquad (7\text{-}77)$$

$$V_{sb} = 0.75 \times 10^{-3} f_{sd} \sum A_{sb} \sin\theta_s \qquad (7\text{-}78)$$

$$V_{pb} = 0.75 \times 10^{-3} f_{pd} \sum A_{pb} \sin\theta_p \qquad (7\text{-}79)$$

式中 V_d——斜截面受压端上由荷载所产生的最大剪力组合设计值（kN）；

V_{cs}——斜截面内混凝土和箍筋共同的抗剪承载力设计值（kN）；

V_{sb}——与斜截面相交的普通弯起钢筋抗剪承载力设计值（kN）；

V_{pb}——与斜截面相交的预应力弯起钢筋抗剪承载力设计值（kN）；

α_1——异号弯矩影响系数，计算简支梁和连续梁近边支点梁段的抗剪承载力时，$\alpha_1=1.0$，计算连续梁和悬臂梁近中间支点梁段的抗剪承载力时，$\alpha_1=0.9$；

α_2——预应力提高系数，钢筋混凝土受弯构件取 1.0，预应力混凝土受弯构件取 1.25，但当由钢筋合力引起的截面弯矩与外弯矩的方向相同时，或允许出现裂缝的预应力混凝土受弯构件，取 1.0；

α_3——受压翼缘的影响系数，取 $\alpha_3=1.1$；

b——斜截面受压端正截面处，矩形截面宽度，或 T 形和 I 形截面腹板宽度（mm）；

h_0——斜截面受压端正截面的有效高度，自纵向受拉钢筋合力点至受压边缘的距离（mm）；

P——斜截面内纵向受拉钢筋的配筋百分率，$P=100\rho$，$\rho=(A_p+A_{pb}+A_s)/bh_0$，当 $P>2.5$ 时，取 $P=2.5$；

$f_{cu,k}$——边长为 150mm 的混凝土立方体抗压强度标准值（MPa），即混凝土强度等级；

ρ_{sv}——斜截面内箍筋配筋率，$\rho_{sv}=A_{sv}/s_v b$；

f_{sv}——箍筋抗拉强度设计值；

A_{sv}——斜截面内配置在同一截面的箍筋各肢总截面面积（mm^2）；

s_v——斜截面内箍筋的间距（mm）；

A_{sb}、A_{pb}——分别为斜截面内在同一弯起平面的普通弯起钢筋、预应力弯起钢筋的截面面积（mm^2）；

θ_s、θ_p——分别为普通弯起钢筋、预应力弯起钢筋（在斜截面受压端正截面处）的切线与水平线的夹角。

4）斜截面投影长度

进行斜截面承载力验算时，斜截面投影长度 C 应按下式计算：

$$C=0.6mh_0 \tag{7-80}$$

式中 m——斜截面受压端正截面处的广义剪跨比，$m=M_d/(V_d h_0)$，当 $m>3.0$ 时，取 $m=3.0$，其中，M_d 为相应于最大剪力组合设计值的弯矩组合设计值。

2. 受压构件

桥梁工程中的受压构件有桥墩、拱肋、桩、桥塔、斜拉桥加劲梁、自锚式悬索桥加劲梁等。根据受力状态受压构件可分为两种：仅承受轴力的轴心受压构件和同时承受轴力和弯矩的偏心受压构件。由于轴心受压构件的计算比较简单，同时在桥梁工程中比较少见，在此将不作进一步说明，具体可见《公路桥规》第 5.3.1 条和第 5.3.2 条。

偏心受压构件又分为大偏心受压构件和小偏心受压构件两种。因此，在进行偏心受压构件承载能力验算时，首先应以相对界限受压区高度 ξ_b 作为判别条件对其偏心情况进行判别。

当 $\xi\leqslant\xi_b$ 时为大偏心受压构件，当 $\xi>\xi_b$ 时为小偏心受压构件。

对于钢筋混凝土偏心受压构件，其 ξ_b 可按表 7-15 取值。对于预应力混凝土偏心受压构件，其 ξ_b 可按以下公式计算。

（1）对精轧螺纹钢筋

$$\xi_b=\frac{\beta}{1+\dfrac{f_{pd}-\sigma_{p0}}{E_p\varepsilon_{cu}}} \tag{7-81}$$

（2）对钢丝和钢绞线

$$\xi_b=\frac{\beta}{1+\dfrac{0.002}{\varepsilon_{cu}}+\dfrac{f_{pd}-\sigma_{p0}}{E_p\varepsilon_{cu}}} \tag{7-82}$$

式中 β——截面受压区矩形应力高度与实际受压区高度的比值，可按表 7-16 取用；

σ_{p0}——截面受拉区纵向预应力钢筋合力点处混凝土法向应力等于零时，预应力钢筋中的应力；

ε_{cu}——截面非均匀受压时，混凝土的极限压应变，当混凝土强度等级为C50及以下时$\varepsilon_{cu}=0.0033$；当混凝土强度等级为C80时$\varepsilon_{cu}=0.003$；中间强度等级用插值法求得；

f_{pd}——纵向预应力钢筋的抗拉强度设计值；

E_p——预应力钢筋的弹性模量。

系数β值　　表7-16

混凝土强度等级	C50及以下	C55	C60	C65	C70	C75	C80
β	0.80	0.79	0.78	0.77	0.76	0.75	0.74

在判别出偏心受压构件的类型后，可按照《公路桥规》第5.3.5条等相关条目进行承载能力验算。

3. 受拉构件

桥梁工程中的受拉构件有拱桥系杆、下承式拱桥吊杆、斜拉桥拉索、悬索桥吊索和主缆等。对于混凝土受拉构件的抗拉承载能力可按《公路桥规》第5.4.1条和第5.4.2条进行验算。

4. 受扭构件

桥梁工程中的受扭构件有曲线梁桥主梁及偏载作用下的直线桥主梁，其抗扭承载能力可参考《公路桥规》第5.5.1条～第5.5.5条的相关规定进行计算。

7.8.3 验算流程

桥梁持久状况承载能力极限状态验算可按图7-45所示流程进行。

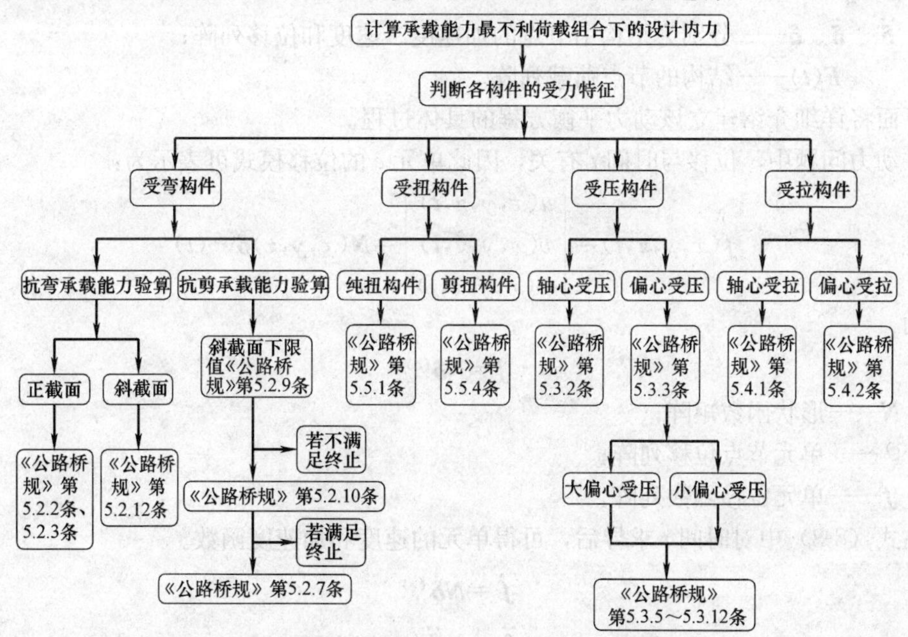

图7-45　承载能力极限状态验算流程图

*第 8 章　桥梁动力计算分析

当作用在结构上的荷载随时间的变化相对较快时，结构的计算分析即为动力计算。在进行各种动力荷载作用下的结构动力分析时首先要了解结构的自振特性，在此基础上计算结构在风荷载、地震作用、车辆振动等作用下的动力响应。本章首先介绍如何建立结构的运动方程，重点介绍质量矩阵和阻尼矩阵，然后介绍结构自振特性的求解过程，并对结构在常规动力荷载下动力响应分析方程作简单介绍，最后给出了在 Midas/Civil 中进行桥梁自振特性分析的过程及常见桥型的自振特性计算实例。

8.1　结构动力方程

8.1.1　动力方程的建立

根据结构动力学理论和有限元基础知识，考虑到各个节点上力与荷载的平衡，可建立整个结构的动力平衡方程为：

$$\boldsymbol{M}\ddot{\boldsymbol{\delta}}+\boldsymbol{C}\dot{\boldsymbol{\delta}}+\boldsymbol{K}\boldsymbol{\delta}=\boldsymbol{F}(t) \tag{8-1}$$

式中　$\boldsymbol{M}$、$\boldsymbol{C}$、$\boldsymbol{K}$——分别为结构整体的质量矩阵、阻尼矩阵和刚度矩阵，分别由单元的质量、阻尼和刚度矩阵对应各节点组合而成；

$\ddot{\boldsymbol{\delta}}$、$\dot{\boldsymbol{\delta}}$、$\boldsymbol{\delta}$——分别为结构中节点的加速度、速度和位移列阵；

$\boldsymbol{F}(t)$——结构的节点荷载列阵。

下面将详细介绍建立该动力平衡方程的具体过程。

在动力问题中，位移与时间 t 有关，因此单元 e 的位移模式可表示为：

$$\boldsymbol{f}(x,y,z,t)=\begin{bmatrix}u(x,y,z,t)\\v(x,y,z,t)\\w(x,y,z,t)\end{bmatrix}=\boldsymbol{N}(x,y,z)\boldsymbol{\delta}^{(e)}(t) \tag{8-2}$$

即：

$$\boldsymbol{f}=\boldsymbol{N}\boldsymbol{\delta}^{(e)} \tag{8-3}$$

式中　$\boldsymbol{N}$——形状函数矩阵；

$\boldsymbol{\delta}^{(e)}$——单元节点位移列阵；

$\boldsymbol{f}$——单元位移函数列阵。

在式（8-3）中对时间 t 求导后，可得单元的速度和加速度函数。

$$\dot{\boldsymbol{f}}=\boldsymbol{N}\dot{\boldsymbol{\delta}}^{(e)} \tag{8-4}$$

$$\ddot{\boldsymbol{f}}=\boldsymbol{N}\ddot{\boldsymbol{\delta}}^{(e)} \tag{8-5}$$

因为单元在动力荷载下处于运动状态，所以其作用力除了施加的外荷载以外，还须考虑分布于单元内的惯性力和阻尼力。由于惯性力的方向与加速度方向相反，所以作用于单位体积上的惯性力为：

$$\boldsymbol{p}_{\mathrm{m}}=-\rho\ddot{\boldsymbol{f}}=-\rho\boldsymbol{N}\ddot{\boldsymbol{\delta}}^{(e)} \tag{8-6}$$

式中　ρ——材料密度。

假定阻尼力与运动速度成正比，且由于阻尼力的方向与速度方向相反，则作用于单位体积的阻尼力为：

$$\boldsymbol{p}_{\mathrm{c}}=-c\dot{\boldsymbol{f}}=-c\boldsymbol{N}\dot{\boldsymbol{\delta}}^{(e)} \tag{8-7}$$

式中　c——阻尼系数。

因此，单位体积上作用力的合力可表示为：

$$\boldsymbol{p}=\boldsymbol{p}_{\mathrm{s}}+\boldsymbol{p}_{\mathrm{m}}+\boldsymbol{p}_{\mathrm{c}} \tag{8-8}$$

式中　$\boldsymbol{p}_{\mathrm{s}}$——场力，比如重力场引起的体积力。

根据达朗伯原理，若在外力中计入惯性力，即可如同建立静力平衡方程一样来建立结构的动力响应方程。

由式（8-8）可知，单元上的等效节点荷载列阵为：

$$\begin{aligned}\boldsymbol{F}^{(e)}&=\int\boldsymbol{N}^{\mathrm{T}}\boldsymbol{p}\mathrm{d}v\\&=\int\boldsymbol{N}^{\mathrm{T}}\boldsymbol{p}_{\mathrm{s}}\mathrm{d}v-\left(\int\boldsymbol{N}^{\mathrm{T}}\rho\boldsymbol{N}\mathrm{d}v\right)\ddot{\boldsymbol{\delta}}^{(e)}-\left(\int\boldsymbol{N}^{\mathrm{T}}c\boldsymbol{N}\mathrm{d}v\right)\dot{\boldsymbol{\delta}}^{(e)}=\boldsymbol{F}_{\mathrm{s}}^{(e)}-\boldsymbol{M}^{(e)}\ddot{\boldsymbol{\delta}}^{(e)}-\boldsymbol{C}\dot{\boldsymbol{\delta}}^{(e)}\end{aligned} \tag{8-9}$$

式中　$\boldsymbol{F}_{\mathrm{s}}=\int\boldsymbol{N}^{\mathrm{T}}\boldsymbol{p}_{\mathrm{s}}\mathrm{d}v$——单元的节点荷载；

$\boldsymbol{M}^{(e)}=\int\boldsymbol{N}^{\mathrm{T}}\rho\boldsymbol{N}\mathrm{d}v$——单元的质量矩阵；

$\boldsymbol{C}=\int\boldsymbol{N}^{\mathrm{T}}c\boldsymbol{N}\mathrm{d}v$——单元的阻尼矩阵。

单元的动力平衡方程可表示为：

$$\boldsymbol{K}^{(e)}\boldsymbol{\delta}^{(e)}=\boldsymbol{F}^{(e)} \tag{8-10}$$

将式（8-9）代入式（8-10），可得：

$$\boldsymbol{M}^{(e)}\ddot{\boldsymbol{\delta}}^{(e)}+\boldsymbol{C}\dot{\boldsymbol{\delta}}^{(e)}+\boldsymbol{K}^{(e)}\boldsymbol{\delta}^{(e)}=\boldsymbol{F}_{\mathrm{s}}^{(e)} \tag{8-11}$$

由式（8-11），按照静力有限元中的方法将单元的动力平衡方程进行组合即可得到式（8-1）表示的整体结构的动力平衡方程。

8.1.2　质量矩阵

在动力学计算中，可采用两种质量矩阵：一致质量矩阵和集中质量矩阵。

（1）一致质量矩阵

根据式（8-9）计算得到的质量矩阵为一致质量矩阵，一致质量矩阵为正定矩阵。下面给出平面梁单元的一致质量矩阵。

假设平面梁单元的质量沿单元长度方向均匀分布，且梁单元的挠度函数为：

$$w(x,y)=N_1w_i+N_2\theta_i+N_3w_j+N_4\theta_j=\boldsymbol{N}\boldsymbol{\delta}^{(e)} \tag{8-12}$$

式中：$\boldsymbol{N}=[N_1,N_2,N_3,N_4]$；$\boldsymbol{\delta}^{(e)}=[w_i,\theta_i,w_j,\theta_j]^{\mathrm{T}}$；$N_1=1-3\frac{x^2}{l^2}+2\frac{x^3}{l^3}$；$N_2=-\frac{x^2}{l}+\frac{x^3}{l^2}$；$N_3=3\frac{x^2}{l^2}-2\frac{x^3}{l^3}$；$N_4=1+\frac{l}{x}-\frac{l^2}{x^2}$。

由式（8-9）得到单元质量矩阵，如式（8-13）：

$$\boldsymbol{M}^{(e)}=\int_0^l \rho \boldsymbol{N}^{\mathrm{T}}\boldsymbol{N}A\,\mathrm{d}x=\frac{m}{420}\begin{bmatrix}156 & -22l & 54 & 13l \\ & 4l^2 & -13l & -3l^2 \\ \text{对} & & 156 & 22l \\ & \text{称} & & 4l^2\end{bmatrix} \tag{8-13}$$

式中 l——梁单元的长度；

A——单元的截面面积；

m——单元的质量。

（2）集中质量矩阵

如果简单地将单元的质量集中地分配于单元的节点，这种质量矩阵称为集中质量矩阵。

质量分配原则：根据静力学中力的分解原理，将单元的分布质量用集中于节点处的质量来等效，不计转动惯量的影响。

梁单元的集中质量矩阵为：

$$\boldsymbol{M}^{(e)}=\frac{m}{2}\begin{bmatrix}1 & 0 & 0 & 0 \\ & 0 & 0 & 0 \\ \text{对} & & 1 & 0 \\ & \text{称} & & 0\end{bmatrix} \tag{8-14}$$

集中质量矩阵为对角矩阵，计算比较简单，所需的存储空间也较小。使用集中质量矩阵可能使计算得到的固有频率值降低，而单元的偏高刚度会使计算值偏高，从而二者的影响可能相抵而得到较好的固有频率计算值。

8.1.3 阻尼矩阵

通过对比式（8-9）中的阻尼和质量矩阵可以发现，单元的阻尼矩阵和质量矩阵在形式上相似，只相差一个常系数。

一般可把单元的阻尼矩阵取为：

$$\boldsymbol{C}^{(e)}=\boldsymbol{M}^{(e)}\sum_{l=0}^{n-1}a_l\{\boldsymbol{M}^{(e)-1}\boldsymbol{K}^{(e)}\}^l \tag{8-15}$$

式中 $\boldsymbol{K}^{(e)}$——单元的刚度矩阵；

$\boldsymbol{M}^{(e)}$——单元的质量矩阵；

a_l——常系数。

当在式（8-15）中只取前两项，得到的阻尼矩阵称为瑞利（Rayleigh）阻尼。

$$\boldsymbol{C}^{(e)}=a_0\boldsymbol{M}^{(e)}+a_1\boldsymbol{K}^{(e)} \tag{8-16}$$

如果只考虑第一项，则得到最为简单的粘滞阻尼。

$$\boldsymbol{C}^{(e)}=a_0\boldsymbol{M}^{(e)} \tag{8-17}$$

在式（8-16）和式（8-17）中，系数 a_0 和 a_1 分别为：

$$\left.\begin{aligned}a_0&=\frac{2(\xi_i\omega_j-\xi_j\omega_i)}{(\omega_j+\omega_i)(\omega_j-\omega_i)}\omega_i\omega_j\\a_1&=\frac{2(\xi_i\omega_j-\xi_j\omega_i)}{(\omega_j+\omega_i)(\omega_j-\omega_i)}\end{aligned}\right\}\tag{8-18}$$

式中　ω_i、ω_j——分别为第 i 个和第 j 个振型的固有频率；

ξ_i、ξ_j——分别为第 i 个和第 j 个振型的阻尼比，阻尼比是实际阻尼与临界阻尼的比值。

当 $\xi_i=\xi_j=\xi$ 时，则：

$$\left.\begin{aligned}a_0&=\frac{2\omega_i\omega_j}{\omega_i+\omega_j}\xi\\a_1&=\frac{2\xi}{\omega_i+\omega_j}\end{aligned}\right\}\tag{8-19}$$

采用质量矩阵和刚度矩阵来表示阻尼矩阵，不必专门存储阻尼矩阵，从而节省计算机内存。

8.2　结构的自振特性

结构的自振特性包括频率和振型，它是结构动力计算的重要内容。频率和振型表征结构质量和刚度的分布，求解时不考虑阻尼的影响。

在结构动力方程式（8-1）中令 $\boldsymbol{C}$ 和 $\boldsymbol{F}(t)$ 为零，得到无阻尼自由振动方程：

$$\boldsymbol{K\delta}+\boldsymbol{M}\ddot{\boldsymbol{\delta}}=\boldsymbol{0}\tag{8-20}$$

假设结构作简谐运动：$\boldsymbol{\delta}=\boldsymbol{\varphi}\cos\omega t$，代入式（8-20），得到齐次方程：

$$(\boldsymbol{K}-\omega^2\boldsymbol{M})\boldsymbol{\varphi}=0\tag{8-21}$$

因为结构在自由振动中各节点的振幅 $\boldsymbol{\varphi}$ 不全为零，所以上式中括号内矩阵的行列式必等于零：

$$|\boldsymbol{K}-\omega^2\boldsymbol{M}|=0\tag{8-22}$$

式中结构刚度矩阵 $\boldsymbol{K}$ 和质量矩阵 $\boldsymbol{M}$ 均为 n 阶方阵（n 为节点自由度的总数），因此上式为关于 ω^2 的 n 次方程，据此可求出结构的 n 阶自振频率。

对于任一自振频率 ω_i，由式（8-21）可确定一组各节点的振幅值 $\boldsymbol{\varphi}_i$，各振幅值可任意变换但它们之间的比值保持不变。因此，各节点的振幅值构成一个向量，称为特征向量，在工程上通常称为结构的振型。

由于各个振型中各节点的振幅为相对量，实际分析中通常这样选取特征向量 $\boldsymbol{\varphi}_i$ 的数值，使下式成立：

$$\boldsymbol{\varphi}_i^{\mathrm{T}}\boldsymbol{M}\boldsymbol{\varphi}_i=1\tag{8-23}$$

这样得到的特征向量 $\boldsymbol{\varphi}_i$ 称为结构的正则化振型。

将式（8-21）左乘 $\boldsymbol{\varphi}_i^{\mathrm{T}}$ 得：

$$\boldsymbol{\varphi}_i^{\mathrm{T}}\boldsymbol{K}\boldsymbol{\varphi}_i-\omega_i^2\boldsymbol{\varphi}_i^{\mathrm{T}}\boldsymbol{M}\boldsymbol{\varphi}_i=0\tag{8-24}$$

由式（8-23）得：

$$\boldsymbol{\varphi}_i^{\mathrm{T}}\boldsymbol{K}\boldsymbol{\varphi}_i=\omega_i^2 \tag{8-25}$$

由式（8-21）可得：

$$\left.\begin{aligned}\boldsymbol{K}\boldsymbol{\varphi}_i-\omega_i^2\boldsymbol{M}\boldsymbol{\varphi}_i=\mathbf{0}\\ \boldsymbol{K}\boldsymbol{\varphi}_j-\omega_j^2\boldsymbol{M}\boldsymbol{\varphi}_j=\mathbf{0}\end{aligned}\right\} \tag{8-26}$$

上式分别左乘 $\boldsymbol{\varphi}_j^{\mathrm{T}}$ 和 $\boldsymbol{\varphi}_i^{\mathrm{T}}$，得到：

$$\left.\begin{aligned}\boldsymbol{\varphi}_j^{\mathrm{T}}\boldsymbol{K}\boldsymbol{\varphi}_i-\omega_i^2\boldsymbol{\varphi}_j^{\mathrm{T}}\boldsymbol{M}\boldsymbol{\varphi}_i=0\\ \boldsymbol{\varphi}_i^{\mathrm{T}}\boldsymbol{K}\boldsymbol{\varphi}_j-\omega_j^2\boldsymbol{\varphi}_i^{\mathrm{T}}\boldsymbol{M}\boldsymbol{\varphi}_j=0\end{aligned}\right\} \tag{8-27}$$

由于

$$\left.\begin{aligned}\boldsymbol{\varphi}_i^{\mathrm{T}}\boldsymbol{K}\boldsymbol{\varphi}_j=\boldsymbol{\varphi}_j^{\mathrm{T}}\boldsymbol{K}\boldsymbol{\varphi}_i\\ \boldsymbol{\varphi}_i^{\mathrm{T}}\boldsymbol{M}\boldsymbol{\varphi}_j=\boldsymbol{\varphi}_j^{\mathrm{T}}\boldsymbol{M}\boldsymbol{\varphi}_i\end{aligned}\right\} \tag{8-28}$$

所以，将式（8-27）的两式分别相减和相加得到：

$$\left.\begin{aligned}(\omega_i^2-\omega_j^2)(\boldsymbol{\varphi}_i^{\mathrm{T}}\boldsymbol{M}\boldsymbol{\varphi}_j)=0\\ 2(\boldsymbol{\varphi}_i^{\mathrm{T}}\boldsymbol{K}\boldsymbol{\varphi}_{\mathrm{j}})-(\omega_{\mathrm{i}}^2+\omega_{\mathrm{j}}^2)(\boldsymbol{\varphi}_i^{\mathrm{T}}\boldsymbol{M}\boldsymbol{\varphi}_j)=0\end{aligned}\right\} \tag{8-29}$$

一般来说，$\omega_i^2\neq\omega_j^2$，由此可得：

$$\left.\begin{aligned}\boldsymbol{\varphi}_i^{\mathrm{T}}\boldsymbol{M}\boldsymbol{\varphi}_j=0\\ \boldsymbol{\varphi}_i^{\mathrm{T}}\boldsymbol{K}\boldsymbol{\varphi}_j=0\end{aligned}\right\}\quad i\neq j \tag{8-30}$$

由式（8-30）可知，对振型进行正则化之后，所有不同阶的振型以质量矩阵 $\boldsymbol{M}$ 和刚度矩阵 $\boldsymbol{K}$ 为权正交，这一性质称为振型的正交性。

求解式（8-21）的问题称为广义特征值问题。目前已有许多求解特征值问题的方法，主要分为：变换法和迭代法。下面将介绍求解特征值问题的三种常用方法。在专业软件 Midas/Civil 的自振特性分析中还有 Lanczos 法可供选择，但考虑到其分析原理与将要介绍的三种方法近似，且不如子空间迭代法常用，因此不再专门介绍。

8.3　特征值问题的数值解法

8.3.1　广义雅可比法

若将广义特征值问题中 n 阶正则化振型组成一个振型矩阵，则：

$$\boldsymbol{\Phi}=[\boldsymbol{\varphi}_1\quad \boldsymbol{\varphi}_2\quad \cdots\quad \boldsymbol{\varphi}_{\mathrm{n}}] \tag{8-31}$$

根据振型的正交性，振型矩阵具有以下性质：

$$\boldsymbol{\Phi}^{\mathrm{T}}\boldsymbol{M}\boldsymbol{\Phi}=\boldsymbol{I} \tag{8-32}$$

$$\boldsymbol{\Phi}^{\mathrm{T}}\boldsymbol{K}\boldsymbol{\Phi}=\boldsymbol{\Omega} \tag{8-33}$$

式中　$\boldsymbol{I}$——单位矩阵。

$$\boldsymbol{\Omega}=\begin{bmatrix}\omega_1^2 & 0 & & \\ 0 & \omega_2^2 & & \\ & & \ddots & 0\\ & & 0 & \omega_{\mathrm{n}}^2\end{bmatrix} \tag{8-34}$$

广义雅可比法属于变换法，通过对刚度矩阵$\boldsymbol{K}$和质量矩阵$\boldsymbol{M}$逐次地分别左乘和右乘变换矩阵$\boldsymbol{P}^{(k)T}$和$\boldsymbol{P}^{(k)}$使$\boldsymbol{K}$和$\boldsymbol{M}$化为对角阵，从而得到矩阵$\boldsymbol{\Phi}$和$\boldsymbol{\Omega}$。

具体的变换过程为：

$$\left.\begin{aligned}&\boldsymbol{K}^{(1)}=\boldsymbol{K}\\&\boldsymbol{K}^{(k+1)}=\boldsymbol{P}^{(k)T}\boldsymbol{K}^{(k)}\boldsymbol{P}^{(k)}\quad(k=1,2,\cdots)\end{aligned}\right\}\tag{8-35}$$

$$\left.\begin{aligned}&\boldsymbol{M}^{(1)}=\boldsymbol{M}\\&\boldsymbol{M}^{(k+1)}=\boldsymbol{P}^{(k)T}\boldsymbol{M}^{(k)}\boldsymbol{P}^{(k)}\quad(k=1,2,\cdots)\end{aligned}\right\}\tag{8-36}$$

选用的变换矩阵$\boldsymbol{P}^{(k)}$应使矩阵$\boldsymbol{K}^{(k+1)}$和$\boldsymbol{M}^{(k+1)}$比矩阵$\boldsymbol{K}^{(k)}$和$\boldsymbol{M}^{(k)}$更加接近于对角矩阵。当$k\to\infty$时，$\boldsymbol{K}^{(k)}$和$\boldsymbol{M}^{(k)}$将趋近于对角矩阵。

若第l次变换为最后一次变换，则有：

$$\boldsymbol{K}^{(l+1)}=\boldsymbol{P}^{(l)T}\boldsymbol{P}^{(l-1)T}\cdots\boldsymbol{P}^{T}\boldsymbol{K}\boldsymbol{P}\cdots\boldsymbol{P}^{(l-1)}\boldsymbol{P}^{(l)}\approx diagK_{ii}^{(l+1)}\tag{8-37}$$

$$\boldsymbol{M}^{(l+1)}=\boldsymbol{P}^{(l)T}\boldsymbol{P}^{(l-1)T}\cdots\boldsymbol{P}^{T}\boldsymbol{M}\boldsymbol{P}\cdots\boldsymbol{P}^{(l-1)}\boldsymbol{P}^{(l)}\approx diagM_{ii}^{(l+1)}\tag{8-38}$$

式中　K_{ii}和M_{ii}（$i=1$，2，…，n）——分别为矩阵$\boldsymbol{K}^{(l+1)}$和$\boldsymbol{M}^{(l+1)}$的对角线元素；

$diagK_{ii}^{(l+1)}$、$diagM_{ii}^{(l+1)}$——分别表示对角线元素为K_{ii}和M_{ii}的对角矩阵。

由式（8-38）可得：

$$diag\left(\frac{1}{\sqrt{M_{ii}^{(l+1)}}}\right)^{T}M_{ii}^{(l+1)}diag\left(\frac{1}{\sqrt{M_{ii}^{(l+1)}}}\right)=\mathbf{I}\tag{8-39}$$

将式（8-39）与式（8-38）进行对比，可得振型矩阵$\boldsymbol{\Phi}$为：

$$\boldsymbol{\Phi}=\boldsymbol{P}^{(1)}\boldsymbol{P}^{(2)}\cdots\boldsymbol{P}^{(l)}diag\left(\frac{1}{\sqrt{M_{ii}^{(l+1)}}}\right)\tag{8-40}$$

将式（8-37）进行与式（8-39）类似的处理，代入式（8-40），并与式（8-34）进行对比，得到矩阵$\boldsymbol{\Omega}$：

$$\boldsymbol{\Omega}=diag\left(\frac{K_{ii}^{l+1}}{M_{ii}^{l+1}}\right)\tag{8-41}$$

由式（8-40）和式（8-41）即可得到结构的振型和频率，而如何选取变换矩阵$\boldsymbol{P}^{(k)}$是其中的关键。

在广义雅可比法中，变换矩阵$\boldsymbol{P}^{(k)}$称为广义雅可比矩阵，矩阵形式可为：

$$\boldsymbol{P}^{(k)}=\begin{bmatrix}1&&&&\\&\ddots&&&\\&&1&\alpha&\\&&&\ddots&\\&&\gamma&&\ddots\\&&&&&1\end{bmatrix}\quad \boldsymbol{P}^{(k)}=\begin{bmatrix}1&&&&\\&\ddots&&&\\&&1&\alpha&\\&&&\ddots&\\&&\gamma&&\ddots\\&&&&1\\&&\uparrow&\uparrow&\\&&i&j&\end{bmatrix}\begin{matrix}\\\\\leftarrow i\\\\\\\leftarrow j\\\\\\\end{matrix}\tag{8-42}$$

式中：对角线元素均为1；常数α和γ分别为第$i\times j$和$j\times i$元素，是按使矩阵$\boldsymbol{K}^{(k+1)}$和$\boldsymbol{M}^{(k+1)}$中的元素$K_{ij}^{(k+1)}$和$M_{ij}^{(k+1)}$同时为零的条件来确定的。

根据这一条件，得到关于 α 和 γ 的方程：

$$\left.\begin{aligned}\alpha K_{ii}^{(k)}+(1+\alpha\gamma)K_{ij}^{(k)}+\gamma K_{jj}^{(k)}=0\\ \alpha M_{ii}^{(k)}+(1+\alpha\gamma)M_{ij}^{(k)}+\gamma M_{jj}^{(k)}=0\end{aligned}\right\}\tag{8-43}$$

从而求得：

$$\left.\begin{aligned}\alpha=\overline{K}_{jj}^{(k)}/x\\ \gamma=-\overline{K}_{ii}^{(k)}/x\end{aligned}\right\}\tag{8-44}$$

式中 $\overline{K}_{ii}^{(k)}=M_{ij}^{(k)}K_{ii}^{(k)}-M_{ii}^{(k)}K_{ij}^{(k)}$；

$\overline{K}_{jj}^{(k)}=M_{ij}^{(k)}K_{jj}^{(k)}-M_{jj}^{(k)}K_{ij}^{(k)}$；

$x=\dfrac{\overline{K}^{(k)}}{2}+sign(\overline{K}^{(k)})\sqrt{\left(\dfrac{\overline{K}^{(k)}}{2}\right)^2+\overline{K}_{ii}^{(k)}\overline{K}_{jj}^{(k)}}$；

$\overline{K}^{(k)}=K_{ii}^{(k)}M_{jj}^{(k)}-K_{jj}^{(k)}M_{ii}^{(k)}$。

8.3.2 逆迭代法

对于广义特征值问题，频率 ω_i 及其振型 $\boldsymbol{\varphi}_i$ 间的关系可表示为：

$$\boldsymbol{K\varphi}_i=\omega_i^2\boldsymbol{M\varphi}_i\tag{8-45}$$

如果令 $\boldsymbol{x}=\dfrac{1}{\omega_i^2}\boldsymbol{\varphi}_i$，则有：

$$\boldsymbol{Kx}=\boldsymbol{M\varphi}_i\tag{8-46}$$

取某一初始向量 $\boldsymbol{x}^{(1)}$ 作为 $\boldsymbol{\varphi}_i$ 的试探解代入式（8-46），则求得 $\boldsymbol{x}^{(2)}$，也即建立迭代格式：

$$\boldsymbol{Kx}^{(k+1)}=\boldsymbol{Mx}^{(k)}\tag{8-47}$$

只要 $\boldsymbol{x}^{(1)}$ 不与 $\boldsymbol{\varphi}_1$ 正交，则当 $k\to\infty$ 时，$\boldsymbol{x}^{(k+1)}\to\boldsymbol{\varphi}_1$。为了防止迭代过程中的数值“溢出”，在每次迭代后对迭代向量进行规范化，即修改迭代格式为：

$$\left.\begin{aligned}\boldsymbol{K}\overline{\boldsymbol{x}}^{(k+1)}=\boldsymbol{Mx}^{(k)}\\ \boldsymbol{x}^{(k+1)}=\overline{\boldsymbol{x}}^{(k+1)}/(\overline{\boldsymbol{x}}^{(k+1)\mathrm{T}}\boldsymbol{M}\overline{\boldsymbol{x}}^{(k+1)})\end{aligned}\right\}\quad(k=1,2,\cdots)\tag{8-48}$$

逆迭代法的计算步骤如下：

（1）选取初始向量 $\boldsymbol{x}^{(1)}$，得到：$\boldsymbol{y}^{(1)}=\boldsymbol{Mx}^{(1)}$；

（2）根据方程 $\boldsymbol{K}\overline{\boldsymbol{x}}^{(k+1)}=\boldsymbol{y}^{(k)}$，得到 $\overline{\boldsymbol{x}}^{(k+1)}$；

（3）根据方程 $\overline{\boldsymbol{y}}^{(k+1)}=\boldsymbol{M}\overline{\boldsymbol{x}}^{(k+1)}$，得到 $\overline{\boldsymbol{y}}^{(k+1)}$；

（4）计算特征值的近似值：$\rho^{(k+1)}=\dfrac{\overline{\boldsymbol{x}}^{(k+1)\mathrm{T}}\boldsymbol{y}^{(k)}}{\overline{\boldsymbol{x}}^{(k+1)\mathrm{T}}\overline{\boldsymbol{y}}^{(k+1)}}$，若该近似值已达到精度要求，即：$\dfrac{\rho^{(k+1)}-\rho^{(k)}}{\rho^{(k+1)}}\leqslant\varepsilon$（$\varepsilon$ 为设定的收敛精度），则继续进行下一步，否则计算下次迭代的特征向量：$\boldsymbol{y}^{(k+1)}=\dfrac{\overline{\boldsymbol{y}}^{(k+1)}}{\overline{\boldsymbol{x}}^{(k+1)\mathrm{T}}\overline{\boldsymbol{y}}^{(k+1)}}$，然后返回至步骤（2）重新迭代；

（5）计算频率及振型：$\omega_1^2=\rho^{(k+1)}$，$\boldsymbol{\varphi}_1=\boldsymbol{x}^{(k+1)}=\dfrac{\overline{\boldsymbol{x}}^{(k+1)}}{\overline{\boldsymbol{x}}^{(k+1)\mathrm{T}}\boldsymbol{M}\overline{\boldsymbol{x}}^{(k+1)}}=\dfrac{\overline{\boldsymbol{x}}^{(k+1)}}{\overline{\boldsymbol{x}}^{(k+1)\mathrm{T}}\overline{\boldsymbol{y}}^{(k+1)}}$。

将逆迭代法与 Cram-Schmidt 正交化过程结合起来，可以基于低阶频率和振型来依次求得高阶频率和振型。

将 $\boldsymbol{x}^{(1)}$ 表示为各阶振型的线性组合：

$$\boldsymbol{x}^{(1)}=\frac{\sum_{i=1}^{n}\alpha_i\boldsymbol{\varphi}_i}{\left(\sum_{i=1}^{n}\alpha_i^2\right)^{\frac{1}{2}}} \tag{8-49}$$

根据式（8-48）进行 k 次迭代后的特征向量为：

$$\boldsymbol{x}^{(\mathrm{k}+1)}=\frac{\sum_{i=1}^{n}\alpha_i\left(\frac{\omega_1}{\omega_i}\right)^{2\mathrm{k}}\boldsymbol{\varphi}_i}{\left(\sum_{i=1}^{n}\alpha_i^2\left(\frac{\omega_1}{\omega_i}\right)^{4\mathrm{k}}\right)^{\frac{1}{2}}} \tag{8-50}$$

当 $k\to\infty$ 时，$\boldsymbol{x}^{(\mathrm{k}+1)}\to\boldsymbol{\varphi}_1$；若 $\alpha_1=\alpha_2=\cdots=\alpha_{\mathrm{m}-1}=0$，则当 $k\to\infty$ 时，$\boldsymbol{x}^{(\mathrm{k}+1)}\to\boldsymbol{\varphi}_{\mathrm{m}}$，这样就可由迭代求得第 m 阶振型 $\boldsymbol{\varphi}_{\mathrm{m}}$。

因此，首先任意选取一初始向量 $\overline{\boldsymbol{x}}^{(1)}$，在此基础上构造一个新的初始向量使之与前 $m-1$阶振型以 $\boldsymbol{M}$ 为权正交：

$$\boldsymbol{x}^{(1)}=\overline{\boldsymbol{x}}^{(1)}-\sum_{i=1}^{\mathrm{m}-1}\alpha_i\boldsymbol{\varphi}_i \tag{8-51}$$

当 $\alpha_i=\boldsymbol{\varphi}_i^{\mathrm{T}}\mathbf{M}\overline{\boldsymbol{x}}^{(1)}$ （$i=1$，2，$\cdots$，$(\mathrm{m}-1)$）时，$\boldsymbol{x}^{(1)}$ 将与前 $m-1$ 阶振型以 $\boldsymbol{M}$ 为权正交，经过逆迭代求解便可以得到第 m 阶频率和振型。

8.3.3 子空间迭代法

求解复杂多自由度结构的部分频率和振型时，子空间迭代法是较为有效的方法。子空间迭代法同时结合了逆迭代法和 Rayleigh-Ritz 法。基本思想是：假设知道 n 维空间中的一个子空间 $E_{\mathrm{p}}(p<n)$ 中线性无关的向量组 $\boldsymbol{x}_1$，$\boldsymbol{x}_2$，$\cdots$，$\boldsymbol{x}_{\mathrm{p}}$，就可将式（8-21）在子空间 E_{p} 的特征值问题转化为求解 $\overline{\boldsymbol{K}}\boldsymbol{\alpha}=\rho\,\overline{\boldsymbol{M}}\boldsymbol{\alpha}$ 的维数减小的特征值问题，其中 ρ 为 Rayleigh 熵。

将任一向量的 Rayleigh 熵表示为：

$$\rho(x)=\frac{\boldsymbol{x}^{\mathrm{T}}\boldsymbol{K}\boldsymbol{x}}{\boldsymbol{x}^{\mathrm{T}}\boldsymbol{M}\boldsymbol{x}} \tag{8-52}$$

Rayleigh 熵极值原理：当 $\boldsymbol{x}$ 为广义特征值问题（式 8-21）中的振型 $\boldsymbol{\varphi}_i$ 时，Rayleigh 熵 $\rho(x)$ 达到极值，该极值即为与 $\boldsymbol{\varphi}_i$ 对应的频率值 ω_i^2。

采用基于 Rayleigh 熵极值原理的 Rayleigh-Ritz 法，可将 n 阶特征值问题转化为 p 阶特征值问题。

将式（8-21）的前 p 阶振型 $\boldsymbol{\varphi}_1$，$\cdots$，$\boldsymbol{\varphi}_{\mathrm{p}}$ 构成的空间记为 E_{p} 空间（$p<n$）。在 E_{p} 子空间中，任意选择一组线性无关的向量 $\boldsymbol{x}_1$，$\boldsymbol{x}_2$，$\cdots$，$\boldsymbol{x}_{\mathrm{p}}$ 作为基底，将子空间中任一向量表示为：

$$\boldsymbol{x}=\boldsymbol{X}\boldsymbol{\alpha} \tag{8-53}$$

式中　$\boldsymbol{X}=[x_1,\ x_2,\ \cdots,\ x_{\mathrm{p}}]$——$n\times p$ 矩阵；

$\boldsymbol{\alpha}$——p 维向量。

因此，$\boldsymbol{x}$ 的 Rayleigh 熵为：

$$\rho(x)=\frac{\boldsymbol{\alpha}^{\mathrm{T}}\boldsymbol{X}^{\mathrm{T}}\boldsymbol{K}\boldsymbol{X}\boldsymbol{\alpha}}{\boldsymbol{\alpha}^{\mathrm{T}}\boldsymbol{X}^{\mathrm{T}}\boldsymbol{M}\boldsymbol{X}\boldsymbol{\alpha}}=\frac{\boldsymbol{\alpha}^{\mathrm{T}}\overline{\boldsymbol{K}}\boldsymbol{\alpha}}{\boldsymbol{\alpha}^{\mathrm{T}}\overline{\boldsymbol{M}}\boldsymbol{\alpha}} \tag{8-54}$$

式中　$\overline{\boldsymbol{K}}=\boldsymbol{X}^{\mathrm{T}}\boldsymbol{K}\boldsymbol{X}$ 和 $\overline{\boldsymbol{M}}=\boldsymbol{X}^{\mathrm{T}}\boldsymbol{M}\boldsymbol{X}$——分别为 $\boldsymbol{K}$ 和 $\boldsymbol{M}$ 在子空间上的投影。

于是，该 Rayleigh 熵的极值即为式（8-21）在子空间中的频率值 ω_1^2，ω_2^2，…，ω_{p}^2。

由式（8-54）表示的 Rayleigh 熵极值问题等价于特征值问题。

$$\overline{\boldsymbol{K}}\boldsymbol{\alpha}=\rho\,\overline{\boldsymbol{M}}\boldsymbol{\alpha} \tag{8-55}$$

因此，若已知子空间 E_{p} 的一个基底，就可将式（8-21）代表的 n 阶特征值问题转化成式（8-55）代表的 p 阶特征值问题。

若求解式（8-55）得到系数 α_i 和特征值 ρ_i（$i=1$，2，…，p），则结构的前 p 阶频率和振型为：

$$\begin{cases}\omega_i^2=\rho_i\\ \boldsymbol{\varphi}_i=\boldsymbol{X}\boldsymbol{\alpha}_i\end{cases}\quad(i=1,2,\cdots,p) \tag{8-56}$$

若所选的基底 $\boldsymbol{x}_1$，$\boldsymbol{x}_2$，…，$\boldsymbol{x}_{\mathrm{p}}$ 所构成的子空间 E'_{p} 为 E_{p} 的一个近似空间，则得到的频率和振型为近似值，即：

$$\begin{cases}\omega_i^2\approx\rho_i\\ \boldsymbol{\varphi}_i\approx\boldsymbol{X}\boldsymbol{\alpha}_i\end{cases}\quad(i=1,2,\cdots,p) \tag{8-57}$$

Rayleigh-Ritz 法中需要解决的一个关键问题是：对于复杂多自由度结构，如何选择合适的基底使 E'_{p} 接近于 E_{p}，从而得到较为精确的解。

将 Rayleigh-Ritz 法与逆迭代法结合的方法称为子空间迭代法。通过逆迭代法可使基底不断完善，从而使 E'_{p} 不断接近于 E_{p}。

选择一组线性无关的向量来构成矩阵：

$$\boldsymbol{X}^{(0)}=\begin{bmatrix}\boldsymbol{x}_1^{(0)} & \boldsymbol{x}_2^{(0)} & \cdots & \boldsymbol{x}_{\mathrm{q}}^{(0)}\end{bmatrix}\quad(q>p) \tag{8-58}$$

向量 $\boldsymbol{x}_i^{(0)}$（$i=1$，2，…，q）构成一个 q 维子空间 $E_{\mathrm{q}}^{(0)}$，作为 q 阶振型 $\boldsymbol{\varphi}_i$（$i=1$，2，…,q）构成的子空间 E_{q} 的初始近似。

通过逆迭代法不断改善子空间的近似程度，依次求出 $E_{\mathrm{q}}^{(1)}$，$E_{\mathrm{q}}^{(2)}$，…，$E_{\mathrm{q}}^{(\mathrm{k})}$，直至 $E_{\mathrm{q}}^{(\mathrm{k+1})}$ 在精度要求下接近于 E_{q}。

第 k 次迭代的步骤为：

（1）根据逆迭代法进行迭代：$\boldsymbol{K}\overline{\boldsymbol{X}}^{(\mathrm{k+1})}=\boldsymbol{M}\boldsymbol{X}^{(\mathrm{k})}$，由新的迭代向量组 $\overline{\boldsymbol{X}}^{(\mathrm{k+1})}$ 形成子空间 $E_{\mathrm{q}}^{(\mathrm{k+1})}$。

（2）计算 $\boldsymbol{K}$ 和 $\boldsymbol{M}$ 在子空间 $E_{\mathrm{q}}^{(\mathrm{k+1})}$ 上的投影：$\overline{\boldsymbol{K}}^{(\mathrm{k+1})}=\overline{\boldsymbol{X}}^{(\mathrm{k+1})\mathrm{T}}\boldsymbol{K}\overline{\boldsymbol{X}}^{(\mathrm{k+1})}$、$\overline{\boldsymbol{M}}^{(\mathrm{k+1})}=\overline{\boldsymbol{X}}^{(\mathrm{k+1})\mathrm{T}}\boldsymbol{M}\overline{\boldsymbol{X}}^{(\mathrm{k+1})}$。

（3）用广义雅克比法求解 q 阶特征值问题，$\overline{\boldsymbol{K}}^{(\mathrm{k+1})}\boldsymbol{\alpha}=\rho\overline{\boldsymbol{M}}^{(\mathrm{k+1})}\boldsymbol{\alpha}$，得到 $\boldsymbol{\alpha}_i$ 和特征值 ρ_i（$i=1$，2，…，q）。

（4）令 $\boldsymbol{Q}=[\boldsymbol{\alpha}_1\quad\boldsymbol{\alpha}_2\quad\cdots\quad\boldsymbol{\alpha}_{\mathrm{q}}]$，得到第 $k+1$ 次改进的特征向量矩阵：$\boldsymbol{X}^{(\mathrm{k+1})}=\overline{\boldsymbol{X}}^{(\mathrm{k+1})}\boldsymbol{Q}$。

当 $k\to\infty$ 时，$\boldsymbol{\Omega}^{(\mathrm{k+1})}\to\boldsymbol{\Omega}$，$\boldsymbol{X}^{(\mathrm{k+1})}\to\boldsymbol{\Phi}$，$E_{\mathrm{q}}^{(\mathrm{k+1})}\to E_{\mathrm{q}}$。其中，$\boldsymbol{\Phi}$ 为结构前 q 阶振型组成的矩阵（式 8-40），$\boldsymbol{\Omega}$ 为这些特征向量所对应的特征值组成的矩阵（式 8-34），E_{q} 为这些振型所组成的子空间。

8.4　结构动力响应的求解

求解结构的动力响应，即在满足初始位移 $\boldsymbol{\delta}(0)$ 和初始速度 $\dot{\boldsymbol{\delta}}(0)$ 的条件下，求解结

构的动力方程。

$$\boldsymbol{M}\ddot{\boldsymbol{\delta}}(t)+\boldsymbol{C}\dot{\boldsymbol{\delta}}(t)+\boldsymbol{K}\boldsymbol{\delta}(t)=\boldsymbol{F}(t) \tag{8-59}$$

通过式（8-59）可得到任一时刻结构的动力响应：位移 $\boldsymbol{\delta}(t)$、速度 $\dot{\boldsymbol{\delta}}(t)$ 和加速度 $\ddot{\boldsymbol{\delta}}(t)$。

本节将介绍求解结构动力响应问题的两种常用方法：振型叠加法和逐步积分法。振型叠加法是将结构无阻尼自由振动的振型矩阵作为变换矩阵，使式（8-59）成为一组非耦合的微分方程；逐个求解微分方程，并将计算结果进行叠加得到结构的动力响应。逐步积分法不进行变换，直接由式（8-59）逐步计算时间间隔为 Δt 的各时刻的动力响应。

8.4.1 振型叠加法

求得结构自振特性后，可将结构的节点位移表示成前 m 阶振型的线性组合。

$$\boldsymbol{\delta}(t)=x_1(t)\boldsymbol{\varphi}_1+x_2(t)\boldsymbol{\varphi}_2+\cdots+x_m(t)\boldsymbol{\varphi}_m \tag{8-60}$$

也即将振型矩阵 $\boldsymbol{\Phi}=[\boldsymbol{\varphi}_1 \quad \boldsymbol{\varphi}_2 \quad \cdots \quad \boldsymbol{\varphi}_m]$ 作为变换矩阵，而 $\boldsymbol{\Phi}$ 与时间 t 无关。

$$\boldsymbol{\delta}(t)=\boldsymbol{\Phi}\boldsymbol{x}(t) \tag{8-61}$$

将式（8-61）代入式（8-59），得：

$$\boldsymbol{M}\boldsymbol{\Phi}\ddot{\boldsymbol{x}}+\boldsymbol{C}\boldsymbol{\Phi}\dot{\boldsymbol{x}}+\boldsymbol{K}\boldsymbol{\Phi}\boldsymbol{x}=\boldsymbol{F} \tag{8-62}$$

上式中等号两端同时左乘 $\boldsymbol{\Phi}^{\mathrm{T}}$，由式（8-31）和式（8-32）得到：

$$\ddot{\boldsymbol{x}}+\boldsymbol{\Phi}^{\mathrm{T}}\boldsymbol{C}\boldsymbol{\Phi}\dot{\boldsymbol{x}}+\boldsymbol{\Omega}\boldsymbol{x}=\boldsymbol{P} \tag{8-63}$$

式中：$\boldsymbol{P}=\boldsymbol{\Phi}^{\mathrm{T}}\boldsymbol{F}$；$\boldsymbol{\Omega}=\begin{bmatrix}\omega_1^2 & & & \\ & \omega_2^2 & & \\ & & \ddots & \\ & & & \omega_m^2\end{bmatrix}$。

阻尼矩阵可采用 Rayleigh 阻尼：

$$\boldsymbol{C}=\alpha_0\boldsymbol{M}+\alpha_1\boldsymbol{K} \tag{8-64}$$

进一步假定各阶振型的阻尼比相等，由式（8-18）得：

$$\alpha_0=\frac{2\omega_i\omega_j}{\omega_i+\omega_j}\xi \qquad \alpha_1=\frac{2}{\omega_i+\omega_j}\xi \tag{8-65}$$

则式（8-63）中：

$$\boldsymbol{\Phi}^{\mathrm{T}}\boldsymbol{C}\boldsymbol{\Phi}=\boldsymbol{\Phi}^{\mathrm{T}}\alpha_0\boldsymbol{M}\boldsymbol{\Phi}+\boldsymbol{\Phi}^{\mathrm{T}}\alpha_1\boldsymbol{K}\boldsymbol{\Phi}=\alpha_0\boldsymbol{I}+\alpha_1\boldsymbol{\Omega} \tag{8-66}$$

进一步写成：

$$\boldsymbol{\Phi}^{\mathrm{T}}\boldsymbol{C}\boldsymbol{\Phi}=\begin{bmatrix}2\xi\omega_1 & & & 0\\ & 2\xi\omega_2 & & \\ & & \ddots & \\ 0 & & & 2\xi\omega_m\end{bmatrix} \tag{8-67}$$

因此，式（8-63）发生解耦，成为一组互相独立的二阶微分方程组：

$$\ddot{x}_i+2\xi_i\omega_i\dot{x}_i+\omega_i^2x_i=P_i \quad (i=1,2,\cdots,m) \tag{8-68}$$

式中　ξ_i——第 i 阶振型的阻尼比；

$P_i = \boldsymbol{\Phi}_i^{\mathrm{T}} \boldsymbol{F}$——荷载矢量在各阶振型上的投影。

方程组中每一方程的解可由 Duhamal 积分得到：

$$x_i(t) = \frac{1}{\overline{\omega}_i}\int_0^t P_i(\tau) e^{-\xi_i \omega_i (t-\tau)} \sin\overline{\omega}_i (t-\tau) \mathrm{d}\tau + e^{-\xi_i \omega_i t}(\alpha_i \sin\overline{\omega}_i t + \beta_i \cos\overline{\omega}_i t) \qquad (8\text{-}69)$$

式中：$\overline{\omega}_i = \omega_i \sqrt{1-\xi_i^2}$；$\alpha_i$ 和 β_i 由初始条件确定。

将求得的 x_i（i=1，2，…，m）代入式（8-60），由各阶振型叠加得到位移向量 $\boldsymbol{\delta}(t)$。

振型叠加法一般用于动力荷载只激发较少振型或响应计算时间较长的情况，并且该方法仅适用于线性问题，而逐步积分法具有更加广泛的适用范围。

8.4.2　逐步积分法

逐步积分法的要点是根据 t 时刻的动力响应 $\boldsymbol{\delta}(t)$，$\dot{\boldsymbol{\delta}}(t)$，$\ddot{\boldsymbol{\delta}}(t)$ 等，通过结构的动力方程来计算 $t+\Delta t$ 时刻的动力响应。根据假定的加速度表达式的不同，将逐步积分法分为不同类别。本节主要介绍 Wilson-θ 法，该方法因计算稳定而经常应用于大型通用程序中。

将动力荷载的时间历程 T 按相同时间间隔进行划分：0，Δt，$2\Delta t$，…，t，$t+\Delta t$,…，T。假设结构动力方程（式 8-1）不必在任何时刻均得到满足，而仅在这些时间离散点上得到满足；在时间间隔内，采用某种假设来表示 $\boldsymbol{\delta}(t)$、$\dot{\boldsymbol{\delta}}(t)$ 和 $\ddot{\boldsymbol{\delta}}(t)$ 之间的关系，不同的假设将影响计算精度、稳定性和效率。

Wilson-θ 法是线性加速度法的扩展。线性加速度法假设从 t 到 $t+\Delta t$ 时刻加速度为线性变化，而 Wilson-θ 法假设从 t 到 $t+\theta\Delta t$ 时刻加速度为线性变化，其中 $\theta \geqslant 1.0$。当 $\theta=1.0$ 时，Wilson-θ 法就成为线性加速度法。当 $\theta \geqslant 1.37$ 时，该方法为无条件稳定，一般取 $\theta=1.40$。

根据 Wilson-θ 法，在 t 到 $t+\Delta t$ 时刻的时间间隔内，加速度可表示为：

$$\ddot{\boldsymbol{\delta}}(t+\tau) = \ddot{\boldsymbol{\delta}}(t) + \frac{\tau}{\theta\Delta t}[\ddot{\boldsymbol{\delta}}(t+\theta\Delta t) - \ddot{\boldsymbol{\delta}}(t)] \qquad (8\text{-}70)$$

式中：τ 表示时间增量，$0 \leqslant \tau \leqslant \theta\Delta t$。

对式（8-70）进行积分，得到速度 $\dot{\boldsymbol{\delta}}$ 和位移 $\boldsymbol{\delta}$ 的表达式。

$$\dot{\boldsymbol{\delta}}(t+\tau) = \dot{\boldsymbol{\delta}}(t) + \ddot{\boldsymbol{\delta}}(t)\tau + \frac{\tau^2}{2\theta\Delta t}[\ddot{\boldsymbol{\delta}}(t+\theta\Delta t) - \ddot{\boldsymbol{\delta}}(t)] \qquad (8\text{-}71)$$

$$\boldsymbol{\delta}(t+\tau) = \boldsymbol{\delta}(t) + \dot{\boldsymbol{\delta}}(t)\tau + \frac{1}{2}\ddot{\boldsymbol{\delta}}(t)\tau^2 + \frac{\tau^3}{6\theta\Delta t}[\ddot{\boldsymbol{\delta}}(t+\theta\Delta t) - \ddot{\boldsymbol{\delta}}(t)] \qquad (8\text{-}72)$$

令 $\tau=\theta\Delta t$，由式（8-71）和式（8-72）得：

$$\dot{\boldsymbol{\delta}}(t+\theta\Delta t) = \dot{\boldsymbol{\delta}}(t) + \frac{\theta\Delta t}{2}[\boldsymbol{\delta}(t+\theta\Delta t) + \ddot{\boldsymbol{\delta}}(t)] \qquad (8\text{-}73)$$

$$\boldsymbol{\delta}(t+\theta\Delta t) = \boldsymbol{\delta}(t) + \theta\Delta t\dot{\boldsymbol{\delta}}(t) + \frac{\theta^2\Delta t^2}{6}[\ddot{\boldsymbol{\delta}}(t+\theta\Delta t) + 2\ddot{\boldsymbol{\delta}}(t)] \qquad (8\text{-}74)$$

由式（8-74）得：

$$\ddot{\boldsymbol{\delta}}(t+\theta\Delta t) = \frac{6}{\theta^2\Delta t^2}[\boldsymbol{\delta}(t+\theta\Delta t) - \boldsymbol{\delta}(t)] - \frac{6}{\theta\Delta t}\dot{\boldsymbol{\delta}}(t) - 2\ddot{\boldsymbol{\delta}}(t) \qquad (8\text{-}75)$$

由式（8-73）和式（8-75）得：

$$\dot{\boldsymbol{\delta}}(t+\theta\Delta t)=\frac{3}{\theta\Delta t}[\boldsymbol{\delta}(t+\theta\Delta t)-\boldsymbol{\delta}(t)]-2\dot{\boldsymbol{\delta}}(t)-\frac{\theta\Delta t}{2}\ddot{\boldsymbol{\delta}}(t) \tag{8-76}$$

也就是用$\boldsymbol{\delta}(t+\theta\Delta t)$来表示$\dot{\boldsymbol{\delta}}(t+\theta\Delta t)$和$\ddot{\boldsymbol{\delta}}(t+\theta\Delta t)$。因此，只要求出$\boldsymbol{\delta}(t+\theta\Delta t)$，就可根据式（8-70）～式（8-72）求得$t+\Delta t$时刻的动力响应。

$t+\Delta t$时刻的结构动力方程为：

$$\boldsymbol{M}\ddot{\boldsymbol{\delta}}(t+\theta\Delta t)+\boldsymbol{C}\dot{\boldsymbol{\delta}}(t+\theta\Delta t)+\boldsymbol{K}\boldsymbol{\delta}(t+\theta\Delta t)=\boldsymbol{F}(t+\theta\Delta t) \tag{8-77}$$

式中：$\boldsymbol{F}(t+\theta\Delta t)$由$\boldsymbol{F}(t)$和$\boldsymbol{F}(t+\Delta t)$线性外推得到，即：

$$\boldsymbol{F}(t+\theta\Delta t)=\boldsymbol{F}(t)+\theta[\boldsymbol{F}(t+\Delta t)-\boldsymbol{F}(t)] \tag{8-78}$$

将式（8-75）和式（8-76）代入式（8-77），得：

$$\overline{\boldsymbol{K}}\boldsymbol{\delta}(t+\theta\Delta t)=\overline{\boldsymbol{F}}(t+\theta\Delta t) \tag{8-79}$$

式中：$\overline{\boldsymbol{K}}=\boldsymbol{K}+\frac{6}{(\theta\Delta t)^2}\boldsymbol{M}+\frac{3}{\theta\Delta t}\boldsymbol{C}$；

$$\overline{\boldsymbol{F}}(t+\theta\Delta t)=\boldsymbol{F}(t)+\theta[\boldsymbol{F}(t+\Delta t)-\boldsymbol{F}(t)]+\boldsymbol{M}\left[\frac{6}{(\theta\Delta t)^2}\boldsymbol{\delta}(t)+\frac{6}{\theta\Delta t}\dot{\boldsymbol{\delta}}(t)+2\ddot{\boldsymbol{\delta}}(t)\right]+$$

$$\boldsymbol{C}\left[\frac{3}{\theta\Delta t}\boldsymbol{\delta}(t)+2\dot{\boldsymbol{\delta}}(t)+\frac{\theta\Delta t}{2}\ddot{\boldsymbol{\delta}}(t)\right]。$$

因此，由式（8-79）求出$\boldsymbol{\delta}(t+\theta\Delta t)$后代入式（8-75）和式（8-76），然后令式（8-70）～式（8-72）中$\tau=\Delta t$，即可求得$t+\Delta t$时刻的结构动力响应。

$$\ddot{\boldsymbol{\delta}}(t+\Delta t)=\ddot{\boldsymbol{\delta}}(t)+\frac{1}{\theta}[\ddot{\boldsymbol{\delta}}(t+\theta\Delta t)-\ddot{\boldsymbol{\delta}}(t)] \tag{8-80}$$

$$\dot{\boldsymbol{\delta}}(t+\Delta t)=\dot{\boldsymbol{\delta}}(t)+\ddot{\boldsymbol{\delta}}(t)\Delta t+\frac{\Delta t}{2\theta}[\ddot{\boldsymbol{\delta}}(t+\theta\Delta t)-\ddot{\boldsymbol{\delta}}(t)] \tag{8-81}$$

$$\boldsymbol{\delta}(t+\Delta t)=\boldsymbol{\delta}(t)+\dot{\boldsymbol{\delta}}(t)\Delta t+\frac{\Delta t^2}{2}\boldsymbol{\delta}(t)+\frac{\Delta t^2}{6\theta}[\ddot{\boldsymbol{\delta}}(t+\theta\Delta t)-\ddot{\boldsymbol{\delta}}(t)] \tag{8-82}$$

根据式（8-75）得：

$$\ddot{\boldsymbol{\delta}}(t+\Delta t)=\frac{6}{\theta^3\Delta t^2}[\boldsymbol{\delta}(t+\theta\Delta t)-\boldsymbol{\delta}(t)]-\frac{6}{\theta^2\Delta t}\dot{\boldsymbol{\delta}}(t)+\left(1-\frac{3}{\theta}\right)\ddot{\boldsymbol{\delta}}(t) \tag{8-83}$$

$$\dot{\boldsymbol{\delta}}(t+\Delta t)=\dot{\boldsymbol{\delta}}(t)+\frac{\Delta t}{2}[\ddot{\boldsymbol{\delta}}(t+\Delta t)+\ddot{\boldsymbol{\delta}}(t)] \tag{8-84}$$

$$\boldsymbol{\delta}(t+\Delta t)=\boldsymbol{\delta}(t)+\Delta t\dot{\boldsymbol{\delta}}(t)+\frac{\Delta t^2}{6}[\ddot{\boldsymbol{\delta}}(t+\Delta t)+2\ddot{\boldsymbol{\delta}}(t)] \tag{8-85}$$

8.5 自振特性计算实例

通常可通过建立空间杆系有限元计算模型对桥梁结构进行自振特性分析。影响自振特性计算精度的关键因素为桥梁的质量与刚度的模拟。建立计算模型时应尽可能地按照实际情况将施加于结构的附加非受力构件荷载（如桥面铺装层、栏杆、花基、主梁中矿渣填充物等）转化为质量，随主体结构一同振动。

下面首先介绍在 Midas/Civil 中进行自振特性分析的主要操作步骤，然后给出几座典型桥梁的自振特性计算结果。

8.5.1 Midas 自振特性分析过程

有限元模型的建模方法可参考第 6 章，通过下列操作完成自振特性分析。

（1）选择特征值求解方法，一般可选用子空间迭代法或 Lanczos 法（图 8-1），同时根据实际需要选择振型数量。

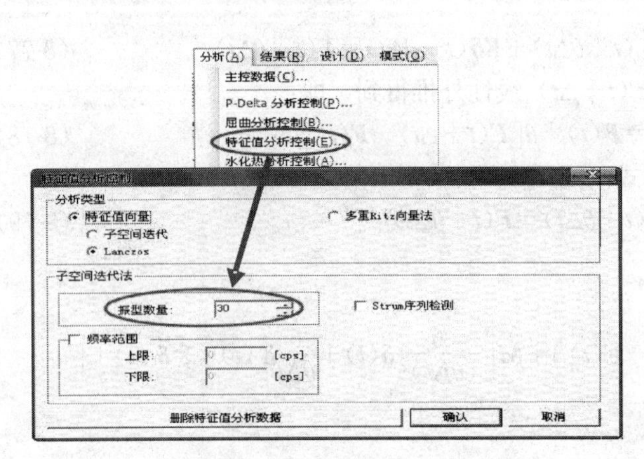

图 8-1 选择特征值求解方法

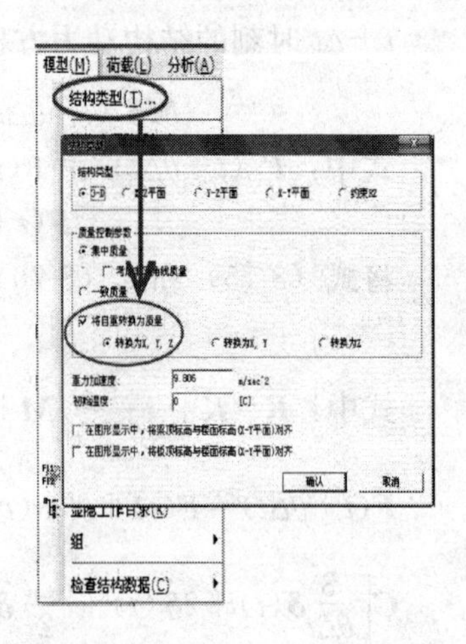

图 8-2 将结构自重转化为质量

（2）进行结构自振特性分析不同于静力分析，应将结构自重转化为质量（图 8-2）。

（3）将二期恒载、横隔板等转化为质量，并在荷载工况/组合值系数表单中添加相应的组合值系数（图 8-3）。

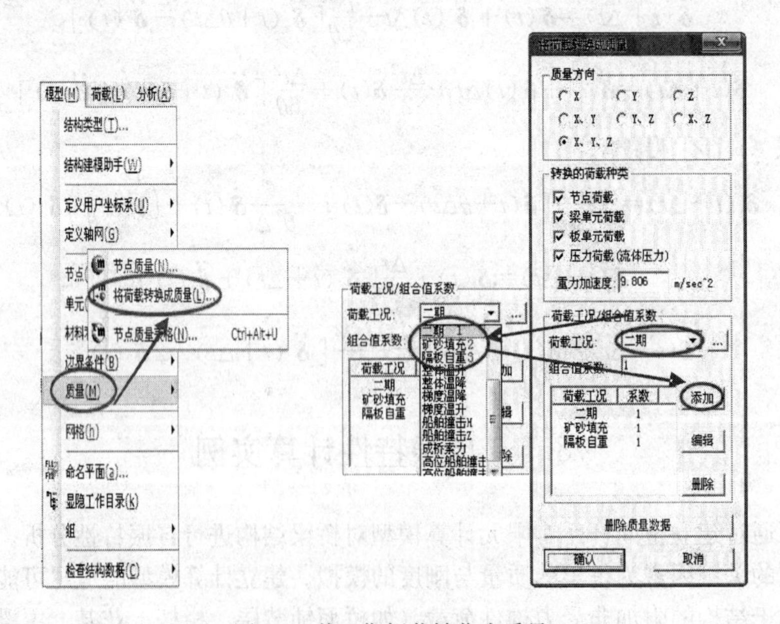

图 8-3 将二期恒载转化为质量

（4）通过菜单选择"运行分析＞运行结构分析"或点击图标菜单来运行结构自振分析。

（5）自振特性计算完成之后，可在菜单“结果>周期与振型”或“结果>分析结果表格>振型形状”中查看结构的各阶振型和自振频率。

8.5.2 简支梁桥计算实例

某普通混凝土简支空心板梁桥全长35m，跨径布置为2×17.5m，分南北两幅。桥面宽2×18m，为双向六车道，桥横向布置为0.20m（栏杆）+2.8m（人行道）+12m（行车道）+6m（中央绿化带）+12m（行车道）+2.8m（人行道）+0.20m（栏杆）。上部结构每跨由11片空心板组成，板高0.9m，桥面铺装厚12cm，空心板和桥面铺装均采用C30混凝土。利用梁格法建立其中一跨的有限元计算模型，如图8-4所示。图8-5为Midas/Civil计算得到的该桥前三阶振型和频率。

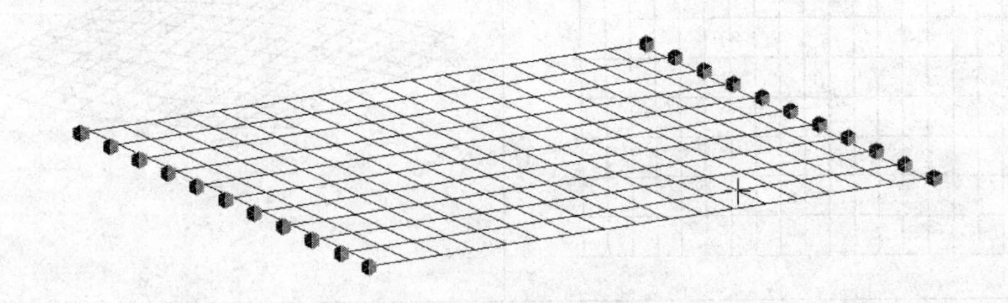

图8-4 某简支空心板梁桥计算模型

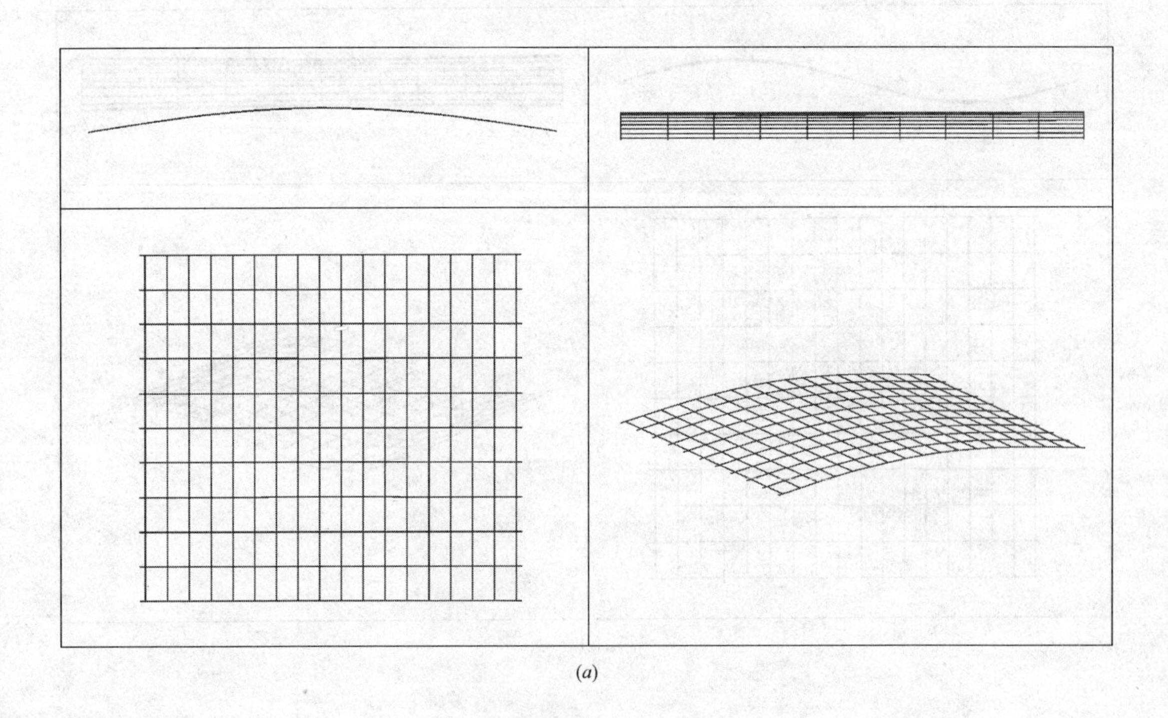

(*a*)

图8-5 某简支空心板梁桥前三阶振型和频率（一）

（*a*）第1阶振型频率 $f_1=3.40\text{Hz}$（对称竖弯）

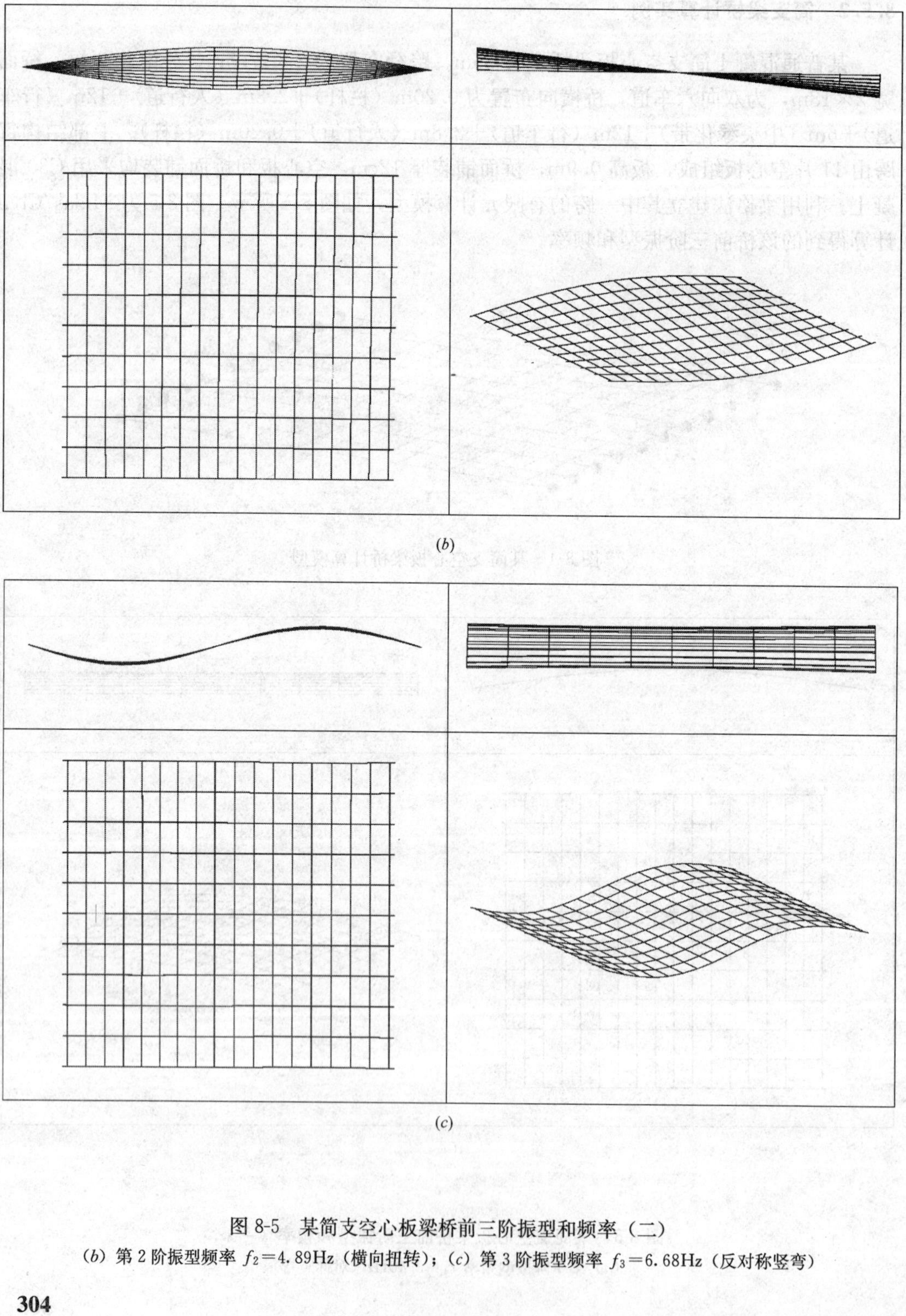

(*b*)

(*c*)

图 8-5　某简支空心板梁桥前三阶振型和频率（二）

（*b*）第 2 阶振型频率 $f_2=4.89$Hz（横向扭转）；（*c*）第 3 阶振型频率 $f_3=6.68$Hz（反对称竖弯）

8.5.3　连续梁桥计算实例

某上部结构为81m＋110m＋81m的三跨变高度预应力混凝土连续箱梁，全长272m。桥梁横向布置为：4.5m（人行道）＋19.0m（车行道）＋0.5m（防撞栏）＝24m。主梁采用单箱双室箱型截面，底板宽15m，顶板宽24m，翼板悬臂长4.5m，悬臂根部最大厚度为60cm；箱梁跨中梁高2.65m，边跨端部梁高2.35m，根部梁高5.65m；箱梁顶板厚25cm，底板厚由跨中的26cm渐变到根部的80cm；腹板厚度由支点的80cm渐变到跨中的40cm，在支点处各设一道横隔板，边支点横隔板厚150cm，中支点横隔板厚200cm。主墩采用端头为圆弧形的矩形板墩，墩底截面尺寸为8.0m×1.8m，其他参数详见第9章算例。该桥的有限元计算模型如图8-6所示。图8-7为Midas/Civil计算得到的该桥的前三阶振型和频率。

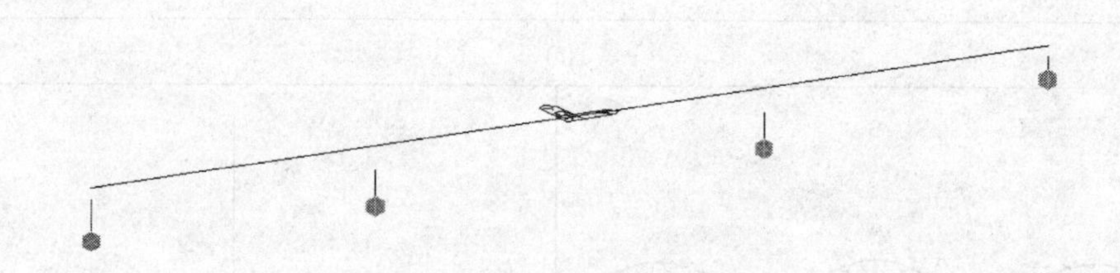

图8-6　某三跨连续梁有限元计算模型

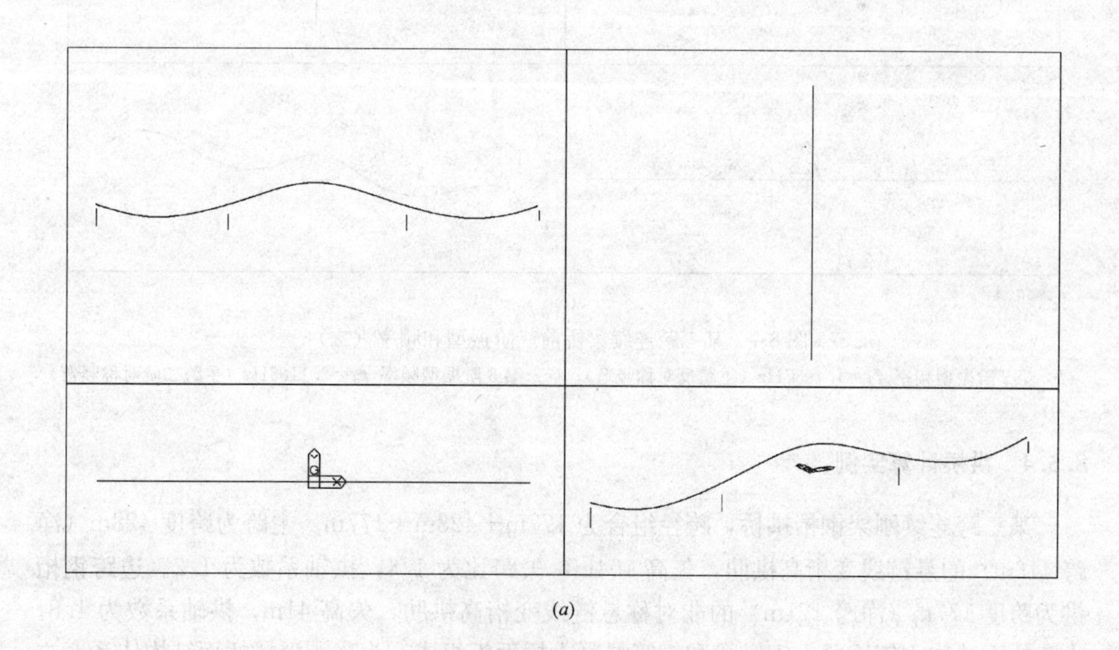

(*a*)

图8-7　某三跨连续梁桥前三阶振型和频率（一）

(*a*) 第1阶振型频率 f_1＝0.9242Hz（主跨对称竖弯）

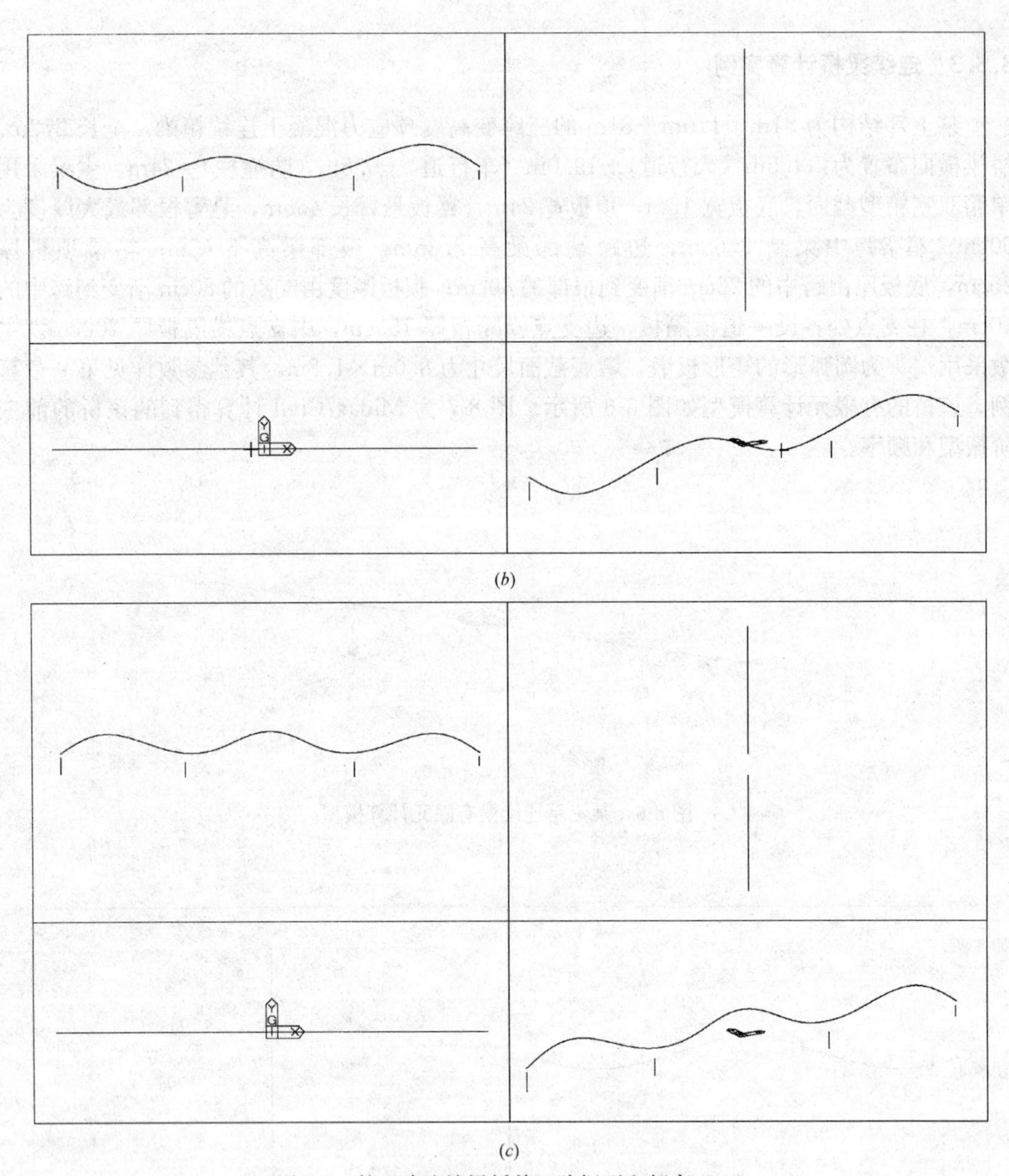

(b)

(c)

图 8-7　某三跨连续梁桥前三阶振型和频率（二）

(b) 第 2 阶振型频率 f_2＝1.4937Hz（主跨反对称竖弯）；(c) 第 3 阶振型频率 f_3＝2.1105Hz（主跨二阶对称竖弯）

8.5.4　拱桥计算实例

某三跨连续刚架钢桁拱桥，跨径组合为 177m＋428m＋177m。主跨为跨度 428m（净跨 416m）的悬链线变桁高拱肋，矢高 104m，矢跨比为 1/4，拱轴系数为 1.2。边跨钢桁拱为跨度 177m（净跨 171m）的非对称悬链线变桁高拱肋，矢高 41m，拱轴系数为 1.8。主跨桥面结构由钢横梁、钢纵梁和钢筋混凝土桥面板组成，为半漂浮式桥面结构体系，主要由吊杆支撑，主跨系杆采用高强度低松弛钢绞线拉索。边跨桥面结构由预应力混凝土横梁、钢筋混凝土纵梁、钢筋混凝土桥面板组成，主要由吊杆支撑，边跨采用预应力混凝土系杆。该桥的有限元计算模型如图 8-8 所示。图 8-9 为 Midas/Civil 计算所得的该桥的前三阶自振频率和振型。

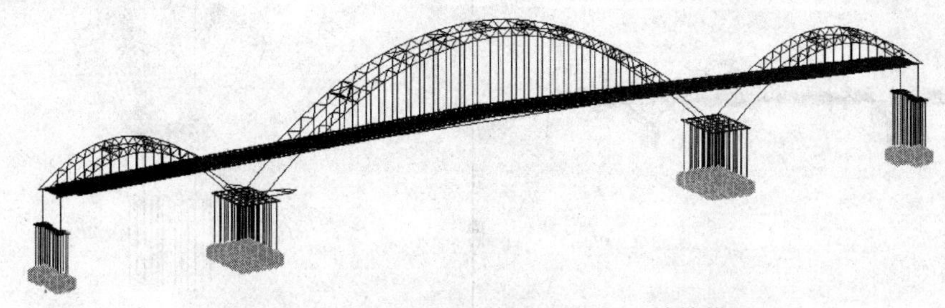

图 8-8　某三跨连续刚架钢桁拱桥有限元计算模型

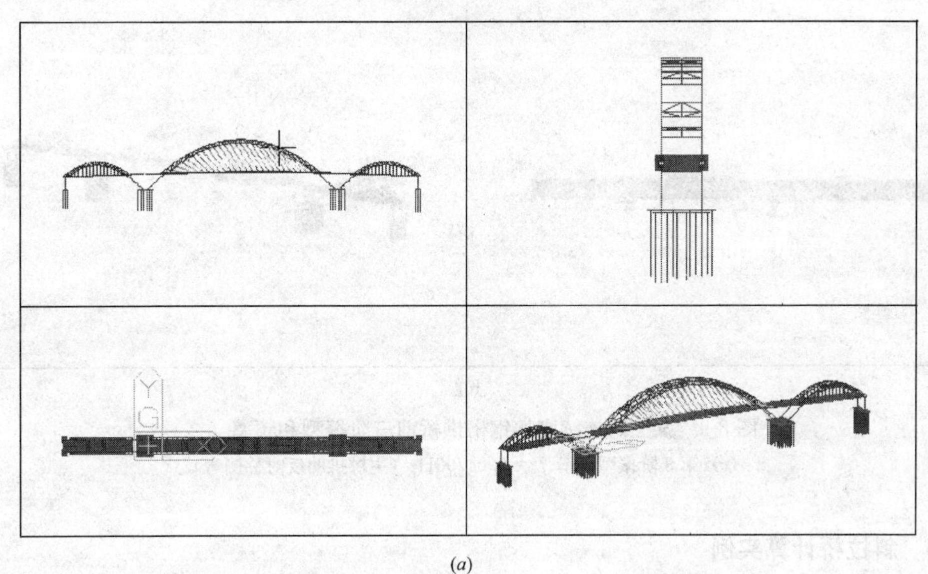

(*a*)

(*b*)

图 8-9　某三跨连续刚架钢桁拱桥前三阶振型和频率（一）

(*a*) 第 1 阶振型频率 $f_1=0.0889$Hz（主拱桥面系纵飘）；(*b*) 第 2 阶振型频率 $f_2=0.2405$Hz（主拱拱肋对称侧弯）

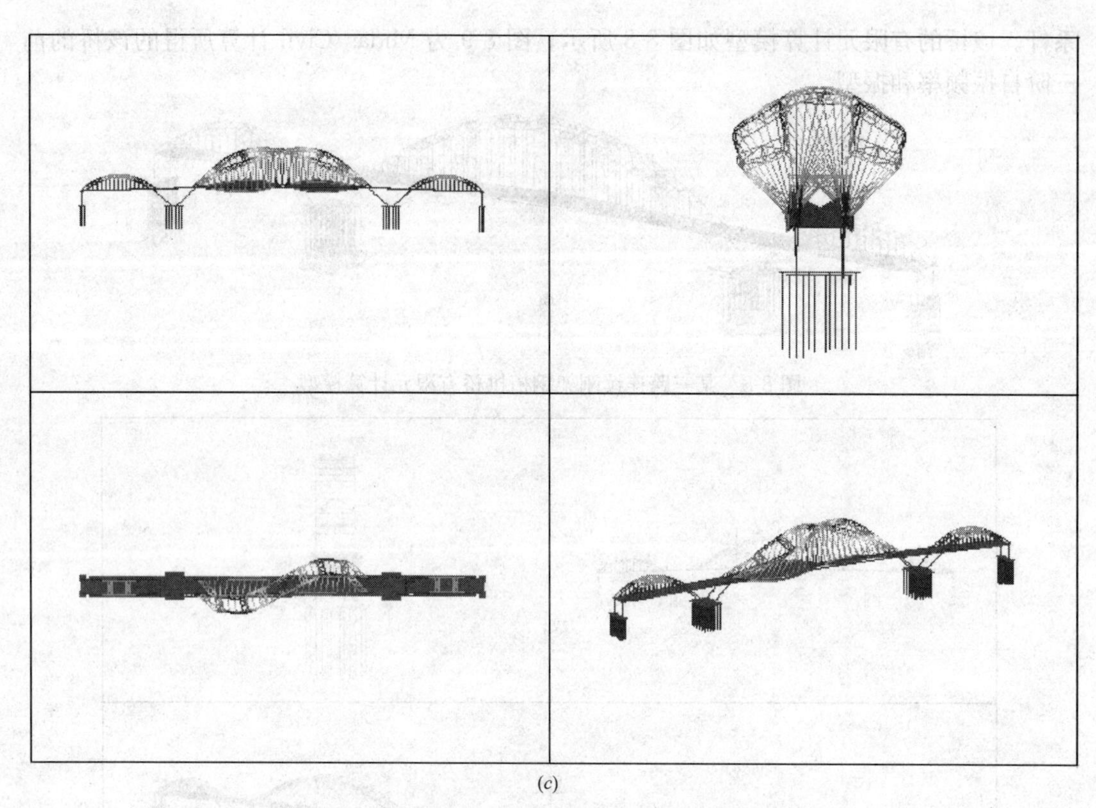

(*c*)

图 8-9　某三跨连续刚架钢桁拱桥前三阶振型和频率（二）

(*c*) 第 3 阶振型频率 f_3＝0.04796Hz（主拱拱肋反对称侧弯）

8.5.5　斜拉桥计算实例

某独塔单索面斜拉桥，主梁、塔和主墩固结，桥跨组合为 139m＋106m。主梁采用近似三角形断面，按照全预应力构件设计。主梁顶板全宽 33.5m，底宽 4.5m，悬臂长 4.75m，梁高 3.5m。中腹板支点剪力较边腹板大，故中腹板厚度 0.5m，边腹板厚度 0.25m；边箱顶板厚 0.27m，中箱为拉索锚固箱，顶板厚度 0.4m，底板厚度 0.3m；悬臂板厚度 0.2～0.5m。拉索间距为 6m 或 3m，每道拉索处设一道隔板，边箱隔板厚 25cm，中箱厚 60cm。主跨拉索为单索面（双排索）、辐射形，桥面处拉索间距为 6m 或 3m，塔上拉索间距为 1.8m，斜拉桥塔柱为预应力混凝土结构，桥面以上塔高 66.7m。该桥的有限元计算模型如图 8-10 所示。图 8-11 为 Midas/Civil 计算得到的该桥前三阶的振型和自振频率。

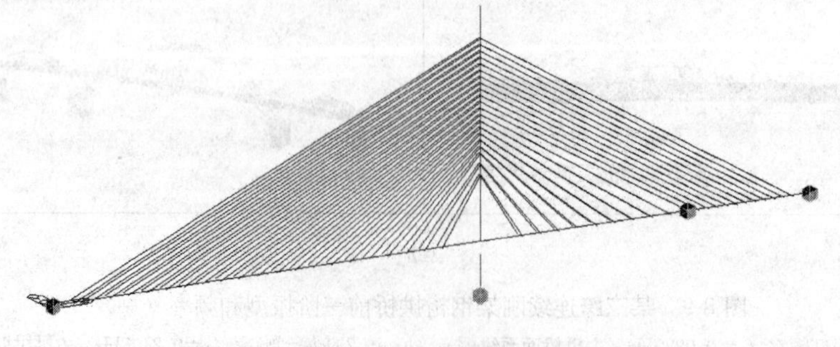

图 8-10　某独塔斜拉桥有限元计算模型

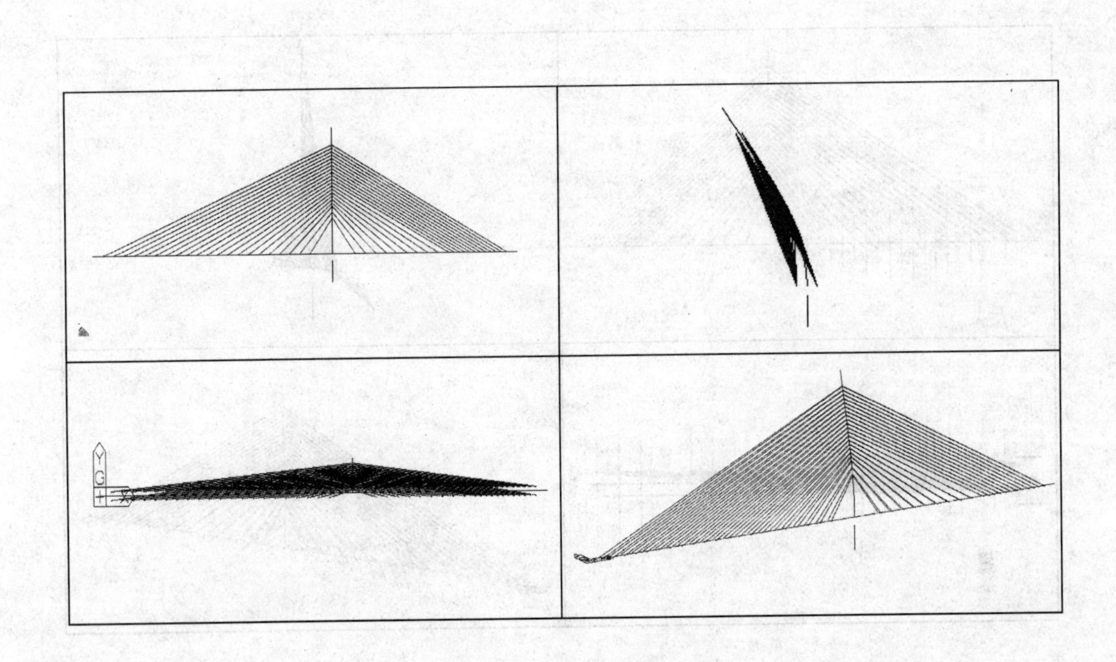

(*a*)

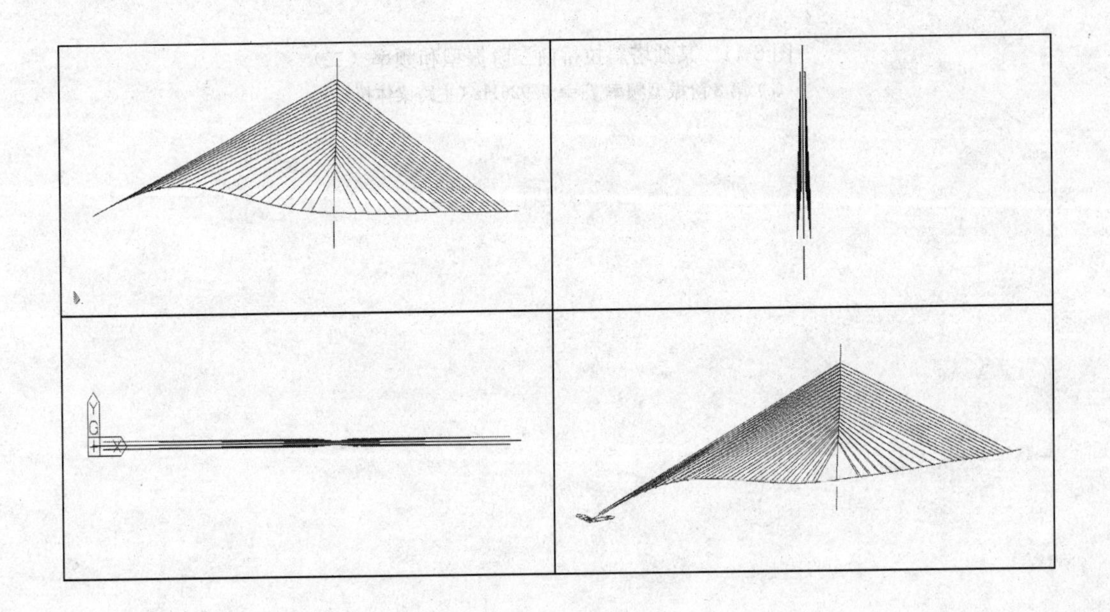

(*b*)

图 8-11　某独塔斜拉桥前三阶振型和频率（一）

(*a*) 第 1 阶振型频率 f_1= 0.502Hz（索面侧倾）；

(*b*) 第 2 阶振型频率 f_2= 0.821Hz（主跨竖弯）

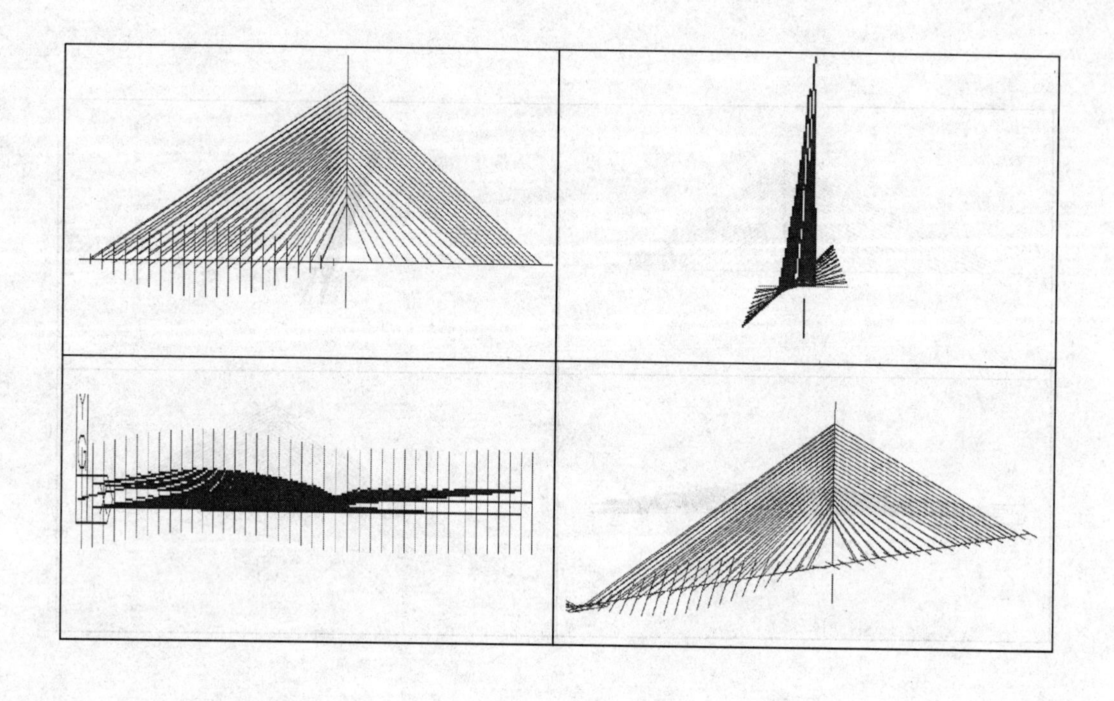

(*c*)

图 8-11　某独塔斜拉桥前三阶振型和频率（二）

(*c*) 第 3 阶振型频率 $f_3 = 0.926$Hz（主跨梁体扭转）

第 9 章　连续梁桥数值分析算例

9.1　工 程 概 况

某桥主桥上部结构为 81m＋110m＋81m 的三跨变高度预应力混凝土连续箱梁，全长 272m，位于 R＝3000m 的竖曲线上，如图 9-1 所示。单幅桥横向布置为 4.5m（人行道)＋19.0m（车行道)＋0.5m（防撞栏)＝24m，如图 9-2 所示。主梁采用单箱双室箱型截面，底板宽 15m，顶板宽 24m，翼板悬臂长 4.5m，悬臂根部最大厚度为 60cm；箱梁跨中梁高 2.65m，边支点处梁高 2.35m，中支点梁高 5.65m；箱梁顶板厚 25cm，底板厚度由跨中的 26cm 渐变到根部的 80cm；腹板厚度由支点的 80cm 渐变到跨中的 40cm，在支点处各设一道横隔板，边支点横隔板厚 150cm，中支点横隔板厚 200cm。主墩采用圆端形矩形板墩，桥墩底截面尺寸为 17.8m×2.8m，承台平面尺寸为 18.5m×7.5m，高度为 3.50m；边墩采用矩形板墩，墩底截面尺寸为 8.0m×1.8m；临时墩采用 0.3m×16m 的矩形板墩。

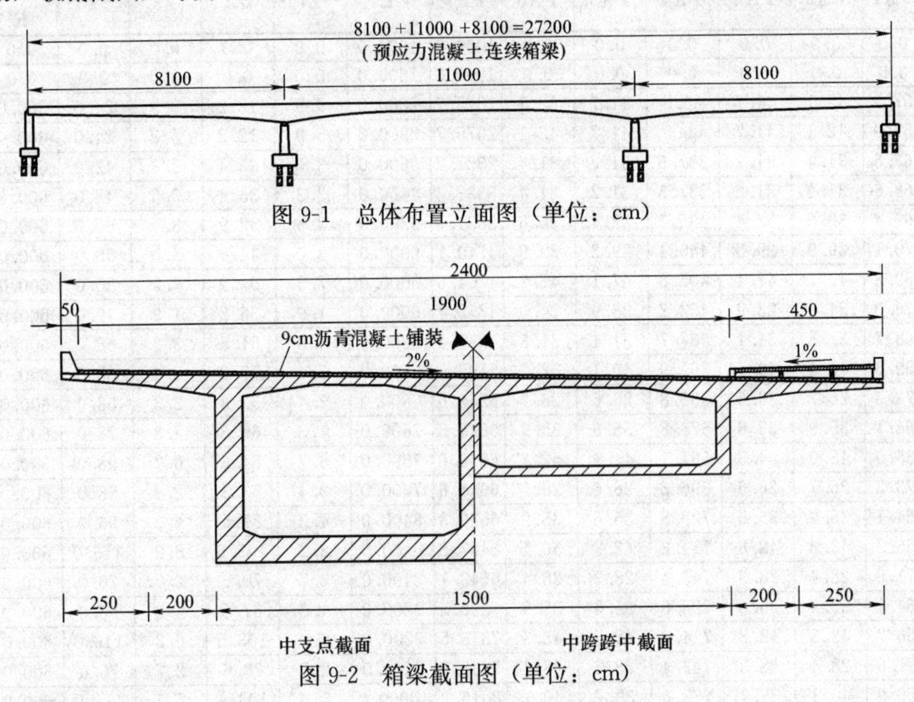

图 9-1　总体布置立面图（单位：cm）

图 9-2　箱梁截面图（单位：cm）

9.1.1　结构设计参数

1. 设计材质

该桥箱梁、桥墩分别采用 C55、C40 混凝土；纵向预应力筋采用 $15\phi^{s}15.2$、$12\phi^{s}15.2$

两种高强度低松弛钢绞线，横向预应力筋采用 $5\phi^{s}15.2$ 高强度低松弛钢绞线，竖向预应力筋采用 JL32 高强度精轧螺纹粗钢筋。材料构件特性见表 9-1。

主要材料构件特性表 **表 9-1**

材料号	构件（材料）	弹性模量（GPa）	泊松比 μ	等效质量密度（kg/m^3）	热膨胀系数 $\times 10^{-5}$	抗拉强度标准值（MPa）	抗压强度标准值（MPa）	抗拉强度设计值（MPa）	抗压强度设计值（MPa）
1	箱梁	35.5	0.2	2600	1.0	2.74	35.5	1.89	24.4
2	桥墩	32.5	0.2	2600	1.0	2.40	29.6	1.65	18.4
3	钢绞线	195	0.3	7850	1.2	1860	—	1260	390
4	精轧螺纹钢筋	200	0.3	7850	1.2	930	400	770	400

2. 预应力钢束布置情况

图 9-3 给出了箱梁预应力钢束纵向布置图，按预应力钢束所处位置可分为顶板束、底板束和腹板束。为适应箱梁结构，预应力钢束通常采用空间曲线的布置方式，通常平面和立面投影多为圆弧曲线，图 9-4 和图 9-5 分别为顶板纵向预应力钢束平弯和竖弯示意图，对应的表 9-2 和表 9-3 为顶板纵向预应力钢束平弯和竖弯要素表。由于篇幅所限，其他预应力束示意图和要素表从略。

顶板纵向预应力钢束平弯要素表 **表 9-2**

编号	$PX1$	$PX2$	$PX3$	$PX4$	$PX5$	$PX6$	$PX7$	L	$Z1$	$Z2$	$Z3$	Z	半径 R	角度 α
T1	0.0	0.0	0.0	0.0	0.0	0.0	1000.0	1000.0	0.0	0.0	0.0	0.0	0.0	0.00
T2	0.0	0.0	0.0	0.0	0.0	0.0	1600.0	1600.0	0.0	0.0	0.0	0.0	0.0	0.00
T3	57.9	42.1	41.7	86.5	41.7	42.1	1575.7	2200.0	5.9	12.2	5.9	24.0	600.0	8.04
T4	57.9	42.1	41.7	86.5	41.7	42.1	2275.7	2900.0	5.9	12.2	5.9	24.0	600.0	8.04
T5	68.6	31.4	31.2	337.5	31.2	31.4	2537.2	3600.0	3.3	35.4	3.3	42.0	600.0	5.99
T6	68.6	31.4	31.2	337.5	31.2	31.4	3337.2	4400.0	3.3	35.4	3.3	42.0	600.0	5.99
T7	67.4	32.6	32.4	485.1	32.4	32.6	3834.7	5200.0	3.5	52.9	3.5	60.0	600.0	6.23
T8	70.1	29.9	29.8	440.4	29.8	29.9	4740.1	6000.0	3.0	44.0	3.0	50.0	600.0	5.71
T8a	52.3	47.7	47.1	405.8	47.1	47.7	4704.6	6000.0	7.5	64.9	7.5	80.0	600.0	9.09
T8b	76.0	24.0	23.9	452.2	23.9	24.0	4752.1	6000.0	1.9	36.2	1.9	40.0	600.0	4.57
T9	68.7	31.3	31.1	587.7	31.1	31.3	5237.4	6800.0	3.3	61.5	3.3	68.0	600.0	5.97
T9a	59.6	40.4	40.1	569.9	40.1	52.2	5195.6	6800.0	5.4	77.2	5.4	88.0	600.0	7.71
T9b	73.3	26.7	26.6	596.8	26.6	26.7	5246.6	6800.0	2.4	53.3	2.3	58.0	600.0	5.10
T10	64.1	35.9	35.6	578.8	35.6	35.9	6028.3	7600.0	4.3	69.5	4.3	78.0	600.0	6.84
T10a	55.0	45.0	44.5	561.1	44.5	52.2	5995.6	7600.0	6.7	84.6	6.7	98.0	600.0	8.57
T10b	73.3	26.7	26.6	596.8	26.6	26.7	6046.6	7600.0	2.4	53.3	2.4	58.0	600.0	5.10
T11	64.1	35.9	35.6	728.8	35.6	35.9	6528.3	8400.0	4.3	87.5	4.3	96.0	600.0	6.84
T11a	56.7	43.3	42.8	714.3	42.8	56.1	6487.8	8400.0	6.2	103.6	6.2	116.0	600.0	8.25
T11b	71.6	28.4	28.3	743.4	28.3	28.4	6543.1	8400.0	2.7	70.6	2.7	76.0	600.0	5.43
T12	64.1	35.9	35.6	728.8	35.6	35.9	7328.3	9200.0	4.3	87.5	4.3	96.0	600.0	6.84
T12a	56.7	43.3	42.8	714.3	42.8	43.3	7313.5	9200.0	6.2	103.6	6.2	116.0	600.0	8.25
T12b	71.6	28.4	28.3	743.4	28.3	28.4	7343.1	9200.0	2.7	70.6	2.7	76.0	600.0	5.43
T13	59.9	40.1	39.7	770.6	39.7	40.1	8019.9	10000.0	5.3	103.4	5.3	114.0	600.0	7.64
T13a	53.0	47.0	46.4	757.1	46.4	47.0	8006.0	10000.0	7.3	119.4	7.3	134.0	600.0	8.96
T13b	50.9	49.1	32.9	784.2	32.9	33.1	8033.8	10000.0	3.6	86.7	3.6	94.0	600.0	6.31
T14	62.2	37.8	37.5	824.9	37.5	37.8	8724.3	10800.0	4.8	104.5	4.8	114.0	600.0	7.22
T14a	60.0	40.0	39.7	920.7	39.7	40.0	8520.0	10800.0	5.3	123.4	5.3	134.0	600.0	7.63
T14b	68.8	31.2	31.1	837.8	31.1	31.2	8737.5	10800.0	3.2	87.5	3.2	94.0	600.0	5.96

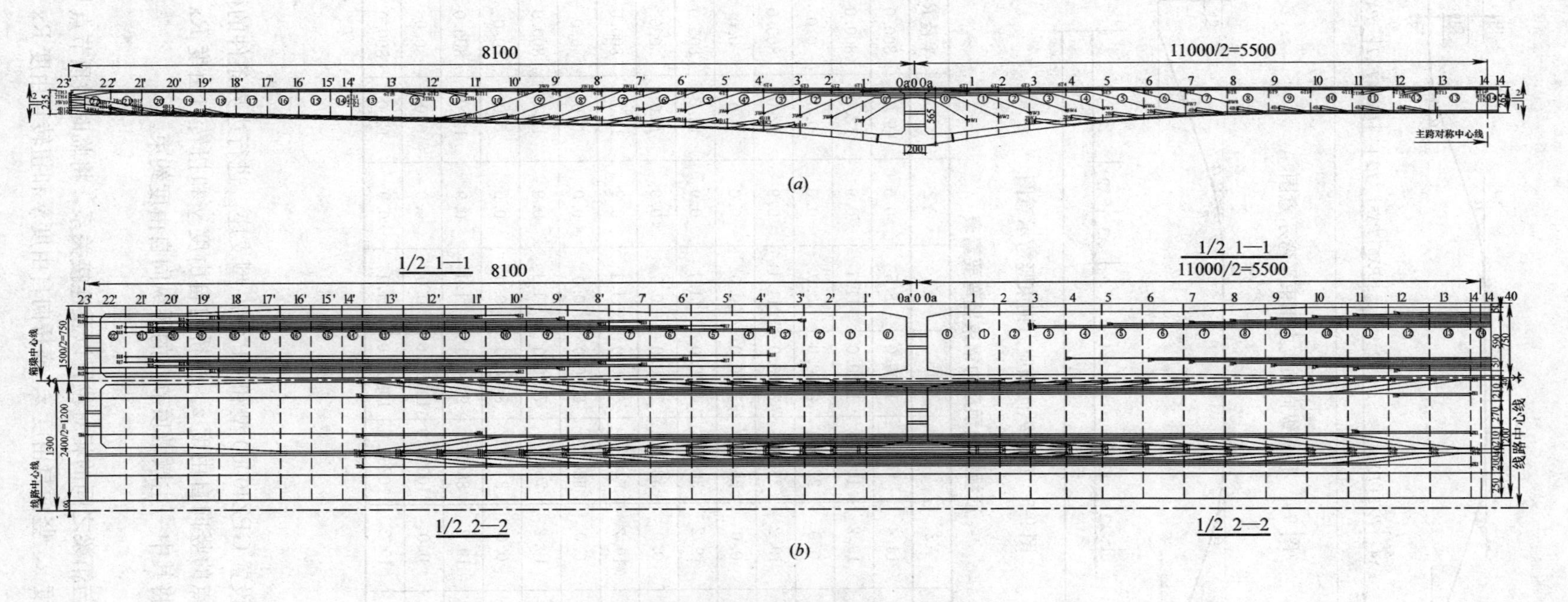

图 9-3　半主桥纵向预应力钢束布置图（单位：cm）

（a）立面图；（b）平面图

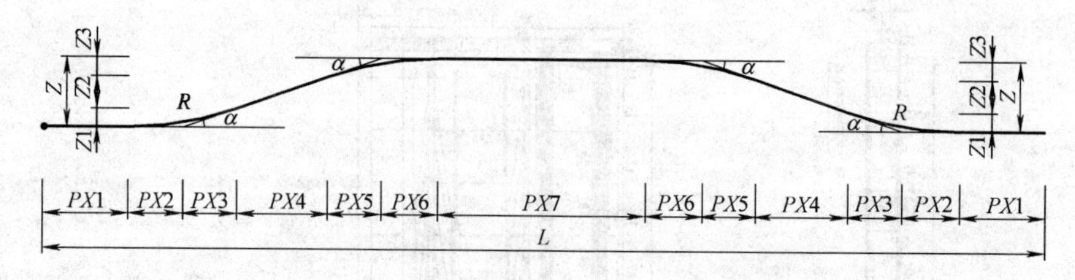

图 9-4 顶板纵向预应力钢束平弯示意图

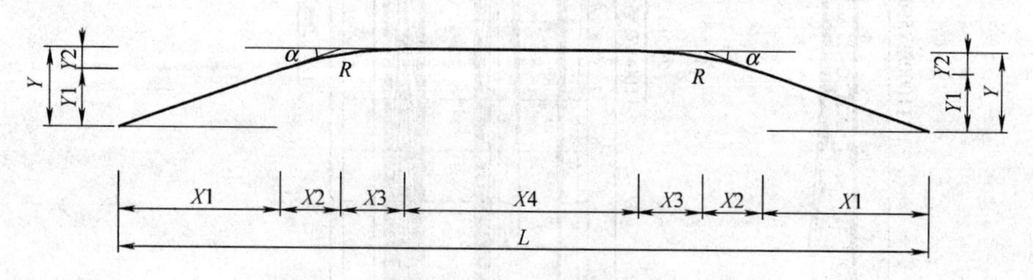

图 9-5 顶板纵向预应力钢束竖弯示意图

顶板纵向预应力钢束竖弯要素表 **表 9-3**

编号	X1	X2	X3	X4	L	Y1	Y2	Y	半径 R	角度 α
T1	235.6	14.4	14.4	471.2	1000.0	8.5	0.5	9.0	800.0	2.06
T2	230.8	19.2	19.2	1061.6	1600.0	11.1	0.9	12.0	800.0	2.75
T3	0.0	0.0	0.0	2200.0	2200.0	0.0	0.0	0.0	0.0	0.00
T4	230.8	19.2	19.2	2361.6	2900.0	11.1	0.9	12.0	800.0	2.75
T5	0.0	0.0	0.0	3600.0	3600.0	0.0	0.0	0.0	0.0	0.00
T6	230.8	19.2	19.2	3861.6	4400.0	11.1	0.9	12.0	800.0	2.75
T7	0.0	0.0	0.0	5200.0	5200.0	0.0	0.0	0.0	0.0	0.00
T8	230.8	19.2	19.2	5461.6	6000.0	11.1	0.9	12.0	800.0	2.75
T9	0.0	0.0	0.0	6800.0	6800.0	0.0	0.0	0.0	0.0	0.00
T10	230.8	19.2	19.2	7061.6	7600.0	11.1	0.9	12.0	800.0	2.75
T11	0.0	0.0	0.0	8400.0	8400.0	0.0	0.0	0.0	0.0	0.00
T12	230.8	19.2	19.2	8661.6	9200.0	11.1	0.9	12.0	800.0	2.75
T13	0.0	0.0	0.0	10000.0	10000.0	0.0	0.0	0.0	0.0	0.00
T14	230.8	19.2	19.2	10261.6	10800.0	11.1	0.9	12.0	800.0	2.75

3. 边界条件

(1) 墩顶支座

主墩和边墩处分别设置 GPZ40000 型和 GPZ900 型支座。进行边界条件的模拟时，将该处箱梁和桥墩墩顶节点的竖向自由度 z、横桥向自由度 y 和扭转自由度 Rx 主从约束，其余自由度均放松，且将其中一主墩墩顶节点的桥纵向自由度约束。

(2) 临时墩

为充分考虑临时墩与箱梁之间的相对位置以及连接关系，将临时墩顶节点与其对应的箱梁节点的桥纵向自由度 x、竖向自由度 z、横桥向自由度 y 和扭转自由度 Rx、弯曲自由度 Ry 和 Rz 全部主从约束。

(3) 墩底约束

不考虑桩基础的作用，将墩底视为固结，约束全部 6 个自由度（Dx、Dy、Dz、Rx、Ry、Rz）。

(4) 边跨脚手架

对于边跨现浇段，考虑脚手架的支撑作用（不考虑竖向变形影响），约束竖向自由度 Dz、横桥向自由度 Dy 和扭转自由度 Rx。

4. 设计荷载

(1) 汽车活载

该桥设计汽车荷载为公路Ⅰ级，人群荷载取 3.5kN/m^2。

(2) 二期恒载

桥面铺装层：49.1kN/m；栏杆、人行道：27.5kN/m。

(3) 温度

桥梁整体温升 25℃、整体温降 15℃；桥面温升 14℃。

(4) 基础不均匀沉降

基础不均匀沉降 2cm。

9.1.2 结构施工过程

桥梁主桥采用悬臂挂篮现浇施工方法，主要施工步骤见表 9-4 所示，施工节段划分如图 9-6 所示。

主要施工步骤　　表 9-4

步骤 1	步骤 2	步骤 3	步骤 4
主墩、临时墩、0＃块施工；张拉顶板预应力束 T1、腹板预应力束 W1 以及相应顶板束和底板束；拼装挂篮；浇筑 1＃块和 1′＃块	张拉顶板预应力束 T2、腹板预应力束 W2、相应顶板束和底板束；移动挂篮，浇筑 2＃块和 2′＃块	张拉顶板预应力束 T3、腹板预应力束 W3、相应顶板束和底板束；移动挂篮，浇筑 3＃块和 3′＃块	张拉顶板预应力束 T4、腹板预应力束 W4、相应顶板束和底板束；移动挂篮，浇筑 4＃块和 4′＃块
步骤 5	步骤 6	步骤 7	步骤 8
张拉顶板预应力束 T5、腹板预应力束 W5、相应顶板束和底板束；移动挂篮，浇筑 5＃块和 5′＃块	张拉顶板预应力束 T6、腹板预应力束 W6、相应顶板束和底板束；移动挂篮，浇筑 6＃块和 6′＃块	张拉顶板预应力束 T7、腹板预应力束 W7、相应顶板束和底板束；移动挂篮，浇筑 7＃块和 7′＃块	张拉顶板预应力束 T8、腹板预应力束 W8、相应顶板束和底板束；移动挂篮，浇筑 8＃块和 8′＃块
步骤 9	步骤 10	步骤 11	步骤 12
张拉顶板预应力束 T9、腹板预应力束 W9、相应顶板束和底板束；移动挂篮，浇筑 9＃块和 9′＃块	张拉顶板预应力束 T10、腹板预应力束 W10、相应顶板束和底板束；移动挂篮，浇筑 10＃块和 10′＃块	张拉顶板预应力束 T11、腹板预应力束 W11、相应顶板束和底板束；移动挂篮，浇筑 11＃块和 11′＃块	张拉顶板预应力束 T12、腹板预应力束 W12、相应顶板束和底板束；移动挂篮，浇筑 12＃块和 12′＃块
步骤 13	步骤 14	步骤 15	步骤 16
张拉顶板预应力束 T13、腹板预应力束 W13、相应顶板束和底板束；移动挂篮，浇筑 13＃块和 13′＃块	浇筑边跨现浇段	边跨合龙，同时张拉边跨底板束、腹板束和合龙段束	拆除边支架
步骤 17	步骤 18	步骤 19	步骤 20
中跨合龙，同时张拉中跨底板束和合龙段束	拆除临时墩	施加二期恒载	10 年收缩和徐变

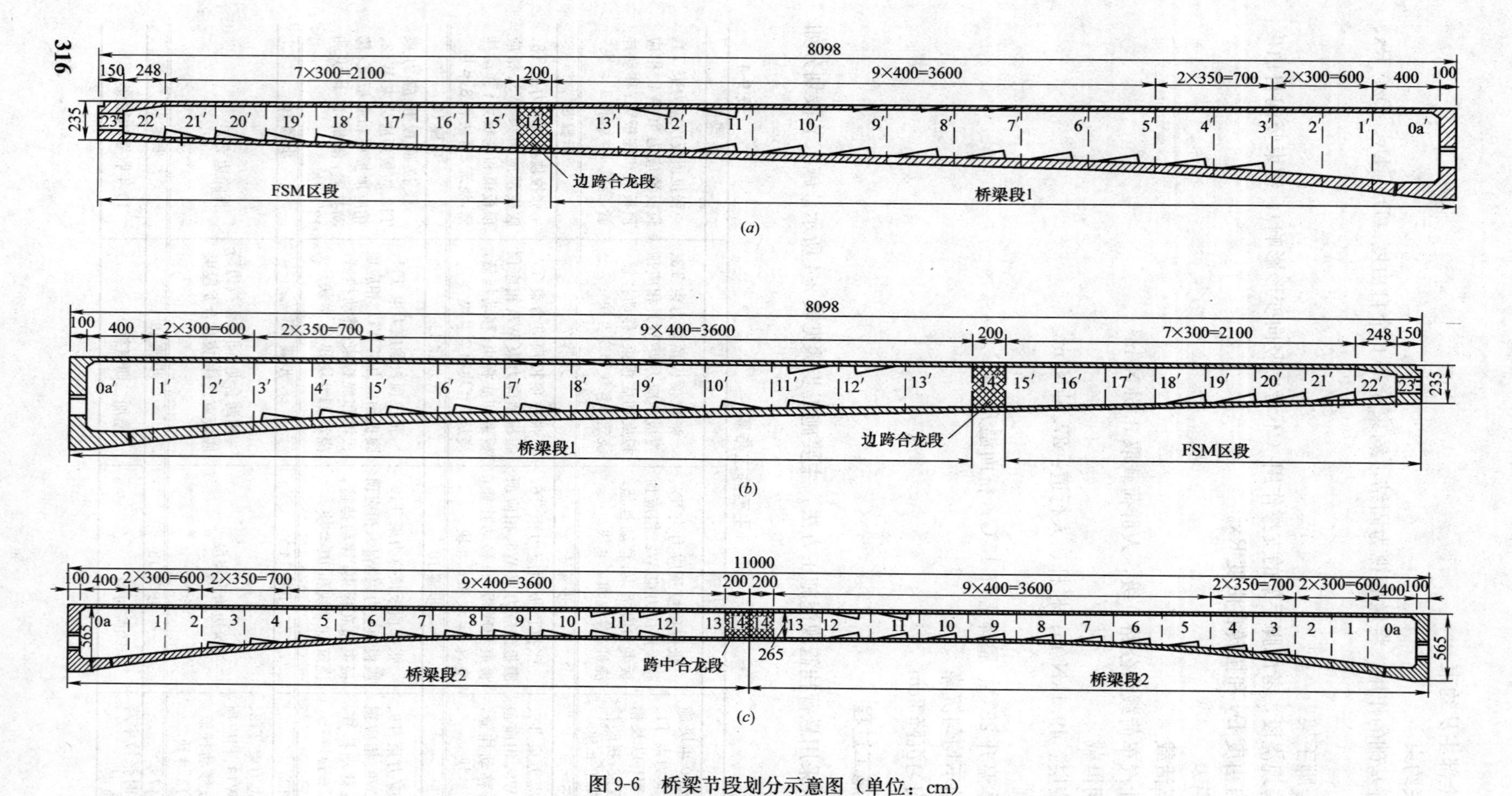

图 9-6　桥梁节段划分示意图（单位：cm）

(*a*) 边跨立面图（一）；(*b*) 边跨立面图（二）；(*c*) 中跨立面图

9.1.3 结构验算依据

1.《公路工程技术标准》JTG B01—2003；
2.《公路桥涵设计通用规范》JTG D 60—2004；
3.《公路钢筋混凝土及预应力钢筋混凝土桥涵设计规范》JTG D 62—2004；
4.《公路桥涵地基与基础设计规范》JTJ 024—85。

9.2 建立有限元模型

9.2.1 设定建模环境

打开 Midas/Civil 软件，并打开新项目（新项目），命名保存。

然后将单位体系设置为 **"N"** 和 **"m"**，如图 9-7 所示。该单位体系可以根据输入的数据类型随意更换。

文件/新项目
文件/保存
工具/单位体系
长度＞m ；力＞N；温度＞摄氏

单位体系也可以在程序窗口下端的状态条中的单位选择按钮（）中选择修改。

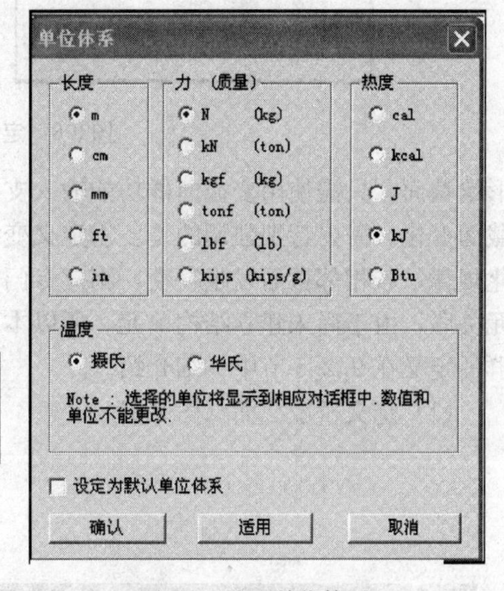

图 9-7 设置单位体系

9.2.2 定义材料和截面

1. 定义材料

定义预应力箱形梁、桥墩、钢束材料特性，如图 9-8 所示。

模型/材料和截面特性/材料
类型＞混凝土；规范＞JTG04（RC）；数据库 ＞ C55
类型＞混凝土；规范＞JTG04（RC）；数据库 ＞ C40
类型＞钢材；规范＞JTG04（S）；数据库 ＞ Strand1860

材料密度也可通过综合统计结构混凝土和钢筋的工程量，采用用户输入的方式定义。

2. 定义截面

定义桥墩截面和预应力混凝土箱形梁截面。使用变截面群功能将变截面区段定义为群，输入梁体两端部的截面后程序会自动生成内部截面。因此不必按桥梁段输入预应力箱

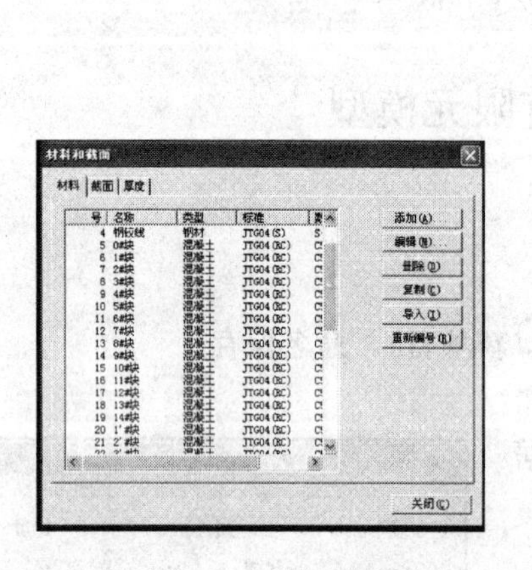

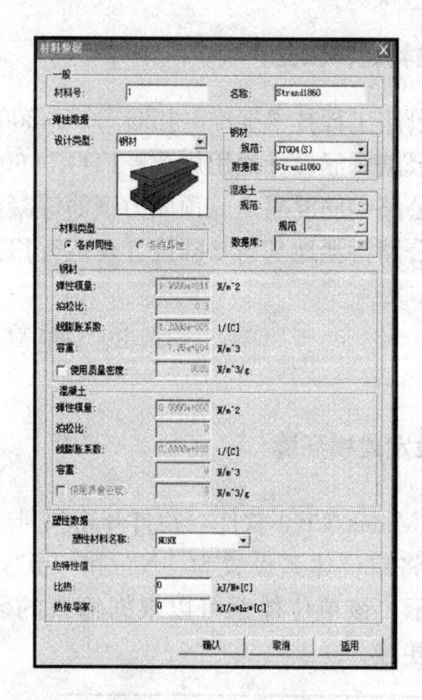

图 9-8　定义材料特性对话框

形梁截面，只需使用变截面群功能输入支座处和跨中截面，程序会自动计算出整个桥梁的截面变化。需要特别强调的是：①定义变截面群应确保截面组内截面的变化遵循相同的变化规律，若相邻截面发生突变，则应专门定义截面特性；②由于定义变截面群需与相应单元关联，由于尚未建立结构单元，所以本小节只介绍等截面和变截面的定义，有关变截面群的定义在 9.2.5 节中详细介绍。

（1）定义桥墩截面（图 9-9）

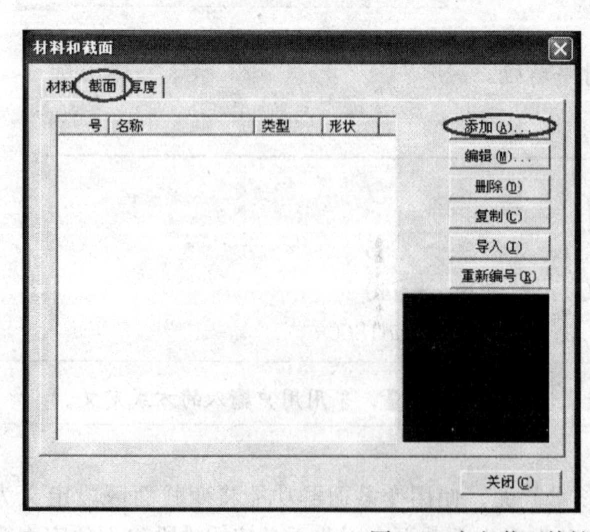

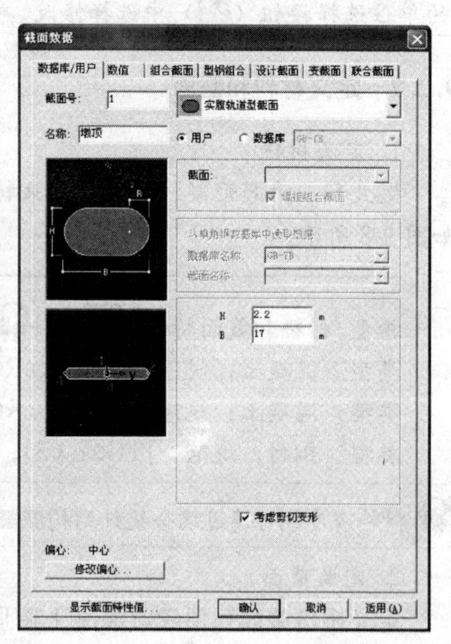

图 9-9　定义截面特性对话框

模型/材料和截面特性/ 截面
数据库/用户 表单
截面号（1）；名称（桥墩）
截面形状＞实腹轨道型截面 ；用户＞H（2.2），B（17 ）

（2）定义箱梁跨中截面

按照图 9-10 定义跨中预应力箱形梁跨中截面，如图 9-11 所示。

模型/材料和截面特性/ 截面
设计截面表单
截面号（2）；名称（跨中）
截面类型 ＞ 单箱双室
变截面点 开/关 ＞ JO1，JI1，JI2，JI4，JI5（开）
偏心 ＞ 中-上部

由于通过截面设计表单输入无法考虑箱梁截面横坡的影响，所以桥梁高度统一输入为桥中心处高度。

考虑桥梁截面为变截面，定义偏心为中-上部可以正确反应预应力箱形桥梁截面的变化。

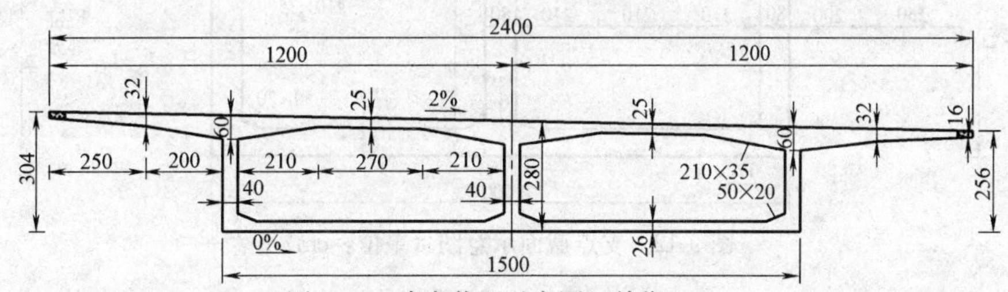

图 9-10 跨中截面示意图（单位：cm）

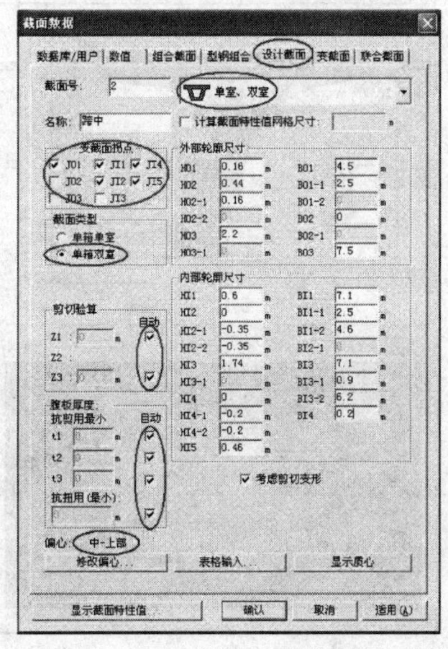

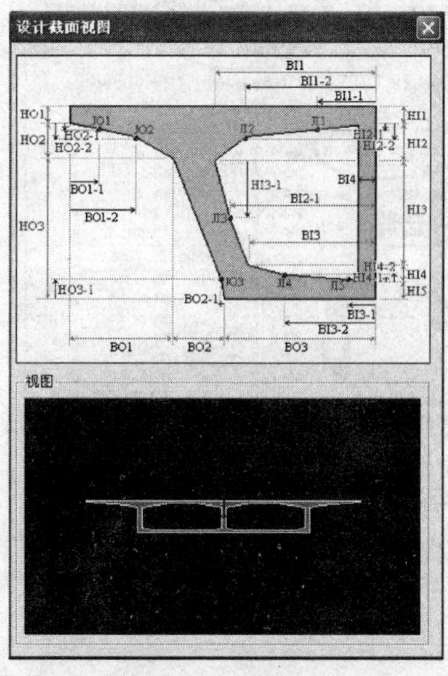

图 9-11 定义跨中截面对话框

外轮廓表单

HO1 (0.16); HO2 (0.44); HO2-1 (0.16); HO3 (2.2); BO1 (4.5); BO1-1 (2.5); BO2 (0); BO3 (7.5)

内轮廓表单

HI1 (0.6); HI2 (0); HI2-1 (－0.35); HI2-2 (－0.35); HI3 (1.74); HI4 (0); HI4-1 (－0.2); HI4-2 (－0.2); HI5 (0.46);

BI1 (7.1); BI1-1 (2.5); BI1-2 (4.6); BI3 (7.1); BI3-1 (0.9); BI3-2 (6.2); BI4 (0.2)

查看选项>实际截面

在查看选项中选择实际截面可以观察实际输入的截面形状。

(3) 定义箱梁中支点处截面

按照图 9-12 定义中支座位置预应力箱形梁截面，如图 9-13 所示。

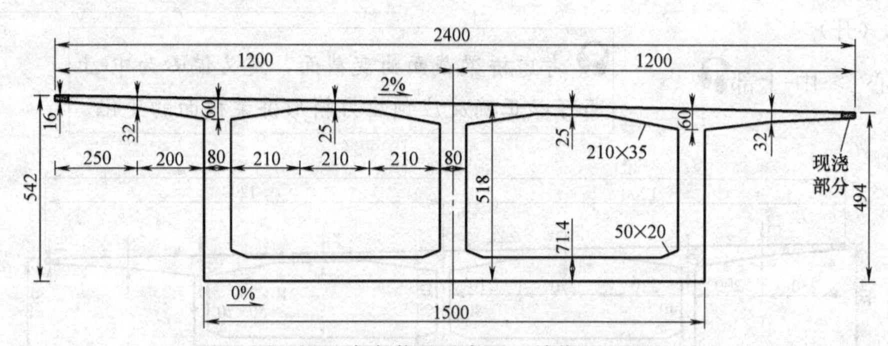

图 9-12 支点截面示意图（单位：cm）

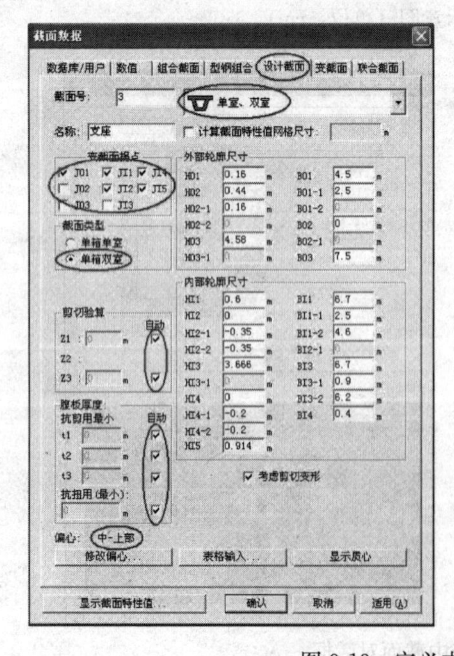

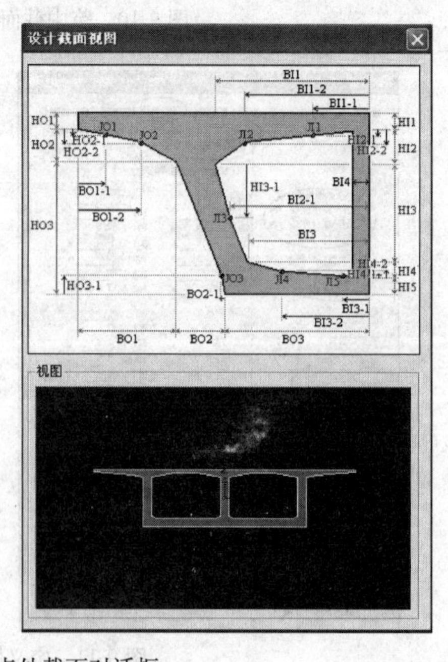

图 9-13 定义支点处截面对话框

模型/材料和截面特性/截面

设计截面表单

截面号（3）；名称（支座）

截面类型 ＞ 单箱双室

变截面点 开/关 ＞ JO1，JI1，JI2，JI4，JI5（开）

偏心 ＞ 中-上部

外轮廓表单

HO1（0.16）；HO2（0.44）；HO2-1（0.16）；HO3（4.58）；

BO1（4.5）；BO1-1（2.5）；BO2（0）；BO3（7.5）

内轮廓表单

HI1（0.6）；HI2（0）；HI2-1（—0.35）；HI2-2（—0.35）；HI3（3.666）；

HI4（0）；HI4-1（—0.2）；HI4-2（—0.2）；HI5（0.914）；

BI1（6.7）；BI1-1（2.5）；BI1-2（4.6）；BI3（6.7）；BI3-1（0.9）；BI3-2（6.2）；

BI4（0.4）

（4）定义变截面

使用截面号分别为 2 号和 3 号的预应力箱形梁截面生成变截面类型，如图 9-14 所示。

为了使用变截面类型生成截面群，应先定义变截面。

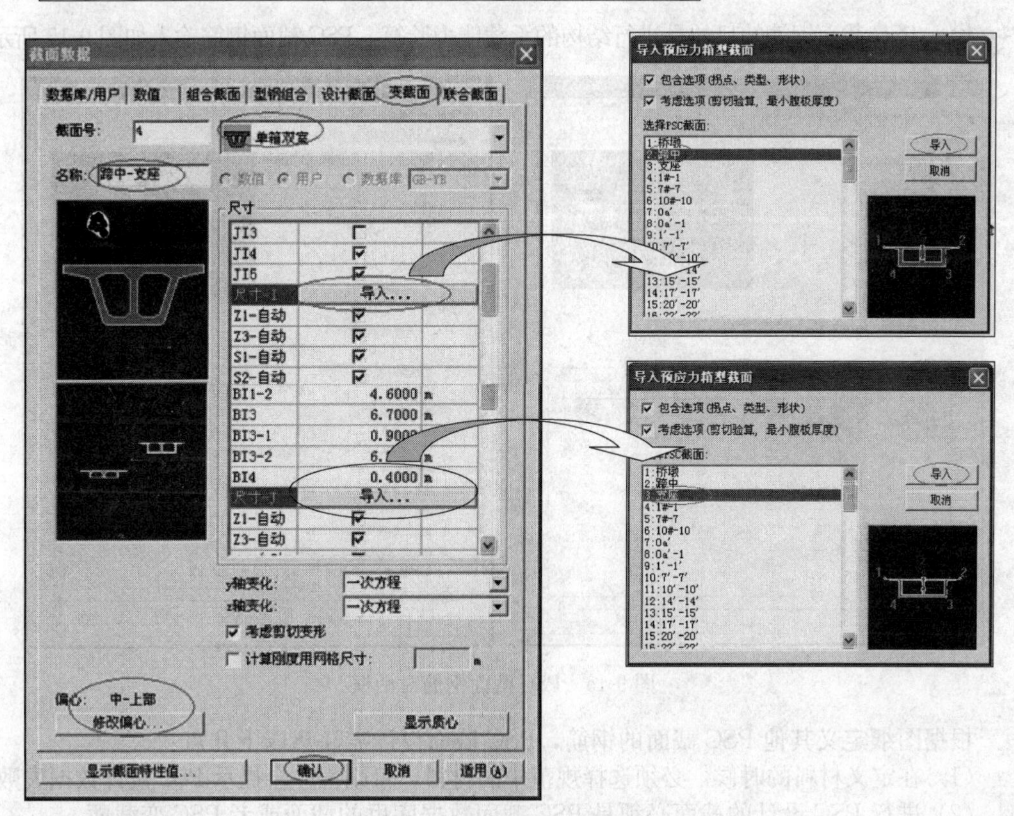

图 9-14　定义变截面对话框

模型 / 材料和截面特性/截面

变截面表单

截面号（4）；名称（跨中-支座）

截面类型＞单箱双室

截面-I＞ 导入... （跨中）

截面-J＞ 导入... （支座）

截面沿 y 轴的变化 ＞ 线性；截面沿 z 轴的变化＞线性

偏心＞中-上部

截面号（5）；名称（支座-跨中）

截面类型＞单箱双室

截面-I＞ 导入... （支座）

截面-J＞ 导入... （跨中）

截面沿 y 轴的变化＞线性 ；截面沿 z 轴的变化＞线性

偏心＞中-上部

9.2.3 输入 PSC 截面钢筋

输入 PSC 截面钢筋的目的是进行结构的承载能力验算，PSC 截面钢筋输入如图 9-15 所示。

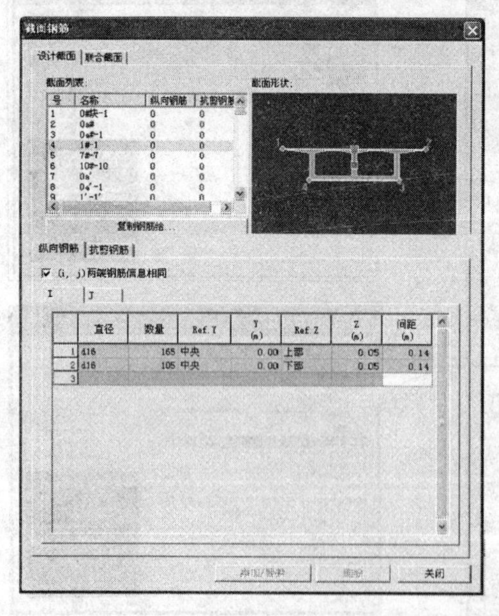

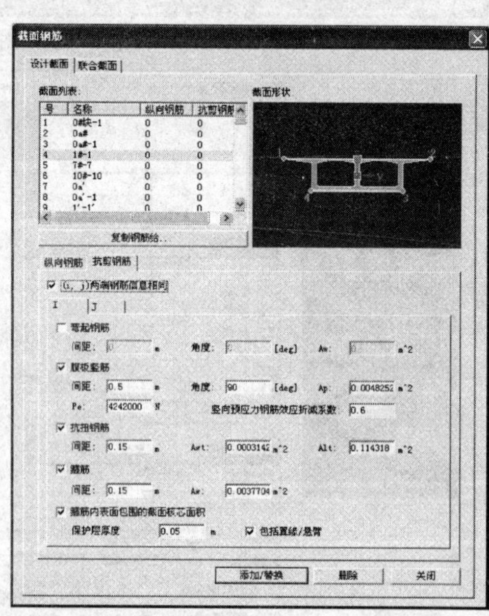

图 9-15 PSC 截面钢筋对话框

根据图纸定义其他 PSC 截面的钢筋，PSC 截面设计需注意以下几点：

（1）在定义材料的时候，必须选择规范中的材料，否则程序会提示 PSC 设计数据失败。

（2）进行 PSC 设计的截面必须是 PSC 截面数据库里的截面或者 PSC 变截面。

（3）所建立的有限元计算模型必须做施工阶段分析，才能进行 PSC 截面设计。

模型／材料和截面特性／ PSC 截面钢筋

截面列表＞0＃块-1

纵向钢筋

(i，j) 两端钢筋信息相同＞开

I 端＞

1；直径（d16）；数量（165）；Ref. Y（中央）；Y（0）；Rcf. Z（上部）；Z（0.05）；间距（0.14）

2；直径（d16）；数量（105）；Ref. Y（中央）；Y（0）；Ref. Z（下部）；Z（0.05）；间距（0.14）

抗剪钢筋＞（i，j）两端钢筋信息相同＞开

I 端＞

腹板钢筋＞开；间距＞0.5m；角度＞90°；Ap＞0.0048252m^2；Pe＞ 4242000N；

竖向预应力钢筋效应折减系数＞ 0.6；

抗扭钢筋＞开；间距＞0.15m；Awt＞0.001885m^2；Alt＞0.114318m^2；

箍筋＞开；间距＞0.15m；Awt＞0.0037704m^2；

箍筋内表面包围的截面核芯面积＞开；保护层厚度＞0.05m；

9.2.4 建立结构模型及结构组群

1. 建立结构模型

参照设计图纸将每个施工节段看作一个梁单元，以 0# 块和桥墩的交点、桥墩和桥墩中心距离为基准分割单元。需要特别注意的是尽量将每一施工节段作为一个单元，尽量在钢束锚固点处、截面突变处、施加集中力处设置一节点。

首先建立节点后使用 连接节点方式建立单元，再根据截面突变、预应力钢束锚固点位置以及施加荷载的具体情况，将单个单元分割成若干个单元，建立预应力箱梁的有限元计算模型。

(1) 建立 1/2 预应力箱梁有限元模型（图 9-16）

模型/节点/ 建立节点

坐标（x，y，z）＞（0，0，0）

坐标（x，y，z）＞（81，0，0）

坐标（x，y，z）＞（136，0，0）

由于结构完全对称，可先建立 1/2 模型，然后通过镜像方式建立另外 1/2 模型。

模型/单元/ 建立单元

单元类型＞梁单元；材料＞1：C55；截面 ＞ 跨中；

节点连接＞1，2

节点连接＞2，3

模型/单元/ 单选/ 分割

单元类型 ＞ 线单元；

分割>等间距（或任意间距）

> 分割是采用等间距还是任意间距，可根据以下原则确定：
> ① 每一施工阶段尽量划分一个单元；
> ② 同一单元截面变化规律一致，不容许突变；
> ③ 预应力钢束锚固点尽量位于节点处。

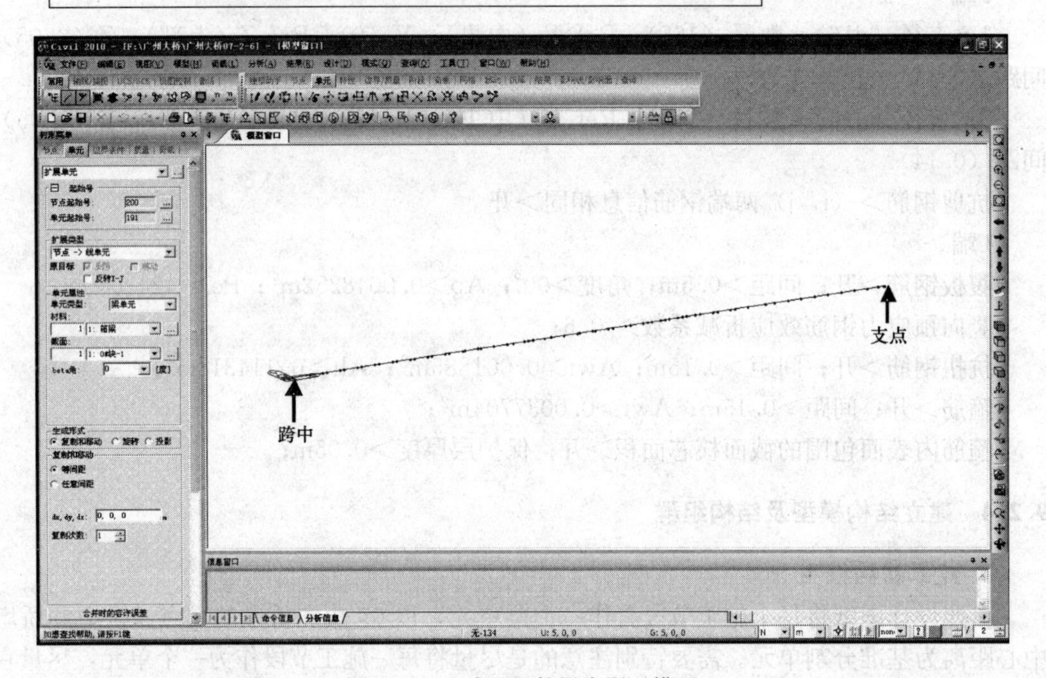

图 9-16　生成 1/2 箱梁有限元模型

使用选择属性-单元功能将所定义的截面特性赋予相应单元，如图 9-17 所示。

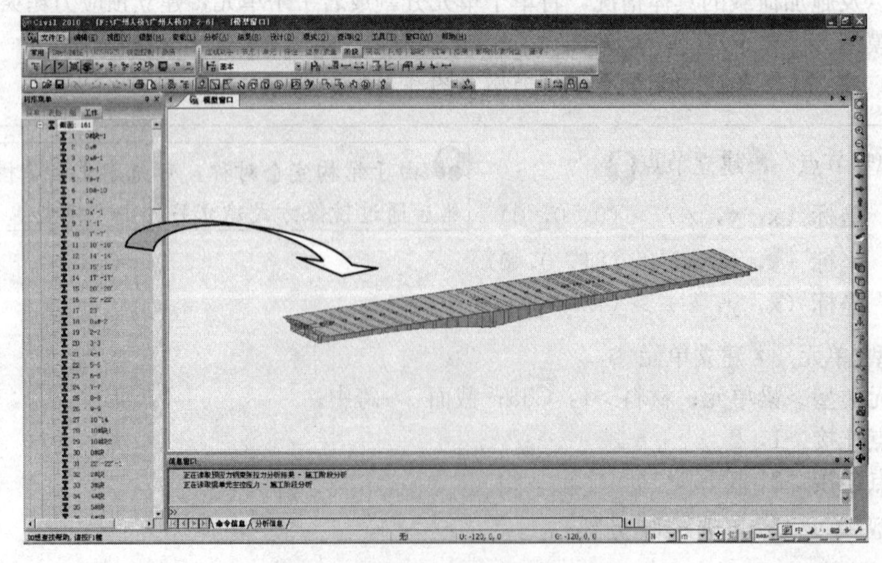

图 9-17　将截面特性赋予相应单元

① 将截面特性赋予等截面单元

树形菜单>工作表单

选择属性-单元（等截面单元，如支架现浇段）

工作>材料和截面特性>截面>4：支架现浇段>拖放

② 将截面特性赋予变截面单元

选择属性-单元（变截面单元）

工作>材料和截面特性>截面>5：支座-跨中（变截面）>拖放

使用变截面群功能将变截面区段的梁单元指定变截面群，如图9-18所示。

模型/材料和截面特性/变截面群

群名称（跨中~支点）

截面形状变化>z轴>多项式（2.0）

对称平面>从>i；距离（0）

标准，消隐（开）

> 指定变截面群时，程序将根据两端部的截面自动计算出内部变截面的截面特性。

> 在变截面群使用抛物线上的两点和对称平面的位置来决定二次抛物线线型。桥梁段的 j 端是二次抛物线的对称面，所以选择变截面群的 i 端并且将距离输入为0。

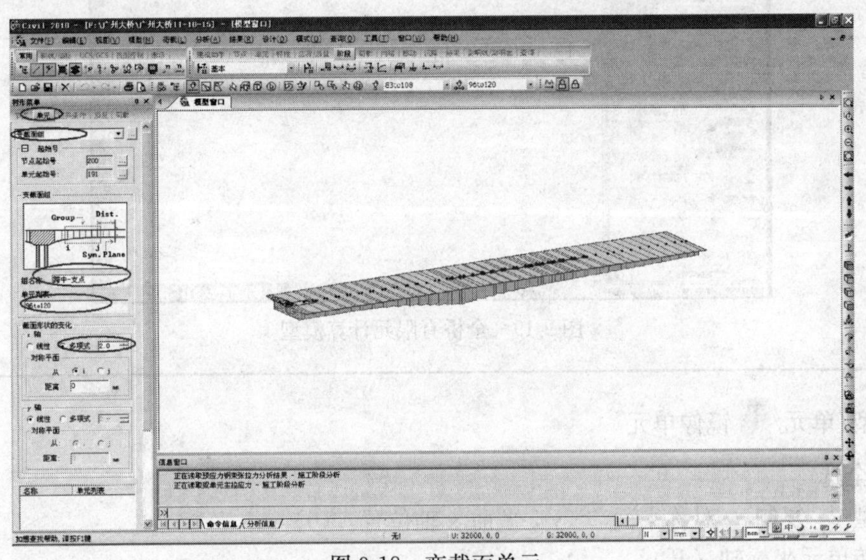

图9-18　变截面单元

（2）建立桥墩和临时墩有限元模型

复制预应力箱型梁的节点后使用扩展单元功能建立桥墩模型，并赋予相应截面特性。将桥墩和临时墩全长9.1m分割成8等份。

模型/节点、移动和复制

选择属性-节点（39，41，43）　enter

模型＞复制；间距类型＞等间距

dx，dy，dz（0，0，－5.8）；复制次数（1）

> 因为预应力箱型梁单元节点位于箱梁顶板上缘中线处，所以将节点沿 Z 方向复制到－5.8m 处（中支点处箱梁截面高度为 5.8m），刚好为墩顶位置。

模型/单元/扩展单元

选择最近建立的单元

扩展类型＞节点 → 线单元

单元类型＞梁单元；材料＞3：桥墩

截面＞1：桥墩；生成类型＞移动和复制

复制间距＞等间距

dx，dy，dz（0，0，9.1/8）；复制次数（8）

（3）建立全桥有限元模型

通过镜像等方式，将所建立的 1/2 有限元模型扩展为全桥有限元计算模型，如图 9-19 所示。

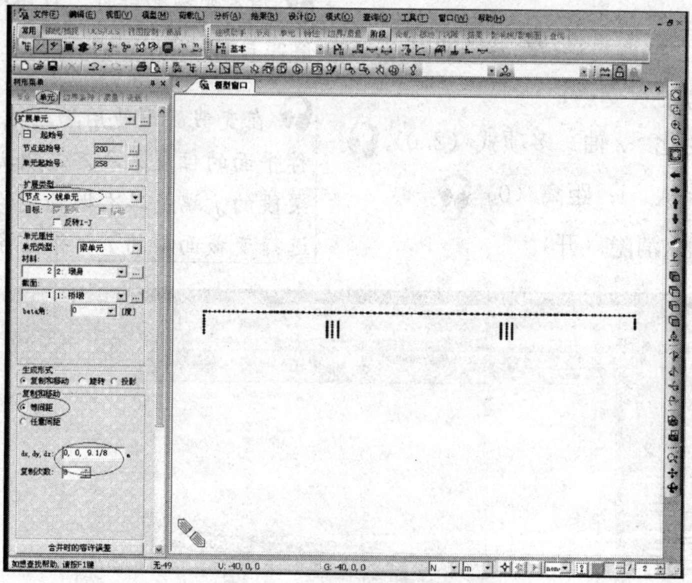

图 9-19　全桥有限元计算模型

模型/单元/镜像单元

全选

模型 ＞ 复制 ；对称平面 ＞ y-z 平面 x 轴位置：（0）

反转单元坐标轴（开）

2. 定义结构组群

在进行施工阶段分析时，由于各个施工阶段激活的单元是不同的，为方便起见，通常将同一时间激活的单元定义为同一组，在建立结构组之前，先定义结构组名。

模型/组/结构组 /定义结构组

新建/名称（0＃块）　添加(A)

> 在树形菜单的组表单中可以查看生成的结构组。

名称（1＃块） 添加(A)

名称（2＃块） 添加(A)

名称（支架现浇段） 添加(A)

其他结构组参照表 9-5。建立结构组如图 9-20 所示。

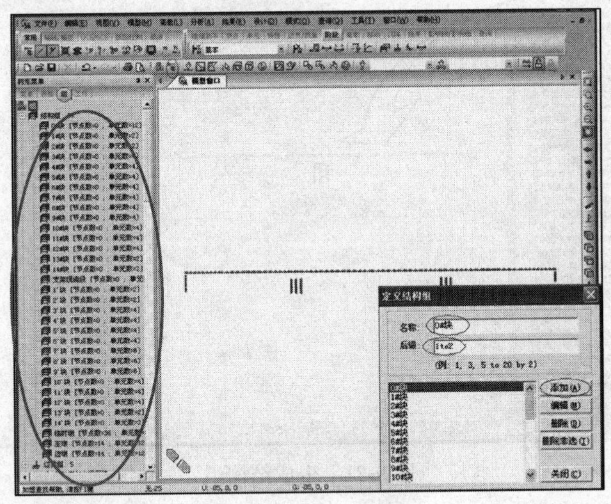

图 9-20 建立结构组

树形菜单＞组表单＞结构组

选择属性-单元（38to43，105to110） enter

组＞结构组 0＃块 拖放

选择属性-单元（44，111） enter

组＞结构组＞ 1＃块 拖放

生成结构组如图 9-21 所示。

结构组分配 **表 9-5**

结构组	单元号	结构组	单元号
0＃块	38～43,105～110	1′＃块	37,104
1＃块	44,111	2′＃块	36,103
2＃块	45,112	3′＃块	34,35,101,102
3＃块	46,47,113,114	4′＃块	32,33,99,100
4＃块	48,49,115,116	5′＃块	30,31,97,98
5＃块	50,51,117,118	6′＃块	28,29,95,96
6＃块	52,53,119,120	7′＃块	25,26,27,92,93,94
7＃块	54,55,121,122	8′＃块	22,23,24,89,90,91
8＃块	56,57,123,124	9′＃块	19,20,21,86,87,88
9＃块	58,59,125,126	10′＃块	17,18,84,85
10＃块	60,61,127,128	11′＃块	15,16,82,83
11＃块	62,63,129,130	12′＃块	13,14,80,81
12＃块	64,65,131,132	13′＃块	12,79
13＃块	66,133	14′＃块	11,78
14＃块	67,134	主墩	135,136,181～190
支架现浇段	1～10,68～77	边墩	141,142,171～180
临时墩	137～140,148～170		

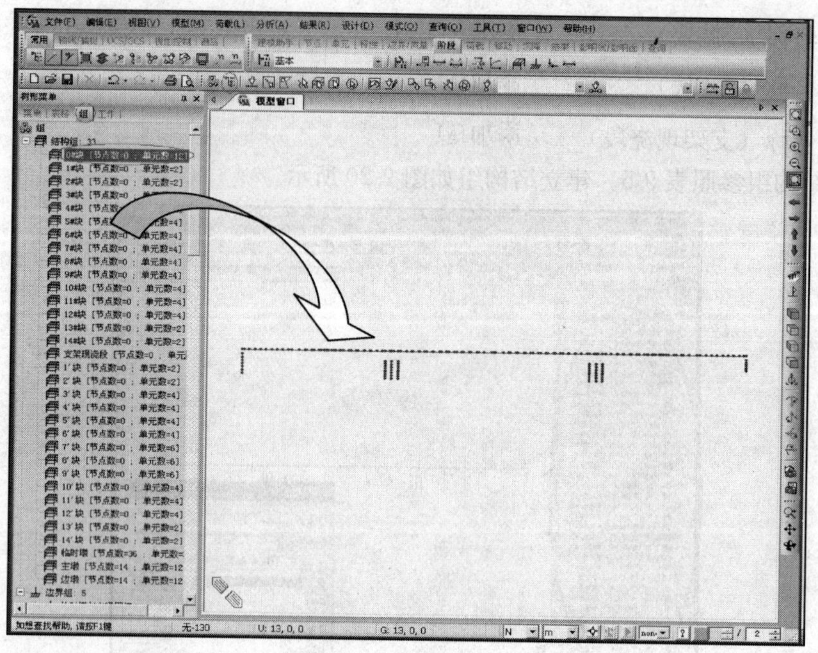

图 9-21　生成结构组

3. 定义时间依存性材料

时间依存性材料特性如图 9-22 所示。

模型/材料和截面特性/时间依存材料（徐变/收缩）

名称 ＞ 0＃块；设计规范 ＞China(JTG D62—2004)；标号强度 ＞ 55000000；相对湿度＞70；构件理论厚度＞1；水泥种类系数（Bsc）＞ 5；龄期＞ 3

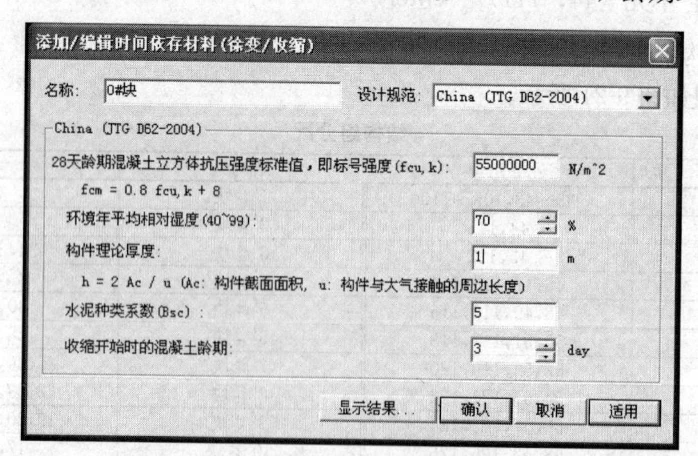

图 9-22　时间依存性材料特性

时间依存性材料是指如混凝土材料，由于受时间的影响，其力学特性会发生变化的材料。这里的标号强度指的是混凝土的标号强度，即 C55 的标号强度为 55000000N/m^2，同时构件的理论厚度需输入一个非 0 值，后面可以根据“修改单元时间依存材料特性”的功能，重新计算构件理论厚度。

修改单元材料的时间依存特性如图 9-23 所示。

模型/材料和截面特性/修改单元的材料时间依存特性
选项 ＞ 添加/替换；单元依存性材料特性＞构件的理论厚度、自动计算
规范 ＞ 中国标准；a ＞ 0.5

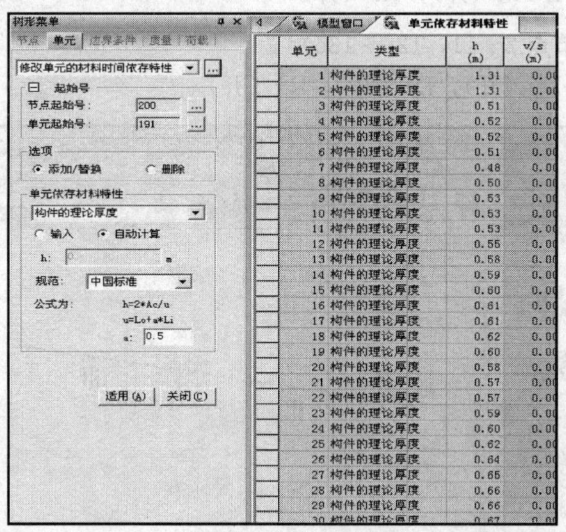

图 9-23　修改单元材料的时间依存特性

9.2.5　定义边界条件及边界组群

在施工阶段分析中，单元、荷载、预应力束、边界条件等都是以组的概念出现，可通过激活和钝化组来建立施工阶段。

1. 定义边界组

根据结构的边界条件特性，定义不同的边界组，如图 9-24 所示。

树形菜单/组/边界组/新建/墩底固结

树形菜单/组/边界组/新建/边墩与梁铰接

树形菜单/组/边界组/新建/临时墩与主梁固接

树形菜单/组/边界组/新建/主墩与梁铰接

2. 定义墩底固接边界条件

输入边界条件，将桥墩下端设为固端，预应力箱梁两端和边跨现浇段均设为铰支座，如图 9-25 所示。

模型/边界条件/一般地支撑
边界组名称/墩梁固结

单选（节点 138，139，142，143，146，147，149，151）

支撑类型>D-All（开），R-All（开）

边界组名称/边墩与梁铰接

单选（节点 1）

支撑类型>D-All（开），Rx（开）

窗口选择（节点 2～11，125～135）

支撑类型>Dy（开），Dz（开），Rx（开）

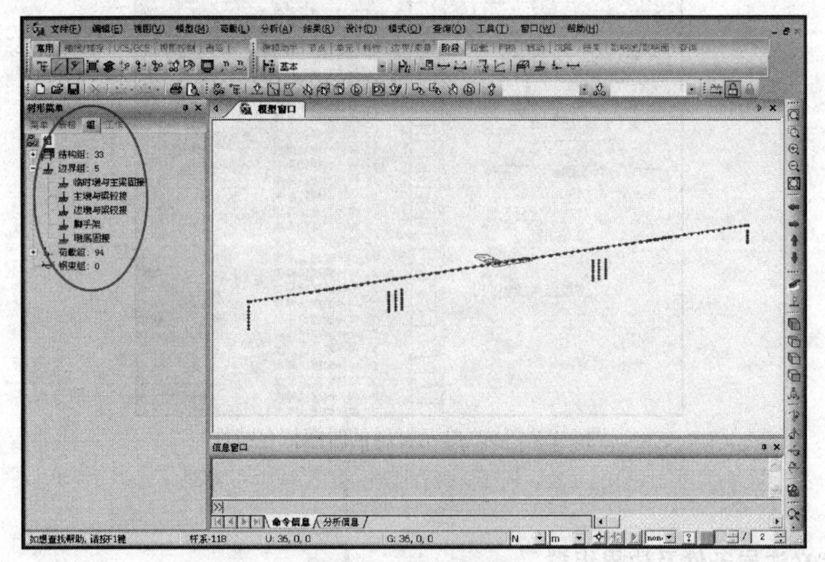

图 9-24　定义边界组

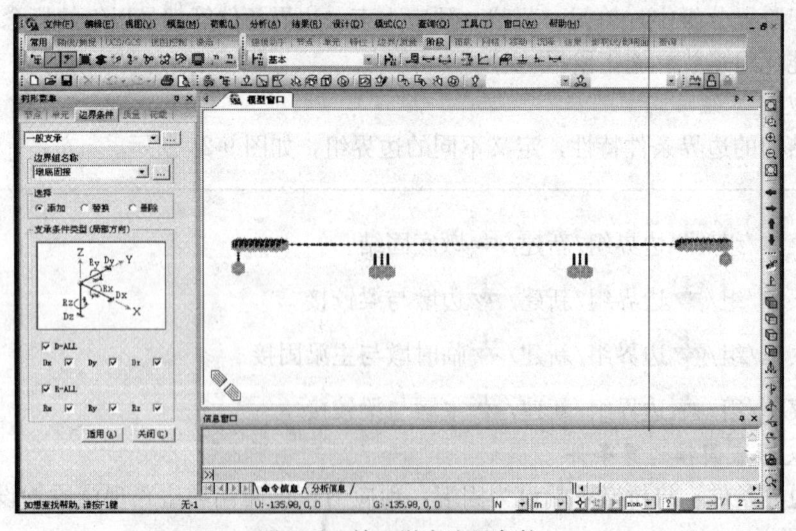

图 9-25　输入墩底边界条件

3. 定义墩与箱梁的连接方式

临时墩和箱梁的连接方式为刚性连接，主墩和边墩与箱梁的连接方式为铰接，如图 9-26所示。

模型/边界条件/刚性连接

边界组名称>临时墩与梁固接

主节点号（39），从节点号（140）

类型>刚体

复制刚性连接（开）

方向>x，间距（7，103，7），适用(A)

边界组名称>边墩与主梁铰接

主节点号（41），从节点号（136）

刚性连接自由度>Dy（开），Dz（开），Rx（开）

复制刚性连接（开）

方向>x，间距（110）适用(A)

边界组名称>边墩与主梁铰接

主节点号（2），从节点号（141）

刚性连接自由度>Dy（开），Dz（开），Rx（开）

复制刚性连接（开）

方向>x，间距（110）适用(A)

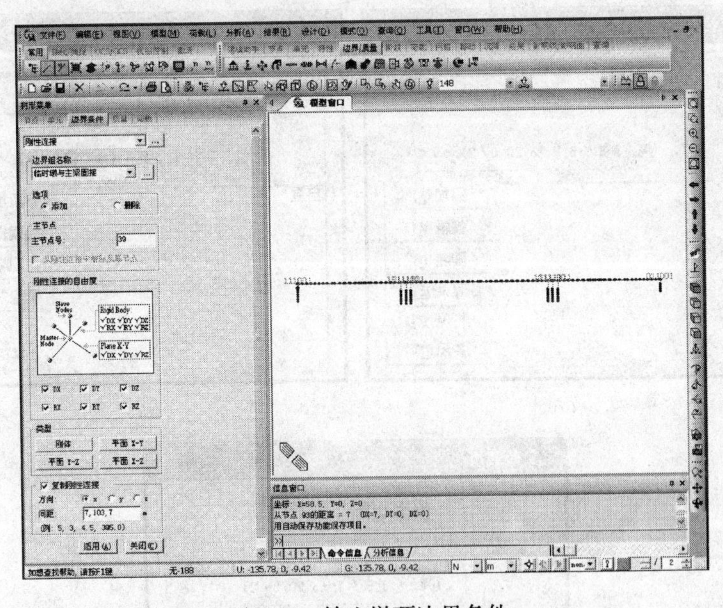

图 9-26 输入墩顶边界条件

9.2.6 定义荷载及荷载组群

荷载类型：预应力、自重、二期恒载、收缩和徐变、施工荷载、汽车和人群活载、温度、基础不均匀沉降。

1. 定义静力荷载工况

按如下步骤定义荷载工况，如图 9-27 所示。

荷载/L静力荷载工况

名称＞预应力；类型＞预应力（PS）

名称＞自重；类型＞恒荷载（D）

名称＞二期恒载；类型＞恒荷载（D）

名称＞挂篮；类型＞用户定义的荷载（USER）

名称＞湿重；类型＞用户定义的荷载（USER）

名称＞挂篮＋湿重；类型＞用户定义的荷载（USER）

名称＞整体温升25℃；类型＞ 温度荷载（T）

名称＞整体温降15℃；类型＞ 温度荷载（T）

名称＞桥面温升14℃；类型＞ 温度荷载（T）

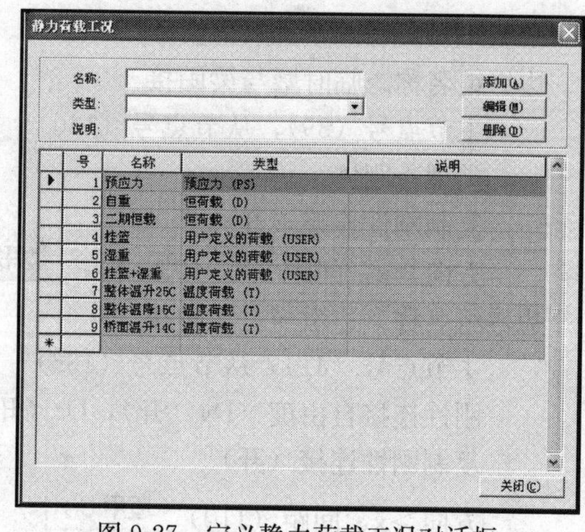

图 9-27　定义静力荷载工况对话框

2. 定义荷载组

依次定义自重、二期恒载、挂篮＋湿重1～14荷载组，如图9-28所示。

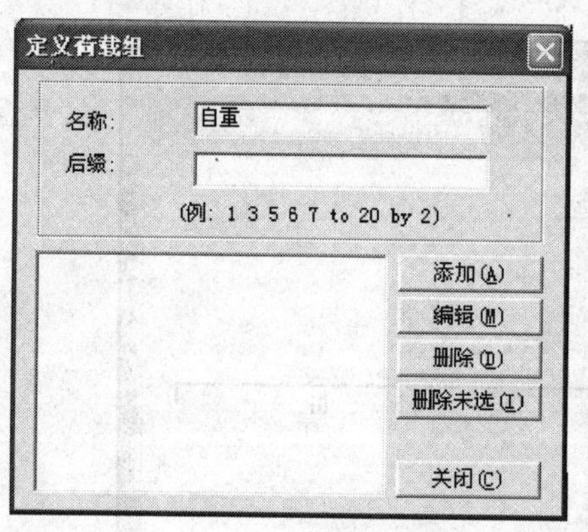

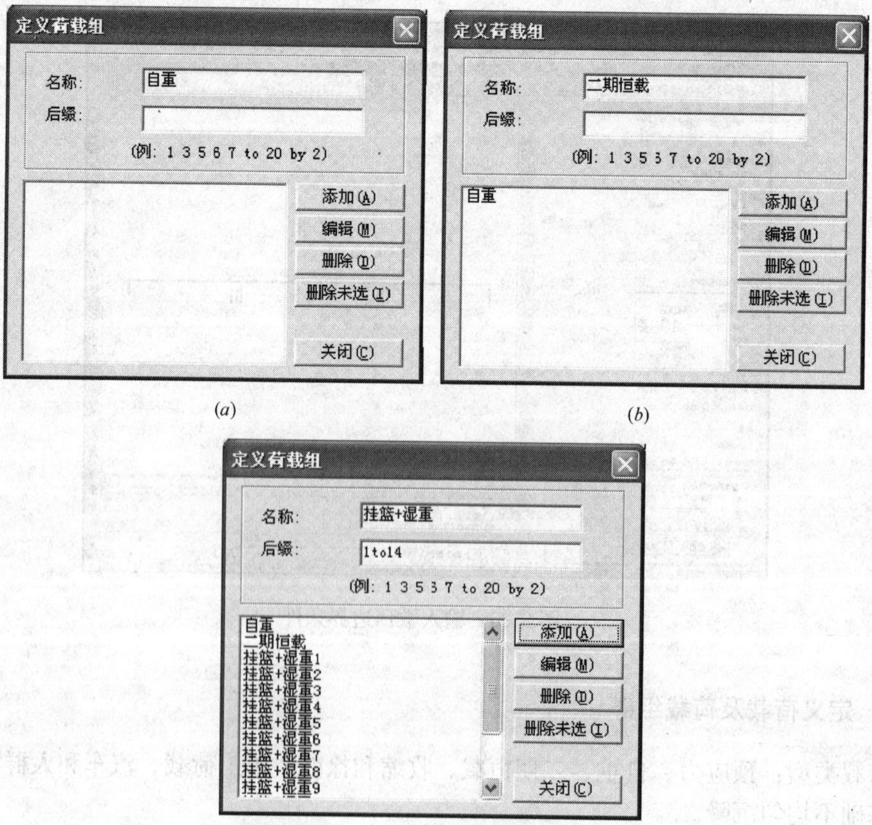

(*a*)

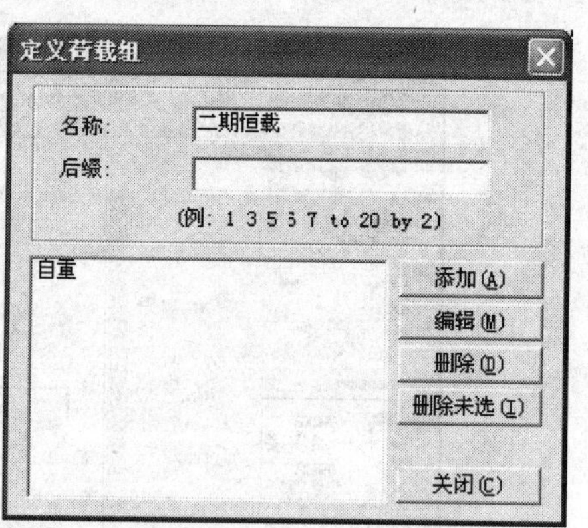

(*b*)

(*c*)

图 9-28　定义荷载组对话框

模型/组/定义荷载组
名称＞自重＞添加
名称＞二期恒载＞添加
名称＞挂篮＋湿重，后缀＞1to14＞添加

3. 定义和施加静力荷载

（1）自重荷载（图 9-29）

荷载/自重
荷载工况名称＞自重
荷载组名称＞自重
自重系数＞Z（－1）

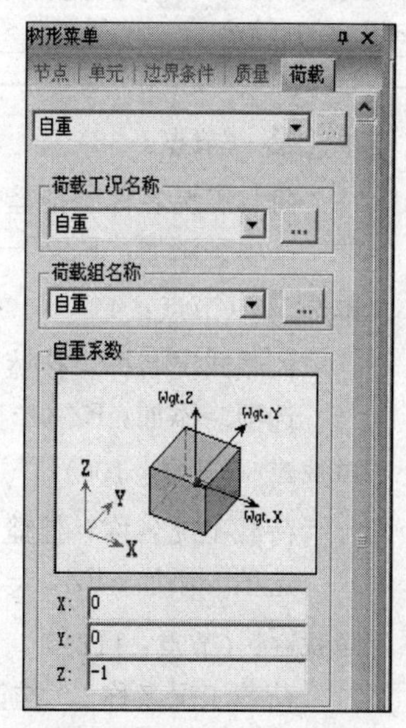

图 9-29 定义自重工况对话框

（2）二期恒载

二期恒载可通过线荷载的形式表示，如图 9-30 所示。

静力荷载/梁单元荷载
荷载工况名称/二期恒载
荷载组名称/二期恒载
荷载类型/均布荷载
荷载作用单元/窗口选择
方向/整体坐标系 Z
数值 / 相对值/$X_1=0$，/ $X_2=1$，W＝－76600

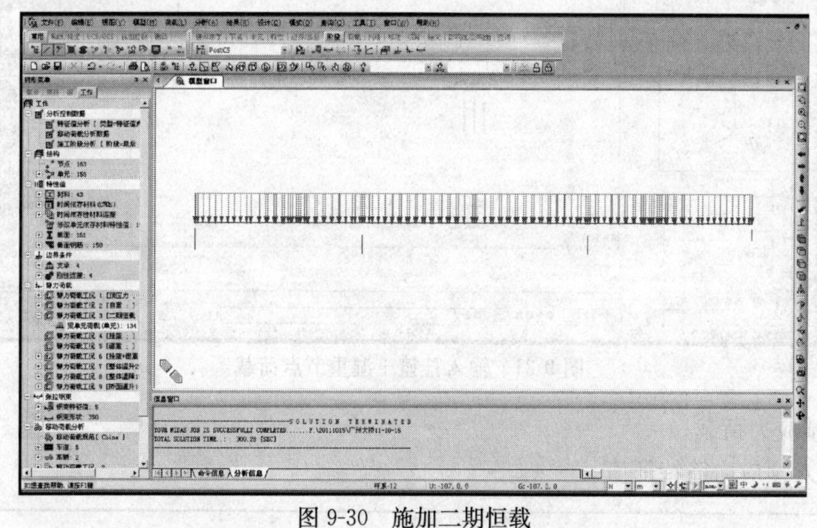

图 9-30 施加二期恒载

（3）施工临时荷载

施工过程中结构受挂篮及混凝土湿重的影响，混凝土未完全强化之前，仅仅作为施工荷载作用于结构。

箱梁每一施工节段在达到设计强度之前，其重量及挂篮重量均可等效为集中力和力矩作用于前一施工节段。受篇幅限制，本算例只给出了作用于施工节段 1 的挂篮和湿重，如图 9-31 所示。

单选 （节点：38）

荷载工况名称＞挂篮＋湿重；荷载组名称＞挂篮＋湿重 1

选项＞添加：FZ（－3045400），MY（－4633600）

单选 （节点：44）

荷载式况名称＞挂蓝＋湿重；荷载组名称＞挂篮＋湿重 1

选项＞添加；FZ（－3013100），MY（4574400）

单选 （节点：106）

荷载工况名称＞挂篮＋湿重；荷载组名称 ＞挂篮＋湿重 1

选项＞添加；FZ（－3013100），MY（－4574400）

单选 （节点：112）

荷载工况名称 ＞ 挂篮＋湿重；荷载组名称 ＞挂篮＋湿重 1

选项＞添加；FZ（－3045400），MY（4633600）

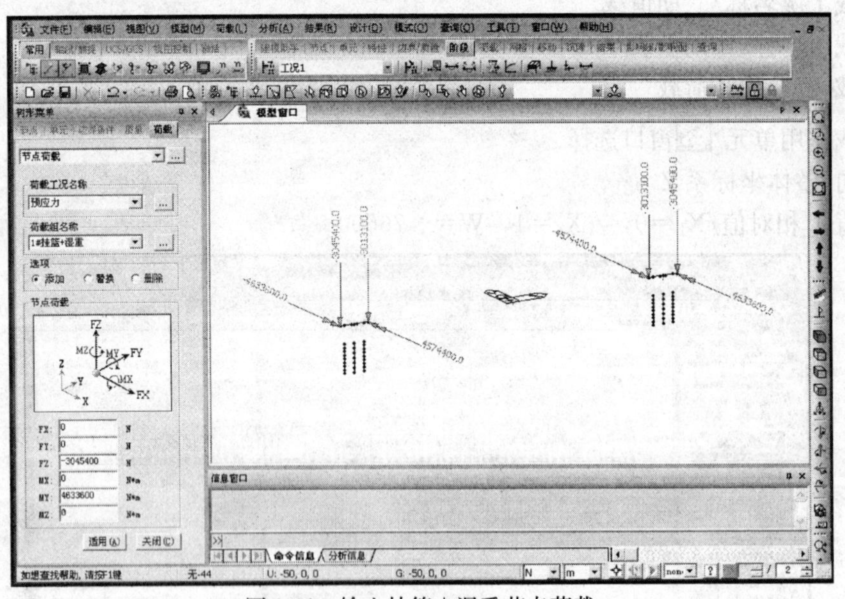

图 9-31　输入挂篮＋湿重节点荷载

（4）预应力荷载

① 输入预应力筋特征值

荷载/预应力荷载/ 钢束的特性值（T）

预应力钢束的名称 ＞（15.2-15 钢绞线）；　预应力钢束的类型＞内部（后张）

材料＞4：Strand1860

钢束总面积（0.002085），或者，钢绞线公称直径＞15.2mm（1x7）；钢绞线束＞15
导管直径＞（0.09）；
钢束松弛系数（开）＞JTG04　0.3
预应力钢筋抗拉强度标准值（fpk）＞1860000000N/m^2
预应力钢筋与管道壁的摩擦系数＞0.25
管道每米局部偏差对摩擦的影响系数＞0.0015（1/m）
锚具变形、钢筋回缩和接缝压缩值＞
开始点：0.006m
结束点：0.006m
粘结类型＞粘结
操作界面如图 9-32 所示。其他钢束特性的定义同上。

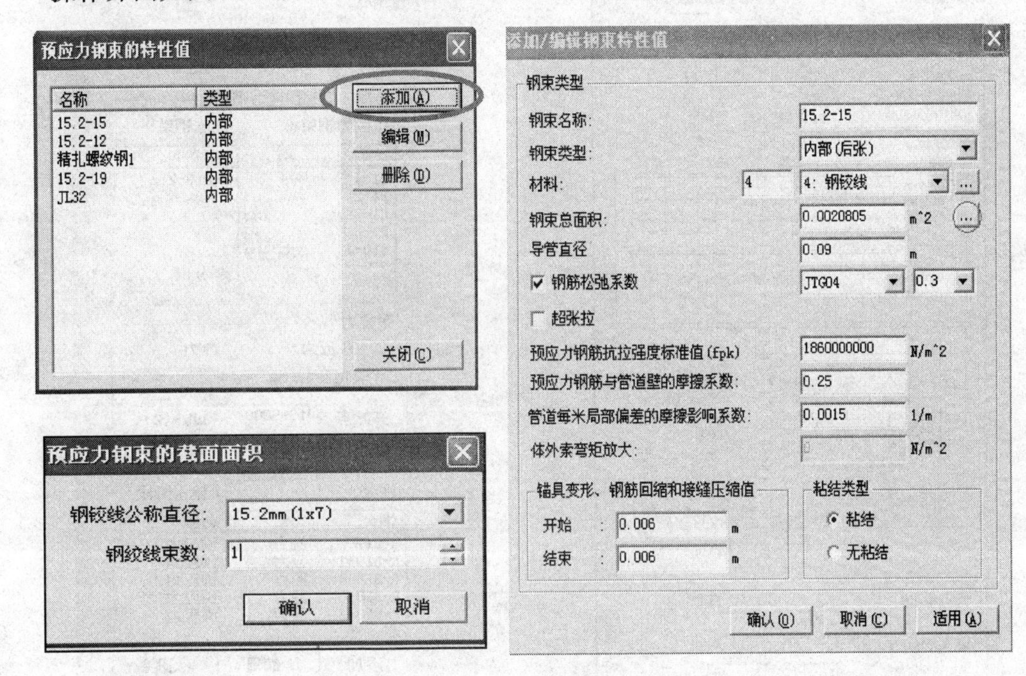

图 9-32　预应力筋特征值对话框

② 输入钢束形状

静力荷载/预应力荷载/钢束布置形状（f）
钢束名称＞B1-1；钢束特性值＞15.2-15
窗口选择＞（单元：65to67 132to134）
输入类型＞3-D
曲线类型＞样条
钢束直线段＞开始点（0）；　结束点（0）
无应力场长度：用户定义长度，开始（0），结束（0）
布置形状：如图 9-33 所示

将所定义的预应力筋赋予相应单元。

对称点>最后；钢束形状>直线

(X，Y)>1（－5，0)；2（0，0)；3（5，0)

(X，Z)>1（－5，－0.09)；2（－2.6440，－0.0052)；3（－2.3560，0)，4（0，0)，5（2.356，0)，6（2.6440，－0.0052)，7（5，－0.09)

钢束布置插入点（0，0.75，－2.53)；假想 x 轴方向>X

绕 x 轴旋转角度>0，投影（开)

绕主轴旋转角度>（Y)，(0)

注：其他钢束的形状按照实际情况输入。

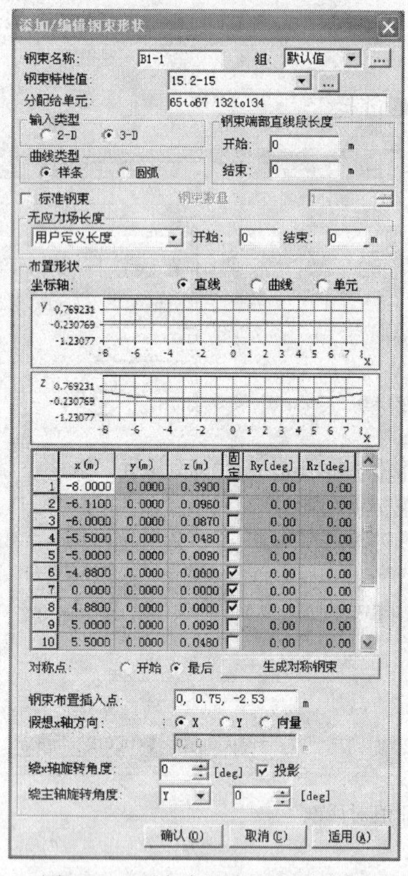

图 9-33　预应力钢束形状对话框

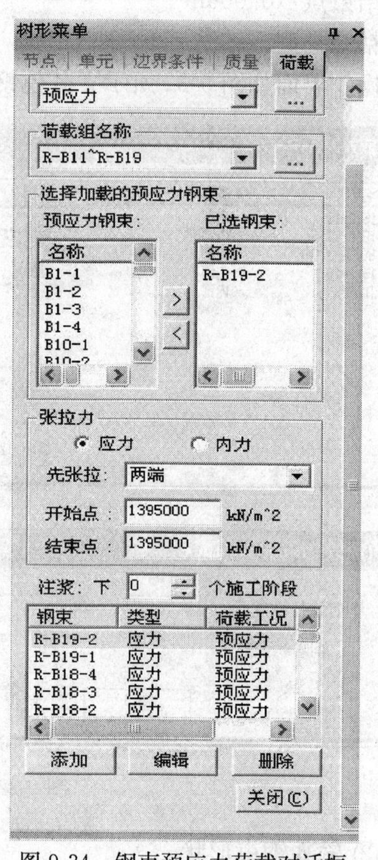

图 9-34　钢束预应力荷载对话框

③ 输入钢束预应力荷载（图 9-34)

荷载/预应力荷载/钢束预应力荷载（s)

荷载工况名称>预应力；　荷载组名称>R-B11～R-B19

钢束> B1-1；已选钢束> R-B19-2

张拉力> 应力；　先张拉> 两端

开始点（1395000kN/m²)；结束点（1395000 kN /m²)

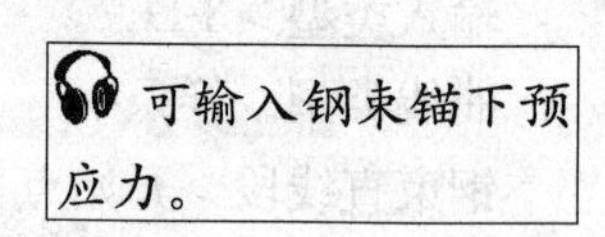

注浆：下（0)

(5) 移动荷载

① 定义车道

移动荷载按规范应先定义车道，如图 9-35 所示。

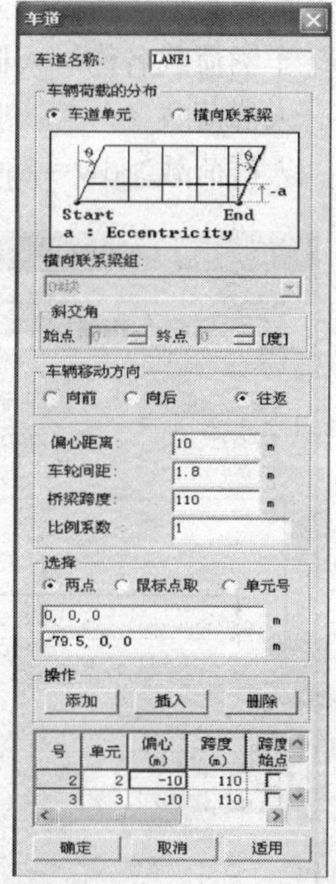

图 9-35　定义车道对话框

移动荷载分析数据/移动荷载规范/China

移动荷载分析数据/ 车道

车道名称 (Lane1)

车道荷载的分布＞横向联系梁

车辆移动方向＞向前 (开)

偏心距离 (10)

桥梁跨度 (110)

选择＞两点 (1，134)

其他车道的定义按照实际情况输入，定义好后的车道如图 9-36 所示。

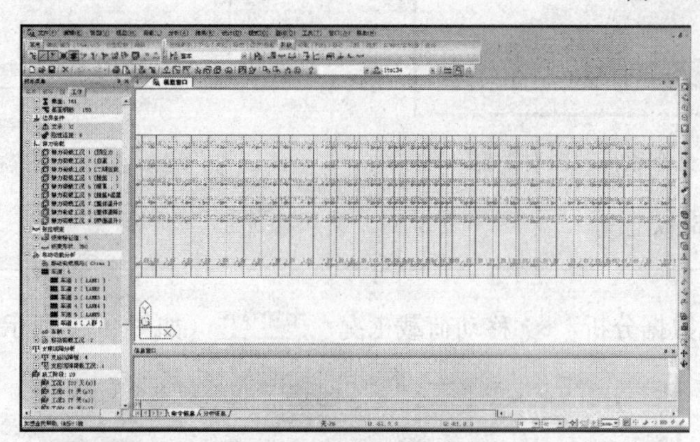

图 9-36　车道示意图

② 定义车道荷载和人群荷载

操作界面如图 9-37、图 9-38 所示。

移动荷载分析数据/ 车辆

车辆 ＞ 添加标准车辆

标准车辆荷载 ＞ 规范名称 ＞公路工程技术标准 JTG B 01—2003

车辆荷载名称 ＞ CH-CD

移动荷载分析数据/ 车辆

车辆＞用户定义

公路Ⅰ级车道荷载的均布荷载标准值 q_k 为 10.5kN/m。集中荷载标准值随计算跨径 L 而变，当 L≤50m，P_k＝180000N；当 L≥50m，P_k＝360000N；当 5m≤L≤50m，P_k 值采用直线插值法求得。

荷载类型＞新公路人群荷载类型

车辆荷载名称＞人群

人群荷载＞dw＝3000N/m^2　L＜＝50m

人群荷载＞dw＝25000/m^2　L＞＝150m　Width 1m

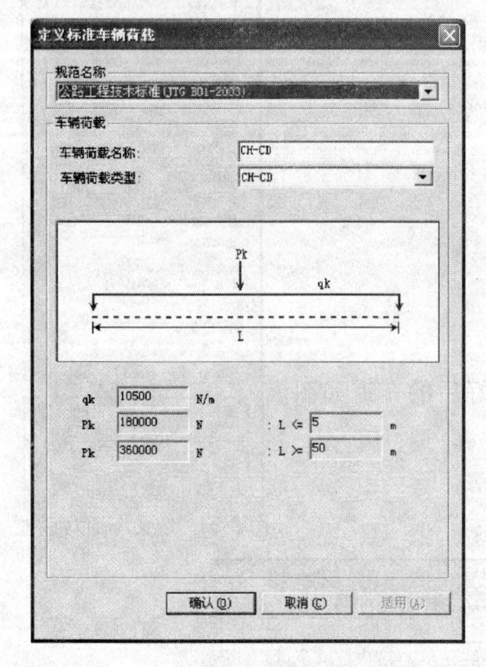

图 9-37　定义车道荷载图对话框

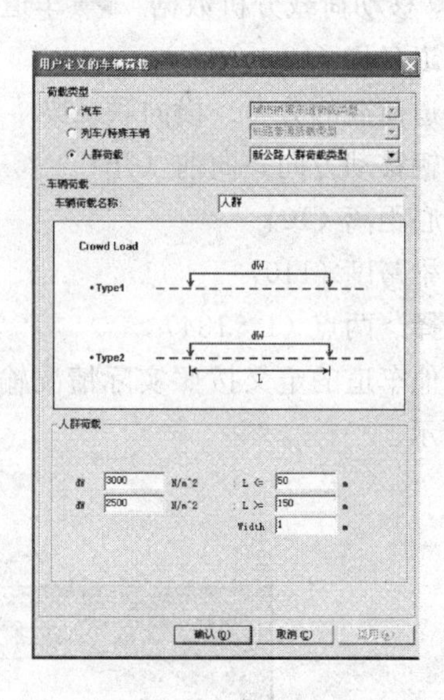

图 9-38　定义人群荷载对话框

③ 定义移动荷载工况

移动荷载数据分析/移动荷载工况/添加(A)（如图 9-39 所示）

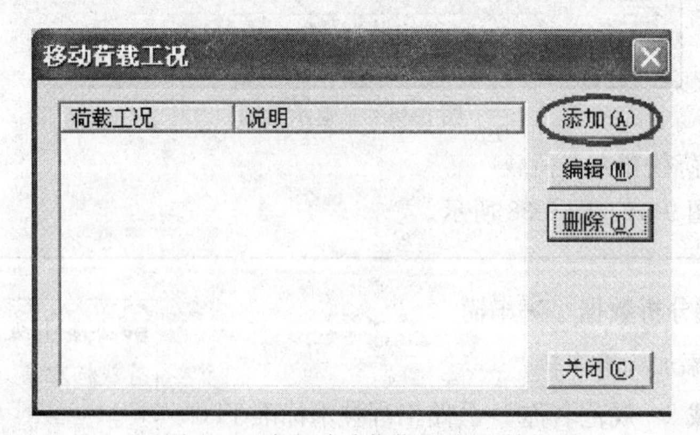

图 9-39　定义移动荷载工况对话框

荷载工况（汽车）

子荷载工况＞添加(A)

车辆组＞VL：CH-CD（150）

可以加载的最少车道数（1）
可以加载的最多车道数（5）
车道列表>人群 -> 选择的车道列表> Lane1、Lane2、Lane3、Lane4、Lane5
定义汽车移动荷载工况如图 9-40 所示。

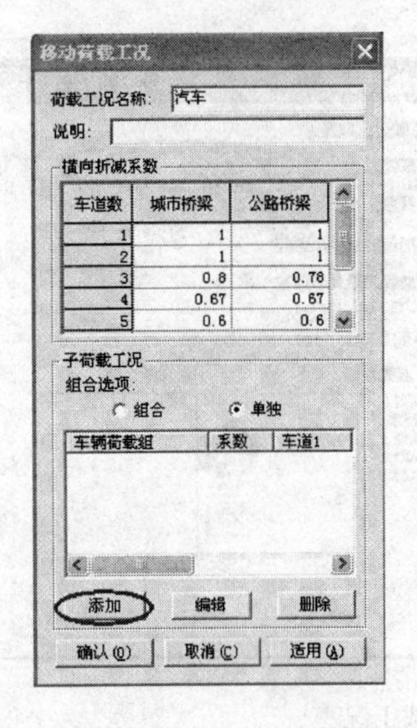

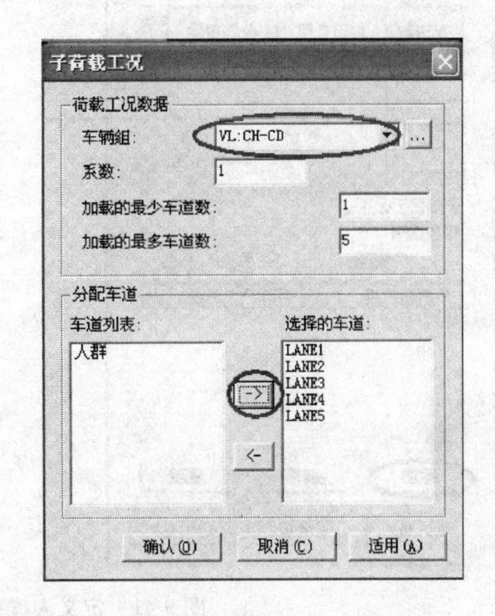

图 9-40 定义汽车移动荷载工况对话框

定义人群移动荷载工况如图 9-41 所示。

荷载/移动荷载数据分析/移动荷载工况/添加(A)
荷载工况（人群）
子荷载工况>添加(A)
车辆组>VL：人群
可以加载的最少车道数（1）
可以加载的最多车道数（1）
车道列表> Lane1、Lane2、Lane3、Lane4、Lane5 -> 选择的车道列表>人群
（6）定义温度荷载
① 整体温度升高 25℃，整体温度降低 15℃
定义温度荷载如图 9-42 所示。

荷载/温度荷载/系统温度
荷载工况（整体温升）
最终温度/25/添加(A)
荷载工况（整体温降）
最终温度/－15/添加(A)/关闭

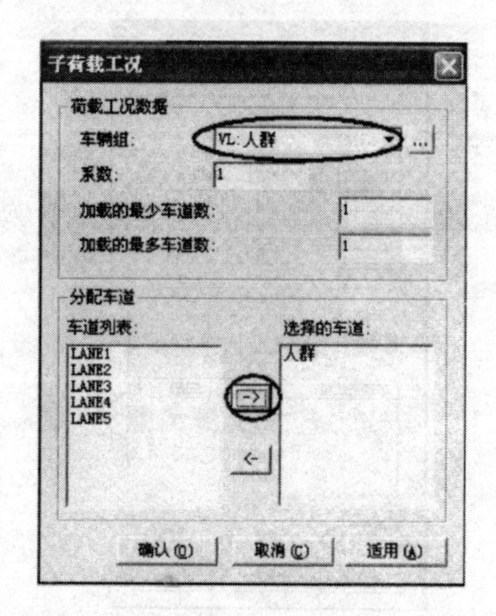

图 9-41　定义人群移动荷载工况

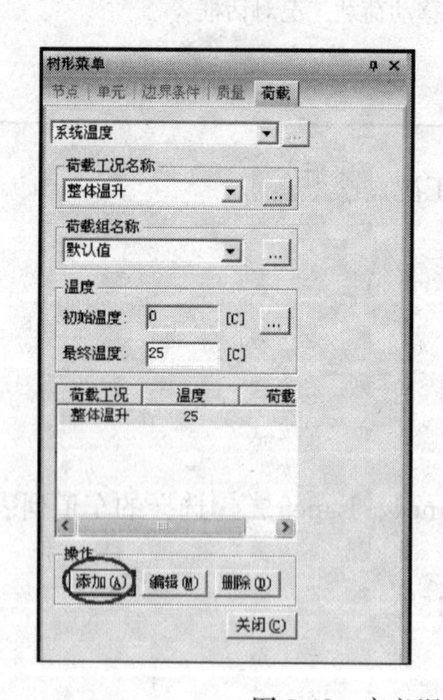

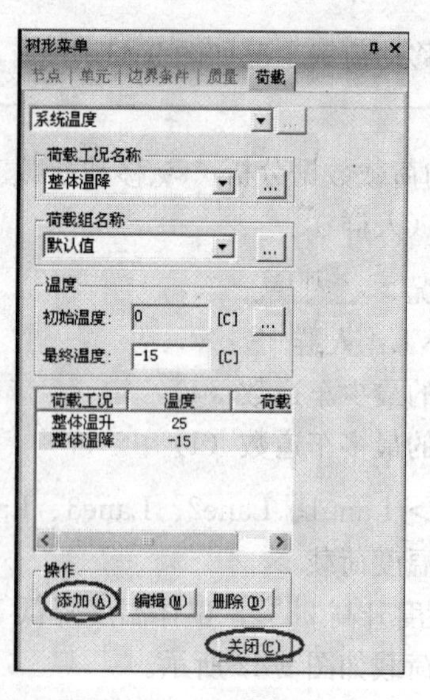

图 9-42　定义温度荷载对话框

② 桥面温度升高 14℃

定义桥面温度如图 9-43 所示。

荷载/温度荷载/梁截面温度

荷载工况（桥面温升）

选项/添加
截面类型/一般
方向/局部-z
参考位置/中心
B/24m
H1/0.1m
H2/0.3m
T1/5.5　T2/14　/添加
选中桥面结构单元（1 to 134）/适用
（7）定义基础不均匀沉降
① 定义支座沉降组
定义支座沉降组如图 9-44 所示。

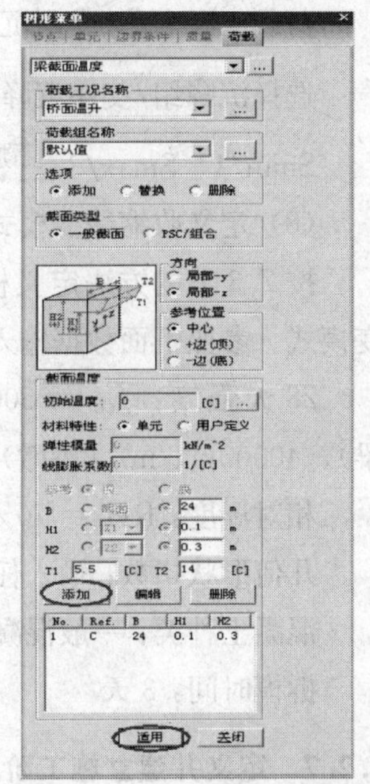
图 9-43　定义桥面温度对话框

荷载/支座沉降分析数据/支座沉降组
支座沉降组名称/支座沉降 1
沉降量/0.02m
节点列表/149/添加
据此，定义支座沉降组 2（138）、3（139）、4（151）。

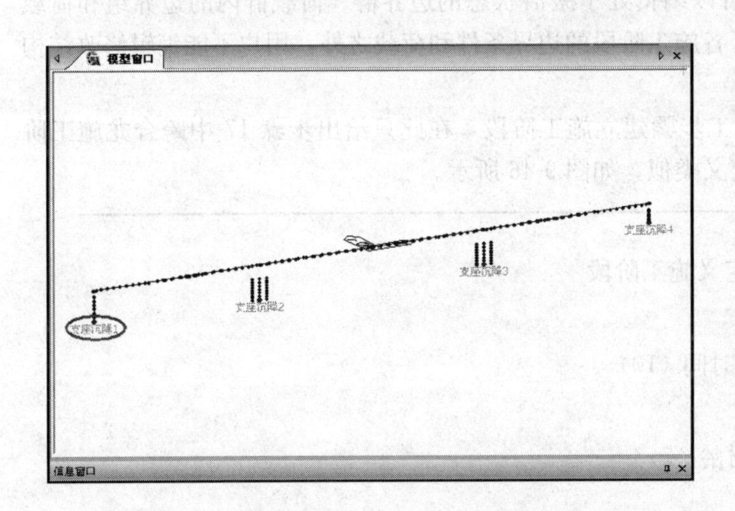
图 9-44　定义支座沉降组对话框

② 定义支座沉降组荷载工况
定义支座沉降组荷载工况如图 9-45 所示。

荷载/支座沉降分析数据/支座沉降荷载工况

荷载工况名称/支座沉降

选择沉降组/支座沉降 1、2、3、4 [>]/已选组

Smin/1　Smax/3 [添加(A)]

(8) 定义收缩徐变模式

按 7.3 节的方法定义桥梁混凝土材料的收缩徐变模式。参照下面数据输入时间依存材料特性值。

28 天强度：f_{ck} = 50000kN/m^2（预应力箱型梁），40000kN/m^2（桥墩）

相对湿度：RH = 70%

几何形状指数：输入任意值

混凝土种类：一般混凝土（N. R）

拆模时间：3 天

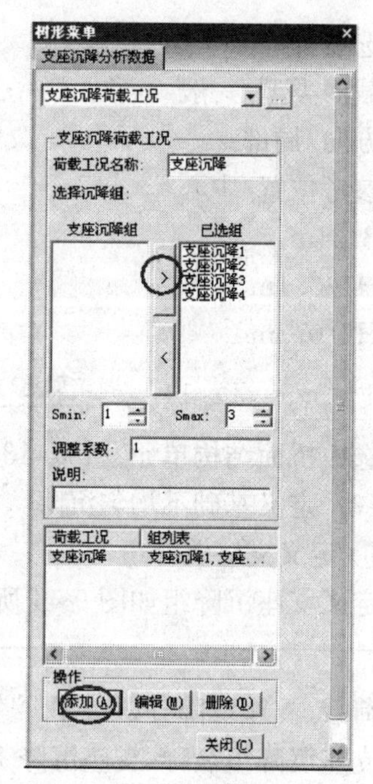

图 9-45　定义支座沉降组荷载工况对话框

9.2.7　定义并建立施工阶段

施工阶段不是由个别的单元、边界条件或荷载组成的，而是由单元群、边界条件群以及荷载群组成并经过激活和钝化处理后形成的。在基本阶段模式中，用户可以输入所有结构模型数据、荷载条件以及边界条件，但不在此阶段做结构分析。在施工阶段模式中可以编辑处于激活状态的边界群、荷载群内的边界组和荷载组。在施工阶段模式中，除了各施工阶段的边界条件和荷载之外，用户不能编辑修改结构模型。

参照前面所述表 9-4 的施工步骤建立施工阶段，在此只给出步骤 17-中跨合龙施工阶段的定义，其他施工阶段的定义类似，如图 9-46 所示。

施工阶段分析数据/定义施工阶段

名称>工况 17

名称（工况 17）；　持续时间（10）

单元表单

组列表>14′块；激活>材龄（7）

边界表单

激活>支撑条件>变形后（开）

荷载表单

激活>激活时间>5 天

组列表>L-B11～L-B19；L-TH3、L-TH4；L-W9～L-W11；R-B11～R-B19；R-TH3、R-TH4；R-W9～R-W11

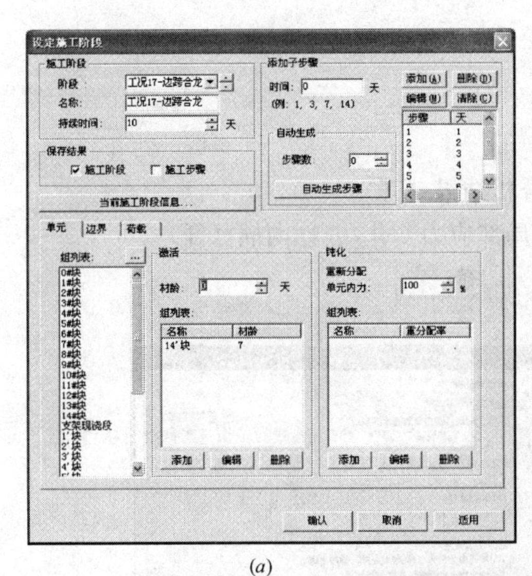

(*a*)

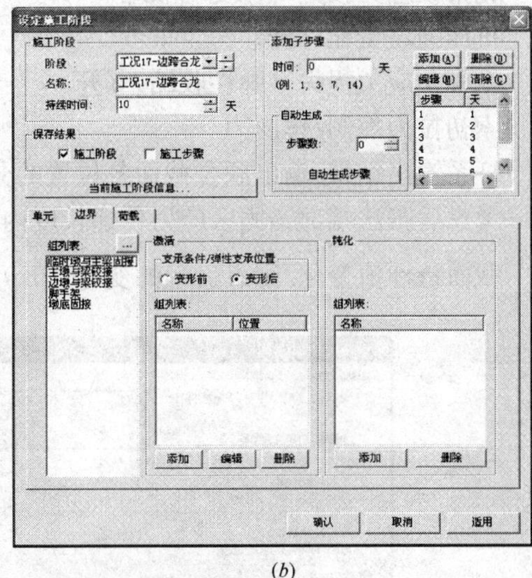

(*b*)

(*c*)

图 9-46　定义施工阶段对话框

(*a*) 定义单元列表；(*b*) 定义边界列表；(*c*) 定义荷载列表

9.2.8　运行计算

1. 定义施工阶段分析控制（图 9-47）

分析/施工阶段分析控制
最终施工阶段/最后施工阶段
分析选项/考虑时间依存效果（累加模型）
时间依存效果/徐变和收缩；类型/徐变和收缩
徐变分析时的收敛条件 /迭代次数（5）/收敛误差（0.01）
自动分割时间（开）

钢束预应力损失（徐变和收缩）(开)

抗压强度变化（开）

钢束预应力损失（弹性收缩）(开)

索初拉力控制/体内力

杆系输出结果/输出联合截面各位置的分析结果（开）

考虑后张法端部锚固区应力传递长度内局部应力变化/线性内插（开）

截面特性值变化/刚束引起的变化（开）/ 确认

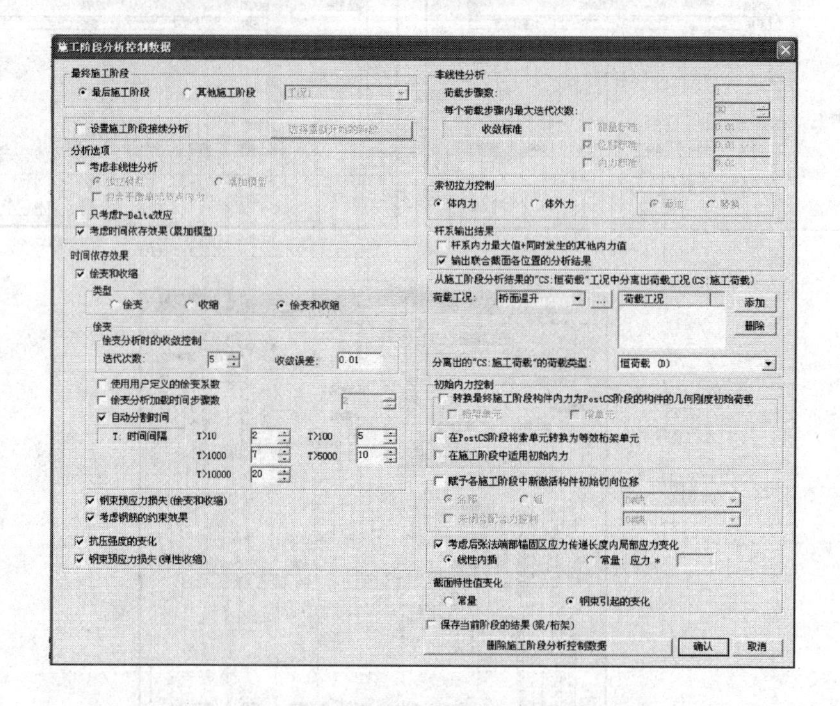

图 9-47　定义施工阶段分析控制数据对话框

2. 定义主控数据（图 9-48）

分析＞主控数据

约束桁架/平面应力/实体单元的旋转自由度（开）

约束板的旋转自由度（开）

迭代次数（荷载工况）：20

收敛误差：0.001

在应力计算中考虑截面刚度调整系数（开）

转换从属节点反力为主节点反力（开）

在 PSC 截面刚度计算中考虑普通钢筋（开）

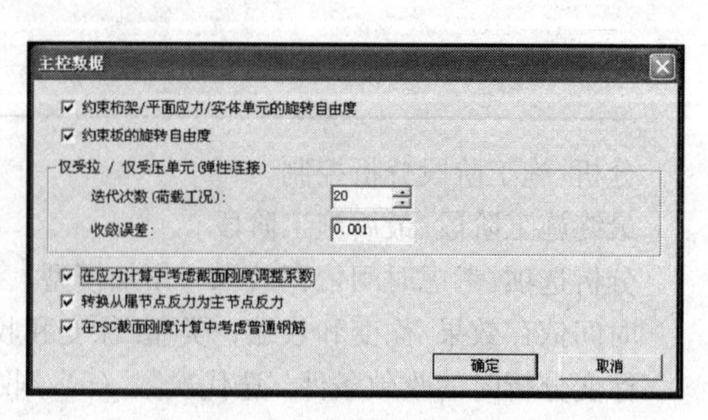

图 9-48　主控数据对话框

3. 将自重转化为质量

由于在进行特征值分析时，需要用到结构的质量矩阵，因此，首先应该将自重转换为质量，如图 9-49 所示。

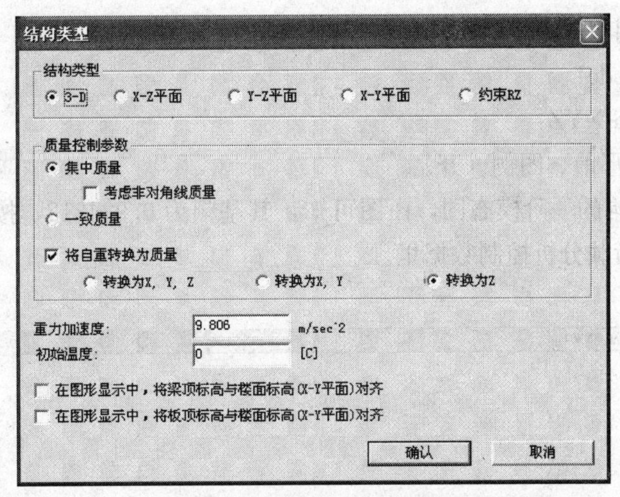

图 9-49　自重转化为质量对话框

模型>结构类型

结构类型/3-D

质量控制参数/集中质量

将自重转换为质量/转换为 Z

4. 定义特征值分析控制（图 9-50）

分析>特征值分析控制>特征值向量>子空间迭代法

振型数量>3

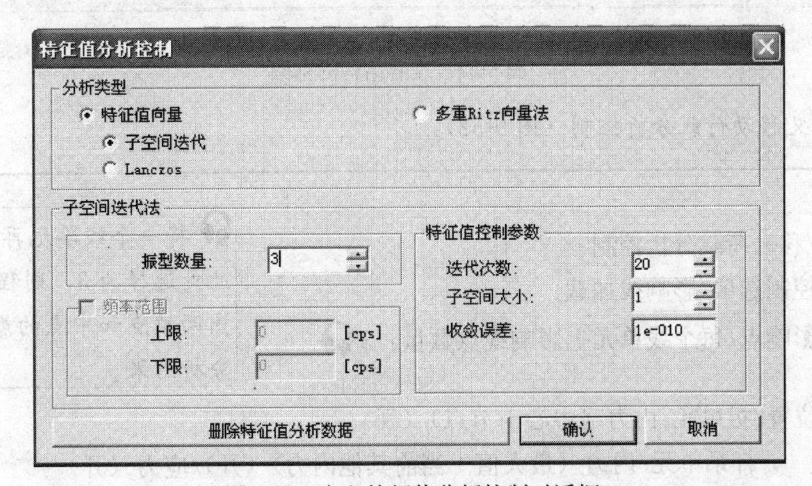

图 9-50　定义特征值分析控制对话框

5. 计算基频

点击 运行程序

结果/ 周期与振型

荷载工况/Mode1

模态成分/Md-XYZ

显示类型/变形前、图例（开）

图 9-51 为结构的一阶模态图，由图可知，其基频为 0.924212，按 9.2.9 节的方法可将其输入到移动荷载分析控制数据里。

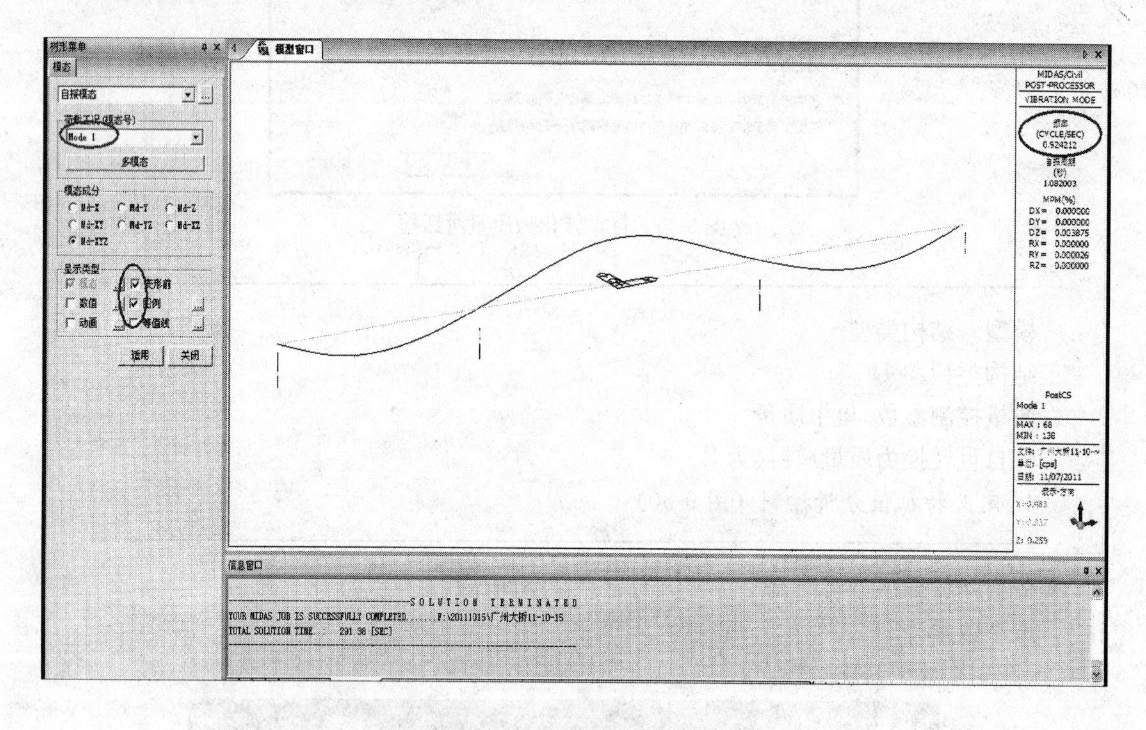

图 9-51　查看结构的基频

6. 定义移动荷载分析控制（图 9-52）

分析/移动荷载分析控制

荷载控制选项/影响线加载

生成影响点/每个线单元上影响线点数量：3

> 将一个线单元再细分，此处选择为 3，则程序输出两端点和中点的影响线分析结果。

计算位置/板单元/内力（中心＋节点）（开）/

杆系单元/内力（最大值＋当前其他内力）（开）/应力（开）

计算选项/反力/全部（开）

/位移/全部（开）

/内力/全部（开）

桥梁等级/公路Ⅰ级（开）

冲击系数/规范类型/JTG D60—2004

结构基频方法/用户输入 f［Hz］/ 0.924212

7. 定义荷载组合（图 9-53、图 9-54）

结果＞LC荷载组合

混凝土设计/自动生成

选项/添加（开）

设计规范/JG D60-04

施工阶段荷载工况/ST＋CS

荷载组合类型/承载能力极限状态设计（开）

基本组合（开）

偶然组合（地震作用时，采用 JTG/T B02-01—2008）（开）

正常使用极限状态设计（开）

弹性阶段截面应力计算（开）确认

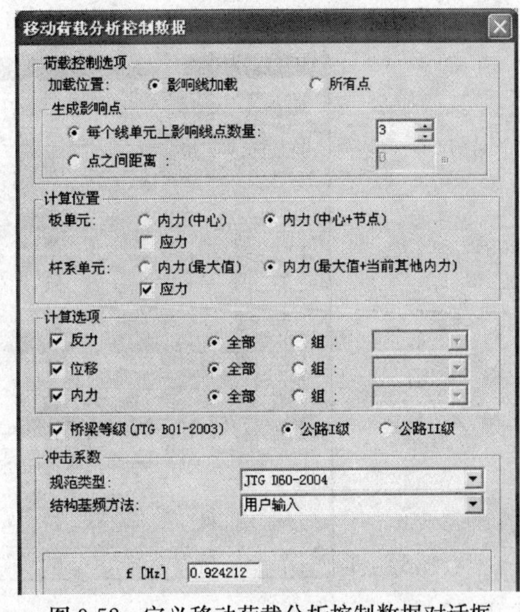

图 9-52　定义移动荷载分析控制数据对话框

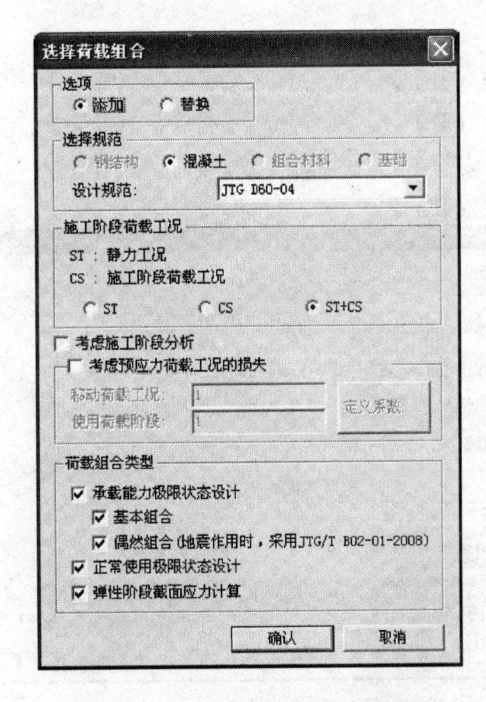

图 9-53　定义荷载相关参数对话框

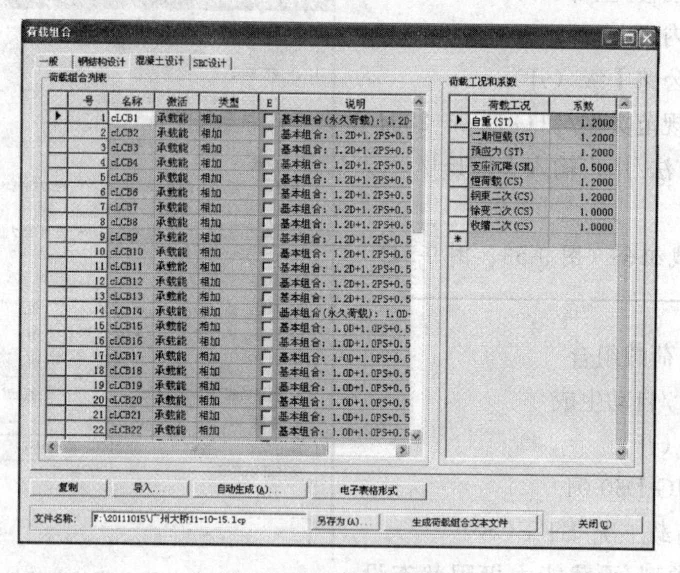

图 9-54　荷载组合列表

9.2.9　PSC设计

1. PSC设计参数（图 9-55）

设计>PSC设计> PSC设计参数

规范 JTG D62—2004

设计参数

截面设计内力>三维（开）

构件类型>全预应力（开）

公路桥涵结构的设计安全等级>一级（开）

构件制作方法>现浇（开）

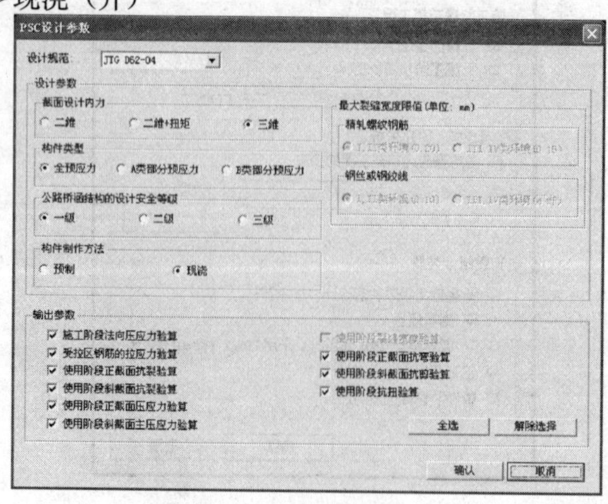

图 9-55　PSC设计参数对话框

2. PSC 设计材料（图 9-56）

设计＞ PSC 设计＞ PSC 设计材料…
混凝土材料
设计规范（JTG04（RC））；等级＞C55
钢筋
设计规范（JTG04(RC)）
主筋等级（HRB335）
箍筋等级（R235）

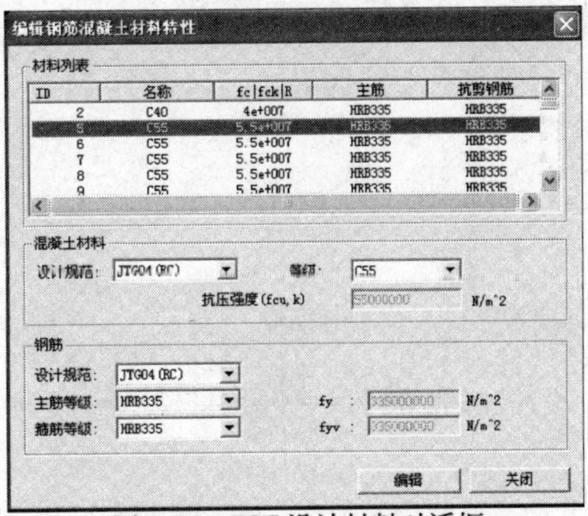

图 9-56　PSC 设计材料对话框

3. 定义 PSC 设计截面位置（图 9-57）

设计＞PSC 设计＞ PSC 设计截面位置…
选项＞添加/替换（开）
弯矩＞I & J（开）
剪力＞ I & J（开）
根据要求选择需要验算的单元。

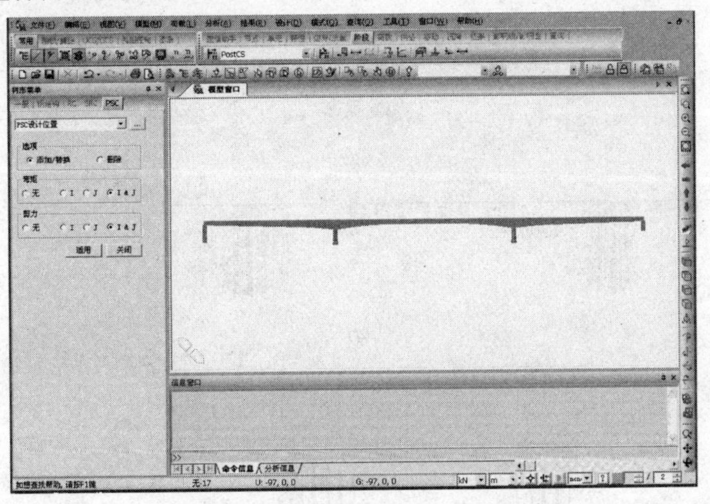

图 9-57　PSC 设计截面位置对话框

9.3 计 算 结 果

9.3.1 施工过程计算分析结果

这里只列出施工步骤 15 和施工步骤 17 的计算结果，如图 9-58、图 9-59 所示，其他施工步骤的计算结果在此不作介绍。

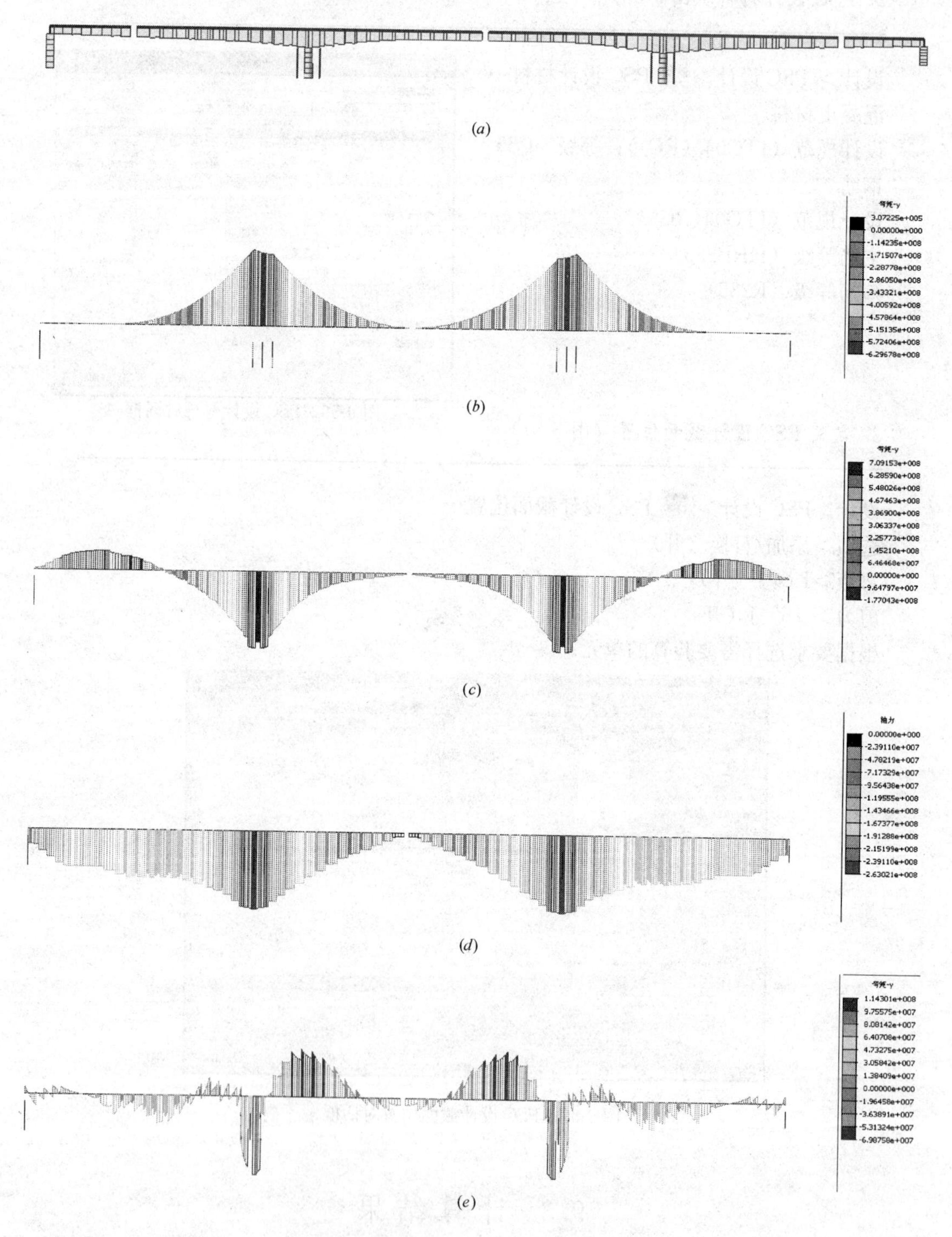

图 9-58　施工步骤 15：边跨合龙的内力图

(*a*) 边跨合龙计算模型；(*b*) 施工步骤 15：箱梁自重＋挂篮＋14＃块湿重作用下箱梁弯矩（单位：N・m）；(*c*) 施工步骤 15：预应力筋作用下箱梁弯矩（单位：N・m）；(*d*) 施工步骤 15：预应力筋作用下箱梁轴力（单位：N）；(*e*) 施工步骤 15：全部荷载作用下箱梁弯矩（单位：N・m）

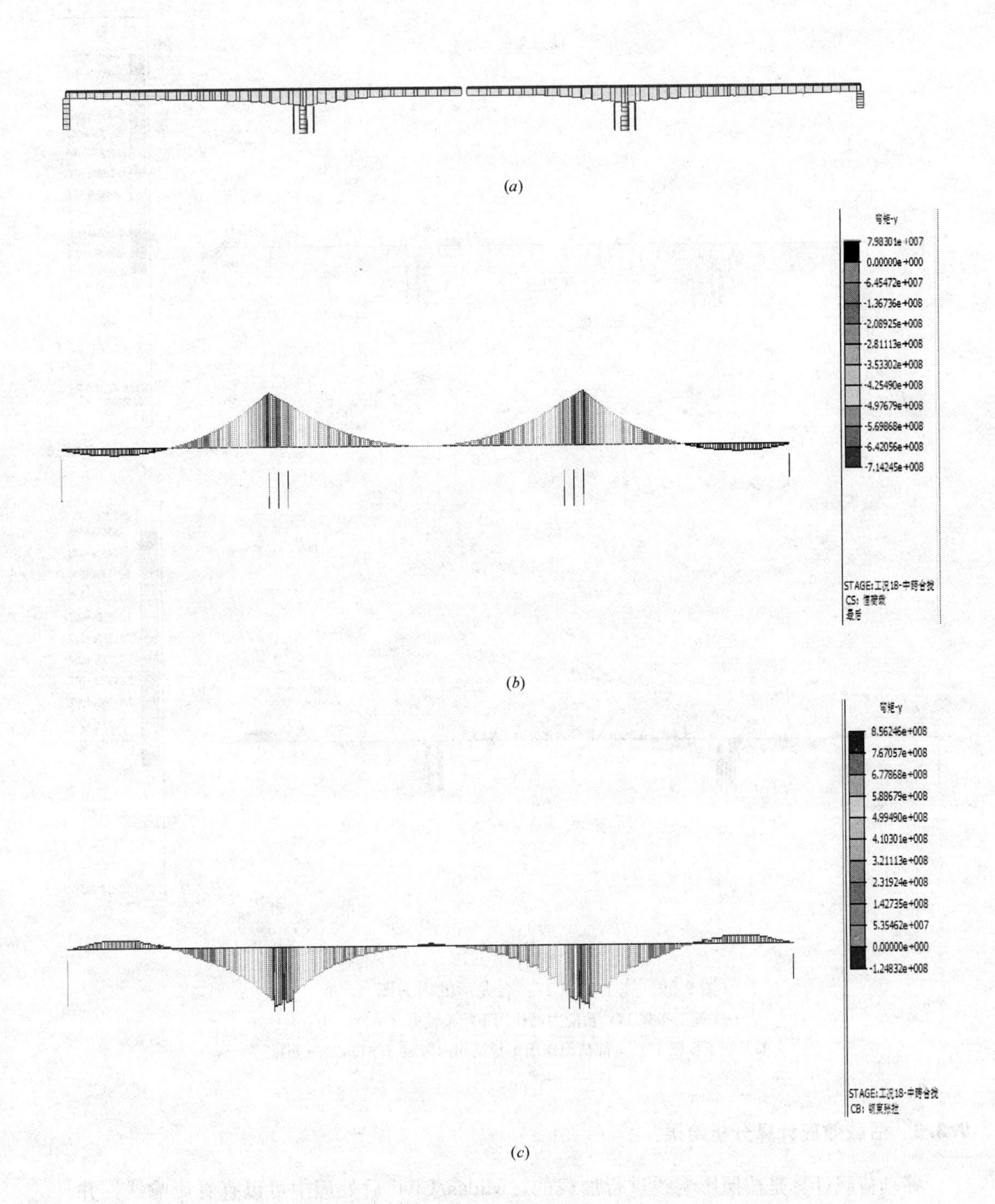

图 9-59　施工步骤 17：合龙后的内力图（一）

(*a*) 中跨合龙计算模型；(*b*) 施工步骤 17：中跨合龙后箱梁在自重作用下的面内弯矩（单位：N·m）；(*c*) 施工步骤 17：预应力筋作用下箱梁面内弯矩（单位：N·m）

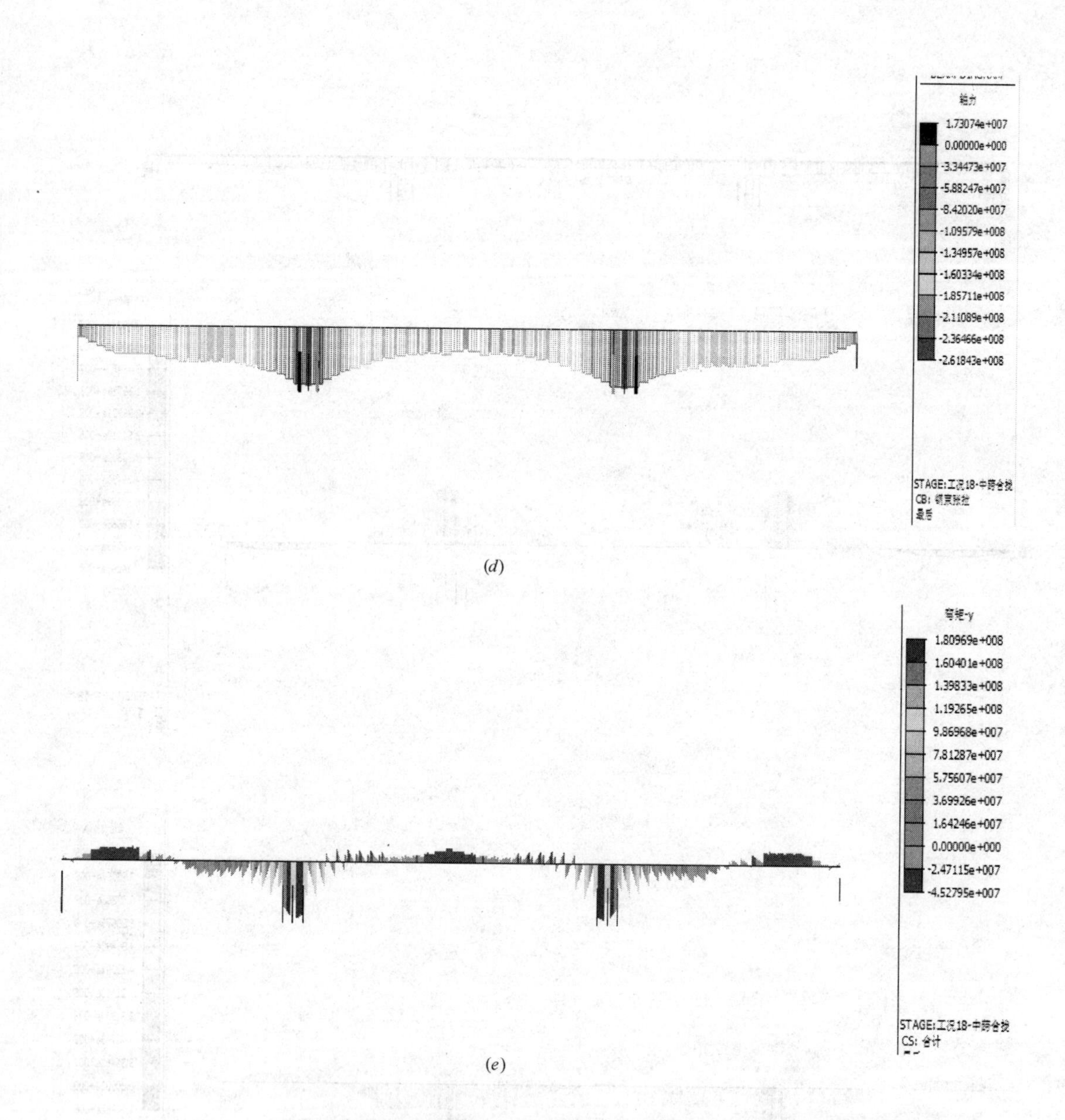

图 9-59　施工步骤 17：合龙后的内力图（二）

(*d*) 施工步骤 17：预应力筋作用下箱梁轴力（单位：N）；

(*e*) 施工步骤 17：全部荷载作用下箱梁面内弯矩（单位：N·m）

9.3.2　活载效应计算分析结果

移动荷载计算是按照影响线进行加载的，Midas/Civil 后处理中可以查看影响线，并可以对最不利加载位置进行移动荷载追踪。

1. 影响线

图 9-60 为中跨跨中截面弯矩影响线。由图 9-60 可知，中跨和边跨的影响线数值相反，也就说明活载布置在中跨和边跨所引起的跨中截面的弯矩方向是相反的。

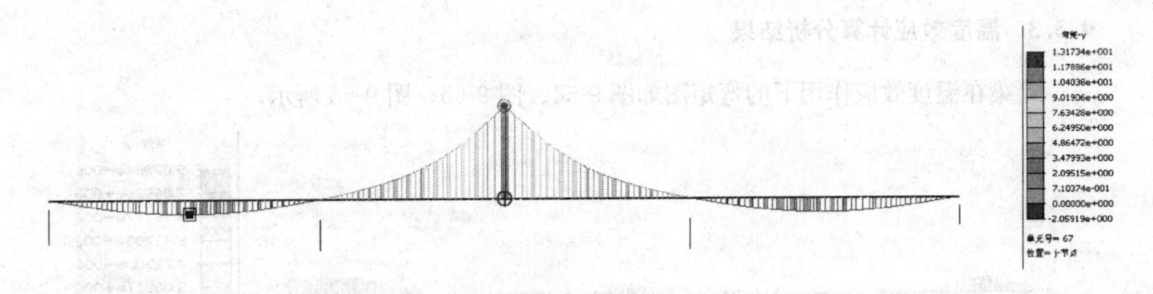

图 9-60　中跨跨中截面弯矩影响线（单位：N·m）

2. 移动荷载追踪器

移动荷载追踪器可以找到最不利活载的加载方式。图 9-61 为中跨跨中截面活载弯矩最大时车道荷载的布置情况，由图可知，当中跨满布车道均布荷载，跨中布置车道集中力时，中跨跨中截面的活载弯矩最大。

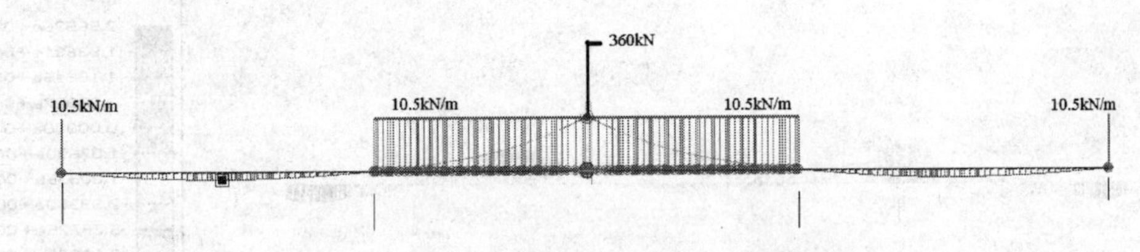

图 9-61　中跨跨中截面最大弯矩车道荷载布置

3. 汽车荷载包络图计算结果

在移动荷载作用下，每个箱梁截面的弯矩和剪力是变化的，有正有负，Midas/Civil 可给出各截面内力包络图。对于连续梁，内力包络图由正、负两条曲线组成，如图 9-62、图 9-63 所示。

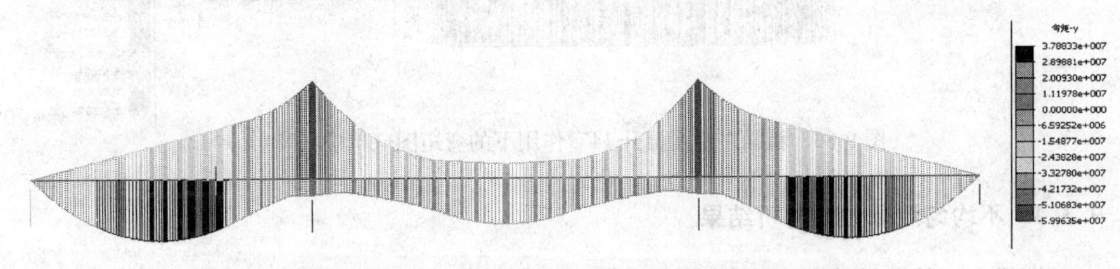

图 9-62　箱梁在公路Ⅰ级汽车活载作用下的弯矩包络图（单位：N·m）

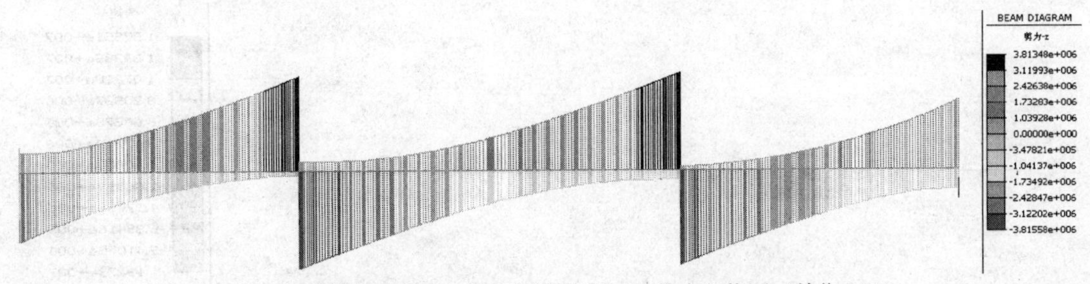

图 9-63　箱梁在公路Ⅰ级汽车活载作用下的剪力包络图（单位：N）

9.3.3 温度效应计算分析结果

箱梁在温度效应作用下的弯矩图如图 9-64、图 9-65、图 9-66 所示。

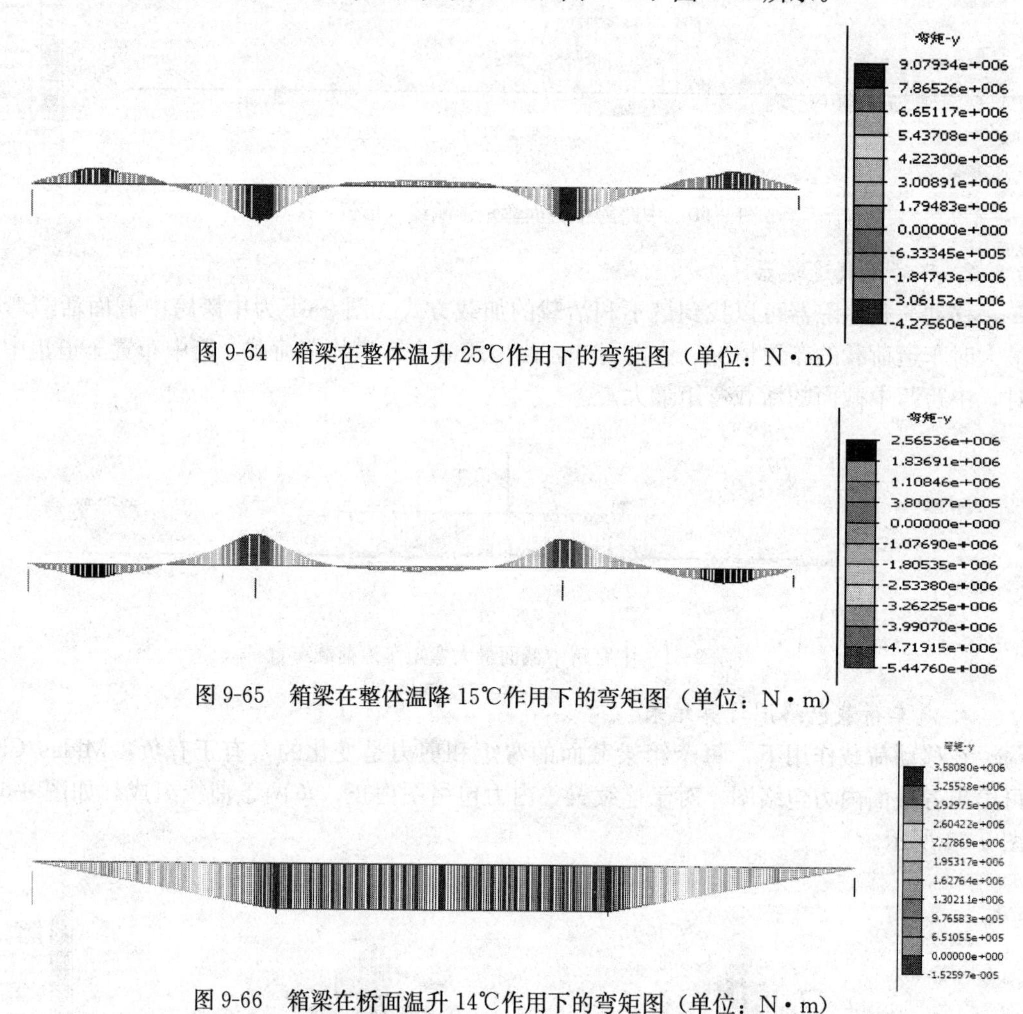

图 9-64 箱梁在整体温升 25℃作用下的弯矩图（单位：N·m）

图 9-65 箱梁在整体温降 15℃作用下的弯矩图（单位：N·m）

图 9-66 箱梁在桥面温升 14℃作用下的弯矩图（单位：N·m）

9.3.4 不均匀沉降计算分析结果

箱梁在不均匀沉降作用下的弯矩图如图 9-67、图 9-68 所示。

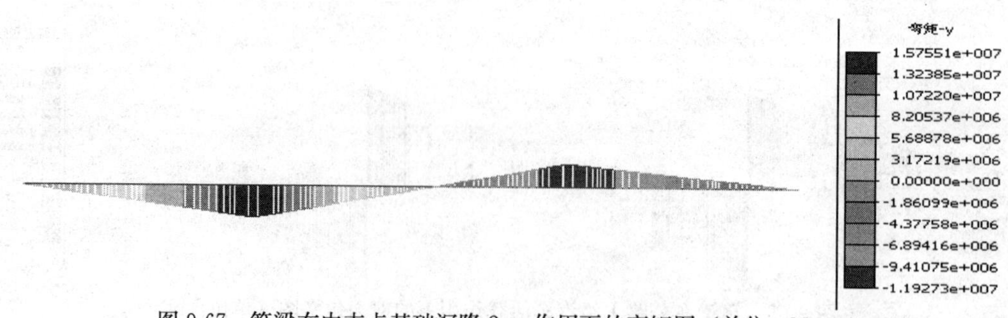

图 9-67 箱梁在中支点基础沉降 2cm 作用下的弯矩图（单位：N·m）

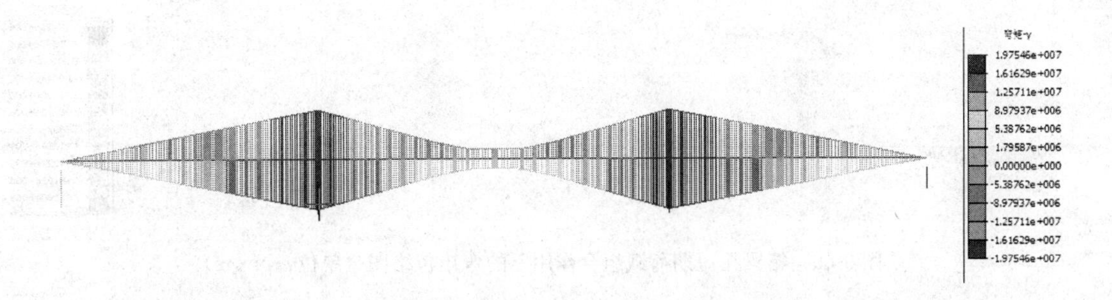

图 9-68　箱梁在基础沉降 2cm 各种最不利组合作用下的弯矩包络图（单位：N·m）

9.3.5　荷载工况组合

公路桥梁正常使用极限状态组合包括作用短期效应组合、作用长期效应组合，以及承载能力极限状态组合，如表 9-6 所示。下面将根据此表，选取一些荷载工况组合对该 3 跨连续梁进行正常使用极限状态验算和承载能力极限状态验算。

荷载组合形式　　**表 9-6**

荷载效应名称	组合表达式
作用短期效应组合	1.0×恒载+0.7×汽车活载
	1.0×恒载+0.7×汽车活载+1.0×人群活载
	1.0×恒载+0.7×汽车活载+1.0×人群活载+0.75×风荷载
	1.0×恒载+0.7×汽车活载+1.0×人群活载+0.75×风荷载+0.8×温度梯度
作用长期效应组合	1.0×恒载+0.4×汽车活载
	1.0×恒载+0.4×汽车活载+0.4×人群活载
	1.0×恒载+0.4×汽车活载+0.4×人群活载+0.75×风荷载
	1.0×恒载+0.4×汽车活载+0.4×人群活载+0.75×风荷载+0.8×温度梯度
承载能力极限状态组合	1.2×恒载+1.4×汽车活载
	1.2×恒载+1.4×汽车活载+0.8×1.4×人群活载
	1.2×恒载+1.4×汽车活载+0.7×(1.4×人群活载+1.1×风荷载)
	1.2×恒载+1.4×汽车活载+0.6×(1.4×人群活载+1.1×风荷载+1.4×土压力)
	1.2×恒载+1.4×汽车活载+0.5×(1.4×人群活载+1.1×风荷载+1.4×土压力+1.4×汽车制动力)

1. 正常使用极限状态组合

(1) 作用短期效应组合

图 9-69、图 9-70 分别为箱梁在短期荷载组合下（1.0×恒载+0.7×汽车活载+1.0×人群活载+0.8×温度梯度）的弯矩和剪力包络图。

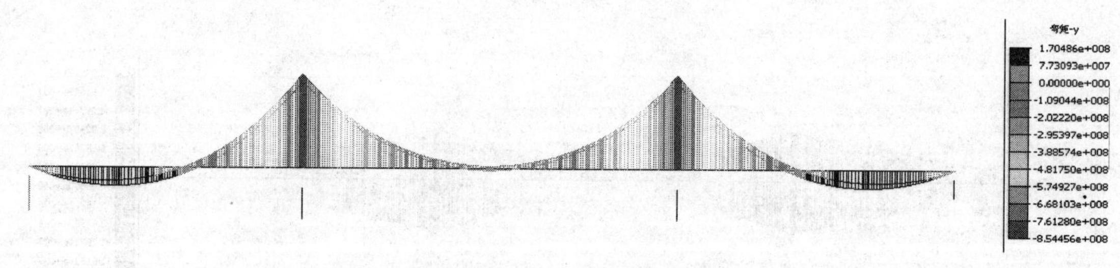

图 9-69　箱梁在短期荷载组合作用下的弯矩包络图（单位：N·m）

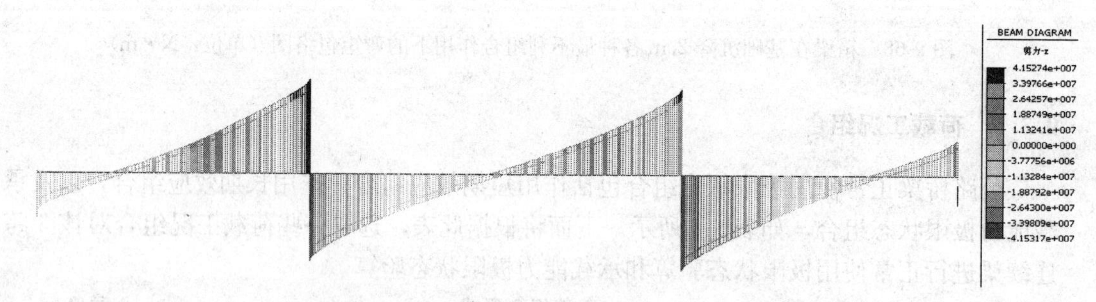

图 9-70　箱梁在短期荷载组合作用下的剪力包络图（单位：N）

（2）作用长期效应组合

图 9-71、图 9-72 分别为箱梁在长期荷载组合下（1.0×恒载＋0.4×汽车活载＋0.4×人群活载＋0.8×温度梯度）的弯矩和剪力包络图。

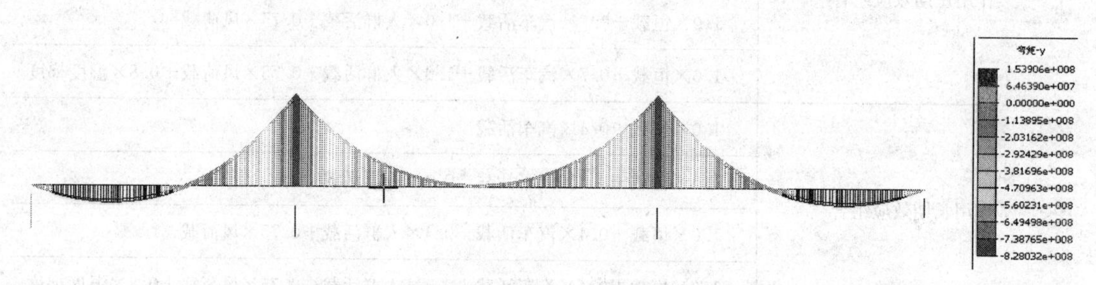

图 9-71　箱梁在长期荷载组合作用下的弯矩包络图（单位：N·m）

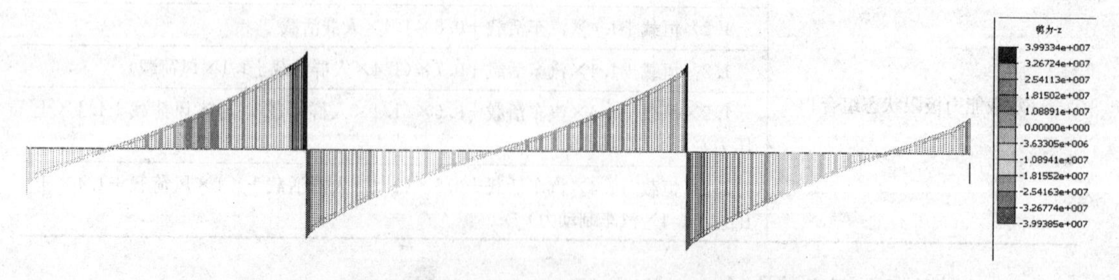

图 9-72　箱梁在长期荷载组合作用下的剪力包络图（单位：N）

2. 承载能力极限状态基本组合

图 9-73、图 9-74 为箱梁在承载能力极限状态基本组合作用下（1.2×恒载＋1.4×汽车活载＋1.12×人群活载）的弯矩和剪力包络图。

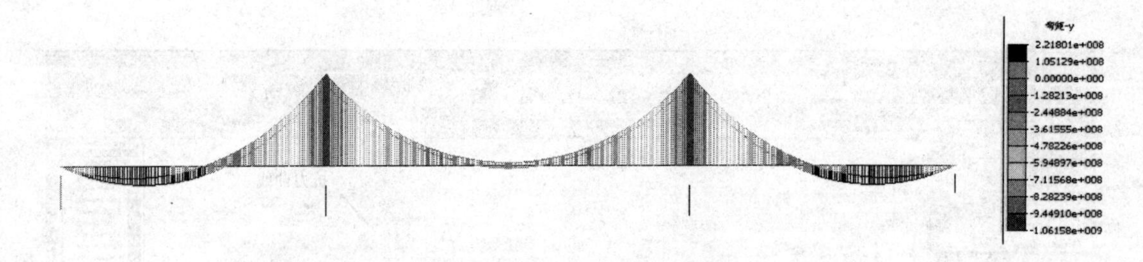

图 9-73　箱梁在承载能力极限状态基本组合作用下的弯矩包络图（单位：N·m）

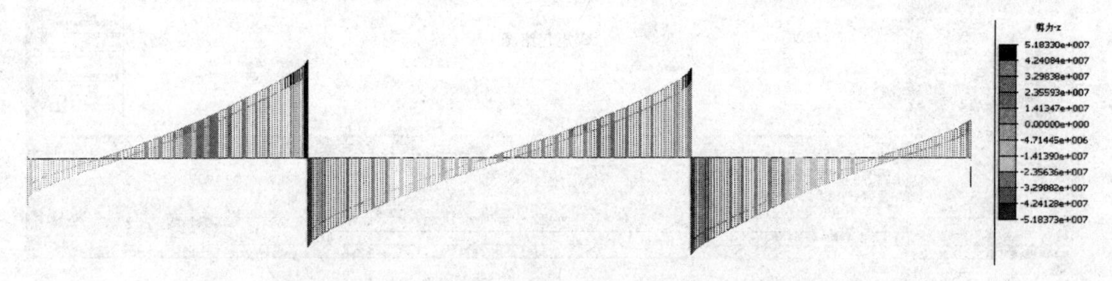

图 9-74　箱梁在承载能力极限状态基本组合作用下的剪力包络图（单位：N）

9.4　结构验算

9.4.1　承载能力极限状态验算

1. 正截面抗弯强度验算

根据《公路桥规》第 5.2.2 条～第 5.2.5 条的规定，对箱梁进行使用阶段正截面抗弯强度验算。在 PSC 设计后处理中（如图 9-75 所示）可以绘出弯矩包络图和抗力曲线，如图 9-76 所示。由图 9-76 可知，弯矩包络图在抗力曲线包围的范围内，说明抗弯承载能力满足要求。

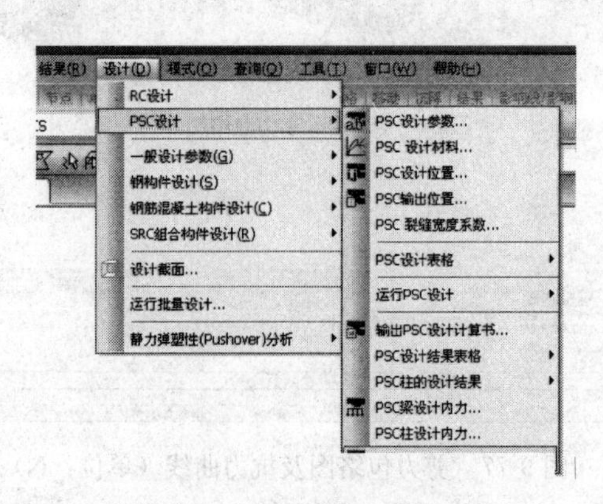

图 9-75　PSC 设计结果菜单

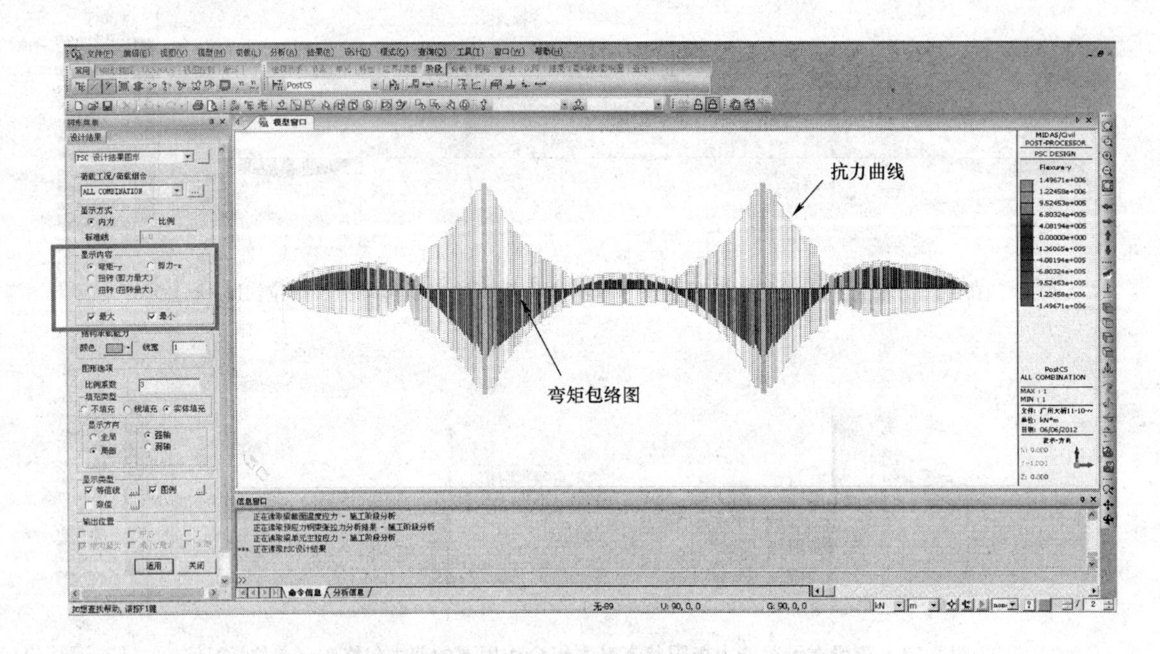

图 9-76 弯矩包络图及抗力曲线（单位：N·m）

2. 斜截面抗剪强度验算

根据《公路桥规》第 5.2.6 条～第 5.2.11 条的规定，对箱梁进行使用阶段斜截面抗剪验算。在 PSC 设计后处理中也可以绘出剪力包络图和抗力曲线，如图 9-77 所示。由图 9-77 可知，剪力包络图都在抗力曲线包围的范围内，说明截面的抗剪承载能力满足要求。

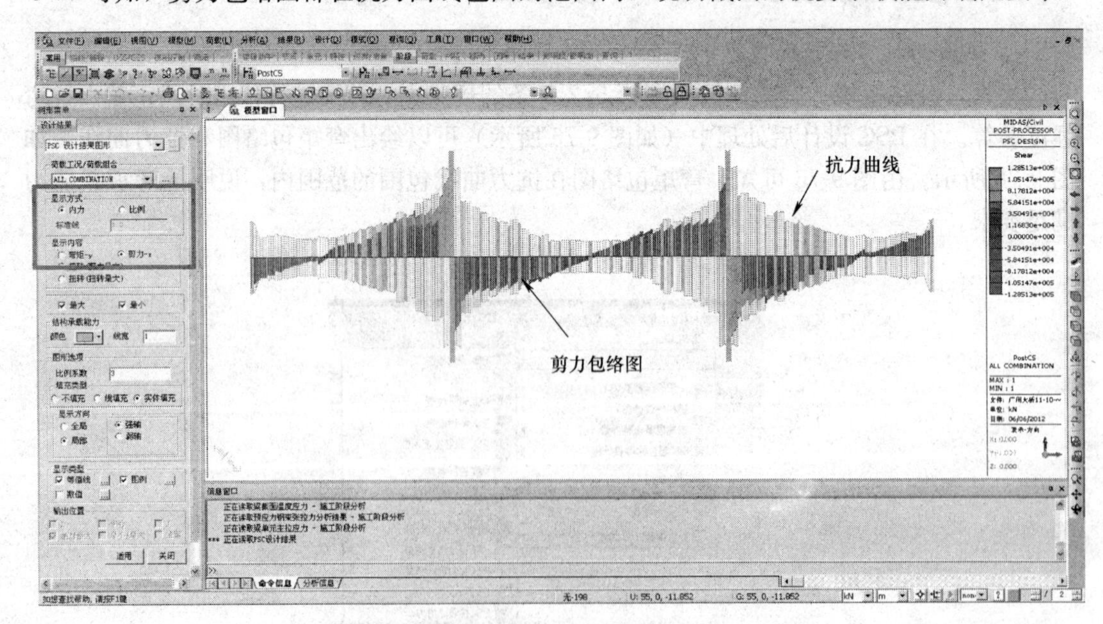

图 9-77 剪力包络图及抗力曲线（单位：N）

9.4.2 正常使用极限状态验算

在 Midas/Civil 软件中，运行 PSC 设计后，可根据规范进行各类承载能力验算，验算结果以数据表格的形式给出，其操作界面如图 9-78 所示。根据数据结果，可以判断各构件截面的应力是否满足规范要求，也可以导出数据为 Excel 格式，绘制相应曲线。

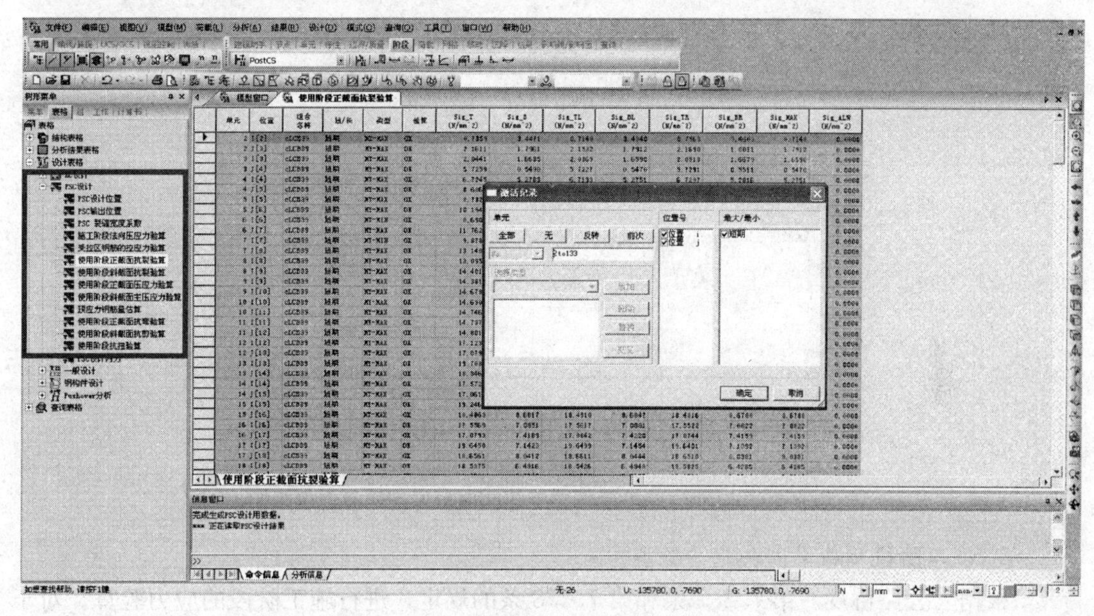

图 9-78　PSC 设计结果表格操作界面

1. 正截面抗裂验算

根据《公路桥规》第 6.3.1-1 条和第 6.3.2 条的规定，需进行使用阶段正截面抗裂验算。《公路桥规》规定：全预应力混凝土构件，在作用（或荷载）短期效应的组合下，浇筑构件需满足 $\sigma_{st}-0.80\sigma_{pc}\leqslant 0$。图 9-79 为在短期荷载组合作用下的截面法向应力包络图，由图可知，在所有短期效应的组合作用下，全桥法向应力满足规范要求。需要特别强调的是图中设计值为 $\sigma_{st}-0.8\sigma_{pc}$，远小于零，由于 Midas/Civil 软件规定，设计值为正表示压应力，为负表示拉应力（下文相同），因此图中显示设计值为正。

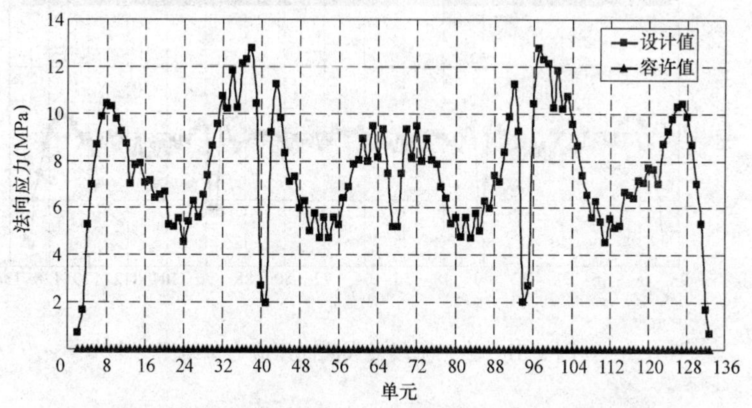

图 9-79　短期荷载组合作用下的截面法向应力包络图

2. 斜截面抗裂验算

根据《公路桥规》第 6.3.1-2 条和第 6.3.3 条的规定，需进行使用阶段斜截面抗裂验算。《公路桥规》规定：全预应力混凝土构件，在作用短期效应的组合下，浇筑构件需要满足 $\sigma_{tp} \leqslant 0.4 f_{tk}$。图 9-80 为在短期荷载组合作用下的截面最大主拉应力包络图，由图可知，在所有短期效应的组合作用下，全桥最大主拉应力最大为 0.08MPa，小于 1.06MPa，满足规范要求。

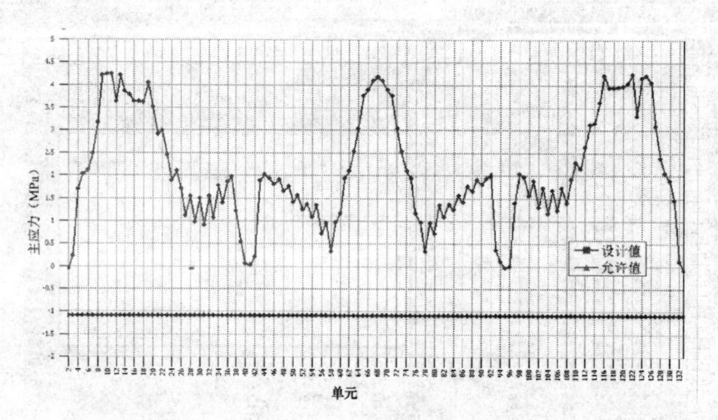

图 9-80　短期荷载组合作用下的截面最大主拉应力包络图

3. 施工阶段正截面法向应力验算

根据《公路桥规》第 7.2.7 条和第 7.2.8 条的规定，进行施工阶段的应力验算。对于预应力受弯构件，在构件自重和预应力等施工荷载的作用下，截面边缘法向压应力应满足 $\sigma_{cc}^{t} \leqslant 0.7 f'_{ck}$，拉应力 $\sigma_{ct}^{t} \leqslant 0.7 f'_{tk}$。

图 9-81 为施工阶段最大法向压应力包络图，图 9-82 为施工阶段最大法向拉应力包络图。由图 9-81、图 9-82 可知，在施工阶段，全桥最大法向压应力最大为 11.3MPa，最大法向拉应力为 0.58MPa，均满足规范要求。

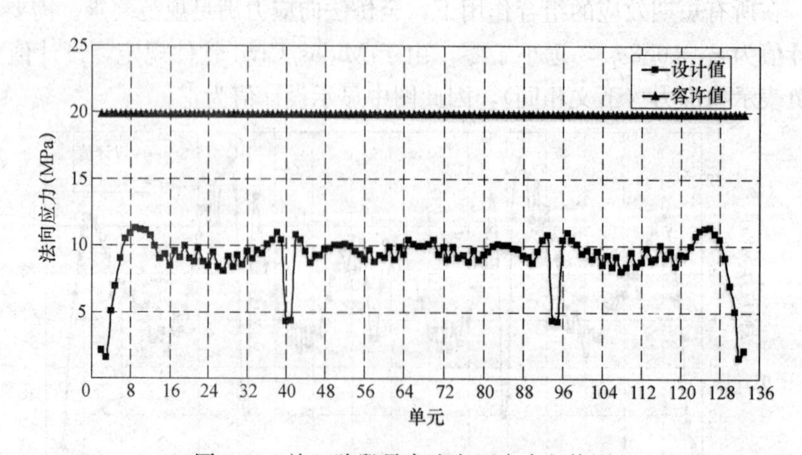

图 9-81　施工阶段最大法向压应力包络图

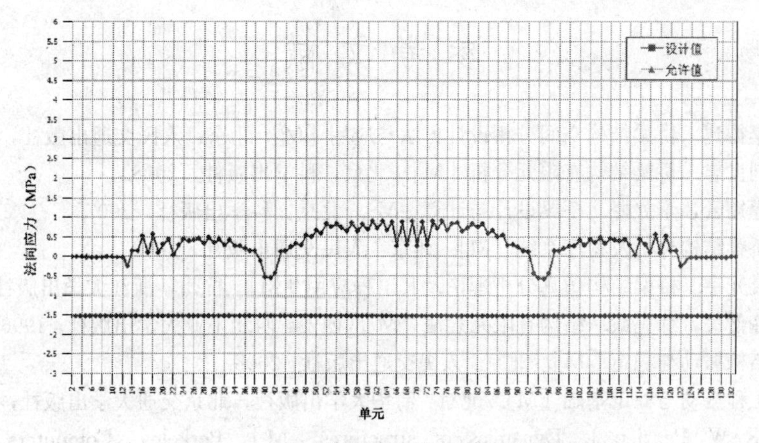

图 9-82　施工阶段最大法向拉应力包络图

参 考 文 献

[1] 戴公连,李德建. 桥梁结构空间分析设计方法与应用 [M]. 北京：人民交通出版社，2001.
[2] 蔺鹏臻,刘世忠. 桥梁结构有限元分析 [M]. 北京：科学出版社，2008.
[3] 邵旭东,程翔云，李立峰. 桥梁设计与计算 [M]. 北京：科学出版社，2007.
[4] 肖汝诚.桥梁结构分析及程序系统 [M]. 北京：人民交通出版社，2002.
[5] 汪劲丰,吴光宇. 桥梁结构仿真分析理论及其工程应用 [M]. 杭州：浙江大学出版社，2007.
[6] 杨炳成,陈偕民，郝宪武. 结构有限元素法 [M]. 西安：西北工业大学出版社，1996.
[7] 胡兆同.结构振动与稳定 [M]. 北京：人民交通出版社，2008.
[8] 刘保东.工程振动与稳定基础 [M]. 北京：清华大学出版社，北京交通大学出版社，2005.
[9] Clough R W, Penzien J. Dynamics of structures [M]. Berkeley: Computers & Structures Inc., 2003.
[10] 龙驭球,包世华. 结构力学 [M]. 北京：高等教育出版社，1980.
[11] 王勖成,邵敏. 有限单元法基本原理和数值方法 [M]. 北京：清华大学出版社，1997.
[12] 王焕定,王伟. 有限单元法教程 [M]. 哈尔滨：哈尔滨工业大学出版社，2003.
[13] 朱伯芳.有限单元法原理与应用 [M]. 北京：中国水利水电出版社，1998.
[14] 胡兆同.结构振动与稳定 [M]. 北京：人民交通出版社，2008.
[15] 贾金青,陈凤山. 桥梁工程设计计算方法及应用 [M]. 北京：中国建筑工业出版社，2003.
[16] 朱尔玉,刘磊等. 现代桥梁预应力结构 [M]. 北京：清华大学出版社，北京交通大学出版社，2008.
[17] 刘夏平.桥梁工程 [M]. 北京：科学出版社，2007.
[18] 李国平.桥梁预应力混凝土技术及设计原理 [M]. 北京：人民交通出版社，2004.
[19] 张立明. Algor、Ansys 在桥梁工程中的应用方法与实例 [M]. 北京：人民交通出版社，2003.
[20] 邱顺东.桥梁工程软件 Midas Civil 常见问题解答 [M]. 人民交通出版社，2006.
[21] 公路钢筋混凝土及预应力混凝土桥涵设计规范 JTG D62—2004 [S]. 北京：人民交通出版社，2004.
[22] 公路桥涵设计通用规范 JTG D60—2004 [S]. 北京：人民交通出版社，2004.
[23] 公路工程技术标准 JTGB 01—2003 [S]. 北京：人民交通出版社，2004.
[24] 袁伦一,鲍卫刚.《公路钢筋混凝土及预应力混凝土桥涵设计规范》JTG D62—2004 条文应用算例 [M]. 北京：人民交通出版社，2005.
[25] 张俊平,刘爱荣. 中山一桥仿真计算分析报告 [R]. 广州：广州大学，2002.
[26] 刘爱荣,张俊平. 中山市蝴蝶拱桥仿真计算分析报告 [R]. 广州：广州大学，2003.
[27] 刘爱荣,张俊平. 湖南益阳康富桥仿真计算分析报告 [R]. 广州：广州大学，2003.
[28] 刘爱荣,张俊平. 潮州市韩江北桥仿真计算分析报告 [R]. 广州：广州大学，2003.
[29] 刘爱荣,张俊平. 泸州市茜草桥仿真计算分析报告 [R]. 广州：广州大学，2003.
[30] 刘爱荣,张俊平. 广州新光大桥抗震性能评估报告 [R]. 广州：广州大学，2003.
[31] 刘爱荣,张俊平. 萝岗区东涌桥施工过程仿真计算分析 [R]. 广州：广州大学，2003.
[32] 刘爱荣,张俊平. 萝岗区东涌桥施工过程仿真计算分析 [R]. 广州：广州大学，2003.
[33] 刘爱荣,张俊平. 广州大桥拓宽工程仿真计算分析报告 [R]. 广州：广州大学，2006.
[34] 刘爱荣,黄海云. 广州市猎德大桥仿真计算分析报告 [R]. 广州：广州大学，2006.
[35] 刘爱荣,饶瑞. 梅州市广州大桥仿真计算分析报告 [R]. 广州：广州大学，2010.
[36] 刘爱荣,韦伟. 江门市胜利大桥施工监控报告 [R]. 广州：广州大学，2011.
[37] 刘爱荣.潮州市东西溪桥抗震性能评估报告 [R]. 广州：广州大学，2003.